计算机应用技术系列丛书

# Java 程序设计

Java CHENGXU SHEJI

陈德来 ◎ 编著

中国铁道出版社有限公司
CHINA RAILWAY PUBLISHING HOUSE CO., LTD.

北京市版权局著作权公司登记　图字：01-2019-4619号

## 内 容 简 介

Java具有强大的“跨平台”特性，已经深入到现代生活中的各个领域，从IC卡、手机游戏、PDA、无线通信，到开发大规模的商业应用，都可以看到Java的应用。

本书博采众多国内外程序设计语言系列书籍的优点，使用大量的实用案例，在注重概念梳理的同时，遵循程序设计的步骤，清晰地呈现了Java应用开发的全过程；对于重要的概念，配有“示意图”；除第1章外，在每一章的最后一节，安排了“本章进阶应用练习实例”。

本书所有案例基于Java SE 8，使用开源软件Eclipse IDE for Java作为程序设计的集成开发环境。这些都极大地降低了学习难度，因此本书非常适合作为Java语言程序设计的入门教材。

**图书在版编目（CIP）数据**

Java程序设计/陈德来编著. —北京：中国铁道出版社有限公司，2021.5
（计算机应用技术系列丛书）
ISBN 978-7-113-27766-6

Ⅰ.①J… Ⅱ.①陈… Ⅲ. ①JAVA语言-程序设计
Ⅳ.①TP312.8

中国版本图书馆CIP数据核字（2021）第034495号

书　　名：Java 程序设计
作　　者：陈德来

---

策　　划：汪　敏　　　　　　编辑部电话：（010）51873628
责任编辑：汪　敏　徐盼欣
封面设计：曾　程
责任校对：孙　玫
责任印制：樊启鹏

---

出版发行：中国铁道出版社有限公司（100054，北京市西城区右安门西街 8 号）
网　　址：http://www.tdpress.com/51eds/
印　　刷：三河市兴博印务有限公司
版　　次：2021 年 5 月第 1 版　2021 年 5 月第 1 次印刷
开　　本：787 mm×1 092 mm　1/16　印张：29.25　字数：803 千
书　　号：ISBN 978-7-113-27766-6
定　　价：69.80 元

---

# 前言

Java的版本不断更新，2014年甲骨文（Oracle）推出了Java SE 8（Java Standard Edition 8）、Java ME 8以及Oracle Java Embedded产品的相关版本。Java SE 8与以前各版本平台兼容，这是甲骨文接手Java后的重大更新。Java的开发工具分成IDE（Integrated Development Enviroment）及JDK（Java Development Kit）两种，本书采用Eclipse软件作为编辑环境。Eclipse团队近年来一直为Java SE 8提供支持，它是一套Open Source的Java IDE工具。

市面上关于Java程序设计的书籍琳琅满目，其中国外的Java书籍大部分注重理论讲解，对实例的考虑稍嫌不足，对初学者而言，这类书籍缺乏程序实际演练的机会；国内的Java书籍对于实例着墨甚多，以实践来引导概念，注重范例的质与量。

笔者希望结合国内外Java书籍的优点，并遵循程序设计的步骤，配合适当的范例，来降低学习难度。本书将教导读者如何编写正确的程序代码，介绍程序架构与可读性。

本书的编写目的，不仅在于让读者了解如何编写Java程序，更在于让读者了解什么是面向对象，以及如何以Java的观点思考与实践面向对象：Java程序的强大功能是全世界有目共睹的，它真正所引导的是面向对象的精神，而让读者体会到这种精神，正是本书努力达成的目标。

因为编者水平有限，加之时间仓促，书中不妥与疏漏之处在所难免，敬请广大读者批评指正。

编　者

2020年6月

# 目录

# 第 1 章 程序语言与 Java 简介

程序语言的种类很多，如果包括实验、教学或科学研究的用途，程序语言有上百种之多。每种语言都有其发展的背景及目的，比如：FORTRAN 是世界上第一个开发成功的高级语言；早期非常流行的 BASIC 易学易懂，非常适合初学者了解程序语言的运行；Pascal 的主要目标是提供一个完整的程序设计教学环境；COBOL 主要用于商业；PROLOG 是人工智能专用；等等。目前，最为流行的程序设计语言有 C、C++、Java、Visual Basic 等，其中 Java 是相当具有代表性的面向对象程序设计语言。

面向对象的思想已经倡导了很多年。20 世纪 70 年代的 SmallTalk 语言是第一个面向对象的程序语言，后来的 C++ 也加入了面向对象的思想，而 Java 是一种完全面向对象的程序设计语言。

本章针对程序语言的分类、程序设计的步骤及 Java 语言作概括性介绍，包括 Java 的起源、语言特性及应用范围，同时介绍 Java 的编程工具和开发环境，示范如何正确地编译与运行 Java 程序。针对 Java SE 8，本书简要介绍其功能。学习完本章后，读者便会清楚 Java 简易的程序架构，并可以开始编写第一个 Java 程序。

## 学习目标

- 理解程序设计的相关概念及面向对象程序设计理念。
- 掌握 JDK 的安装、设置及 Eclipse 的使用。

## 学习内容

- 程序语言的分类。
- 程序设计的流程及原则。
- 结构化与面向对象程序设计。
- Java 语言的起源、特性及应用范围。
- Java 的开发环境工具。
- JDK 安装与环境设置。
- Java SE 8 功能。
- Eclipse 简介。
- Java 程序的编译与运行。

- Java 的程序架构解析。

## 1-1　程序语言与程序设计

程序语言是一种人类用来和计算机进行沟通的语言，也是用来指挥计算机运算或工作的指令集合。许多不懂计算机的人可能会把程序想象成深奥难懂的技术文件，其实程序只是一些合乎语法规则的指令，而程序设计就是通过编写与运行程序来达到用户的工作需求。

### 1-1-1　程序语言的分类

经过不断发展演化，造就了今天程序语言的蓬勃发展。程序语言主要可分为机器语言、汇编语言和高级语言三种。每种语言都有其特色，并且朝着更容易使用、调试与维护以及功能更强的目标来发展。不论哪一种语言，都有其专有语法、特性、优点及相关应用领域。

机器语言（Machine Language）是最低级的程序语言，是用二进制的 0 和 1 直接构成指令，以机器码的方式输入计算机从而完成运算，因此处理数据上十分高效。

汇编语言（Assembly Language）用有意义的英文字母符号指令集取代二进制的数字指令编码，以方便人类的记忆与使用。汇编语言程序必须借助汇编器（Assembler）将指令转换成计算机可以直接识别的机器语言才能运行。

汇编语言和机器语言相对于高级语言，统称低级语言（Low-level Language）。

由于汇编语言与机器语言不易阅读，因此又产生了一些比较接近口语化英语表达方式的程序语言，称为高级语言（High-level Language）。例如，BASIC、FORTRAN、COBOL、Pascal、Java、C、C++ 等。高级语言更贴近人类语言的表达形式，也更容易理解，并提供许多程序上的控制结构、输入 / 输出指令。

使用高级语言将程序编写完毕后，在运行前必须先以编译程序（Compiler）或解释器（Interpreter）将其转换成汇编语言或机器语言。所以，相对于汇编语言，高级语言的效率略低。不过与汇编语言相比，高级语言的移植性更高，因而可以轻松移植到不同的计算机平台上运行。

程序语言依据翻译方式可分为编译型语言和解释型语言两种。

（1）编译型语言

所谓编译型语言，是指使用编译程序将程序代码翻译为目标程序。编译程序可将源程序分阶段转换成机器硬件可直接执行的目标程序。编译时，编译程序必须先把源程序全部读入内存，之后才能开始编译；每当源程序修改一次，就必须重新执行编译过程，才能确保可执行文件为最新状态。经过编译后所产生文件即是可执行文件，也就是对应的机器语言；机器语言可以直接运行，运行中无须再翻译，因此运行效率较高。例如，C、C++、Pascal、FORTRAN 等都是编译型语言。编译型语言翻译与运行过程如图 1-1 所示。

（2）解释型语言

所谓解释型语言，是指利用解释器来对高级语言的源代码做逐行解释翻译（解译）并执行。每解译完一行程序代码，便去执行该行程序，之后再解译下一行。若解译的过程中发生错误，则解译动作会立刻停止。由于使用解释器翻译的程序每次运行时都必须再解译一次，所以运行速度较慢。例如，BASIC、LISP、PROLOG 等都是解释型语言。解释型语言逐行翻译与运行过程如图 1-2 所示。

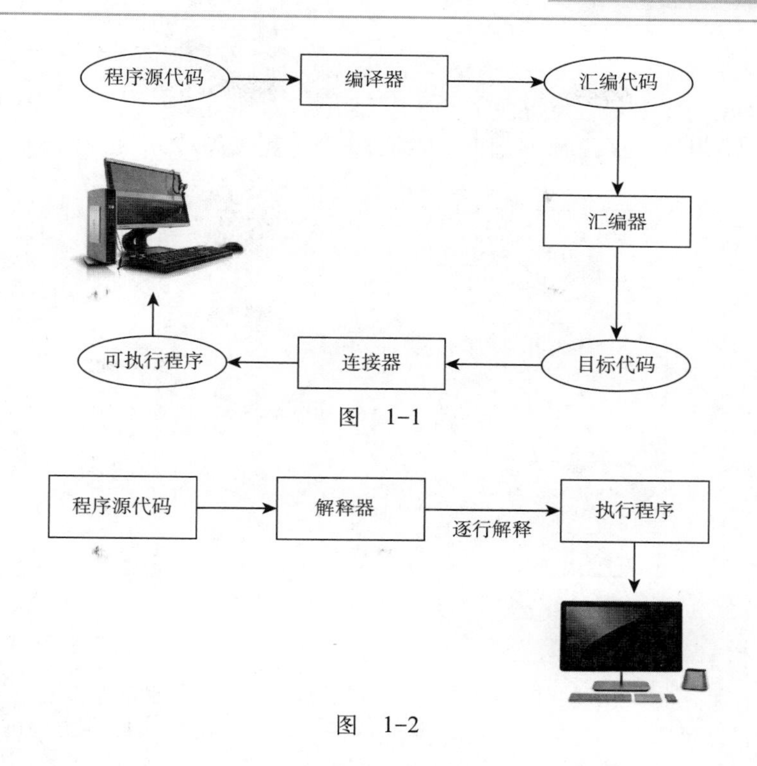


图　1-1

图　1-2

### 1-1-2　程序设计流程

有些人往往认为程序设计的主要目的是获得运行结果，而忽略了运行效率与日后维护成本。实际上，程序开发的最终目的是组织众多程序设计师共同参与，来设计一套大型且符合用户需求的复杂系统。一个程序的产生过程可分为五大设计步骤，如表 1-1 所示。

表　1-1

| 程序设计步骤 | 特色与说明 |
| --- | --- |
| 需求分析 | 了解程序所要解决的问题是什么，并且搜集所要提供的输入信息与可能得到的输出结果 |
| 设计规划 | 根据需求，选择适合的数据结构，并以某种表示方式写一个算法以解决问题 |
| 分析讨论 | 思考其他可能适合的算法及数据结构，最后选出最适当的目标 |
| 编写程序 | 利用程序语言把分析的结论写成初步的程序代码 |
| 测试检验 | 最后必须确认程序的输出是否符合需求，这个步骤需要详细地运行程序并进行许多相关测试与调试 |

### 1-1-3　程序编写原则

程序设计中，使用何种程序语言编写程序，通常根据主客观环境的需要而定，并无特别规定。

一般评断程序语言优劣的四项指标如下：

①可读性（Readability）高：阅读与理解都相当容易。

②平均成本低：成本考虑不局限于编码的成本，还包括运行、编译、维护、学习、调试与日后更新等成本。

③可靠度高：所编写出来的程序代码稳定性高，不容易产生边际错误（Side Effect）。

④可编写性高：针对需求所编写的程序相对容易。

在编写程序代码时应该注意的三项基本原则如下：

1. 适当的缩排

缩排用来区分程序的层级，使得程序代码易于阅读，如图 1-3 所示，在主程序中包含子区段，或者子区段中又包含其他子区段时，可以通过缩排来区分程序代码的层级。

```
1  public class CH04_03 {
2      public static void main(String[] args) {
3          String[] arr1 = new String[] {"座号","国文","英文","数学","最高分","最低分"};
4          //声明二维数组并设置初始值
5          int[][] arr2= new int[][]{{1,92,88,76},{2,90,98,70},{3,82,69,98}};
6          for(int r=0 ; r<arr1.length; r++)
7              System.out.print(arr1[r]+"\t");
8          System.out.println();
9          int max=0,min=100;
10         //输出数组元素，并找出最高分和最低分
11         for(int i=0; i<arr2.length; i++) {
12             for(int j=0; j<arr2[i].length; j++) {
13                 if(arr2[i][j]>max) {
14                     max = arr2[i][j];
15                 }
16                 if (j>0) {
17                     if(arr2[i][j]<min) {
18                         min = arr2[i][j];
19                     }
20                 }
21                 System.out.print(arr2[i][j]+"\t");
22             }
23             System.out.print(max+"\t"+min);
24             System.out.println();
25         }
26     }
27 }
```

图 1-3

2. 明确的注释

对于程序设计师而言，在适当的位置加入足够的注释，往往是评断程序设计优劣的重要依据。尤其当程序架构日益庞大时，适时在程序中加入注释，不仅可提高程序的可读性，而且可让其他程序设计师清楚这段程序代码的功能，便于团队协作。

```
01    import java.util.*;
02    public class ch2_02
03    {
04       public static void main(String[] args)
05       {
06          // 变量声明
07          int intCreate=1000000;              // 产生随机数次数
08          int intRand;                        // 产生的随机数号码
09          int[][] intArray=new int[2][42];    // 存放随机数数组
10          // 将产生的随机数存放至数组
11          while(intCreate-->0)
12          {
13             intRand=(int)(Math.random()*42);
14             intArray[0][intRand]++;
15             intArray[1][intRand]++;
16          }
17          // 对 intArray[0] 数组排序
18          Arrays.sort(intArray[0]);
19          // 找出最大的六个数字号码
20          for(int i=41;i>(41-6);i--)
21          {
22             // 逐一检查次数相同者
23             for(int j=41;j>=0;j--)
24             {
25                // 当次数符合时输出
26                if(intArray[0][i]==intArray[1][j])
27                {
28                   System.out.println("随机数号码"+(j+1)+"出现"+intArray[0][i]+"次");
29                   intArray[1][j]=0;            // 将找到的数值次数归零
```

```
30                          break;                        // 中断内循环，继续外循环
31                      }
32                  }
33              }
34          }
35      }
```

3．有意义的命名

除了利用明确的注释来辅助阅读外，在程序中应大量使用有意义的标识符（包括变量、常量、函数、结构等）命名原则，如果使用不适当的名称，在程序编译时便可能会无法完成编译动作，或者造成程序在运行期间发生错误等。

## 1-1-4 结构化和面向对象程序设计

在传统程序设计方法中，主要是以自下而上法（Bottom-up Approach）与自上而下法（Top-down Approach）为主。

所谓自下而上法，是指程序设计师先编写整个程序需求最容易的部分，再逐步扩大来完成整个程序。

自上而下法则是将整个程序需求从上而下、由大到小逐步分解成若干较小的单元（也称模块，Module），程序设计师可针对各单元分别开发，不但减轻了设计者负担，而且程序的可读性更高，日后维护也容易许多。

结构化程序设计的核心思想，就是由上而下的设计（Top-down Design）与模块化设计（Modules Design）。它又分为三种基本结构（Basic Structure）：

①顺序结构：按编写顺序执行语句。

②分支结构：根据条件做逻辑判断，选择执行不同分支。

③循环结构：根据条件决定是否重复运行某些语句。

根据面向对象程序设计（Object-Oriented Programming，OOP）思想进行程序设计时，能以一种更贴近现实生活的设计思想来进行程序设计开发，所开发出来的程序可读性更高，且更容易扩充、修改及维护。

面向对象的程序设计思想主要特性体现在以下三个方面。

1．封装（Encapsulation）

这是一种利用“类”（Class）来实现“抽象化数据类型”（ADT）的做法。所谓“抽象化”，就是将代表事物特征的数据隐藏起来，并定义一些方法作为这些数据的操作接口，让用户只能接触到这些方法，而无法直接使用数据，起到信息隐藏（Information Hiding）的作用。这种自定义的数据类型就称为“抽象化数据类型”。

每个类都有其数据成员与函数成员，可以将数据成员定义为私有的（private），而将操作数据的方法定义为公有的（public）或受保护的（protected），来实现信息隐藏，这就是封装的概念。

2．继承（Inheritance）

继承可分为多重继承与单一（或称个别）继承。在继承关系中，被继承者称为“基类”或“父类”，而继承者则称“派生类”或“子类”，如图1-4所示。当在一个继承关系中有多个基类时，称为多重继承；如果只有一个基类，则称单一继承。

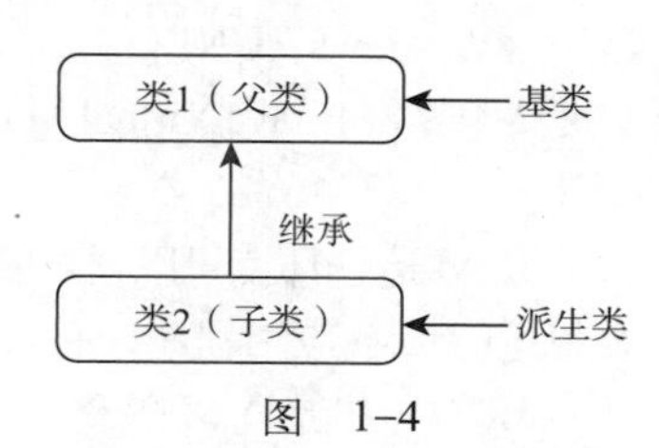


图 1-4

3．多态（Polymorphism）

“多态”是面向对象程序设计的重要特性，它实现了动态绑定（Dynamic Binding）功能，也称

“同名异式”。多态可以让软件在发展和维护时达到充分的可扩展性（Extension）。事实上，多态最直接的定义就是让具有继承关系的不同类对象可以调用相同名称的成员函数，但会产生不同的运行效果。

以上概括性地描述了面向对象技术的特征，当使用面向对象技术及搭配相关程序设计语言进行程序设计时，即称面向对象程序设计。

## 1-2 Java 简介

Java 原是 1991 年 Sun（Sun Microsystem）公司内部一项名为 Green 的发展计划中的小型程序语言系统，是为了编写控制消费性电子产品软件而开发出来的。不过，整项计划并未获得市场的肯定，因而沉寂了一段时间。但是谁也料想不到，由于因特网的蓬勃发展，当初只是为了在不同平台系统下运行相同软件而开发的语言工具，却意外地造就了程序设计语言的评价指标“跨平台特性”，并逐渐成为发展趋势。Sun 公司对 Green 计划重新做出评估修正后，于 1995 年正式向外界发表名为 Java 的程序语言系统。

Java 之所以会成为备受瞩目的程序语言，主要原因是其具有“支持 Web”功能，可以在 Web 平台上写出“互动性强”且跨平台的程序，再加上面向对象、支持泛型等程序设计的特性，目前，Java 已经深入现代生活中的各个领域。例如，在 IC 卡部分，有保健 IC 卡、金融卡、识别证等。再如，在手机游戏、PDA、无线通信以及开发大规模的商业应用中，都可以看到 Java 开发的应用。

### 1-2-1 Java 的特性

Java 是一种高级的面向对象设计语言，其应用范围涵盖因特网、网络通信及通信设备，成为企业建构数据库的较佳开发工具。

Java 的风格十分接近 C++，它保留了 C++ 面向对象技术的核心，舍弃了 C++ 中容易引起错误的指针，改以引用取代，经过多次的修正、更新，逐渐成为一种功能完备的程序语言。

Sun 公司曾提到 Java 语言的几项特点，包括简单性、跨平台性、解释性、严谨性、异常处理、多线程和自动垃圾回收。

1. 简单性

Java 语法源于 C++，它的指令及语法十分简单，只要了解简单英文词汇与文法观念，就能进行程序设计与运算处理的工作。

Java 简化了 C++ 中的一些用法并舍弃了不常用的语法，比如容易造成内存存取问题的指针（Pointer）和多重继承等。

2. 跨平台性

跨平台性是指 Java 的程序代码不特定于任何一个硬件平台。也就是说，一次编译，处处运行。

Java 程序可以在编译后不用经过任何更改，就能在任何硬件装置环境下运行。不管是哪种操作系统（Windows、UNIX / Linux 或 Solaris）、哪种机器平台（PC、PDA、Java Phone 或是智能型家电），只要安装 JVM（Java Virtual Machine, Java 虚拟机）运行环境，即可运行编译后的 Java Bytecode（字节码）文件。

JVM 运行环境可以通过安装 JRE（Java Runtime Environment，Java 运行时环境）实现。也就是说，要想运行 Java 应用程序，必须首先安装 JRE。

JRE 内包含 JVM 以及一些标准的类库，通过 JVM 才能在计算机系统中运行 Java 应用程序（Java Application）。

程序设计师编写的Java源程序，经过不同作业平台（例如Intel的编译程序、Mac OS的编译程序、Solaris的编译程序或UNIX / Linux）的编译程序编译后，会产生相同的Java虚拟机码——字节码；然后，Java字节码会被不同作业平台的直译器直译成对应该计算机的机器码，如图1–5所示。因此，Java是建立在软件平台上的程序语言，而实现Java的软件平台主要是JVM（Java虚拟机）和Java API。

3. 解释性

Java程序代码必须通过内置公用程序javac.exe来进行原始码的编译，将其编译成运行环境可识别的字节码，而程序的运行则通过公用程序java.exe以解译方式按照语句顺序依次运行，如图1–6所示。

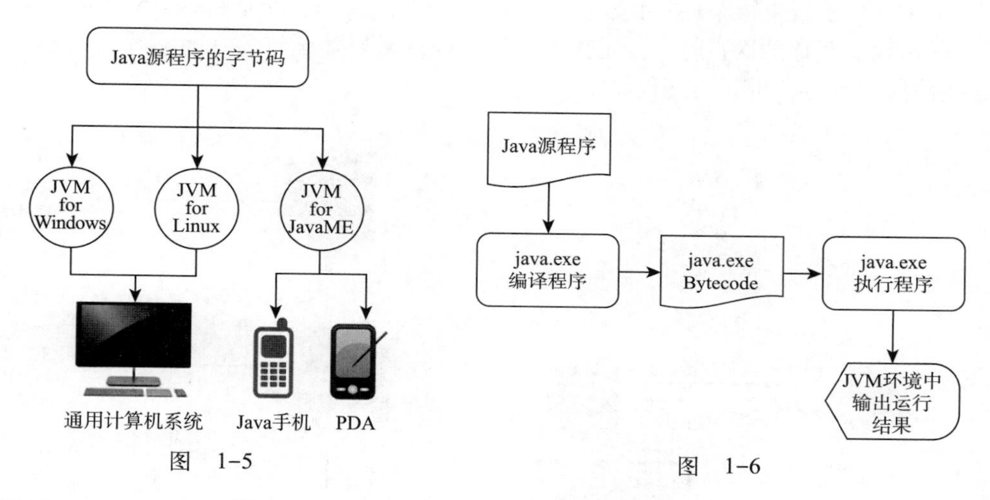


图 1–5

图 1–6

4. 严谨性

Java程序是由类与对象所组成的，可将程序分割为多个独立的代码段，在其中写入相关的变量与函数，从而分开处理程序各种不同的运行功能，相当严谨。

5. 异常处理

异常是一种在程序运行期间发生的错误。传统的计算机语言，当程序发生错误时，必须自行编写程序来进行错误处理。不同于其他高级语言，Java会在运行期间发生错误时自动抛出异常（Exception）对象，以便处理相应的异常。用户可利用try、catch与final三个异常处理复合语句块，以专区专责的方式解决程序运行中可能发生的异常错误。

6. 多线程

Java内置了Thread类，其中包含与运行处理相关的各种方法，真正做到同一时间运行多个程序运算。多线程就是在每一个进程（Process）中都包含多个线程（Thread），从而将程序分割成多个独立的工作。如果运用得当，多线程程序可以大幅度提升系统运行效能。

7. 自动垃圾回收

大多数C++编译程序不支持垃圾回收机制，相比而言，Java语言具有自动垃圾回收（Garbage Collection）机制，这个特点受到许多程序设计师欢迎。许多C++程序设计师在进行程序初始化动作时，必须在主机内存堆栈上分配一块内存空间，当程序结束后，必须通过指令来手动释放已分配的内存空间。而一旦程序设计师忘记了回收内存，就可能会造成内存泄漏（Memory Leak），从而造成内存空间的浪费。Java的自动垃圾回收机制会在一个对象没有被引用时，自动释放这个对象所占用的空间，从而避免内存泄漏的现象，极大地提高了系统的空间利用效率。

## 1-2-2 Java 的应用范围

Java 技术体系主要包含 Java 语言、Java 运行环境、类库等部分。使用 Java 所开发的应用程序，大致可以分为 Applet、Servlet 与 Application 三种类型。

1. Applet

Applet 是一种 Java 应用程序类型，负责网页中额外功能的运算处理工作。主要原理是通过 HTML 内嵌语法，从服务器主机下载源程序代码，然后在客户端（浏览器端）的 JVM 环境运行程序，最后将 Applet 程序的运行结果在浏览器中显示输出。其运行流程如图 1-7 所示。

2. Servlet

Servlet 属于较为特殊的应用类型，它是一种可以在服务器上运行的 Applet 程序。当用户连接到具有 Servlet 程序的网页时，会先在服务器端的 JVM 环境运行 Servlet 程序，最后直接将运算结果传回浏览器显示。其运行流程如图 1-8 所示。

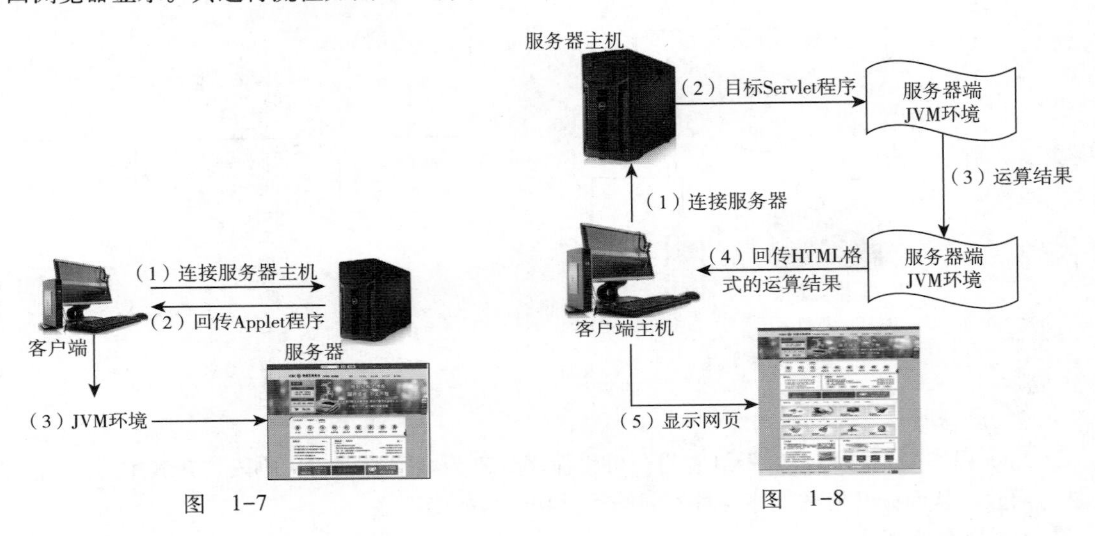


图 1-7　　　　图 1-8

3. Application

与 Applet 或 Servlet 程序必须依靠浏览器来下载服务器端程序原始码或运行结果不同，Application 是一种直接在本地运行的 Java 应用程序。当运行 Application 程序时，会将 JVM 所传回的运行结果以文本模式（DOS 模式或命令行提示字符）或窗口画面（AWT、Swing 窗口）输出。其运行流程如图 1-9 所示。

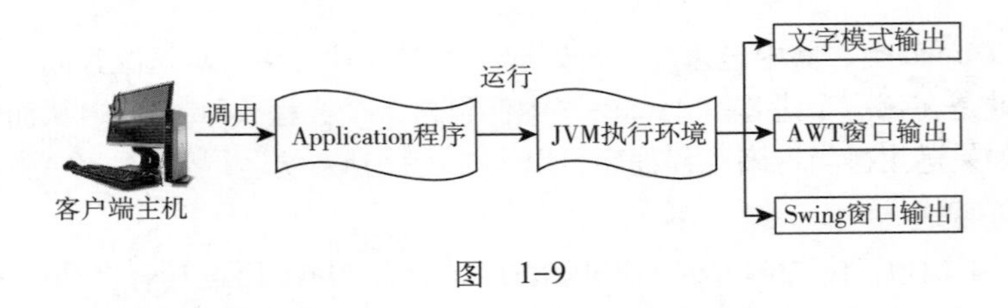


图 1-9

## 1-2-3 Java SE 8 的功能

甲骨文（Oracle）公司除了推出 Java SE 8（Java Standard Edition 8）外，还推出了 Java ME 8 以及 Oracle Java Embedded 产品的有关版本。从官方文件的内容，可以看出 Java SE 8 的亮点，就

是支持 Lambda 表达式（Lambda Expression），如图 1-10 所示。Lambda 表达式是可以简化 Java 程序代码的全新语法。

事实上，虽然 Java SE 8 版本与以前各版本是平台兼容的，但是，一旦程序代码中使用了 Lambda 表达式，就无法兼容于旧版的 Java 语法。

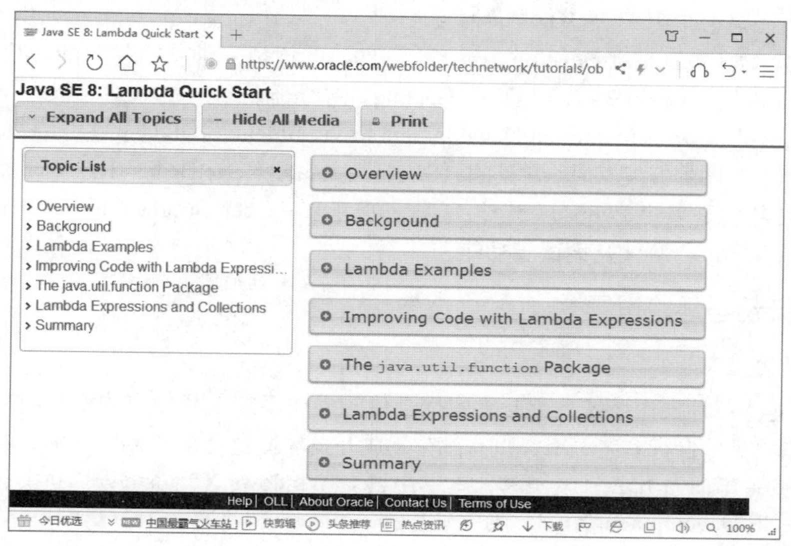


图　1-10

Lambda 表达式的具体内容可参考 Lambda Oracle 官方文件教学内容：http://www.oracle.com/webfolder/technetwork/tutorials/obe/java/Lambda-QuickStart/index.html。也可以参考 http://magiclen.org/java-8-lambda/，它提供了 Lambda 表达式的中文介绍。

Java SE 8 以更强的加密算法来提高程序开发的安全性，并新建日期与时间处理 API，以降低开发人员对第三方函数库的依赖，减轻程序代码的维护成本。另外，还可以利用 java.util.stream 类库中的 stream api 加速并行运算程序的开发工作，同时降低并行运算程序开发的难度。

Java SE 8 的 Nashorn JavaScript 引擎改善了 JavaScript 在 JVM 上的运行，增强了对 HTML 5 的支持，这对性能的提升有很大帮助。其他重要的功能还包括：支持容量小于 3 MB 的 JVM，让 Java 8 可以部署在小型嵌入式设备上；采用 JavaFX 3.0 客户端程序，使程序开发人员能够将 Swing 内容嵌入 JavaFX 应用中，其中 JavaFX3D 图形功能包含 3D shapes、camera、lights、subscene、material、picking 和 antialiasing。

此外，Java SE 8 还有很多相当重要的功能和突破：在国际化（Internationalization）功能的加强方面，Java SE 8 支持 Unicode 6.2.0、Calendar 和 Locale APIs；在网络部分则新增了 java.net.URLPermission 类库；在 java.util.concurrent 中新增类和接口以增强程序的并发性（Concurrency）功能；等等。

## 1-3　Java 的开发环境、版本和架构

Java 的版本一直在不断更新中，2011 年 7 月 28 日，Oracle 公司发布 Java SE 7；2014 年 3 月 18 日，Oracle 公司发布 Java SE 8，其产品名称为 Java SE Development Kit 8（JDK 8）。较常见的版本有：

①标准版（Standard Edition，SE）负责的领域是一般应用程序制作、GUI（Graphic User Interface）、数据库存取、网络接口、JavaBeans。

②企业版（Enterprise Edition，EE）提供许多商业或服务器应用程序的开发工具包。

③微型版（Micro Edition，ME）提供机顶盒、移动电话和 PDA 等嵌入式消费电子设备的 Java 语言开发平台。

## 1-3-1 程序开发工具介绍

Java 的开发工具分成 IDE 及 JDK 两种。

① Java 开发工具包（Java Development Kit，JDK）：这是一种“简易”的程序开发工具，仅提供编译（Compile）、运行（Run）及调试（Debug）等功能。

② IDE 集成开发环境（Integrated Development Environment，IDE）：是整合编辑、编译、运行、测试及调试功能于一体的开发工具，常见的有 Borland Jbuilder、NetBeans IDE、Eclipse、Jcreator 等。

本书的开发环境是采用 Eclipse 软件，这是一套开源（Open Source）的 Java IDE 工具，它很好地整合了编译、运行、测试及调试等功能。

## 1-3-2 JDK 安装与环境设置

1. JDK 的安装

由于 Java 支持各种操作系统，因此需根据具体的操作系统下载相应的安装程序。目前大部分的开发环境，需要另外自行安装 JDK，也有部分集成开发环境也会在安装时一并安装 JDK。

不论使用哪一套 Java IDE 开发工具，本书中针对 Windows XP/Vista/7/8/10 操作系统平台来示范 JDK 8（Java SE Development Kit 8）的安装过程。

首先必须先在 Java 的官方网站 http://www.oracle.com/technetwork/java/index.html 下载 JDK。

在图 1-11 所示官方网站中，单击右侧的 Java SE 8 Update 5 按钮（因为版本会持续更新，所以各位用户安装的版本或许会与本书安装的版本不同），接着会进入图 1-12 所示的界面。

图 1-11

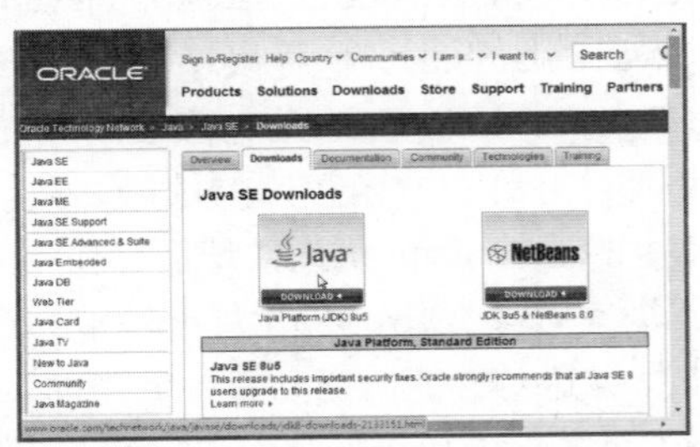

图 1-12

在图 1-12 中，单击 Java SE Downloads 下方的 DOWNLOAD 按钮，可以根据图 1-13 所示指示下载 JavaPlatform（JDK）8u5；在准备开始下载前，需单击 Accept License Agreement 按钮，接受厂商的许可协议。

此处所下载的是 Windows 版本的 JDK，文件名为 jdk-8u5-windows-i586.exe，如图 1-14 所示。

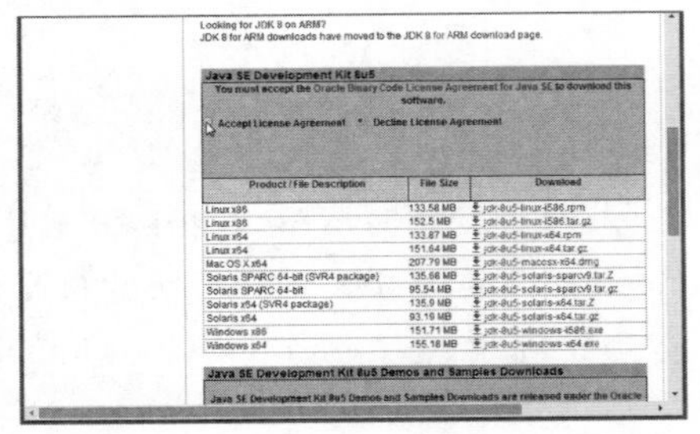

图 1-13

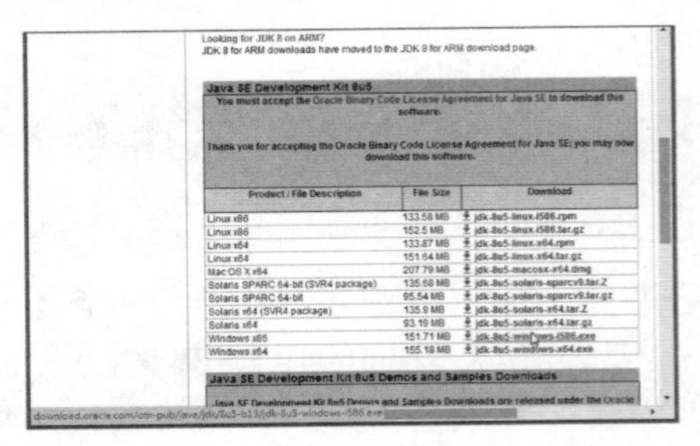

图 1-14

从网站下载JDK后，双击运行jdk-8u5-windows-i586.exe文件，就会开始JDK 8的安装过程，如图1-15所示。

①选择同意后，选择安装项目及路径，根据安装界面显示，默认的安装路径是C:\Program Files（x86）\Java\jdk1.8.0_05\（此安装路径为Windows 7操作系统），如图1-16所示。请注意，如果所安装的操作系统为Windows XP，则会安装在C:\Program Files\Java\jdk1.8.0_05\，建议使用默认值。单击Next按钮，开始安装。

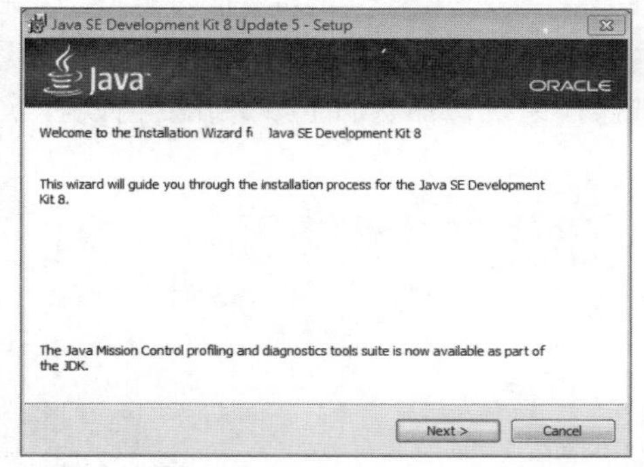


图　1-15

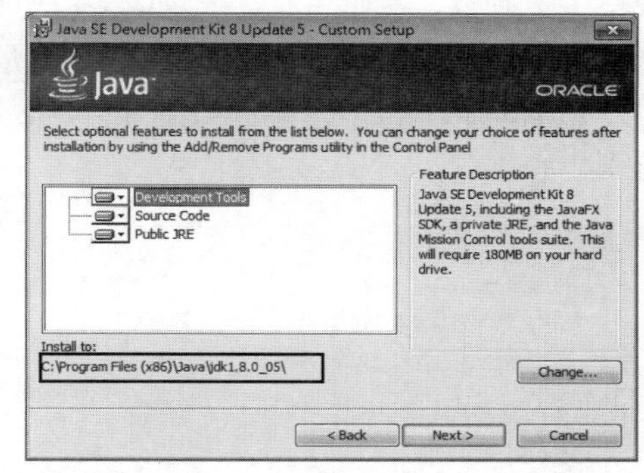


图　1-16

②接着开始进行文件安装、复制，这个部分会需要几分钟，请耐心等候。等待几分钟之后，会出现图1-17所示的界面，直接单击Next按钮。

③出现安装完成界面，如图1-18所示，单击Close按钮，完成JDK安装。

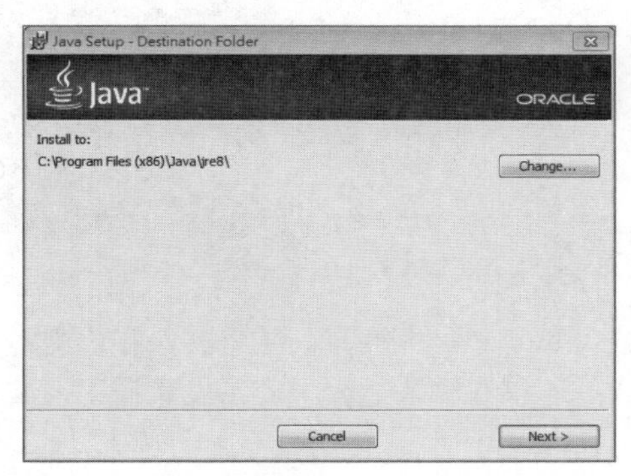


图　1-17

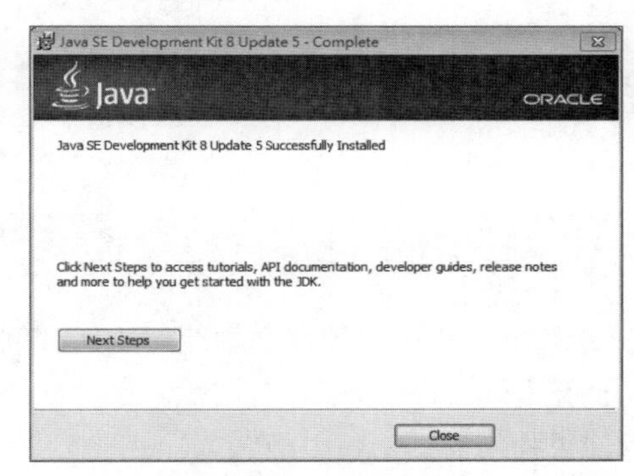


图　1-18

2. JDK的环境设置

安装工作完成后，为了使用JDK的各个工具程序（如编译程序javac.exe、运行程序java.exe），需修改系统中与路径设置相关的环境变量PATH。如果是Windows XP的用户，则可直接通过系统设置窗口来新增或修改PATH环境变量的设定值。设置步骤如下：

①单击“开始”菜单，选择“设置”→“控制面板”命令，打开“控制面板”窗口，如图1-19所示。

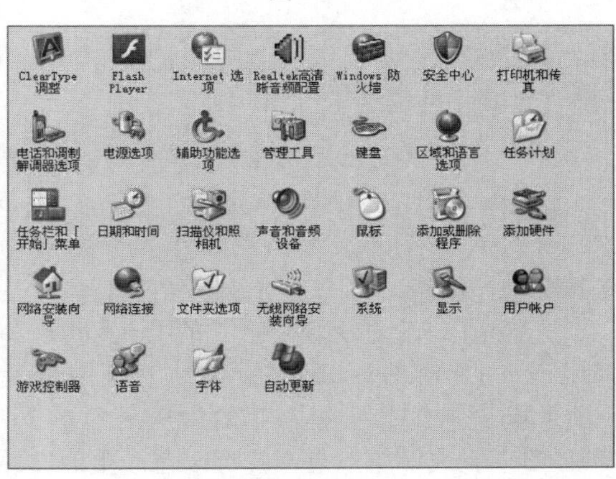


图　1-19

双击“系统”打开“系统属性”对话框

选择“高级”选项卡,可以看到下方有“环境变量”按钮。(Windows 7 用户可由“控制面板”中“系统”的“高级系统设置”进入类似图 1-20 所示的“系统属性”对话框)

②单击“环境变量”按钮，打开“环境变量”对话框。可以看到，环境变量分为“用户变量”及“系统变量”，如图 1-21 所示。

③设置“系统变量”部分，找到变量 Path 的部分，单击“编辑”按钮，在“变量值”的输入字段最后面的部分，先加上“;”，再加上“C:\Program Files (x86) \Java\jdk1.8.0_05\bin”，然后依次单击“确定”按钮三次，就可以完成 JDK 的环境设置。 此处设置 Path 的路径时要特别小心，不能多空格或少空格，且大小写要一致，所加入的路径就是 Java 的安装位置。路径修改完毕后，需要重新启动计算机，以确保新加入的路径可以正确被操作系统识别从而生效。此处请读者务必要特别小心。

图 1-20

图 1-21

## 1-4 Eclipse 简介

传统 Java 程序必须在文本编辑软件（例如记事本或 WordPad）中编写，并将其保存成文本文件，再在 DOS 环境下编译与运行。这种程序的编写方式，不仅在输入过程中容易发生错误，其运行过程也较为复杂，且不易调试。

此时可以考虑采用某个 IDE 开发工具，如 Eclipse 软件。

下面简要介绍 Eclipse 的功能。

### 1-4-1 Eclipse IDE 的下载

首先打开网址 http://www.eclipse.org/downloads。Java Eclipse IDE 有两种版本可供下载，其中 Eclipse IDE for Java Developers 是给一般用户使用的。读者只要下载这个版本即可。

图 1-22

下载图 1-22 所示界面中的 Eclipse IDE for Java Developers 的 Windows 32 Bit 版本。下载完成后，进行文件的解压缩，一般常用的解压工具有 7-Zip 或 WinRAR。完成解压缩后，就可以在产生的文件夹中看到 eclipse 运行文件，如图 1-23 所示。

建议在桌面上建立该程序的快捷方式，以方便日后启动，如图 1-24 所示。

图　1-23

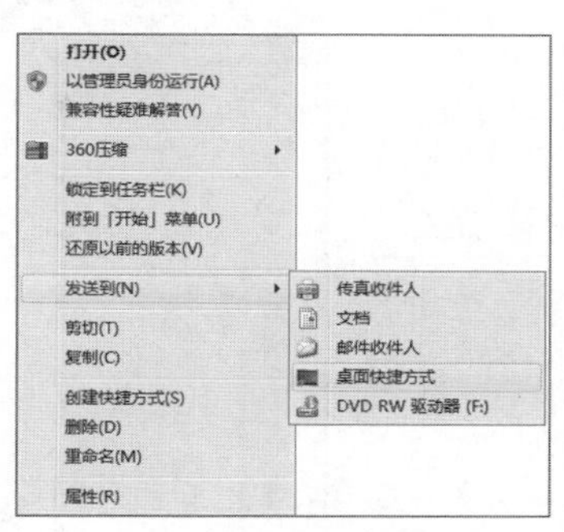


图　1-24

接着就可以在桌面上看到新建的快捷方式图标 。

## 1-4-2　启动 Eclipse

双击 Eclipse 程序图标或桌面的 Eclipse 快捷方式后，即可进入 Eclipse 程序，如图 1-25 所示。

接着会要求建立工作目录，用户可以根据自己的工作需求，填入工作目录，或利用 Browse 按钮选择工作目录的路径，如图 1-26 所示。如果勾选 Use this as the default and do not ask again 复选框，下次程序启动时，就不会再询问了。

图　1-25

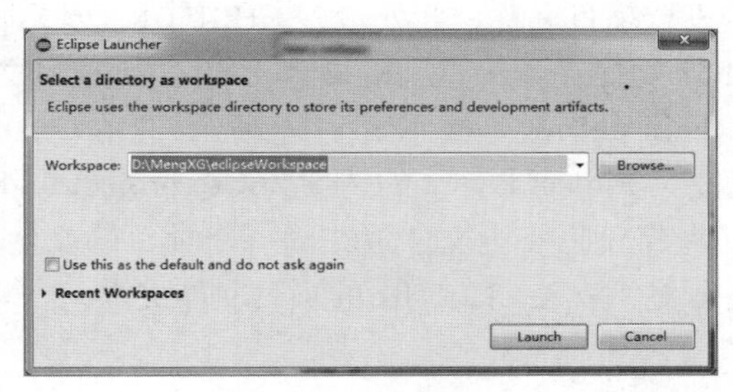


图　1-26

单击 OK 按钮，进入图 1-27 所示的界面。

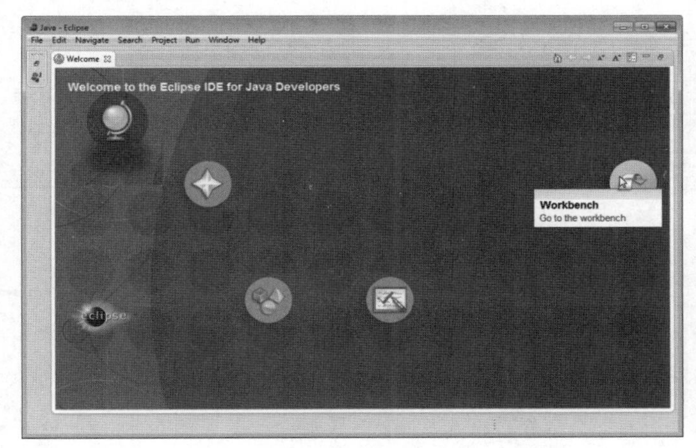


图　1-27

接着单击 Workbench 按钮，进入 Java – Eclipse 主程序窗口，如图 1–28 所示。

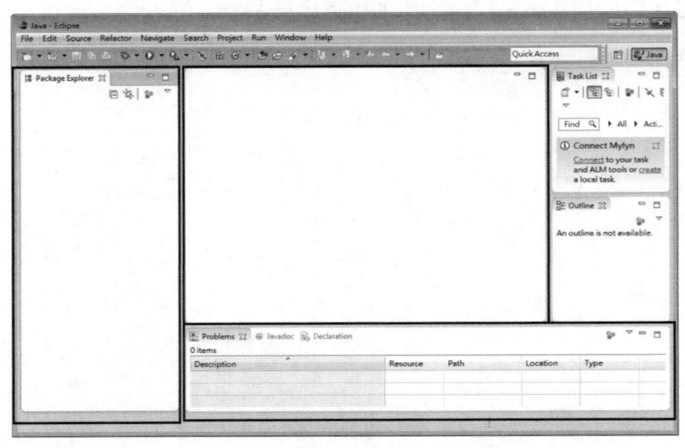


图 1–28

窗口的左侧是各种套件及项目的列表，中间的区域为程序编辑区，程序的运行结果、编译信息或警告信息则会出现在右下侧区域中的对应的面板中。

## 1–4–3 利用 Eclipse 建立第一个程序

首先来建立第一个程序。选择 File → New → Java Project 命令，如图 1–29 所示。

接着设置项目名称，此处输入 CH01_01，因为要将这个项目文件夹放在第 1 章中，所以要事先建立 ch01 文件夹作为默认的新建 CH01_01 项目文件夹的保存位置。请注意，本书中各项目所使用的 JRE 为 jre8，故可按照图 1–30 所示，选中 Use default JRE（currently "jre8"）单选按钮。同时，笔者也更改了 Project layout 的选项为 Use project folder as root for sources and class files，这个选项会将 Java 程序代码及类文件放在同一个项目的文件夹中。本例中，会将 CH01_01 项目的所有程序代码及类文件放入 CH01_01 的项目文件夹内。

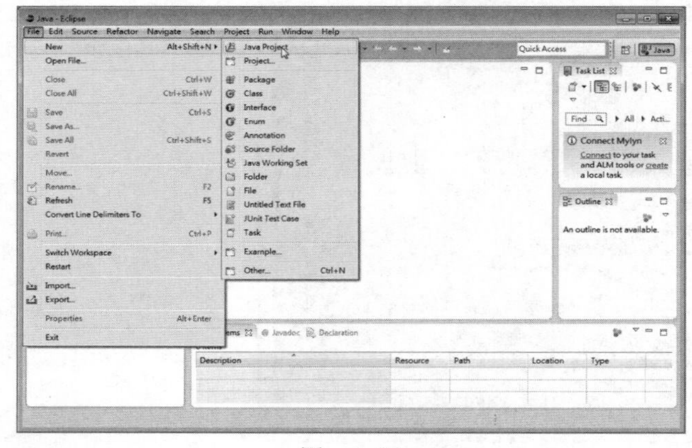


图 1–29

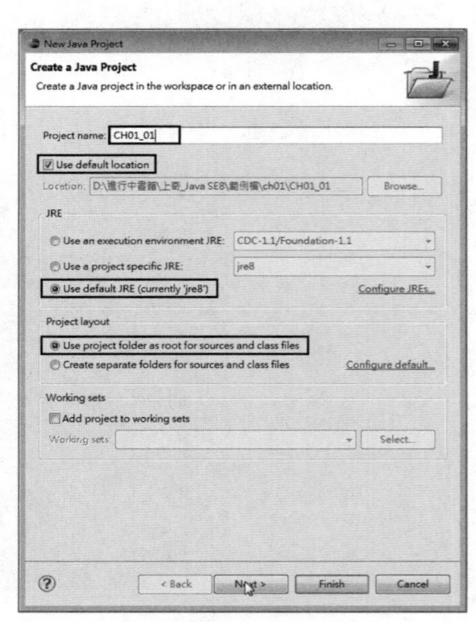


图 1–30

接着，单击 Next 按钮，可以看到项目的详细设置选项，如图 1–31 所示。

单击 Finish 按钮，可以看到项目名称及其他详细数据，如图 1–32 所示。

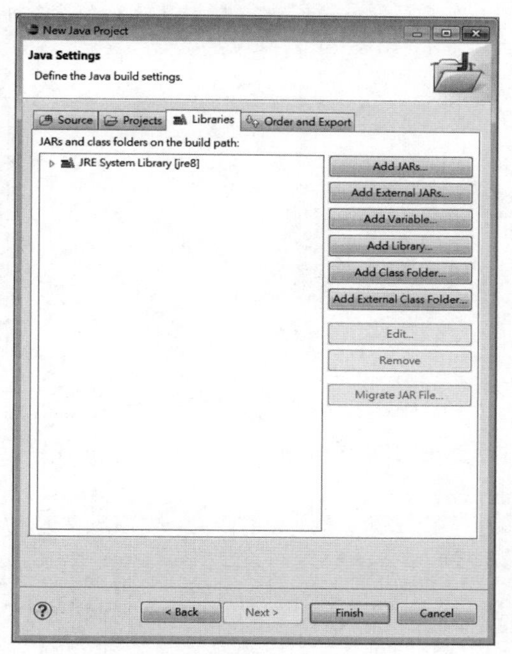


图　1–31

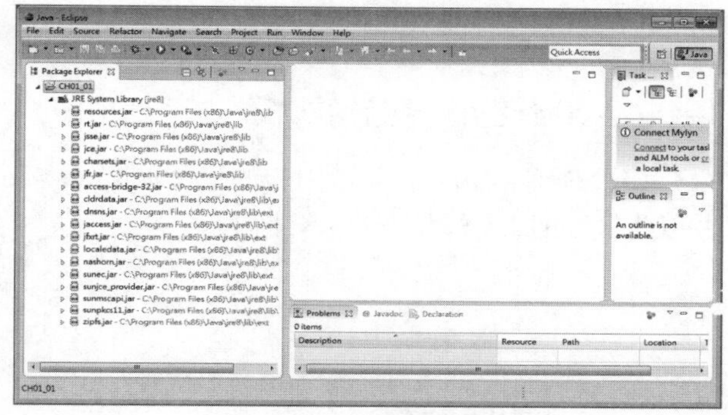


图　1–32

再来加入一个 Class。右击 CH01_01 目录，选择 New → Class 命令，如图 1–33 所示。

填入 Class Name 名称，在这个范例中，在 Name 字段填入 CH01_01，这个 Class Name 是运行 Class 的主要 Class 的名称，最后单击 Finish 按钮，如图 1–34 所示。

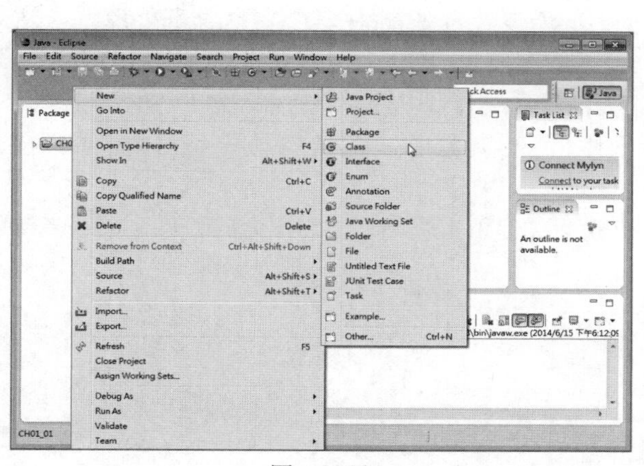


图　1–33

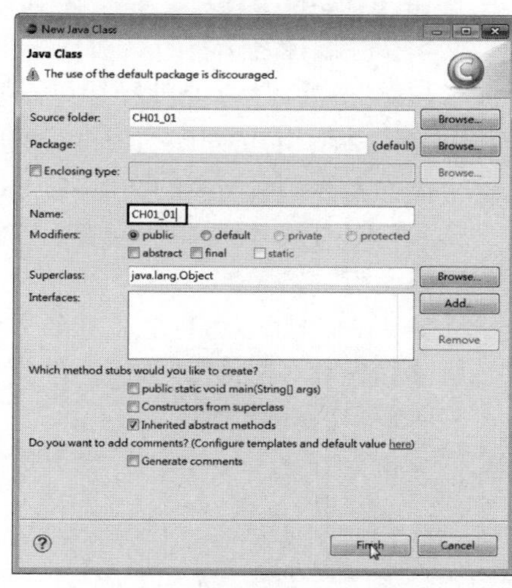


图　1–34

可以看到项目目录下多了一个 CH01_01 目录，目录下有 CH01_01.java，如图 1–35 所示。

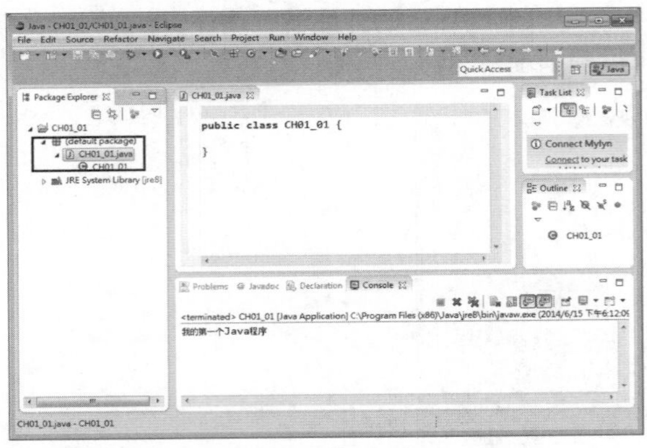

图 1-35

## 1-4-4 Java 的程序结构解析

接着分别利用 Windows 附带的记事本（Notepad）与 Eclipse IDE 来编辑一个简单的 Java 程序，并以此例说明 Java 程序的基本结构。

```
01    /* 文件: CH01_01*/
02    //程序公有类
03    public class CH01_01{
04        //main 主函数
05        public static void main(String[] args){
06            // 向系统输出打印一行文字
07            System.out.println("我的第一个 Java 程序");
08        }
09    }
```

【程序解析】

① 第 1、2 行：程序注释。其中，“//”是 Java 的单行注释符号，此符号后的文字是单纯的说明性文字，在编译及运行时会被直接忽略，不作处理；而“/*”与“*/”属于多行注释标记，“/*”为注释起始标记，“*/”是注释结尾标记，它们之间所包含的文字同样会被视为注释处理。

② 第 3 行：定义程序的公有（public）类。每一个 Java 程序内最多只能拥有一个公有类，并且这个类的名称必须与类的文件名一致，否则无法正确编译。

③ 第 3~9 行：程序中任何类或方法的函数体，都必须包括在“{”与“}”符号内，否则会造成程序编译错误。

了解 Java 程序的运行之后，接下来就要来学习如何编写程序。要写出好的程序，第一步就是要了解“程序基本结构”。

【Java 程序基本结构】

```
01    public class CH01_01 {
02        public static void main (String args[ ] ){
03            System.out.println ("我的第一个 Java 程序");      // 向屏幕输出
04        }
05    }
```

①第 1 行：程序文件名必须与程序中公有类名称相同，就是说在保存上述范例程序时，文件名必须命名为 CH01_01.java，这样在 Windows 操作系统中的 DOS 命令提示符下或是其他编辑软件进行编译时，才不会发生编译错误。

另外，一个标准的 Java 程序基本上至少包含一个类。如果将其中一个类声明成 public，则文件名必须与该程序名称相同。也就是说，在一个 .java 文件里如果有一个以上的类，只能有一个 public 类。但是，如果在 .java 文件中没有一个类是 public 的，则该 Java 程序文件的命名，可以不必和类名称相同。

②第 2 行：main( ) 是 Java 程序的“进入点”，是程序运行的起点，要运行的程序体须编写在这个方法的花括号内“{ }”。程序体运行的顺序是“顺序”运行，直到右括号出现。

【main( ) 语法结构】

```
public static void main(String args[ ] )
{
    程序体；
}
```

其中 main( ) 声明中的 public、static、void 这些修饰词代表的意思分别是“公有”、“静态”和“无返回值”。就是说“main( ) 是个公有的、静态的方法，而且不具有返回值”。关于这些修饰词的意义，我们将在后面的章节作进一步的说明讲解。

③第 3 行：这个部分有三点要说明。第一点是 println( ) 显示输出的部分；第二点是 // 程序注释的部分；第三点是“;”分号的重要性。

- 输出显示的部分：System.out.println( ) 是 Java 程序语言的标准输出，使用的是 System 类下的子类 out，其中子类的 println( ) 屏幕输出显示方式。输出的内容是以括号 ( ) 中所指定的字符串（string）为主，字符串内容以一对“"”符号为一组输出组合。out 类中的输出方式除 println( ) 外还有 print( )，二者的差别在于 println( ) 具有换行显示功能、print( ) 则无换行显示功能。例如：

标准输出语法：

```
System.out.println ("Welcome to Java World");// println() 具有换行显示功能
System.out.print  ("Welcome to Java World"); // print() 无换行显示功能
```

- // 程序注释：程序注释对于程序的编写是很重要的。注释能够使编写程序的作者或非原始设计者清楚地了解该段程序及整个程序的功能及设计思路，对后续的维护有很大的帮助。其中，“//”较适合单行或简短的程序注释，“/*”和“*/”则更适合多行或需要详细说明而导致注释文字较多的情形。注意：程序注释的部分是不会被运行的。
- 分号“;”：Java 程序中，每一行程序代码编写完毕后，必须在最后加入分号“;”以说明程序语法语句到此已经结束。假如遗漏了分号，在编译时会发生编译错误的信息。这是初学者容易疏忽的地方。

④至于程序代码排列的问题，Java 程序语言其实没有严格的规范。因为 Java 语言属于自由格式(Free-format) 的语法编排方式，只要程序代码容易阅读，程序语法和逻辑无误，就可以正确运行。不过，适当地将程序代码“缩进”或是“换行”，可以让程序语句结构清晰，从而容易阅读和理解。

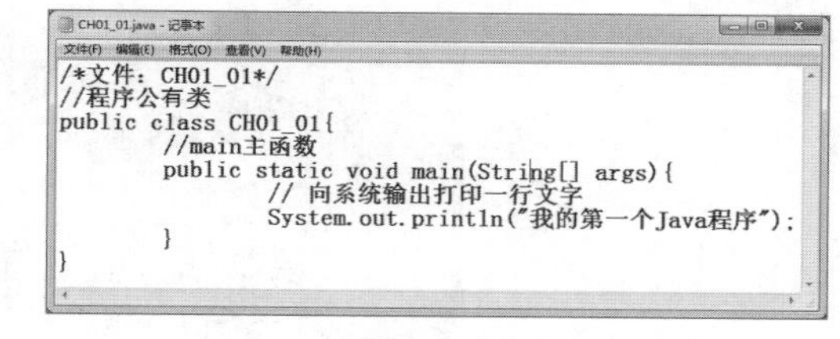


图 1-36

记事本（Notepad）编辑界面如图 1-36 所示。

当使用记事本保存文件时，应在“保存类型”字段选择“所有文件（*.*）”，并使用和程序中的公有类（声明成 public 的类）相同的名称作为文件名。例如，本例中公有类名称为 CH01_01，所以应将文件名存成 CH01_01.java。

**注意**：如果“保存类型”设置成“文字文件（*.txt）”，会造成文件名为 CH01_01.java.txt，它不是一个合法的 Java 程序，将无法被正常编译。

## 1-4-5 利用 Eclipse 运行程序

Eclipse 的编辑界面如图 1-37 所示。

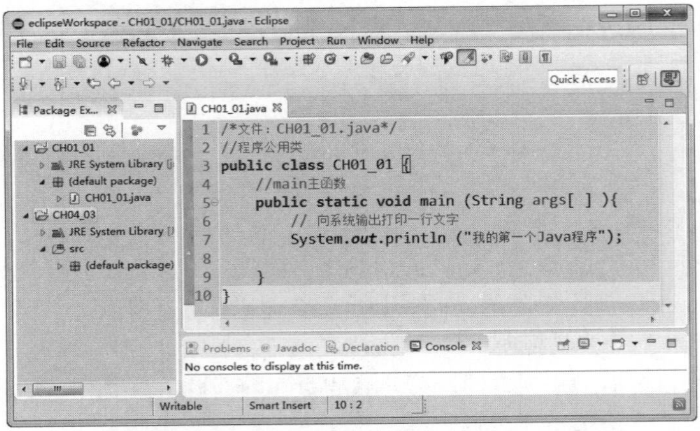

图 1-37

在编辑面左侧的窗格，可以看到项目目录会显示成员、类、函数等信息，如图 1-38 所示。

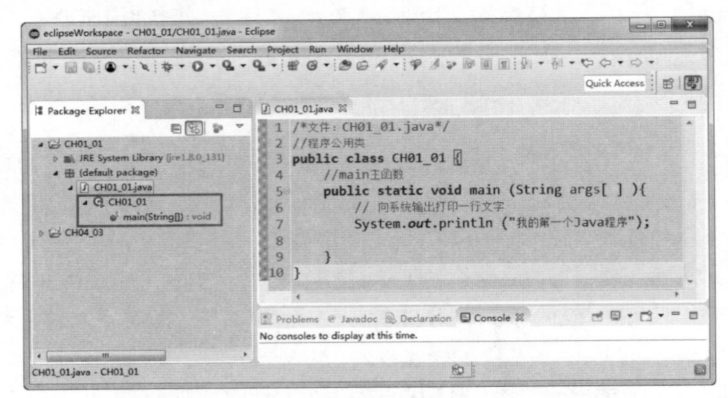


图 1-38

下面运行程序。选择 Run → Run As → Java Application 命令，如图 1-39 所示。

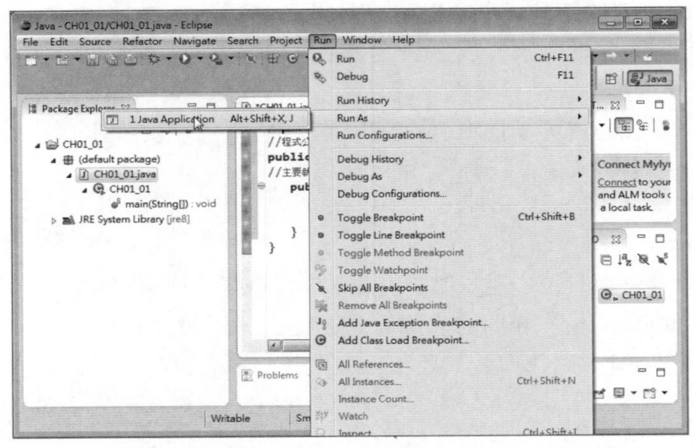


图 1-39

如果程序还没保存就运行，就会出现图 1-40 所示的提示窗口。

然后下面会多一个 Console 面板，可以看到运行的结果，如图 1-41 所示。

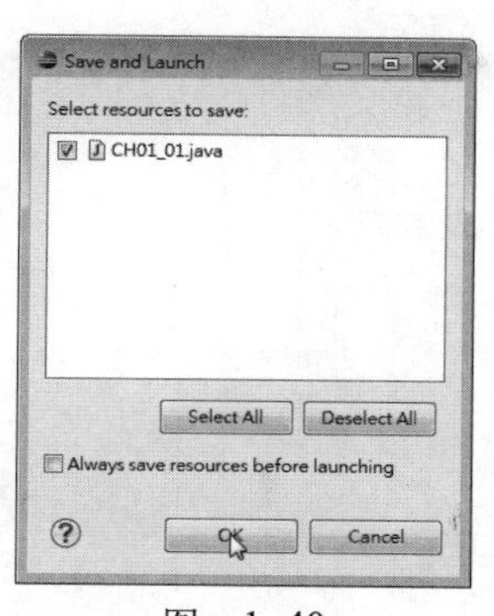

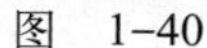

图　1-40

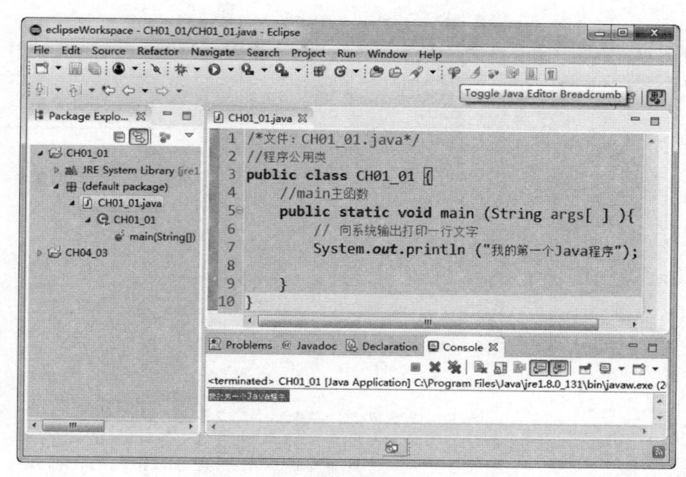


图　1-41

如果对输出的字号不满意，可以选择 Windows → Preference 命令，在打开的 Preferences 对话框中依次选择 Colors and Fonts → Basic → Text font，单击 Edit 按钮，如图 1-42 所示，在打开的“字形”对话框中进行修改，如图 1-43 所示。

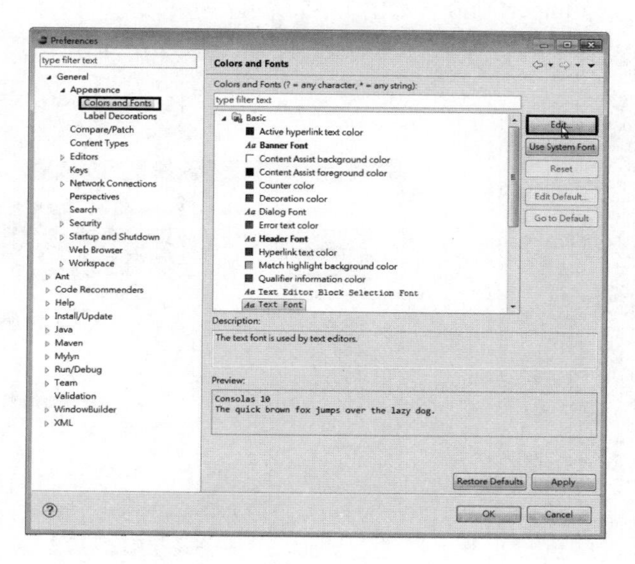


图　1-42

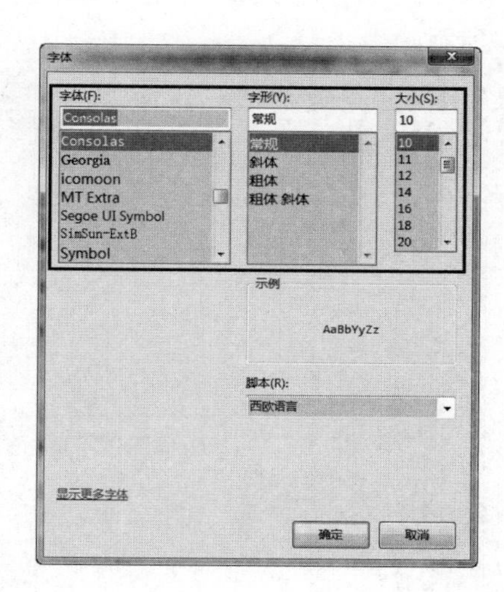


图　1-43

## 1-4-6　在 Eclipse 传递参数给程序

需要补充说明的是，如需增加程序运行时的参数，可选中这个程序，然后在工具栏中单击 Run 按钮，打开 Run Configurations 对话框，接着在 Program arguments 文本框中输入要传递给程序的参数，如图 1-44 所示。

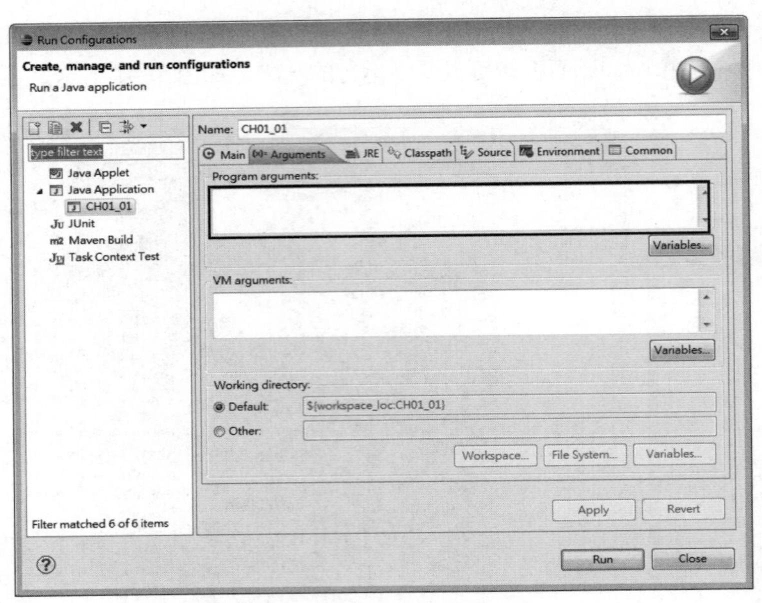


图 1-44

## 1-4-7 导入外部 Java 程序

如果要导入外部已经编写完成的 Java 程序，省去重新输入的麻烦，可将这些程序导入到指定的文件夹内。首先右击项目的文件夹，接着选择 Import 命令，如图 1-45 所示。

选择要导入的程序来源，此处示范从文件系统导入，所以选择 File System，如图 1-46 所示。

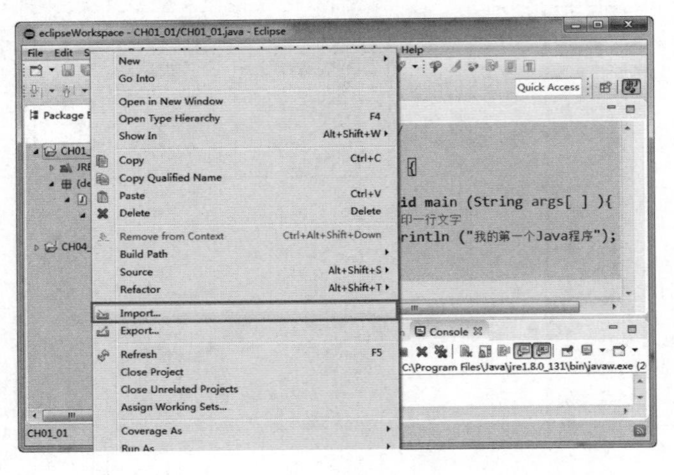


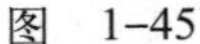
图 1-45

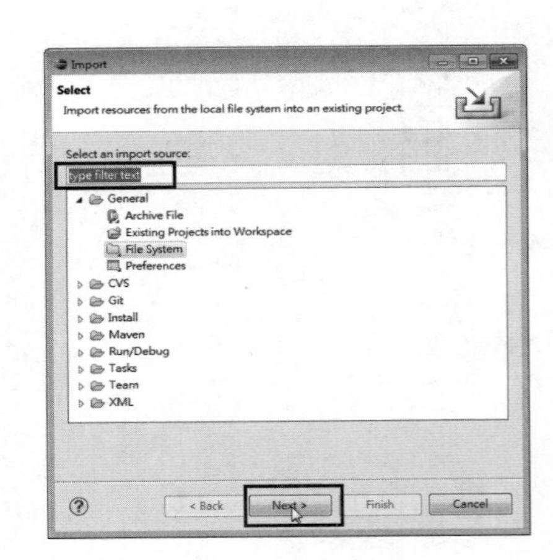


图 1-46

单击 Browse 按钮，切换到要导入程序的指定文件夹，选中要导入的程序后，单击 Finish 按钮，如图 1-47 所示。

接着就可以在左侧项目管理窗格中看到所导入的程序，如图 1-48 所示。

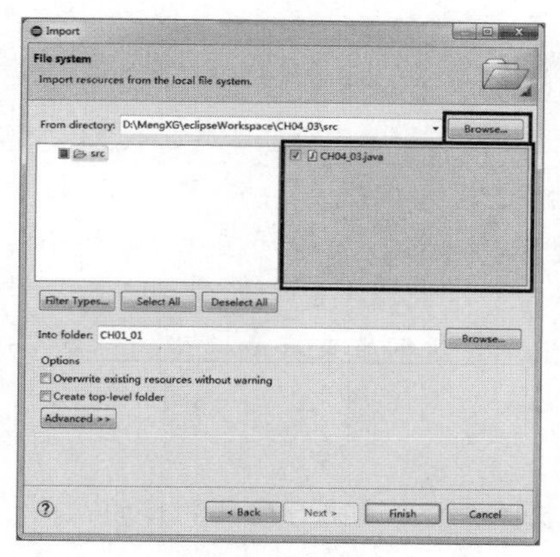


图　1-47

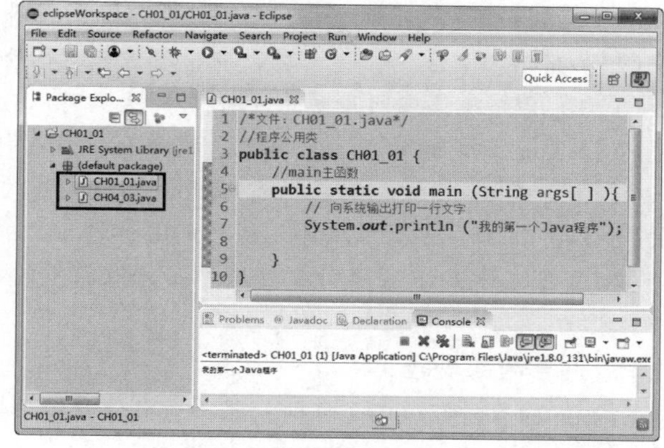


图　1-48

如果要打开某一个程序，只要在该程序名称上双击即可，如图 1-49 所示。

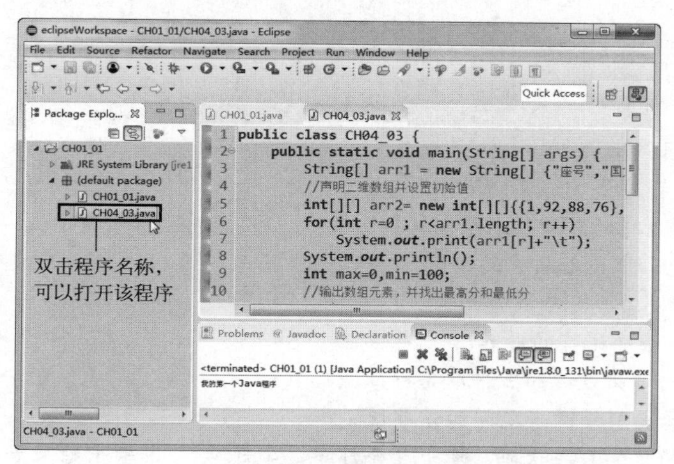


图　1-49

# 习题

## 1. 填空题

（1）Java 在编译程序时，是直接产生________，然后通过各种平台上的虚拟机，转换成机器码，才可以在各种操作系统上运行。

（2）________是最低级的计算机与人类的沟通语言，是以 0 与 1 二进制的方式直接将指令和机器码输入计算机。

（3）Java 的开发工具分成________及________两种。

（4）所谓________，代表 Java 语言运行环境不偏向任何一个硬件平台。

（5）________的主要用途是区分程序的层次，使得程序代码易于阅读。

（6）结构化程序设计的核心精神，就是________设计与________设计。

（7）继承可分为________与________。

（8）________是面向对象设计的重要特性，它展现了动态绑定功能，也称“同名异式”。

（9）Java 具备了________，用户不需要在程序运行结束时手动释放所占用的系统资源。

（10）Java 程序代码通过公用程序________编译原始码。

（11）Java 内置了________类，包含各种与运行处理相关的管理方法。

（12）使用 Java 语言所开发的应用程序，大致可以分为________、________与________三种类型。

（13）Java 所谓的________理念，使得 Java 没有任何平台的限制。

（14）如果 main( ) 的类名称是 Hello，则该文件的名称是 Hello.java。编译时在“命令提示符”下的指令是________；如果编译无误，则运行时在“命令提示符”下的指令是________。

（15）在运行 Java 程序时，对象可以分散在不同计算机里，通过网络来存取远程的对象，这种特性称为________。

**2. 问答与实现题**

（1）Java 为何可以不受任何机器平台或任何操作系统的限制，达到多平台处理的目的？

（2）绘制建立 Java 应用程序的流程图。

（3）下列程序代码是否有误？如果有误请说明错误的地方，并加以修正。

```
01    public class test {
02       public static void main(String[ ] args){
03          System.out.println(踏入 Java 第一步)
04       }
05    }
```

（4）简述程序语言的基本分类。

（5）简述评断程序语言好坏的要素。

（6）简述程序编写的三项基本原则。

（7）简述至少三种 Java 语言的特性。

（8）Java 的开发工具可分成哪两种？

（9）简述 Java 程序语言的源起。

（10）简述面向对象设计的三种重要特征。

（11）简述编译与解译两者之间的差异性。

（12）编写一简单的程序代码，输出“今日事，今日毕”，其输出结果如图 1-50 所示。

（13）编写一简单的程序代码，其输出结果如图 1-51 所示。

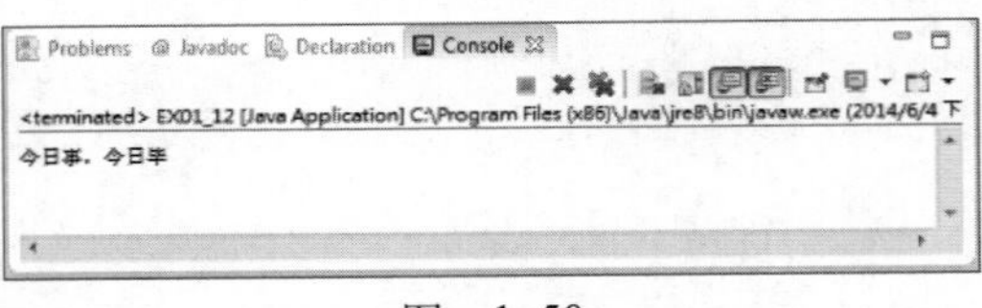


图 1-50

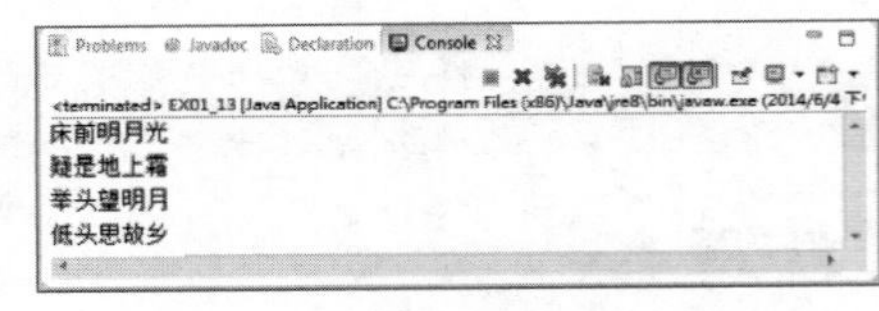


图 1-51

（14）在“命令提示字符”模式下编译与运行（13）题和（14 题）的程序。

（15）编写一简单的程序代码，其输出结果如图 1-52 所示。

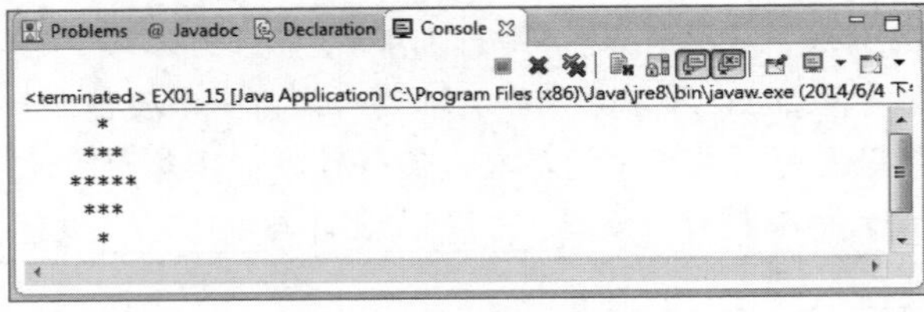


图 1-52

# 第 2 章

# 数据类型、变量与表达式

Java 中数据处理的结果是通过表达式来完成的。通过不同的操作数与运算符的组合，可以得到程序设计者所要的结果。本章将介绍变量与常量的使用及 Java 常见的基本数据类型，其中数据类型代表着变量使用内存空间的大小，而变量用来存放程序运行时的暂存数据。同时，本章会示范如何进行各种数据类型间的转换。

## 学习目标

- 理解数据类型、变量及表达式的相关概念。
- 掌握 Java 基本数据类型的应用。

## 学习内容

- 变量与常量的使用。
- 基本数据类型。
- 自动数据类型转换。
- 基本输入与输出。
- 强制类型转换。

## 2-1 数据类型

Java 的数据类型是一种强制类型（Strongly Type），意思是指：“变量在使用时，必须声明其数据类型，变量的值可以任意改变，但是变量所声明的数据类型不可以随意变动。”

Java 的数据类型可以分成“基本（Primitive）数据类型”与“参考（Reference）数据类型”。

基本数据类型在声明时会先分配内存空间，目前 Java 共有 byte、short、int、long、float、double、char 和 boolean 八种基本数据类型。

参考数据类型则不会在声明时分配内存空间，必须另外再指定内存空间。也就是说，参考数据类型的变量值记录的是一个内存地址。例如，“数组”“字符串”等就是这种数据类型。基本数据类型中八个数据类型的分类关系如图 2-1 所示。

### 2-1-1 整数类型

整型是用来保存整数类型的数据的，整型分为 byte（字节）、short（短整数）、int（整数）和 long（长整数）四种，数据类型的位宽及数值表示的范围如表 2-1 所示。

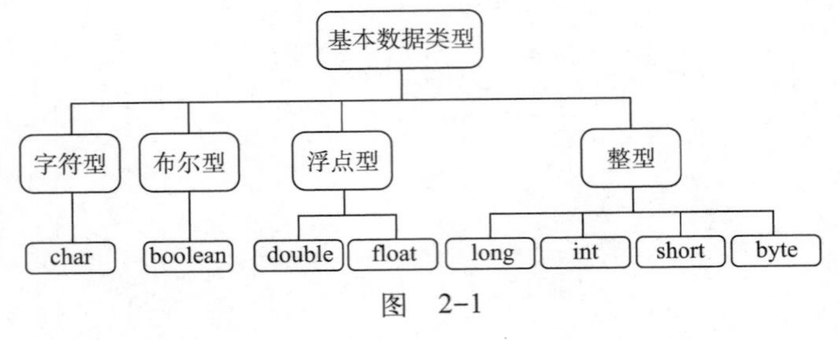


图 2-1

表 2-1

| 基本数据类型 | 名 称 | 字节数 | 使 用 说 明 | 范 围 | 默认值 |
|---|---|---|---|---|---|
| byte | 字节型 | 1 | 最小的整数类型，适用场合：处理网络或文件传递时的数据流（stream） | -127~128 | 0 |
| short | 短整型 | 2 | 不常用的整数类型，适用场合：16 位计算机，但现在已经很少使用 | -32 768~32 767 | 0 |
| int | 整型 | 4 | 最常使用的整数类型，适用场合：一般变量的声明、循环的控制单位量、数组的索引值（index） | -2 147 483 648~2 147 483 647 | 0 |
| long | 长整型 | 8 | 范围较大的整数类型，适用场合：当 int（整数）不敷使用时，可以将变量晋升（promote）至 long（长整数） | -9 223 372 036 854 775 808L~9 223 372 036 854 775 807L | 0L |

【范例程序：CH02_01】

```
01    // CH02_01.java, 字节数据类型声明实例
02    public class CH02_01{
03       public static void main (String args[ ] ){
04          byte a=123;          // 声明变量 a 的数据类型是字节型
05          byte b=1234;
06       }
07    }
```

【程序运行结果】

程序运行结果如图 2-2 所示。

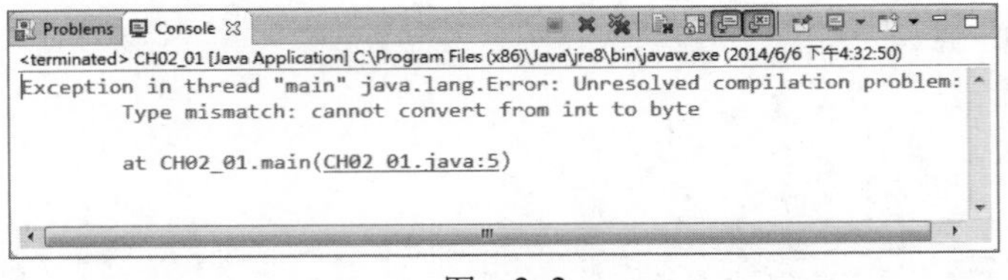


图 2-2

程序 CH02_01 编译后，会发现显示编译错误的信息：Type mismatch: cannot convert from int to byte。这表示数据类型声明错误，byte（字节型）可表示的数的范围是 -127~128。因此，第 4 行可以编译成功，因为 123 符合所规定的范围；但是第 5 行则会编译失败，因为 1234 已经超出了 byte 类型的表示范围，可以改用 short（短整数）数据类型，修改成“short b=1234”，就可以将 1234 包括在指定范围内。

### 2-1-2 浮点数类型

浮点数是指带有小数点的数字，也就是数学上所说的实数。由于程序语言普遍应用在许多精密的科学计算中，因此整数所能表现的范围明显不够，这时浮点数就可派上用场了。

浮点数的表示方法有两种：一种是小数点方式，另一种是科学记数法方式。例如，3.14、

−100.521、6e−2、3.2E−18 等，其中 e 或 E 是代表 10 为底数的科学记数法。6e−2 中，6 称为假数，−2 称为指数。小数点表示法与科学记数法的互换如表 2−2 所示。

表 2−2

| 小数点表示法 | 科学记数法 |
| --- | --- |
| 0.007 | 7e−3 |
| −376.236 | −3.76236e+02 |
| 89.768 | 8.9768e+01 |
| 3450000 | 3.45E6 |
| 0.000543 | 5.43E−4 |

当需要进行小数基本四则运算时，尤其是要进行数学运算上的“开方”或三角函数的正弦、余弦等这类的运算时，运算的结果精度需要有小数点的类型，这时就会使用到浮点数数据类型。Java 的浮点型数据包含 float（浮点数）、double（双精度数），如表 2−3 所示。

表 2−3

| 基本数据类型 | 名　称 | 字节数 | 使　用　说　明 | 范　围 | 默认值 |
| --- | --- | --- | --- | --- | --- |
| float | 浮点型 | 4 | 单一精度的数值，适用场合：当需要小数计算但精准度要求不高，则 float（浮点数）应该就够使用 | 1.402 398 46E−45~3.402 823 47E+38 | 0.0f |
| double | 双精度型 | 8 | 双重精度的数值，适用场合：小数计算精准度要求高，如“高速数学运算”、“复杂的数学函数”或“精密的数值分析” | 4.940 656 458 412 465 44E−324~1.797 693 134 862 315 70E308 | 0.0d |

【范例程序：CH02_02】

```
01    // CH02_02.java, 浮点数与双精度数声明
02    public class CH02_02 {
03       public static void main(String args[ ] ){
04          float a=12.5f;
05          double b=123456.654d;
06          System.out.println("a="+a);
07          System.out.println("b="+b);
08       }
09    }
```

【程序运行结果】

程序运行结果如图 2−3 所示。

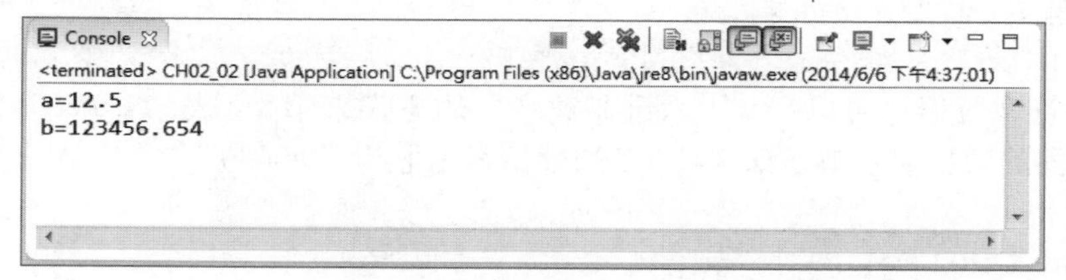


图　2−3

程序代码的第 4 行是声明一个名称为 a 的浮点数，其默认值是 12.5f，数字的后面多加了一个字母 f 表示该数据是 float（浮点数）类型的；程序代码的第 5 行是声明一个名称为 b 的浮点数，其默认值是 123456.654d，数字的后面多加了一个字母 d 表示这个数是 double（双精度）类型的。说明：大写字母 F 和大写字母 D 同样可以作为识别用，但是通常编写程序时，有没有标记并无太大的关系。

## 2-1-3 布尔类型

布尔（boolean）类型的变量，应用于需要关系运算做出判断的情形，其结果值只有 true 和 false 两者之一。例如判断 5>3 是否成立等这样的表达式。

【范例程序：CH02_03】

```
01    // CH02_03.java, 布尔值的声明与打印
02    public class CH02_03
03    {
04        public static void main(String args[])
05        {
06            boolean logic=true;    // 设定布尔变量的值为 true
07            System.out.println("声明的布尔变量的值 ="+logic);
08        }
09    }
```

【程序运行结果】

程序运行结果如图 2-4 所示。

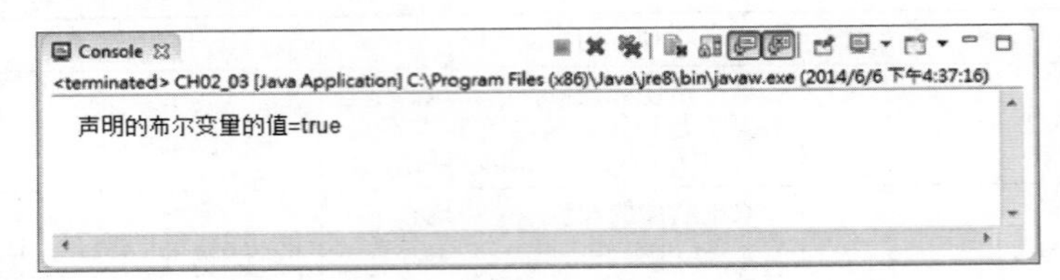


图 2-4

## 2-1-4 字符型

在 Java 中字符数据类型为 char，它是一种使用 16 位数所表示的 Unicode 字符，其数据类型占用的存储空间及数据值表示的范围如表 2-4 所示。

表 2-4

| 基本数据类型 | 名 称 | 字节数 | 位 数 | 范 围 | 默 认 值 |
|---|---|---|---|---|---|
| char | 字符 | 2 | 16 | \u0000~\uFFFF | \u0000 |

在 Java 程序中可以使用一对单引号(' ')将字符括起,进行字符型的声明。需要特别注意的是：声明单一字符是以单引号括住而不是双引号，这和字符串（例如 " 学无止境 "）是以双引号括住字符串的内容是不一样的。例如：

```
char ch1='X';
```

另外，字符型数据也可以“\u 十六进制数字”的方式来示，\u 表示 Unicode 编码格式。不同的字符有不同的数据表示值，如字符 '@' 的数据表示值为“\u0040”，字符 'A' 的数据表示值为“\u0041”。

【范例程序：CH02_04】

```
01    // CH02_04.java, 字符数据类型声明实例
02    public class CH02_04{
03        public static void main(String args[ ]){
04            char ch1='X';
05            char ch2='\u0058';        //Unicode 写法
06            System.out.println("ch1="+ch1);
07            System.out.println("ch2="+ch2);
```

```
08          }
09      }
```

【程序运行结果】

程序运行结果如图 2-5 所示。

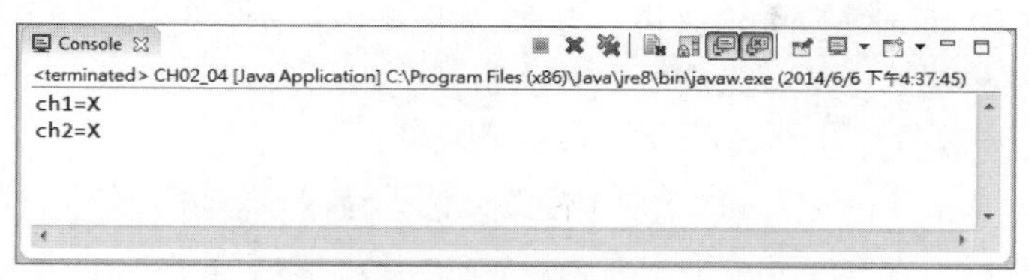


图　2-5

【程序解析】

第 4、5 行：字符数据类型的两种不同写法，可以直接写字符 X，如果知道该字符的 Unicode，也可以使用编码后的十六进制数值作为字符的默认值。

另外，字符型数据中除了一般的字符外，还有一些特殊的字符无法利用键盘来输入或显示在屏幕上，这时候必须在字符前加上反斜杠“\”来通知编译程序将后面的字符当成一个特殊字符，形成所谓“转义字符”(escape sequence character)，并进行某些特殊的控制功能。例如，“\n”是表示换行功能的“转义字符”。各种 Escape 转义字符与 Unicode 码两者之间的关系如表 2-5 所示。

表　2-5

| 转义字符 | 说明 | 十六进制 ASCII 码 |
|---|---|---|
| \b | 退格符（Backspace），倒退一格 | \u0008 |
| \t | 制表符（Horizontal Tab） | \u0009 |
| \n | 换行符（New Line） | \u000A |
| \f | 跳页字符（Form Feed） | \u000C |
| \r | 返回字符（Carriage Return） | \u000D |
| \" | 双引号（Double Quote） | \u00022 |
| \' | 单引号（Single Quote） | \u00027 |
| \\ | 反斜杠（Backslash） | \u0005C |

## 2-2　变量与常量

变量是一种可变化的数值，它会根据程序内部的处理与运算来作相应的改变。简单来说，变量（Variable）与常量（Constant）都是程序员用来存取内存数据内容的识别代码，两者最大的差异在于变量的内容会随着程序运行而改变，而常量则保持固定不变。

### 2-2-1　变量与常量的声明

所谓变量，就是具备名称的一块内存空间，用来保存可变化的数据内容。当程序需要存取某个内存中的内容时，就可通过变量名称将数据由内存中取出或写入。

使用变量前，必须对变量进行声明。Java 程序变量声明语法包括“数据类型”与“变量名称”部分。语法如下：

```
数据类型　变量名称；          // 符号";"代表结束
```

例如，声明两个整型变量 num1、num2，其中 int 为 Java 中整型数声明的关键词（keyword）：

```
int num1=30;
int num2=77;
```

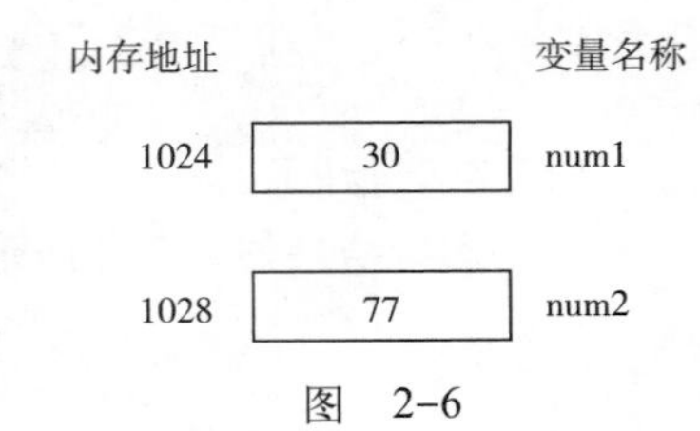

图 2-6

这时，Java 系统会分别自动分配内存给变量 num1，保存值为 30，给变量 num2，保存值为 77。当程序需要存取这块内存时，就可直接利用变量名称 num1 与 num2 来进行存取，如图 2-6 所示。

以上是单一变量声明的语法，当需要同时声明多个相同数据类型的变量时，可利用逗号“,”来分隔变量名称。例如：

```
long apple, banana ; // 同时声明多个 long 类型的变量，以逗号作为分隔
```

完成变量的声明后，有些变量可根据需要设定初始值。在变量声明的语法中，加入初始值设定的语法如下：

```
数据类型  变量名称 = 初始值 ;
```

例如：

```
int apple=5 ;                    // 单个 int 类型的变量，并设定初始值为 5
boolean a=true,b=false;          // 同时声明多个 boolean 类型的变量，并设定初始值
```

在设定初始值时，注意数据类型的“字符”和“浮点数”的设定。设定 char 型变量的初始值可用“字符”“Unicode 码”“ASCII 码”三种类型来表示，若其中初始值为“字符”或“Unicode 码格式”，必须在数值两端用单引号“'”括起来。如下所示：

```
char  apple=' @ ';               //初始值为字符表示"@"
char  apple=' \u0040 ';          //初始值为 Unicode 码格式"\u0040"
char  apple=64;               //初始值为 ASCII 码格式"64",ASCII 码为十进制的表示方式
```

上述所提到的 Unicode 码，指“统一码、标准万国码”，以 2 字节表示，共有 65 536 种组合，是 ISO-10646 UCS（Universal Character Set，世界通用字符集）的子集。

## 2-2-2 变量与常量的命名规则

在 Java 中，标识符（Identifier）是用来命名变量、常量、类、接口、方法的。标识符是由用户自行命名的文字，由英文大小写字母、数字或下画线（_）等符号组合而成。

给变量命名要遵循一定的要求与规则：

①必须为合法的标识符，变量第一字符的设定必须为字母、“$”及“_”其中一种。变量第一字符后的设定可以为“字母”、“$”、“数字”及“_”等，且变量名称最长为 255 字符。另外，在 Java 中，标识符是区分大小写的。例如，M16 与 m16 即表示两个不同的变量。

②变量名称不可是 Java 中的关键词、保留字、运算符及其他符号，如 int、class、+、-、*、/、@、# 等。Java 中的关键词是具有明确意义的英文单词组成，Java 赋予这些单词具有程序内定的某些功能，如设定变量数据类型的功能、程序流程控制、布尔值的表示等。Java 共有 52 个关键词，在使用时也必须注意大小写是“敏感的”，Java 中关键词名称全部使用小写。关键词按使用功能分类如表 2-6 所示。

表 2-6

| | | | | | | |
|---|---|---|---|---|---|---|
| 程序流程控制 | do | while | if | else | for | goto |
| | switch | case | break | continue | return | throw |
| | throws | try | catch | finally | | |
| 数据类型设定 | double | float | int | long | short | boolean |
| | byte | char | | | | |

续表

| | | | | | | |
|---|---|---|---|---|---|---|
| 对象特性声明 | synchronized | native | import | public | class | static |
| | abstract | private | void | extend | protected | default |
| | implements | interface | package | | | |
| 其他功能 | this | new | super | instanceof | assert | null |
| | const | strictfp | volatile | transient | true | false |
| | final | | | | | |

③同一作用域范围内，变量名称必须是“唯一”的；但在不同作用域范围下，变量的名称允许相同。

虽然变量的声明仅须遵守上面的三个主要规则，但在实际应用中，还是建议程序员参考 Sun 公司所制定有关 Java 程序的编写规范。因为如果大家都能遵守这些惯用的命名法，所编写的程序就可以保持一致性，无论阅读还是维护都更容易。下述为几个重要的程序编写规范：

①“见名知意”，不取无意义的变量名称。

在为变量设定名称时，还须考虑一个重要原则，就是尽量使用有明确意义的名称，避免无意义的变量名称，如 abc。尽量使用有代表意义的名称，明确意义的名称可以突显变量在程序中的用途，使得程序代码更易懂，方便调试及日后的维护。例如，声明处理“姓名”的变量时可以命名为 name，而处理“成绩”的变量则可以命名为 score 等。

②注意变量名称字符的大小写。

在 Java 程序中有一个不成文的规则，通常变量名称是以小写英文字母作为开头，并接上一个大写开头的有意义的单词。例如，声明处理“用户密码”的变量可以命名为 userPassword。

表 2-7 列出了不同的命名，并说明命名是否符合命名规则。

表　2-7

| 范　　例 | 说　　明 |
|---|---|
| My_name_is_Tim | 符合命名规则 |
| My_name_is_TimChen_Boy | 虽然名称很长，但是 Java 变量名称对长度没有限制，所以符合命名规则 |
| Java 2 | 不可以有空格符，正确应该是“Java2” |
| Java_2 | 符合命名规则 |
| _TimChen | 符合命名规则 |
| AaBbCc | 符合命名规则 |
| 2_Java | 第一个字符不可以是数字，正确应该是“Java2”或“_2Java” |
| @yahoo | 不可以使用特殊符号“@”，可以更改成“yahoo” |
| A=1+1 | 不可以使用运算符号“+、－、×、\” |

**注意**：Java 与其他的程序语言最大的不同在于它舍弃了“常量”的定义声明，因此并无所谓的常量类型存在；但程序开发人员仍然可以利用 Java 关键词 final 来作为常量的定义操作。

final 关键词主要是强调此关键词后的各种对象不能再被重新定义。利用 final 关键词来声明常量的方式如下：

```
final 数值类型 常量名称 = 起始值 ;
```

例如：

```
final   float   PI=3.1415926;
```

程序中，常量常用于定义数值不会被改变的对象，例如圆周率（PI）、光速（C）等；常量的作用范围包括整个程序。因此常量经常被声明为类成员，也就是所谓的成员变量。为了与变量有所区别，常量的命名大多使用大写英文字母。

下面的范例是实现相对论的公式 $e=mc^2$。定义一个常量 C（光速），及两个变量 m（质量）与 e（能量），通过此范例来了解变量与常量的声明方式。

【范例程序：CH02_05】

```
01    // CH02_05.java, 变量与常量声明
02    public class CH02_05
03    {  //声明常量C(光速)
04       final static double C=2997924581.2;
05       public static void main(String args[])
06       {
07          //声明变量e与m
08          int  m;
09          double  e;
10          //变量赋值
11          m=10;
12          e=m*C*C;
13          //输出到屏幕
14          System.out.println("当质量为: "+ m);
15          System.out.println("所释放出的能量为: "+ e);
16       }
17    }
```

【程序运行结果】

程序运行结果如图 2-7 所示。

```
Console
<terminated> CH02_05 [Java Application] C:\Program Files (x86)\Java\jre8\bin\javaw.exe (2014/6/6 下午4:38:44)
当质量为: 10
所释放出的能量为: 8.987551794563195E19
```

图 2-7

# 2-3 基本输入/输出功能

输出（Output）与输入（Input）是一个程序最基本的功能。在 Java 中，有多个负责数据输入/输出的数据流(Data Stream)类，其中最基础的 I/O 操作还是使用 System 类中的 out 对象和 in 对象，它们各自拥有一些操作标准输出（out 对象）与输入（in 对象）的方法。

## 2-3-1 向屏幕输出数据

在 Java 的标准输出描述中，它的声明方式如下所示：

```
System.out.print(输出数据);          //不会换行
System.out.println(输出数据);        //输出后换一行
```

① System.out：代表系统的标准输出。

② println 与 print：它们的功能都是将括号内的字符串打印输出，不同之处在于 print 在输出内容后不会换行，而 println 则会自动换行。

③输出数据的格式可以是任何类型，包括变量、常量、字符、字符串或对象等。

例如下面的程序片段：

```
    System.out.println(" 字符串 A"+ " 字符串 B"); // 利用运算符 "+" 来作字符串连接的运算
    System.out.println （布尔值变量 ? 变量 A: 变量 B); // 利用三元条件运算符，根据条件判断的真假，输出不同变量的值
```

【范例程序：CH02_06】

```
01    // 程序 :CH02_06.java，基本输出
02    public class CH02_06
03    {
04        public static void main(String args[])
05        {    // 声明变量
06            String  myStringA=" 第一个字符串 ";
07            String  myStringB=" 第二个字符串 ";
08            String  myStringC=" 会串联在一起 ";
09            int  myIntA=3;
10            boolean  myBoolean=true;
11            // 屏幕输出
12            System.out.print("[Java 基本输出练习 ]\n");
13            System.out.println("" 真 " 的英文是 "+ myBoolean);
14            System.out.println(myStringA+ myStringB);
15            System.out.println(myStringC);
16            System.out.println("1+ 2="+ myIntA);
17            System.out.println("5 - 3="+ (5 - myIntA));
18        }
19    }
```

【程序运行结果】

程序运行结果如图 2-8 所示。

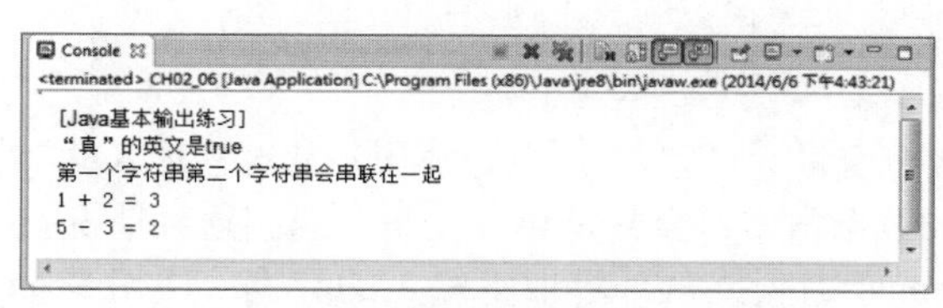


图　2-8

【程序解析】

①第 12 行：利用 \n 转义字符，强制 print( ) 方法作换行动作。

②第 12~17 行：示范各种基本输出使用方法。

## 2-3-2　从键盘输入数据

在 Java 中，标准输入可以使用 System.in，并配合 read( ) 方法，方法如下：

```
System.in.read();
```

① System.in：代表系统的标准输入。

② read( )：read( ) 方法的功能是先从输入流（例如键盘输入的字符串）中读取下一个字节的数据，再返回该字节对应的 0~255 之间的整数类型的数据值（即 ASCII 码）。

例如下面的程序片段：

```
System.out.println(" 请从键盘输入一个字符 ");
char data=(char)System.in.read();
```

在此程序片段中，因为 read( ) 会返回整型数据类型，所以要在 read 方法前面加上（char）语句，对返回的数值做强制类型转换（int 转 char）。另外，由于 read( ) 方法一次只能读取一个字符，

而这个程序中仅有一行 read( ) 方法的语句，所以上面不管输入了多少个字符，程序都只会读到第一个字符的 ASCII 值。

【范例程序：CH02_07】

```
01    //程序:CH02_07.java, 基本输入
02    import java.io.*;
03    public class CH02_07
04    {
05       private static char myData;
06       public static void main(String args[])throws IOException
07       {
08          System.out.print("[基本输入练习]\n");
09             System.out.print("请输入文字: ");
10             //文字输入
11             myData=(char)System.in.read();
12          System.out.println("输入的数据为: "+ myData);
13       }
14    }
```

【程序运行结果】

程序运行结果如图 2-9 所示。

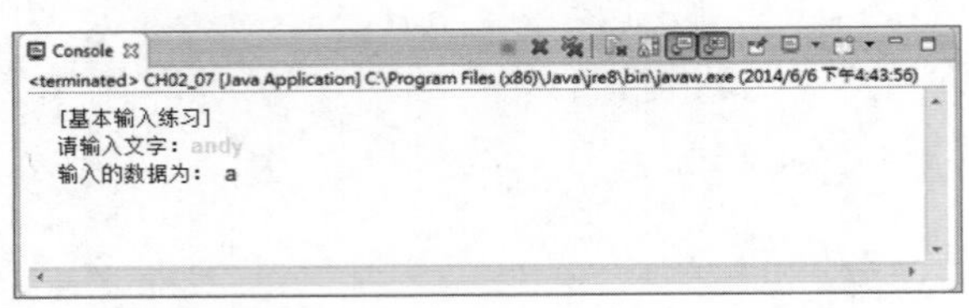


图 2-9

【程序解析】

第 5 行：声明一个字符变量 myData，用以存放用户从键盘输入的字符数据。

实际应用中，输入的数据常常不会只是单一字符，遇到这种情况就可以使用 java.util.Scanner 类，这个类可以通过 Scanner 对象来从外界取得输入的数据。使用 Scanner 类，必须使用 new 运算符新建一个 Scanner 类的实例对象，其声明的语法如下：

```
java.util.Scanner input_obj=new java.util.Scanner(System.in);
```

建立好 Scanner 对象后，就可以利用该对象所提供的方法，来取得用户从键盘输入的数据内容：要输入一整行字符串，Scanner 对象提供 nextLine( ) 方法；要取得输入的整数，Scanner 对象提供 nextInt( ) 方法；要取得输入的浮点数，Scanner 对象提供 nextDouble( ) 方法。下面是针对各种数据的输入方法：

```
java.util.Scanner input_obj=new java.util.Scanner(System.in);
System.out.print("请从键盘输入字符串数据类型：");
String StrVal=input_obj.nextLine();
System.out.println("您所输入的字符串值为 "+StrVal);

System.out.print("请从键盘输入整数数据类型：");
int IntVal=input_obj.nextInt();
System.out.println("您所输入的整数值为 "+IntVal);

System.out.print("请从键盘输入浮点数数据类型：");
double DoubleVal=input_obj.nextDouble();
System.out.println("您所输入的浮点数为 "+DoubleVal);
```

# 2-4　数据类型的转换

Java 的数据类型定义很严谨，不允许数据类型间随意转换（Conversion），也就是说如果原本设定的数据类型是 int，赋值为 char 类型的数据时，编译会发生错误。

转换的方式有两种：一种是“由小变大”，另一种是“由大转小”。

## 2-4-1　由小变大

“由小变大”的类型转换会“自动转换”，不会降低精度。下面列出不同类型自动转换机制中的“大小”关系：double（双精度数）> float（浮点数）> long（长整数）> int（整数）> char（字符）> short（短整数）> byte（字节）

①转换类型间必须兼容。例如，short 可以和 int 互相转换，但不可以和 byte 转换。

②“目的变量”的数据类型必须大于“来源变量或数据”的数据类型，也就是以范围较大的为主。例如：short 可以和 int 互相转换；int 可以和 long 互相转换。

## 2-4-2　由大转小

“由大变小”的转换机制需按“指定类型”转换，就是“强制类型转换”，即当“目的变量”的数据类型小于“来源变量或数据”的数据类型时，必须明确“指定转换”。其语法如下：

```
(指定类型) 数据 | 变量;    // 注意括号不可省略
```

所谓“指定类型”是指目的类型。“数据 | 变量”是指来源变量或数据。大范围的数据类型转换成小范围的数据类型时，部分数据可能会被切割。

例如，声明两个整数变量，分别为 X 和 Y，并各指定默认值，X=19、Y=4。如果除法运算“X/Y”，则运算的结果（Z）为 4；但如果需要结果的精确度能够到小数点，那结果的类型就不能使用“整数 int”，正确的做法应该是采用“强制类型转换”的方式，重新定义结果的类型：

```
Z=(float)X/(float)Y; // 先将 X 和 Y 的原本所声明的整数类型强制转变成浮点数，再做运算
```

【范例程序：CH02_08】

```
01    // 程序：CH02_08.java，数据类型的转换
02    public class CH02_08{
03       public static void main(String[ ] args){
04          int i=10;
05          byte b=(byte)i;
06          byte b1=65;
07          char c=(char)b1;
08          System.out.println("i="+i);
09          System.out.println("b="+b);
10          System.out.println("b1="+b1);
11          System.out.println("c="+c);
12       }
13    }
```

【程序运行结果】

程序运行结果如图 2-10 所示。

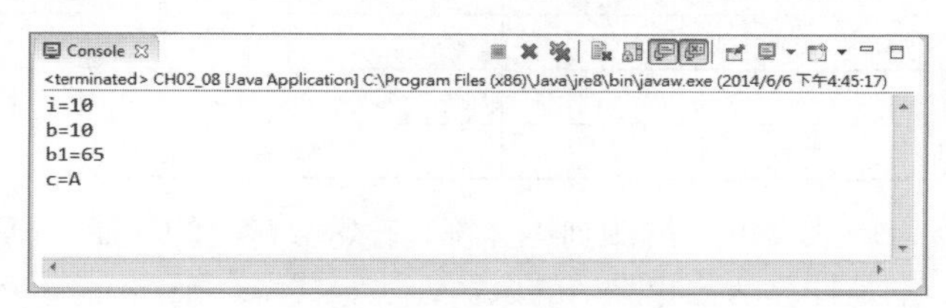


图　2-10

# 2-5 表达式与运算符

精确快速的计算能力是计算机最重要的能力之一，而这些是通过程序语言中各种表达式来实现的。

表达式（Expression）就像平常所用的数学公式一样，由运算符（Operator）与操作数（Operand）所组成。以下就是个简单的表达式：

```
d=a*b-123.4;
```

其中，d、a、b、123.4 等常量或变量称为操作数，而 =、*、– 等运算符号称为运算符。Java 的运算符除了基本的加、减、乘、除四则运算符号外，还有很多运算符，如赋值运算符（=）也属于运算符的一种。Java 中的运算符如表 2-8 所示。

表 2-8

| 运算符 | 说　明 | 运算符 | 说　明 | 运算符 | 说　明 |
|---|---|---|---|---|---|
| + | 加法 | ++x | 运算前加法 | >> | 位右移 |
| – | 减法 | x++ | 运算后加法 | >>> | 位左移，并且补“0” |
| × | 乘法 | == | 等于 | = | 一般赋值 |
| \ | 除法 | != | 不等于 | &= | AND 赋值 |
| % | 计算余数 | > | 大于 | \|= | OR 赋值 |
| –x | 负号 | < | 小于 | ^= | XOR 赋值 |
| +x | 正号 | >= | 大于或等于 | >>= | 右移赋值 |
| ! | NOT 逻辑 | <= | 小于或等于 | <<= | 左移赋值 |
| ––x | 运算前减法 | && | AND 逻辑 | >>>= | 逻辑右移赋值 |
| x–– | 运算后减法 | \|\| | OR 逻辑 | | |

表达式是由操作数和运算符组成。操作数代表运算数据，运算符代表运算关系，例如算术运算符、关系运算符、逻辑运算符、移位运算符及赋值等。

## 2-5-1 算术运算符

算术运算符（Arithmetic Operators）是进行一般数学运算的加、减、乘、除四则运算的运算符，是经常使用的数学运算符。这些运算符的用法及功能与传统的数学运算相同，但值得注意的是加号除了可以运行数值相加计算的功能外，还具有“字符串连接”的功能。

①加、减、乘、除及余数运算。基本运算符的用法如表 2-9 所示。

表 2-9

| 算术运算符 | 用　途 | 范　例 | 结　果 |
|---|---|---|---|
| + | 加法 | X=2 + 3 | X=5 |
| – | 减法 | X=5 – 3 | X=2 |
| * | 乘法 | X=5 * 4 | X=20 |
| / | 除法 | X=100 / 50 | X=2 |
| % | 取余数 | X=100 % 33 | X=1 |

表 2-9 中的四则运算符与日常数学上的功能一模一样，在此不再赘述；而取余数运算符（%）则是计算两数相除后的余数，注意其两个操作数都必须是整数类型。

②递增（Increment）与递减（Decrement）运算。

递增运算符“++”及递减运算符“--”是针对变量操作数加 1 或减 1 的简化写法，只适用于整数类型的运算，属于一元运算符的一种，可增加程序代码的简洁性。如果依据运算符在操作数前后位置的不同，递增和递减运算符还可以细分成分成前序（Prefix）及后序（Postfix）两种。运算方式如表 2-10 所示。

表　2-10

| 使用方式 | 范例：X=5 | 运算完成后结果 | 批　注 |
|---|---|---|---|
| 前序 | A=++X | A=6，X=6 | 先将 X 值加 1 后，再将 X 值赋值给 A |
|  | A=--X | A=4，X=4 | 先将 X 值减 1 后，再将 X 值赋值给 A |
| 后序 | A=X++ | A=5，X=6 | 先将 X 值赋值给 A，然后再将 X 值加 1 |
|  | A=X-- | A=5，X=4 | 先将 X 值赋值给 A，然后再将 X 值减 1 |

③数值的正负数表示。在运算中，表示正数时不需要使用任何符号，但表示负数时则要使用减法运算符的符号（-）来表示“负号”。负数进行减法运算时，为了避免运算符混淆，最好使用空格或“括号”隔开。例如：

```
int x=5;          // 声明变量 x 为 int 整数类型，设定初始值为 5
x=x- -2;          // 空格隔开，避免和递减运算符混淆
x=x-(-2);         // 括号隔开
```

【范例程序：CH02_09】

```
01    /* 文件名: CH02_09.java
02    * 说明: 水果礼盒
03    */
04    public class CH02_09{
05        public static void main(String args[]){
06            int apple=15,banana=20;// 声明变量
07            System.out.print("(1) 小明买苹果 15 个，香蕉 20 个，水果总共买了 ");
08            System.out.println((apple+banana)+" 个 ");
09            System.out.print("(2) 苹果每个 10 元，香蕉每个 3 元，水果总共花费 ");
10            System.out.println((apple*10+banana*3)+" 元 ");
11            System.out.print("(3) 将苹果 4 个和香蕉 3 个装成一盒，共可包装 ");
12            System.out.println((apple/4)+" 盒 ");
13            System.out.println("(4) 装盒后苹果剩下 "+(apple%4)+" 个，
    "+" 香蕉剩下 "+(15-3*3)+" 个 ");
14        }
15    }
```

【程序运行结果】

程序运行结果如图 2-11 所示。

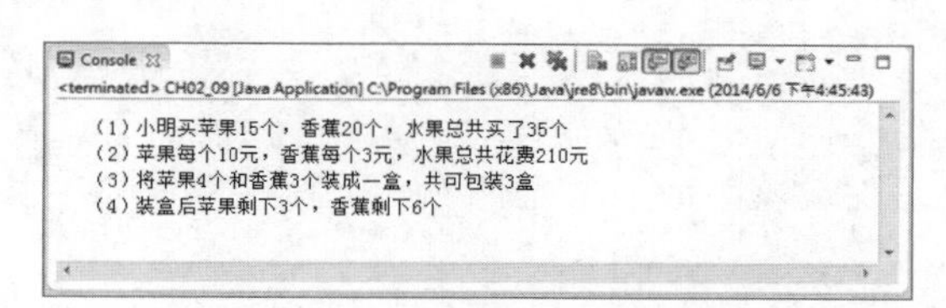


图　2-11

【程序分析】

① 第 6 行：声明变量，声明苹果（apple）及香蕉（banana）数量各为 15 个和 20 个，表示各水果数量的变量的数值类型为 int 类型。

② 第 7~13 行：示范简单的算术运算。

### 2-5-2 关系运算符

关系运算符（Relational Operand）用于讨论两个操作数之间的关系是大于（>）还是小于（<）或是等于（==），此类关系都可以用关系运算符来运算。关系运算的结果为布尔值，如果成立就返回真值（true）；不成立则返回假值（false）。运算符如表 2-11 所示。

表 2-11

| 关系运算符 | 用　途 | 范　例 | 运算运行结果 |
|---|---|---|---|
| == | 等于 | 10 == 10 | true |
| | | 5 == 3 | false |
| != | 不等于 | 10 != 10 | false |
| | | 5 != 3 | true |
| > | 大于 | 10 > 10 | false |
| | | 5 > 3 | true |
| < | 小于 | 10 < 10 | false |
| | | 5 < 3 | false |
| >= | 大于或等于 | 10 >= 10 | true |
| | | 5 >= 3 | true |
| <= | 小于或等于 | 10 <= 10 | true |
| | | 5 <= 3 | false |

需要注意的是，一般数学上使用“≠”表示“不等于”，但“≠”符号在编辑软件中无法由键盘直接输入，因此 Java 使用“!=”来代替“≠”表示“不等于”；另外，“等于”在数学上使用一个等于符号（=）表示，但在 Java 中则是以两个等于符号（==）来表示。读者在使用时要多加注意“不等于”和“等于”的表示方式。

【范例程序：CH02_10】

```
01    /* 文件名: CH02_10.java
02    * 说明: 关系运算
03    */
04    public class CH02_10{
05       public static void main(String args[]){
06          System.out.println("15 大于 5 为 "+(15>5)+"\n");
07          System.out.println("15 小于 5 为 "+(15<5)+"\n");
08          System.out.println("15 大于等于 15 为 "+(15>=15)+"\n");
09          System.out.println("15 小于等于 5 为 "+(15<=5)+"\n");
10          System.out.println("15 不等于 5 为 "+(15!=5)+"\n");
11          System.out.println("15 等于 5 为 "+(15==5)+"\n");
12       }
13    }
```

【程序运行结果】

程序运行结果如图 2-12 所示。

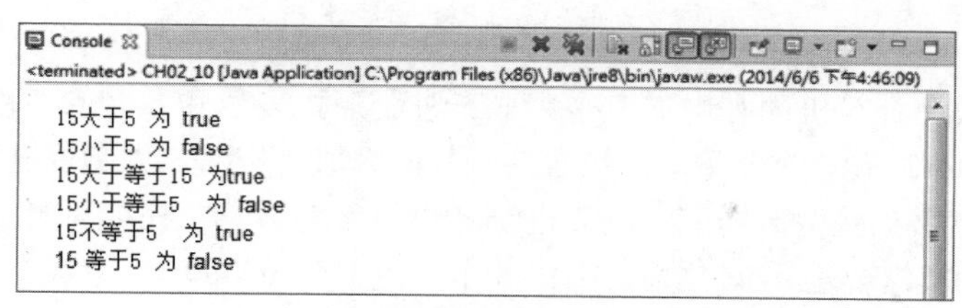


图　2-12

【程序解析】

① 第 6~11 行：简单的运算两个数值的关系，关系运算符计算的结果是得到两个操作数之间的关系，所以结果不是数值型的，而是布尔类型的数据。

② 程序代码中使用“\n”表示“换行”的。

## 2-5-3　逻辑运算符

逻辑运算符（Logical Operator）是用来完成基本的逻辑判断的运算，并将判断的结果以 0 代表 false，1 代表 true。其中，“&&”和“||”运算符的运算规则与比较运算符相同，是由左至右的顺序，而“!”运算符则是由右至左的运算顺序。

逻辑运算符在运用上可分为“布尔类型的逻辑运算”和“位的逻辑运算”两种。逻辑运算符用于描述两个关系运算符之间的关系，也就是讨论“a>0 && b>0”这类的运算结果，结果以布尔数据类型形式呈现。

1. 布尔类型的逻辑运算

利用布尔类型的 true 和 false 两种表示，如表 2-12 所示。

表　2-12

| 逻辑运算符 | 用　途 | 范例：boolean A, B | 运算结果说明 |
|---|---|---|---|
| ! | NOT | !A | 当 A 为 true，返回值为 false |
| | | | 当 A 为 false，返回值为 true |
| & | AND | A & B | A 和 B 同时为 true 时，值为 true，否则为 false |
| \| | OR | A \| B | A 和 B 同时为 false 时，值为 false，否则为 true |
| ^ | XOR | A ^ B | 当 A 和 B 相同时，值为 false；不相同则值为 true |

① AND 逻辑，如表 2-13 所示。

表　2-13

| AND 逻辑 | true | false |
|---|---|---|
| true | T | F |
| false | F | F |

② OR 逻辑，如表 2-14 所示。

表　2-14

| OR 逻辑 | true | false |
|---|---|---|
| true | T | T |
| false | T | F |

2．位的逻辑运算

实际上，操作数在计算机内存中的值是采取二进制形式表示和存储的。程序员可以使用位运算符（Bitwise Operator）来对两个整型操作数按照其内容值对应的二进制位进行逻辑运算。

位的逻辑运算应用在整型数据上，以二进制各数位参与运算；在换算时必须注意不同数据类型的位宽。比如数值 5，若是 byte 类型，则由 8 个二进制位 00000101 组成；若是 short 类型，则由 16 个二进制位 0000000000000101 组成；若是 int 类型，则为 32 个二进制位；如果是 long 类型，就是 64 个二进制位。位的逻辑运算符如表 2-15 所示。

表 2-15

| 位运算符 | 用途 | A=00000101<br>B=00000111 | 运算结果 | 批注 |
|---|---|---|---|---|
| ~ | 补码 | ~A | 11111010 | 1 转换成 0，0 转换成 1 |
| & | AND | A & B | 00000101 | 只有 1 & 1 为 1，否则为 0 |
| \| | OR | A \| B | 00000111 | 只有 0 \|0 为 0，否则为 1 |
| ^ | XOR | A ^ B | 00000010 | 只有 1^0 或 0^1 为 1，否则为 0 |

【范例程序：CH02_11】

```
01    /* 文件名: CH02_11.java
02    * 说明: 逻辑运算
03    */
04    public class CH02_11{
05       public static void main(String args[]){
06          int a=15,b=3;
07          System.out.println("(a>10)&&(b>5) 的返回值为 "+(a>10&&b>5));
08          System.out.println("(a>10)||(b>5) 的返回值为 "+(a>10||b>5));
09          System.out.println("(a>10)&(b>5) 的返回值为 "+(a>10&b>5));
10          System.out.println("(a>10)|(b>5) 的返回值为 "+(a>10|b>5));
11          System.out.println("(a>10)^(b>5) 的返回值为 "+(a>10^b>5));
12          System.out.println(" 15 & 3 的返回值为 "+(a&b));
13          System.out.println(" 15 | 3 的返回值为 "+(a|b));
14          System.out.println(" 15 ^ 3 的返回值为 "+(a^b));
15          System.out.println(" ~3 的返回值为 "+(~b));
16       }
17    }
```

【程序运行结果】

程序运行结果如图 2-13 所示。

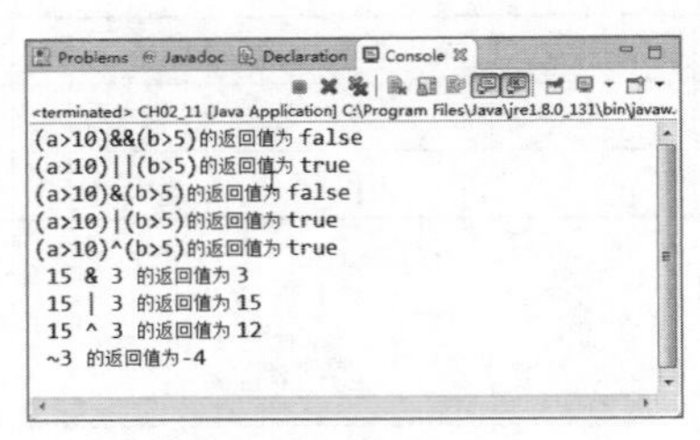


图 2-13

【程序解析】

① 第 7~11 行：布尔类型的逻辑运算。

② 第 12~15 行：位的逻辑运算。

## 2-5-4　移位运算符

移位运算符（Shift Operators）应用于整数类型，将整数转换成二进制后，对位作向左或向右的移动。移位运算符说明如表 2-16 所示。

表　2-16

| 移位运算符 | 用　途 | 使用语法<br>整数 a, 移位值 n | 例　子 | 运算结果 | 说　明 |
|---|---|---|---|---|---|
| << | 左移 | a<<n<br>a 各数码位向左移 n 位 | 5<<2 | 20 | 5 的二进制值为 00000101，位左移两个位，将左移所空出的位补上（00010100 换成整数为 20） |
| | | | (−5) <<2 | −20 | −5 的二进制值为 11111010，位左移两个位，将左移所空出的位补上 1（11101011 换成整数为 −20） |
| >> | 右移 | a>>n<br>a 各数码位向右移 n 位 | 20>>2 | 5 | 20 的二进制值为 00010100，位右移两个位，将右移所空出的位补上 0（00000101 换成整数为 5） |
| | | | −20>>2 | −5 | −20 的二进制值为 11101011，位右移两个位，将右移所空出的位补上 1)（11111010 换成整数为 −5） |

【范例程序：CH02_12】

```
01    /* 文件名: CH02_12.java
02    * 说明: 移位运算
03    */
04    public class CH02_12{
05       public static void main(String args[]){
06          System.out.println("5<<2 的返回值为 "+(5<<2));
07          System.out.println("-5<<2 的返回值为 "+(-5<<2));
08          System.out.println("5>> 2 的返回值为 "+(5>>2));
09          System.out.println("-5>> 2 的返回值为 "+(-5>>2));
10       }
11    }
```

【程序运行结果】

程序运行结果如图 2-14 所示。

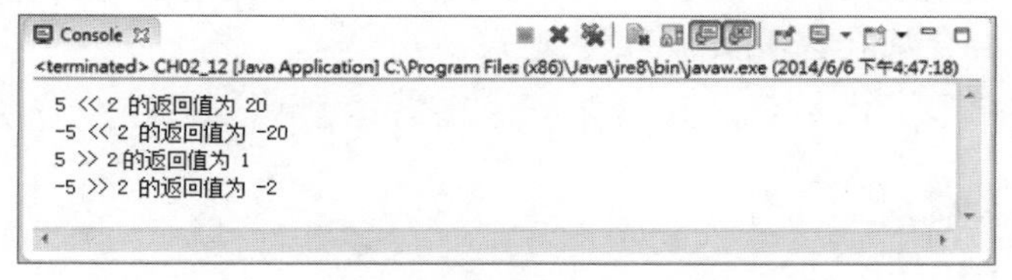


图　2-14

【程序解析】

第 6~9 行：整数的移位运算。

## 2-5-5　赋值运算符

赋值运算符（Assignment Operator）由至少两个操作数组成，主要作用是将等号右方的值指派给等号左方的变量。由于是将等号右边的值指定给左边的值，所以等号的左边必须为变量，右边则可以为变量、常量或表达式等。

通常初学者很容易误以为赋值运算符“=”就是数学上的“等于”符号，这是错误的(Java 中的“等于”符号是“==”)；“=”的功能是给变量指定“值”，即赋值。以下是赋值运算符的使用方式：

```
变量名称 = 指定值 或 表达式；
```

例如：

```
a=a+5;                    // 将 a 值加 5 后赋值给变量 a
c='A';                    // 将字符 'A' 赋值给变量 c
```

a=a+5 在数学上根本不成立，不过在 Java 中，各位可以想象成当声明变量时会先在内存上安排地址，等到利用赋值运算符设定数值时，才将数值或表达式的值指定给该地址。Java 的赋值运算符除了一次指定一个数值给变量外，还能够同时指定同一个数值给多个变量。例如：

```
int x,y,z;
x=y=z=200;       // 同步赋值给不同变量
```

在 Java 中还有一种复合赋值运算符，是由赋值运算符与其他运算符结合而成的，比如："+="。前提条件是“=”号右方的来源操作数必须有一个是和左方接收操作数的数据类型相同。如果一个表达式含有多个混合赋值运算符，运算过程必须是由右方开始，逐步进行到左方。

例如以“A += B;”指令来说，它就是指令“A=A+B;”的精简写法，也就是先运行 A+B 的计算，接着将计算结果指定给变量 A。复合赋值运算符如表 2-17 所示。

表 2-17

| 运 算 符 | 说 明 | 使 用 语 法 |
|---|---|---|
| += | 加法赋值运算 | A += B |
| −= | 减法赋值运算 | A −= B |
| *= | 乘法赋值运算 | A *= B |
| /= | 除法赋值运算 | A /= B |
| %= | 余数赋值运算 | A %= B |
| &= | AND 位赋值运算 | A &= B |
| \|= | OR 位赋值运算 | A \|= B |
| ^= | NOT 位赋值运算 | A ^= B |
| <<= | 位左移赋值运算 | A <<= B |
| >>= | 位右移赋值运算 | A >>= B |

以下程序范例旨在说明复合赋值运算符的运算方式，特别是运算过程必须由右方开始，逐步进行到左方。例如，混合赋值运算符的多层表达式：

```
a+=a+=b+=b%=4;
```

其实际运算过程如下：

① b%=4（即 b=b%4）；

② b+=b（即 b=b+b）；

③ a+=b（即 a=a+b）；

④ a+=a（即 a=a+a）。

【范例程序：CH02_13】

```
01    /* 文件名: CH02_13.java
02    * 说明: 赋值运算
03    */
04    public class CH02_13{
05        public static void main(String args[]){
06            int A=5;
07            System.out.println("A=5 ");
```

```
08          A+=3+2;
09          System.out.println("A+=3+2 的值为 "+(A));
10          A=5;
11          A-=5-4;
12          System.out.println("A-=5-4 的值为 "+(A));
13          A=5;
14          A*=2*3;
15          System.out.println("A*=2*3 的值为 "+(A));
16          A=5;
17          A/=10/5+3;
18          System.out.println("A/=10/5+3 的值为 "+(A));
19          A=5;
20          A%=15%4;
21          System.out.println("A%=10%3 的值为 "+(A));
22          A=5;
23          A &=5-3;
24          System.out.println("A&=5-3 的值为 "+(A));
25          A=5;
26          A|=2;
27          System.out.println("A|=2 的值为 "+(A));
28          A=5;
29          A^=2+1;
30          System.out.println("A^=2+1 的值为 "+(A));
31      }
32  }
```

【程序运行结果】

程序运行结果如图 2-15 所示。

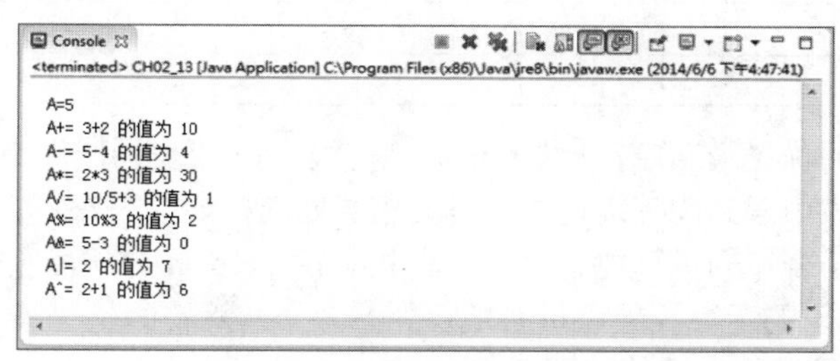


图　2-15

【程序解析】

第 6~30 行：变量 A 的赋值运算。

## 2-5-6　运算符运行的优先级

当一个运算表达式中使用的运算符超过一个时，就必须考虑运算符的优先级。例如，在运算表达式 z=x+3*y 中，通过数学基本运算（先乘除后加减）的观念，会先计算 3*y，再把运算结果与 x 相加，最后才将相加的结果指定给 z，得到整个运算式的答案。这就是说，* 运算符的优先级高于 + 运算符。

在处理一个含有多运算符的表达式时，必须遵守如下一些规则与步骤：

①当遇到一个表达式时，先区分运算符与操作数。

②根据运算符的优先级作运算处理。

③将各运算符根据其结合顺序进行运算。

在进行包含多种运算符的运算时，必须要先了解各种运算符的“优先级”及“结合律”。当表达式中有多个运算符要进行运算时，各个运算符会根据既定的顺序完成计算，所谓的顺序就是运算符的“优先运算顺序”，即“优先级”。

最常见的括号“( )”可以超越优先级的等级，而且括号内要比括号外的优先级高。更多运算符的运算优先级顺序如表 2-18 所示。

表 2-18

<table>
<tr><th>优 先 级</th><th>运 算 符</th><th>结 合 律</th></tr>
<tr><td>1</td><td>括号：()、[]</td><td>由右至左</td></tr>
<tr><td>2</td><td>递增 ++、递减 --、负号 -、NOT !、补码 ~</td><td>由左至右</td></tr>
<tr><td>3</td><td>乘 *、除 /、取余数 %</td><td>由左至右</td></tr>
<tr><td>4</td><td>加 +、减 -</td><td>由左至右</td></tr>
<tr><td>5</td><td>位左移 <<、位右移 >>、无正负性位右移 >>></td><td>由左至右</td></tr>
<tr><td>6</td><td>小于 <、大于 >、小于等于 <=、大于等于 >=</td><td>由左至右</td></tr>
<tr><td>7</td><td>等于 ==、不等于 !=</td><td>由左至右</td></tr>
<tr><td>8</td><td>AND：&</td><td>由左至右</td></tr>
<tr><td>9</td><td>XOR：^</td><td>由左至右</td></tr>
<tr><td>10</td><td>OR：|</td><td>由左至右</td></tr>
<tr><td>11</td><td>简化比较次数的 AND：&&</td><td>由左至右</td></tr>
<tr><td>12</td><td>简化比较次数的 OR：||</td><td>由左至右</td></tr>
<tr><td>13</td><td>条件选择 ?：</td><td>由右至左</td></tr>
<tr><td>14</td><td>赋值运算 =</td><td>由右至左</td></tr>
<tr><td>15</td><td>+=、-=、*=、/=、%=、&=、|=、^=</td><td>由右至左</td></tr>
</table>

表 2-18 中所列举的优先级顺序，1 代表最高优先级，15 代表最低优先级。

“结合律”指表达式中遇到同等级优先级时的运算处理，如“3+2-1”，加号“+”和减号“-”同属于优先级 4，根据结合律的运算规定，顺序是由左至右，因此先从最左边处理“3+2”的运算，然后再往右处理减“-1”的运算。程序员必须要熟悉各个运算符的优先级和结合律，在程序编写时才不致于出现程序计算逻辑错误的问题。

## 2-6 本章进阶应用练习实例

本章主要讨论 Java 语言的基本数据处理，包括变量与常量、各种数据类型、类型转换、运算符等。只要活用各种数据类型，再搭配简易的输出指令及运算符，就可以编写出许多实用的程序。

### 2-6-1 多重逻辑运算符的应用

知道逻辑运算符是用来构成条件表达式以实现程序运行的流程控制的。在一个条件表达式中可以使用超过一个逻辑运算符；当连续使用多个逻辑运算符时，它们的计算顺序为由左至右进行。在下面的程序中声明 a、b 及 c 三个整数变量，并指定初始值，下面代码为判断以下两个式子的真假值。

a<b && b<c || c<a

! (a<b) && b<c || c<a

```
01    // 多重逻辑运算符的应用举例
02    public class WORK02_01{
03        public static void main (String args[] ){
04            int a=7,b=8,c=9; /* 声明 a、b、c 三个整数变量，并指定初始值 */
05            System.out.println("a<b && b<c || c<a="+(a<b && b<c || c<a));
06                /* 先计算 "a<b && b<c"，然后再将结果与 "c<a" 进行 OR 的运算 */
07            System.out.println("!(a<b)&& b<c || c<a="+(!(a<b)&& b<c || c<a));
08        }
09    }
```

【程序运行结果】

程序运行结果如图 2-16 所示。

```
Console
<terminated> WORK02_01 [Java Application] C:\Program Files (x86)\Java\jre8\bin\javaw.exe (2014/6/6 下午4:49:01
a<b && b<c || c<a = true
!(a<b) && b<c || c<a = false
```

图　2-16

## 2-6-2　位运算符的运算练习

使用位运算符来对两个整型操作数 12 和 7 进行位与位间的 AND、OR、XOR 逻辑运算，并显示结果。

```
01    // 多重逻辑运算符的应用举例
02    public class WORK02_02{
03        public static void main (String args[] ){
04            int bit_test=12;/* 定义整数变量 (00001100)*/
05            int bit_test1=7;/* 定义整数变量 (00000111)*/
06            System.out.println("bit_test="+bit_test+"  bit_test1="+bit_test1);
07            System.out.println("-------------------------------");
08            /* 运行 AND,OR,XOR 位运算 */
09            System.out.println(" 执行 AND 运算的结果 :"+(bit_test&bit_test1));
10                System.out.println(" 执行 OR 运算的结果 :"+(bit_test|bit_test1));
11            System.out.println(" 执行 XOR 运算的结果 :"+(bit_test^bit_test1));
12        }
13    }
```

【程序运行结果】

程序运行结果如图 2-17 所示。

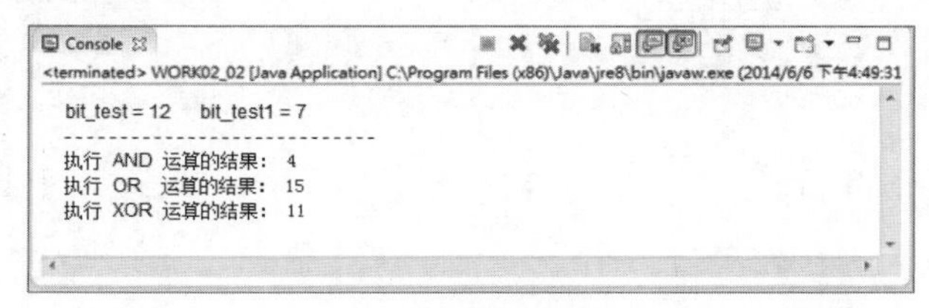


图　2-17

## 2-6-3　自动类型转换与强制类型转换的比较

知道强制类型转换可以弥补自动类型转换无法处理的状况。例如下面的情形：

```
int i=100, j=3;
float Result;
Result=i/j;
```

这时自动类型转换会将 i/j 的结果（整数值 33）转换成 float 类型，再指定给 Result 变量（得到 33.000000），小数点的部分将完全舍弃，因此无法得到更精确的数值。

Java 中，除了可以由编译程序自行转换的自动类型转换之外，也允许用户强制转换数据类型。比如，在两个整数相除时，可以用强制性类型转换，先行将整数数据转换成浮点数类型再做运算。

因此，上述程序修正的办法是将代码中除法运算语句中的两个操作数使用“强制类型转换”，先转换成 float 类型，以取得小数部分的精确数值，再执行除法运算。

如果要在表达式中强制转换数据类型，语法如下：

```
(强制转换类型名称) 表达式或变量;
```

例如以下程序片段：

```
int a,b,avg;
avg=(float)(a+b)/2; //将a+b的值转换为浮点数类型
```

**注意**：

①包含转换类型名称 float 的小括号是绝对不可以省略的。

②当浮点数转为整数时不会四舍五入，而是直接舍弃小数部分。

③在赋值运算符（=）左边的变量不能够进行强制数据类型转换。

例如，下面的程序片段就是不合法的：

```
(float)avg=(a+b)/2;                    //不合法的指令
```

```
01    // 自动类型转换与强制类型转换的比较
02    public class WORK02_03{
03       public static void main(String args[] ){
04          int bit_test=12;      //定义整数变量 (00001100)
05          int i=100, j=3;       //定义整数变量 i 与 j
06          float Result;         //定义浮点数变量 Result
07
08          System.out.println(" 自动类型转换的执行结果 ");
09          Result=i/j;           //自动类型转换
10          System.out.println("Result=i/j="+i+"/"+j+"="+Result);
11          System.out.println("--------------------------------");
12          System.out.println(" 强制类型转换的执行结果 ");
13          Result=(float)i/j;    //强制类型转换
14          System.out.println("Result=(float)i/(float)j="+i+"/"+j+"="+
Result);
15          System.out.println("--------------------------------------");
16       }
17    }
```

【程序运行结果】

程序运行结果如图 2–18 所示。

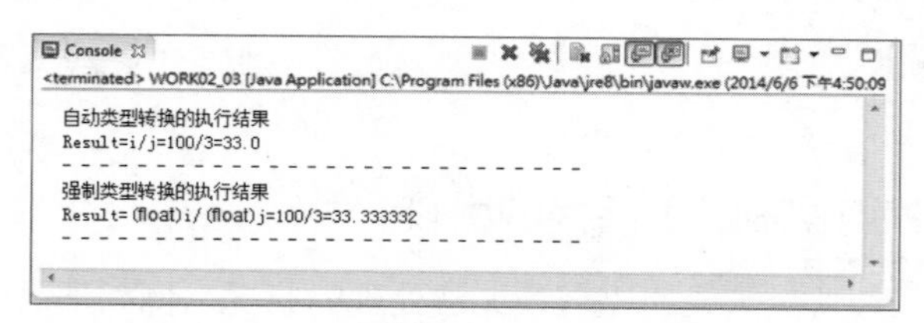


图 2–18

# 习题

## 1. 填空题

（1）________是指“变量在使用时，必须声明其数据类型，这个变量可以任意存取其值，但是变量所声明的数据类型，不可以随意更动”。

（2）Java 的数据类型可以分成“________”与“________”。

（3）________是程序语言中代表数据保存的记忆空间。

（4）Boolean 数据类型数据结果的表示只有“________”和“________”两种。

（5）基本数据类型依使用性质不同，分成“________”、________、________及________四种。

（6）如果 B 的 Unicode 值为 42，那么其 Java 字符数据表示值为________。

（7）Java 定义的整数类型包含________、________、________和________。

（8）声明语法可分成“________”与“________”两部分。

（9）在字符前加上反斜杠“\”来通知编译程序将后面的字符当成一个特殊字符，形成所谓“________”。

（10）表达式是由________和________组成的。

（11）________是用来表示 Unicode 码格式，不同的字符有不同的数据表示值。

（12）当负数进行减法运算时，为了避免运算符的分辨混淆，最好以________或________隔开。

## 2. 问答与实现题

（1）说明 Java 中变量标识符的命名规则有哪些注意事项。

（2）表 2-19 中不正确的变量命名违背了哪些原则？

表　2-19

| | |
|---|---|
| How much | |
| mail@+account | |
| 3days | |
| while | |

（3）递增（++）及递减（--）运算方式可分成哪两种？

（4）判断下面哪些是合法的命名、哪些是不合法的命名。

① is_Tim

② is_TimChen_Boy_NICE_man

③ Java 2

④ Java_2

⑤ #Tom

⑥ aAbBcC

⑦ 1.5_J2SE

（5）下列程序代码是否有错？如果有错，请说明原因。

```
01    public class EX02_05 {
02       public static void main(String args[ ]){
03          int number1=15 : number2=8; // 声明两个变量，并设定初值
04          System.out.print(" 两数加总结果为 ");
05          System.out.println(number1+number2);
06       }
```

```
07    }
```

（6）下列程序代码是否有错？如果有错，请说明原因。

```
01    public class EX02_06{
02       public static void main(String args[ ]){
03          int a,b;
04          float c=(a+b)/3;
05          System.out.println("计算结果="+c);
06       }
07 }
```

（7）利用 Java 程序实现“sum=12; t=2;sum+=t”此段程序代码，观察 sum 是多少，t 值又是多少。

（8）实现“int a=11,b=21,c=12,d=31;boolean ans=（c>a）&&（b<d）”此段程序代码，请问 ans 是多少？

（9）试着解释操作数及运算符。

（10）举出至少十个关键词。

（11）举例说明数据类型的自动转型。

（12）比较下列运算符的优先级。

① 括号：()、[]；

② 条件选择 ?：；

③ 赋值运算 =。

（13）设计一个 Java 程序，可用来计算圆面积及其周长。

（14）设计一个 Java 程序，可用来计算梯形面积。

（15）改写（14）题的程序，使梯形的上底、下底及高可由用户自行输入，并计算梯形面积。

（16）汉诺塔游戏可以这样描述：有三根木桩，第一根上有 *n* 个盘子，最底层的盘子最大，依序最上层的盘子越来越小。以第二根木桩当桥梁，所有的盘子从第一根木桩全部搬到第三根木桩。试设计程序解决此问题。

# 第3章

# 流程控制语句

程序设计中，控制程序流程的基本结构不外乎顺序结构、分支结构和循环结构三种。本章将介绍Java程序语言中关于流程控制语句的使用方法，分别是条件分支语句和循环语句。

### 学习目标

- 了解程序设计中流程控制的基本结构。
- 掌握Java中流程控制语句的使用方法。

### 学习内容

- 程序流程架构。
- 条件分支语句。
- switch分支选择语句。
- 条件运算符。
- 循环语句。
- 跳转控制语句 。

## 3-1 认识流程控制

Java虽然是一种纯粹的面向对象的程序设计语言，但仍然提供了结构化程序设计的基本流程结构。

### 3-1-1 顺序结构

顺序结构是以程序第一行语句为进入点，由上而下（Top-down）运行到程序的最后一行语句，如图3-1所示。在一个完整的程序中，大部分的程序没有特殊的流程、分支或跳转部分，都是依照此顺序结构模块（Modules）来设计。

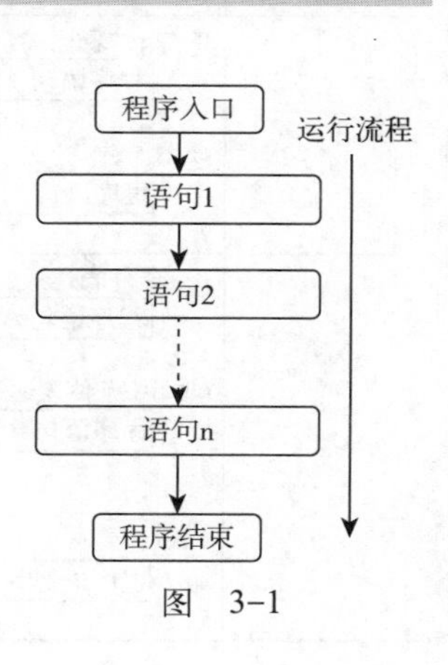

图 3-1

### 3-1-2 分支结构

分支结构是利用条件控制语句来判断程序的流程，如果条件成立，会执行一条语句；如果条件不成立，则执行另一条语句，如图 3-2 所示。应注意，分支结构有个重点：不论条件成立或条件不成立，最后都是由同一出口结束流程。if、switch 条件表达式语句是分支结构的典型代表。

### 3-1-3 循环结构

循环结构是一种循环控制，根据所设定的条件，重复运行某一段程序语句，直到条件判断不成立，才会跳出循环，如图 3-3 所示。

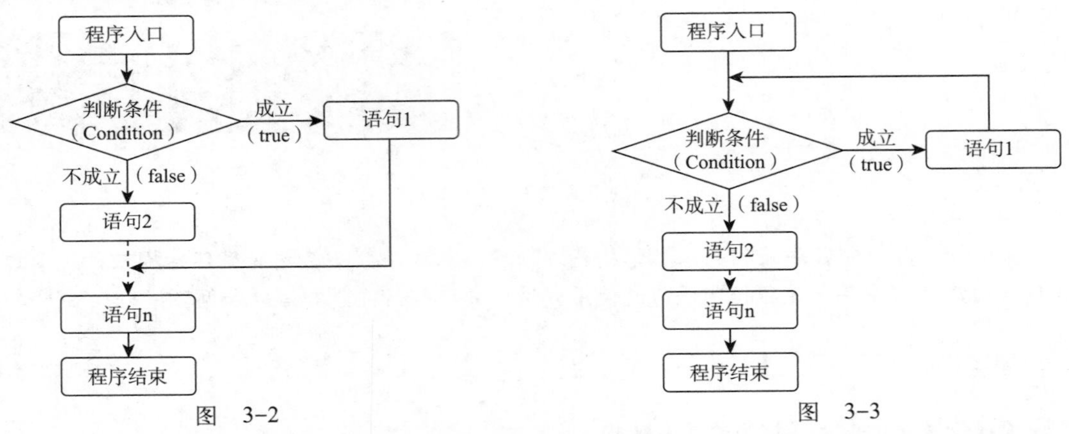


图 3-2　　　　图 3-3

图 3-3 中，如果给定的判断条件成立，则进入语句 1 后，再进入条件判断部分，直到条件不成立时才会进入语句 2 的部分。for、while 或 do...while 是循环结构的典型代表。

## 3-2 条件表达式

Java 中支持 if 和 switch 两种条件选择语句。if 条件表达式是最常用的条件选择语句，根据所指定的条件表达式进行判断，决定程序该运行哪一段程序语句。if 条件表达式分三种语法，分别是 if、if...else 和 if...else...if，它们的声明语法如表 3-1 所示。

表 3-1

| 条件语句 | 声明语法 | 说明 |
|---|---|---|
| if | if（条件表达式）{<br>程序语句；<br>} | 当 if 的条件表达式结果为 true 时，才会运行程序语句 |
| if...else | if（条件表达式）{<br>程序语句 A;<br>}<br>else{<br>程序语句 B;<br>} | 当 if 条件表达式结果为 true 时，会运行程序语句 A；结果为 false 时，会运行程序语句 B |
| if...else...if | if（条件表达式）{<br>程序语句 A;<br>}<br>else if(条件表达式）{<br>程序语句 B;<br>}<br>…<br>else{<br>程序语句 N;<br>} | 此条件语句可以利用 else if 判断多个条件，当各 if 条件判断为 true 时，会运行该段的程序语句 |

### 3-2-1　if 语句

在条件表达式的结果是 true 时，程序才会选择进入 { } 内的一段的程序语句区，即条件成立才会进入程序运行运算的部分；如果条件不成立，则会跳出 if 条件语句，直接运行“}”后面的程序。语法如下：

```
if( 条件判断 ){        // 条件判断可以是二者之间的关系，也可是条件表达式
   程序语句区 ;
}
```

当 if 的条件表达式结果为 true 时，才会运行程序语句；如果是 false，则不运行程序语句的部分。

例如：

```
if(a<b){
   System.out.println ("比较结果正确");
};
```

又如，如果判断 a 的值比 0 的值大，则将输出“正整数”，其语法如下：

```
if(a>0){
   System.out.println ("正整数");
};
```

【范例程序：CH03_01】

```
01   /* 文件 :CH03_01.java
02    * 说明 :if 条件控制
03    */
04
05   public class CH03_01{
06      public static void main(String[ ] ages){
07
08          //if 条件表达式
09          int Tim=20,Tracy=23;
10          System.out.println("Tim 年龄 ="+Tim+",Tracy 年龄 ="+Tracy);
11
12          if(Tim<Tracy){
13             System.out.println("Tim 年龄比 Tracy 小 "+'\n');
14          }
15
16          Tim=25;
17          System.out.println("Tim 年龄 ="+Tim+",Tracy 年龄 ="+Tracy);
18          if(Tim>Tracy){
19             System.out.println("Tim 年龄比 Tracy 大 "+'\n');
20          }
21
22          Tim=23;
23          System.out.println("Tim 年龄 ="+Tim+",Tracy 年龄 ="+Tracy);
24          if(Tim==Tracy){
25             System.out.println("Tim 年龄和 Tracy 一样 ");
26          }
27
28      }
29   }
```

【程序运行结果】

程序运行结果如图 3-4 所示。

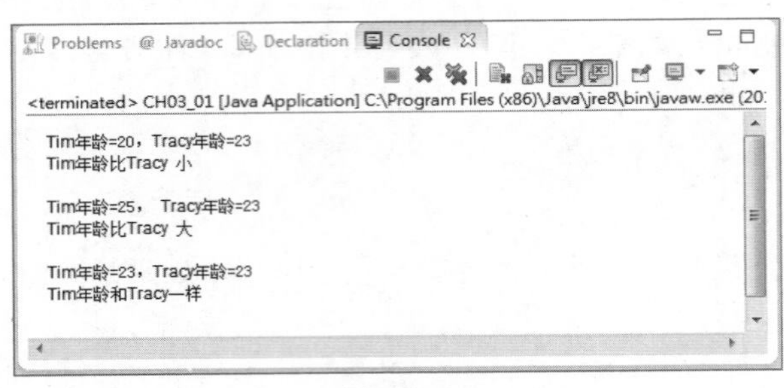


图 3-4

【程序解析】

① 第 9 行：声明变量 Tim 和 Tracy，并赋值表示每人的初始年龄，Tim 是 20 岁，Tracy 是 23 岁。

② 第 12 行：判断条件表达式 Tim<Tracy，如果成立则显示“Tim 年龄比 Tracy 小”；如果不成立，则程序不再继续往下运行第 12~14 行程序代码，而是离开此段程序代码，继续往下运行 14 行以后的语句。

③ 第 16 行：更改 Tim 的年龄，给定 Tim 是 25 岁。判断条件表达式 Tim>Tracy，如果成立则显示“Tim 年龄比 Tracy 大”；如果不成立，则程序不再继续往下运行第 18~20 行程序代码，离开此段程序代码，继续往下运行 20 行以后的语句。

④ 第 22 行：更改 Tim 的年龄，给定 Tim 是 23 岁。判断条件表达式 Tim= =Tracy，如果成立则显示“Tim 年龄和 Tracy 一样”；如果不成立，则程序不再继续往下运行第 24~26 行程序代码，离开此段程序代码，运行 26 行以后的语句，即结束。

### 3-2-2 if...else 语句

前一小节 if 条件语句中，只有条件成立才会运行花括号内的程序语句，如果条件不成立则跳出判断式，没有结果显示。如果不成立时有另外的运行方式，可以考虑使用 if...else 条件语句。例如，当 if 条件表达式结果为 true 时，运行“程序语句区（1）”；结果为 false 时，则运行“程序语句区（2）”。其语法如下：

【if...else 条件语句语法】

```
if(条件表达式){
    程序语句区(1);
} else{
    程序语句区(2);
};
```

例如，要设计一段程序代码，判断 a 的值是否比 b 的值小，是则显示“a 比 b 小！”；否则显示“a 不比 b 小！”。其语法如下：

```
if(a<b){
    System.out.println ("a 比 b 小! ");
} else {
    System.out.println ("a 不比 b 小! ");
};
```

值得注意的是“区块定义”的问题，也就是花括号的标示问题，尤其是 else 之后的语句区部分，要记得加上花括号，否则无法正确运行。

【范例程序：CH03_02】

```
01    /* 文件 :CH03_02.java
02     * 说明 : if...else 条件控制
03     */
04
05    public class CH03_02{
06       public static void main(String[ ] ages){
07
08           // if...else 条件表达式
09           int Tim=27,Tracy=23;
10           System.out.println("Tim 年龄 ="+Tim+",Tracy 年龄 ="+Tracy);
11
12           if(Tim<Tracy){
13              System.out.println("Tim 年龄比 Tracy 小 "+'\n');
14           }else{
15              System.out.println("Tim 年龄比 Tracy 大 ");
16           }
17       }
18    }
```

【程序运行结果】

程序运行结果如图 3-5 所示。

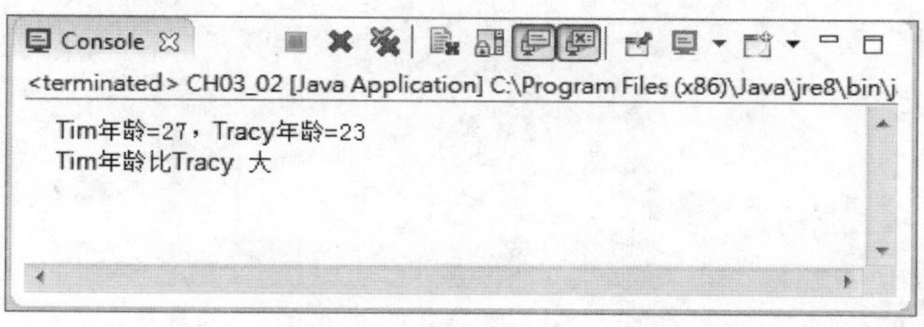


图　3-5

【程序解析】

① 第 12 行：判断式是 Tim<Tracy。如果成立则会显示“Tim 年龄比 Tracy 小”；如果不成立，则显示“Tim 年龄比 Tracy 大”。

② 第 15 行：加入 else 的语句，加强判断结果的明确性。

## 3-2-3　if...else...if 语句

if...else...if 语句可以说是 if 语句的变形，可以用来判断多个条件。此条件语句可以利用 else if 判断多个条件，当各 if 条件判断为 true 时，会运行该段的程序语句。使用 if...else...if 语句比较的顺序是由上往下，每遇到 if 语句就需要做条件判断，如果一直到最后所有的 if 语句的条件皆不成立，则运行最后的 else 部分的程序语句。这样可以指定需要判断的情形结果，也可以更清楚地了解条件判断不成立的原因。if...else...if 语句语法如下：

```
if( 条件判断 1){
   程序语句区 (1);
}
else if( 条件判断 2){
   程序语句区 (2);}
else {
   程序语句区 (3);};
```

例如：

```
    if(a<b){
       System.out.println (" 比较结果 a<b");
    } else if(a>b){
       System.out.println (" 比较结果 a>b");
    } else {
       System.out.println (" 两数值相等 a=b ");
    };
```

【范例程序：CH03_03】

```
01    /* 文件 :CH03_03.java
02     * 说明 : if...else...if 条件控制 (1)
03     */
04
05    public class CH03_03{
06       public static void main(String[ ] ages){
07
08          //if...else...if 条件表达式
09          int Tim=27,Tracy=23;
10          System.out.println("Tim 年龄 ="+Tim+",Tracy 年龄 ="+Tracy);
11
12          if(Tim<Tracy){
13             System.out.println("Tim 年龄比 Tracy 小 "+'\n');
14          }else if(Tim>Tracy){
15             System.out.println("Tim 年龄比 Tracy 大 "+'\n');
16          }else{
17             System.out.println("Tim 和 Tracy 年龄相同 ");
18          }
19
20          Tim=23;
21          System.out.println("Tim 年龄 ="+Tim+",Tracy 年龄 ="+Tracy);
22          if(Tim<Tracy){
23             System.out.println("Tim 年龄比 Tracy 小 "+'\n');
24          }else if(Tim>Tracy){
25             System.out.println("Tim 年龄比 Tracy 大 "+'\n');
26          }else{
27             System.out.println("Tim 和 Tracy 年龄相同 ");
28          }
29       }
30    }
```

【程序运行结果】

程序运行结果如图 3-6 所示。

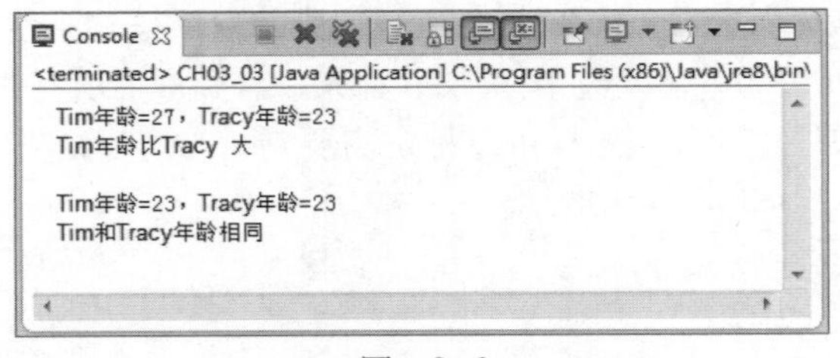


图　3-6

【程序解析】

第 20 行：设定 Tim 的年龄为 23 岁，和 Tracy 相同。于是判断的结果是一直到第 26 行才得知，两人的年龄既没有“Tim 比 Tracy 大”的可能，也无“Tim 比 Tracy 小”的可能，则最后的结果显示为“Tim 和 Tracy 年龄相同”。

再来看另外一个例子。

【范例程序：CH03_04】

```
01    /* 文件 :CH03_03.java
02     * 说明 :if...else...if 条件控制 (2)
03     */
04
05    public class CH03_04{
06       public static void main(String[ ] ages){
07
08           // 声明变量
09           int score=88;
10           System.out.println("Tim 学期成绩总分 ="+score);
11           //if...else...if 条件表达式
12           if(score>=90){
13              System.out.println(" 测验级分等级: A"+'\n');
14           }else if((score>=70)&&(score<90)){
15              System.out.println(" 测验级分等级: B"+'\n');
16           }else{
17              System.out.println(" 测验级分等级: C"+'\n');
18           }
19
20           score=60;
21           System.out.println("Tracy 学期成绩总分 ="+score);
22           if(score>=90){
23              System.out.println(" 测验级分等级: A"+'\n');
24           }else if((score>=70)&&(score<90)){
25              System.out.println(" 测验级分等级: B"+'\n');
26           }else{
27              System.out.println(" 测验级分等级: C"+'\n');
28           }
29
30       }
31    }
```

【程序运行结果】

程序运行结果如图 3-7 所示。

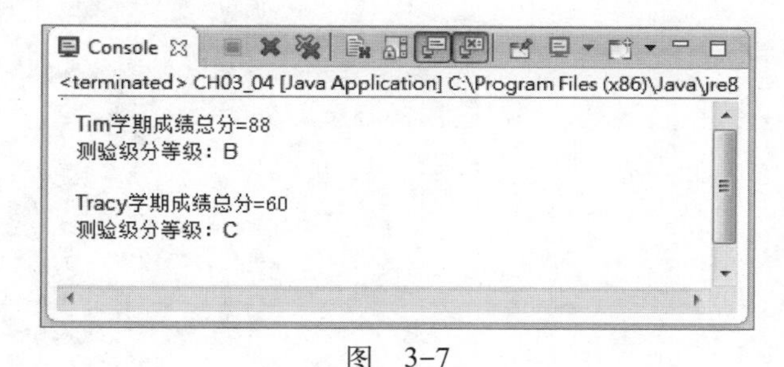


图　3-7

【程序解析】

① 第 12~18 行：如果学期总成绩（score）为 88 分，换成等级应该是属于什么？等级划分标准如下：score ≥ 90 为等级 A、70 ≤ score<90 为等级 B、score ≤ 70 为等级 C。

② 第 14、24 行：对于 70 ≤ score<90 的程序代码描述，使用了 AND（&&）条件运算符。

### 3-2-4 嵌套 if 语句

嵌套 if 语句是指“内层”的 if 语句是另一个“外层” if 语句的子语句,此子语句可以是 if 语句、else 语句或者是 if...else 语句。

【嵌套 if 条件语句语法】

```
if(条件判断 1){
    程序语句区 (1);
    if(条件判断 2){ 程序语句区 (2)}
    else{ 程序语句区 (3)}
};
```

【范例程序:CH03_05】

```
01   /* 文件:CH03_05.java
02    * 说明:嵌套 if 语句
03    */
04
05   public class CH03_05{
06      public static void main(String[ ] ages){
07
08          //声明变量
09          int a=0,b=0;
10          System.out.println("AND 逻辑闸 =("+a+","+b+")");
11          if(a==1){
12             if(b==1){
13                System.out.println(a+"(AND)"+b+"="+"1"+'\n');
14             }
15             else{
16                System.out.println(a+"(AND)"+b+"="+"0"+'\n');
17             }
18          }
19          else{
20             System.out.println(a+"(AND)"+b+"="+"0"+'\n');
21          }
22          a=1;
23          System.out.println("AND 逻辑闸 =("+a+","+b+")");
24          if(a==1){
25             if(b==1){
26                System.out.println(a+"(AND)"+b+"="+"1"+'\n');
27             }
28             else{
29                System.out.println(a+"(AND)"+b+"="+"0"+'\n');
30             }
31          }
32          else{
33             System.out.println(a+"(AND)"+b+"="+"0"+'\n');
34          }
35          a=1;
36          b=1;
37          System.out.println("AND 逻辑闸 =("+a+","+b+")");
38          if (a==1){
39             if (b==1){
40                System.out.println(a+"(AND)"+b+"="+"1"+'\n');
41             }
42             else{
43                System.out.println(a+"(AND)"+b+"="+"0"+'\n');
```

```
44                }
45            }
46            else{
47                System.out.println(a+"(AND)"+b+"="+"0"+'\n');
48            }
49        }
50    }
```

【程序运行结果】

程序运行结果如图 3-8 所示。

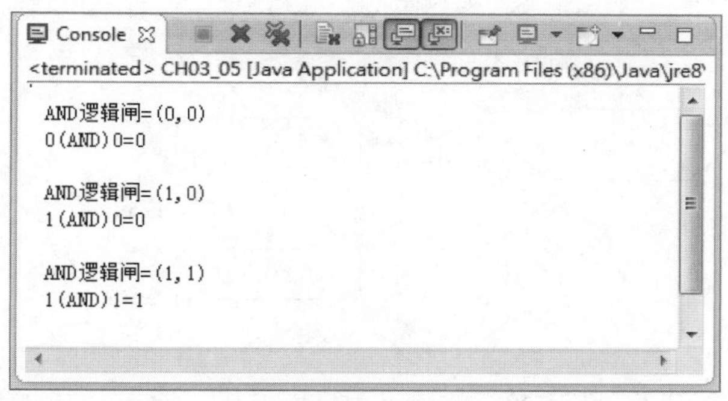


图　3-8

【程序解析】

① 判断 AND 逻辑运算的结果。AND 逻辑运算只有当输入同为 1 时，其输出结果为 1；其余输出结果皆为 0。

② 第 11~21 行：如果 a=1 且 b=1，则显示结果为 1；其余为 0。

## 3-2-5　switch 条件选择语句

在进行多重选择的时候，过多的 else...if 条件语句经常会给程序维护造成巨大的困扰。因此，Java 提供了 switch 条件语句，让程序更加简洁清楚。和 if 条件选择语句不同的是，switch 只有一条条件判断语句。switch 是一种多选一的条件语句，它是依照条件表达式的运算结果，在多个程序语句块中，选择其中一个程序块运行。switch 条件语句语法如下：

```
switch(表达式){
    case 数值1;
    语句1;
    break;
    case 数值2;
    语句2;
    break;
    default:
    语句3;
};
```

在 switch 条件语句中，如果找到相同的结果值则运行该 case 内的程序语句，当运行完任何 case 区块后，并不会直接离开 switch 区块，还是会往下继续运行其他 case 语句以及 default 语句，这样的情形称为“失败经过”（falling through）现象。

通常在每个 case 语句最后加上 break 语句来结束 switch 语句，才可以避免“失败经过”的情况。如果所有的 case 语句的值都与 switch 条件不相吻合，则会运行默认分支，即 default 分支语句。注意：default 分支语句可放在 switch 条件语句的任何位置，但只有摆在最后时，才可以省略 default 语句内的 break 语句，否则还是必须加上 break 语句。另外，switch(条件表达式)语句中的括号不可省略。

switch 条件语句的流程图如图 3-9 所示。

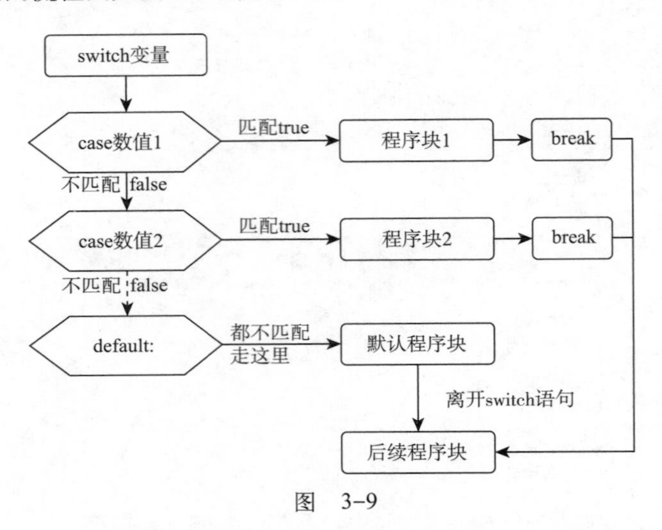


图 3-9

例如，要根据“段考排名”判断该给予哪一方面的奖励，使用 switch 条件语句的语法如下：

```
switch(段考排名){
   case 第一名:
   出国旅行；
   break;
   case 第二名:
   国内旅行；
   break;
   case 第三名:
   图书礼券；
   break;
   default:
   要多努力；
};
```

上述程序代码中，如果排名是第一名，获得的奖品是“出国旅行”；排名是第二名，获得的奖品是“国内旅行”；排名是第三名，获得的奖品是“图书礼券”；如果名次不在前三名，则没有奖品，可以口头鼓励“要多努力”。

【范例程序：CH03_06】

```
01   /* 文件:CH03_06.java
02    * 说明:switch 条件语句
03    */
04
05   public class CH03_06{
06      public static void main(String[] ages){
07
08          //声明变量
09          char math_score='A';
10          System.out.println("Michael 的数学成绩: "+math_score);
11          switch(math_score){
12             case'A':
13             System.out.println(" 老师评语: 非常好! 真是优秀 "+'\n');
14             break;  //break 的用意是跳出 switch 条件表达式
```

```
15              case'B':
16              System.out.println(" 老师评语：也不错，但还可以更好 "+'\n');
17              break;   //break 的用意是跳出 switch 条件表达式
18              case'C':
19              System.out.println(" 老师评语：真的要多用功 "+'\n');
20              break;   //break 的用意是跳出 switch 条件表达式
21              default:
22              System.out.println(" 老师评语：不要贪玩，为自己多读书 "+'\n');
23          }
24
25          math_score='C';
26          System.out.println("Jane 数学成绩："+math_score);
27          switch(math_score){
28              case'A':
29              System.out.println(" 老师评语：非常好！真是优秀 "+'\n');
30              break;   //break 的用意是跳出 switch 条件表达式
31              case'B':
32              System.out.println(" 老师评语：也不错，但还可以更好 "+'\n');
33              break;   //break 的用意是跳出 switch 条件表达式
34              case'C':
35              System.out.println(" 老师评语：真的要多用功 "+'\n');
36              break;   //break 的用意是跳出 switch 条件表达式
37              default:
38              System.out.println(" 老师评语：不要贪玩，为自己多读书 "+'\n');
39          }
40
41      }
42  }
```

【程序运行结果】

程序运行结果如图 3-10 所示。

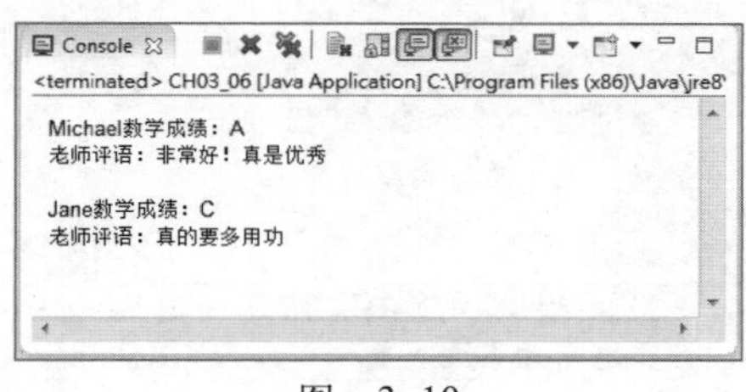


图 3-10

【程序解析】

① 第 9 行：设定数学成绩变量（math_score），并指定初始值。

② 第 11~23 行，switch 语句的条件判断为 math_score，如果 math_score='A'，则显示“老师评语：非常好！真是优秀”；math_score='B'，则显示“老师评语：也不错，但还可以更好”；math_score='C'，则显示“老师评语：真的要多用功”；math_score 不为 A 或 B 或 C，则显示“老师评语：不要贪玩，为自己多读书”。

③ 每一个 case 结束都会有加上 break，目的是如果已经具备满足该条件 case 分支，其余的 case 就不需要再进行比较，可以直接离开 switch 条件表达式。

## 3-2-6 条件运算符

条件运算符（Conditional Operator）是一个三元运算符（Ternary Operator）。它和 if...else 条件

语句功能一样，可以用来替代简单的 if...else 条件语句，让程序代码看起来更为简洁。其语法格式如下：

```
条件表达式？程序语句一：程序语句二；
```

当条件表达式成立时，会运行程序语句一，如果不成立，则运行程序语句二。这里的程序语句只允许单行表达式。例如：

```
str=(num>=0)? "正数":"负数"
```

等号的右边是“判断式”；问号“?”表示 if，冒号“:”表示 else，因此，如果 num 的值是大于等于 0 则显示正数，如果不是则显示负数。

【范例程序：CH03_07】

```
01    /* 文件：CH03_07.java
02     * 说明：条件运算符
03     */
04
05    public class CH03_07{
06        public static void main(String[] ages){
07
08            //声明变量
09            int math_score=70;
10            System.out.println("Michael 数学成绩: "+math_score);
11            String str;
12            str=(math_score>80)?"非常好":"多加油";
13            System.out.println("老师评语: "+str+'\n');
14
15            math_score=90;
16            System.out.println("Jane 数学成绩: "+math_score);
17            str=(math_score>80)?"非常好":"多加油";
18            System.out.println("老师评语: "+str+'\n');
19
20        }
21    }
```

【程序运行结果】

程序运行结果如图 3-11 所示。

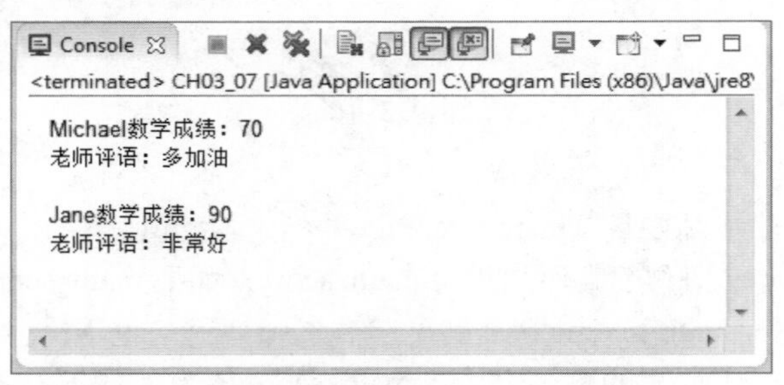


图 3-11

【程序解析】

① 第 11 行：声明结果显示的数据类型。

② 第 12 行：如果成绩高于 80，老师评语为“非常好”；如果成绩不高于 80，则老师评语为“多加油”。

③ 条件运算符可以降低程序的复杂度，但是在判断的功能上比较受限制。

# 3-3 循环控制语句

循环控制语句属于重复结构中的流程控制，当设定的条件成立时，就会运行循环中的程序语句，一旦条件判断不成立就会跳出循环。循环控制语句分为 for、while 和 do...while 三种。

例如，想要让计算机在屏幕上输出 500 个字符 '*'，并不需要大费周章地编写 500 次 System.out.print 语句，只需要利用循环结构就可以轻松达成。在 Java 中，提供了 for、while 以及 do...while 三种循环语句来实现重复运行的效果，这三种循环语句的特性及使用时机，如表 3-2 所示。

表 3-2

| 循环种类 | 功能说明 |
| --- | --- |
| for 语句 | 适用于计数式的条件控制，用户已事先知道循环的次数 |
| while 语句 | 循环次数为未知，必须满足特定条件，才能进入循环；同样的，只有不满足条件测试后，循环才会结束 |
| do...while 语句 | 会先运行一次循环内的语句，再进行条件测试 |

## 3-3-1 for 循环

for 循环又称计数循环，是程序设计中较常使用的一种循环结构，可以重复运行固定次数的循环。for 语句是一种较严谨的循环控制语句，循环控制语句中设定有循环起始值、结束条件和每次运行循环的递增或递减表达式。for 语句的声明语法如下：

```
for(循环起始值;结束条件;递增或递减表达式)
{
    程序语句区;
}
```

①循环起始值：for 循环第一次开始的条件数值。

②结束条件：当 for 语句循环的结束条件结果为 false 时，循环就会结束。

③递增或递减表达式：每次运行循环后，起始值要增加或减少的算式。

运行步骤如下：

①设定控制变量起始值。

②如果条件表达式为真则运行 for 循环内的语句。

③运行完成之后，增加或减少控制变量的值，可视用户的需求来作控制，再重复步骤②。

④如果条件表达式为假，则跳出 for 循环。

例如：

```
for(int i=0;i<=5;i++)
{
    a=a+1;
}
```

起始计数值 i=0，重复运行次数是 ≤ 5，递增量是 1，如果未超出重复运行次数（条件结束值），则运行 a=a+1；若 i=6，超出重复运行次数，则离开 for 循环；整个循环共运行了 6 次：i=0,1,2,3,4,5。

【范例程序：CH03_08】

```
01    /* 文件:CH03_08.java
02     * 说明:for 循环应用
03     */
04    public class CH03_08{
05        public static void main(String args[]){
```

```
06            System.out.println("1~10 间奇数的和 ");
07            int sum=0;// 设定总和的起始值为 0
08            System.out.println(" 所有的奇数 :");
09            for(int i=1;i<=10;i++){
10               if(i%2!=0){                              // 利用 if 语句确定 i 为奇数
11                  sum+=i;
12                  System.out.print(i+" ");
13               }
14            }
15            System.out.println();
16            System.out.println(" 答案 ="+sum); // 输出答案
17         }
18      }
```

【程序运行结果】

程序运行结果如图 3-12 所示。

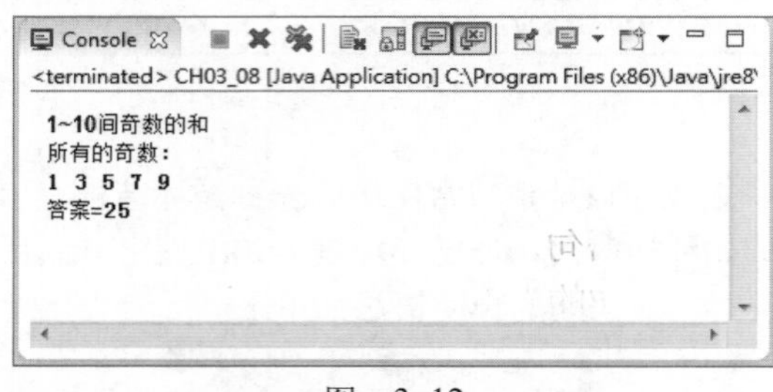


图 3-12

【程序解析】

① 第 10 行：利用 i%2 的结果判断 i 是否为奇数，当 i 为奇数时，i%2 的结果为 1（% 为取余数运算）。

② 第 9~14 行：为 for 循环。结束条件为 i ≤ 10，表示第 9 行程序代码总共运行 11 次，因为 i 一直增加到 11 时，会因为不符合 i ≤ 10 的条件而结束循环，所以 i=11 时并不会进入 for 循环，第 10~14 行程序代码共运行 10 次。

### 3-3-2 嵌套 for 循环

所谓嵌套 for 循环，就是多层 for 循环嵌套的结构。在嵌套 for 循环结构中，运行流程必须先将内层循环运行完毕，才会继续运行外层循环。容易犯错的地方是内外层循环之间相互交错，从而导致循环结束的条件混乱。嵌套 for 循环的应用典型的例子是“九九乘法表”。嵌套 for 语句语法如下：

```
for( 循环起始值 ; 结束条件 ; 递增或递减表达式 ){
   for( 循环起始值 ; 结束条件 ; 递增或递减表达式 ){
      程序语句区 ;
   }
};
```

【范例程序：CH03_09】

```
01    /* 文件 :CH03_09.java
02     * 说明 : 嵌套 for 循环应用
03     */
04
05    public class CH03_09{
```

```
06      public static void main(String[] ages){
07          for(int i=1;i<=9;i++){
08              for(int j=1;j<=9;j++){
09                  System.out.print(i+"*"+j+"="+i*j+'\t');
10              }
11          System.out.print('\n');
12          }
13      }
14  }
```

【程序运行结果】

程序运行结果如图 3-13 所示。

```
Console
<terminated> CH03_09 [Java Application] C:\Program Files (x86)\Java\jre8\bin\javaw.exe (2014/6/6 下午5:18:46)
1*1=1   1*2=2   1*3=3   1*4=4   1*5=5   1*6=6   1*7=7   1*8=8   1*9=9
2*1=2   2*2=4   2*3=6   2*4=8   2*5=10  2*6=12  2*7=14  2*8=16  2*9=18
3*1=3   3*2=6   3*3=9   3*4=12  3*5=15  3*6=18  3*7=21  3*8=24  3*9=27
4*1=4   4*2=8   4*3=12  4*4=16  4*5=20  4*6=24  4*7=28  4*8=32  4*9=36
5*1=5   5*2=10  5*3=15  5*4=20  5*5=25  5*6=30  5*7=35  5*8=40  5*9=45
6*1=6   6*2=12  6*3=18  6*4=24  6*5=30  6*6=36  6*7=42  6*8=48  6*9=54
7*1=7   7*2=14  7*3=21  7*4=28  7*5=35  7*6=42  7*7=49  7*8=56  7*9=63
8*1=8   8*2=16  8*3=24  8*4=32  8*5=40  8*6=48  8*7=56  8*8=64  8*9=72
9*1=9   9*2=18  9*3=27  9*4=36  9*5=45  9*6=54  9*7=63  9*8=72  9*9=81
```

图　3-13

## 3-3-3　while 语句

如果循环运行的次数确定，那么用 for 循环语句就是最佳选择。对于某些不确定次数的循环，那就需要 while 循环了。while 循环语句与 for 循环语句类似，都是属于前测试型循环，其运行方式则是在程序语句区块中的开头先行检查循环条件表达式，当表达式结果为 true 时，才会运行区块内的程序；如果循环条件表达式的结果为 false，则直接跳出 while 语句区块，来运行循环后面的程序代码。声明语法如下：

```
while(结束条件 )
{
    程序语句区；
    增量值；
}
```

while 语句流程图如图 3-14 所示。

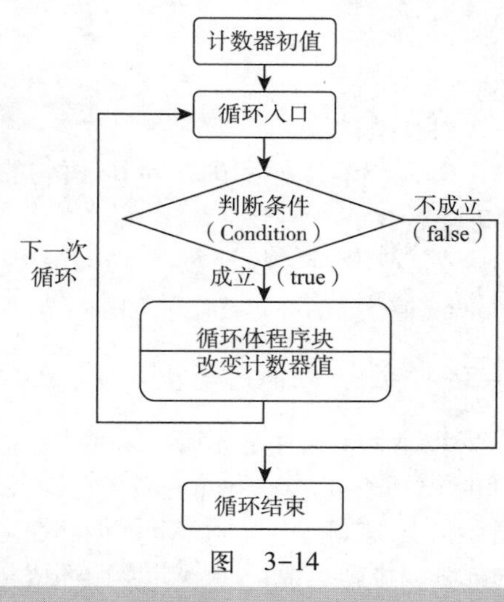


图　3-14

当 while 语句的条件表达式的结果为 true 时，会重复运行区块的程序语句，直到条件表达式的结果为 false，才会跳出循环控制语句。在进行 while 循环时，通常会先在 while 循环之前给循环变量赋初值，当作计数器，并在 while 区块中更改循环变量的值，用来测试条件表达式是否成立。例如：

```
i=0;
while(i<=10 )
{
    a=i+1;
    i++;    //增量值
}
```

while 括号内的部分 $i \leqslant 10$ 是条件表达式，只有 i 值小于或等于 10，才能够进入 while 循环语句，运行 a=i+1 的运算。如果重复进入 while 循环，还必须加入增量值。

【范例程序：CH03_10】

```
01    /* 文件：CH03_10.java
02     * 说明：while 语句应用
03     */
04   public class CH03_10{
05      public static void main(String args[ ]){
06          int n=1,sum=0;// 声明 n 的起始值和累加值 sum
07          //while 循环开始
08          while(n<=10){
09             System.out.print("n="+n);
10             sum+=n;// 计算 n 的累加值
11             System.out.println("\t 累加值 ="+sum);
12             n++;
13          }
14          System.out.println(" 循环结束 ");
15      }
16   }
```

【程序运行结果】

程序运行结果如图 3-15 所示。

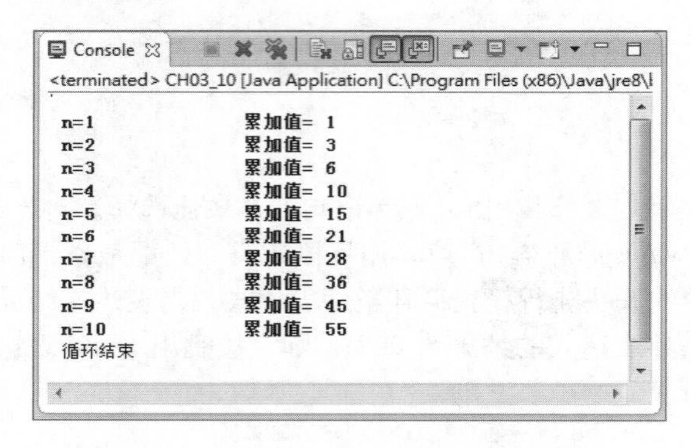


图 3-15

【程序解析】

① 第 8 行：n<=10 是 while 语句的条件表达式，当表达式的 boolean 值为 true 时，会重复循环的运行。

② 第 12 行：将计数器 n 递增 1，再回到第 8 行检查是否符合条件表达式，如果表达式的 boolean 值为 false，会跳到第 14 行程序语句。

## 3-3-4 do...while 语句

do...while 循环是先运行循环体程序块，再测试判断条件表达式是否为 true。和之前的 for 循环、while 循环不同，do...while 循环至少会运行一次。do...while 循环属于“后测型”，for 循环、while 循环属于“前测型”。do...while 循环在运行判断时，不论是否符合“判断条件”，都会运行“程序语句”的部分，也就是说，do...while 循环语句无论如何一定会先运行循环内的程序语句，再测试条件表达式是否成立，如果成立则再返回循环起点重复运行语句。也就是说，do...while 循环内的程序语句无论如何至少会被运行一次。

do...while 语句类似 while 语句，两者的差别是条件表达式所在的前后之分。其声明语法如下：

```
do {
   程序语句区；
```

```
    递增量;
} while(条件表达式);
```

【范例程序：CH03_11】

```
01    /* 文件:CH03_11.java
02     * 说明:do...while 语句的应用
03     */
04   public class CH03_11{
05       public static void main(String args[]){
06           int n=40,m=180;
07           int temp=0;// 作为交换 n 与 m 的功能
08           System.out.println("n="+n+",m="+m);
09           //do...while 循环开始
10           do{
11               temp=m%n;
12               m=n;
13               n=temp;
14           }while(n!=0 );// 检查条件表达式
15           System.out.println(" 两数的最大公因数 ="+m);
16       }
17   }
```

【程序运行结果】

程序运行结果如图 3-16 所示。

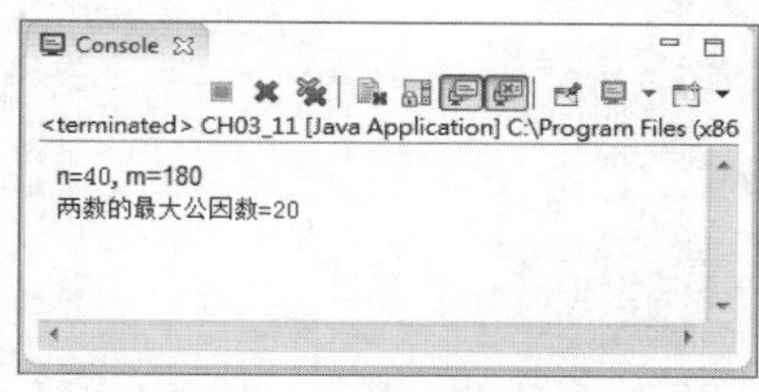


图　3-16

【程序解析】

① 第 11 行：将 m%n 的值（余数）指定给 temp。此处的 m 必须大于 n。

② 第 12~13 行：利用 temp 将 n 与 m 的值对调，因为此时的 n 值大于 m 值。

### 3-3-5　死循环

在循环控制语句中设定条件表达式时，要注意不能使条件表达式的结果恒成立，否则会形成死循环。以下列出几个常见的死循环的例子。

【死循环范例说明】

```
while(true){ }                  //while 语句永远为 true
for(;;){ }                      //for 语句没有设定任何条件
for(int i=1;i>0;i++){ }         // 结束条件与初始值永远成立
```

## 3-4　跳转控制语句

跳转控制语句是 Java 语言中与循环控制语句搭配的一种控制语句，能使循环的流程控制有更多的变化。跳转控制语句有 break、continue 和 return 三种语句。

### 3-4-1　break 中断语句

在 switch 语句中提到过 break 语句，它可以跳出 switch 语句，运行 switch 语句后的程序语句，break 语句也可以和循环控制语句搭配。中断循环控制的运行能让 break 语句利用标签（label）语句定义一段程序语句块，然后利用 break 中断程序语句，回到标签起始的程序语句，类似 C++ 语言中的 goto 语句。它的声明语法如下：

【break 中断语法】

```
标签名称:
程序语句:
…
break 标签名称；
```

事先建立好 break 的标签位置及名称，当程序运行到调用 break 的程序代码时，会根据所定义的 break 标签名称，跳出到指定的地方。

【范例程序：CH03_12】

```
01   /* 文件 :CH03_12.java
02    * 说明 :break 中断语句的应用
03    */
04   public class CH03_12{
05       public static void main(String args[ ]){
06           int i,j;
07           System.out.println("跳出单层循环");
08           for(i=1;i<10;i++){
09               for(j=1;j<=i;j++){
10                   if(j==5)break ; //跳出单层循环
11                   System.out.print(j);
12               }
13               System.out.println();
14           }System.out.println();
15
16           System.out.println("跳出双层循环");
17           out1://设定标签
18           for(i=1;i<10;i++){
19               for(j=1;j<=i;j++){
20                   if(j==5)break out1;//跳出标签
21                   System.out.print(j);
22               }
23               System.out.println();
24           }System.out.println();
25       }
26   }
```

【程序运行结果】

程序运行结果如图 3-17 所示。

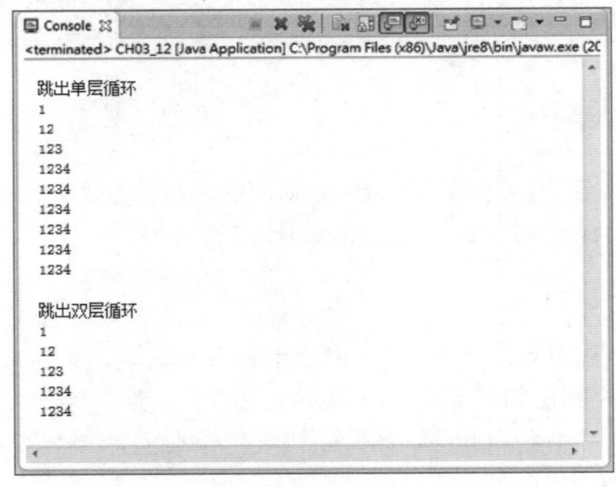


图 3-17

【程序解析】

① 第 10 行：此处的 break 中断语句只会跳出第 9~12 行的 for 循环（内圈）。

② 第 8~14 行：运行过程如下所示。

i=1 → j=1 →显示结果：1

i=2 → j=1~2 →显示结果：1 2

i=3 → j=1~3 →显示结果：1 2 3

……

i=5 → j=1~5 →显示结果：1 2 3 4（不会显示 5，因为已经跳出循环）

i=6 → j=1~6 →显示结果：1 2 3 4

……

i=9 → j=1~9 →显示结果：1 2 3 4

i=10 → i<10 不成立，结束循环。

③ 第 17 行：设定中断语句的名称（out1）及位置“break out1;”，会跳出第 18~24 行的双层循环。

i=1 → j=1 →显示结果：1

i=2 → j=1~2 →显示结果：1 2

i=3 → j=1~3 →显示结果：1 2 3

……

i=5 → j=1~5 →显示结果：1 2 3 4（不会显示 5，而且已经跳出循环，跳到第 17 行程序代码，break 中断语句标签，并且程序结束）

### 3-4-2 continue 继续语句

continue 语句的功能是强迫 for、while、do...while 等循环语句结束正在运行的这一次循环体后面的程序语句，而将控制权转移到循环开始处，也就是说跳过本次循环剩下的语句，重新运行下一次的循环，即“继续”下一次循环。continue 与 break 语句的最大差别在于 continue 只是忽略之后未运行的语句，但并未跳出循环。continue 继续语句也可以运用标签指令改变程序运行顺序。

【范例程序：CH03_13】

```
01    /* 文件：CH03_13.java
02     * 说明：continue 中断语句的应用
03     */
04    public class CH03_13{
05       public static void main(String args[ ] ){
06          int i,j;
07          for(i=1;i<10;i++){
08             for(j=1;j<=i;j++){
09                if(j==5)continue;// 跳过下面的语句，从本循环的开头继续运行下一次循环
10                System.out.print(j);
11             }
12             System.out.println( );
13          }System.out.println( );
14          out1:
15          // 设定标签
16          for(i=1;i<10;i++){
17             for(j=1;j<=i;j++){
18                if(j==5)continue out1;     // 回到标签处，继续运行
19                System.out.print(j);
20             }System.out.println( );
```

```
21              }System.out.println( );
22
23          }
24      }
```

【程序运行结果】

程序运行结果如图 3–18 所示。

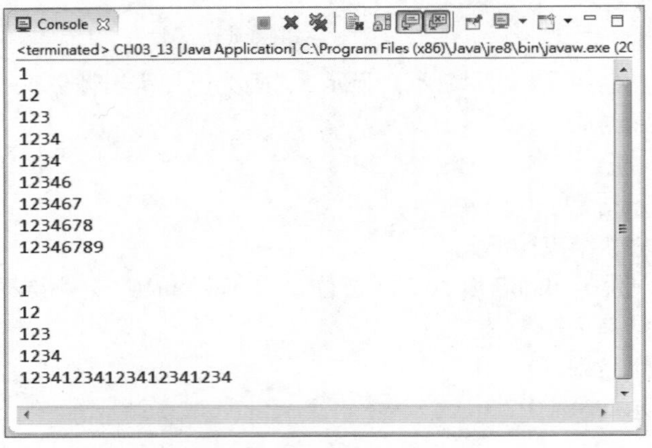


图 3–18

【程序解析】

① 第 9 行：当程序运行到 j==5 时，会跳过第 10 行，从第 8 行的循环重新运行。

② 第 7~13 行：运行过程如下所示。

i=1 → j=1 →显示结果：1

i=2 → j=1~2 →显示结果：1 2

i=3 → j=1~3 →显示结果：1 2 3

……

i=5 → j=1~5 →显示结果：1 2 3 4（不会显示 5，因为 continue 继续语句，会不运行第 10 行程序代码）

i=6 → j=1~6 →显示结果：1 2 3 4 6

……

i=9 → j=1~9 →显示结果：1 2 3 4 6 7 8 9

i=10（i<10 不成立，结束循环）

③ 第 18 行：continue 继续语句加上标签，会直接跳过第 19 行程序语句，从第 14 行重新运行。

④ 第 16~21 行：运行过程如下所示。

i=1 → j=1 →显示结果：1

i=2 → j=1~2 →显示结果：1 2

i=3 → j=1~3 →显示结果：1 2 3

i=4 → j=1~4 →显示结果：1 2 3 4

i=5 → j=1~5 →显示结果：1 2 3 4

**注意：**不会显示 5，continue 语句会控制程序跳转到 out1 标签（即第 14 行程序代码）处，重新进入外层 for 循环。因为第 20 行的 System.out.println( ); 没有运行，不输出“换行”，所以结果会在当前行继续显示。

i=6 → j=1~6 →显示结果：1 2 3 4 1 2 3 4

**注意**：不会显示 5 6，而是直接跳转到 out1（第 14 行程序语句）继续执行 i=7 的情形。

i=7 → j=1~7，i=8 → j=1~8，i=9 → j=1~9，同 i=6 的情形。

因此，直到 i=9 → j=1~9 →显示结果：1 2 3 41 2 3 41 2 3 41 2 3 41 2 3 4

从结果可以看出，共有 5 组 1 2 3 4，第一组是 i=5 的显示结果，第二组是 i=6 的显示结果，第三组是 i=7 的显示结果，第四组是 i=8 的显示结果，第五组是 i=9 的显示结果。

## 3-4-3　return 返回语句

return 返回语句可以终止程序目前所在的方法（method）回到调用方法的程序语句。使用 return 返回语句时，可以将方法中的变量值或表达式值返回给调用的程序语句，不过返回值的数据类型要和声明的数据类型相符合；如果方法不需要返回值，可以将方法声明为 void 数据类型。以下是 return 返回语句的使用方法。

【return 返回语句语法】

```
return 变量或表达式；
return;  //不返回值
```

【范例程序：CH03_14】

```
01   /*文件:CH03_14.java
02    *说明:return 语句的应用
03    */
04   public class CH03_14{
05      public static void main(String args[ ]){
06         int ans;
07         ans=sum(10);          //调用 sum() 方法
08         System.out.println("1~10 的累加");
09         System.out.println("ans="+ans);
10      }
11
12      //sum() 方法
13      static int sum(int n){
14         int sum=0;
15         for(int i=1;i<=n;i++){
16            sum+=i;
17         }
18         return sum;           //返回 sum 变量值
19      }
20   }
```

【程序运行结果】

程序运行结果如图 3-19 所示。

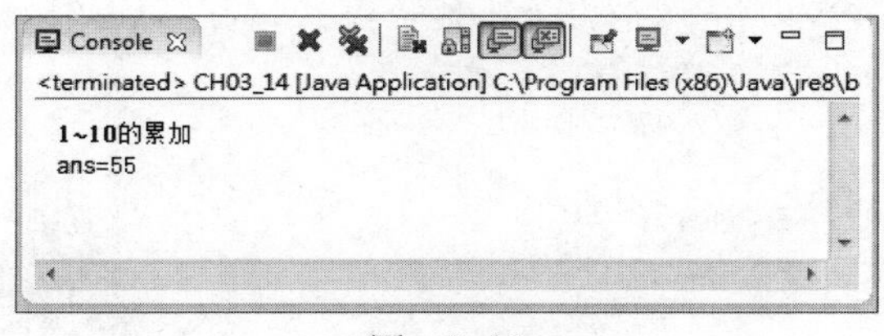


图　3-19

【程序解析】

① 第 7 行：设定变量 ans 来接收 sum( ) 方法返回的值，其中 10 为传递的参数。

② 第 12~18 行：sum( ) 方法的定义区，将方法设定为 static，可以直接被调用和运行，不必通过类对象。

### 3-4-4 for...each 的 for 循环

for...each 循环和传统 for 循环不同的是：for...each 可以直接读取集合（set）类型的数据，如数组。for...each 可以使循环自动化，不用手动设定循环的计数变量、起始值和结束条件值，也不用指定索引数组，最大的好处是可以避免索引值超过边界造成错误。其语法如下：

```
for( 变量名称: 集合类型 ){
   程序语句区；
};
```

下面举例说明。假如 A 是个数组，其内容元素值是整数类型。如果要读取数组中的元素值，一般的方式是利用传统 for 循环，此时读取元素的依据以索引值为主，风险是可能会因读取索引值超过边界而造成错误。

for...each 改变了传统的做法。当进入 for...each 循环时读取依据不再是索引值，而是直接读取数组中的元素值，因此第一次进入循环，x=1，这个 1 不是指数组的索引值，而且元素值，x 是否声明成整数类型（int），要依据数组来决定。图 3-20 和图 3-21 比较了传统 for 循环与 for...each 循环读取上的不同处。

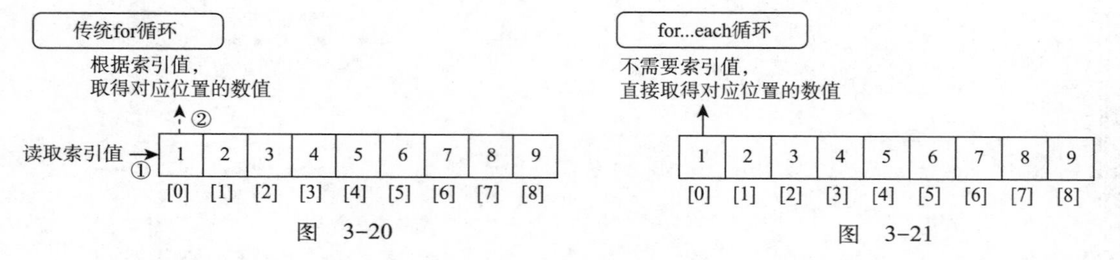


图 3-20　　　　图 3-21

比照语法结构，int x 就是“变量名称”部分；A 就是“集合类型”部分，集合类型指的是所声明的数组。

【范例程序：CH03_15】

```
01    /* 文件 :CH03_15.java
02     * 说明 : for...each 应用
03     */
04
05    public class CH03_15{
06       public static void main(String[] ages){
07          int A[]={1,2,3,4,5,6,7,8,9};
08          char B[]={'H','a','p','p','y'};
09          System.out.println(" 数字数组 "); // 传统 for 循环读取数组数据
10          for(int i=0;i<A.length;i++){
11             System.out.print(A[i]+" ");
12          }
13          System.out.println('\n');
14          System.out.println(" 字符数组 ");
15          for(int i=0;i<B.length;i++){
16             System.out.print(B[i]+" ");
17          }
18          System.out.println('\n');
19          System.out.println(" 数字数组 "); // 新建 for...each 循环读取数组数据
```

```
20            for(int i:A){
21               System.out.print(i+" ");   // 直接读取数组中的元素值
22            }
23            System.out.println('\n');
24            System.out.println(" 字符数组 ");
25            for(char i:B){
26               System.out.print(i+" ");// 因为数组B的元素是字符，所以i必须声明成char
27            }
28            System.out.println('\n');
29         }
30      }
```

【程序运行结果】

程序运行结果如图 3-22 所示。

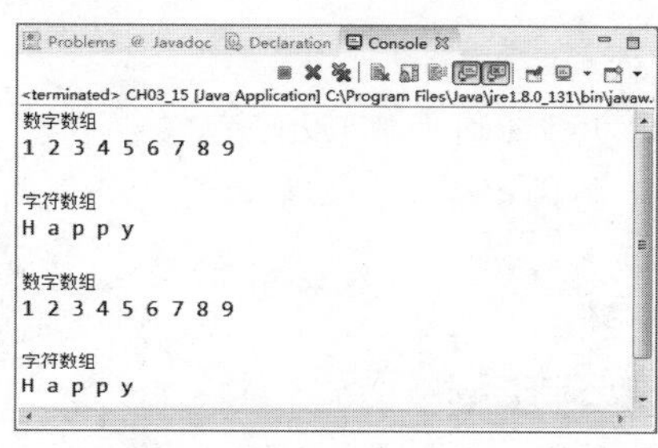


图 3-22

【程序解析】

第 20 行：for...each 循环读取数组中的值，在 for...each 声明中的“变量名称”的类型是依照数组元素的内容决定的。“变量名称”的属性是“只读的”，意思就是只有读取的属性，没有更改或写入的属性。

如果是多维数组，则 for...each 循环应该如何声明使用呢？下面的范例演示了多维数组的 for...each 循环使用法。

【范例程序：CH03_16】

```
01    /* 文件：CH03_16.java
02     * 说明：for...each 多维数组应用举例
03     */
04
05    public class CH03_16{
06       public static void main(String[] ages){
07          int A[][]=new int[2][3];    // 声明多维数组
08             for(int i=0;i<2;i++){             // 设定数组中的值，并且读取数组值
09             for(int j=0;j<3;j++){
10                A[i][j]=i+j;
11                System.out.print(A[i][j]+" ");
12             }
13          }
14          System.out.println('\n');
15          for(int i[]:A){                  // 改用 for...each 循环读取数组数据
16             for(int j:i){
17                System.out.print(j+" ");
18             }
19          }
20          System.out.println('\n');
```

```
21          }
22      }
```

【程序运行结果】

程序运行结果如图 3-23 所示。

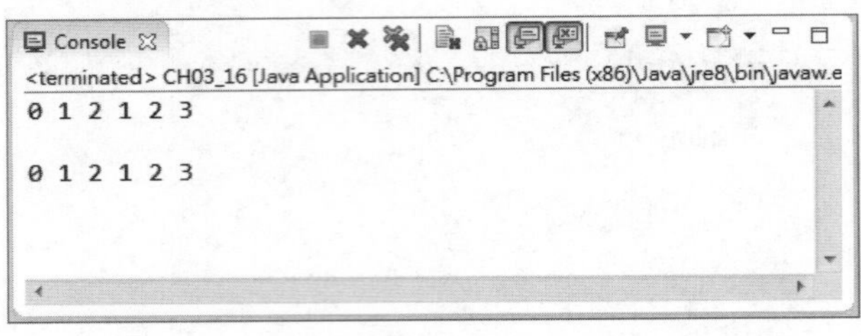


图　3-23

【程序解析】

第 15~19 行：二维数组其实就是数组中的数组。因此，在第 15 行外层循环，int i[ ] 表示读取的是一整组的一维数组；第 16 行内层循环，则是再针对外层所指定的一维数组读取其中的元素值。

## 3-5　本章进阶应用练习实例

本章主要讨论的是 Java 的三种基本流程控制结构及相关指令，例如顺序结构、分支结构与循环结构等。配合以下的应用练习实例，读者对于本章所介绍内容将有更清楚的了解。

### 3-5-1　使用条件语句进行考绩评比

条件控制语句依据测试条件，“选择性”地运行某些程序片段的语句。它包含了两种作用不同的流程控制语句：if...else 语句和 switch...case 选择分支语句。两者最大的差异点在于：switch...case 语句只能根据参数的具体值，选择运行相应的分支语句，不能进行类似“比较”或“判断”的动作。下面的范例综合运用上述两种流程控制语句，来进行某项成绩的评比判断。

```
01    //使用条件语句进行考绩评比
02    class WORK03_01
03    {
04       public static void main(String args[])
05       {
06          int score=88;
07          int level=0;
08          //嵌套 if...else 语句
09          System.out.println("利用 if...else 控制语句判断");
10          if(score>=60)
11          {
12             if(score>=75)
13             {
14                if(score>=90)
15                {
16                   System.out.println("成绩"+ score+ "是甲等!!");
17                   level=1;
18                }
19                else
20                {
```

```
21                      System.out.println("成绩"+ score+ " 是乙等!!");
22                      level=2;
23                  }
24              }
25              else
26              {
27                  System.out.println("成绩"+ score+ " 是丙等!!");
28                  level=3;
29              }
30          }
31          else
32              System.out.println("成绩"+ score+ " 不及格!!");
33          // switch...case 语句
34          System.out.println("利用 switch..case 控制语句判断");
35          switch(level)
36          {
37              case 1:System.out.println("成绩"+ score+ " 是甲等!!");break;
38              case 2:System.out.println("成绩"+ score+ " 是乙等!!");break;
39              case 3:System.out.println("成绩"+ score+ " 是丙等!!");break;
40              default:System.out.println("成绩"+ score+ " 是丁等!!");break;
41          }
42      }
43  }
```

【程序运行结果】

程序运行结果如图 3-24 所示。

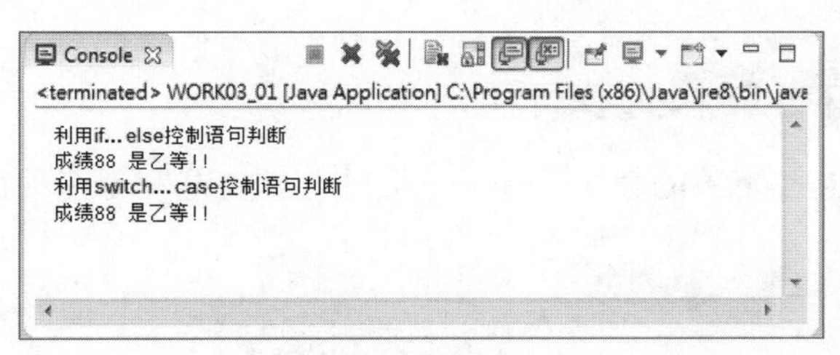


图 3-24

在这个范例中，if 语句可以根据 score 的“范围”判定出一个等级值 level，如 1、2 或 3；switch...case 则只能根据 level 的值是 1、2 还是 3（不能直接由 score 来做出选择）来选择输出相应的“等级”。这个范例既充分展示了 if 与 switch...case 的不同之处，又给出了一个二者相互配合的应用场景。读者需多多体会。

## 3-5-2 闰年的判断与应用

闰年判断的问题也适合用以上结构来解决。闰年计算的规则是“四年一闰，百年不闰，四百年一闰”。以下程序范例是利用 if...else if 条件语句来运行闰年计算规则，用以判断某一个公元年是否为闰年。

```
01  // 闰年的判断与应用
02  public class WORK03_02
03  {
04      public static void main(String args[])
05      {
06          int year=2008;// 公元年
07          // 声明整数变量
```

```
08          if(year%4!=0)                    // 如果 year 不是 4 的倍数
09             System.out.println(year+" 年不是闰年。"); // 则显示 year 不是闰年
10          else if(year%100==0)             // 如果 year 是 100 的倍数
11             {
12                if(year%400==0)            // 且 year 是 400 的倍数
13                   System.out.println(year+" 年是闰年。");
14                   // 显示 year 是闰年
15                else                       // 否则
16                   System.out.println(year+" 年不是闰年。");
17                   // 显示 year 不是闰年
18             }
19             else  // 否则
20                System.out.println(year+" 年是闰年。"); // 显示 year 是闰年
21       }
22    }
```

**【程序运行结果】**

程序运行结果如图 3-25 所示。

图　3-25

### 3-5-3　使用各种循环计算 1~50 累计总和

循环常被用来计算某一范围的数字总和。下面的范例就是利用三种循环来计算 1~50 的累计总和。

```
01    // 使用各种循环计算 1~50 累计总和
02    class WORK03_03
03    {
04       public static void main(String args[])
05       {
06          int totalSum=0;
07          int var1=1;
08          int var2=1;
09          int var4=50;
10          //while 循环
11          while(var1<=var4)
12          {
13          totalSum+=var1;
14          var1+=1;
15          }
16          System.out.println("while 循环做 1 至 50 累加和为 "+ totalSum);
17          totalSum=0;
18          //do...while 循环
19          do
20          {
21          totalSum+=var2;
22          var2+=1;
23          }while(var2<=var4);
```

```
24          System.out.println("do...while 循环做 1 至 50 累加和为 "+ totalSum);
25          totalSum=0;
26          //for 循环
27          for (int var3=1; var3<=var4;var3++)
28          totalSum+=var3;
29          System.out.println("for 循环做 1 至 50 累加和为 "+ totalSum);
30      }
31  }
32
```

【程序运行结果】

程序运行结果如图 3–26 所示。

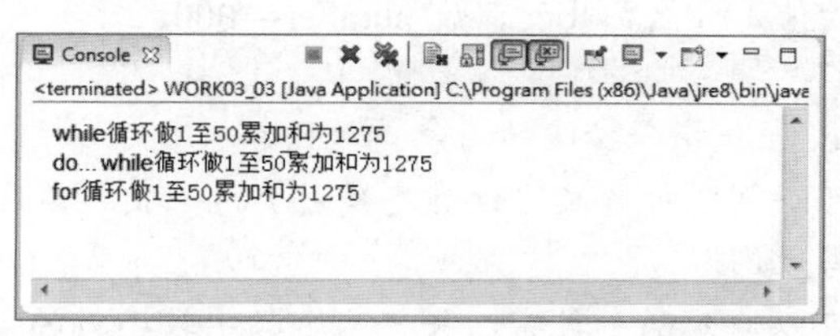


图　3–26

## 习题

### 1. 填空题

（1）________结构是以程序第一行语句为进入点，由上而下运行到程序的最后一行语句。

（2）循环控制语句分为________、________和________三种循环语句。

（3）________语句设定有循环起始值、结束条件和每次运行循环的递增或递减表达式。

（4）________是一种多选一的条件语句，它是依照条件表达式的运行结果在多个程序方块中选择其一程序方块，并运行其方块内的程序代码。

（5）________if 语句是指“内层”的 if 语句是另一个“外层”if 的子语句，此子语句可以是 if 语句、else 语句或者是 if...else 语句。

（6）while 语句是依据条件表达式结果的________值，决定是否要继续运行区块的程序语句。

（7）使用循环控制语句时，当条件表达式的结果恒成立时，会形成________。

（8）跳转控制语句有________、________和________三种。

（9）________语句类似 C++ 语言中的 goto 语句。

（10）使用________指令可以跳出循环的运行。

（11）流程控制可分为________语句与________语句。

（12）分支式结构是利用________语句来判断程序的流程。

（13）if 语句共分为________、________和________三种。

（14）________语句可以从参数的多种结果中选择程序的流程走向。

（15）________语句可以终止程序目前所在的方法，跳回到调用方法的程序语句。

### 2. 问答与实现题

（1）简述结构化程序设计的基本流程结构。

（2）do...while 语句和 while 语句的主要差异是什么？

（3）何谓嵌套循环？

（4）下面的程序代码是否有错误的地方？如果有请指出。

```
switch(){
    case 'r':
        System.out.println("红灯亮：");
        break;
    case 'g':
        System.out.println("绿灯亮：");
        break;
    default:
        System.out.println("没有此指示灯");
    }
```

（5）下面指令中 flag 的值是什么？此处假设 number=1000。

```
flag=(number<500)? 0 : 1;
```

（6）在 switch 语句中 default 指令扮演的角色是什么？

（7）设计一个程序，可以判别所输入的数值是否为 7 的倍数，其运行结果如图 3-27 所示。

（8）用条件运算符改写上例。

（9）设计一个程序，可以输入两个数字，并将两个数中较小数的立方值输出，其运行结果如图 3-28 所示。

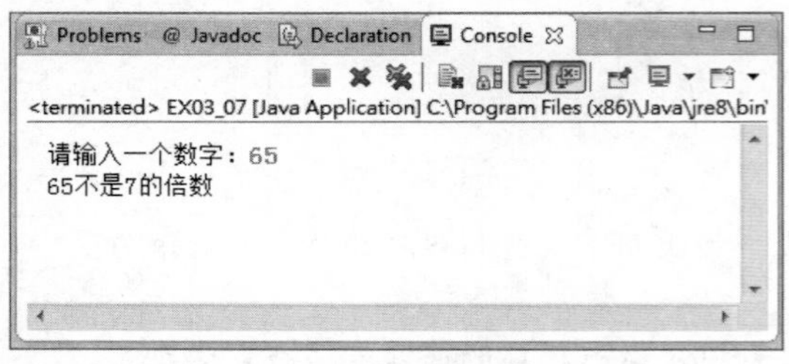


图 3-27

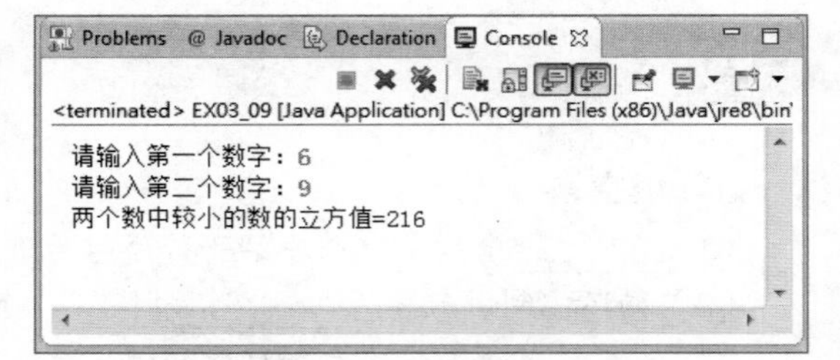


图 3-28

（10）设计一个程序，计算介于 100~200 中所有奇数之总和，其运行结果如图 3-29 所示。

（11）设计一个程序，可允许输入一个数值 number，当所输入的值小于 1 时会要求重新输入；当输入的值大于 1 时计算 1~number 之间所有奇数的总和，其运行结果如图 3-30 所示。

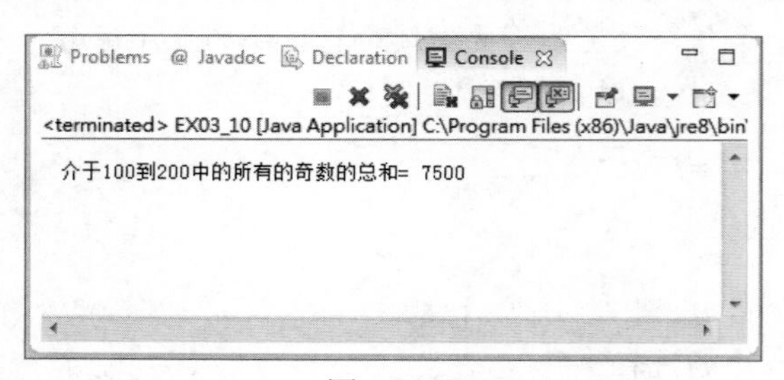


图 3-29

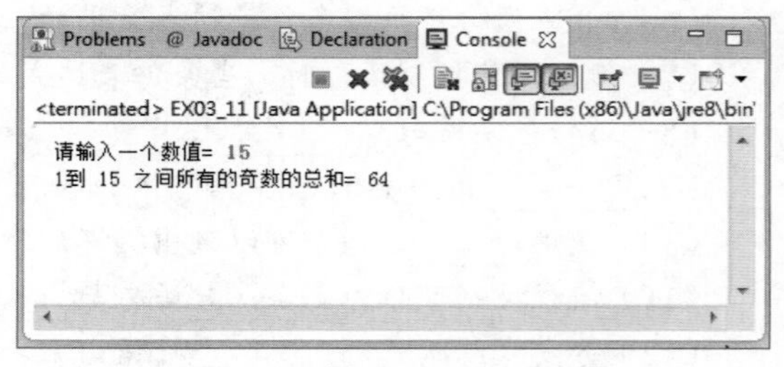


图 3-30

（12）设计一个程序，可允许输入一个数值 number，并计算其阶乘值，其运行结果如图 3-31 所示。

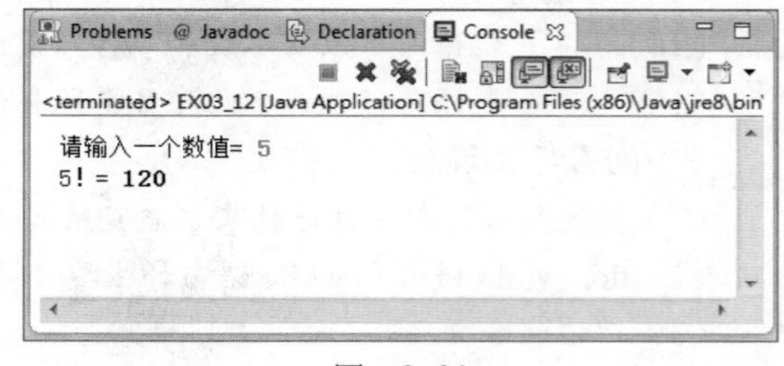


图 3-31

# 第 4 章 数 组

数组在数学上的定义是：同一类型的元素所形成的有序集合。在程序语言领域，可以把数组看作一个名称和一块相连的、可用来存储多个相同数据类型的数据的内存地址。将其中的数据称为数组元素，并使用索引值来区别各个元素。当多个相同性质的数据需要处理时，可以用数组存放数据，再以循环或嵌套循环方式进行数组数据的处理。本章中将介绍如何声明与使用数组，这其中包括一维与多维数组；除此之外，也会探讨 Java 程序语言中的 Arrays 类及 ArrayList 类。

### 学习目标

- 理解数组的概念。
- 掌握数组的类型及应用方法。

### 学习内容

- 数组的声明与使用。
- 多维数组与不规则数组。
- 数组的复制。
- 对象数组。
- Arrays 类及 ArrayList 类。

## 4-1 数组简介

在说明数组之前，首先介绍普通变量在内存中的配置方式。例如，要计算班上三位学生的总成绩，通常会将程序代码编写成以下格式：

```
int a,b,c,sum;
sum=0;
a=50,b=70,c=83;
sum=a+b+c;          // 计算全班总成绩
```

此时的变量 a、b、c 及 sum 都是各自独立的，且存放在不连续的内存位置，如图 4-1 所示。

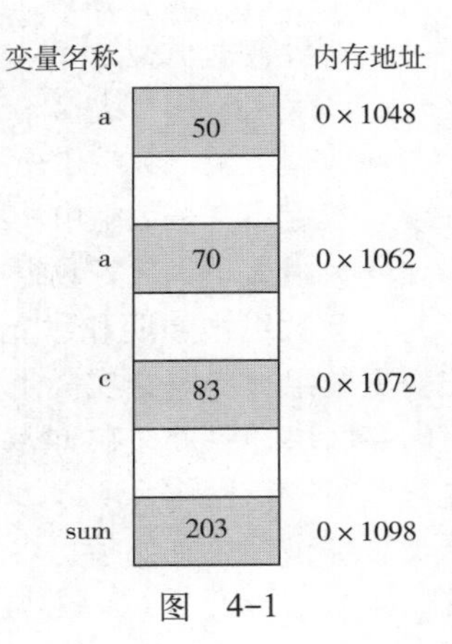

图 4-1

以上的方法看似简单，不过如果班上有 50 位学生，那么就需要声明 50 个变量来记录学生成绩，再来进行累加计算。此时光是变量名称的声明就够烦琐的了，更不要说操作这些变量来进行运算。

若使用数组来存储数据，可以有效改善上述问题。假设用数组来存储上例中的学生成绩，并将数组命名为 score，而 score[0] 存放 50，score[1] 存放 70，score[2] 存放 83，等等。此时内存内容将如图 4–2 所示。

事实上，可以将数组想象成家门口的信箱，每个信箱都有固定住址，其中路名就是名称，信箱号码就是索引，如图 4–3 所示。而程序设计师只要根据数组名所代表的起始地址与索引所计算出来的相对位移（offset），就可以找到此数组元素的实际地址，并直接存取数据。

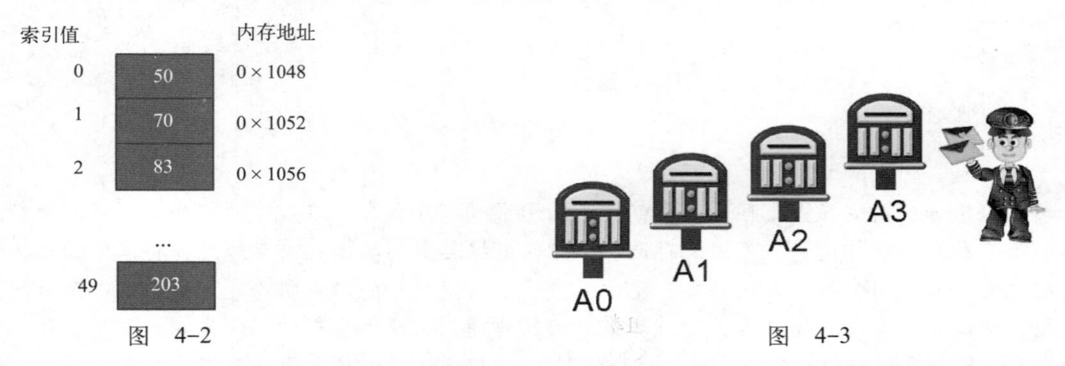


图 4–2　　　　图 4–3

也就是说，如果现在设计一个 Java 程序，能够存取公司 100 名员工的基本数据。假如没有学过数组，通过基本的变量观念，势必要声明 100 个不同的变量来存放“员工姓名”；可是员工的基本数据不单单只有姓名而已，还有生日、电话、住址等，这样下来要声明的变量可能就不止 100 个。因此，当要使用“大量”的变量数据时，建议读者考虑使用数组，以降低程序的复杂性并提高可读性。

### 4–1–1　数组声明方法

一维数组（One–dimensional Array）是最基本的数组结构，只利用到一个索引值。数组在 Java 语言里是一种参考数据类型，存储的是数组的地址，而不是数组的元素值。数组可以和各种不同数据类型结合，产生该类型的数组，其声明和建立的方法如下：

【数组声明语法】

①一般数据类型：

```
数据类型 [ ] 数组名 ;
```

②对象数据类型：

```
数据类型 [ ] 数组名 =new 数据类型 [ 数组大小 ];
```

- 数据类型：数组中所有的数据都是此数据类型。
- 数组名：是数组中所有数据的共同名称。
- 数组大小：代表数组中有多少的元素。

一旦数组被声明和建立后，它的长度就固定不动，当用户变更数组大小时，实际上是将数组指向另一个新建立的数组内存区块。另外，在 Java 中，必须给数组设定初始值后才能对数组进行操作，所以 Java 语言在数组产生时会针对各数据类型提供默认初始值。各数据类型对应的默认初始值，如表 4–1 所示。

表 4–1

| 数组的数据类型 | 初　始　值 |
| --- | --- |
| 数字 | 0 |
| 字符 | Unicode 的字符 0 |
| 布尔 | false |
| 对象 | null |

当然，用户也可以自行设定数组的初始值。设定初始值的方法如下：

【自行设定数组初始值】

```
数据类型 [ ] 数组名 =new 数据类型 [ ]{ 初始值 1, 初始值 2,…};
```

请注意，给数组设定初始值时，需要用花括号和逗号来分隔。另外，数组中预定义了一个方法，可以让用户取得数组的长度，也就是数组的大小：

```
数组名 . length;
```

为练习数组的基本使用方法，请看下面的程序范例：利用数组来计算一位学生四科成绩的总分及平均分数。

【范例程序：CH04_01】

```
01    /* 文件 :CH04_01.java
02     * 说明 : 数组的基本使用方法
03     */
04    public class CH04_01{
05       public static void main(String[] args){
06          String[] course=new String[5];// 声明并建立一个字符串对象数组
07          // 设定初始值
08          course[0]=" 姓名 ";
09          course[1]=" 语文 ";
10          course[2]=" 数学 ";
11          course[3]=" 社会学 ";
12          course[4]=" 自然 ";
13          // 输出各项目名称
14          for(int i=0;i<course.length;i++){
15             System.out.print(course[i]+"\t");
16          }
17          System.out.println();
18          System.out.print(" 吴劲律 \t");
19          int[] score=new int[]{100,96,97,86};// 声明建立和设定初始值整数数组
20          int sum=0;
21          for(int i=0;i<score.length;i++){
22             System.out.print(score[i]+"\t");
23             sum+=score[i];
24          }
25          System.out.println();
26          System.out.println(" 总分 ="+sum);
27          System.out.println(" 平均 ="+(float)sum/score.length);
28       }
29    }
```

【程序运行结果】

程序运行结果如图 4-4 所示。

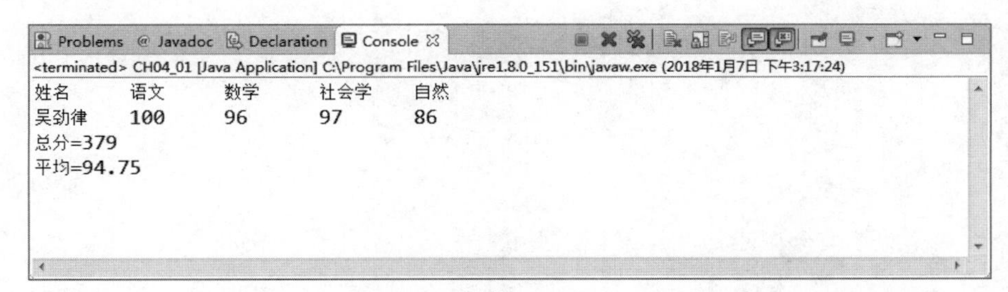


图 4-4

【程序解析】

① 第 6 行：声明大小（长度）为 5 的字符串数组。

② 第 8~12 行：设定 course 数组的各元素值，Java 的数组的索引（index）是从 0 开始计算的。

③ 第 19 行：声明建立并初始化一个整数（int）数组，因为已经设定各元素初始值，所以就不需要指定数组的大小，设定值个数等于数组的大小。

④ 第 21 行：利用 for 循环，读取数组中的值；其中循环结束的条件限制是以数组的长度为主，因此使用 score.length 准确设定结束条件。

### 4-1-2 指定数组元素数目

数组声明后，内部是不含任何值的，数组中的值默认为 null。因此，前一小节只是介绍如何声明数组，接下来将对于已经声明好的数组“指定”或“配置”该数组中元素的数目。

【数组大小配置语法】

```
变量名称 =new 数据类型 [ 元素数目 ]
```

【举例说明】

```
age=new int[5]    // 意思是对之前所声明的数组 age 配
置 5 个元素的整数数组空间，如图 4-5 所示。默认整型数组中
元素的初始值为 0
```

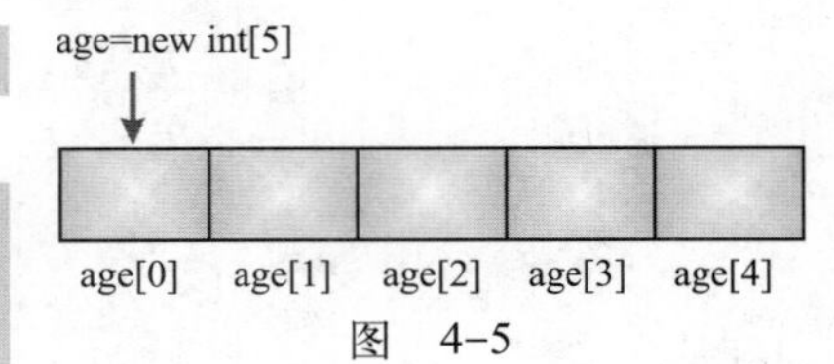


图 4-5

### 4-1-3 指定数组元素的值

指定数组的值的语法如下：

【语法】

```
变量名称 [ 索引值 ]= 将指定的值
```

【举例说明】

```
age[0]=18;
```

意思是将 18 指定给 age 数组中索引值为 0 的元素。需要注意的是，Java 中的数组索引值编号是由 0 开始的。所以 age[0]=18 的意思是将 18 指定给 age 数组中的第一个元素；age[1] 为第二个元素；age[2] 为第三个元素，依此类推。因为这样的特性，除了在声明时直接设定初始值外，也可以利用索引值设定某一个数组元素的数值。

综合上述所学，可以利用数组设计一个记录员工年龄的范例程序。

【范例程序：CH04_02】

```
01    /* 文件 :CH04_02.java
02     * 说明 : 数组的基本使用方法
03     */
04
05    public class CH04_02{
06       public static void main(String[] ages){
07
08           // 数组声明
09           int age[]=new int[5];
10           // 给定数组元素值
11           age[0]=18;
12           age[1]=25;
13           age[2]=33;
14           age[3]=48;
15           age[4]=50;
16
```

```
17          for(int i=0;i<=5;i++){
18              if(i<age.length){
19                  System.out.println("第"+(i+1)+"位员工的年龄="+age[i]+"岁。"+'\n');
20              }else{
21                  System.out.println("抱歉！找不到第"+(i+1)+"位员工年龄的数据");
22              }
23          }
24      }
25  }
```

【程序运行结果】

程序运行结果如图 4-6 所示。

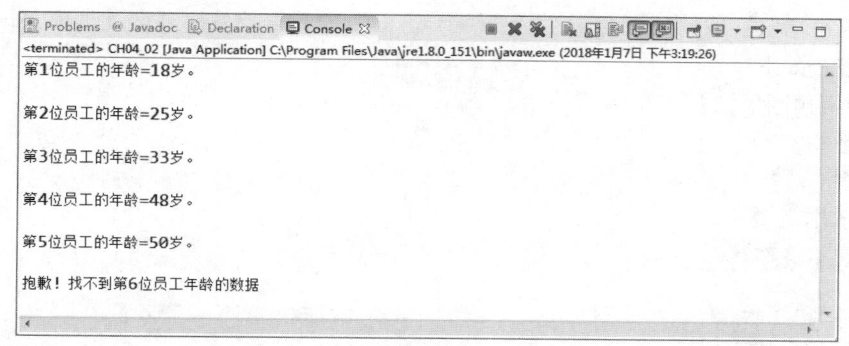

图　4-6

【程序解析】

第 11~15 行：输入 5 位员工的年龄。

## 4-1-4　数组另一表示法

4-1-3 节的范例程序代码中，第 11 ~15 行程序代码有点长，假如有 30 笔数据，那就需要有 30 行程序代码运行“赋值”操作，这样的程序看起来有点复杂。

其实，数组除了上述将声明与配置工作分开运行外，也可以把声明、配置这两个动作合并为一条指令。其使用语法如下：

【语法】

```
数据类型 变量名称 []=new 数据类型 [ 元素数目 ]
```

【举例及说明】

```
int age=new int[5]      // 声明数组的同时，指定数组元素的数目，使用默认初始值，之后再指定各数组各个元素的值
```

改用这种写法，可以明显缩短行数。

【范例程序：CH04_02 改良版】

```
01  public class CH04_02 {
02      public static void main (String[ ] ages){
03          int age[]={18,25,33,48,50};
04          System.out.println("第一位员工年龄是 "+age[0] );
05      }
06  }
```

## 4-2 多维数组

由于在 Java 中，所声明的数据都存放在内存上，只要内存大小许可，就可以声明更多维数组存放数据。在 Java 程序语言中，凡是二维以上的数组都可以称作多维数组，多维数组表示法可视为一维数组的延伸。基本上，二维数组以上的数组都属于多维数组，其实多维数组的声明与建立就是视维度的多少而加上几个中括号 [ ]。通常三维数组以上的数组非常少使用，所以在此不对三维以上的数组作介绍，只针对二维数组及三维数组来进行说明。

### 4-2-1 二维数组

二维数组可以看作一维数组的线性方式延伸，也可视为是平面上列与行的组合。二维数组使用两个索引值来指定存取的数组元素 :“列（横）方向”的元素数目及“行（竖）方向”的元素数目。其声明方式如下 :

【二维数组声明语法】

①一般数据类型 :

```
数据类型 [][] 数组名 ;
```

②对象数据类型 :

```
数据类型 [][] 数组名 =new 数据类型 [ 列大小 ][ 行大小 ];
```

【举例说明】

```
int twoArray[][]=new int[3][4]        // 声明一个 3 列 4 行的整数数组
```

此处，int twoArray[ ][ ] 说明 twoArray 是一个整数型的二维数组，int[3][4] 表明它是一个 3 列 4 行的二维数组。

在存取二维数组中各元素的数据时，使用的索引值仍然是从 0 开始计算的。图 4-7 以矩阵图形来说明二维数组中每个元素的索引值与存储的关系。

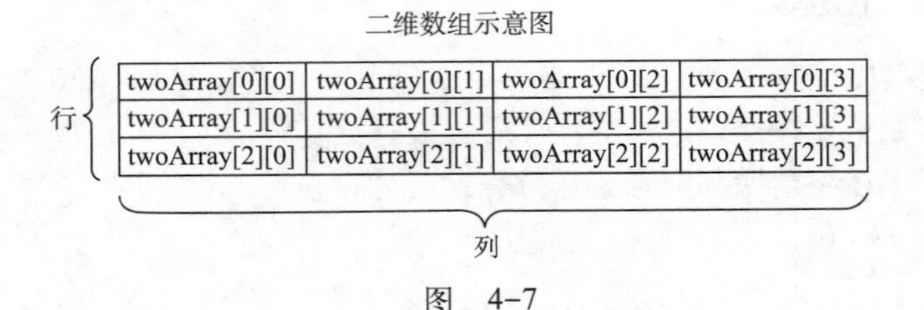


图 4-7

在二维数组设定初始值时，为了方便区分行与列，除了最外层的 { } 外，最好以 { } 括住每一列的元素初始值，并以“,”分隔列中的每个数组元素，其声明方式如下 :

【二维数组设定初始值语法】

以 int twoArray[ ][ ]=new int[3][4] 为例，预先指定初始值 :

```
int twoArray[][]=new int[][]{{12,92,88,76},      // 以花括号区隔，表示第一列
{23,90,98,70},                                   // 表示第二列
{33,82,69,98} };                                 // 表示第三列
```

【范例程序 : CH04_03】

```
01    /* 文件 :CH04_03.java
02     * 说明 : 各种数组使用方法
03     */
04    public class CH04_03{
05       public static void main(String[] args){
```

```
06
07          String[] arr1=new String[]{"座号","语文","英文","数学","最高分","
最低分"};
08          //声明二维数组并设定初始值
09          int[][] arr2=new int[][]{{1,92,88,76},{2,90,98,70},{3,82,69,98}};
10          for(int r=0; r<arr1.length;r++)
11             System.out.print(arr1[r]+"\t");
12          System.out.println();
13          int max=0,min=100;
14          //输出二维数组的元素，并找出最高分与最低分
15          for(int i=0;i<arr2.length;i++){
16             for(int j=0;j<arr2[i].length;j++){
17                if(arr2[i][j]>max){
18                      max=arr2[i][j];
19                }
20                if(j>0){
21                   if(arr2[i][j]<min){
22                      min=arr2[i][j];
23                   }
24                }
25                System.out.print(arr2[i][j]+"\t");
26             }
27             System.out.print(max+"\t"+min);
28             System.out.println();
29          }
30       }
31    }
```

【程序运行结果】

程序运行结果如图 4-8 所示。

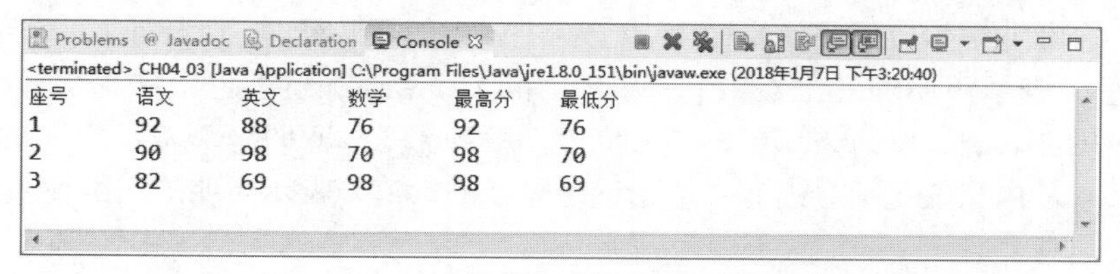


图 4-8

【程序解析】

① 第 15~29 行：使用两个 for 循环来输出二维数组的元素并寻找最大最小值。

② 第 15、16 行：利用数组的长度属性设定循环的次数。

## 4-2-2 三维数组

二维数组在几何上是表示平面上的点的集合，即每个点是由 $x$ 轴坐标和 $y$ 轴坐标两个值确定的，即需要两个维度的索引值，也就是行和列的序号。三维数组在几何上则是表示空间立体中点的集合，每一个元素的索引值，除了有 $x$ 轴坐标和 $y$ 轴坐标外，还有 $z$ 轴坐标作为索引，可以理解为“层”序号。于是三维数组使用三个索引值来指定存取某一个数组元素；“$x$ 轴”的元素序号、“$y$ 轴”的元素序号及“$z$ 轴”的元素序号。

【三维数组声明语法】

①一般数据类型：

```
数据类型 [][][] 数组名 ;
```

②对象数据类型 :

```
数据类型 [][][]  数组名 =new 数据类型 [x 方向 ][ y 方向 ] [z 方向 ];
```

【举例说明】

```
int threeArray[][][]=new int[2][3][4]      // 声明一个 2×3×4 的整数数组
```

三维数组示意图如图 4-9 所示。

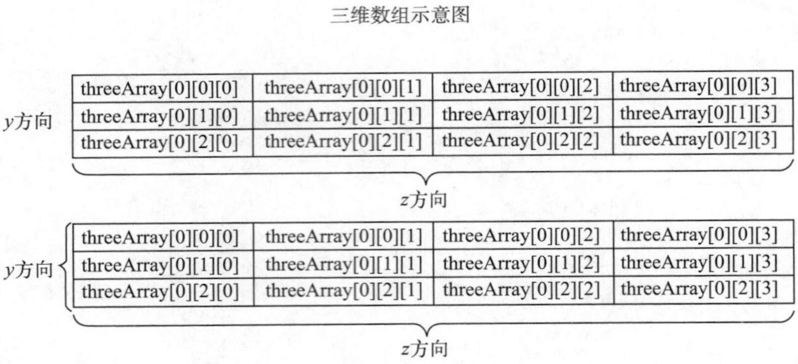

三维数组示意图

y方向

| threeArray[0][0][0] | threeArray[0][0][1] | threeArray[0][0][2] | threeArray[0][0][3] |
|---|---|---|---|
| threeArray[0][1][0] | threeArray[0][1][1] | threeArray[0][1][2] | threeArray[0][1][3] |
| threeArray[0][2][0] | threeArray[0][2][1] | threeArray[0][2][2] | threeArray[0][2][3] |

z方向

y方向

| threeArray[0][0][0] | threeArray[0][0][1] | threeArray[0][0][2] | threeArray[0][0][3] |
|---|---|---|---|
| threeArray[0][1][0] | threeArray[0][1][1] | threeArray[0][1][2] | threeArray[0][1][3] |
| threeArray[0][2][0] | threeArray[0][2][1] | threeArray[0][2][2] | threeArray[0][2][3] |

z方向

图 4-9

【三维数组设定初始值语法】

以 int threeArray[ ][ ][ ]=new int[2][3][4] 为例，预先指定初始值 :

```
int threeArray [][][]=new int[][][]{
    { {12,92,88,76},{23,90,98,70},{33,82,69,98} },
    { {32,32,86,36},{43,30,38,40},{73,92,89,28} }
};
```

三维数组的设定初始值似乎有点复杂，上例中，以黑色、粗体、倾斜的花括号标示的是“*x* 方向”，共 2 组，表示声明的三维数组 [x][y][z] 中的 x=2 ；每一组黑色粗体花括号内有三组以花括号标示的数据集，如 {12,92,88,76}、{23,90,98,70} 和 {33,82,69,98}，表示声明的三维数组 [x][y][z] 中的 y=3 ；最内层的花括号内有 4 个用逗号隔开的数值，表示声明的三维数组 [x][y][z] 中的 z=4。

【范例程序 : CH04_04】

```
01    /* 文件 :CH04_04.java
02     * 说明 : 各种数组使用方法
03     */
04
05    public class CH04_04
06    {
07       public static void main(String[] args)
08       {
09          int twoDarr[][]={{15,48,44,11},
10                           {12,78,56,49},
11                           {55,24,31,98}};
12          int threeDarr[][][]={{{2,4,6,8},{1,3,5,7},{5,10,15,20}},
13                               {{3,6,9,18},{4,8,12,16},{0,0,0,0}}};
14
15          System.out.println(" 二维数组输出结果 ");
16          System.out.println(twoDarr[0][0]+" "+twoDarr[0][1]+" "+twoDarr[0][2]);
```

```
17            System.out.println(twoDarr[1][0]+" "+twoDarr[1][1]+" "+twoDarr[1][2]);
18            System.out.println(twoDarr[2][0]+" "+twoDarr[2][1]+" "+twoDarr[2][2]);
19            System.out.println(" 随机挑选二维数组元素 ");
20            System.out.println("twoDarr[2][0]="+twoDarr[2][0]);
21            System.out.println("twoDarr[1][2]="+twoDarr[1][2]);
22            System.out.println();
23            System.out.println(" 三维数组输出结果 ");
24            System.out.println(" 随机挑选三维数组元素 ");
25            System.out.println("threeDarr[1][0][1]="+threeDarr[1][0][1]);
26            System.out.println("threeDarr[1][2][3]="+threeDarr[1][2][3]);
27            System.out.println("threeDarr[0][2][0]="+threeDarr[0][2][0]);
28        }
29    }
```

【程序运行结果】

程序运行结果如图 4-10 所示。

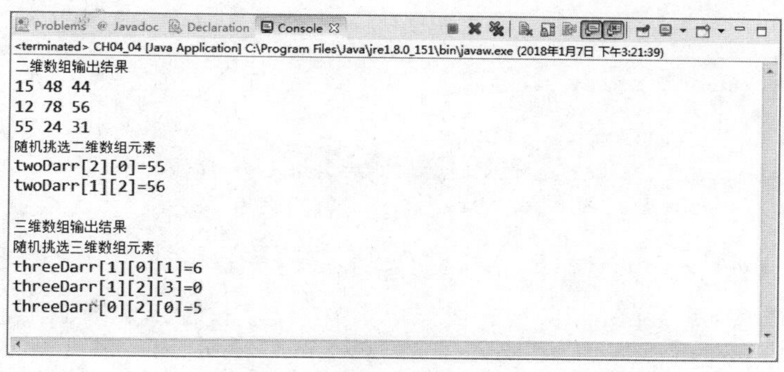


图 4-10

【程序解析】

① 第 9~11 行：要区分第一列和第二列，请注意要使用花括号来区别，每组之间也以逗号区隔。所以 {15,48,44,11} 表示第一列，{12,78,56,49} 表示第二列，{55,24,31,98} 表示第三列。

② 第 12、13 行：第 12 行表示第一列，第 13 行表示第二列。

### 4-2-3 不规则数组

之前所学到的数组都是每一列有相同长度的数组；如果每一列的长度不同，在 Java 中可以吗？答案是：可以！

【不规则数组声明语法】

```
int twoArray[][]={{15,48,44,11},
                  {12,78,56,49,58},
                  {55,24,31}};
```

上述每一行的元素个数（数组长度）不一致，这种不规则的数组声明语法也是合法的。

## 4-3 数组应用与对象类

在对一维数组及多维数组的结构、声明方法和配置内存空间都有了初步的认识后，接下来介绍一些和数组相关的应用。

## 4-3-1 重新配置数组

重新配置数组即重新配置原本配置好的数组元素个数。

【语法】

```
变量名称=new 数据类型[ 元素项目 ]
```

【范例程序：CH04_05】

```
01    /* 文件：CH04_05.java
02     * 说明：重新配置数组
03     */
04
05    public class CH04_05{
06        public static void main(String[] args){
07            int A[]={2,4,6,8,10,12};
08            System.out.println("显示为改变前数组元素的值");
09            for(int i=0;i<A.length;i++)
10            {
11                System.out.print(A[i]+" ");
12            }
13            System.out.println();
14
15            A=new int[A.length+1];
16            System.out.println("显示为改变后数组元素的内容");
17            for(int i=0;i<A.length;i++)
18            {
19                System.out.print(A[i]+" ");
20            }
21            System.out.println();
22
23        }
24    }
```

【程序运行结果】

程序运行结果如图 4-11 所示。

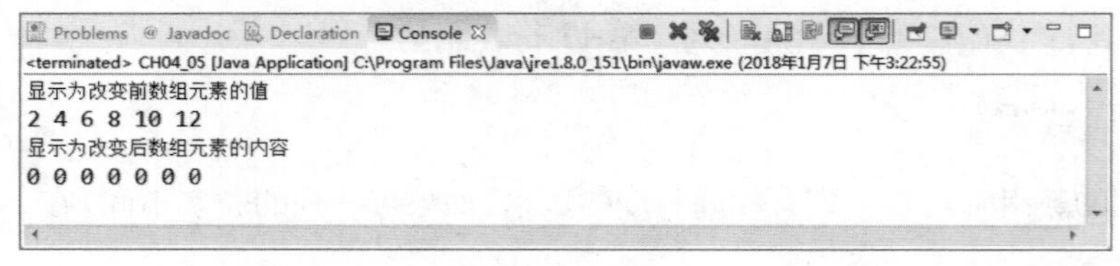


图 4-11

【程序解析】

从程序运行结果可以看出：重新配置的数组其实是产生了一个空的新数组，原来的数组元素的值完全丢失，并不会保留原先的值。要避免这样的情形，可以使用下面的“复制数组”的方法。

## 4-3-2 复制数组

数组在 Java 语言中有三种复制的方式。

1. 循环复制方式

数组是一种参考类型，所以不能像一般数据类型那样直接使用数组名称指定的方式来复制数组。当要把一个数组的内容指定给另一个数组时，必须分别指定两个数组的各个元素，可以使用循环来完成这样的复制方式。请看以下的示范程序。

【示范程序】

```
int[] arr1=new int[]{1,2,3,4,5};
int[] arr2=new int[5];
for(int i=0;i<arr1.length;i++)
arr2[i]=arr1[i];
```

循环的复制方式是最具灵活性的一种方法，可以依照数组的需要来设计循环。

2. clone 复制方式

数组属于对象的一种，所以可以使用对象类里定义的方法 clone( ) 方法来复制。

【语法】

```
目标数组名 =( 数据类型 []) 源数组名 .clone()
```

【举例说明】

```
arr2=(int[])arr1.clone();
```

因为 clone( ) 方法返回的数据类型是对象类型，所以需要以“数据类型 [ ]”的形式将对象强制转换成数组所对应的数据类型。clone( ) 方法的程序代码在三种复制方法中最简单，不过它的效率并不高，尤其是当数组的元素越多时。

【范例程序：CH04_06】

```
01    /* 文件 :CH04_06.java
02     * 说明 :Arrayclone 数组复制
03     */
04
05    public class CH04_06{
06       public static void main(String[] args){
07          int A[]={2,4,6,8,10,12};
08          System.out.println(" 复制前数组元素的内容 ");
09          for(int i=0;i<A.length;i++){
10             System.out.print(A[i]+" ");
11          }
12          System.out.println();
13          int B[]=new int[A.length];
14          B=(int[])A.clone();
15          System.out.println(" 复制后数组元素的内容 ");
16          for(int i=0;i<B.length;i++){
17             System.out.print(B[i]+" ");
18          }
19          System.out.println();
20       }
21    }
```

【程序运行结果】

程序运行结果如图 4-12 所示。

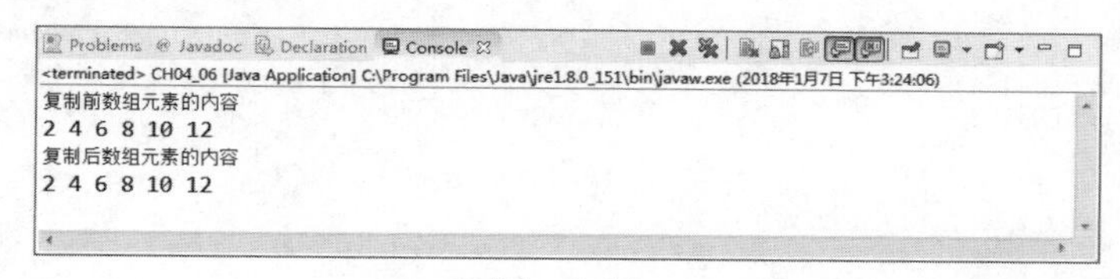


图 4-12

【程序解析】

第 13 行：复制 B 数组之前，需要先声明 B 数组。

3. arraycopy 复制方式

这是数组的另一种复制的方式，使用 System 类里的 arraycopy( ) 方法实现。使用方法说明如表 4-2 所示。

表 4-2

| 方法名称 | 说明 |
| --- | --- |
| static void arraycopy（Object 源数组 , int 起始索引 , Object 目标数组 , int 存放位置 , int 数据长度 ） | 将源数组的起始索引开始到设定的长度，复制到目标数组所指定的存放位置 |

arraycopy( ) 复制方法复制数组的速度最快，也可以指定需要复制元素和存放在目标数组的位置。

【范例程序：CH04_07】

```
01   /* 文件 :CH04_07.java
02    * 说明 : 数组的复制方法
03    */
04    public class CH04_07{
05      public static void main(String[] args){
06
07          int[] arr1=new int[]{1,2,3,4,5};
08          int[] arr2=new int[5];
09          // 循环的方式
10          for(int i=0;i<arr1.length;i++)
11             arr2[i]=arr1[i];
12          // 输出
13          for(int i=0;i<arr1.length;i++){
14             System.out.print(arr2[i]+" ");
15          }System.out.println();
16
17          char[] arr3=new char[]{'a','r','r','a','y'};
18          char[] arr4=new char[arr3.length];// 以 arr3 的数组长度为大小
19          arr4=(char[])arr3.clone();//clone 方式
20          // 输出
21          for(int i=0;i<arr1.length;i++)
22          {
23             System.out.print(arr4[i]+" ");
24          }System.out.println();
25          // 建立字符串数组
26          String[] str1=new String[]{" 劝君莫惜金缕衣 ",
27                         " 劝君惜取少年时 ",
28                         " 花开堪折直须折 ",
29                         " 莫待无花空折枝 "};
30          System.out.println(" 金缕衣 （杜秋娘）");
31          for(int i=0;i<str1.length;i++)
32             System.out.println(str1[i]);
33          System.out.println();
34          String[] str2=new String[]{"1","2","3","4"};// 建立字符串数组
35          System.arraycopy(str1,0,str2,1,2);//arraycopy 方式
36          // 输出
37          for(int i=0;i<str2.length;i++)
38             System.out.println(str2[i]);
39      }
40    }
```

【程序运行结果】

程序运行结果如图 4-13 所示。

【程序解析】

① 第 10、11 行：使用 for 循环将 arr1 数组的元素分别指定给 arr2 数组，完成数组复制。

② 第 35 行：将字符串数组 str1 的第二索引值以后的 2 个字符复制到字符串数组 str2 中。

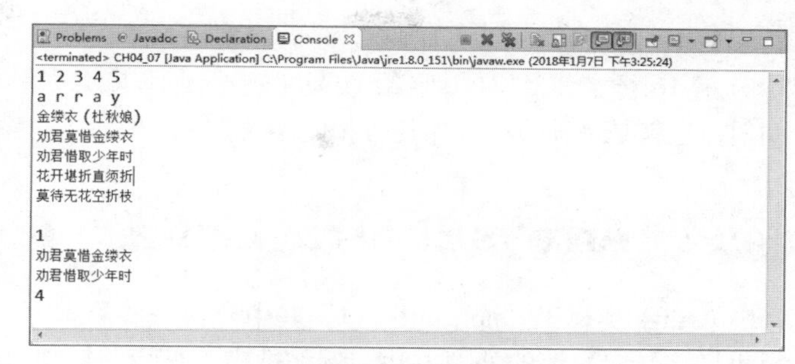


图 4-13

## 4-3-3 对象数组

可以针对基本数据类型来声明及产生数组，而数组中的值对应于所声明的数据类型；不仅如此，Java 也能以对象作为数组的“数据类型”，声明及产生“对象数组”。用基本数据类型建立的数组和用对象建立的数组不同点在于“对象数组的声明是产生对象的参考，而不是实例”。

【范例程序：CH04_08】

```
01    /* 文件:CH04_08.java
02     * 说明:对象数组
03     */
04
05   public class CH04_08{
06       public static void main(String[] args){
07           String A[]={"爱国","敬业","诚信","友善"};
08           for(int i=0;i<A.length;i++){
09               System.out.print(A[i]+" ");
10           }
11           System.out.println();
12           System.out.println(" A[0]="+A[0]);
13           System.out.println(" A[1]="+A[1]);
14           System.out.println();
15
16           A[1]=A[2];
17           for(int i=0;i<A.length;i++){
18               System.out.print(A[i]+" ");
19           }
20           System.out.println();
21           System.out.println(" A[1]="+A[1]);
22           System.out.println();
23       }
24   }
```

【程序运行结果】

程序运行结果如图 4-14 所示。

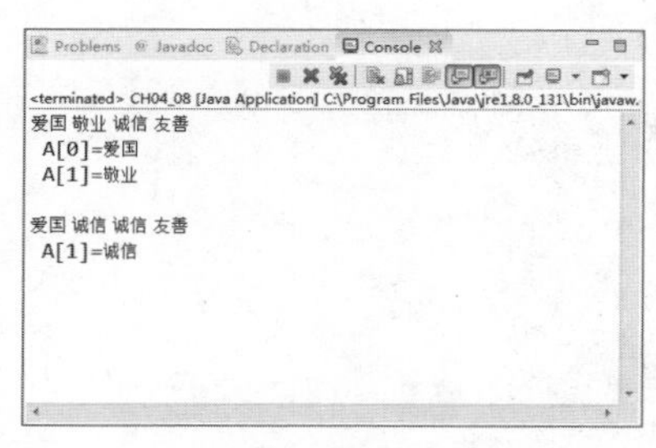


图 4-14

【程序解析】

第 16 行：将 A[2] 指定给 A[1]，这个动作其实只是将原本参考到 A[1] 的现在改为参考到 A[2]。也就是 A[1] 及 A[2] 具有相同参考。

# 4-4 Arrays 及 ArrayList 类

Arrays 类属于“java.util”包，其中包含一些静态方法，可以直接调用、直接使用。Arrays 类提供许多针对数组的处理方法，例如排序、查找、复制、填充及比较等。

使用方法如下：

```
Arrays.sort(数组);                //对数组排序
```

表 4-3 所示为 Arrays 所提供的方法。

表 4-3

| 方 法 名 称 | 说 明 |
|---|---|
| static int binarySearch( 数据类型 [ ] a, 数据类型 b) | 在 a 数组中查找数据 b，并返回 b 在数组 a 中的位置号，即返回整数索引值。当返回值 <0 表示未找到。<br>数据类型适用 byte、short、int、long、float、double、Object 及 char |
| static boolean equals (数据类型 [ ] a, 数据类型 [ ] b) | 比较 a 数组与 b 数组内容是否相同，返回一个 boolean 值：true 表示相等；false 表示不相等。<br>数据类型适用 byte、short、int、long、float、double、Object 及 char |
| static void fill (数据类型 [ ] a, 数据类型 b) | 无返回值。用数据 b 填充数组 a。<br>数据类型适用 byte、short、int、long、float、double、boolean、Object 及 char |
| static void sort（数据类型 [ ] a) | 无返回值。对 a 数组各元素做升序排序（由小至大）。<br>数据类型适用 byte、short、int、long、float、double、Object 及 char |
| static void sort（数据类型 [ ] a, int 起始索引 , int 结束索引） | 无返回值。对 a 数组中索引值从“起始索引”到“结束索引”之间的元素做升序排序(由小至大)。<br>数据类型适用 byte、short、int、long、float、double、Object 及 char |

以上方法在使用时须注意所适用的数据类型。另外，对于 binarySearch( ) 只能对已排序过的数组做查找搜索，通常还需搭配 sort( ) 方法一起使用。下面针对上述的 fill 及 equals 两种方法的使用结合实例说明如下。

## 4-4-1 fill ( ) 方法

【语法】

```
Arrays.fill(变量名称，指定初始值)
```

当配置数组大小后，其元素的默认初始值以声明时的数据类型为准，如果是 int 则默认初始值是 0；如果是 boolean 则默认初始值是 false。而 fill( ) 的用意是可以由程序设计人员自己指定默认值。

【范例程序：CH04_09】

```
01    /* 文件:CH04_09.java
02     * 说明:Arrays.fill 方法实例
03     */
04
05    import java.util.Arrays;
06    public class CH04_09{
07       public static void main(String[] args){
08          int A[]=new int[5];
09          System.out.println("预定初始值");
```

```
10
11          for(int i=0;i<A.length;i++){
12             System.out.print(A[i]+" ");
13          }
14          System.out.println();
15          Arrays.fill(A,5);
16          System.out.println("修正后初始值");
17
18          for(int i=0;i<A.length;i++){
19             System.out.print(A[i]+" ");
20          }
21          System.out.println();
22       }
23    }
```

【程序运行结果】

程序运行结果如图 4-15 所示。

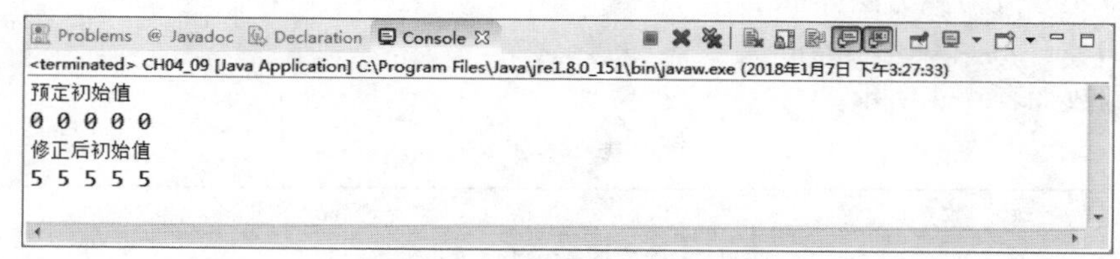


图 4-15

【程序解析】

第 5 行：使用 Array 类时，要先 import java.util.Arrays，才可以使用里面的方法。

### 4-4-2 equals ( ) 方法

【语法】

```
Arrays.equals(数组1, 数组2)
```

比较两个数组的元素内容是否相同，如果相同则返回 true 值，不同则返回 false 值。

【范例程序：CH04_10】

```
01    /* 文件:CH04_10.java
02     * 说明:Arrays.equals 方法实例
03     */
04
05    import java.util.Arrays;
06
07    public class CH04_10{
08       public static void main(String[] args){
09          int A[]={55,24,31,98};
10          int B[]={55,24,31,98};
11          int C[]={45,2,3,88,77};
12
13          System.out.println(" A[] 和 B[] 是否相同: "+Arrays.equals(A,B));
14          System.out.println(" A[] 和 C[] 是否相同: "+Arrays.equals(A,C));
15          System.out.println(" C[] 和 B[] 是否相同: "+Arrays.equals(C,B));
16
17       }
18    }
```

【程序运行结果】

程序运行结果如图 4-16 所示。

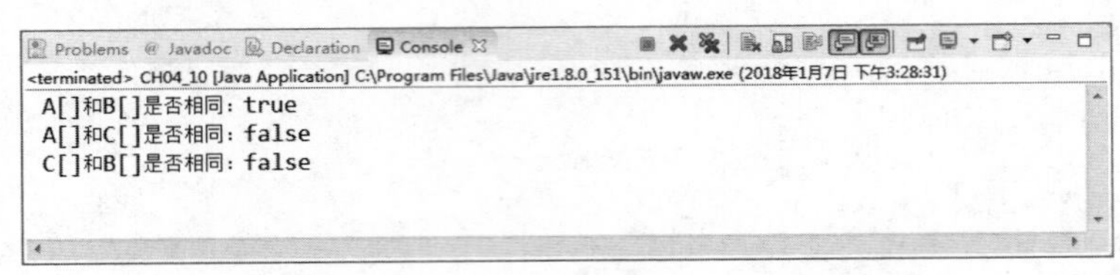


图 4-16

## 4-4-3 ArrayList 类

ArrayList 类可以视为一个动态数组。ArrayList 类可通过实现（implementation）List 接口（interface），来自由控制 ArrayList 对象中所存放的对象，例如新建、删除、转换等。

ArrayList 类建立对象方法如下：

```
ArrayList 对象名称=new ArrayList();
```

其构造函数如表 4-4 所示。

表 4-4

| 构造函数 | 说明 |
| --- | --- |
| ArrayList( ) | 建立一个空的 ArrayList 集合对象 |
| ArrayList(Collection 集合对象 ) | 指定集合对象给数组 |
| ArrayList(int 初始长度 ) | 建立一个空的 ArrayList 集合对象，并初始化集合长度 |

其常用方法如表 4-5 所示。

表 4-5

| 方法名称 | 说明 |
| --- | --- |
| boolean add(Object 对象 ) | 在集合的尾端新建一个对象，成功则返回一个 boolean 值 true |
| void add(int 索引 , Object 对象 ) | 在集合中指定的索引位置插入一个对象 |
| void clear( ) | 清除集合中所有对象 |
| boolean contains(Object 对象 ) | 返回一个 boolean 值：true 表示集合中含有对象；false 表示没有 |
| Object get(int 索引 ) | 取得集合中指定索引位置的对象，并返回该对象 |
| Object remove(int 索引 ) | 删除集合中指定索引位置的对象，并返回该对象 |
| Object set(int 索引 , Object 对象 ) | 设定集合中指定索引位置的对象，并返回该对象 |

一般的数组中，只能存放相同类型的对象；ArrayList 则可以存放不同类型的对象，这也是 ArrayList 功能强大的地方。拥有如此灵活性的功能，相对也必须付出更多的系统资源。所以，除非必要，使用一般数组声明即可。

【范例 CH04_11】

```
01    //程序：CH04_11.java
02    //利用数组集合加入不同数据类型
03    import java.util.*;
04    public class CH04_11{
05       public static void main(String[] args){
06          //声明变量
07          Integer intVal=new Integer(10);
08          String strVal=new String("Java");
```

```
09          Long longVal=new Long("123");
10          ArrayList alArray=new ArrayList();
11
12          //新建整数和字符串数据到数组集合
13          alArray.add(intVal);
14          alArray.add(strVal);
15
16          //数组集合方法的应用
17          System.out.print("检查alArray集合中有无longVal对象: ");
18          System.out.println(alArray.contains(longVal));
19          for(int i=0;i<alArray.size();i++){
20              System.out.print("alArray集合中索引值 "+i+" 的对象值为: ");
21              System.out.println(alArray.get(i));
22          }
23      }
24  }
```

【程序运行结果】

程序运行结果如图 4-17 所示。

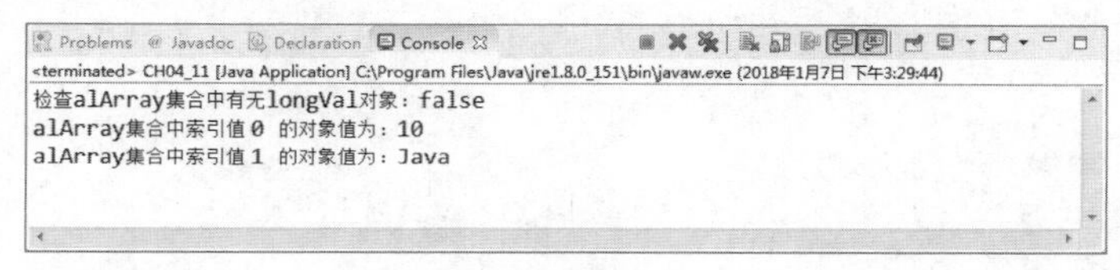


图 4-17

【程序解析】

①第 7~9 行：产生三个对象。

②第 13、14 行：将对象加入 ArrayList 对象中。

③第 18 行：检查 alArray 是否有 longVal 对象。

## 4-5 本章进阶应用练习实例

本章主要介绍 Java 的数组，其中包含一维数组、二维数组与多维数组的声明与运行原理，操作方法不难，如果配合以下的练习，相信对于概念的了解更能得心应手。

### 4-5-1 矩阵相加

数学的矩阵是一种用来描述二维数组的最好方式。谈到矩阵相加，首先两者的列数与行数必须相等，而相加后矩阵的列数与行数也是相同的，即：$A_{m\times n}+B_{m\times n}=C_{m\times n}$。

设计一个程序，声明三个二维数组来实现矩阵相加的过程，并显示输出两矩阵相加后的结果。

```
01  // 两个矩阵相加的运算
02  import java.io.*;
03  public class WORK04_01
04  {
05      public static void MatrixAdd)int arrA[][],int arrB[][],int arrC[]
[],int dimX,int dimY)
06      {
07          int row,col;
08          if)dimX<=0||dimY<=0)
09          {
```

```
10              System.out.println)"矩阵维数必须大于 0");
11              return;
12          }
13          for)row=1;row<=dimX;row++)
14              for)col=1;col<=dimY;col++)
15                  arrC[)row-1)][)col-1)]=arrA[)row-1)][)col-1)]+arrB[)row-1)]
[)col-1)];
16      }
17      public static void main)String args[])throws IOException
18      {
19          int i;
20          int j;
21          int [][] A={{1,3,5},
22                      {7,9,11},
23                      {13,15,17}};
24          int [][] B={{9,8,7},
25                      {6,5,4},
26                      {3,2,1}};
27          int [][] C=new int[3][3];
28          System.out.println)"[矩阵 A 的各个元素]"); // 输出矩阵 A 的内容
29          for)i=0;i<3;i++)
30          {
31              for)j=0;j<3;j++)
32                  System.out.print)A[i][j]+" \t");
33              System.out.println();
34          }
35          System.out.println)"[矩阵 B 的各个元素]");// 输出矩阵 B 的内容
36          for)i=0;i<3;i++)
37          {
38              for)j=0;j<3;j++)
39                  System.out.print)B[i][j]+" \t");
40                  System.out.println();
41          }
42          MatrixAdd)A,B,C,3,3);
43          System.out.println)"[显示矩阵 A 和矩阵 B 相加的结果]");// 输出 A+B 的内容
44          for)i=0;i<3;i++)
45          {
46              for)j=0;j<3;j++)
47                  System.out.print)C[i][j]+" \t");
48              System.out.println();
49          }
50      }
51  }
```

【程序运行结果】

程序运行结果如图 4-18 所示。

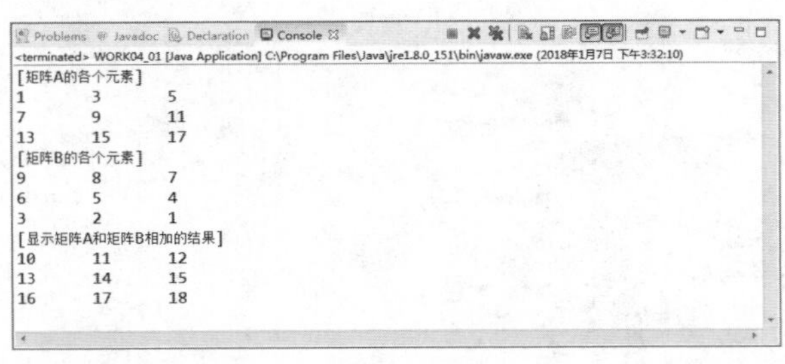


图 4-18

### 4-5-2 冒泡排序法

冒泡排序法又称交换排序法，是由观察水中气泡变化构思而来：气泡随着压力而改变，气泡在水底时，水压最大，气泡最小，当慢慢浮上水面时，气泡由小渐渐变大。

冒泡排序法的比较方式是从最下面的元素开始，比较相邻元素的大小，总是将较大的值（或小值）放在上面；若当前值小于（或大于）后面的值，则对调，否则不作改变；再进行下一个元素的比较，如此递进。经过一次扫描过后，就可确保最后一个元素是最大的（或最小的）。接着再逐步进行第二次扫描，直到完成所有元素的排序为止。

设计一个程序，声明一维数组，并以冒泡排序法将数组中的数字进行排序。

```
01    // 传统冒泡排序法
02    public class WORK04_02 extends Object
03    {
04       public static void main(String args[])
05       {
06          int i,j,tmp;
07          int data[]={6,5,9,7,2,8};          //原始数据
08
09          System.out.println("冒泡排序法: ");
10          System.out.print("原始数据为: ");
11          for(i=0;i<6;i++)
12          {
13             System.out.print(data[i]+" ");
14          }
15          System.out.print("\n");
16
17          for(i=5;i>0;i--)                    //扫描次数
18          {
19             for(j=0;j<i;j++)          //比较、交换次数
20             {
21                //比较相邻两数，如第一数较大则交换
22                if(data[j]>data[j+1])
23                {
24                tmp=data[j];
25                data[j]=data[j+1];
26                data[j+1]=tmp;
27             }
28          }
29
30          //输出各次扫描后的结果
31          System.out.print("第"+(6-i)+"次排序后的结果是: ");
32          for(j=0;j<6;j++)
33          {
34             System.out.print(data[j]+" ");
35          }
36             System.out.print("\n");
37          }
38
39          System.out.print("排序后结果为: ");
40          for (i=0;i<6;i++)
41          {
42             System.out.print(data[i]+" ");
43          }
44          System.out.print("\n");
```

```
45          }
46      }
```

【程序运行结果】

程序运行结果如图 4-19 所示。

```
冒泡排序法：
原始数据为：6 5 9 7 2 8
第1次排序后的结果是：5 6 7 2 8 9
第2次排序后的结果是：5 6 2 7 8 9
第3次排序后的结果是：5 2 6 7 8 9
第4次排序后的结果是：2 5 6 7 8 9
第5次排序后的结果是：2 5 6 7 8 9
排序后结果为：2 5 6 7 8 9
```

图　4-19

### 4-5-3　乐透彩号产生器

这个程序利用了一维数组来存储产生的随机数。生成随机数时还需要检查号码是否重复，程序中利用数组的索引值特性及 while 循环机制做反向检查，产生了 6 个不会重复的号码。

```
01    //数组的应用——乐透彩号产生器
02    public class WORK04_03{
03       public static void main(String[] args){
04          //数据声明
05          int[] intArray=new int[6];  //存放产生的随机数号码
06          int intRandCount=0;         //产生随机数计数器
07          int intBackCount=0;         //产生随机数时返回检查用计数器
08          boolean boolRepeat=false;   //返回检查时判断是否重复
09
10          //利用循环产生 6 个号码
11          for(int i=0;i<6;i++){
12             intRandCount++;
13             intArray[i]=(int)(Math.random()*42+1);
14             intBackCount=i-1;
15             boolRepeat=false;
16             while(i>0 && intBackCount>=0){
17                if(intArray[i]==intArray[intBackCount]){
18                   i--;
19                   boolRepeat=true;
20                   break;
21                }
22                intBackCount--;
23             }
24             //当检查无重复时，输出该数字
25             if(!boolRepeat)
26                System.out.println("第 "+(i+1)+" 个数字为: "+intArray[i]);
27          }
28          System.out.println("随机数总共产生了 "+intRandCount+" 次");
29       }
30    }
```

【程序运行结果】

程序运行结果如图 4-20 所示。

```
Problems @ Javadoc Declaration Console
<terminated> WORK04_03 [Java Application] C:\Program Files\Java\jre1.8.0_151\bin\javaw.exe (2018年1月7日 下午3:35:17)
第 1 个数字为：20
第 2 个数字为：17
第 3 个数字为：6
第 4 个数字为：33
第 5 个数字为：22
第 6 个数字为：13
随机数总共产生了 6 次
```

图 4-20

## 4-5-4 计算学生成绩分布图

以下程序范例是结合 if...else 条件语句和一维数组的应用：使用一个长度为 10 的数组来存储位于不同分数段的学生人数，并以“ * ”的数量表示该分数段的人数，从而生成学生成绩的分布图。这 10 个元素的作用如表 4-6 所示。

表 4-6

| 元 素 | 作 用 | 元 素 | 作 用 |
|---|---|---|---|
| degree[0] | 存储分数 0 ~ 9 的人数 | degree[5] | 存储分数 50 ~ 59 的人数 |
| degree[1] | 存储分数 10 ~ 19 的人数 | degree[6] | 存储分数 60 ~ 69 的人数 |
| degree[2] | 存储分数 20 ~ 29 的人数 | degree[7] | 存储分数 70 ~ 79 的人数 |
| degree[3] | 存储分数 30 ~ 39 的人数 | degree[8] | 存储分数 80 ~ 89 的人数 |
| degree[4] | 存储分数 40 ~ 49 的人数 | degree[9] | 存储分数 90 ~ 100 的人数 |

【程序范例：计算学生成绩分布图】

```
01     //初始化数组及计算学生成绩分布图
02     public class WORK04_04{
03        public static void main(String[] args){
04           //数据声明
05           int score[]={99,98,91,88,65,69,97,57,77,63};//声明并初始化数组
06           int degree[]=new int[10];                    //声明并初始化数组
07           int i,j,sum=0;
08           double avg=0.0;
09
10           //利用循环计算总分，并递增对应的分数级距人数
11           for(i=0;i<10;i++)
12           {
13              sum+=score[i];                     //计算总分
14                 if(score[i]/10==10)
15                    degree[9]++;                 //成绩为 100，则将索引值 9 的元素加 1
16                 else
17                    degree[score[i]/10]++;     //递增对应的分数级距人数
18           }
19           avg=(double)sum/(double)10; //计算平均
20
21           System.out.println("总分 ="+sum+", 平均 ="+avg);
22           System.out.println("人数分布图如下：");
23           System.out.print("分数级距 \t 人数 \n");
24           for(i=0;i<10;i++)
25           {
26              System.out.print(i*10+" ~ "+(i*10+9)+" \t");
//设定分数级距的输出文字
27              for(j=0;j<degree[i];j++)
```

```
28                System.out.print("*");// 以星号代表该级距的人数
29            System.out.print("\n");
30        }
31    }
32 }
```

【程序运行结果】

程序运行结果如图 4-21 所示。

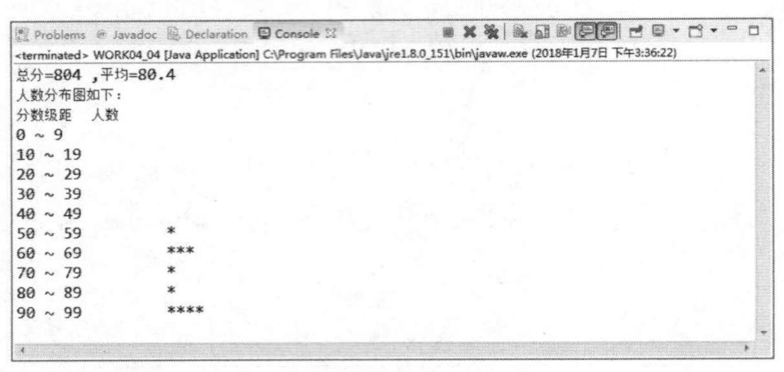


图 4-21

## 4-5-5 Arrays 类的使用方法

Arrays 类包含了许多数组方面的操作方法，包括排序、填充和查找等。下面的程序范例是 Arrays 类几种方法的应用。

【程序范例：Arrays 类的使用方法】

```
01 /* 文件 :WORK04_05.java
02  * 说明 :Arrays 类方法的使用
03  */
04 import java.util.Arrays;
05 public class WORK04_05{
06     public static void main(String[] args){
07         // 建立一个字符串数组
08         String[] name={" 王建民 "," 陈金锋 "," 曹锦辉 "," 郭泓志 ",
09                 " 罗国辉 "," 胡金龙 "," 陈镛基 "," 彭政闵 "};
10         String[] copyname=new String[name.length];
11         System.out.println(" 原始数组 =");
12         for(int i=0;i<name.length;i++)
13             System.out.print("["+name[i]+"] ");
14         System.out.println();
15
16         System.out.println("\n[ 复制数组 ]....");
17         System.arraycopy(name,0,copyname,0,8);// 复制数组
18         System.out.println("\n 比较两数组 ");
19         // 比较数组
20         if(Arrays.equals(name,copyname))
21             System.out.println(" 原始与复制数组相等 ");
22         else
23             System.out.println(" 原始与复制数组不等 ");
24         Arrays.sort(name);// 数组排序
25         System.out.println("\n 原始数组排序后 =");
26         for(int i=0;i<name.length;i++)
```

```
27              System.out.print("["+name[i]+"] ");
28          System.out.println();
29          if(Arrays.equals(name,copyname))
30              System.out.println("原始与复制数组相等");
31          else
32              System.out.println("原始与复制数组不等");
33          //数组搜索
34          int index=Arrays.binarySearch(name,"李奕诗");
35           if(index>0)System.out.println("\n在数组中第"+(index+1)+"个元素找到
[李奕诗]");
36          System.out.println("\n将元素填入数组");
37          Arrays.fill(name,4,5,"谢佳贤");//将字符串填入name数组中的第4个索引值
38          for(int i=0;i<name.length;i++)
39              System.out.print("["+name[i]+"] ");
40          System.out.println();
41      }
42  }
```

【程序运行结果】

程序运行结果如图 4-22 所示。

```
Problems  Javadoc  Declaration  Console
<terminated> WORK04_05 [Java Application] C:\Program Files\Java\jre1.8.0_151\bin\javaw.exe (2018年1月7日 下午3:37:28)
原始数组=
[王建民] [陈金锋] [曹锦辉] [郭泓志] [罗国辉] [胡金龙] [陈镛基] [彭政闵]

[复制数组]....

比较两数组
原始与复制数组相等

原始数组排序后=
[彭政闵] [曹锦辉] [王建民] [罗国辉] [胡金龙] [郭泓志] [陈金锋] [陈镛基]
原始与复制数组不等

将元素填入数组
[彭政闵] [曹锦辉] [王建民] [罗国辉] [谢佳贤] [郭泓志] [陈金锋] [陈镛基]
```

图 4-22

## 4-5-6 ArrayList 类综合练习

ArrayList 类里可以存储不同类型的对象，但是只能使用对象类型，不允许使用基本数据类型。ArrayList 类是以数组的方式来操作线性列表（List）接口，每个 ArrayList 对象都有一个容量（Capacity）属性，表示所存储的数组元素的数量，容量可随着新建数组元素而自动增加。以下为 ArrayList 类的综合练习。

【范例程序：ArrayList 类综合练习】

```
01  /* 文件:WORK04_06.java
02   * 说明:ArrayList 类的使用方法
03   */
04
05  import java.util.*;
06  public class WORK04_06{
07      public static void main(String[] args){
08          ArrayList AL=new ArrayList();//建立一个空 ArrayList 对象
09          Integer num1=new Integer(1);
```

```
10          Integer num2=new Integer(2);
11          Integer num3=new Integer(3);
12          //新建对象
13          AL.add(num1);
14          AL.add(num2);
15          AL.add(num3);
16          AL.add(2,new Float(4.5));
17          System.out.println("新增Float对象\t=> 列表的内容="+AL);
18          //取代对象
19          AL.set(1,new Double(7.5));
20          System.out.println("取代Double对象\t=> 列表的内容="+AL);
21          //删除对象
22          AL.remove(1);
23          AL.remove(num2);
24          System.out.println("移除对象\t=> 列表的内容="+AL);
25
26          System.out.println("列表的容量="+AL.size());
27          //判断列表中的对象
28          if(AL.contains(num1)==true)
29             System.out.println("此列表中包含num1对象:"+num1);
30          else
31             System.out.println("此列表中不包含num1对象"+num1);
32          System.out.println("num3对象在列表中的索引值="+AL.indexOf(num3));
33          //判断是否为空列表
34          if(AL.isEmpty()==true)
35             System.out.println("目前列表没有对象");
36          else
37             System.out.println("列表的内容="+AL);
38          }
39    }
```

【程序运行结果】

程序运行结果如图 4-23 所示。

```
<terminated> WORK04_06 [Java Application] C:\Program Files\Java\jre1.8.0_151\bin\javaw.exe (2018年1月7日 下午3:39:51)
新增Float对象        => 列表的内容 = [1, 2, 4.5, 3]
取代Double对象       => 列表的内容 = [1, 7.5, 4.5, 3]
移除对象   => 列表的内容 = [1, 4.5, 3]
列表的容量 = 3
此列表中包含num1对象:1
num3对象在列表中的索引值 = 2
列表的内容 = [1, 4.5, 3]
```

图 4-23

## 4-5-7 多项式相加

下面来进行两多项式相加的练习。

【范例程序：多项式相加】

```
01    //===============Program Description===============
02    // 程序名称:  WORK04_07.java
03    // 程序目的:  将两个最高次方相等的多项式相加后输出结果
04    //=================================================
05
06    import java.io.*;
07    public class WORK04_07
```

```
08    {
09    final static int ITEMS=6;
10    public static void main(String args[])throws IOException
11          {
12          int [] PolyA={4,3,7,0,6,2};          //声明多项式A
13          int [] PolyB={4,1,5,2,0,9};          //声明多项式B
14          System.out.print("多项式A=> ");
15          PrintPoly(PolyA,ITEMS);              //输出多项式A
16          System.out.print("多项式B=> ");
17          PrintPoly(PolyB,ITEMS);              //输出多项式B
18          System.out.print("A+B=> ");
19          PolySum(PolyA,PolyB);                //多项式A+多项式B
20    }
21    public static void PrintPoly(int Poly[],int items)
22    {
23          int i,MaxExp;
24          MaxExp=Poly[0];
25          for(i=1;i<=Poly[0]+1;i++)
26          {
27             MaxExp--;
28             if(Poly[i]!=0)                    //如果该项式为0就跳过
29             {
30                if((MaxExp+1)!=0)
31                   System.out.print(Poly[i]+"X^"+(MaxExp+1));
32                else
33                   System.out.print(Poly[i]);
34                if(MaxExp>=0)
35                   System.out.print('+');
36             }
37          }
38          System.out.println();
39    }
40    public static void PolySum(int Poly1[],int Poly2[])
41    {
42          int i;
43          int result[]=new int [ITEMS];
44          result[0]=Poly1[0];
45          for(i=1;i<=Poly1[0]+1;i++)
46             result[i]=Poly1[i]+Poly2[i];   //幂数相等的系数相加
47          PrintPoly(result,ITEMS);
48       }
49    }
```

【程序运行结果】

程序运行结果如图4-24所示。

```
Problems @ Javadoc Declaration Console
<terminated> WORK04_07 [Java Application] C:\Program Files\Java\jre1.8.0_151\bin\javaw.exe (2018年1月7日 下午3:41:14)
多项式A=> 3X^4+7X^3+6X^1+2
多项式B=> 1X^4+5X^3+2X^2+9
A+B => 4X^4+12X^3+2X^2+6X^1+11
```

图 4-24

### 4-5-8 插入排序法

插入排序法（Insert Sort）是将数组中的元素逐一与已排序好的数据作比较，再将该数组元素插入适当的位置。

【范例程序：插入排序法】

```
01    // 程序目的: 插入排序法
02    //==================================================
03
04    import java.io.*;
05
06    public class WORK04_08 extends Object
07    {
08       int data[]=new int[6];
09       int size=6;
10
11       public static void main(String args[])
12       {
13          WORK04_08 test=new WORK04_08();
14          test.inputarr();
15          System.out.print("您输入的原始数组是: ");
16          test.showdata();
17          test.insert();
18       }
19
20       void inputarr()
21       {
22          int i;
23          for(i=0;i<size;i++)       //利用循环输入数组各元素的数据
24          {
25             try{
26                System.out.print("请输入第 "+(i+1)+" 个元素: ");
27                InputStreamReader isr=new
InputStreamReader(System.in);
28                BufferedReader br=new BufferedReader(isr);
29                data[i]=Integer.parseInt(br.readLine());
30             }catch(Exception e){}
31          }
32       }
33
34       void showdata()
35       {
36          int i;
37          for(i=0;i<size;i++)
38          {
39             System.out.print(data[i]+" ");    //打印数组数据
40          }
41          System.out.print("\n");
42       }
43
44       void insert()
45       {
46          int i;                                  //i 为扫描次数
```

```
47          int j;                                // 以j来定位比较的元素
48          int tmp;                              //tmp用来暂存数据
49          for(i=1;i<size;i++)                   // 循环扫描的次数为SIZE-1
50          {
51             tmp=data[i];
52                j=i-1;
53                while(j>=0&&tmp<data[j])        // 如果第二元素小于第一元素
54             {
55                data[j+1]=data[j];              // 就把所有元素往后推一个位置
56                j--;
57             }
58             data[j+1]=tmp;                     // 最小的元素放到第一个元素
59             System.out.print("第"+i+"次的扫描: ");
60             showdata();
61          }
62       }
63
64    }
```

【程序运行结果】

程序运行结果如图4-25所示。

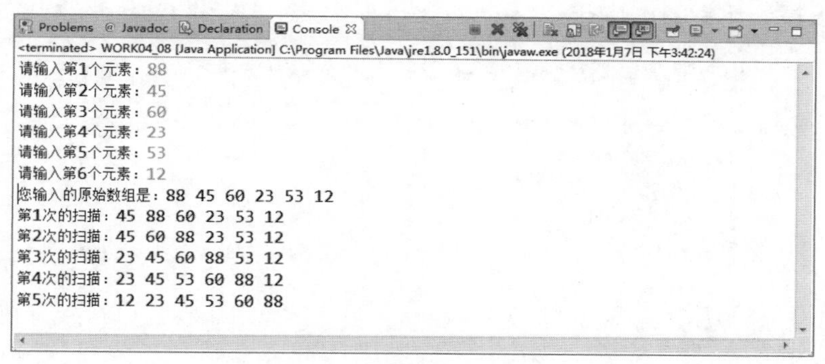


图 4-25

## 习题

### 1. 填空题

（1）数组声明后，内部是不含任何值的，数组中的值默认为________。

（2）________是以一个名称和一块相连的内存地址来存储多个相同数据类型的数据。

（3）数组是使用________来指出数据在数组（或内存）中的位置。

（4）在Java语言中，数组的索引值由________开始。

（5）数组 int num[ ][ ]=new int[4][6]; 有________个元素。

（6）数组中设定初始值时，需要用________和________来分隔数组元素。

（7）数组在Java语言里是一种________形式的数据类型，它存储的是数组的地址，而不是数组的元素值。

（8）________方法复制数组的速度最快，也可以指定需要复制元素和存放在目标数组的位置。

（9）二维数组设定初始值的方式和一维数组相同，只是在花括号中再用________区分列数。

## 2. 问答与实现题

（1）为什么需要“数组”这样的数据结构？

（2）举例说明二维数组设定初始值的方式。

（3）数组在 Java 语言中有哪几种复制方式？

（4）建立一个 3 × 5 的二维数组，并将 1~15 的数字输入至数组中。

（5）编程：建立二维数组存放公司员工的相关数据，*X* 轴方向是员工姓名、*Y* 轴方向是员工数据（性别、生日、编号等）。

（6）建立长度是 8 的一维数组，并利用 for 循环读取数组值。

（7）6 个数组声明如下：

① int A[ ]={11,12,13,14}；

② int B[ ]={11,12,13,14}；

③ int C[ ]={10,13,13,14}；

④ int D[ ]={21,12,53,14}；

⑤ int E[ ]={11,12,13,14}；

⑥ int F[ ]={51,12,23,24}；

编程比较这 6 个数组，哪些数组是相同的，哪些数组是不相同的？

（8）编程实现：计算 $M \times N$ 矩阵的转置矩阵，其运行结果如图 4-26 所示。

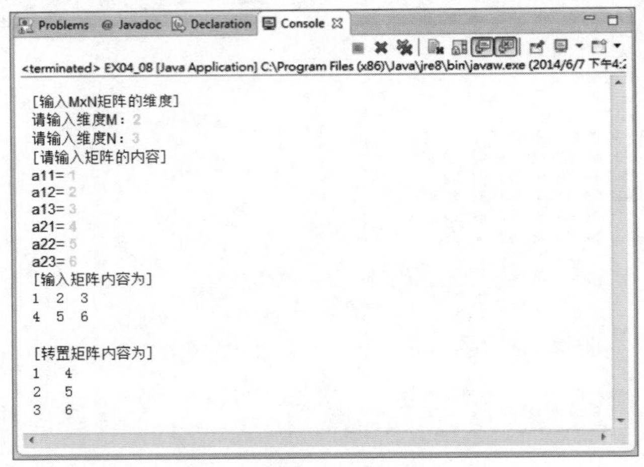


图 4-26

（9）冒泡排序法有个缺点：不管数据是否已排序完成，都固定会运行 $n(n-1)/2$ 次。可以通过在程序中加入一个条件来判断何时可提前中断程序，又可得到正确的数据，从而提高程序运行效率。试着改良冒泡排序法。其运行结果如图 4-27 所示。

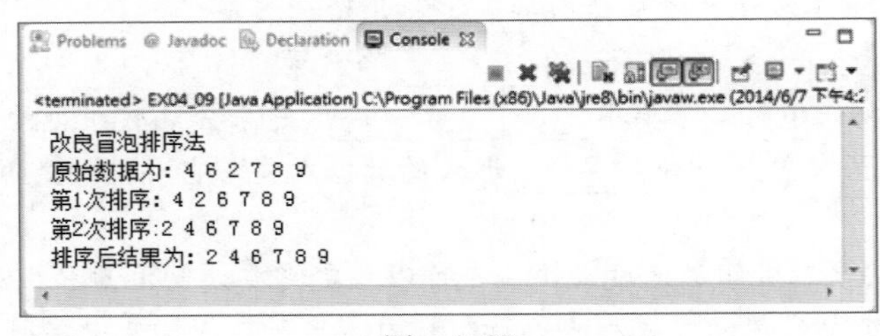


图 4-27

# 第 5 章 字符与字符串

字符是组成文字最基本的单位，由字符所组成的一串文字符号，就称为字符串。Java 提供了两种处理字符串的类，分别为 String 类与 StringBuffer 类。由于 String 类所产生的对象内容是只读的，所以适合不经常变动的字符串声明。在 Java 中，字符串被当成内置的对象来使用，内置的方法有比较字符串、查找字符串、更改字符串内容等。

本章将介绍 String 类和 StringBuffer 类，以及相应的使用方法。

### 学习目标

- 理解字符、字符串的相关概念。
- 掌握字符串及 String 类、StringBuffer 类的使用方法。

### 学习内容

- 字符的声明与使用。
- 字符串的建立。
- 字符串数组的建立。
- String 类。
- StringBuffer 类。

## 5-1 字符的声明与使用

Java 采用 Unicode 编码，一个字符占用 2 B 内存。通常字符声明可分为以下两种方式：

```
char 变量名称 =' 字符 ';                                //以基本数据类型声明
Character 对象名称 =new Character(' 字符 ');            //以类类型声明
```

一般以基本数据类型 char 声明字符变量，当变量需要以参考类型（Reference）表示时，则必须以类名作为声明变量的类型。

### 5-1-1 字符的表示法

定义字符时，必须将数据放在一对单引号内（' '）或是直接用 ASCII 码表示。表示方式如表 5-1 所示。

表 5-1

| 表 示 方 式 | 说 明 | 范 例 |
|---|---|---|
| ASCII 码 | 合法 ASCII 码 | 65、97 |
| 'Unicode 字符 ' | 合法的 Unicode 字符 | 'J'、'a' |
| '\uXXXX' | Unicode 字符码。以 \u 再加上 4 个 16 进制符号 | '\u0001'、'\uffff' |
| '\ 特殊字符 ' | 控制字符及不被打印字符 | 另表说明 |

特殊字符表示法如表 5-2 所示。

表 5-2

| 字 符 | 说 明 | 以 Unicode 码表示 |
|---|---|---|
| \b | 退格键 | \u0008 |
| \f | 换页 | \u000C |
| \n | 换行 | \u000A |
| \t | 定位 | \u0009 |
| \r | Return | \u000D |
| \\ | \ 字符 | \u005C |
| \' | ' 字符 | \u0027 |
| \" | " 字符 | \u0022 |
| \ddd | 以八进制符号表示 Unicode 码。范围为 0~377 | |

例如：

```
char ch1=74;          //ASCII 码定义。代表字母 J
char ch2='A';         //合法字符定义。代表字母 A
char ch3='\u0056';    //Unicode 码定义。代表字母 V
```

## 5-1-2 Character 类的方法

由于字符与不同的数据类型结合可能会产生不一样的结果（如字母 'J' 可能表示整数 74），有时需要使用 Character 类所属的方法来进行字符检查或转换。常用的方法如表 5-3 所示。

表 5-3

| 方 法 名 称 | 说 明 |
|---|---|
| boolean isUpperCase(char 字符 ) | 判断字符是否为大写 |
| boolean isLowerCase(char 字符 ) | 判断字符是否为小写 |
| boolean isWhitespace(char 字符 ) | 判断字符是否为空格 |
| boolean isLetter(char 字符 ) | 判断字符是否为字母 |
| static boolean isDigit(char 字符 ) | 判断字符是否为数字 |
| static boolean isISOControl(char 字符 ) | 判断字符是否为控制字符 |
| static boolean isLetterOrDigit(char 字符 ) | 判断字符是否为数字或单字。中文字也视为单字 |
| static boolean isTitleCase(char 字符 ) | 判断字符是否为可作变量名称的第一个字 |
| char toUpperCase(char 字符 ) | 将字符转换成大写 |
| char toLowerCase(char 字符 ) | 将字符转换成小写 |
| int digit(char 字符 ,int 基数 ) | 返回字符在基数进制所代表的数值。无法转换时返回 -1。例如 1 在十进制中代表 1，a 在十六进制中代表 10 |
| char forDigit(int 数值 ,int 基数 ) | 返回在基数进制中数值所代表的字符 |
| char charValue( ) | 返回对象所代表的字符。 |

例如下面的片段程序代码：

```
char ch1='J';
Character ch2=new Character('J');
Character.toLowerCase(ch1);           //将 ch1 转换为小写
ch2.isLetter(ch2.charValue());              //检查 ch2 是否为英文字母
```

# 5-2 字符串类

在 Java 语言中将字符串分为字符串（String）类和字符串缓冲区（StringBuffer）类两种，两者的差异在于：String 类不能变更已定义的字符串内容，而 StringBuffer 类则可以更改已定义的字符串内容。

## 5-2-1 建立字符串

Java 语言中的字符串是指双引号(")之间的字符,可以包含数字、英文字母、符号和特殊字符等。不过，String 类中建立的字符串主要是用来定义字符串常量，并不能更改内容。所谓的字符串常量是指以一般字符串类型和以双引号所建立的出来的字符串。String 类的对象与 StringBuffer 类的对象相比，所使用的内存更少，处理的速率更高，所以在程序中较常使用 String 类的对象。

以下为字符串的两种建立方式：

【字符串声明语法】

①基本类型声明法：

```
String 变量 =" 字符串内容 ";
```

② String 类构造函数声明法：

```
String 对象 =new String (" 字符串内容 ");
```

【举例说明】

①基本类型声明法：

```
String str="Hello";
```

② String 类构造函数声明法：

```
String str=new String ("Hello ");
```

当程序中声明一个字符串变量后，会在内存中给字符串对象申请一个地址，如果要将变量声明成另一个字符串内容时，编译程序处理方式如图 5-1 所示。

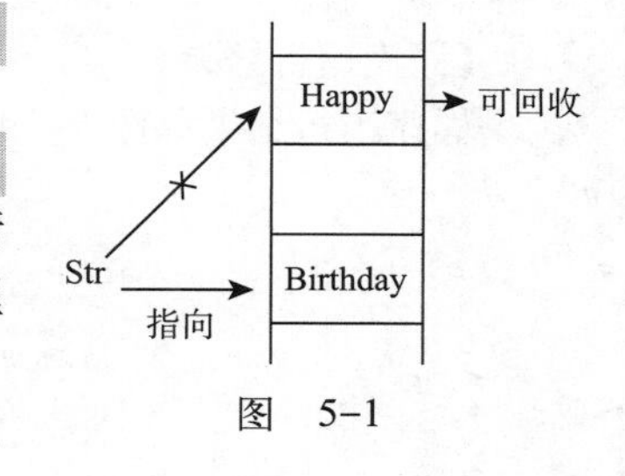


图 5-1

在声明字符串变量时可能会因为格式错误而造成声明失败，表 5-4 列出了正确及错误方法。

表 5-4

| 定义方法 | 说明 |
|---|---|
| 正确的定义 | |
| String str1="Java"; | 在双引号内定义字符串内容 |
| String str2="J" +"ava"; | 使用两个正确的字符串相加 |
| String str3=new String("Java"); | 在构造函数内定义字符串内容 |
| 错误的定义 | |
| String str1='Java'; | 不可使用单引号定义字符串 |
| String str1='J'+'a'+'v'+'a'; | 使用不正确的字符串相加 |

除了上述两种字符串建立方式，Java 语言还可通过其他的 String 类的构造函数建立字符串，表 5-5 列出了几个常用的构造函数供参考。

表 5-5

| 构造函数 | 说　明 |
| --- | --- |
| String( ) | 建立一个空字符串的对象 |
| String(char[ ] 字符数组名 ) | 建立一个以字符数组为参数的字符串对象 |
| String(char[ ] 字符数组名 , int 索引值 , int 字符数 ) | 建立一个以指定字符数组的位置与长度为参数的字符串对象 |
| String(String 字符串名称 ) | 建立一个以字符串为参数的字符串对象 |
| String(StringBuffer 字符串缓冲区名称 ) | 建立一个以字符串缓冲区为参数的字符串对象 |

【范例程序：CH05_01】

```
01    /* 文件: CH05_01
02     * 说明：字符串类 的建立方法
03     */
04    public class CH05_01{
05       public static void main(String[ ] args){
06          char ch1[ ]={'h','e','l','l','o'};          // 声明字符数组
07          String s1="How are you";                    // 声明基本类型字符串
08          String s2=new String("I am fine,thanks");  // 建立字符串类对象并初始化
09          String str1=new String(ch1);
10          String str2=new String(ch1,2,3);
11          String str3=new String(s1);
12          String str4=new String(s2);
13          System.out.println("以字符数组作参数建立字符串的内容:"+str1);
14          System.out.println("以字符数组并指定字数建立字符串的内容:"+str2);
15          System.out.println("以字符串作参数建立字符串的内容:"+str3);
16          System.out.println("以字符串对象作参数建立字符串的内容:"+str4);
17       }
18    }
```

【程序运行结果】

程序运行结果如图 5-2 所示。

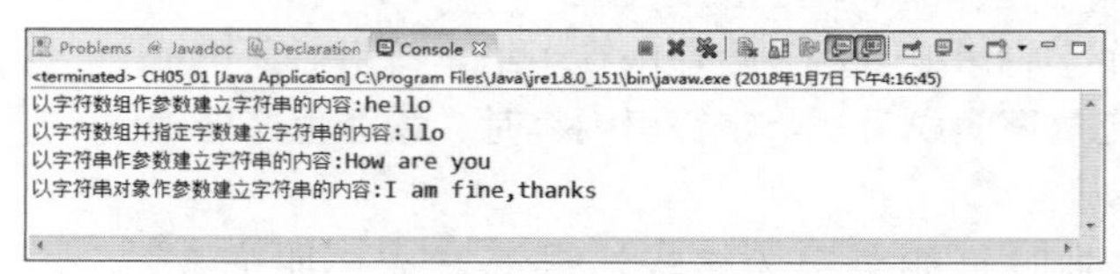


图 5-2

【程序解析】

① 第 6~8 行：建立字符数组和各式的字符串对象。

② 第 7 行：使用基本类型方式，声明字符串变量 s1。

③ 第 8 行：使用类 类型方式，声明字符串变量 s2。

④ 第 9~12 行：使用已经建立的字符串当作参数来建立新的字符串对象。详细的使用说明后续小节会逐一说明。

## 5-2-2 字符数组建立法

除了上述使用字符串类建立字符串外，也可以利用建立字符数组（Char Array），再配合对象

构造法，来建立字符串，其语法如下：

【对象构造法语法】

① String（char 字符数组名 [ ] ）；

② String（char 字符数组名 [ ]，int 索引值，int 字符数 ）；

【举例说明】

```
char a[ ]={'I','L','o','v','e','J','a','v','a' };    // 建立字符数组 a
String str=new String(a,5,4);
```

声明字符数组 a 的内容则是 ILoveJava。String str= new String（a, 5, 4 )，则是将字符数组中从第 5 个索引值开始算 4 个字符，也就是 a[0] 对应字符 I，a[1] 对应字符 L，a[2] 对应字符 o，a[4] 对应字符 v，依此类推，所以 String（a, 5, 4）中 5 代表开始计算的索引值，4 代表往后数 4 个字符，分别是 a[5] 对应字符 J，a[6] 对应字符 a，a[7] 对应字符 v，a[8] 对应字符 a，因此字符串 str 内容为 Java。

另外要注意的是，在举例说明中，建立的字符数组元素内容为“'I','L','o','v','e','J','a','v','a'”，显示结果为 ILoveJava，字母都连在一起，不易分辨出英文单词的意思，如果想要将输出结果能够显示成“I Love Java”，必须将间隔也加入字符数组。重新建立字符数组元素内容为“'I',' ','L','o','v','e',' ','J','a','v','a'”。

【范例程序：CH05_02】

```
01    /* 文件: CH05_02.java
02     * 说明：字符数组建立法
03     */
04
05    public class CH05_02{
06        public static void main(String[] args){
07
08            // 字符数组建立法建立字符串
09            char a[]={'I','L','o','v','e','j','a','v','a'}; // 建立字符数组
10            String str1=new String(a);
11            String str2=new String(a,5,4);
12            System.out.println(" 完整显示字符数组 a: "+str1);
13            System.out.println(" 只显示 a[5] 之后的 4 个字符: "+str2+'\n');
14
15            char b[]={'I',' ','L','o','v','e',' ','J','a','v','a'};
// 建立字符数组
16            String str3=new String(b);
17            String str4=new String(b,6,5);
18            System.out.println(" 完整显示字符数组 b: "+str3);
19            System.out.println(" 只显示 a[6] 之后的 4 个字符: "+str4);
20
21        }
22    }
```

【程序运行结果】

程序运行结果如图 5-3 所示。

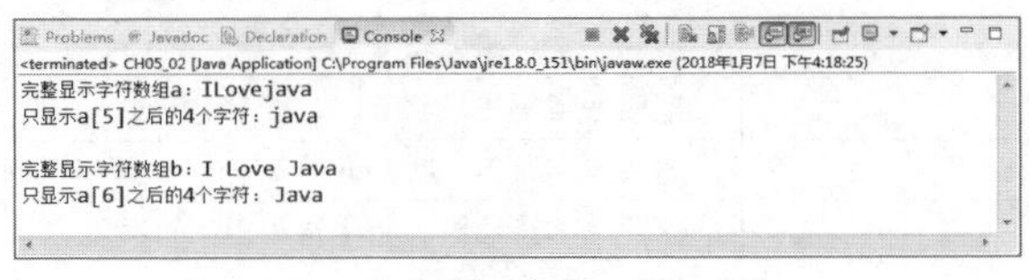


图　5-3

【程序解析】

① 第 9 行：建立 a 字符数组，并且指定数组元素值。

② 第 10、11 行：显示完整的字符串内容“ILoveJava”，以及依照指定的位置显示字符串内容 Java。

③ 第 15 行：建立 b 字符数组，并且指定数组元素值。和 a 字符数组不同的是，b 字符数组将间隔加入了数组。

④ 第 16、17 行：显示完整的字符串内容“I Love Java”，以及依照指定的位置显示字符串内容 Java。

⑤ 第 17 行：由结果显示可以知，如果字符串中有空格，则在指定显示范围时也要考虑空格位置。

## 5-3 String 类的方法

String 类包含许多的方法，其功能包括索引、比较及转换等。常用方法如表 5-6 所示。

表 5-6

| 方法名称 | 说明 |
|---|---|
| String replace(char 原字符 , char 新字符 ) | 将字符串中指定的原字符替换为新字符 |
| void getChars(int 字符串起始位置 , int 字符串结束位置 , char[ ] 字符数组 , int 数组起始索引 ) | 将字符串指定位置的字符，存入指定数组的起始索引 |
| char charAt(int 索引 ) | 返回一字符。返回索引值所对应的字符 |
| int length( ) | 返回一整数值。返回字符串长度 |
| String trim( ) | 返回一字符串。将字符串去除前后空格后返回 |
| String concat(String 字符串 ) | 返回一字符串。将参数字符串连接到原字符串后并返回 |
| String substring(int 起始索引 ) | 返回一字符串。返回由 起始索引 后之字符串<br>请注意方法名称的字母大小写 |
| String substring(int 起始索引 ,int 结束索引 ) | 返回一字符串。返回由 起始索引 与 结束索引 间之字符串<br>请注意方法名称的字母大小写 |
| String toUpperCase( ) | 返回一字符串。将字符串内字符转换成大写 |
| String toLowerCase( ) | 返回一字符串。将字符串内字符转换成小写 |
| String[ ] split(String 索引字符串 ) | 返回一字符串数组。依索引字符串将原字符串分割后返回字符串数组<br>例如 str1= "aQWaXCaRE";str2=str1.split （"a ");<br>则 str2[0]= " ",str2[1]= "QW",str2[2]= "XC" |
| static String copyValueOf(char[ ] 字符 ) | 返回一字符串。将字符数组转换为字符串后返回 |
| static String copyValueOf(char[ ] 字符 ,int 起始索引 ,int 结束索引 ) | 返回一字符串。将字符数组中起始索引至结束索引间转换为字符串后返回 |
| static String valueOf(boolean 布尔值 ) | 返回一字符串。将 boolean 值以字符串返回 |
| static String valueOf(char 字符 ) | 返回一字符串。将 char 以字符串返回 |
| static String valueOf(char[ ] 字符数组 ) | 返回一字符串。将 char 数组以字符串返回 |
| static String valueOf(char[ ] 字符数组 , int 起始索引 , int 长度 ) | 返回一字符串。字符数组中起始索引位置后，返回设定长度字符串 |
| static String valueOf(double d) | 返回一字符串。将 double 以字符串返回 |
| static String valueOf(float 浮点数 ) | 返回一字符串。将 float 以字符串返回 |
| static String valueOf(int 整数 ) | 返回一字符串。将 int 以字符串返回 |
| static String valueOf(Object 对象 ) | 返回一字符串。将 Object 对象以字符串返回 |
| char[ ] toCharArray( ) | 返回一字符数组。将字符串以字符数组方式返回 |
| byte[ ] getBytes( ) | 返回一 byte 数组。将字符串转换为 byte 数组后返回 |

## 5-3-1　字符串长度

字符串长度（length）是返回所声明之字符串对象中字符的个数,包含字符串中的空格的个数。返回值类型是 int 整数类型。

【计算字符串长度语法】

```
int length( );
```

【举例说明】

```
String str="Everyday is a lucky day";
System.out.println("字符串长度"+ str.length());
```

【范例程序：CH05_03】

```
01    /* 文件: CH05_03.java
02     * 说明：各种字符串类的基本使用方法
03     */
04
05    public class CH05_03{
06       public static void main(String[] args){
07
08          String str="天助自助者";              //建立字符串对象并初始化
09          System.out.println("字符串: "+str);
10          System.out.println("常用方式: length()");
11          System.out.println("字符串长度: "+str.length()+'\n');
12
13          //另一种计算字符串对象的方法: 字面法
14          System.out.println("字面法: \"天助自助者\".length()");
15          int a="天助自助者".length();
16          System.out.println("字符串长度: "+a);
17       }
18    }
```

【程序运行结果】

程序运行结果如图 5-4 所示。

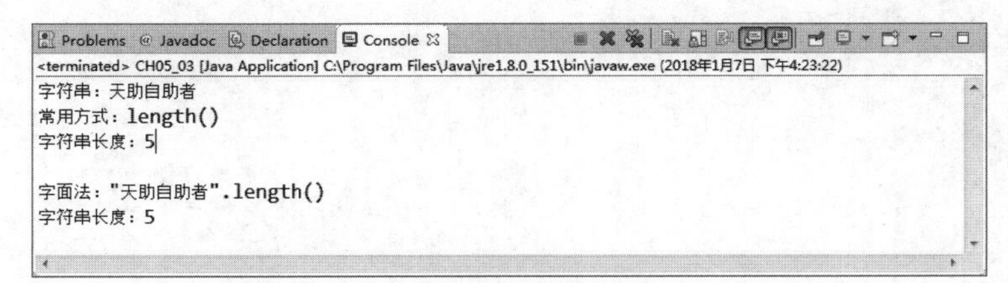


图　5-4

【程序解析】

① 第 11 行：返回字符串长度 str . length( )。

② 第 15 行：介绍字面法，通过另一种方式返回字符串长度。

## 5-3-2　字符串的查找

字符串类中利用索引来达到查找字符串的方法如表 5-7 所示。

表　5-7

| 方 法 名 称 | 说　　明 |
|---|---|
| int indexOf(int 字符 ) | 返回字符第一次出现的索引值，如未找到则返回 -1 |

续表

| 方法名称 | 说明 |
|---|---|
| int indexOf(int 字符 ,int 索引值 ) | 返回从索引值之后第一次出现字符的位置 |
| int lastIndexOf(int 字符 ) | 返回字符最后一次出现的索引值，如未找到则返回 -1 |
| int lastIndexOf(int 字符 ,int 索引值 ) | 返回设定的索引值之前字符最后一次出现的索引值，如未找到则返回 -1 |
| int indexOf(String 字符串 ) | 返回字符串第一次出现的索引值，如未找到则返回 -1 |
| int indexOf(String 字符串 ,int 索引值 ) | 返回从索引值之后第一次出现字符串的位置，如未找到则返回 -1 |
| int lastIndexOf(String 字符串 ) | 返回字符串最后一次出现的索引值，如未找到则返回 -1 |
| int lastIndexOf(String 字符串 ,int 索引值 ) | 返回设定的索引值之前字符串最后一次出现的索引值，如未找到则返回 -1 |

String 类的方法取得的索引值皆由 0 开始累加，所以所取得的值还要加 1，才代表在字符串中真正的位置。例如返回索引值 4，则表示在字符串的第 5 个字符。

由于一个中文单字占用 2 B 内存，所以中文单字可以利用一个字符来表示。在 Java 里不管使用英文字母还是中文单字为索引依据，皆能取得该字在字符串中正确的索引位置。

【范例程序：CH05_04】

```
01     /* 文件: CH05_04.java
02      * 说明：字符串类的查找方法
03      */
04     import java.io.*;
05     public class CH05_04{
06        public static void main(String[] args)throws Exception{
07           String str1="Time and Tide wait for no man.";
08           BufferedReader br=new BufferedReader(new InputStreamReader(System.
in));                                        // 定义从键盘输入
09           System.out.println("str1:"+str1);
10           String s1;
11           System.out.print(" 请输入要查找的字符串：");
12           s1=br.readLine();             // 从键盘输入字符串
13           int index=0;
14           int len=str1.length();
15           for(int i=1;i<len;i++){
16           index=str1.indexOf(s1,index);
17           }
18           System.out.println(" 在 "+index+" 位置找到查找的字符串 ");
19        }
20     }
```

【程序运行结果】

程序运行结果如图 5-5 所示。

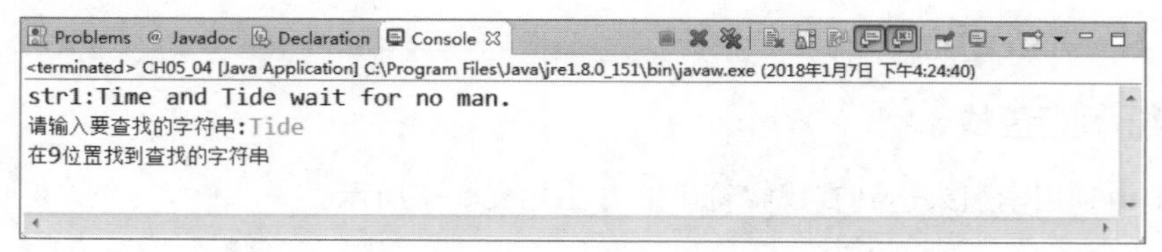


图 5-5

【程序解析】

① 第 8 行：定义程序运行时可以从键盘输入数据。需要引用 java.io 套件，在主程序必须应

用异常处理。

② 第 12 行：从键盘输入字符串。

③ 第 16 行：查找字符串。

## 5-3-3　字符串的替换

字符串的替换是将字符串中指定的原字符替换为新字符，其语法如下：

**【字符串替换语法】**

① replace（旧字符串，新字符串）　// 以新字符串替换旧字符串

② trim()　　　// 删除不必要的空格

**【举例说明】**

① str=str.replace("1","2");

② str=str.trim( )

**【范例程序：CH05_05】**

```
01    /* 文件: CH05_05.java
02     * 说明：各种字符串类的基本使用方法
03     */
04
05    public class CH05_05{
06        public static void main(String[] args){
07
08            String str="Happy Birthday to you";
09
10            // 替换字符串
11            String str_new=str.replace("you","Joe");
12            System.out.println("替换前: "+str);
13            System.out.println("替换后: "+str_new+'\n');
14
15            // 去除空格部分
16            String str2="   Happy Birthday to you   ";
17            System.out.println("去除空白前，字符串长度: "+str2.length());
18            String str2_new=str.trim();
19            System.out.println("去除前: "+str2);
20            System.out.println("去除后: "+str2_new);
21            System.out.println("去除空白后，字符串长度: "+str2_new.length());
22        }
23    }
```

**【程序运行结果】**

程序运行结果如图 5-6 所示。

```
Problems @ Javadoc Declaration Console
<terminated> CH05_05 [Java Application] C:\Program Files\Java\jre1.8.0_151\bin\javaw.exe (2018年1月7日 下午4:26:21)
替换前：Happy Birthday to you
替换后：Happy Birthday to Joe

去除空白前，字符串长度：26
去除前：  Happy Birthday to you
去除后：Happy Birthday to you
去除空白后，字符串长度：21
```

图　5-6

【程序解析】

① 第 11 行：将替换字符串中 "you"，修改成 "Joe"。

② 第 16~21 行：去除字符串中多余的空格部分，但是去除的只是字符串前面和后面空格的部分，字符串中空格的部分不会被消去。

## 5-3-4 字符串的比较

字符串比较的处理，虽然可以使用 == 比较运算符，不过之前提到字符串类里产生的字符串对象并不能改变内容，而是在其他的地址上产生另一个字符串的内容，再将字符串指向该地址。而使用比较运算符比较的其实是字符串对象的地址，用户若想比较字符串内容就必须使用字符串类中比较的方法。字符串类的比较方法如表 5-8 所示。

表 5-8

| 方 法 名 称 | 说 明 |
| --- | --- |
| int compareTo(String 字符串 ) | 比较字符串是否相等，若相等则返回 0，>0 表示原字符串的字符顺序较大，<0 则相反 |
| int compareToIgnoreCase(String 字符串 ) | 和上一个方法相同，不过忽略大小写的不同 |
| boolean equals(Object 对象 ) | 比较字符串与对象的内容是否相同 |
| boolean equalsIgnoreCase(String 其他字符串 ) | 比较字符串间的内容是否相同，会忽略大小写的差别 |
| boolean contentEquals(StringBuffer 字符串缓冲器 ) | 比较字符串与字符串缓冲器中的内容是否相同 |
| boolean matches(String 要求格式 ) | 比较字符串是否符合所要求的格式 |
| boolean endsWith(String 字符串 ) | 判断字符串的结尾字符串 |
| boolean startsWith(String 字符串 ) | 判断字符串的开头字符串 |

【字符串的比较语法】

① 字符串对象 A. equals（字符串对象 B）； // 比较 2 字符串对象是否相同，相同就返回 true，不相同就返回 false，因此返回值的类型是布尔（boolean）。

② 字符串对象 A. equalsIgnoreCase（字符串对象 B）； // 功能和 1 相同，但是大小写可以忽略。

③ 字符串对象 A. compareTo（字符串对象 B）； // 仅知道 2 字符串对象是否相同还不够，需要更完整的比较结果。

④ boolean startsWith（字符串对象）；// 比较字符串对象的开头。

⑤ boolean endsWith（字符串对象）； // 比较字符串对象的结尾。

返回值结果和比较结果的意义如表 5-9 所示。

表 5-9

| 返回值结果 | 比较结果的意义 |
| --- | --- |
| 大于 0 | 字符串对象 A > 字符串对象 B |
| 小于 0 | 字符串对象 A < 字符串对象 B |
| 0 | 字符串对象 A = 字符串对象 B |

【举例说明】

```
① String  str1=" Java 2 ", String  str2=" Java6 ", str1.equals(str2)
                                              // 比较 str1 和 str2 是否相同
② String  str3=" Java2 ", str1. equalsIgnoreCase (str1)
                                              // 不管大小写，皆视为相同
③ str1.compareTo(str2);
④ boolean " Java 2 ".startsWith(" Ja "); // 判断是否是以 " Ja " 为开头字符串
⑤ boolean " Java 2 ".endtsWith(" a2 ");  // 判断是否是以 " a2 " 为结尾字符串
```

【范例程序：CH05_06】

```
01    /* 文件: CH05_06.java
02     * 说明：字符串类的比较方法
```

```
03      */
04
05    public class CH05_06{
06       public static void main(String[] args){
07
08          String str1="Java2";
09          String str2="Java2";
10          String str3="Java2";
11
12          //比较字符串是否相同
13          boolean a1=str1.equals(str2);
14          boolean a2=str2.equals(str3);
15          boolean a3=str3.equals(str1);
16
17          //比较字符串是否相同，但忽略大小写
18          boolean b1=str1.equalsIgnoreCase(str2);
19          boolean b2=str2.equalsIgnoreCase(str3);
20          boolean b3=str3.equalsIgnoreCase(str1);
21
22          //完整比较
23          int c1=str1.compareTo(str2);
24          int c2=str2.compareTo(str3);
25          int c3=str3.compareTo(str1);
26
27          //比较字符串开头
28          boolean d1=str1.startsWith("Ja");
29          boolean d2=str2.startsWith("Ja");
30          boolean d3=str3.startsWith("Ja");
31
32          //比较字符串结尾
33          boolean e1=str1.endsWith("a2");
34          boolean e2=str2.endsWith("a2");
35          boolean e3=str3.endsWith("A2");
36
37          System.out.println("比较字符串是否相同: "+a1+" "+a2+" "+a3+'\n');
38            System.out.println("比较字符串是否相同，但忽略大小写: "+b1+"  "+b2+"
"+b3+'\n');
39          System.out.println("完整比较: "+c1+" "+c2+" "+c3+'\n');
40          System.out.println("比较字符串开头: "+d1+""+d2+" "+d3+'\n');
41          System.out.println("比较字符串结尾: "+e1+""+e2+" "+e3+'\n');
42       }
43    }
```

【程序运行结果】

程序运行结果如图 5-7 所示。

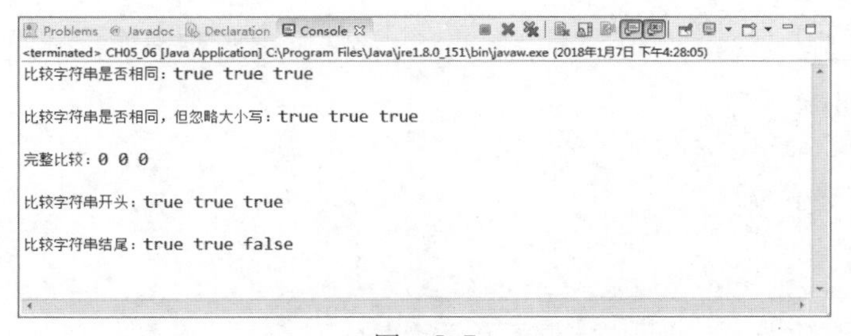


图　5-7

【程序解析】

字符串比较结果判断表如表 5-10 所示。

表　5-10

| 返回值结果 | 比较结果的意义 |
|---|---|
| 字符串对象 A . equals（字符串对象 B） | |
| true | 相同 |
| false | 不相同 |
| 字符串对象 A . equalsIgnoreCase( 字符串对象 B） | |
| true | 相同 |
| false | 不相同 |
| 字符串对象 A . compareTo（字符串对象 B） | |
| 大于 0 | 字符串对象 A > 字符串对象 B |
| 小于 0 | 字符串对象 A < 字符串对象 B |
| 0 | 字符串对象 A = 字符串对象 B |
| boolean startsWith（字符串对象） | |
| true | 相同 |
| false | 不相同 |
| boolean endsWith（字符串对象） | |
| true | 相同 |
| false | 不相同 |

## 5-3-5　字符串的转换

字符串的转换可以将各数据类型转换成字符串对象的类型，还可以完成字符串的大小写的转换。各字符串类转换的方法说明如表 5-11 所示。

表　5-11

| 方 法 名 称 | 说　明 |
|---|---|
| String toLowerCase( ) | 将字符串内的字符转换成小写 |
| String toUpperCase( ) | 将字符串内的字符转换成大写 |
| static String copyValueOf(char[ ] 字符数组 , int 起始索引 , int 字符长度 ) | 将字符数组中的指定字符转换成字符串 |
| static String valueOf(Object 对象 ) | 将对象转换成字符串 |
| static String valueOf(boolean 布尔值 ) | 将布尔值转换成字符串 |
| static String valueOf(char 字符 ) | 将字符转换成字符串 |
| static String valueOf(int 整数 ) | 将整数转换成字符串 |
| static String valueOf(float 浮点数 ) | 将 float 浮点数转换成字符串 |
| static String valueOf(double 浮点数 ) | 将 double 浮点数转换成字符串 |

【范例程序：CH05_07】

```
01    /* 文件: CH05_07.java
02     * 说明：字符串类的转换方法
03     */
04
05   public class CH05_07{
06      public static void main(String[] args){
```

```
07
08          String str=new String("Time creates Hero");// 声明字符串
09          System.out.println(" 原来的字符串 :"+str);
10          System.out.println(" 转换后的字符串 : "+str.toUpperCase());
11          char[]ch={'S','t','r','i','n','g',' ','a','r','r','a','y'};
                                                          // 声明字符数组
12          System.out.println(" 将字符数组转换成字符串 :"+String.copyValueOf(ch,
7, 5));
13          double a=78.54;// 声明 double 数字
14          System.out.println(" 将数字转换成字符串 :"+String.valueOf(a));
15      }
16  }
```

【程序运行结果】

程序运行结果如图 5-8 所示。

```
Problems @ Javadoc Declaration Console
<terminated> CH05_07 [Java Application] C:\Program Files\Java\jre1.8.0_151\bin\javaw.exe (2018年1月7日 下午4:30:17)
原来的字符串:Time creates Hero
转换后的字符串: TIME CREATES HERO
将字符数组转换成字符串:array
将数字转换成字符串:78.54
```

图　5-8

【程序解析】

① 第 10 行：将字符串内容改为大写，此方法使用中文时会产生乱码。

② 第 11、12 行：产生一个字符数组，并将其部分内容转换成字符串输出。

③ 第 14 行：将 double 类型的数字转换成字符串。

## 5-3-6　字符串的串接

下面介绍如何将两个或两个以上字符串或字符串对象串接在一起。

【字符串串接语法】

① 字符串 1+ 字符串 2;//+ 作为串接字符串符号

② 字符串对象 1.concat（字符串对象 2）;

【举例说明】

① String str1=" Java ";String  str2=" Script ";String  str3=str1+str2;// 用 + 将 str1 和 str2 串接在一起

② String str4=str1.concat（str2）;

【范例程序：CH05_08】

```
01    /* 文件: CH05_08.java
02     * 说明：字符串串接
03     */
04
05    public class CH05_08{
06       public static void main(String[] args)       {
07          // 声明字符串对象
08          String str1="Power";
09          String str2="Point";
10
11          // 串接字符串方式一
```

```
12              String str3=str1+str2;
13              String str4="Power"+"Point";
14
15              // 串接字符串方式二
16              String str5=str1.concat(str2);
17              String str6=str1.concat("Point");
18
19          System.out.println(" 串接字符串方式一: ");
20              System.out.println(str3);
21              System.out.println(str4);
22              System.out.println();
23
24          System.out.println(" 串接字符串方式二: ");
25              System.out.println(str5);
26              System.out.println(str6);
27
28      }
29  }
```

【程序运行结果】

程序运行结果如图 5-9 所示。

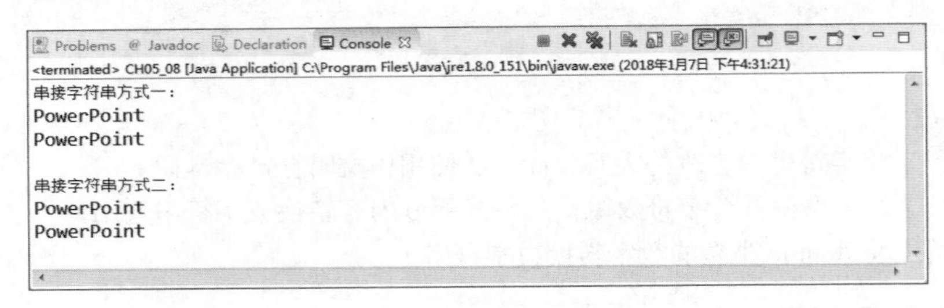


图 5-9

【程序解析】

① 第 8、9 行：串接字符串时可以利用字符串对象也可以用字符串数据相接。

② 第 12、13 行：用第二种方式串接字符串时，str1 必须先声明成字符串对象，str2 可以是字符串对象或字符串数据内容。

## 5-3-7 截取字符串字符

截取字符串字符用于从源字符串中取得单个字符或子字符串。

【截取字符串字符语法】

```
① 字符串对象 .chartAt( 字符的位置 );   // 取得指定位置的字符
② 字符串对象 .substring( 指定起始位置 , 指定结束位置 +1);
③ 字符串对象 .toCharArray();
④ 字符串对象 .getChats( 指定起始位置 , 指定结束位置 +1, 指定数组 , 指定起始元素 );
```

【举例说明】

```
① String str1=" Java 2 ";char a=str1.charAt(3); // 因为是取得指定位置的字符，所以返回值的类型必须为字符 (char)。位置则是依照 Java 索引值的规定
② String str2=str1.substring (1,4);                    // 要取得 str1 字符串由索引值 1 开始到索引值 3 的子字符串，在语法的表示上必须将指定结束位置 +1
③ char b[]=str1.toCharArray();  // 将 str1 字符串中的字符分离并转存入 b 字符数组中
④ char c[]=new char[5],str1.getChars(1,4,c,0);         // 和转存入数组类似，只是此方法可以指定索引值
```

【范例程序：CH05_09】

```
01    /* 文件: CH05_09.java
02     * 说明 : 截取字符串字符
03     */
04
05    public class CH05_09{
06        public static void main(String[] args){
07            // 声明字符串对象
08            String str1="Java Script";
09            System.out.println(str1+'\n');   //'\n' 是换行
10
11            // 截取指定位置的字符
12            char a1=str1.charAt(5);
13            char a2=str1.charAt(4);
14            System.out.println(" 指定位置 [5], 并取得其字符是: "+a1);
15            System.out.println(" 指定位置 [4], 并取得其字符是: "+a2+'\n');
16
17            // 取得子字符串
18            String str2=str1.substring(5,11);
19              System.out.println(" 指定取得字符串的范围, (5,11) 其子字符串是:
"+str2+'\n');
20
21            // 分离字符串并存入指定数组中
22            String str3="Java2";
23            char b[]=str3.toCharArray();
24            System.out.println(" 转存入之数组内容: ");
25            System.out.println(b[0]+"、"+b[1]+"、"+b[2]+"、"+b[3]+'\n');
26
27            // 依索引值转入
28            char c[]=new char[6];    // 先声明字符数组
29            str3.getChars(0,4,c,2);
30            System.out.println(" 数组内容: ");
31            System.out.println(c[0]+"、"+c[1]+"、"+c[2]+"、"+c[3]+"、"+c[4]+ "、
"+c[5]+'\n');
32        }
33    }
```

【程序运行结果】

程序运行结果如图 5-10 所示。

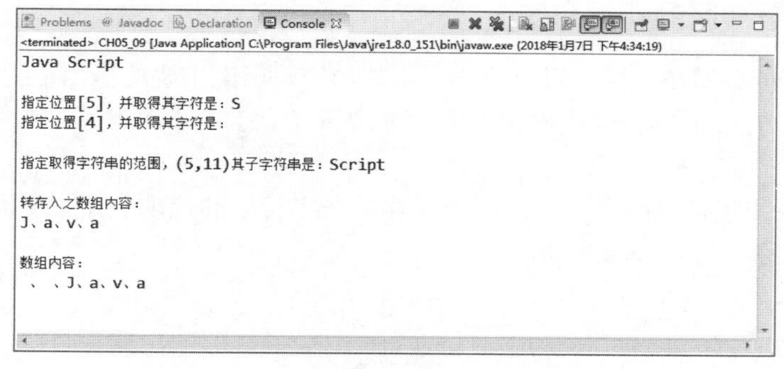


图 5-10

【程序解析】

① 第 13 行：特定尝试指定空格。

② 第 15 行：在屏幕上显示没有出现任何字符。

③ 第 25、31 行：为了表示结果是存入数组，用顿号加以区隔。

## 5-4 StringBuffer 类

StringBuffer 类应用在字符串需要经常性改变内容的时候。StringBuffer 类可以设定字符串缓冲区容量，当字符串内容因增加或修改未超出缓冲区（Buffer）最大容量时，对象不会重新配置缓冲区容量，比起 String 类而言显得更有效率。字符串缓冲区（StringBuffer）类 和字符串类 一样是继承自 java.lang 类，虽然都是处理字符串，可是没有继承的关系。

字符串缓冲区类所建立的字符串对象不限定长度和内容，用户设定初值、新建字符或修改字符串时，都是在同一个内存区块上，也不会产生另一个新的对象，这是和字符串（String）类的主要差异。

字符串类是字符串长度固定、无法更改字符串内容和字符顺序。但是这样的限制将因为 StringBuffer 类而获得解决，当字符和字符串加入或插入到 StringBuffer 类的字符串时，会自行增加字符串空间，以容纳加入的字符或字符串。通常会多配置一些空间。

### 5-4-1 字符串缓冲区对象的建立

字符串缓冲区类里并没有使用字符串常量的建立方式，只有三个构造函数可以建立字符串缓冲区，它们的建立方式如表 5-12 所示。

表 5-12

| 构造函数 | 说明 |
| --- | --- |
| StringBuffer( ) | 建立一个空字符串缓冲区对象，默认为 16 字符的长度 |
| StringBuffer(int 大小 ) | 建立一个指定字符长度的字符缓冲区对象 |
| StringBuffer(String 字符串 ) | 以字符串对象建立一个字符串缓冲区对象，它的长度为字符串长度再加上 16 字符 |

【建立字符串的方法语法】

```
① StringBuffer()                // 空的 StringBuffer 类，默认有 16 个字符的字符串空间
② StringBuffer(int 字符长度 ) // 接收所输入的字符串长度，分配缓冲区的空间大小
③ StringBuffer(String 字符串 ) // 接收 String 自变量，以设定 String Buffer 类的初
始字符串内容，因此会保留 16 个字符的空间，然后还会额外多配置 16 个字符的空间
④ StringBuffer(CharSequence 字符 )  // 建立包含字符数组中字符的数组
```

### 5-4-2 字符串缓冲区的使用方法

字符串缓冲区的字符串对象可以更改字符串的内容，所以主要的应用是针对字符串内容变更的处理，以下依照方法的种类介绍字符串缓冲区的使用方法。

字符串缓冲区的基本操作：

字符串缓冲区和字符串两个类中，因为同样都是字符串的处理应用，所以有些类方法重复，在此只列出方法名称，如表 5-13 所示。

表 5-13

| | | |
| --- | --- | --- |
| char charAt ( ) | void getChars( ) | int indexOf ( ) |
| int indexOf ( ) | int lastIndexOf( ) | int lastIndexOf ( ) |
| int length ( ) | CharSequence subSequence( ) | String substring ( ) |
| String substring ( ) | String toString( ) | |

字符串缓冲区中与字符串类不同的方法，如表 5-14 所示。

表 5-14

| 方 法 名 称 | 说 明 |
|---|---|
| int capacity( ) | 取得字符串缓冲区的容量，当超过设定的容量时，会重新配置内存 |
| void ensureCapacity(int 最小容量 ) | 要求字符串缓冲区所需设定的最小容量 |
| void setCharAt(int 索引值 , char 字符 ) | 设定字符串缓冲区的特定索引值的字符 |
| void setLength(int 长度 ) | 设定字符串缓冲区新的长度 |

其中长度和容量的差别是，长度是目前字符串缓冲区的实际字符数，而容量则是字符串缓冲区的可以设定的最多字符数。

【范例程序：CH05_10】

```
01    /* 文件: CH05_10.java
02     * 说明 : 字符串缓冲区的基本应用方法
03     */
04    public class CH05_10{
05       public static void main(String[ ] args){
06          StringBuffer sb2=new StringBuffer(30);// 建立一个容量为 30 的字符串缓冲
区对象
07          String str=new String("Java Coffer");
08          StringBuffer sb3=new StringBuffer(str);// 利用字符串对象建立字符串缓冲
区对象
09          // 取得长度与容量数据
10          System.out.println("sb2 的长度 :"+sb2.length());
11          System.out.println("sb2 的容量 "+sb2.capacity());
12          System.out.println("sb3 字符串缓冲区的内容 :"+sb3);
13          System.out.println("sb3 的长度 :"+sb3.length());
14          System.out.println("sb3 的容量 "+sb3.capacity());
15
16          sb3.setCharAt(4,'-');// 设定特定字符
17          System.out.println("\n 重新设定字符串缓冲区内第 4 个字符 :"+sb3);
18       }
19    }
```

【程序运行结果】

程序运行结果如图 5-11 所示。

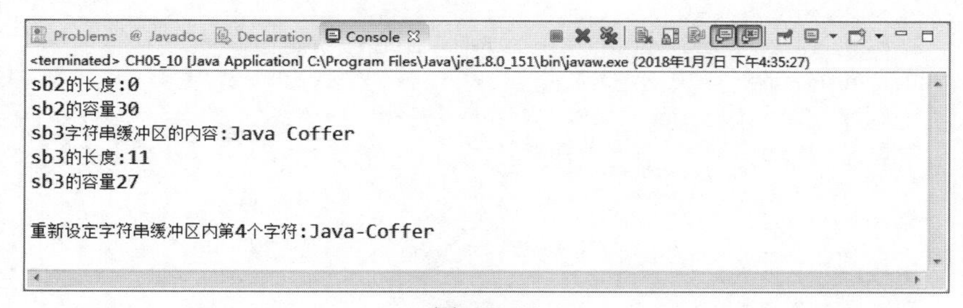


图 5-11

【程序解析】

① 第 6~8 行：建立字符串缓冲区对象。

② 第 10~14 行：输出字符串缓冲区的长度与容量，当长度超过容量时，会重新配置容量。

字符串缓冲区的处理字符串方法如表 5-15 所示。

表 5-15

| 方法名称 | 说明 |
| --- | --- |
| StringBuffer append( 各数据类型参数 ) | 将各数据类型的参数内容转换成字符串后，新建到字符串缓冲区的最后 |
| StringBuffer append(char[ ] 字符数组 ,int 索引位置 ,int 字符数 ) | 将字符数组中指定的字符转换成字符串，新建到字符串缓冲区的最后 |
| StringBuffer insert(int 索引位置 , 各数据类型参数 ) | 将参数内容转换成字符串后，插入到指定的字符串缓冲区的索引位置 |
| StringBuffer insert(int 索引位置 , char[ ] 字符数组 , int 字符位置 , int 字符数 ) | 将字符数组中指定的字符转换成字符串，插入到字符串缓冲区的索引位置 |
| StringBuffer delete(int 起始索引 , int 结束索引 ) | 删除指定位置的字符串缓冲区 |
| StringBuffer deleteCharAt(int 索引位置 ) | 删除指定位置的字符 |
| StringBuffer replace(int 起始索引 , int 结束索引 , String 字符串 ) | 以新的字符串替换指定位置的字符串缓冲区 |
| StringBuffer reverse( ) | 将字符串缓冲区的字符串内容的顺序反转 |

上述方法中，append( ) 与 insert( ) 参数列中的字符串值可以是其他数据类型。因为这两种方法在读取参数字符串时，会先利用 String 类的 valueOf( ) 的方法进行数据类型的转换。

在 StringBuffer 类中，缓冲区会随着字符串内容的新建而加大，当字符串超出缓冲区容量时，缓冲区会以未超出前的容量加 1 再乘以两倍，如图 5-12 所示。

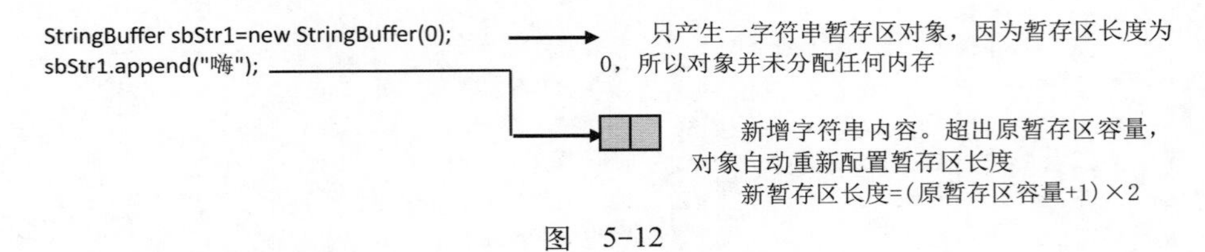


图 5-12

如果新建的字符串长度远远超过现有缓冲区容量，应先使用 setLength( ) 方法加大缓冲区容量，以避免重复配置缓冲区而造成运行效率低。

【范例程序 : CH05_11】

```
01    /* 文件: CH05_11.java
02     * 说明 : 字符串缓冲区的各种功能方法
03     */
04    public class CH05_11{
05       public static void main(String[ ] args){
06          StringBuffer sb1=new StringBuffer("Java");// 建立一个字符串缓冲区对象
07          System.out.println(" 原始字符串 ="+sb1);
08          char ch[]={' 字 ',' 串 ',' 缓 ',' 冲 ',' 区 '};  // 建立一字符数组
09          // 新建
10          sb1.append(ch,2,3);
11          System.out.println(" 新增字符串数组 : "+sb1);
12          // 删除
13          sb1.delete(4,7);
14          System.out.println(" 删除字符串 : "+sb1);
15          // 新建
16          sb1.append(" 教学实务 ");
17          System.out.println(" 新增字符串 : "+sb1);
```

```
18          //插入
19          sb1.insert(6,"与");
20          System.out.println("插入字符串: "+sb1);
21          int num=2;
22          //插入
23          sb1.insert(4,num);
24          System.out.println("插入数字: "+sb1);
25          //替换
26          sb1.replace(4,8,"替换字符串");
27          System.out.println("字符串替换: "+sb1);
28          //反转
29          sb1.reverse();
30          System.out.println("字符串反转: "+sb1);
31      }
32  }
```

【程序运行结果】

程序运行结果如图 5-13 所示。

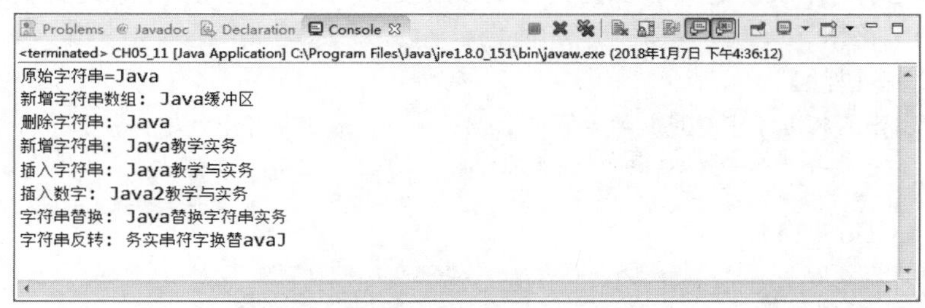


图 5-13

【程序解析】

① 第 6~8 行：建立字符串缓冲区与字符数组。

② 第 10、16 行：字符串的两种添加方式，其中要注意数组的索引值不可超过数组的长度。

③ 第 13 行：将字符串缓冲区指定的字符串删除。

④ 第 19~23 行：插入字符串和数字到字符串缓冲区。

(1) 长度和容量

【长度和容量语法】

```
① length()              //取得字符串长度
② setLength()           //设定缓冲区的字符串长度
③ capacity()            //取得字符串容量
④ ensureCapacity()      //若已先知道字符空间的大小，可以事先配置空间
```

【范例程序：CH05_12】

```
01  /* 文件: CH05_12.java
02   * 说明：字符串缓冲区 -- 长度和容量
03   */
04
05  public class CH05_12{
06     public static void main(String[] args){
07        StringBuffer  sb=new StringBuffer("Programming is funny");
08
09        System.out.println("示范字符串: "+sb);
```

```
10          // 计算字符串长度
11          System.out.println(" 字符串长度 ="+sb.length());
12          // 计算字符串容量
13          System.out.println(" 字符串容量 ="+sb.capacity());
14      }
15  }
```

【程序运行结果】

程序运行结果如图 5-14 所示。

```
Problems  @ Javadoc  Declaration  Console
<terminated> CH05_12 [Java Application] C:\Program Files\Java\jre1.8.0_151\bin\javaw.exe (2018年1月7日 下午4:37:05)
示范字符串：Programming is funny
字符串长度=20
字符串容量=36
```

图　5-14

【程序解析】

第 9 行：示范字符串长度是 20，因为会自动多配置 16 个字符空间，所以配置空间是 20+16=36。

(2) 复制子字符串

【复制子字符串语法】

```
getChars(int 指定子字符串起始索引值 , int  指定子字符串结尾索引值 +1, char 目的字符数组 , int 存入数组之起始索引值 )
//可以将某字符串中的子字符串复制到数组中
```

【范例程序：CH05_13】

```
01   /* 文件: CH05_13.java
02    * 说明：字符串缓冲区 -- 取得部分字符串
03    */
04
05   public class CH05_13{
06      public static void main(String[] args){
07          StringBuffer  sb=new StringBuffer("Hello Java");
08
09
10          char a[]=new char[12];
11          sb.getChars(6,10,a,0);
12          System.out.print(" 取得部分字符串 =");
13          System.out.println(a);
14      }
15  }
```

【程序运行结果】

程序运行结果如图 5-15 所示。

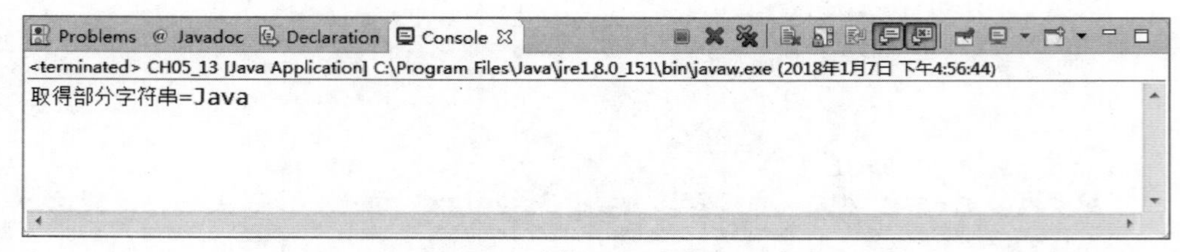


图　5-15

【程序解析】

第 11 行：将索引值为 6~10 的字符复制到字符数组中，从索引值 [0] 开始存入。

(3) 删除字符串或字符

【删除字符串或字符语法】

```
    ① delete(int 指定子字符串起始索引值,int 指定子字符串结尾索引值+1)// 删除一整串的
字符
    ② deleteCharAt(int 指定索引值)  // 指定索引值，并删除字符值
```

【范例程序：CH05_14】

```
01    /* 文件: CH05_14.java
02     * 说明：字符串缓冲区 -- 删除字符串或字符
03     */
04
05    public class CH05_14{
06        public static void main(String[ ] args){
07            StringBuffer  sb=new StringBuffer("Hello Java");
08            System.out.println(" 示范字符串: "+sb);
09              System.out.println(" 删 除 前 面 [0~5] 的 部 分 字 符 串 ="+sb.delete
(0,5)+'\n');
10
11            StringBuffer  sb2=new StringBuffer("Hello Javaa");
12            System.out.println(" 示范字符串: "+sb2);
13
14            System.out.println(" 删除指定字符 ="+sb2.deleteCharAt(10)+'\n');
15        }
16    }
```

【程序运行结果】

程序运行结果如图 5-16 所示。

```
Problems @ Javadoc Declaration Console
<terminated> CH05_14 [Java Application] C:\Program Files\Java\jre1.8.0_151\bin\javaw.exe (2018年1月7日 下午4:59:31)
示范字符串: Hello Java
删除前面[0~5]的部分字符串= Java

示范字符串: Hello Javaa
删除指定字符=Hello Java
```

图　5-16

# 5-5　本章进阶应用练习实例

Java 语言中，与字符或字符串数据相关的有 Character 字符类、String 字符串类及 StringBuffer 字符串缓冲器类三种。本章中介绍了与字符串较相关的 String 字符串类及 StringBuffer 字符串缓冲器类 。如果字符串的内容是想用于计算的数值数据，就必须将字符串转换成相应的数值类型，才可与其他数值数据进行运算。下面通过范例介绍如何将各种字符串数据表示的“数值”转换成可参与数学运算的各种数据类型的数值。

## 5-5-1　利用字符串数据进行加法运算

下面的范例是将字符串转换成数值，接着再进行运算。

```
104   //将字符串数据类型转换成数值数据类型
105   public class WORK05_01
106   {  // 主程序
107      public static void main(String[] args)
108      {  // 使用 parseInt() 方法将字符串转换成整数数值
109         int    a=Integer.parseInt("125");
110         int    b=Integer.parseInt("243");
111         int    c=a+b;
112         // 显示数值
113         System.out.println("a+b="+c);
114      }
115   }
```

【程序运行结果】

程序运行结果如图 5-17 所示。

```
Problems  @ Javadoc  Declaration  Console
<terminated> WORK05_01 [Java Application] C:\Program Files\Java\jre1.8.0_151\bin\javaw.exe (2018年1月7日 下午5:01:11)
a+b= 368
```

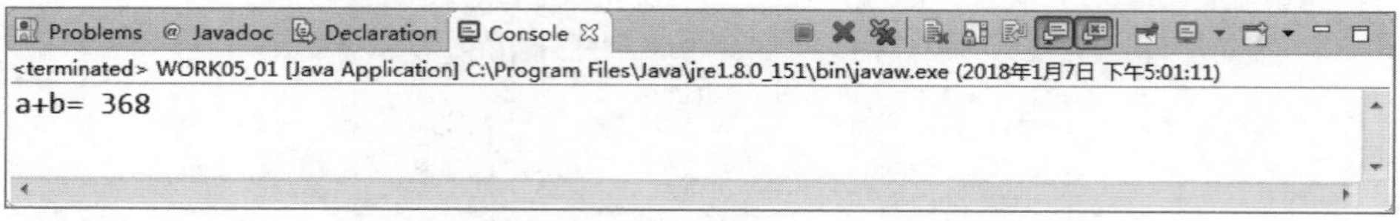

图　5-17

## 5-5-2　使用 endsWith( ) 方法过滤文件名

本章中介绍了许多关于 String 类的方法，如果想更进一步了解更多的方法，应该查阅 API 手册。例如，可以使用 endsWith( ) 方法来过滤文件名，下面这个程序过滤出扩展名为 doc 的 Word 文件：

```
01   //使用 endsWith() 方法来过滤文件名
02   public class WORK05_02
03   {
04      public static void main(String[] args)
05      {
06         String[] extension={"文宣.doc", "广告信.pdf",
07         "新闻稿.doc", "演讲.ppt", "邀请函.doc"};
08         System.out.println("使用 endsWith() 方法来过滤属于 Word 文件的文件");
09         for(int i=0; i<extension.length; i++){
10            if(extension[i].endsWith("doc"))
11               System.out.println(extension[i]);
12         }
13      }
14   }
```

【程序运行结果】

程序运行结果如图 5-18 所示。

```
Problems  @ Javadoc  Declaration  Console
<terminated> WORK05_02 [Java Application] C:\Program Files\Java\jre1.8.0_151\bin\javaw.exe (2018年1月7日 下午5:04:24)
使用endsWith()方法来过滤属于Word文件的文件
文宣.doc
新闻稿.doc
邀请函.doc
```

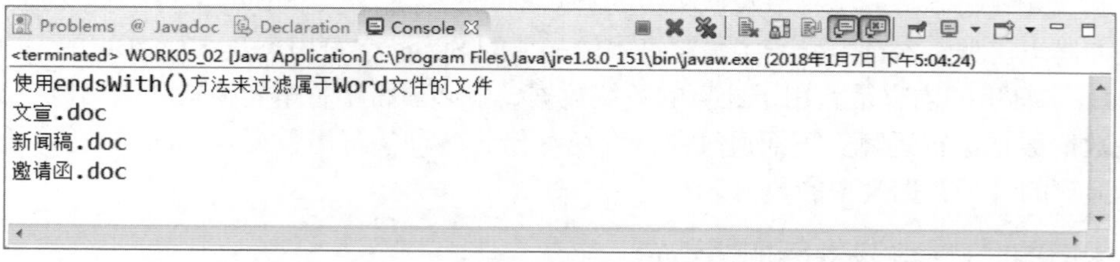

图　5-18

# 习题

## 1. 填空题

（1）Java 语言中将字符串分为________和________类两种。

（2）Java 是采用 Unicode 编码，所以一个字符占内存________个字节。

（3）定义字符时，必须将数据放在一对________内或是直接以 ASCII 码表示。

（4）Java 语言中的字符串是指________之间的字符。

（5）________类中建立的字符串主要用来定义字符串常量，并不能更改其内容。

（6）字符串缓冲区（StringBuffer）类继承自________类。

（7）________类所建立的字符串对象是不限定长度和内容的。

（8）空的 StringBuffer 类默认有________个字符的字符串空间。

（9）填入长度和容量相关方法：

①________取得字符串长度。

②________设定缓冲区的字符串长度。

③________取得字符串容量。

④________若已先知道字符空间的大小，则可以事先配置空间。

## 2. 问答与实现题

（1）举出至少两种可以建立字符串的构造函数，并举例说明。

（2）说明表 5-16 中方法所代表的功能。

表 5-16

| 方 法 名 称 | 说 明 |
| --- | --- |
| char charAt(int 索引值 ) | |
| String concat(String 字符串 ) | |
| String subString(int 起始位置 ,int 结束位置 ) | |
| String replace(char 原字符 , char 新字符 ) | |
| String toUpperCase( ) | |
| static String valueOf(int 整数 ) | |
| boolean endsWith(String 字符串 ) | |
| int indexOf(int 字符 ,int 索引值 ) | |

（3）哪三个构造函数可以建立字符串缓冲区？

（4）说明表 5-17 中方法所代表的功能。

表 5-17

| 方 法 名 称 | 说 明 |
| --- | --- |
| int capacity( ) | |
| void ensureCapacity(int 最小容量 ) | |
| void setCharAt(int 索引值 , char 字符 ) | |
| void setLength(int 长度 ) | |

（5）本章介绍了几种 StringBuffer 类，请介绍其语法表示方式。

①长度和容量。

②取得字符、部分字符串或设定字符值。

③复制子字符串。

④删除字符串或字符。

（6）编写程序，以字符数组建立字符串的方式，求取字符串 "YMCA" 的长度，并将其转换成小写。

（7）编写程序，找出字符 P 在字符串 "ABCDEFGHIJKLMNOPQRSTUVWXYZ" 出现的索引位置。

（8）编写程序，在原字符串 " 勇往直前 " 后，附加一字符串 " 有始有终 "。

（9）延续上例，请删除新字符串的最后一个字符。

（10）编写程序，分别将数字 3456 及布尔值 true 转换成字符串。

（11）在考虑大小写的前提下，编写程序比较 "ASAP" 与 "asap" 两个字符串的大小。

（12）同上例，在不考虑大小写的前提下，编写程序比较 "ASAP" 与 "asap" 两个字符串的大小。

# 第 6 章

# 面向对象基础——类与对象

面向对象程序设计（Object-Oriented Programming，OOP）是近年来相当流行的一种程序设计理念。它主要让程序设计师在设计程序时，能以一种更生活化、可读性更高的设计观念来进行，并且所开发出来的程序也较容易扩充、修改及维护，以弥补结构化程序设计的不足。

Java 是一种纯面向对象程序设计语言，通常面向对象程序具有封装（Encapsulation）、继承（Inheritance）、多态（Polymorphism）三种特性，这三种特性将在后续章节一一加以介绍。

### 学习目标

- 了解 OOP“面向对象程序设计”的理念。
- 理解 OOP 的封装、继承及多态特性。
- 掌握 OOP 程序设计方法。

### 学习内容

- 面向对象的基本概念。
- 数据的封装。
- 类与对象的建立。
- 类的参数与自变量。
- 类的构造函数。
- 对象的赋值与使用。
- 对象的有效范围与生命周期。

## 6-1 面向对象的概念

面向对象程序设计的主要精神就是将存在于日常生活中的对象（Object）概念，应用在软件设计的开发模式（Software Development Model）中，重点在对象的分解与相互作用上，强调软件的可读性（Readability）、可重用性（Reusability）与可扩展性（Extension）（见图 6-1），能够让程序设计师以一种更生活化、可读性更高的设计理念来进行程序设计与开发。

现实生活中的任何的人、事、物都可以被视为一个对象，而要描述一个人、事、物，通常会有两种方式，一种是描述它的内部状态（State），另一种是描述它的外部行为（Behavior），如图 6-2 所示。例如，一辆汽车就是一个对象，它的状态可能会有颜色、车型、车轮、排气量等；它的行为会有行驶、加速、制动等。在程序中的对象同样可以用状态和行为来描述，分别称为属性（Attribute）和方法（Method）。

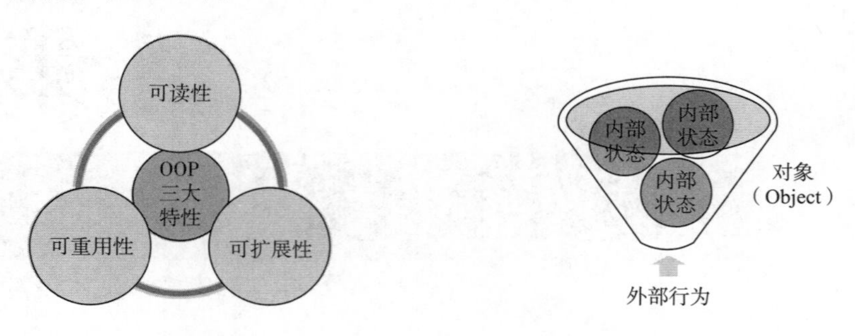


图 6-1　　　　　　图 6-2

如果要使用程序语言方式来描述一个对象，必须进行所谓的抽象（Abstraction）处理。也就是利用程序代码来表述此对象的属性、方法与事件。分别说明如下：

①属性（Attribute）：指对象的静态外观描述，例如一辆汽车的颜色、大小等。或是对象的某些内在参数，如车子引擎的马力、排气数等作描述的动作，在 Java 语言的类中就好比是成员数据（Member data）。

②方法（Method）：指对象的动态响应方式，例如汽车可以开动、停止。这是一种行为模式，用来代表一个对象的功能，就好比是 Java 中的类的成员方法（Member Method）。

③事件（Event）：对象可以针对外部事件做出各种反应，如汽车没油时，引擎就会停止，对象也可以主动地发出事件信息，比如 Java 程序中的窗口组件可以对事件做出反应与处理。

### 6-1-1　消息

程序里对象之间的交流称为消息(Message),例如程序中的A对象想使用B对象中定义的方法，就可以利用消息与 B 对象进行交流。一个消息传送可能会包含三个部分：接收消息的对象、所需要的方法和参数。例如，我要驾驶汽车这一个事件中，我是一个“人”的对象，汽车是另一个车的对象，人对象向车对象发出消息后，车对象会依据消息来响应加油门的方法，如此就会完成这个特定的事件。

通常一个大型的应用程序会由许多对象共同组成，在面向对象的观念中，可以利用消息（Message）传递的手法，来达到两个或多个对象间的互动与沟通。例如，把某台计算机看作对象 A，它想要利用所连接的打印机，也就是对象 B，来作打印输出。在一般的情形下，打印机本身没有接到任何指令时，是绝对不会有运行动作产生的，必须通过计算机对打印机传达打印文件 A 的“命令”消息，才能触发相应的运行动作。这个过程的联动关系如图 6-3 所示。

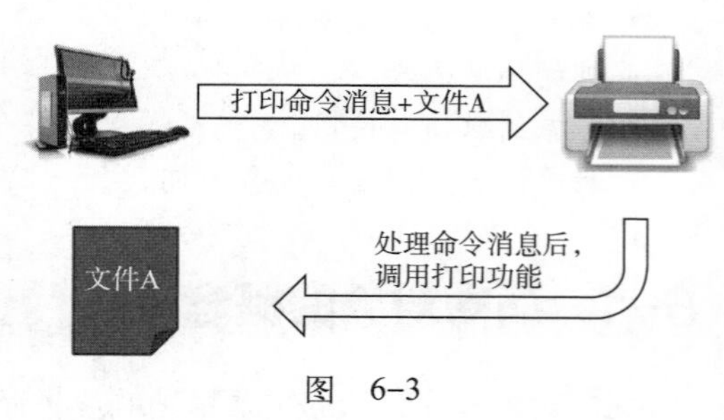


图 6-3

当计算机要打印文件 A 时，必须连同消息一起将文件 A 传递给打印机。这些一起传递给打印机的信息是用来提供打印机在运行动作前必须导入的自变量(Arguments)或称参数(Parameters)。一个消息的组成，可以分为下列三个部分：

①接收消息的对象：如上例中，接收消息的对象就是连接该计算机的打印机。

②所调用的方法：如上例中，计算机调用打印机的打印功能（打印方法）。

③方法所需要的自变量：如上例中，打印机的打印功能必须要有数据文件 A 输入，才能完成正确的打印作业。

### 6-1-2 类

前一小节中曾经提过，面向对象程序中最主要的单元，就是对象。通常，对象并不会凭空产生，它必须有一个可以依据的原型（Prototype），而在面向对象程序设计中，这个原型就是一般所谓的类（Class）。类是一种用来具体描述对象状态与行为的数据类型。以汽车为例来说明：汽车就是一种类，按照这个汽车应该具有的属性和方法行为，制造出来的每一辆汽车称为汽车类的一个对象。也就是说，类是依据某一类事物的所具有的相同性质而“抽象”出来的一个模型或者叫蓝图，按照这个模型或蓝图所生产出来的实例（Instance）就被称为对象。

程序语言中的对象同样具有许多相同的性质，可以像建筑物蓝图一样设计出对象的类，当遇到相似的对象但又有少许不同性质时，只要修改（或新建）类中的某些状态或行为，即可重新描述一个对象。

类里包含了一类事物的属性和方法，这些属性和方法对基于此类所生产出来的对象而言都具有、都可以使用。类与对象之间的关系：可以将类看成对象的模型、模块；对象则是参照类实际“生产”出的成品个体或叫实体。当对象的原型规划完成后，就可以实际地产生出一个可用的对象，通常称这个过程为对象的实现（Implementation）阶段。在 Java 中，对象的实现声明方式如下：

```
类名称 对象（变量）名称=new 构造函数（）;
```

① new：依照类的构造函数所代表的参考类型，配置内存空间，以建立该类的实例对象。

②构造函数（constructor）：用来建立该类的一个对象，并在建立的同时设定初始值。

实例化后，原本类中的变量又称实例变量，如图 6-4 所示。

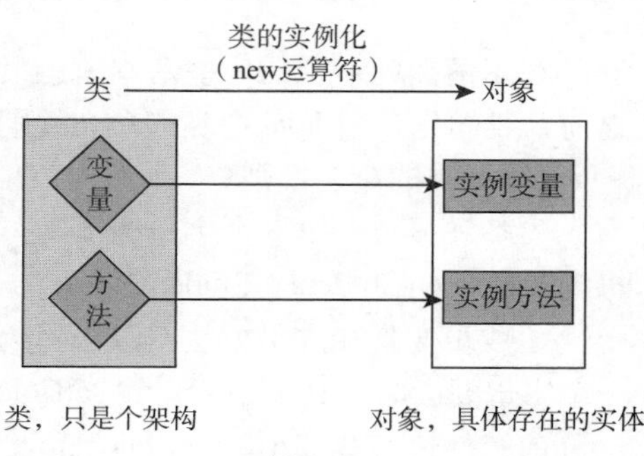


图 6-4

继承性是面向对象语言中最强大的功能，因为它允许程序代码的重复使用（Code Reusability），它体现了树状结构中父代与子代的遗传现象。在继承关系中，被继承者称为基类或父类，而继承者则称派生类或子类。也就是继承允许我们去定义一个新的类来继承既存的类，进而使用或修改继承而来的方法，并可在子类中加入新的数据成员与函数成员。就像生活中的“交通工具”是一种父类，而卡车、汽车、高铁、摩托车、公交车都是交通工具的子类。

## 6-2 封装与信息隐藏

在前面关于对象的简介中提到过，某个对象的属性通常是不能被其他对象所使用的。这样的概念在面向对象程序设计中称为数据的封装。

封装包含一个信息隐藏（Information Hiding）的重要理念，就是将对象的数据和实现的方法等信息隐藏起来，让用户只能通过对象自身提供的接口（Interface）来使用对象本身，而不能直接“操作”对象里所隐藏的信息。就像大多数人都不了解汽车的内部构造，却能够通过汽车提供的加油门和制作等接口方法驾驶汽车一样。

封装除了信息隐藏的特点之外，还能保护对象内部的数据，通过对象自身提供的方法来使用这些数据，并不必了解其内部是如何实现的，这就使得程序不必担心内部的数据出问题，更易于维护。

所谓的对象数据封装动作,就是将静态属性数值与动态行为方法包含在此对象所参考(Reference)到的类中。主要的目的是避免对象以外的程序对对象的内部数据有任何改变或破坏的可能。

不过，在一般的 Java 程序中，为了对应各种不同性质对象的产生，通常会声明许多不同类型的类。如果某个类中的成员数据属于不可变动的数值，那就必须明确地告知程序这些数据的访问权限，从而避免其他类的对象去破坏该数据的完整性。

Java 语言提供了三种层级的数据存取权限，方便程序设计者应用所封装的类或对象的属性数据。封装的访问权限的说明如表 6-1 所示。

表 6-1

| 访问权限 | 说明 |
| --- | --- |
| private | 私有权限，表示该方法或属性只能被此类的成员使用 |
| protected | 保护权限，表示该方法或属性可以被基类或其派生类的成员使用 |
| public | 公有权限，表示该方法或属性可以被所有的类成员所使用 |

定义访问权限的语法，必须在声明成员数据、方法或类之前，加入相应的关键词。例如下面的程序声明片段：

```
private int usePassword        //声明整数类型变量 userPassword 为私有的数据成员
protected getPassword()        //声明类方法 getPassword 为受保护的成员方法
public class checkPassword     //声明类 checkPassword 为公开的类
```

# 6-3　类的命名规则与建立

在了解面向对象的一些基本概念后，就可以针对程序的架构来学习类的建立方式。在介绍类之前，我们先介绍 Java 中类的命名规则。

【Java 类的命名规则】

①类和接口：第一个字母为大写，而当名称由两个以上的单词组成时，每个单词的第一个字母为大写。如 Student、StudentName。

②成员变量和成员方法：以小写为主；如果是复合词，第一个英文单词小写，其他单词的第一个字母要大写，其余小写。如 setColor。

③组件包：全部小写，如 java.io、java.lang.math。

④常量：全部大写，如是复合词，则在相邻的单词间以下画线“_”连接，如 PI、MAX_VALUE。

## 6-3-1　类的声明

在 Java 语言程序中，自定义类的声明方式如下：

```
[访问权限] class 类名称 {
    数据类型  变量名称;                            // 成员变量
    返回值的数据类型  方法名称 (参数清单) {          // 成员方法
        程序语句;
    }
}
```

访问权限类似于存取修饰字，也就是封装部分所介绍的三种层级，可以让程序设计者决定类的访问权限，来保护类中的属性和方法。习惯上以开头为大写并能体现类的作用的英文字符串来为类命名。类内含数据变量和使用方法，而这些数据变量和使用方法称为类成员（Member）。下面就是一个类声明的实例：

```
public class Triangle {
    double  base;
    double  height;

   void area(){
      System.out.println("三角形面积是: ");
      double ans=(base*height)/2;
      System.out.println(ans);
   }
}
```

首先，Triangle是此类的名称，base和height是变量名称，其类型是double浮点数。area是方法的名称，返回值的类型是void，意思是不需要返回值；而括号内是空的，表示不用参数传递。方法内的程序语句就是此方法需要做的事，在本实例是计算三角形的面积。其中所用到的变量必须是在此类中所声明定义过的。

## 6-3-2　类的成员变量

类的成员变量也就是类的属性，记录了类的相关数据，声明方式如下：

```
[访问权限][修饰字] 数据类型 成员变量名称[=初始值];
```

（1）访问权限

各访问权限的说明如表6-2所示。

表　6-2

| 访　问　权　限 | 说　　明 |
|---|---|
| public | 公共级别，代表所有的类都可以访问 |
| protected | 保护级别，代表只有该类的派生类，或是在相同包里的类才能访问 |
| private | 私有级别，代表只有此类本身才能访问 |
| 未设定 | 代表只有相同包里的类，才可以访问 |

（2）修饰字

在这里先介绍两个关于类的成员变量修饰字，如表6-3所示。

表　6-3

| 修　饰　字 | 说　　明 |
|---|---|
| static | 将成员变量声明为“静态”变量，即类变量（Class Variable），如此一来，此类中建立的对象都可使用此变量 |
| final | 将成员变量声明成常量的状态，也就是不能更改此成员变量的值 |

（3）数据类型

成员变量的数据类型，有基本的数据类型如整数、浮点数、布尔及字符，以及参考类型的字符串和数组等。

（4）初始值

依照数据类型给予成员变量一个初始的设定值。介绍完类的成员变量后，下面声明一个包含成员变量的类：

```
public class student {
   public String name;
   public float[] score;
}
```

### 6-3-3 类的成员方法

类成员中除了实例变量外，另一重要的关键就是成员方法（Method）。成员方法让整个类“动”起来，如果类中单单只有变量声明，似乎有点单调，但是加入方法后，类变得更有活力、更有使用价值。定义完类的成员变量后，接下来定义它的成员方法，其声明格式如下：

```
 [访问权限] [修饰字] 返回值类型 成员方法名称( [参数列表] ){
方法内部运行主体;     // 成员方法的主体
return 返回值;}
```

【举例说明】

```
void area(){                          // 方法名称是 area
   // 方法内部运行主体
   double ans=(base*height)/2;
   System.out.println("三角形的面积是: "+ans);
}
```

（1）访问权限

成员方法的访问权限和成员变量相同，在此不多做介绍。

（2）修饰字

成员变量的修饰字一样可以使用在成员方法上，但在用法上有些不同，说明如表 6-4 所示。

表 6-4

| 修 饰 字 | 说 明 |
| --- | --- |
| static | 将成员方法声明为类方法，如此一来，类可以直接使用成员方法 |
| final | 利用 final 声明的成员方法，只能在该类中使用，并不能被其派生类重新定义，详细的方法会在继承中介绍 |

（3）返回值类型

返回值类型代表的是 return 返回值的数据类型，也就是说，返回值的数据类型必须符合所设定的返回值类型，如果不需要返回值，可以设为 void 数据类型。

（4）参数列表

参数列表包含了参数的数据类型和参数的名称，如果需要多个参数，可以用“,”来区隔。而所谓的参数就是类之外的对象传递给此方法的数据，成员方法会以参数的数据来进行运算，再返回结果给调用成员方法的对象。

（5）返回值

返回值类型须是合法的类型，如 int、char、double 等，当然也可以是自行建立的类类型；而类方法可以没有返回值，此时的返回值类型必须是 void。

如果有返回值，需要在方法内部程序加入 return，return 的功能就是将值返回给调用者。返回值有两点需要注意：第一，return 的返回值的数据类型必须和声明成员方法时指定的返回值类型相同；第二，接收返回值的变量的数据类型也要和返回值类型相同。

此处接着上一小节的成员变量，继续设定类的成员方法：

```
class Student {
// 成员函数部分
…
// 成员方法
```

```
    public void show(){
        System.out.println(" 姓名 ="+name);
        System.out.print(" 成绩 =");
        System.out.println("["+score+"] ");
    }
    public void setdata(String name1, char score1){
        name=name1;
        score=score1;
    }
}
```

## 6-3-4 类参数和自变量

1. 类参数

类方法加入参数的目的是让类的成员方法在使用上更灵活、功能更强。例如下面的程序片段：

```
double area()                                    // 返回值类型为浮点函数
{
    return  (10*25.6)/2;
}
```

这是没有参数的类方法，在运用上会受限制，只能计算（10*25.6）/2 这一组数据，如果需要再计算另一组数据，就需要再声明另一个方法或是更改运算数字。但加入参数之后，方法会更具重用性和可扩展性。请参考下面的程序片段：

```
double area(double i, double j)                  // 返回值类型为浮点函数
{
    return  (i*j)/2;
}
```

加入参数 i 和 j 之后，可以根据所传入的 i 值和 j 值计算返回相应的结果。

2. 自变量

自变量是调用类中的方法时要传入的值。依据上述的程序片段，调用方法的写法如下：

```
double  x,y;                                     // 定义变量类型
x=area(10,25.8);
y=area(22.1,18.1);
```

其中（10,25.8）和（22.1,18.1）就是自变量。参数和自变量的个数不限制只有一个，可以多个。上例加入了两个参数和两个自变量。

【范例程序：CH06_01】

```
01    /* 文件 :CH06_01.java
02     * 说明 : 参数与自变量的使用
03     */
04
05    class Triangle{
06        int base;
07        int height;
08        double ans;
09
10        void Area(){
11            ans=(base*height)/2;
12            System.out.println(" 底 ="+base+", 高 ="+height+": 三角形面积
="+ans+'\n');
13        }
14        double Area_2(int i){
```

```
15          return ans=(i*height)/2;
16       }
17       double Area_3(int i,int j){
18          return ans=(i*j)/2;
19       }
20    }
21
22    class CH06_01{
23       public static void main(String[] args){
24             // 实现类对象
25          Triangle triangle=new Triangle();
26
27          triangle.base=2;
28          triangle.height=8;
29
30          System.out.println("不具返回值的方法，没有自变量：");
31          triangle.Area();
32          System.out.println("具有返回值，单一自变量：");
33          System.out.println("三角形面积 ="+triangle.Area_2(4)+'\n');
34          System.out.println("具有返回值，2 个自变量：");
35          System.out.println("三角形面积 ="+triangle.Area_3(4,10));
36
37       }
38    }
```

【程序运行结果】

程序运行结果如图 6-5 所示。

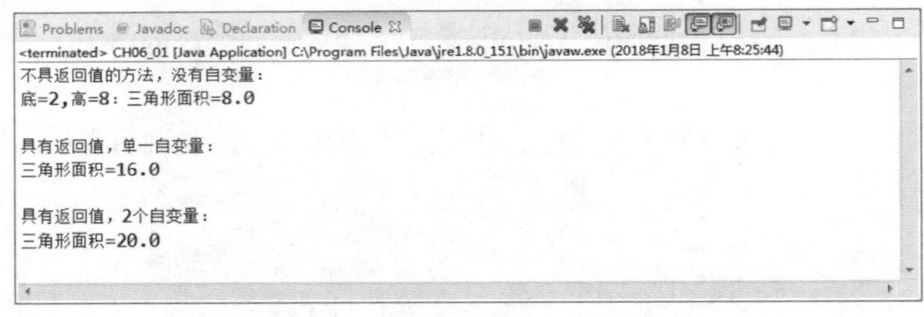


图 6-5

【程序解析】

① 第 5 行：建立计算三角形 Triangle 面积的类。

② 第 6~8 行：变量声明，底（base）、高（height）、面积返回值（ans）。

③ 第 10~13 行：建立“不具返回值”的类方法（Area），因此在方法前面需加上关键词（void），表示不具返回值。

④ 第 14~16 行：建立“具有返回值，单一自变量”的类方法（Area_2），因此必须给出返回值的数据类型。以程序 CH06_01 为例，避免计算的结果会产生浮点数，所以将返回值的数据类型设定成浮点数（double）。传入的参数为 i。

⑤ 第 17~19 行：建立“具有返回值，2 个自变量”的类方法（Area_3）。传入的参数为 i 和 j。

⑥ 第 25 行：类实例化。

⑦ 第 31 行：因为类方法（Area）是不具返回值，并且不具参数，所以调用时括号内不需要指定自变量值。

⑧ 第 33、35 行：类方法（Area_2）有返回值而且有单一自变量，因此调用时必须给定自变量值。同样的类方法（Area_3）有返回值而且有 2 个自变量。

### 6-3-5 类的构造函数

在 Java 语言中，每一个类通常都有构造函数（Constructor），构造函数的名称和它所属类的名称相同，它的主要功能用来建立该类的对象，并在建立的同时设定初始值。它的声明方式如下：

```
[访问权限] 类名称(参数列表){
    //构造函数主体
}
```

（1）访问权限

构造函数的访问权限和类的访问权限是相同的，此处不多做介绍。

（2）参数列表

类的构造函数都拥有相同的名称，却可以通过参数列表中的参数类型和参数个数来作不同的初始值设定，这种概念是属于多型，我们会在第 7 章详细介绍。另外，当程序设计师在类里没有定义构造函数时，Java 语言会默认一个没有参数与主体的构造函数，称为默认构造函数（Default Constructor）。

在定义构造函数时需要注意的是，构造函数并不是一个方法，所以没有类型的设定，也不会 return 返回值。以下为 student 类里定义一个没有参数的构造函数。

```
public student(){
    name="面包超人";
    score='A';
}
```

介绍完类的建立方法之后，我们列出一个包含有 student 类的完整程序来让读者更清楚地了解类的架构。

```
01    /*文件:CH06_02.java
02     *说明:对象的建立方法
03     */
04
05    //自行定义类:student类
06    class student{
07        //构造函数
08        public student(){
09            name="面包超人";
10            score='A';
11        }
12
13        public String name;
14        public char score;
15
16        public void show(){
17            System.out.println("姓名="+name);
18            System.out.print("成绩=");
19                System.out.println("["+score+"] ");
20        }
21        public void setdata(String name1, char score1){
22            name=name1;
23            score=score1;
```

```
24         }
25     }
26     //主程序
27     public class CH06_02{
28        public static void main(String[] args){
29        System.out.println("没有使用到student类的成员变量或方法");
30        }
31     }
```

【程序运行结果】

程序运行结果如图 6-6 所示。

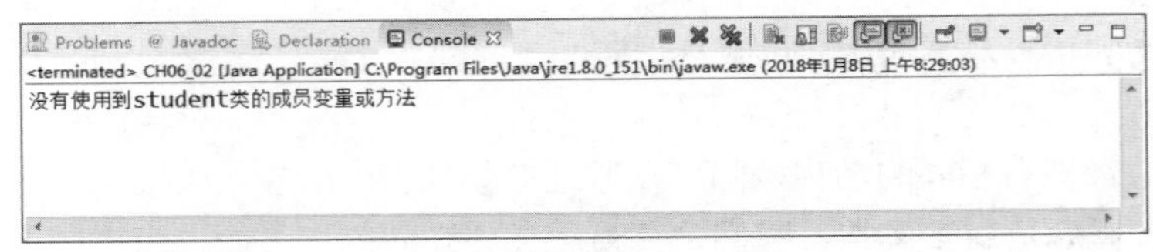


图 6-6

【程序解析】

① 第 27~31 行:主类程序，其中包含主程序的部分，因为在此没有声明 student 类的实例对象，所以不能使用 student 类的属性和方法。

② 第 13、14 行：声明类的成员变量，设定访问权限为 public，也就是说可供其他的类使用。

③ 第 16~20 行：定义类的成员方法 show，访问权限设为 public 让其他类可以使用，作为输出类的数据。

## 6-4 对象的建立与使用方法

建立一个类后，要使用类所定义的属性与方法，必须通过对象。类是一个蓝图，对象是蓝图所产生的实体，唯有通过实 体，才能使用所定义的类。

### 6-4-1 对象的建立

当对象的原型规划完成后，就可以实际地产生出一个可用的对象，通常称这个过程为对象的实现（Implementation）阶段。对象是属于类的实例（Instance），可想而知，对象的产生必定要通过类，所以对象的产生方法如下：

```
类名称 对象名称=new 构造函数(参数列表);
```

上述对象的声明包含了两个步骤，分别为声明、实例化和设置初始值，可以用一行语句来表示，也可以分开进行，如下：

```
① 类名称 对象名称;                              //对象声明
Triangle triangle;
② 对象名称=new 构造函数(参数列表);                //对象实例化与设初始值
triangle=new Triangle();
```

### 6-4-2 对象的赋值

对象的赋值操作：

```
Triangle myTriangle1=new Triangle();
Triangle myTriangle2=myTriangle1;// 对象赋值操作
```

给一个类 Triangle 的实例 myTriangle2 赋值为另一个实例 myTriangle1 时，只是将 myTriangle2 的实例句柄指向了 myTriangle1 的对象实例，并不会复制对象的实例内容。图 6-7 所示的实例 2 并不存在，或“变为垃圾，将被系统回收”，这取决于在此次赋值之前 myTriangle2 是否曾经被实例化过。

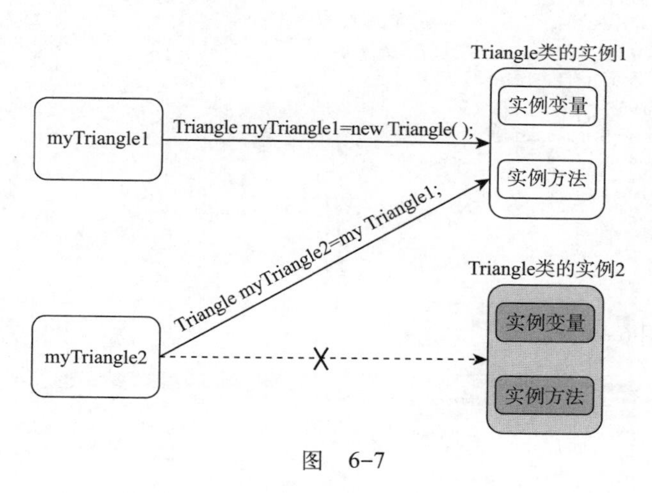


图　6-7

## 6-4-3　对象的使用方法

建立对象之后，就可以使用对象的属性和方法。所谓属性就是类里的成员变量，方法就是类的成员方法。对象在使用成员变量和成员方法时，是利用“.”运算符，使用的方式如下：

```
① 对象 . 属性 ;
② 对象 . 方法 ( 参数列表 );
```

介绍对象的建立和其属性与方法的使用方式后，我们直接通过范例 CH06_03 来介绍应用对象的方法。

```
01    /* 文件 :CH06_03.java
02     * 说明 : 对象的建立方法
03     */
04    // 自定义类 :Student 类
05    class Student{
06       public String name;
07       public char score;
08       // 构造函数
09       public Student(){
10          name=" 面包超人 ";
11          score='A';
12       }
13       public void show(){
14          System.out.println(" 姓名 ="+name);
15          System.out.print(" 成绩 =");
16             System.out.println("["+score+"] "+'\n');
17       }
18       public void setdata(String name1, char score1){
19          name=name1;
20          score=score1;
21       }
22    }
23    // 主程序
```

```
24    public class CH06_03{
25       public static void main(String[] args){
26          Student s1=new Student();             // 建立对象 s1
27          Student s2=new Student();
28          Student s3;                           // 声明对象 s3
29          s3=new Student();    // 建立对象 s3
30          s1.show();
31          s2.setdata(" 细菌人 ",'B');
32          s2.show();
33          s3.name=" 小病毒 ";
34          s3.score='C';
35          s3.show();
36       }
37    }
```

【程序运行结果】

程序运行结果如图 6-8 所示。

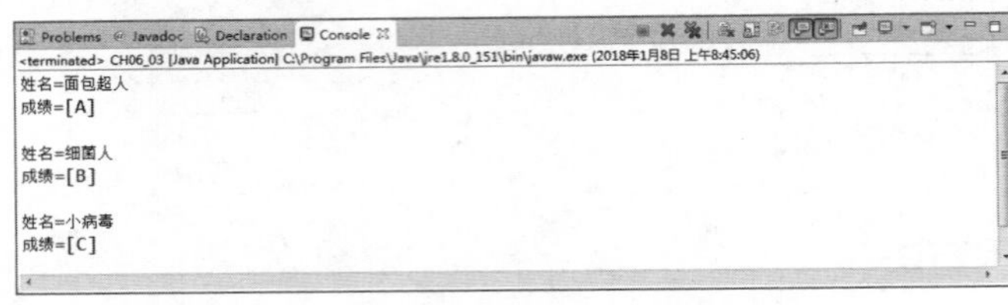


图　6-8

【程序解析】

① 第 13、14 行：因为 Student 类里定义的成员变量为 public 访问权限，所以在主类中可以利用对象，取得成员变量来设定学生的数据。

② 第 31 行：利用对象的成员方法 setdata，来设定该学生的数据。

在使用对象的属性或方法时，必须根据类在声明时指定的访问权限和修饰字决定对象可以使用的范围。例如，在 Java 语言中内置的类，通常是将属性设为 private，是禁止类外部的对象来使用其属性和方法的。之前提到的 static 和 final 两个修饰字，也限定了对象使用属性的方式，现在就详细说明它们在成员变量和成员方法上的应用。

（1）final

分为成员变量和成员方法来讨论：

①成员变量：以 final 定义的类的成员变量，一旦经过初始化后，就只能供对象来读取它的属性值，不能再修改它的值，所以 final 成员变量通常在定义时就设定初始值。另外，当成员变量是参考数据类型时（比如数组或对象等类型），是代表其所参考的实例地址不能做更动，而对象实例的数值可以更改。

②成员方法：以 final 定义的成员方法，表示其派生类，不能重载（Override）这个成员方法。

（2）static

static 是将成员变量和成员方法定义成“类成员”（Class Member），使原本需要通过实例化后的对象才能使用的成员变量和成员方法可以直接通过类名调用。方法如下：

```
① 类名 . 类变量 ;
② 类名 . 类方法 ( 参数列表 );
```

例如，将 Student 类的成员变量和成员方法加上 static 后，就可以在主类中直接以下述的形式使用：

```
Student.name="面包超人";
Student.setdata("面包超人",'A');
```

所谓的类成员，是指不管该类实例化了多少个对象，类成员在内存空间中只有一份，不会给该类的每个对象再单独为这些类成员分配内存空间，是该类的所有对象“公用的”。类成员可以直接通过类名调用;而不加static的成员变量和成员方法,必须通过对象来存取和使用,是每个对象“私有的”。

【范例程序：CH06_04】

```
01    /* 文件:CH06_04.java
02     * 说明：对象的建立方法（三）
03     */
04
05    // 自行定义类:Student 类
06    class Student{
07       // 构造函数
08       public Student(){
09          name="面包超人";
10          score='A';
11       }
12
13       public static String name;
14       public static char score;
15
16       public static void show(){
17          System.out.println("姓名="+name);
18          System.out.print("成绩=");
19          System.out.println("["+score+"] "+'\n');
20       }
21       public static void setdata(String name1, char score1){
22          name=name1;
23          score=score1;
24       }
25    }
26    // 主程序
27    public class CH06_04{
28       public static void main(String[] args){
29          new Student();
30          Student.name="细菌人";
31          Student.score='B';
32          Student.show();
33          Student.setdata("小病毒",'C');
34          Student.show();
35       }
36    }
```

【程序运行结果】

程序运行结果如图6-9所示。

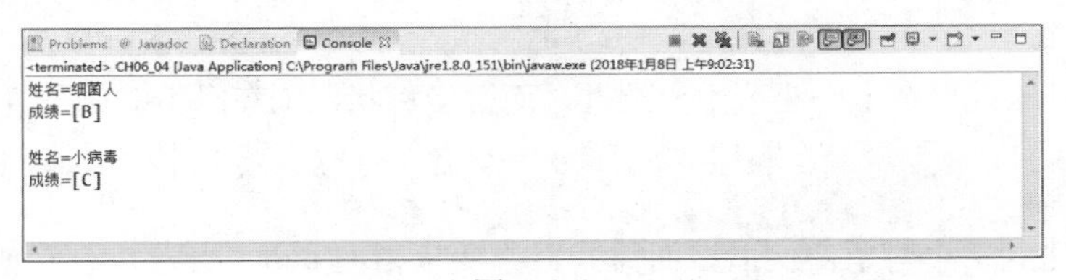


图 6-9

【程序解析】

① 第 13、14 行：声明类变量。

② 第 16 行：使用类方法输出数据。

③ 第 21~24 行：使用类变量设定学生姓名与成绩数据。

## 6-5 对象的有效范围与生命周期

对象在建立后，和一般变量一样有有效范围和生命周期，本节介绍关于对象的有效范围和生命周期的相关内容。

### 6-5-1 对象的有效范围

之前曾经提到过 Java 语言中有不同的类和方法，分别用 { } 来区隔不同的类或方法的程序代码。而在某个以 { } 所组成的程序代码区块中，所声明的变量如果没有特别的设定，都只能限定在此程序区块中使用，这种变量称为局部变量（Local Variable），而对象的有效范围和变量的有效范围相同，一样都是在所声明的程序区块中才可以使用。例如以下的说明：

```
public static void main(String[] args){
   float sum=0;
   for(int i=0;i<=5;i++){
      sum+=i;
   }
   System.out.println("sum="+sum)
}
```

其中 sum 和 i 变量各自属于不同的程序区块的局部变量，也各自有不同的有效范围，其中 sum 变量的有效范围为第一个 { } 所组成的程序区块，而 i 变量的有效范围则在第二个 { } 程序区块。

由于对象可以建立对象变量和对象实例等成员，所以不是所有对象成员的有效范围都相同。严格来说，其中的对象实例并不是在声明对象时就产生的，必须经过实例化才会被建立，所以对象实例的有效范围可能只有整个程序区块的一部分。

### 6-5-2 对象的生命周期

在对象被建立后，可以利用对象来实现程序中所需完成的功能。可是当对象不再被使用时，这些对象该如何处理呢？这是一个值得注意的问题。某些程序设计语言会要求设计者将对象删除，如此一来，程序设计者需要记住所有声明的对象，并要管理内存以配置和删除对象所占用的内存空间，因而容易产生一些处理上的错误。Java 语言为了避免产生这种情况，将所有不再被使用的对象，由“垃圾收集器”（Garbage Collector）统一管理来释放那些已经“死掉”的对象所占用的内存空间。在 Java 语言中，被“垃圾收集器”视为需要被清除的对象，主要有以下两种情况：

①当对象变量超出其有效范围，也就是其生命周期结束时。

②将对象变量的值设定成 null，或是指向了其他对象实例使得没有任何对象变量指向该对象实例时。

其中的第①种状况已在上一小节中介绍过，而第②种状况则在以下的例子说明：

```
MyObject obj1=new MyObject;   //建立一个obj1对象实例
obj1=null;                    //将其对象变量指向null
```

这个例子中建立一个对象实例后，而将其对象变量指向 null，会造成没有任何的对象变量可以参考此对象实例，最后 Java 语言会自动将此对象实例利用“垃圾收集器”回收，并释放其内存，不必担心对象内存的释放问题。

虽然“垃圾收集器”可以自动回收不再需要的对象并释放其内存资源，但是程序设计者仍然可以在对象被“垃圾收集器”回收之前，先行调用 finalize( ) 方法，主动清除对象所占用的内存空间。它的方式如下：

```
protected void finalize(){
    obj1=null;                  // 将对象变量设为 null
    super.finalize();           // 释放内存
}
```

这样就能在“垃圾收集器”工作之前将对象的内存释放。另外还有一种方式就是利用 System 类中的 gc( ) 方法，提前释放不再需要的对象内存。只要在需要释放内存的程序区块中加上以下的程序代码即可回收并释放此程序代码之前的内存：

```
System.gc();
```

## 6-6　本章进阶应用练习实例

本章介绍了面向对象程序设计的基础，并完整说明了数据封装的概念与访问权限。同时，也示范了类的声明与对象的建立，了解了对象的使用方法与生命周期。通过演练下面的范例，可以巩固面向对象程序设计的基础。

1. 计算圆面积的类

图形面积的计算是数学中经常遇到的问题，请实现一个 Circle 类，其数据成员包括半径及计算圆面积的方法。

```
01    // 计算圆面积的类实现
02    class Circle
03    {
04       double pi=3.14;
05       double radius;
06
07       double area()
08       {
09          return (3.14159*radius*radius);
10       }
11    }
12
13    public class WORK06_01
14    {
15       public static void main(String args[])
16       {
17          Circle obj=new Circle();
18
19          obj.radius=3.0;
20
21          System.out.println("半径 ="+obj.radius);
22          System.out.println("圆面积 ="+obj.area());
23       }
24    }
```

【程序运行结果】

程序运行结果如图 6-10 所示。

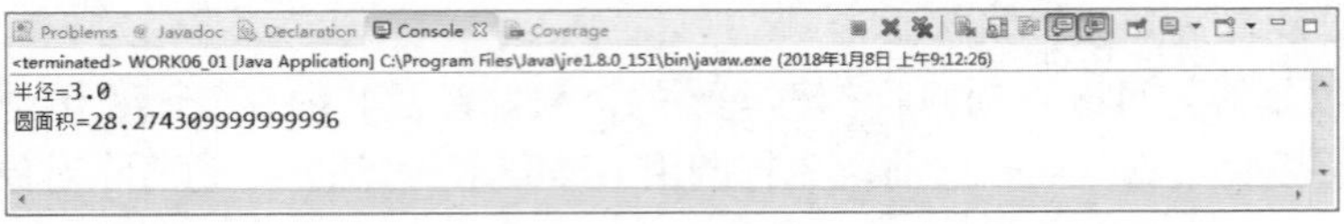

半径=3.0
圆面积=28.274309999999996

图 6-10

2. 建立 Birthday 类

在 Java 程序中建立 Birthday 类的声明后，建立两个人名对象，并设定其出生年月日，最后将两者的出生年月日显示出来。

```
01    //Birthday 类实现
02    class Birthday                                    // Birthday 类声明
03    {  // 成员资料
04       public int day;
05       public int month;
06       public int year;
07       // 成员方法 : 输出成员数据的出生年月日
08       public void printBirthday()
09       {
10          System.out.println(year+" 年 "+month+" 月 "+day+" 日 ");
11       }
12    }
13    // 主程序类
14    public class WORK06_02
15    {   // 主程序
16       public static void main(String[] args)
17       {   // 声明 Birthday 类类型的变量
18          Birthday andy,michael;
19          andy=new Birthday();                        // 建立对象
20          michael=new Birthday();
21          andy.year=62;
22          andy.month=7;
23          andy.day=23;
24          michael.year=89;
25             michael.month=9;
26             michael.day=10;
27             // 调用对象的实例方法
28             System.out.print("Andy 的出生年月日 =");
29             andy.printBirthday();
30             System.out.print("Michael 的出生年月日 =");
31             michael.printBirthday();
32       }
33    }
```

【程序运行结果】

程序运行结果如图 6-11 所示。

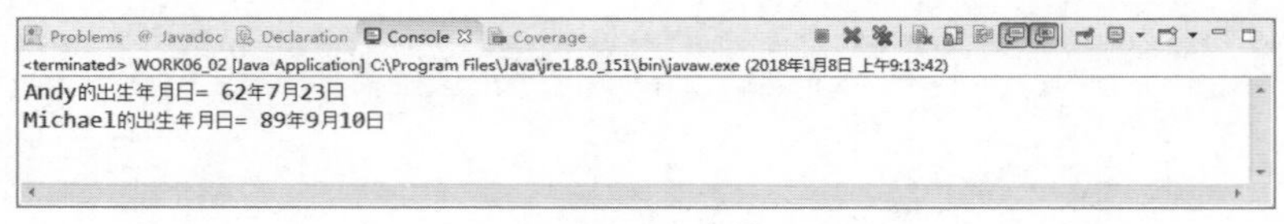


图 6-11

3. 二叉树的串行表示法

所谓二叉树的串行表示法，就是利用链表来保存二叉树。例如在 Java 语言中，可定义

TreeNode 类及 BinaryTree 类，其中 TreeNode 的代表二叉树中的一个节点，定义如下：

```
class TreeNode
{
   int value;
   TreeNode left_Node;
   TreeNode right_Node;
   public TreeNode(int value)
   {
      this.value=value;
      this.left_Node=null;
      this.right_Node=null;
   }
}
```

以链表实现二叉树的程序如下：

```
01   //===============Program Description===============
02   // 程序名称:  WORK06_03.java
03   // 程序目的:  以链表实现二叉树
04   //==================================================
05
06   import java.io.*;
07   //二叉树节点类声明
08   class TreeNode {
09         int value;
10         TreeNode left_Node;
11         TreeNode right_Node;
12         // TreeNode 构造函数
13         public TreeNode(int value){
14            this.value=value;
15            this.left_Node=null;
16            this.right_Node=null;
17         }
18      }
19   //二叉树类声明
20   class BinaryTree {
21      public TreeNode rootNode;                        //二叉树的根节点
22      //构造函数：利用传入一个数组的参数来建立二叉树
23      public BinaryTree(int[] data){
24         for(int i=0;i<data.length;i++)
25            Add_Node_To_Tree(data[i]);
26      }
27      //将指定的值加入到二叉树中适当的节点
28      void Add_Node_To_Tree(int value){
29         TreeNode currentNode=rootNode;
30         if(rootNode==null){                   //建立树根
31            rootNode=new TreeNode(value);
32            return;
33         }
34         //建立二叉树
35         while(true){
36            if (value<currentNode.value){   //在左子树
37               if(currentNode.left_Node==null){
38                  currentNode.left_Node=new TreeNode(value);
39                  return;
40               }
```

```
41                else currentNode=currentNode.left_Node;
42            }
43            else {                                        // 在右子树
44                if(currentNode.right_Node==null){
45                    currentNode.right_Node=new TreeNode(value);
46                    return;
47                }
48                else currentNode=currentNode.right_Node;
49            }
50        }
51    }
52 }
53 public class WORK06_03 {
54     // 主函数
55     public static void main(String args[])throws IOException {
56         int ArraySize=10;
57         int tempdata;
58         int[] content=new int[ArraySize];
59             BufferedReader keyin=new BufferedReader(new InputStreamReader
(System.in));
60         System.out.println("请连续输入"+ArraySize+"个数据");
61         for(int i=0;i<ArraySize;i++){
62         System.out.print("请输入第"+(i+1)+"个数据：");
63         tempdata=Integer.parseInt(keyin.readLine());
64         content[i]=tempdata;
65         }
66         BinaryTree btree=new BinaryTree(content);
67         System.out.println("===以链表方式建立二叉树，成功!!!===");
68     }
69 }
```

【程序运行结果】

程序运行结果如图 6-12 所示。

```
<terminated> WORK06_03 [Java Application] C:\Program Files\Java\jre1.8.0_151\bin\javaw.exe (2018年1月8日 上午9:16:42)
请连续输入10个数据
请输入第1个数据：33
请输入第2个数据：35
请输入第3个数据：39
请输入第4个数据：41
请输入第5个数据：67
请输入第6个数据：88
请输入第7个数据：66
请输入第8个数据：42
请输入第9个数据：32
请输入第10个数据：20
===以链表方式建立二叉树,成功!!!===
```

图 6-12

## 习题

### 1. 填空题

（1）在 Java 语言中，每一个类通常都有________，它的主要功能是为类产生的对象设定初始值。

（2）当程序设计师在类里没有定义构造函数时，Java 语言会默认一个没有参数与主体的构造函数，称为________构造函数。

（3）对象的实例化必须通过________这个关键词和类的构造函数来建立对象实例和初始化对象的值。

（4）对象在使用成员变量和成员方法时，是利用________运算符。

（5）在 Java 语言中内置的类，通常是将属性设为________。

（6）以________定义的类成员变量，一旦经过初始化后，就只能供对象来读取它的属性值，不能再修改它的值。

（7）在程序区块中所使用的变量称为________变量。

（8）在程序中的对象，也一样会有状态和行为来描述对象，分别称为________和________。

（9）程序中对象之间的交流称为________。

（10）________是对象的总集合称呼。

（11）类所生产出来的实例（Instance）称为________。

（12）被继承的类称为基类，而继承后的新类则称为________。

（13）________是将对象的数据和实现的方法等信息隐藏起来，让用户只能通过界面（Interface）来使用对象本身。

（14）面向对象程序具有________、________、________等三种特性。

（15）________修饰字可以将成员变量声明成常量的状态。

（16）________是将成员变量和成员方法，定义成类成员。

（17）________方法可以自行清除对象所占用的内存。

### 2. 问答与实现题

（1）一个消息传送可能会包含哪三个部分？

（2）简单说明封装的三种访问权限。

（3）举例说明 Java 的命名规则。

（4）在 Java 语言中，在哪两种情况下会主动将对象视为需要被清除的对象？

（5）要描述一个人、事、物，通常会有哪两种方式？

（6）简述构造函数的功能与声明方式。

（7）举例说明类与对象的关系。

（8）设计一个类，包含 4 个成员变量：int carLength、engCC、maxSpeed、String modelName，建立一个可以传入汽车型号名称的构造函数，其他三个成员变量的默认值分别为：int carLength=423、engCC=3000、maxSpeed=250，接着实现一个对象，其型号为 BMW 318i。

（9）延续上例，加入类方法 ShowData( ) 及 SetSpeed (int setSpeed), 其中 setSpeed 用来改变成员变量 maxSpeed 的值。其运行结果如图 6-13 所示。

（10）建立一个三角形类，其数据成员分别为 bottom、high，并包含一个计算面积的成员函数 area( )。

（11）延续上例，建立对象 obj，并把对象 bottom 的底设定为 15，把高设定为 12，写出完整程序并输出数据成员及面积。

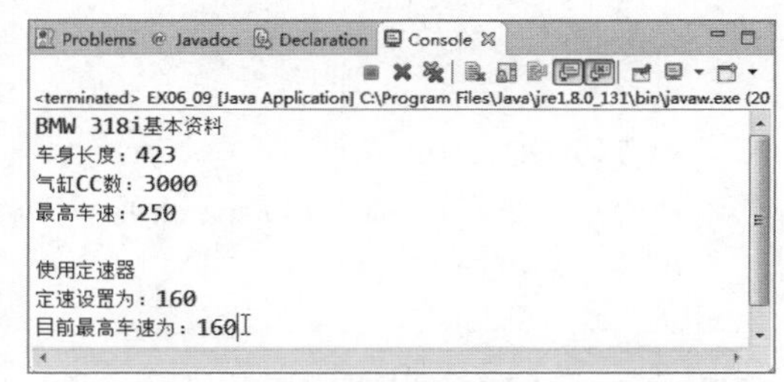


图 6-13

# 第 7 章 继承与多态

面向对象程序设计中的继承类似于生物界遗传的概念。例如父母生下子女，若无例外情况，则子女一定会遗传到父母的某些特征。当面向对象技术以这种生活实例去定义其功能时，则称为继承（Inheritance）。继承是面向对象程序设计相当核心的概念，可以从已有的类通过继承派生出新的类，即子类；在子类中与父类相同功能的程序代码无须重新编写，可直接从父类继承而来，这就是程序代码重用的理念。

本章将会探讨继承的基本概念，以及如何通过继承来产生新的类，最后介绍对象多态的概念。

### 学习目标

- 理解类继承、类派生及多态的基本概念。
- 掌握类继承、类派生及多态的实现方法。

### 学习内容

- 继承的概念。
- 基类与派生类。
- 单一继承。
- 继承权限的处理。
- 构造函数的调用顺序。
- 类构造函数的继承关系。
- 重载（Overloading）。
- 覆写（Overriding）。
- 动态分配（Dynamic Dispatch）。
- 多态的概念与实现。

## 7-1 认识继承关系

继承，从程序语言的观点看，就是一种承接基类的实例变量及方法，更严谨的定义是：类之间具有层级关系，基类（Super-class）建立通用类，派生类（Sub-class）则接收通用类，并在通用类的基础上发展出不同的类成员。

事实上，继承除了可重复利用之前所开发过的类之外，最大的好处在于维持对象封装的特性，因为继承时不改变已经设计完整的类，这样可以减少类设计过程中的错误发生概率，并可通过 Overriding 的操作重新定义或强化新类所继承的各项运行功能。

### 7-1-1　基类与派生类

在讨论基类与派生类之前，我们先来看一个重复使用外部类的例子。下面就是一个在主程序调用外部类中的成员方法，重复使用外部类的范例。

【范例程序：TotalSum】

```
01    /* 文件：TotalSum.java
02     * 说明：累计求和计算 */
03
04    public class TotalSum{
05       // 类方法
06       public static void totalSum(int x, int y){
07          int Total=x+y;
08          System.out.println(x+ "+ "+ y+ "="+ Total);
09       }
10       // 主程序
11       public static void main(String [ ] args){
12          new TotalSum();
13          TotalSum.totalSum(3, 5);
14       }
15    }
```

【范例程序：CH07_01】

```
01    /* 文件：CH07_01.java 类重复使用范例 */
02    public class CH07_01{
03       // 主程序
04       public static void main(String[] args){
05          new TotalSum();
06          // 调用 TotalSum.java 的成员方法 totalSum
07          TotalSum.totalSum(100, 30);
08       }
09    }
```

【程序运行结果】

程序运行结果如图 7-1 所示。

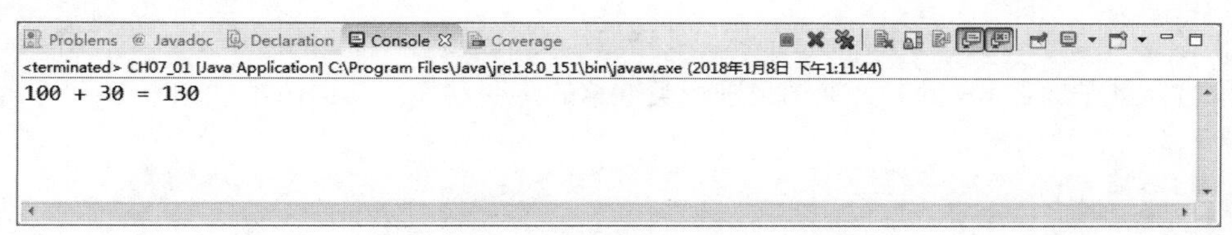


图　7-1

【程序分析】

（1）TotalSum 程序部分

①第 4 行：使用 public 存取关键词声明 TotalSum 类，将此类设定为 TotalSum 程序的主类。

②第 6 行：建立 TotalSum 类具有参数的成员方法 totalSum，以完成累计求和计算。

（2）CH07_01 程序部分

①第 5 行：实现程序外部 TotalSum 类对象。

②第 7 行：通过调用 TotalSum 类的 totalSum 成员方法，并传入 int 类型参数值 100 与 30，以进行累计求和计算并输出运行结果。但是在某些情况下，用户可能会发现所利用的外部类无法满足程序需求。也就是说，必须编写额外的代码段，来补充所导入外部类的不足。此时就可以利用 Java 的继承机制来进行类的扩充动作。

在 Java 中，原先已建立好的类称为基类（Base Class），而通过继承所产生的新类称为派生类（Derived Class），如图 7–2 所示。通常会将基类称为父类，将派生类称为子类。类之间如果要有继承的关系，首先要先建立好基类，也就是父类，然后再派生新类，也就是子类；子类只要使用 extends 关键词，就可以完成初步继承的动作，继承父类的全部功能。

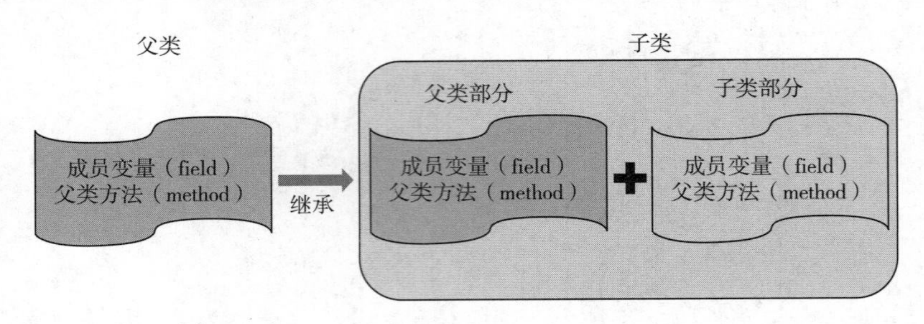


图 7–2

可以把继承单纯地视为一种复制（copy）的动作。换句话说当开发人员以继承机制声明新建类时，它会先将所参照的原始类内所有成员完整地写入新建类之中。类继承的关系图如图 7–3 所示。

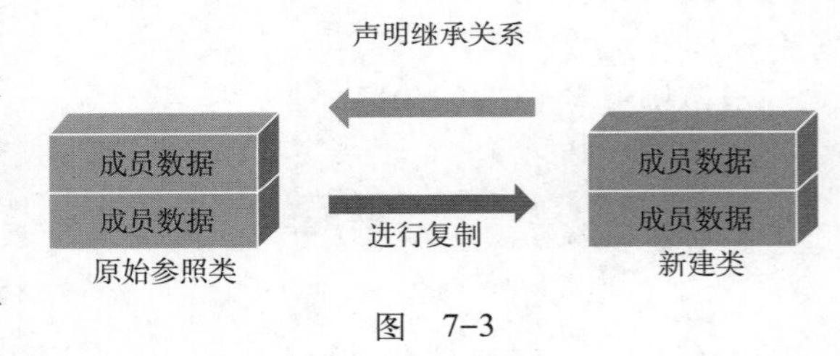


图 7–3

在新建类之内完整地包含了原始参照类的所有类成员，用户可直接于新建类中针对这些原始类成员进行各种可能的调用或存取操作。除了原始类成员外，开发人员可以在新建类中依根据程序的实际需求，新建声明各种必要的成员数据和成员方法，从而增强新类的功能。这才是“继承”的意义所在。

## 7–1–2 单一继承

所谓的单一继承（Single Inheritance），是指派生类只继承自单独的一个基本类。在 Java 中要使用继承机制就是通过 extends 关键词来进行类继承的声明动作。其语法格式如下：

【继承的语法结构】

```
存取修饰字 class  新建类名称 extends 原始类名称
{
    派生类（子类）新建的类成员；
    程序内容；
}
```

（1）存取修饰字

Java 所支持的类存取修饰字如表 7–1 说明。

表 7-1

| 存取修饰字 | 说　明 |
| --- | --- |
| public | 允许所有类都可以存取此类 |
| abstract | 此类仅能被继承，无法直接进行实例化操作（建立对象） |
| final | 代表此类不能再被“继承” |

（2）新建类

如果新建类为主类，则必须和文件名相同，并且不能与本程序中或所在包（路径）中已声明的类名相同，否则会引发冲突。

（3）原始类

原始类是指新建类所要向上继承的类名称。

下面范例程序中，主类将利用 extends 关键词声明向上继承于同程序中的 Accounting 类。

【范例程序：CH07_02】

```
01    /* 文件 :CH07_02.java 单纯类继承范例 */
02    // 声明基类
03     class Accounting{
04       // 声明成员方法
05       public void plus(int x, int y){
06          int total=x+y;
07          System.out.println(x+ "+ "+ y+ "="+ total);
08       }
09       public void times(int x, int y){
10          int total=x*y;
11          System.out.println(x+ "*"+ y+ "="+ total);
12       }
13       public void divided(int x, int y){
14          int total=x/y;
15          System.out.println(x+ "/"+ y+ "="+ total);
16       }
17    }
18
19    // 声明程序主类并继承于 Accounting
20    public class CH07_02 extends Accounting{
21          // 加入自定义类方法
22          public void minus(int x, int y){
23             int total=x-y;
24          System.out.println(x+ " - "+ y+ "="+ total);
25       }
26       // 主程序
27          public static void main(String[] args){
28             // 实现主程序类对象
29             CH07_02 myObject=new CH07_02();
30             // 调用继承 Accounting 类的成员方法
31             myObject.plus(100, 30);
32             myObject.times(100, 30);
33             myObject.divided(100, 30);
34             // 调用自定义的成员方法
35             myObject.minus(100, 30);
36       }
37    }
```

【程序运行结果】

程序运行结果如图 7-4 所示。

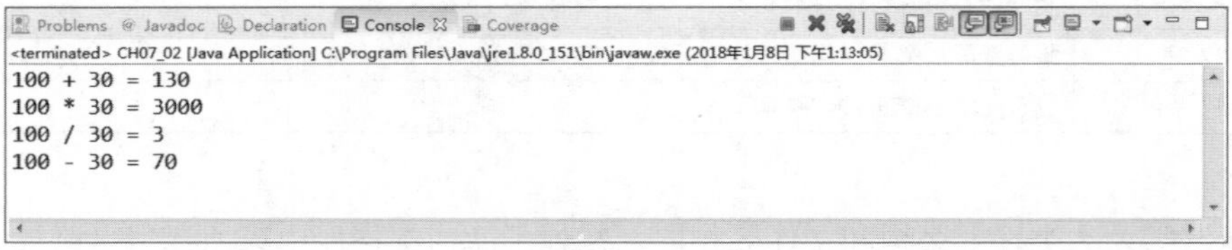

```
Problems @ Javadoc Declaration Console Coverage
<terminated> CH07_02 [Java Application] C:\Program Files\Java\jre1.8.0_151\bin\javaw.exe (2018年1月8日 下午1:13:05)
100 + 30 = 130
100 * 30 = 3000
100 / 30 = 3
100 - 30 = 70
```

图 7-4

【程序解析】

① 第 20 行：通过 extends 关键词，声明 CH07_02 类向上继承于 Accounting 类。

② 第 31~33 行：通过第 29 行所实现的主程序类对象 myObject，调用所继承的 Accounting 类相关成员方法。

除了继承同程序内所声明的类外，也可以继承外部程序的相关类。但是同样必须要注意的是：Java 仅能继承外部以 public 关键词声明或相同包（Package）（同路径）之中的各个类。

【范例程序：CH07_03】

```
01  /* 文件：CH07_03.java 继承外部类范例 */
02  // 声明程序主类并继承于外部程序的 TotalSum 类
03  public class CH07_03 extends TotalSum{
04          // 加入自定义类方法
05          // 主程序
06          public void average(int x, int y){
07          int total=(x+y)/2;
08          System.out.println(x+ " 与 "+ y+ " 的平均值为:  "+ total);
09          }
10          public static void main(String[] args){
11          // 实现主程序类对象
12          CH07_03 myObject=new CH07_03();
13          // 调用继承 TotalSum 类的成员方法
14          TotalSum.totalSum(100, 30);
15          // 调用自定义的成员方法
16          myObject.average(100, 30);
17      }
18  }
```

【程序运行结果】

程序运行结果如图 7-5 所示。

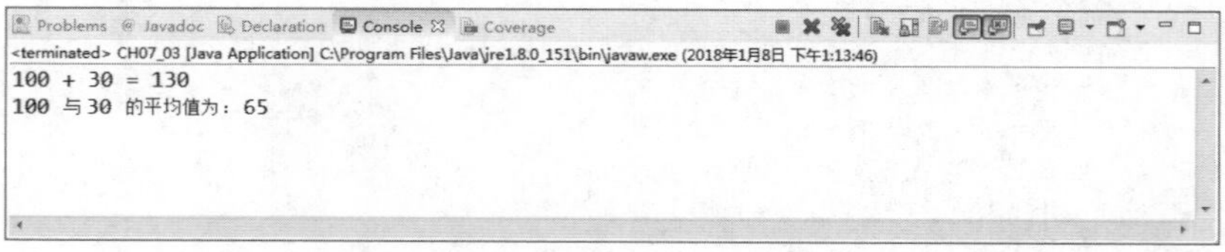

```
Problems @ Javadoc Declaration Console Coverage
<terminated> CH07_03 [Java Application] C:\Program Files\Java\jre1.8.0_151\bin\javaw.exe (2018年1月8日 下午1:13:46)
100 + 30 = 130
100 与 30 的平均值为: 65
```

图 7-5

【程序解析】

① 第 3 行：通过 extends 关键词，声明 CH07_03 类向上继承于外部程序的 TotalSum 类。

② 第 14 行：通过第 12 行所实现的主程序类对象 myObject，调用继承于 TotalSum 类的

totalSum( ) 成员方法。

经过上面两个范例可以发现，不管是位于相同程序内还是程序外部的任何类，都可以利用 extends 关键词来实现继承动作。

### 7-1-3　继承权限处理

Java 的访问权限机制由 public、protected 与 private 这三个存取修饰字来进行控制管理。对于类中的所有成员而言，public、protected 与 private 存取修饰字所代表的意义如表 7-2 所示。

表　7-2

| 存取修饰字 | 说　明 |
| --- | --- |
| public | 代表此成员可以被所有的外部类或对象存取使用 |
| protected | 代表此成员仅可在同类、相同包（Package）中或其派生类的对象存取使用 |
| private | 代表此成员仅可在本类自身范围内存取使用 |

1. public 存取修饰字

当新建类要存某外部类所声明的 public 成员方法或成员数据时，不需要经过任何的特殊处理，即可直接对目标类的 public 成员进行存取动作。语法格式如下所示 ：

【语法格式】

```
① 类名称 . 方法名称 ()            // 调用 public 成员方法
② 类名称 . 变量名称               // 存取 public 成员数据
```

【范例程序 ：CH07_04】

```
01    /* 文件 :CH07_04.java 调用外部类 public 成员范例 */
02    // 声明程序主类
03    public class CH07_04{
04        // 声明主类的成员方法
05        public void showData(){
06            // 调用外部类 public 成员方法
07            String myStr=setData.setStr();
08            System.out.println(myStr);
09            // 存取外部类 public 成员数据
10            setData.myStr=" 于主类中重新定义的 public 成员数据 !!";
11            myStr=setData.setStr();
12            System.out.println(" 调用被主类重新定义的外部类 public 成员数据 \n"+
13                                  myStr);
14        }
15        // 主程序
16        public static void main(String[] args){
17            // 建立主类对象
18            CH07_04 myObject=new CH07_04();
19            myObject.showData();
20        }
21    }
22
23    // 声明外部类
24    class setData{
25        // 声明 public 成员数据
26        public static String myStr=" 这是由外部类 public 成员方法所传回的字符串数据 \n";
27        // 声明 public 成员方法
28        public static String setStr(){
29            return myStr;
```

```
30          }
31      }
```

【程序运行结果】

程序运行结果如图 7-6 所示。

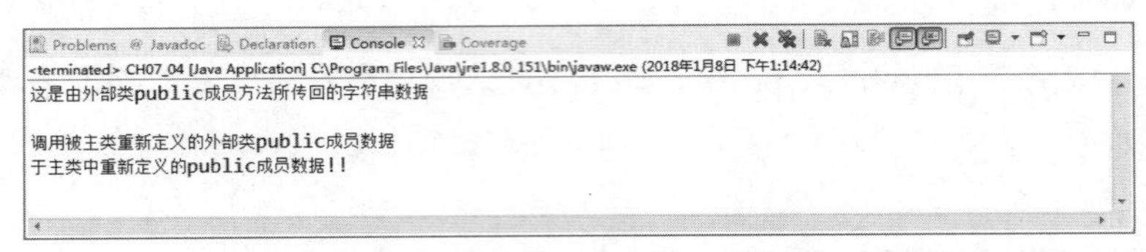


图 7-6

【程序解析】

① 第 5 行：声明主类的成员方法，于此区块中进行字符串变量赋值与输出的动作。

② 第 7 行：通过“类名称 . 成员方法 ( )”格式，调用同程序中外部类的 public 成员方法，进行字符串变量的赋值操作。

③ 第 10 行：通过“类名称 . 成员数据”格式，重新为外部类的 public 成员数据赋值。

④ 第 24 行：声明外部类。

⑤ 第 26 行：声明外部类 static 类型的 public 成员数据。

⑥ 第 28 行：声明外部类 static 的 public 成员方法。

当派生类以 public 声明继承基类时，基类中的各成员数据类型会被保留。也就是说以 public 声明继承后，基类各个区块的成员数据会依照原本的属性移转到派生类之中。当声明为 public 时，派生类所继承来的类成员（数据成员与成员函数）的存取设定保持不变，如表 7-3 所示。

表 7-3

| 基类成员（数据成员、成员函数）存取设定字符 | 派生类以 public 继承后的存取设定字符 |
| --- | --- |
| public | public |
| protected | protected |
| private | private |

2. protected 存取修饰字

如果目标外部类成员是以 protected 存取修饰字声明时，则必须经过继承或导入包（保存于同路径下）的动作，才能直接进行调用存取使用。

【范例程序：SetString】

```
01    /* 文件 :SetString.java
02     * 说明 : 传回字符串 */
03
04    public class SetString{
05        // 建立 protected 成员数据
06        protected static String protectedString=" 外部类 protected 字符串变量 \n";
07        // 建立 protected 成员方法
08        protected static void protectedData(){
09            System.out.println(" 外部类 protected 成员方法，用以显示外部类的 "+
10                                  "protected 字符串变量为 \n"+ protectedString);
11        }
12    }
```

【范例程序：CH07_05】

```
01    /* 文件 :CH07_05.java
02     * 说明 : 调用外部类 protected 成员范例 */
03    // 声明主程序类并向上继承于外部类 SetString
04    public class CH07_05 extends SetString{
```

```
05        // 声明主类的成员方法
06        public void resetData(){
07            /* 利用“类名称 . 成员数据”格式，
08             * 重新定义外部类的 protected 成员数据 */
09            SetString.protectedString=" 由主程序 CH07_05 中重新定义的 "+
10                                      "protected 成员资料 ";
11        }
12        // 主程序
13        public static void main(String[] args){
14            // 建立主类对象
15            CH07_05 myObject=new CH07_05();
16            // 调用自定义的成员方法
17            myObject.resetData();
18            // 调用继承的 protected 成员方法
19            SetString.protectedData();
20        }
21    }
```

【程序运行结果】

程序运行结果如图 7-7 所示。

```
<terminated> CH07_05 [Java Application] C:\Program Files\Java\jre1.8.0_151\bin\javaw.exe (2018年1月8日 下午1:18:21)
外部类protected成员方法，用以显示外部类的protected字符串变量为：
由主程序CH07_05中重新定义的protected成员资料
```

图　7-7

【程序解析】

（1）SetString 程序部分

① 第 6 行：声明建立 static 类型的 protected 成员数据。

② 第 8 行：声明建立 static 类型的 protected 成员方法。

（2）CH07_05 程序部分

① 第 9 行：于主程序中通过“类名称 . 成员数据”的语法格式，重新赋值外部类 protected 成员数据。

② 第 19 行：通过第 15 行建立的主类对象，调用继承于 SetString 类的 protected 方法。

由于 protected 类成员，仅能被相同包（Package）中的类调用。因此要调用外部程序的 protected 类成员时，应先运行 javac.exe 将外部程序的类程序代码转换成 *.class 文件。并确定该文件与调用来源位于同一路径中，才可以运行正确的存取动作。

当派生类以 protected 声明继承基类时，继承而来的所有成员中，除了 private 类型仍是 private 类型之外，其他的（protected 类型及 public 类型）都会变成 protected 类型的成员。另外，派生类内的其他成员函数可以直接存取基类中是 protected 与 public 类型的成员，但是不可以存取基类内是 private 类型的成员。其继承后的存取设定会将原本是 public 的类成员改为 protected，如表 7-4 所示。

表　7-4

| 基类成员（数据成员、成员函数）的存取设定字符 | 派生类以 protected 继承后的存取设定字符 |
|---|---|
| public | protected |
| protected | protected |
| private | private |

3. private 存取修饰字

如果目标外部类的成员是以 private 存取修饰字声明，则仅能在同类范围内调用使用。即派生类之中无法访问基类的 private 成员。

【范例程序：SetStr】

```
01    /* 文件 :SetStr.java
02     * 说明 : 存取基本类的 private 成员
03    */
04    public class SetStr{
05       // 建立 private 成员数据
06       private static String privateString="";
07       // 建立 private 成员方法
08       private static void privateData(){
09          System.out.println(" 外部类 private 成员方法，用以显示外部类的 "+
10                             "private 字符串变量为 \n"+ privateString);
11       }
12       // 建立 public 成员方法用以调用与存取 private 成员
13       public static void setPrivateData(String myStr){
14          privateString=myStr;
15       }
16       public static void showPrivateData(){
17          privateData();
18       }
19    }
```

【范例程序：CH07_06】

```
01    /* 文件 :CH07_06.java
02     * 说明 : 存取外部类 private 成员范例 */
03    // 声明主程序类并向上继承于外部类 SetStr
04    public class CH07_06 extends SetStr{
05       // 主程序
06       public static void main(String[] args){
07          String myStr=" 主程序类所定义的字符串 !!";
08          new CH07_06();
09          // 调用继承的 public 成员方法以间接存取 private 成员
10          SetStr.setPrivateData(myStr);
11          SetStr.showPrivateData();
12       }
13    }
```

【程序运行结果】

程序运行结果如图 7-8 所示。

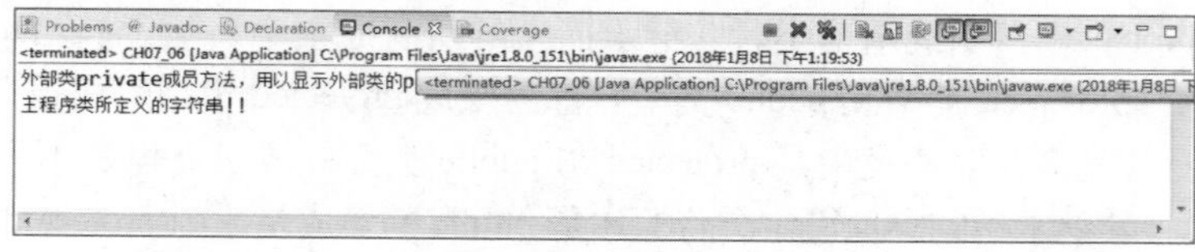


图 7-8

【程序解析】

(1) SetStr 程序部分

① 第 13 行：声明建立 static 类型的 public 成员方法 setPrivateData( )，用以间接存取 private 成员资料。

② 第16行：声明建立static类型的public成员方法showPrivateData( )，用以间接调用private成员方法。

(2) CH07_06程序部分

① 第10行：通过主程序类对象，调用所继承的public成员方法setPrivateData( )，并传入字符串变量myStr，以间接给private成员资料赋值。

② 第11行：通过主程序类对象，调用所继承的public成员方法showPrivateData( )，以间接调用private成员方法显示private成员数据。

当派生类以private声明继承基类时，基类中的所有成员数据与函数会保存到派生类的private区块之中，跟protected继承声明一样，非派生类的外部成员无法利用派生类的对象，对基类做调用或存取的动作，必须通过派生类实例对象的public成员函数来间接存取。其继承后类成员的存取设定会全部改为private，如表7-5所示。

表 7-5

| 基类成员（数据成员、成员函数）存取设定字符 | 派生类以private继承后的存取设定字符 |
|---|---|
| public | private |
| protected | private |
| private | private |

### 7-1-4 构造函数的调用顺序

类之间有继承关系，调用构造函数的运行顺序是父类到子类，还是子类到父类呢？

假设先运行调用子类的构造函数进行初始化，那么从父类继承的部分则无法完成初始化。所以上述问题的答案就是：建立子类对象时，在运行子类的，默认构造函数或没有参数的构造函数之前，会先自动运行父类的默认构造函数或没有参数的构造函数。

【范例程序：CH07_07】

```
01   /*  CH07_07: 调用构造函数的顺序 - 单一继承关系 */
02
03   class superclassA {                                    // 声明父类
04      superclassA(){                                      // 建立父类的构造函数
05         System.out.println(" 这是父类 superclassA 的构造函数, 成功调用 ");
06      }
07   }
08   class subclassB extends superclassA {                  // 声明子类 B
09      subclassB(){                                        // 建立子别的构造函数
10         System.out.println(" 这是子类 subclassB 的构造函数, 成功调用 ");
11      }
12   }
13   class subclassC extends subclassB {                    // 声明子类 C
14      subclassC(){                                        // 建立子别的构造函数
15         System.out.println(" 这是子类 subclassC 的构造函数, 成功调用 ");
16      }
17   }
18   class CH07_07{
19      public static void main(String[] args){
20         System.out.println(" 单一继承关系的构造函数调用顺序: ");
21         new subclassB();
22         System.out.println(" ");
23         System.out.println(" 多层继承关系的构造函数调用顺序: ");
24         new subclassC();
```

```
25          }
26      }
```

【程序运行结果】

程序运行结果如图 7-9 所示。

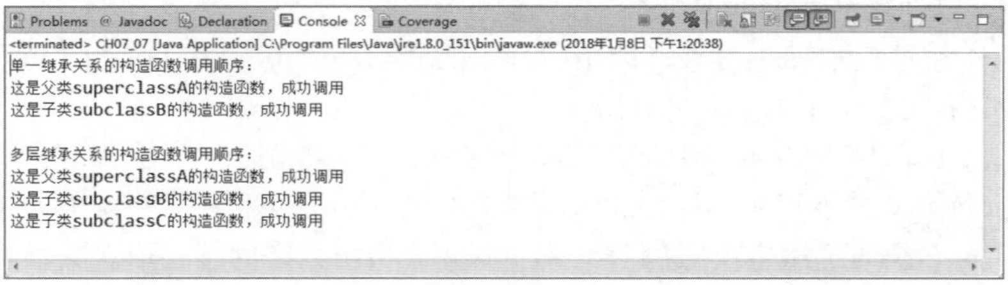

```
<terminated> CH07_07 [Java Application] C:\Program Files\Java\jre1.8.0_151\bin\javaw.exe (2018年1月8日 下午1:20:38)
单一继承关系的构造函数调用顺序：
这是父类superclassA的构造函数，成功调用
这是子类subclassB的构造函数，成功调用

多层继承关系的构造函数调用顺序：
这是父类superclassA的构造函数，成功调用
这是子类subclassB的构造函数，成功调用
这是子类subclassC的构造函数，成功调用
```

图 7-9

【程序分析】

实际操作的结果来看，调用的顺序是由父类开始，然后是子类；如果是多层继承关系，也同样由父类开始，直到最后的子类。

### 7-1-5 类构造函数的继承关系

基本上，当建立类之后，会调用构造函数，直到程序结束运行后，才会自动调用析构函数，将不再使用的内存空间释放。派生类因为具有新的特性，所以不能继承基类的构造函数与析构函数，而必须要有自己的构造函数与析构函数。针对继承而来的特性，派生类可以调用基类的构造函数与析构函数。根据 Java 官方 API 文件记载，类的构造函数没有任何返回值类型，并不属于类的成员方法。因此当派生类继承基类时，并不会将基类的构造函数复制至派生类之中。

现在要讨论的问题是：在建立派生类时要如何建立构造函数及析构函数呢？其实在建立派生类时，会先建立基类的构造函数，然后再调用派生类的构造函数；当程序结束时，会先调用派生类的析构函数，然后再调用基类的析构函数。可以试着运行下面的范例程序，便可了解基类构造函数不能被复制到派生类中的事实，从而更好地理解基类与派生类之间的继承关系。

【范例程序：CH07_08】

```
01  /* 文件:CH07_08.java
02   * 说明:基类构造函数继承关系 */
03  // 继承于 SuperClass 的程序主类
04  public class CH07_08 extends SuperClass{
05      // 主程序区块
06      public static void main(String  args[]){
07          // 建立主程序对象
08          CH07_08  myObject=new  CH07_08();
09          // 尝试调用基类构造函数
10          myObject.SuperClass();
11      }
12  }
13
14  // 声明基类
15  class  SuperClass{
16      public  SuperClass(){
17          System.out.println(" 这是由基类 SuperClass 构造函数 "+
18                              " 所输出的字符串 ");
19      }
20  }
```

【程序解析】

① 第 4 行：声明程序主类向上继承于 SuperClass 类。

② 第 10 行：通过主程序类对象，调用基类的构造函数方法 SuperClass( )。

③ 第 16 行：定义基类 SuperClass 的类构造函数。

上述程序代码在编译时会出现无 SuperClass( ) 成员方法的错误信息，如图 7-10 所示。

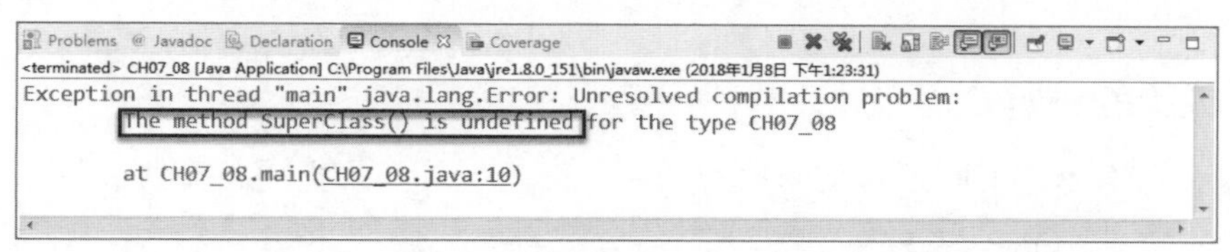


图　7-10

这充分说明了派生类对象不能直接调用基类的构造函数。

虽然基类的构造函数并不会被继承到派生类之中，但在实现派生类对象时，我们会发现相当有趣的现象:派生类的对象不仅会实现派生类的构造函数方法,同时也会向上实现基类的构造函数。请看下面的范例 CH07_09。

【范例程序：CH07_09】

```
01    /* 文件 :CH07_09.java
02     * 说明 : 派生类对象与基类构造函数继承关系 */
03    // 继承于 SuperClass 的程序主类
04    public class CH07_09 extends SuperClass{
05       // 派生类构造函数
06       public CH07_09(){
07          System.out.println(" 这是由派生类构造函数所输出的字符串 ");
08       }
09       // 主程序区块
10       public static void main(String args[]){
11          new CH07_09();
12       }
13    }
14
15    // 声明基类
16    class SuperClass{
17       public SuperClass(){
18          System.out.println(" 这是由基类 SuperClass 构造函数所输出的字符串 ");
19       }
20    }
```

【程序解析】

① 第 4 行：声明主类 CH07_09 向上继承自 SuperClass 类。

② 第 11 行：实例化派生类 CH07_09 的对象，此处一定会调用构造函数，即会运行第 7 行的输出动作。

③ 第 16 行：定义基类 SuperClass。

【程序运行结果】

程序运行结果如图 7-11 所示。

从程序运行结果看，不仅运行了第 7 行 CH07_09 类的构造函数，输出了“这是由派生类构造函数所输出的字符串”，还输出了“这是由基类 SuperClass 构造函数所输出的字符串”，说明还运行了第 18 行的基类构造函数的功能。

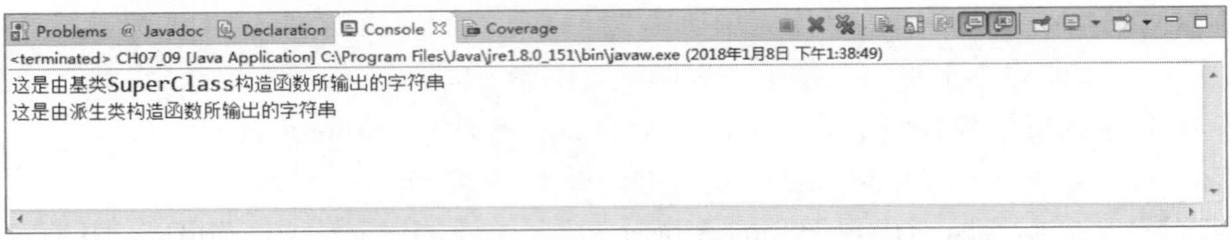

Problems @ Javadoc Declaration Console Coverage
<terminated> CH07_09 [Java Application] C:\Program Files\Java\jre1.8.0_151\bin\javaw.exe (2018年1月8日 下午1:38:49)
这是由基类SuperClass构造函数所输出的字符串
这是由派生类构造函数所输出的字符串

图 7-11

### 7-1-6 类成员的进阶处理

类的继承主要是为了扩充基类的原有功能，因此当基类的类成员无法满足派生类时，程序开发人员可通过重载、覆写与 super 关键词，针对派生类的实际需求来进行类成员的修改动作。

所谓重载，意指用户可以在派生类之中声明与基类名称相同，但是具有不同参数传入需求（如不同的参数类型或不同的参数个数等）的成员方法。

【范例程序：CH07_10】

```
01  /* 文件 :CH07_10.java
02   * 说明 : 派生类成员的重载 */
03  // 主类
04  public class CH07_10 extends SuperClass{
05      // 重载基类 totalAverage 方法
06      public void totalAverage(int x, int y, int z){
07          int total=(x+y+z)/3;
08          System.out.println(" 这是由派生类重载的 totalAverage() 方法 ");
09          System.out.println(x+ "+ "+ y+ "+ "+ z+ "/3="+ total+ "\n");
10      }
11      // 主程序区块
12      public static void main(String args[]){
13          // 建立主程序对象
14          CH07_10 myObject=new CH07_10();
15          // 调用继承于基类的 totalAverage 方法
16          myObject.totalAverage(64, 48);
17          // 调用派生类重载的 totalAverage 方法
18          myObject.totalAverage(32, 24, 58);
19      }
20  }
21
22  // 声明基类
23  class SuperClass{
24      // 声明成员方法 totalAverage
25      public void totalAverage(int x, int y){
26          int total=(x+y)/2;
27          System.out.println(" 这是继承于基类的 totalAverage() 方法 ");
28          System.out.println(x+ "+ "+ y+ "/2="+ total+ "\n");
29      }
30  }
```

【程序运行结果】

程序运行结果如图 7-12 所示。

【程序解析】

① 第 4 行：声明程序主类向上继承于 SuperClass 类。

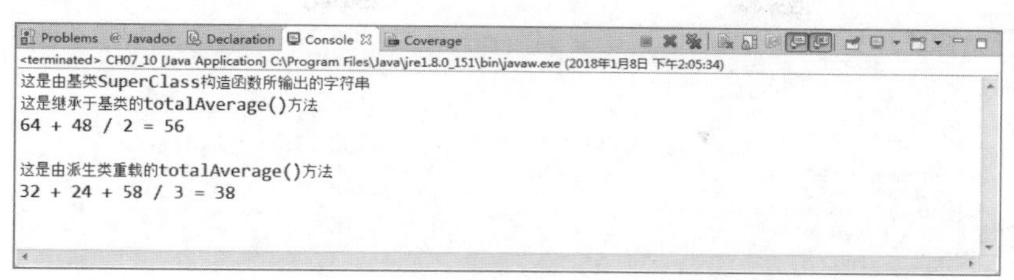


图　7-12

② 第 6~10 行：重载成员方法 totalAverage( )，于参数列中额外传入一个 int 类型参数值，进行所有参数的平均值计算。

③ 第 18 行：利用主程序对象 myObject，调用派生类重载的 totalAverage( ) 方法。

在范例中可以发现经过重载的类成员方法，并不会覆盖原始的类成员。这是因为在 Java 的程序结构里，两个相同名称但是拥有不同参数列的方法，被视为两个不同的类成员。

而覆写动作，则可重新修改基类的访问权限为 public 或 protected 的成员方法。但在进行方法覆写时，用户必须注意覆写后的成员方法，必须与原始方法拥有相同的返回值数据类型及参数列状态（参数个数、参数数据类型等）。否则程序会把所覆写的程序代码语句视为重载动作处理。

```
01    /* 文件:CH07_11.java
02     * 说明:派生类成员的重载 */
03    //主类
04    public class CH07_11 extends SuperClass{
05        //重载基类 Accounting 方法
06        public void Accounting(int x, int y, int z){
07            int total=x+y+z;
08            System.out.println("这是由派生类重载的 Accounting() 方法");
09            System.out.println(x+"+"+y+"+"+z+"="+total+"\n");
10        }
11        //覆写基类 Accounting 方法
12        public void Accounting(int x, int y){
13            int total=x*y;
14            System.out.println("这是由派生类覆写的 Accounting() 方法");
15            System.out.println(x+"*"+y+"="+total+"\n");
16        }
17        //主程序区块
18        public static void main(String args[]){
19            //建立主程序对象
20            CH07_11 myObject=new CH07_11();
21            //调用派生类重载的 Accounting() 方法
22            myObject.Accounting(12, 36, 60);
23            //调用派生类覆写的 Accounting() 方法
24            myObject.Accounting(7, 5);
25        }
26    }
27
28    //声明基类
29    class SuperClass{
30        //声明成员方法 Accounting
31        public void Accounting(int x, int y){
32            int total=x+y;
33        }
34    }
```

【程序运行结果】

程序运行结果如图 7-13 所示。

```
Problems  Javadoc  Declaration  Console  Coverage
<terminated> CH07_11 [Java Application] C:\Program Files\Java\jre1.8.0_151\bin\javaw.exe (2018年1月8日 下午2:08:31)
这是由基类SuperClass构造函数所输出的字符串
这是由派生类重载的Accounting()方法
12 + 36 + 60 = 108

这是由派生类覆写的Accounting()方法
7 * 5 = 35
```

图　7-13

【程序解析】

① 第 6~10 行：重载成员方法 Accounting( )，于参数列中额外传入一个 int 类型参数值，进行所有参数的累计求和计算。

② 第 12~16 行：覆写成员方法 Accounting( )，将成员方法内容变更为所有参数的相乘计算。

③ 第 22 行：利用主程序对象 myObject，调用派生类重载的 Accounting( ) 方法。

当派生类进行重载或重新赋值基类成员时，会覆盖派生类所继承的基类成员，这种情形称为类成员的遮蔽（hide）现象。

如果类成员发生遮蔽现象，那么用户仅能在派生类中调用、存取所重新定义的类成员，而无法对基类中的原始成员进行任何管理控制动作。例如下面的代码段：

【举例说明】

```
class SuperClass {                          // 基类
   int myData=1;                            // 基类成员数据
}
class SubClass extends SuperClass {         // 派生类
   myData=3;                                // 重新定值所继承的成员数据
}
```

在上面的程序中，如果使用 println( ) 方法输出派生类的 myData 成员数据，则会显示重新定值的数值 3，而不是原始定义的变量值 1。

虽然类成员的重载动作可以针对派生类的需求来重新定义所继承的类成员。但是有时用户也可能需要在派生类之中调用重载之前的原始数据。此时就可以利用 super 关键词来直接调用、存取基类的 public 或 protected 成员。语法格式如下：

【super 语法格式】

```
① super. 方法名称 ();                      // 调用基类成员方法
② super. 变量名称 ;                        // 存取基类成员数据
```

【范例程序：CH07_12】

```
01   /* 文件 :CH07_12.java
02    * 说明 :super 关键词的应用 */
03   // 主类
04   public class CH07_12 extends SuperClass{
05      // 派生类重载的 showData 方法
06      public void showData(){
07         System.out.println(" 由派生类重载 showData() 成员方法输出的字符串 !!");
08      }
09      // 派生类自定义方法
10      public void doSuper(){
11         // 利用 super 调用基类的 showData() 成员方法
12         super.showData();
```

```
13          }
14          // 主程序区块
15          public static void main(String args[]){
16              // 建立主程序对象
17              CH07_12 myObject=new CH07_12();
18              // 调用重载的 showData() 方法
19              myObject.showData();
20              // 调用自定义的 doSuper() 方法
21              myObject.doSuper();
22          }
23      }
24
25      // 声明基类
26      class SuperClass{
27          // 声明基类成员方法
28          public void showData(){
29              System.out.println("由基类 showData() 成员方法输出的字符串!!");
30          }
31      }
```

【程序运行结果】

程序运行结果如图 7-14 所示。

```
<terminated> CH07_12 [Java Application] C:\Program Files\Java\jre1.8.0_151\bin\javaw.exe (2018年1月8日 下午2:14:25)
由派生类重载showData()成员方法输出的字符串!!
由基类showData()成员方法输出的字符串!!
```

图 7-14

【程序解析】

① 第 10~13 行：声明派生类自定义的成员方法，并通过第 12 行 super.showData( )，调用基类的 showData( ) 成员。

② 第 19 行：利用主程序对象 myObject，调用派生类重载的 showData( ) 方法。

③ 第 21 行：利用主程序对象 myObject，调用派生类自定义的 doSuper( ) 方法，以利用 super 关键词向上调用基类的 showData( ) 成员。

## 7-1-7 动态分配

Java 可以使类方法（Method）运行覆写的动作，其原理就是动态分配（Dynamic Dispatch）。

动态分配的概念及说明如下：

①概念：决定要调用改写的类方法是在运行期间，不是在编译期间。

②理论基础：父类（基类）的参考变量可以参考子类（派生类）对象。

③分配流程：父类调用改写方法时，Java 会根据父类的参考对象所指向参考的对象类型是父类还是子类而有所不同。如果是父类则调用父类的改写方法，如果是子类则调用子类的改写方法。因此决定调用哪一个改写方法的是被参考的对象类型。

【范例程序：CH07_13】

```
01      /* CH07_13: 覆写 (overriding) 基本实现 */
02
03      class superclassA {   // 声明父类
```

```
04      protected double A_a;
05      protected int A_b;
06      superclassA(double i,int j){
07         A_a=i;
08         A_b=j;
09      }
10      protected void test_show(){
11         System.out.println(" 这是父类的方法 ");
12         System.out.println("A_a="+A_a);
13         System.out.println("A_b="+A_b);
14         System.out.println("A_a*A_b 计算结果: "+(A_a*A_b));
15      }
16    }
17   class subclassB extends superclassA {    //声明子类
18      protected int B_a;
19      subclassB(double i,int j,int h){
20         super(i,j);
21         B_a=h;
22      }
23      protected void test_show(){            //改写父类的方法
24         super.test_show();
25         System.out.println(" 这是子类的方法 ");
26         System.out.println("B_a="+B_a);
27         System.out.println("A_a*A_b*B_a 计算结果: "+(A_a*A_b*B_a));
28      }
29   }
30   class CH07_13{
31      public static void main(String[] args){
32         subclassB B=new subclassB(2.5,6,3);
33         B.test_show();
34      }
35   }
```

【程序运行结果】

程序运行结果如图 7-15 所示。

```
<terminated> CH07_13 [Java Application] C:\Program Files\Java\jre1.8.0_151\bin\javaw.exe (2018年1月8日 下午2:19:01)
这是父类的方法
A_a=2.5
A_b=6
A_a*A_b 计算结果：15.0
这是子类的方法
B_a=3
A_a*A_b*B_a 计算结果：45.0
```

图　7-15

# 7-2　多态

面向对象程序设计人员必须明确一个重要的理念：在同一程序中实现过多对象，不仅会增加程序中对象关系的复杂性，更会占用过多的系统资源，造成程序无法稳定地运行运算处理动作。

## 7-2-1　多态的概念

所谓多态（Polymorphism），按照英文字面解释，就是一样东西同时具有多种不同的类型。在面向对象程序语言中，多态就是利用类的继承架构，先建立一个基类对象，然后用户可通过对象的转型声明，将此对象向下转换为派生类对象，进而控制所有派生类的“同名异式”成员方法。

### 7-2-2　多态的实现

对象多态的实现语法主要是由三个程序组成。

1. 基类声明

建立基类，并声明派生类所可能用到的成员方法。通常，在实现对象多态时，并不会利用基类对象来调用基类内的任何成员方法。因此对于成员方法仅需进行象征性的声明动作，实现的部分交由派生类来重新定义即可。如下类代码段所示：

【程序片段】

```
class RemoteControl{                          //建立基类
    public void powerOn(){
        //声明内容语句为空的成员方法
};
    … 程序语句
}
```

2. 派生类声明

依照程序需求建立各个派生类，并依序重载基类成员方法。这些继承自基类的成员方法主要是针对所有派生类共有的运算功能。

用户可依照派生类特性的不同分别进行重新定义动作。如下列代码段所示：

【程序片段】

```
class MyTV extends RemoteControl {                //声明派生类
    public void powerOn(){                        //重新定义基类成员方法
        …  程序语句                                //依照类特性实现运行
    }
    … 程序语句
}
```

3. 主程序区块

主程序区块是实现对象多态处理真正的精要所在：用户必须先建立一个基类对象，再通过new关键词组成对象建构语法（即调用构造函数），将基类对象转换为派生类对象；进而调用派生类所重载的成员方法，来运行相对应的运算工作。如下列代码段所示：

【程序片段】

```
public static void main(String args[ ]){          //主程序区块
    RemoteControl myControl=new RemoteControl();//实现基类对象
    myControl=new MyTV();                         //转换为派生类对象
    myControl.powerOn();                          //调用MyTV类重载的成员方法
    … 程序语句
}
```

下面利用范例程序代码来实现万能遥控器功能，以便实际观察对象多态处理的完整使用方式。

【范例程序：CH07_14】

```
01    /*文件:CH07_14.java
02     *说明:对象的多态*/
03    //基类RemoteControl
04    class RemoteControl{
05        //类构造函数
06        RemoteControl(){
```

```
07          System.out.print("使用万能遥控器: ");
08      }
09      //成员方法 powerOn()
10      public void powerOn(){};
11  }
12
13  //派生类 MyTV
14  class MyTV extends RemoteControl{
15      //覆写基类的 powerOn() 方法
16      public void powerOn(){
17          System.out.println("打开电视机...");
18          System.out.println("电视机打开成功!!\n");
19      }
20  }
21
22  //派生类 MyAirCon
23  class MyAirCon extends RemoteControl{
24      //重新定义基类的 powerOn() 方法
25      public void powerOn(){
26          System.out.println("打开冷气机...");
27          System.out.println("冷气机打开成功!!\n");
28      }
29  }
30
31  //主类
32  public class CH07_14{
33      //主程序区块
34      public static void main(String args[]){
35          //建立基类对象
36          RemoteControl myControl;
37          //转换为 MyTV 对象
38          myControl=new MyTV();
39          //调用覆写的 powerOn() 方法
40          myControl.powerOn();
41          //转换为 MyAirCon 对象
42          myControl=new MyAirCon();
43          //调用覆写的 powerOn() 方法
44          myControl.powerOn();
45      }
46  }
```

【程序运行结果】

程序运行结果如图 7-16 所示。

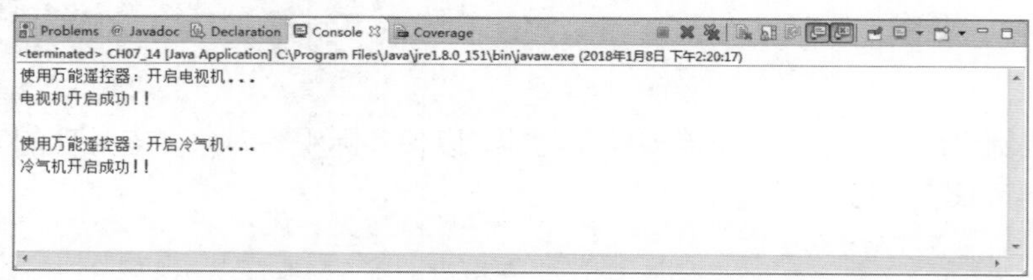


图 7-16

【程序解析】

① 第 14~20 行：声明派生类 MyTV，并于第 16~19 行覆写继承于 RemoteControl 的 powerOn( )

成员方法。

② 第 23~29 行：声明派生类 MyAirCon，并于第 25~28 行覆写继承于 RemoteControl 的 powerOn( ) 成员方法。

③ 第 38~40 行：将基类对象转换为 MyTV 派生类对象，并调用 MyTV 覆写的 powerOn( ) 成员方法，输出运算结果。

④ 第 42~44 行：将基类对象转换为 MyAirCon 派生类对象，并调用 MyAirCon 覆写的 powerOn( ) 成员方法，输出运算结果。

## 7-3　本章进阶应用练习实例

当派生类继承基类所有的成员数据与方法后，并不代表派生类就可以直接去存取基类中的所有成员。有关的存取动作，必须依据基类成员的存取修饰字来作判断。下面我们将综合运用本章谈到的重要概念，通过这些实例，将会更清楚面向对象技术中的继承与多态特性。

### 7-3-1　计算书籍销售金额的类实现

首先建立一个 Book 类，用来表示某本书的书籍单价及销售数量，接着以继承的方式，建立 BookSales 类，该类可利用 total_money( ) 方法，先输出该书的单价及销售数量，再输出该书籍的总销售金额。

```
01   // 计算某一本书的销售金额
02   class Book
03   {
04      protected int price;
05      protected int number;
06
07      public Book(int p,int n)
08      {
09         price=p;
10         number=n;
11      }
12      protected void total_money()
13      {
14         System.out.println(" 书籍单价 ="+price+", 销售数量 ="+number);
15      }
16   }
17
18   class BookSales extends Book
19   {
20      public BookSales(int p,int n)
21      {
22         super(p,n);
23      }
24      public void calculate()
25      {
26         total_money();
27         System.out.println(" 销售总金额 ="+price*number);
28      }
29   }
30
31   public class WORK07_01
```

```
32    {
33       public static void main(String args[])
34       {
35          BookSales photoshop=new BookSales(620,40);
36          photoshop.calculate();
37       }
38    }
```

【程序运行结果】

程序运行结果如图 7-17 所示。

```
<terminated> WORK07_01 [Java Application] C:\Program Files\Java\jre1.8.0_151\bin\javaw.exe (2018年1月8日 下午2:21:45)
书籍单价=620, 销售数量=40
销售总金额=24800
```

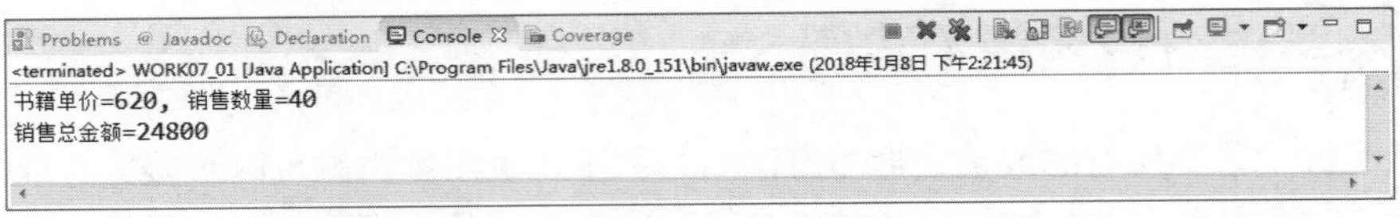

图　7-17

## 7-3-2　以继承建立 Baseball 类

首先建立一个 Ball 类，用来表示球的号码及颜色，接着以继承的方式，建立 Baseball 类，该类可利用 showBaseball( ) 方法，先输出该球的号码及颜色，再输出该球的价格。

```
01    //继承的应用
02    class Ball                                    // Ball 类声明
03    {  // 成员资料
04       private int number;                        //球的号码
05       private String color;                      //颜色
06       // 设定球的号码
07       public void setNumber(int num){ number=num; }
08       // 设定颜色
09       public void setColor(String color){ this.color=color; }
10       // 成员方法 : 显示球的数据
11       public void showBall()
12       {  // 输出资料
13          System.out.println("球的编号 : "+number);
14          System.out.println("球的色彩 : "+color);
15       }
16    }
17    class Baseball extends Ball                   // Baseball 类声明
18    {  // 成员资料
19       private int price;                         // 价格
20       // 构造函数
21       public Baseball(int num, String color, int price)
22       {  // 调用父类的成员方法
23          setNumber(num);
24          setColor(color);
25          this.price=price;
26       }
27         // 显示球的数据
28       public void showBaseball()
29       {  // 显示棒球数据
30          System.out.println("==== 棒球的基本数据 ====");
```

```
31            showBall();                              // 调用父类的成员方法
32            System.out.println("球的价格 : "+price);
33        }
34    }
35    // 主程序类
36    public class WORK07_02
37    {  // 主程序
38       public static void main(String[] args)
39       { // 声明 Baseball 类类型的变量及建立对象
40          Baseball playboy=new Baseball(1002, "蓝色", 500);
41          Baseball nike=new Baseball(2003, "黄色", 650);
42          playboy.setColor("黑色");
43          playboy.showBaseball();
44          nike.showBaseball();
45       }
46    }
```

【程序运行结果】

程序运行结果如图 7-18 所示。

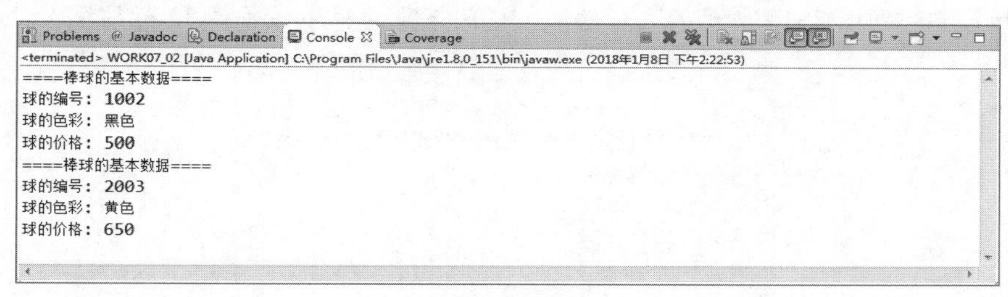


图　7-18

## 习题

### 1. 填空题

(1) 当外部类无法满足程序实际运行上的需求时，可以利用________机制来进行类的扩充动作。

(2) Java 环境中最直接的继承声明方式，就是利用________关键词来实现继承机制。

(3) 当发生基类成员资料的遮蔽现象时，可以通过________关键词来直接进行存取动作。

(4) 使用________语法格式，可不通过对象的建立动作，直接调用同程序中外部类的 public 成员方法。

(5) 运行________动作会覆写基类中具有相同类型返回值与参数状态的同名成员方法。

(6) 因为在 Java 的程序结构中，两个相同名称但是拥有不同参数列的方法，会被视为不同的类成员，所以经过________处理的类成员方法，并不会覆盖原始的类成员。

(7) ________存取修饰字代表此类，或此类成员无法被其子类进行继承、重新定义动作。

(8) ________存取修饰字所声明的类成员，可以被所有外部成员直接调用、存取使用；________存取修饰字所声明的类成员，仅能被相同包（Package）（同路径）或具有继承关系的相关类使用。

（9）当派生类进行重载或重新定值基类成员时，会覆盖派生类所继承的基类成员，我们称这种覆盖情形为类成员的________现象。

（10）________存取修饰字所声明的类成员，仅能在同类区域内使用。而派生类可通过基类的________和________类型成员方法，进行间接调用、存取行为。

2. 问答与实现题

（1）说明子类无法直接使用父类的变量数据（field）的解决办法。

（2）简述运行调用构造函数的顺序。

（3）子类（sub-class）构造函数调用父类（super-class）构造函数有二重点吗？

（4）解释何谓动态分配。

（5）简述类中 public、protected 与 private 存取修饰字所代表的意义。

（6）何谓重载？试简述之。

（7）重载与覆写的主要差异是什么？

（8）当派生类进行重载或重新定值基类成员时，会覆盖派生类所继承的基类成员，这种现象称为什么？

（9）对象多态的实现语法，主要是由三个程序所组成吗？

（10）如果要得到图 7-19 所示的运行结果，请问下段的程序代码第 32 行该填入什么？

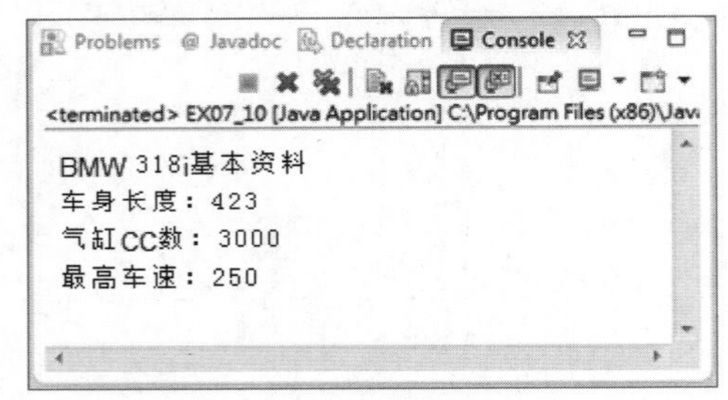


图 7-19

```
01    //名称:EX07_10.java
02    //说明:类继承
03    //基类
04    class BMW_Serial
05    { //成员资料
06       private int carLength, engCC, maxSpeed;
07       public String modelName;
08       //类方法
09       public void ShowData()
10       {
11          carLength=423;
12          engCC=3000;
13          maxSpeed=250;
14          System.out.println(modelName+"基本资料");
15          System.out.println("车身长度: "+carLength);
16          System.out.println("汽缸CC数: "+engCC);
17          System.out.println("最高车速: "+maxSpeed);
18       }
19    }
20    //派生类
21    public class EX07_10 extends BMW_Serial
22    { //构造函数
```

```
23        public EX07_10(String name)
24        {
25           modelName=name;
26        }
27        //主程序区块
28        public static void main(String args[])
29        {
30           //实现对象
31           EX07_10 BMW318=new EX07_10("BMW 318i");
32
33        }
34    }
```

（11）如果要得到图 7-20 所示的运行结果，请问下段的程序代码第 40 行该填入什么？

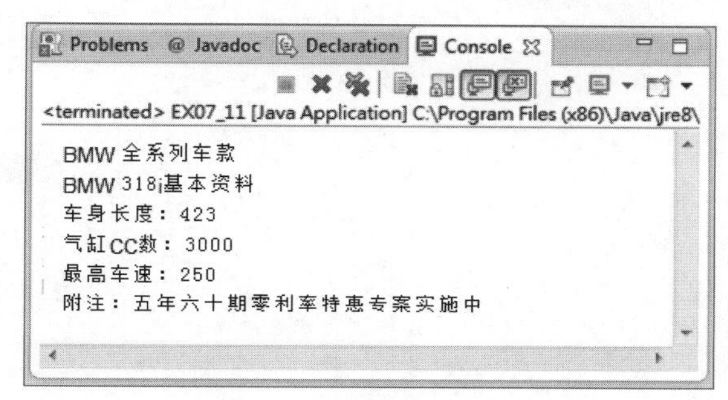


图 7-20

```
01    //名称:EX07_11.java
02    //说明:覆写与重载
03    //基类
04    class BMW_Serial
05    { //成员资料
06       public int carLength, engCC, maxSpeed;
07       public String modelName;
08       //构造函数
09       public BMW_Serial(){System.out.println("BMW全系列车款DM");}
10       //类方法
11       public void ShowData(){};
12    }
13    //派生类
14    public class EX07_11 extends BMW_Serial
15    { //构造函数
16       public EX07_11(String name){modelName=name;}
17       //重新定义类方法
18       public void ShowData()
19       {
20          carLength=410;
21          engCC=2000;
22          maxSpeed=220;
23       };
24       //重载类方法
25       public void ShowData(String memo)
26       {
27          carLength=423;
28          engCC=3000;
29          maxSpeed=250;
```

```
30          System.out.println(modelName+"基本资料");
31          System.out.println("车身长度: "+carLength);
32          System.out.println("汽缸 CC 数: "+engCC);
33          System.out.println("最高车速: "+maxSpeed);
34          System.out.println("附注: "+memo);
35      };
36      //主程序区块
37      public static void main(String args[])
38      { //实现对象
39          EX07_11 BMW318=new EX07_11("BMW 318i");
40
41      }
42  }
```

# 第 8 章

# 抽象类、接口、包与嵌套类

在面向对象程序设计中，类关系到程序中所有对象的建立，本章将介绍关于类的四种延伸类型：抽象类（Abstract Class）、接口（Interface）、包（Package）以及嵌套类（Nested Class）。首先，介绍抽象类的基本概念，同时说明如何建立和使用抽象类，接着讨论以接口来实现多重继承。最后，将探讨在大型程序项目过程中如何使用包来有效管理程序代码。

### 学习目标

- 理解抽象类、接口和包的相关概念。
- 掌握抽象类、接口及包的应用。

### 学习内容

- 抽象类的概念与实现。
- 以接口来实现多重继承。
- 包的包装与导入。
- 嵌套类。
- 内部类。
- 匿名类。

## 8-1 抽象类

当使用抽象（abstract）存取修饰字声明建立某类时，这个类就称为抽象类。根据面向对象程序语言的共通性规范，抽象类是至少包含一个完整方法及一至多个抽象方法（Abstract Method）的基类，以提供所继承的派生类实现使用。因为抽象基类中的抽象方法无法直接用来产生对象，为了能顺利地建立各种所需的派生类，用户必须在派生类中定义基类所有的抽象方法。

### 8-1-1 抽象类的使用时机

有时在程序中，我们必须声明一些只有抽象概念的方法（函数），这些方法主要用途在于提供在相同程序或其他程序的相关方法（函数）中作为参照来使用。例如，打开文件是大多数程序都会拥有的基本功能，但是面对不同类型的程序时，打开文件的动作可能有些许差异。换句话说，打开文件所代表的只是一个文件打开的抽象概念，它并不是一个实例化的功能项目。因此当各程序有此需求时，就会参照这个抽象的概念，并按照文件类型的不同，来实现专属的打开文件功能。

在 Java 程序设计里，也常常会用到这种抽象概念的设计。我们可能在基类中声明一些抽象的成员方法，但是却不建立它们的功能运行语句。上一章的范例 CH07_14 程序就是一个最好例子。在范例中建立了基类 RemoteControl 与 powerOn( ) 成员方法，用来模拟现实生活中的万用遥控器对象，并试图通过它来操纵 MyTV 及 MyAirCon。下面列出该范例的基类程序代码部分语句。

【RemoteControl 程序代码部分语句】

```
class RemoteControl{                          // 程序的基类 RemoteControl
   … 类构造函数语句
   public void powerOn(){  };                 // 这是一个空的方法，并未实现 powerOn() 方法
}
```

上面基类 RemoteControl 代码段中，除了类构造函数的声明语句外，就只有一个不具任何运行语句的成员方法 powerOn( )。乍看之下它不具任何运行功能，也没有什么实现意义。但是之所以建立 powerOn( ) 方法，并非是为了让基类对象调用使用，而是方便派生类进行重载定义动作，以让基类对象能够运行对象的多态转换工作。这种构造的概念，就是抽象类方法存在的主要精神：利用声明抽象类方法，强制所有相关派生类必须重载定义。

因此，可以把抽象基类看作完整程序的设计接口，而向下派生的相关类必须遵照抽象类定义的规范重载所有内含的抽象类方法成员。在多人合作开发大型应用程序时更可看出抽象类与抽象成员方法的重要性。开发人员可以利用抽象类来规范基本功能，并可确保其他设计人员不至于忽略某些功能而没有实现，从而使得程序的这些基本功能一定可以运行实现。

### 8-1-2 建立与使用抽象类

抽象类方法是用 abstract 来声明并且不加入任何内容语句的类成员方法。声明语法如下：

```
abstract 返回值数据类型  成员方法 （参数列表）;
```

当某类之中包含了一个以上的抽象成员方法时，我们称这个类为抽象类。同时，此类在声明时，必须在类的修饰字字段使用保留字 abstract，来完成进行类的构造操作。声明语法如下所示：

```
abstract class 类名称 {
    … 类成员语句
    … 抽象成员方法语句
}
```

因为抽象类中含有一至多个抽象成员方法，所以抽象类无法直接使用来产生实例对象。用户仅能利用它的派生类对象，来间接地调用运行抽象类中所提供的各种运算运行功能。所以，在派生类声明内容中，必须重载所有已经定义的抽象成员。

建立抽象类的用意或目的是希望可以根据既有的模板（sample）类，依据程序设计者的需要，修改或新建模板类原有的功能。如果子类继承抽象父类，必须要在子类中覆写（Overriding）抽象父类的方法并且实现（Implement）父类中的抽象方法。汇总先前的语法结构，抽象类完整的声明语法如下所示：

【抽象类语法结构】

```
abstract class 抽象类的名称 {                              // 关键词 abstract
    数据变量 (field);
    返回值类型 抽象方法的名称 ( 参数 ){                      // 保留一般方法
        方法主体程序 ;
    }
    存取修饰字 abstract 返回值类型 抽象方法的名称 ( 参数 );// 定义抽象方法，不定义方法主体
```

```
}
```

使用抽象类有一些规定事项：

①抽象类因为没有完整的定义类内部资料，于是可以不用声明成对象；换句话说，就是无法直接使用new运算符实例化类。

②抽象类可以声明抽象类的构造函数（Constructor）。

③抽象类可以保留一般的类方法。

④抽象类可以使用参考（Reference）对象。

⑤抽象方法的存取修饰字必须设定为public或protected，不可以设定为private，也不能适应static和final关键词。

如果派生类并未定义所有的基类抽象成员，则该派生类必须转换为抽象类，并且同样无法进行类对象的实例化操作以产生任何对象。

【范例程序：CH08_01】

```
01    /* 文件:CH08_01.java
02     * 说明:抽象类实现 */
03    //抽象基类 RemoteControl
04    abstract class RemoteControl{
05       //类构造函数
06       RemoteControl(){
07          System.out.print("使用万能遥控器: ");
08       }
09       //抽象成员方法 powerOn()
10       abstract public void powerOn();
11    }
12
13    //派生类 MyTV
14    class MyTV extends RemoteControl{
15       //重载抽象成员方法
16       public void powerOn(){
17          System.out.println("开启电视机...");
18          System.out.println("电视机开启成功!!\n");
19       }
20    }
21
22    //派生类 MyAirCon
23    class MyAirCon extends RemoteControl{
24       //重载抽象成员方法
25       public void powerOn(){
26          System.out.println("开启冷气机...");
27          System.out.println("冷气机开启成功!!\n");
28       }
29    }
30
31    //主要类
32    public class CH08_01{
33       //主程序区块
34       public static void main(String args[]){
35          //建立基类对象
36          RemoteControl myControl;
37          //转换为 MyTV 对象
38          myControl=new MyTV();
39          //调用重新定义的 powerOn() 方法
```

```
40            myControl.powerOn();
41            //转换为 MyAirCon 对象
42            myControl=new MyAirCon();
43            //调用重新定义的 powerOn() 方法
44            myControl.powerOn();
45        }
46    }
```

【程序运行结果】

程序运行结果如图 8-1 所示。

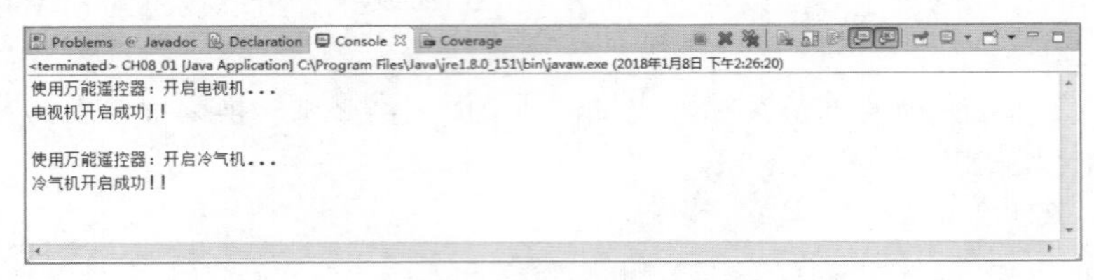


图 8-1

【程序解析】

①第 4~11 行：建立 RemoteControl 抽象基类，并于第 10 行声明抽象类方法 powerOn( )。

②第 36 行：建立基类对象。请注意此处仅是建立对象动作，并没有任何实现语句。

③第 38~44 行：利用基类对象运行多态动作，调用派生类重载的抽象成员方法。

### 8-1-3 抽象类实现——计算面积

设计一个用来计算面积的范例程序，程序基本说明如下：建立名为 countArea 的抽象类，其中定义 getArea 的抽象方法，另外建立名为 square 的子类，用来计算正方形的面积，计算方式是“边长（length）* 边长（length）”；名为 cube 的子类，用来计算立方体的面积，计算方式是“正方形面积 *6”，其中的 6 是因为立方体有 6 个面。

```
01    /* 文件 :CH08_02.java
02     * 说明 : 抽象类计算面积实现 */
03
04    abstract class countArea {        //抽象父类
05       protected double length;
06       countArea(double x){
07          length=x;
08       }
09       abstract double getArea(); //建立计算面积的抽象方法，不对方法做任何定义
10    }
11    class square extends countArea {
12       square(double x){
13          super(x);
14       }
15       double getArea(){              //在子类中定义抽象方法
16          return length*length;
17       }
18    }
19    class cube extends countArea {
20       cube(double x){
21          super(x);
22       }
23       double getArea(){              //在子类中定义抽象方法
```

```
24         return (length*length)*6;    // 立方体有 6 个面
25      }
26    }
27    class CH08_02{
28      public static void main(String[] args){
29         square squ=new square(12.5);
30         cube cu=new cube(12.5);
31         System.out.println(" 利用抽象方法，计算正方形的面积: "+squ.getArea());
32         System.out.println(" 利用抽象方法，计算立方体的面积: "+cu.getArea());
33      }
34   }
```

【程序运行结果】

程序运行结果如图 8-2 所示。

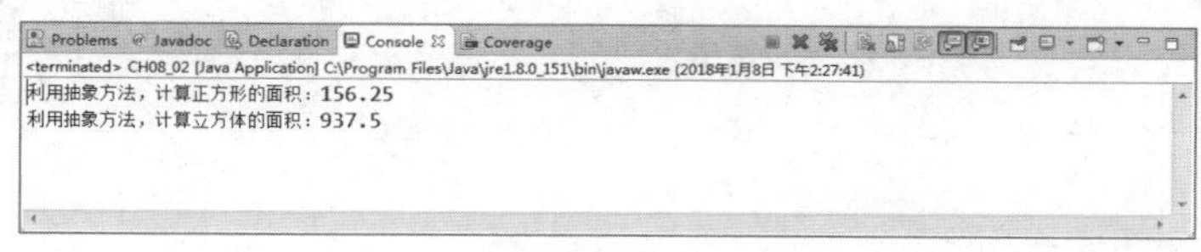


图 8-2

【程序解析】

① 第 9 行：建立 getArea( ) 的抽象方法，正因为是抽象方法，所以不必为该方法定义如何计算面积。

② 第 11~14 行：square 继承的是抽象的父类，所以 getArea( ) 的方法一并继承下来，但是 getArea( ) 是抽象方法没有方法的使用说明，因此第 15 行处增加了对抽象方法的定义。

③ 第 19~26 行：cube 继承的是抽象的父类，getArea( ) 是抽象方法，也没有具体计算方法的程序语句，因此第 23 行则增加对抽象方法的定义。

## 8-1-4 利用抽象类存取子类

在讨论继承时讲过可以通过父类的变量，来存取子类的对象。同样，抽象类也可以使用这样的方式。下面通过简单的范例来说明如何在抽象类中使用其派生类的对象。

【范例程序：CH08_03】

```
01    /* 文件：CH08_03.java
02     * 说明：通过父类的变量，来存取子类的对象 */
03
04    abstract class countArea {
05       protected double length;
06       countArea(double x){
07          length=x;
08       }
09       abstract double getArea();
10     }
11     class square extends countArea {
12       square(double x){
13          super(x);
14       }
15       double getArea(){
16          return length*length;
17       }
18    }
```

```
19    class cube extends countArea {
20       cube(double x){
21          super(x);
22       }
23       double getArea(){
24          return (length*length)*6;
25       }
26     }class CH08_03{
27       public static void main(String[] args){
28          countArea cA;
29          cA=new square(12.5);
30          System.out.println("利用抽象方法，计算正方形的面积: "+cA.getArea());
31
32          cA=new cube(12.5);
33          System.out.println("利用抽象方法，计算立方体的面积: "+cA.getArea());
34       }
35    }
```

【程序运行结果】

程序运行结果如图 8-3 所示。

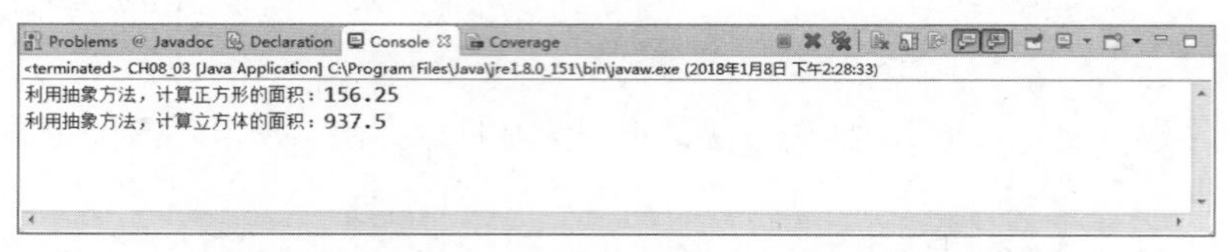


图 8-3

【程序解析】

① 第 28 行：建立抽象父类的变量 cA，但先不实例化。

② 第 29 行：指向 square 类，并实例化子类 square 对象。

③ 第 32 行：指向 cube 类，并实例化子类 cube 对象。

# 8-2 认识接口

接口与抽象类相似，接口中不可以有任何实现语句，只能提供定义常量成员或抽象成员方法。而所有类成员的实现定义，必须交由向下派生的相关类重载实现。它们之间最大的差异是：因为 Java 在类继承上的限制，一个派生类只能继承自单一的抽象类；而接口则可以让用户编写出内含多种接口的实现类。另一个差异点在于：抽象类至少包含一个完整方法；而接口所包含的都是抽象方法。

接口实现在应用上的便利，不止在于多重继承而已。接口可以被视为一种类的延伸，所以与抽象类相同，可以利用继承的模式，轻易地将各种不同接口的成员方法加以结合，形成一个新的接口形态。除此之外，接口中所有的数据成员不需经过额外声明，都会被自动定义成 static 与 final 类型，所以接口经常被用来定义程序中所需要的各种常量。接口的声明语法表列如下：

```
interface 接口名称
{
    …
    返回值的数据类型 成员方法 ();
    …
}
```

### 8-2-1　接口的定义

接口照字面意义的解释，表示两个物体之间进行沟通的管道。例如：语言，是人际关系中最基本的互动接口。而在面向对象程序语言中，接口是负责定义两个互不相干的对象（无类继承关系）彼此共通性动作的行为协议（Protocol）。换句话说，接口存在的意义与抽象类相同，在于定义派生类所必须遵循的设计规范。

当开发人员设计某些应用程序时，可能会根据程序的需求来制定多个抽象类，并且强制相关派生类，必须同时继承两个以上的抽象类，以规范派生类一定要实现所包含的抽象成员方法。

我们知道，在 Java 之中不允许类的多重继承行为，每个派生类仅能向上继承单一基类。但是，有时用户可能会利用多层继承的方式，也就是先继承一个类之后，再通过此派生类去继承另一个类。多层继承架构如图 8-4 所示。

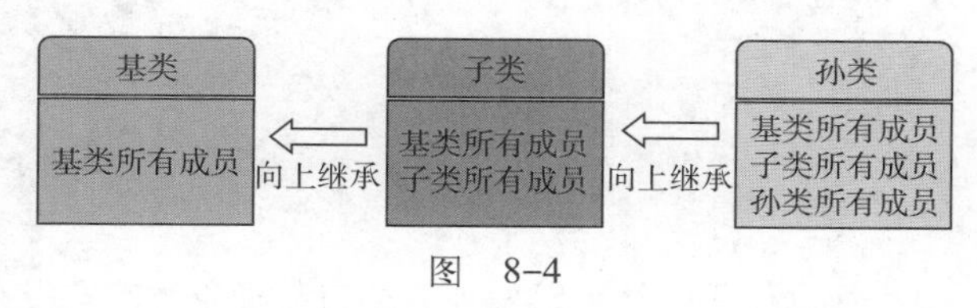


图　8-4

这种多层继承的方式并不符合面向对象的基本精神，用户必须编写过多且重复的程序代码内容。接口就是应对这种情况的最直接也最简便的解决办法，用来实现系统的特殊需求。

接口与抽象类相似，它们之间最大的差异在于：一个派生类仅能继承单一基类；而接口则可让开发人员编写出内含多种接口协议实现的类对象。

### 8-2-2　建立与使用自定义接口

接口利用保留字 interface 来声明，其中不包含任何实现语句，只是建立抽象成员方法的一种类类型。它的声明语法如下：

```
interface 接口名称 {
    final 数据变量 = 初始值 ;
    存取修饰字 abstract 返回值类型 抽象方法的名称 ( 参数 ); // 声明方法，不定义方法主体
}
```

使用接口需要注意以下规定事项：

①接口所声明的数据变量（field）须先初始化，而且不允许再被修改。

②接口中的类方法全部声明成抽象方法，即“只声明、不定义方法本体”。

③不允许保留一般的类方法。

④接口中的抽象方法，存取修饰字只能够设为 public 或不做任何设定，不可以设为 protected 或 private。

⑤接口无法实例化，因此无法产生构造函数（Constructor）。

由于接口内所有的成员数据都会被定义为 static 与 final 类型，因此它常被应用于程序总的常量的定义。用户可以直接通过变量的定义模式，来声明程序内所可能用到的相关环境常量。例如下面的接口代码段：

【范例代码段】

```
interface ConnectDatabase {                         // 建立 ConnectDatabase 接口
    String ACCOUNT="root";                          // 声明常量
    String PASSWORD="123456";
    abstract connect(String);                       // 建立抽象类方法
}
```

在上面声明接口的程序代码中，我们建立了这个接口必须使用的环境常量：ACCOUNT（登

录账号）与 PASSWORD（登录密码），以提供程序中接口的实现类存取使用。

从范例代码段中可以发现，接口其实就是一个完全未实现任何方法的抽象类，因此它亦无法直接生成任何对象，必须依赖类来实现它的相关内容。

要在类中实现接口，必须使用 implements 关键词来指定实现的接口。

接口中的方法都是抽象方法，也就是无法通过 new 运算符建立对象，须使用实现（implements）关键词来实现接口建立新类，实现后再覆写（Overriding）接口的抽象方法，才能实例化产生对象。汇整先前的语法结构，完整接口实现语法如下：

```
class 类名称 implements 接口名称 {
    数据变量 (field);
    存取修饰字 返回值类型 方法的名称 ( 参数 ){
        方法主体程序 ;
    }
}
```

根据使用语法可以发现，接口与抽象类其实没有什么差异。

Java 仅容许继承一个抽象类，但是却可以同时实现多个接口。如果想在类之中实现多个接口，应在每个接口名称之间利用“,”加以区隔。如下所示：

```
class UserDatabase implements ConnectDatabase, SetData, ShowResult
```

上面的声明范例中，建立了 UserDatabase 类，并实现了 ConnectDatabase、SetData 与 Show Result 三个接口。基本上，Java 并未限制每个类的实现接口数目，但不管实现多少个接口，都必须在类的内容语句中重载所有实现接口的抽象方法。

【范例程序：CH08_04】

```
01   /* 文件 :CH08_04.java
02    * 说明 : 接口应用 */
03   // 接口 SetLoginData
04   interface SetLoginData{
05       // 声明抽象成员方法
06       abstract void set(String acc, String pass);
07   }
08
09   // 接口 ConnectDatabase
10   interface ConnectDatabase{
11       // 建立环境常量
12       String ACCOUNT="root";
13       String PASSWORD="123456";
14       // 声明抽象成员方法
15       abstract void connect();
16   }
17
18   // 接口 ShowResult
19   interface ShowResult{
20       // 声明抽象成员方法
21       abstract void show();
22   }
23
24   // 声明实现类
25   class UserDB implements SetLoginData, ConnectDatabase, ShowResult{
26       // 声明类成员数据
27       String userAccount;
28       String userPassword;
29       String resultMessage;
```

```
30        //重载抽象成员方法
31        public void set(String acc, String pass){
32           userAccount=acc;
33           userPassword=pass;
34        }
35        public void connect(){
36           if(userAccount==ACCOUNT&&userPassword==PASSWORD){
37            resultMessage="成功链接User数据库!!";
38           }
39           else{
40            resultMessage="User数据库链接失败,请检查登录的账号与密码!!";
41           }
42        }
43        public void show(){
44           System.out.println(resultMessage);
45        }
46    }
47
48    //主要类
49    public class CH08_04{
50       //主程序区块
51       public static void main(String args[]){
52          //实现派生类对象
53          UserDB myObject=new UserDB();
54          //调用重载的接口成员方法
55          myObject.set("root", "123456");
56          System.out.println("用户输入数据如下: \n"+
57                              "登录账号:  root \n"+
58                              "登录密码:  123456 \n");
59          myObject.connect();
60          myObject.show();
61       }
62    }
```

【程序运行结果】

程序运行结果如图 8-5 所示。

图 8-5

【程序解析】

① 第 4~7 行：建立 SetLoginData 接口并于第 6 行提供抽象方法 set( )，以存取用户输入的登录数据内容。

② 第 19~22 行：建立 ShowResult 接口并于第 21 行提供抽象方法 show( )，以输出服务器连接判断结果。

③ 第 25~46 行：声明类 UserDB，并实现前面建立的三个接口。

## 8-2-3 利用接口变量建立对象

接口的实现不能直接通过 new 运算符建立对象，需要通过“实现接口的类”来建立对象。还有另一种写法可以用来“建立接口的对象”，就是采用“父类变量参考子类，建立对象”。下面的范例就是利用接口变量建立使用对象。

【范例程序：CH08_05】

```
01    /* 文件：CH08_05.java
02     * 说明：利用接口变量，建立使用对象
03     */
04
05    interface countArea {                              // 建立接口
06       final double length=12.5;                       // 变量关键词为 final
07       public abstract double getArea();
08    }
09    class square implements countArea {                // 实现接口，加上关键词 implements
10       public double getArea(){
11          System.out.println("调用的是 square 的 getArea()");
12             return length*length;
13       }
14    }
15    class cube implements countArea {
16       public double getArea(){
17          System.out.println("调用的是 cube 的 getArea()");
18             return (length*length)*6;
19       }
20    }
21    class CH08_05{
22       public static void main(String[] args){
23          countArea cA;
24          cA=new square();
25          System.out.println("利用实现接口，计算正方形的面积: "+cA.getArea());
26
27          cA=new cube();
28          System.out.println("利用实现接口，计算立方体的面积: "+cA.getArea());
29       }
30    }
```

【程序运行结果】

程序运行结果如图 8-6 所示。

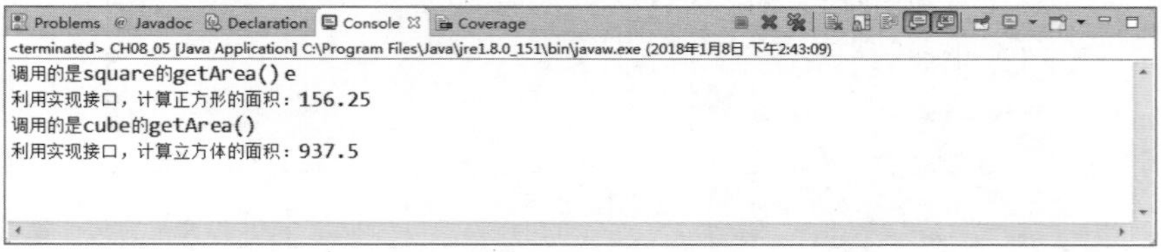

```
<terminated> CH08_05 [Java Application] C:\Program Files\Java\jre1.8.0_151\bin\javaw.exe (2018年1月8日 下午2:43:09)
调用的是square的getArea() e
利用实现接口，计算正方形的面积：156.25
调用的是cube的getArea()
利用实现接口，计算立方体的面积：937.5
```

图　8-6

## 8-2-4　实现多重继承

在 Java 的继承概念中，无法让单一子类同时继承多个父类，因为那样会使继承的关系变得复杂。如果坚持要同时继承多个父类，一般类及抽象类仍无法达成。

但是，因为一个类可以同时实现多个接口，所以接口常被用来仿真 Java 的多重继承模式。类要想实现两个以上的接口，需要在类中清晰、明确地定义接口中的抽象方法。实现多个接口的语法结构如下：

```
class 类名称 implements 接口名称1,接口名称2,接口名称3, ...{
    数据变量(field);
    存取修饰字 返回值类型 方法的名称(参数){
        方法主体程序;
    }
}
```

下面通过范例来说明如何以接口实现多重继承。

【范例程序：CH08_06】

```
01  /*文件:CH08_06.java
02   *说明:接口高级操作:实现多重继承*/
03
04  interface countArea {                          //建立第一个接口
05      final double length=12.5;      //变量关键词为final
06      public abstract double getArea();
07  }
08  interface countVolume {              //建立第二个接口
09      final double hight=5;                       //变量关键词为final
10      public abstract double getVolume();
11  }
12  class cube implements countArea,countVolume {
13      public double getArea(){
14          System.out.println("调用的是cube的getArea()");
15              return (length*length)*6;
16      }
17      public double getVolume(){
18          System.out.println("调用的是cube的getVolume()");
19              return (length*length*hight);
20      }
21  }
22  class CH08_06{
23      public static void main(String[] args){
24          cube cu=new cube();
25          System.out.println("利用多重继承,计算立方体的面积: "+cu.getArea());
26          System.out.println("利用多重继承,计算立方体的体积: "+cu.getVolume());
27      }
28  }
```

【程序运行结果】

程序运行结果如图8-7所示。

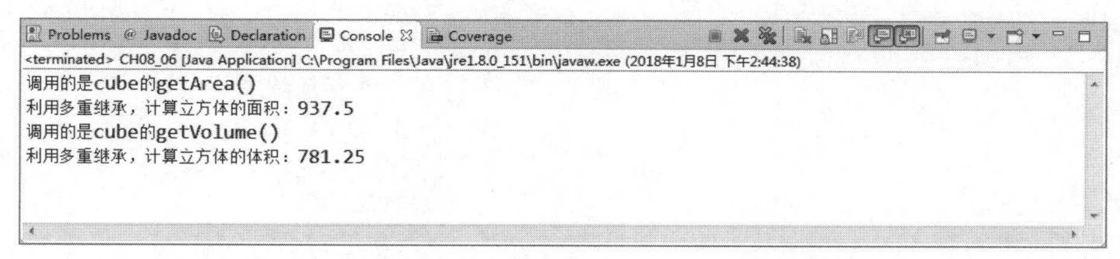


图 8-7

接口实现在应用上的便利并不仅局限于多重继承。用户可以利用Java的继承机制，轻易地将各种不同接口的成员方法加以整合，来应对各种不同类型程序的特殊需求。善用接口的声明动作，不仅可以用来统一程序开发中的实现流程，更可扩充程序所提供的各项功能。

## 8-2-5 建立子接口

接口实际上也可以导入继承的概念。类导入继承的概念，有父类（super-class）与子类（sub-class）之分，而接口导入继承概念后，同样也有父与子的关系、基础与派生的关系，分别是基础接口或父接口（super-interface）、派生接口或子接口（sub-interface）。

既然有继承的概念存在，也就拥有继承的基本精神：保有原有设计的功能并加以扩充，让程序可以重复使用。和类不同之处在于，接口可以允许单一子接口继承多个父接口。

【建立子接口语法结构】

```
interface 子接口名称 extends  子接口名称1, 子接口名称2,...{
   final 数据变量=初始值;
   存取修饰字 abstract 返回值类型 抽象方法的名称(参数 );
}
```

【范例程序：CH08_07】

```
01    /*文件:CH08_07.java
02     *说明:建立子接口 */
03
04    interface countArea {                                 //建立父接口
05       final double length=12.5;                   //变量关键词为final
06       public abstract double getArea();
07    }
08    interface countVolume extends countArea {       //建立子接口
09       public abstract double getVolume();
10    }
11
12    class cube implements countVolume {
13       public double getArea(){
14          System.out.println("调用的是cube的getArea()");
15             return (length*length)*6;
16       }
17       public double getVolume(){
18          System.out.println("调用的是cube的getVolume()");
19             return (length*length*length);
20       }
21    }
22    class CH08_07{
23       public static void main(String[] args){
24          cube cu=new cube();
25          System.out.println("利用建立子接口，计算立方体的面积: "+cu.
            getArea());
26          System.out.println("利用建立子接口，计算立方体的体积: "+cu.
            getVolume());
27       }
28    }
```

【程序运行结果】

程序运行结果如图 8-8 所示。

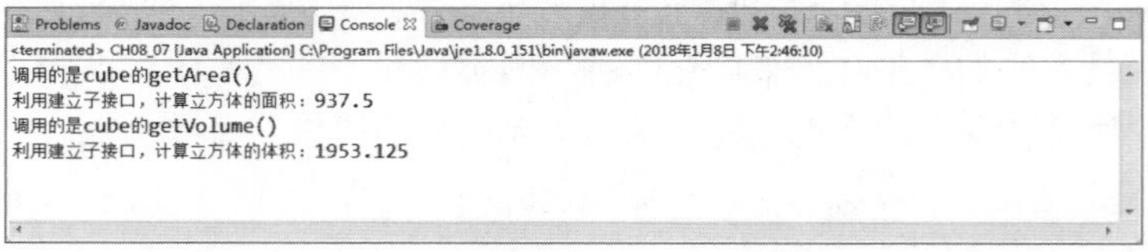

```
<terminated> CH08_07 [Java Application] C:\Program Files\Java\jre1.8.0_151\bin\javaw.exe (2018年1月8日 下午2:46:10)
调用的是cube的getArea()
利用建立子接口，计算立方体的面积：937.5
调用的是cube的getVolume()
利用建立子接口，计算立方体的体积：1953.125
```

图 8-8

# 8-3 大型程序的开发——包的使用

所谓的“包”(Package)，是指将程序中所有相关的类、接口或方法加以汇整并“包装”在一起，形成一种“函数库”(Library)。在 C++ 程序中提供用户利用 #include 指令来直接导入 *.h 函数库文件，以便加以实现。在 Java 中的工具包同样也是以导入的方式来声明，用户可以利用关键词 import，并配合目标包名称来实现。

## 8-3-1 关于文件切割

当应用程序属于大型程序时，其功能会较复杂，不能由一个人独立完成，所以，必须将程序分成若干部分，依照不同的功能，分派给不同的程序设计师分别完成，如图 8-9 所示，然后再组合成完整的程序，以提高程序设计效率。

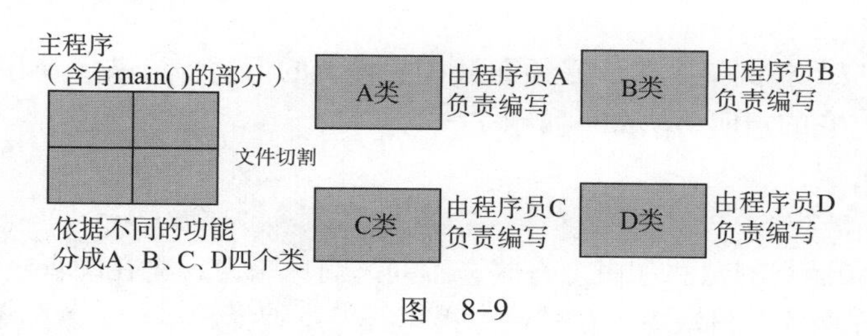


图 8-9

将程序分成若干部分，意思是指将其切割成许多不同功能的类（class），这就是“文件切割”的概念，如图 8-10 所示。将大程序切割成若干独立的类，有助于程序后续开发和维护。

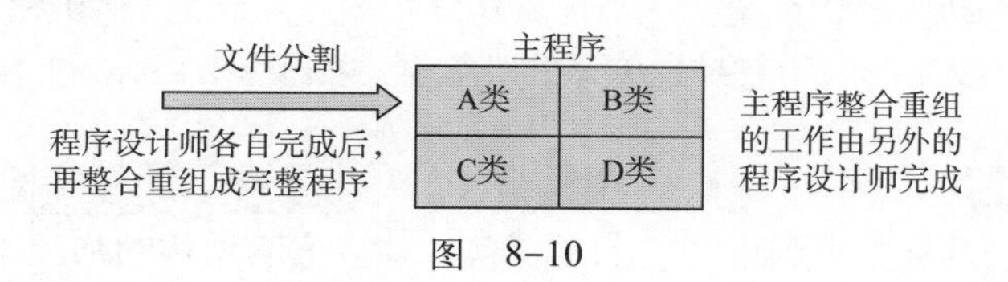


图 8-10

大型程序采取“文件切割”的做法固然可行，可是不同的程序设计人员在程序设计时，难免会有类名称重复的情形，负责程序整合的程序设计人员在处理时，发现某些类名称相同，在整合上就会造成困扰，甚至导致整合失败。

除了有名称重复的问题外，各个独立完成的类，须先编译成 .class 形式的类文件，然后再将需要整合的类文件保存在同一文件夹中，最后才是运行主程序。这样的做法会造成程序运行上的不方便。

## 8-3-2 包的需求

通常在开发大型应用程序时，用户会将相同类型的类与接口加以封装，形成一种类集合类型的包模式。Java 中包的封装动作并不是像 C\C++ 等程序语言那样将所有相关类或接口的程序代码封存于某函数库文件之中，而是以包识别名称作为依据，即在目前的工作路径下新建子文件夹，来保存相关的类或接口经 Java 编译程序所产生的 *.class 格式的类文件。例如，某包的识别名称为 mypackage，即表示该包中所包含的所有类文件，都必须保存于 *\mypackage 路径之中。

Java 系统之所以利用此种方式来封装所有相关类，主要是基于下列两个重要因素。

(1) 方便类名称管理

在许多情况下（尤其当多人合力开发大型应用程序时），很难保证程序开发人员不会编写出内容不同但识别名称一样的类来。

按照常理来说，Java 编译程序不允许多个相同名称的类同时存在于相同路径之中。但在这些同名的类都是程序必需的主要功能时，用户可以利用包的封装原理，将各个名称相同但实现内容不同的类保存于不同的包路径内。

如此编译程序就会将这些同名类视作不同文件，进而解决类名称导致程序发生错误的问题。

(2) 提供存取保护机制

由于包封装会将所有目标类存储于同一路径之中，所以开发人员可以利用这些类或接口的存取修饰字实现访问权限的控制。

一般而言，不同包中的类仅能存取包中那些声明为 public 的成员类或接口，而那些不是以 public 声明的包成员则仅能供同包内成员进行存取调用。

## 8-3-3 封装包

要将指定类或接口汇整到某个包，必须在该类或接口的源文件开头，使用 package 指令语句来运行包的封装操作。它的声明语法如下所示：

【包声明语法】

```
package 指定路径名称;
```

加入包后，编译和运行的做法和概念有些许不同。简单来说，先在硬盘中建立与包相同名称的目录，然后将源程序保存在目录中。在“命令提示符”下编译和运行，就需要做些修正：

①编译：javac 目录名称\源文件名称.java。

②运行：java 包名称.类名称。

当源文件运行编译动作时，系统会在当前工作路径内自动新建一个以指定路径名称命名的子文件夹项目，用来存放源文件内所有经过编译的类数据。如下所示：

【包编译语法】

```
package mypackage;    //将文件内所有类与接口汇整至 mypackage 文件夹中
```

也可以在指定路径名称之中利用“.”符号区隔，建立嵌套结构的路径。编译程序会依照用户操作系统的不同，自动转换对应路径字符串，形成树状保存目录。例如：

```
package mypackage.file;
```

Java 编译程序会于目前工作路径下依次新建子文件夹 mypackage 和 file，用来存储源程序内所有经过编译后的 *.class 文件。

【范例程序：CH08_08】

```
01    /*文件:CH08_08.java
02     *说明:建立包*/
03
04    //封装包
05    package test.mypackage;
06    //导入IO包
07    import java.io.*;
08    //声明类
09    public class CH08_08{
10        //声明类成员数据
11        String myStr;
12        //声明成员方法
13        public String input()throws IOException{
14            BufferedReader myBuf;
15            myBuf=new BufferedReader(new InputStreamReader(System.in));
```

```
16            System.out.print("请输入一个字符串:  ");
17            myStr=myBuf.readLine();
18            return myStr;
19        }
20    }
```

【程序运行结果】

程序运行结果如图 8-11 所示。

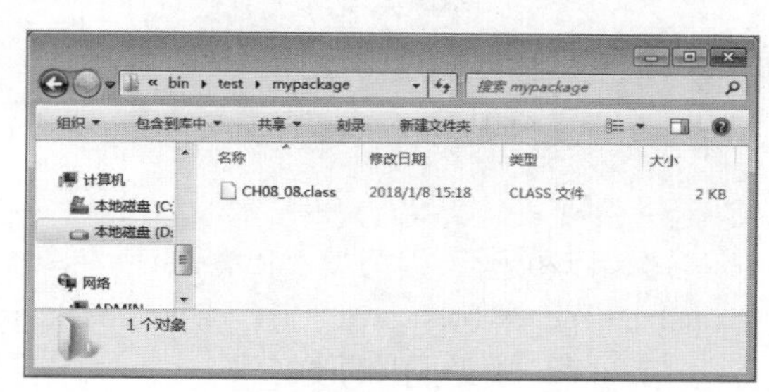


图　8-11

【程序解析】

① 第 5 行：设定包封装路径。

② 第 7 行：导入 Java 系统 IO 包，提供类 CH08_08 使用。

包封装完毕后，用户即可在所需的程序中导入，并实现包成员的类对象。可以通过 import 指令来导入目标包成员。使用语法如下所示：

【导入目标包语法】

```
import test.mypackage.*            //导入/test/mypackage路径下的所有包成员
```

## 8-3-4　导入包

接下来讨论如何将相互独立的类纳入包中。类的来源可以分成两种：第一种是同一源文件内的类，第二种是不同源文件内的类。

下面是建立包名称为 package-test 的范例，程序如下：

【范例程序】

```
01    /*文件:test.java
02    /*说明：建立包*/
03    class A {
04        public void A_show(){
05            System.out.println("这是A类的示范方法");
06        }
07    }
08    class test {
09        public static void main(String args[ ]){
10            A a=new A();
11            a.A_show();
12        }
13    }
```

在范例程序内有类 A 和类 test，尚未加入到包。

接下来将对这两种类的来源加以说明，说明的方式分“硬件（Hardware）”和“软件（Software）”两部分，“硬件”指的是在硬盘中的操作情形，“软件”指的是程序实际编写的语法。

（1）同一源文件内的类

①硬件部分：确定是否已经在硬盘中建立 package_test 包，并将文件 test 保存在 package_test 包中。

②软件部分：类的来源是在同一源文件 test 中，依据包语法结构，须在程序第一行加入 package package_test，表示将文件 test 纳入 package_test 包。

【范例程序：test】

```
01    package package_test;
```

```
02    class A {
03       public void A_show(){
04          System.out.println("这是A类的示范方法");
05       }
06    }
07    class test{
08       public static void main(String args[]){
09          A a=new A();
10          a.A_show();
11       }
12    }
```

③编译和运行:因为类A和类test同在源文件test内,编译和运行和一般程序的程序一样。编译:javac package_test\test.java ;运行 :java package_test. test.java。

（2）同一源文件内的类

①硬件部分：同样确定是否已经在实例硬盘中建立 package_test 包，也确实将文件 A.java 和文件 test.java 分别保存在 package_test 包中。

②软件部分：在文件 A.java 和文件 test.java 中的第一行加入 package  package_test，表示文件 A.java 和文件 test.java 将纳入 package_test 包。

【文件 A.java】

```
01    package package_test;     //纳入包package_test
02    class A{
03       public void A_show(){
04          System.out.println("这是A类的示范方法");
05       }
06    }
```

【文件 test.java】

```
01    package package_test;    //纳入包package_test
02    class test{
03       public static void main(String args[]){
04          A a=new A();
05          a.A_show();
06       }
07    }
```

只要依照正常的包建立程序，不论有多少个类或文件，只要在程序的第一行加入 package 包名称，即完成导入包的操作。

## 8-4　类的嵌套结构

Java 系统内可以通过静态嵌套类与内部类的声明动作，将嵌套结构概念导入类设计之中，让具有相关功能的类相互组织，进而方便用户控制这些类的使用范围。在 Java 类的声明中可以包含其他类声明的成员，这种概念就称为“嵌套类”。嵌套类分为两种：一种是静态嵌套类（Static Class），另一种是非静态嵌套类（Non-static Class）。

### 8-4-1　内部类与静态嵌套类

所谓的内部类（Inner Class），是指将某类直接定义成另一类的非静态内部成员：

【内部类结构】

```
class OutsideClass {                        //声明主类
```

```
        …类成员语句；
    class InsideClass {                              //声明主类的静态嵌套类
        …类成员语句；
    }
}
```

由于内部类与其他实例类成员一样，都是附属于主类对象，因此可以直接存取对象的实例变量（Instance Variable）与实例方法（Instance Method）。并且在内部类的内容之中，不得包含任何静态成员（Static Member）语句。

如果用户想在主类的静态方法（例如main( )主运行区块）中实现内部类对象，必须使用完整的类路径语句来指定该对象的参考类位置，并在外部类中声明内部类的相关方法，以传回内部类对象的构造参考语句。

【范例程序：CH08_09】

```
01    /* 文件:CH08_09.java
02     * 说明:内部类实现应用 */
03
04    //主程序类
05    public class CH08_09{
06       //主类构造函数
07       public CH08_09(){
08          System.out.println("主类构造函数语句");
09       }
10       //声明内部类
11       class InnerClass{
12          public InnerClass(){
13             System.out.println("内部类构造函数语句");
14          }
15       }
16       //主类成员方法
17       public InnerClass ImplementInnerClass(){
18          return new InnerClass();
19       }
20       //主程序区块
21       public static void main(String args[]){
22          //实现主类对象
23          CH08_09 myObject=new CH08_09();
24          myObject.ImplementInnerClass();
25       }
26    }
```

【程序运行结果】

程序运行结果如图8-12所示。

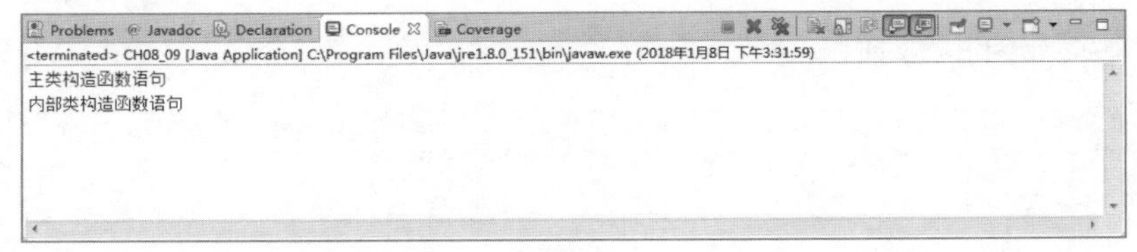


图　8-12

【程序解析】

① 第11~15行：建立内部类声明语句。

② 第 17~19 行：声明返回值类型为 InnerClass 对象的 ImplementInnerClass( ) 方法，用以取得内部类对象实现的参考值。

③ 第 24 行：利用指定完整类路径模式，并通过主类成员方法 ImplementInnerClass( ) 的返回值，来实现内部类对象的构造工作。

当内部类被声明为主类的静态成员时，我们称这个静态成员为静态嵌套类。

【静态嵌套类结构】

```
class OuterClass {                              // 外部类
   class InnerClass {                           // 内部类
   }
   static class StaticNestingClass{             // 静态嵌套类
   }
}
```

静态嵌套类不同于内部类，并非依附于主类产生的对象，而是直接附属于主类之中。因此，静态嵌套类无法直接使用实例变量或调用任何实例方法，仅能通过对象来间接使用或调用类的实例成员。

由于静态嵌套类属于主类的静态成员，因此不需通过主类的成员方法来传回对象实现参考值，可以直接在主类的静态方法（例如 main( ) 主运行区块）中进行内部类对象的构造工作。

【范例程序：CH08_10】

```
01   /* 文件 :CH08_10.java
02    * 说明 : 静态嵌套类实现应用 */
03
04   // 主程序类
05   public class CH08_10{
06      // 主类构造函数
07      public CH08_10(){
08         System.out.println(" 主类构造函数语句 ");
09      }
10      // 声明静态嵌套类
11      static class InnerClass{
12         public InnerClass(){
13            System.out.println(" 静态嵌套类构造函数语句 ");
14         }
15      }
16      // 主程序区块
17      public static void main(String args[]){
18         new CH08_10();
19         new InnerClass();
20      }
21   }
```

【程序运行结果】

程序运行结果如图 8-13 所示。

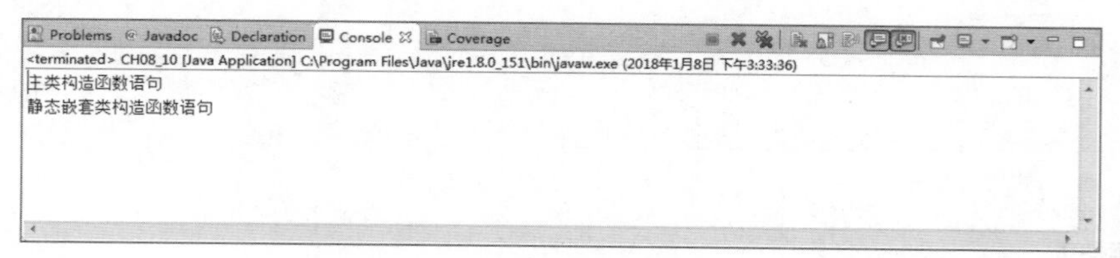


图 8-13

【程序解析】

① 第 11~15 行：建立静态嵌套类声明语句。

② 第 19 行：在主类的静态方法中，直接通过静态嵌套类的构造函数实现 InnerClass 类对象。

## 8-4-2　匿名类

可以直接在类的静态方法中实现静态嵌套类对象。例如下面的程序片段：

```
public static void main(String args[]){
    //实现静态嵌套类对象
    InnerClass myInner=new InnerClass();
}
```

也可以直接利用外部类方法获取内部类对象的实现参考值，以作为内部类对象的构造依据。

```
public static void main(String args[]){
    //利用外部类方法返回值，实现内部类对象
    OuterClass.InnerClass myInner=OutClass.ImplementInnerClass();
}
```

如果所声明的内部类或嵌套静态类必须要继承某个类或实现某个接口时，则可以在不定义类名称的情况下，直接通过基类或接口的构造函数的参考值建立该类对象：

```
public static void main(String agrs[]){              //主程序区块
    Object myObject=new Object(){                    //继承Object类的派生类
        public String toString(){                    //重载toString方法
            return "这是一个内部匿名类!!";
        }
    }
}
```

这种没有类名但可直接利用其基类或接口构造函数来实现派生类对象的类称为“匿名类”(Anonymous Class)。匿名类语法格式如下：

```
基类(接口)名称 派生匿名类对象=new 基类(接口)构造函数(){
    //匿名类成员定义语句
}
```

由于匿名类可以向上继承其他基类或实现指定接口，因此也可以实现类多重继承关系目的。与使用接口实现的方式相比，匿名类更容易且更有效率。

注意：当使用匿名内部类时，虽然在程序代码中看不出任何声明动作，但是它的建立必须有所依据。匿名内部类一般用作于实现一个接口，或继承一个特定“类”。

【范例程序：CH08_11】

```
01    /*文件:CH08_11.java
02     *说明:内部匿名类实现应用*/
03
04    //主程序类
05    public class CH08_11{
06        //外部类构造函数
07        public CH08_11(){
08            System.out.println("实现外部类构造函数语句成功!!");
09        }
10        //声明内部类
11        class MyInnerClass{
12            //内部类构造函数
13            public MyInnerClass(){
14                System.out.println("  实现内部类构造函数语句成功!!");
```

```
15            }
16            public void show(){
17                System.out.println("     调用内部类 show() 方法成功 !!");
18            };
19        }
20        //定义内部匿名类
21        public MyInnerClass MyInnerClass(){
22            //传回内部匿名类构造方法
23            return new MyInnerClass(){
24                //重载内部类成员方法
25                public void show(){
26                    System.out.println("     调用内部匿名类 show() 方法成功 !!");
27                }
28            };
29        }
30        //主程序区块
31        public static void main(String args[]){
32            //实现主类对象
33            CH08_11 myObject=new CH08_11();
34            //实现内部匿名类对象
35            MyInnerClass myAnonymous=myObject.MyInnerClass();
36            //调用内部匿名类重载方法
37            myAnonymous.show();
38        }
39    }
```

【程序运行结果】

程序运行结果如图 8-14 所示。

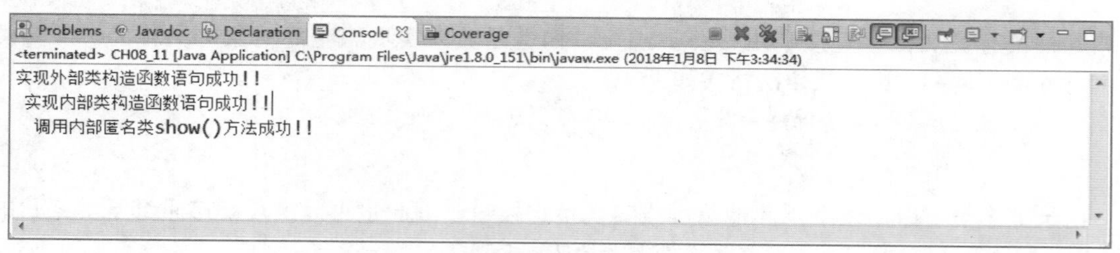


图　8-14

【程序解析】

① 第 11~19 行：建立内部类声明语句。

② 第 21~29 行：以内部类为返回值依据，声明外部类方法 MyInnerClass( )，用以传回内部匿名类的构造语句。

③ 第 25~27 行：重载内部类 show( ) 成员方法。

④ 第 35 行：通过调用外部类方法，传回内部匿名类的构造语句，以实现内部匿名类对象。

## 8-5　本章进阶应用练习实例

在面向对象程序设计中，"类" 关系到程序中所有对象的建立。本节介绍了类的 4 种延伸类型：抽象类、接口、包与类的嵌套结构。这些功能都相当实用，如果配合以下的练习，相信对于概念的更一步了解会更有帮助。

## 8-5-1　以抽象类实现显示汽车数据的功能

因为抽象基类中含有一至多个抽象方法，所以无法直接用来产生对象。为了能顺利地建立各种所需的派生类，用户必须在派生类中定义基类所有的抽象方法。下例以定义抽象类来实现汽车基本数据的设置。

```
01    //抽象类
02    abstract class autoMobile
03    { //抽象方法
04       abstract public void setData();
05       abstract public void showData();
06    }
07    //派生类
08    class BENZ_Serial extends autoMobile
09    { //成员资料
10       private int carLength, engCC, maxSpeed;
11       //构造函数
12       public BENZ_Serial(String modelName)
13       {
14          System.out.println("BENZ系列: "+modelName+"基本数据");
15       }
16       //重新定义抽象方法
17       public void setData()
18       {
19          carLength=400;
20          engCC=3200;
21          maxSpeed=280;
22       }
23       public void showData()
24       {
25          System.out.println("车身长度: "+carLength);
26          System.out.println("汽缸CC数: "+engCC);
27          System.out.println("最高车速: "+maxSpeed);
28       }
29    }
30    //主要类
31    public class WORK08_01
32    {
33       public static void main(String args[])
34       {  //实现抽象类对象
35             autoMobile myCar=null;
36             //实现派生类对象
37          BENZ_Serial SLK2000=new BENZ_Serial("SLK2000");
38          //实现多态
39          myCar=SLK2000;
40          myCar.setData();
41          myCar.showData();
42       }
43    }
```

【程序运行结果】

程序运行结果如图8-15所示。

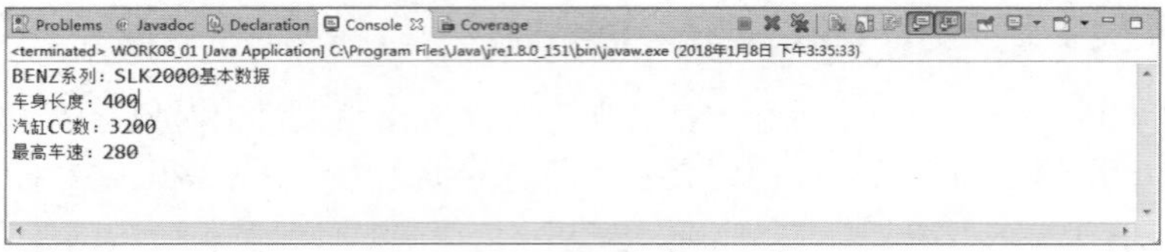

Problems Javadoc Declaration Console Coverage
<terminated> WORK08_01 [Java Application] C:\Program Files\Java\jre1.8.0_151\bin\javaw.exe (2018年1月8日 下午3:35:33)
BENZ系列：SLK2000基本数据
车身长度：400
汽缸CC数：3200
最高车速：280

图 8-15

## 8-5-2 以接口实现多重继承

下面我们将上例改写，以接口来实现多重继承。

以接口实现多重继承：

```
01    //说明：接口实现
02    //声明接口一
03
04    interface autoMobile_setData
05    { //成员方法
06       void setData();
07    }
08    //声明接口二
09    interface autoMobile_showData
10    { //成员方法
11       void showData();
12    }
13
14    //接口实现类
15    class WORK08_02 implements autoMobile_setData, autoMobile_showData
16    { //成员资料
17       int carLength, engCC, maxSpeed;
18       //构造函数
19       public WORK08_02(String modelName)
20       {
21          System.out.println("BENZ 系列: "+modelName+" 基本数据");
22       }
23       //重新定义抽象方法
24       public void setData()
25       {
26          carLength=400;
27          engCC=3200;
28          maxSpeed=280;
29       }
30       public void showData()
31       {
32          System.out.println(" 车身长度: "+carLength);
33          System.out.println(" 汽缸 CC 数: "+engCC);
34          System.out.println(" 最高车速: "+maxSpeed);
35       }
36       //主程序区块
37       public static void main(String args[])
38       {
39          WORK08_02 SLK2000=new WORK08_02("SLK2000");
40          SLK2000.setData();
41          SLK2000.showData();
42       }
43    }
```

【程序运行结果】

程序运行结果如图 8-16 所示。

```
Problems  Javadoc  Declaration  Console  Coverage
<terminated> WORK08_02 [Java Application] C:\Program Files\Java\jre1.8.0_151\bin\javaw.exe (2018年1月8日 下午3:37:00)
BENZ系列：SLK2000基本数据
车身长度：400
汽缸CC数：3200
最高车速：280
```

图　8-16

# 习题

## 1. 填空题

（1）抽象类无法直接使用________运算符实例化类。

（2）抽象方法的存取修饰字不可以设置为________。

（3）使用________来实现类的多重继承关系，会比实现接口方式来得更方便且更有效率。

（4）用户可以利用________指令来导入指定的目标包成员，或搭配________符号将目标包内的所有类与接口一次导入。

（5）所谓内部类就是将某类声明为外部类的________类成员，当某内部类被声明为________类型时，称这个内部类为静态嵌套类。

（6）抽象类与接口最大的差异在于：一个类仅能向上继承单一________，但是可以同时实现多个________。

（7）包外的类仅能存取________的包成员。

（8）包含抽象方法的类语句必须利用________修饰字声明为抽象类。

（9）使用________指令会将程序中所有类或接口加以汇整，并包装形成一种函数库（Library）类型的类集合。

（10）Java 系统允许在________内包含可以进行实现的类成员，而________的内容仅可加入定义常量与抽象成员方法语句。

（11）内部类属于外部类的实例（instance）成员，因此可以直接存取外部类对象的________与________。

（12）抽象类意指利用________修饰字声明的类语句，而接口则是利用________关键词取代 class 来进行类的初始声明动作。

## 2. 问答与实现题

（1）下段程序代码有哪些错误？

```
01    interface MyInterface extends MyClass implements Runnable{
02       String myStr;
03       public void setString(String myStr){
04          myStr=myStr;
05    }
06    abstract public void show();
07    }
```

（2）在 Java 语言中是否可以实现多重继承？试说明之。

（3）何谓包？试说明之。

（4）何谓抽象类方法？

（5）何谓接口？在 Java 中接口所使用的保留字是指什么？

（6）试说明接口与抽象类两者之间最大的差异。

（7）接口内所有成员数据会被定义成什么类型的数据类型？

（8）要在类中实现接口，必须使用哪一个关键词来指定实现的接口？

（9）要想在类之中实现多个接口，可以在每个接口名称之间利用什么符号加以区隔？

（10）为什么在 Java 系统中用包来封装所有相关类？

（11）关于抽象类（abstract class）的使用，有什么需要注意的事项？

（12）在下面的程序代码中，autoMobile 是一个抽象类，其中包含两个抽象方法 setData( ) 及 showData( )。在其派生类重新定义抽象方法，得到图 8-17 所示的运行结果。

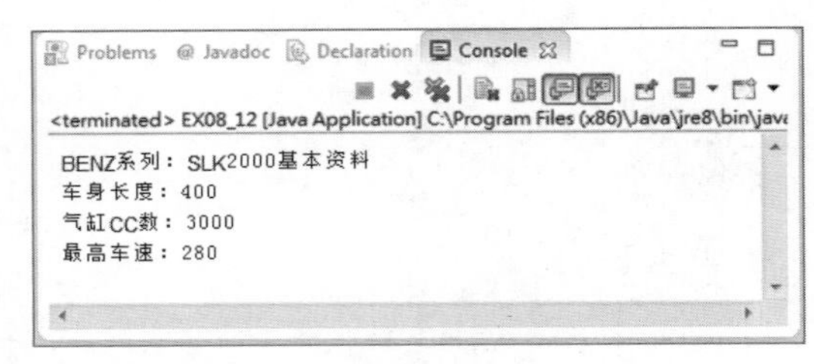


图 8-17

```
08    //名称 :EX08_12.java
09    //说明 : 抽象类
10    //抽象类
11    abstract class autoMobile
12    { //抽象方法
13       abstract public void setData();
14       abstract public void showData();
15    }
16    //派生类
17    class BENZ_Serial extends autoMobile
18    { //成员资料
19       private int carLength, engCC, maxSpeed;
20       //构造函数
21       public BENZ_Serial(String modelName)
22       {
23          System.out.println("BENZ 系列: "+modelName+" 基本数据 ");
24       }
25       //重新定义抽象方法
26       public void setData()
27       {
28          //请在此定义内容
29       }
30       public void showData()
31       {
32          //请在此定义内容
33       }
34    }
35    //主要类
36    public class EX08_12
37    {
38       public static void main(String args[])
39       { //实现抽象类对象
40          autoMobile myCar=null;
41          //实现派生类对象
42          BENZ_Serial SLK2000=new BENZ_Serial("SLK2000");
43          //实现多态
44          myCar=SLK2000;
```

```
45          myCar.setData();
46          myCar.showData();
47      }
48  }
```

（13）在下面接口实现的范例中，哪里出错？

```
01  //名称:EX08_13.java
02  //说明:接口实现
03  //声明接口一
04  interface autoMobile_setData
05  { //成员方法
06     void setData();
07  }
08  //声明接口二
09  interface autoMobile_showData
10  { //成员方法
11     void showData();
12  }
13  //接口实现类
14  class EX08_13 extends autoMobile_setData, autoMobile_showData
15  { //成员资料
16     int carLength, engCC, maxSpeed;
17     //构造函数
18     public EX08_13(String modelName)
19     {
20        System.out.println("BENZ 系列: "+modelName+"基本数据");
21     }
22     //重新定义抽象方法
23     public void setData()
24     {
25        carLength=400;
26        engCC=3200;
27        maxSpeed=280;
28     }
29     public void showData()
30     {
31        System.out.println("车身长度: "+carLength);
32        System.out.println("汽缸CC数: "+engCC);
33        System.out.println("最高车速: "+maxSpeed);
34     }
35     //主程序区块
36     public static void main(String args[])
37     {
38        EX08_13 SLK2000=new EX08_13("SLK2000");
39        SLK2000.setData();
40        SLK2000.showData();
41     }
42  }
```

# 第 9 章

# Java 常用类介绍

Java 的类库已定义并实现了很多实用的类，各种类也针对该类的特性设计了许多实用的方法；了解这些常用的类，不仅可以在 Java 程序开发中灵活运用，也可以减少许多无谓的类重复开发的时间。

本章将介绍几种相当实用的类。

### 学习目标

- 了解 Java 类库常见实用类的功能。
- 掌握各实用类的使用。

### 学习内容

- Math 类。
- Number 类。
- Vector 类。

## 9-1 Math 类

Math 类主要提供数字的运算方法。在程序的演算中常需要处理数字间的运算，在 Math 类中提供了许多运算方法。例如，随机数、指数、三角函数、开根号等。由于 Math 类中的方法皆声明为静态（static），因此，可以使用下列方式使用这些方法：

```
Math.abs(数值);          //对数值做绝对值处理
```

### 9-1-1 Math 类的常量

Math 类里定义了两个数学上常使用的常量，E 和 PI，如表 9-1 所示。

表 9-1

| 常量名称 | 说明 |
|---|---|
| E | 数学上的自然常数 e，大约是 2.718 281 828 459 045 |
| PI | 圆周率（π） |

## 9-1-2　随机数的方法

随机数是指系统自动帮程序产生所需要范围内的随机数字，它的方法如表 9-2 所示。

表　9-2

| 方 法 名 称 | 说　明 |
| --- | --- |
| static double random ( ) | 随意产生一个介于 0.0~1.0 的数字 |

虽然随机数生成的数字默认是介于 0.0~1.0 之间，不过还是可以利用一些计算的小技巧，使所产生的随机数符合程序的范围需求，以下是它的设置方法：

【自行定义随机数生成逻辑】

```
(数据类型)(random()*(最大范围值 - 最小范围值 +1)+ 最小范围值);
```

经过如此设置后，就能随意产生所需的范围数字。例如，需要产生一个介于 30~100 之间的数字，它的设置如下：

```
int a=(int)(random()*71+30);
```

【范例程序：CH09_01】

```
01    /* 文件:CH09_01.java
02     * 说明:随机数的使用方法
03     */
04   public class CH09_01{
05      public static void main(String[] args){
06          double a=Math.random();// 产生一个 double 类型的数字
07          System.out.println(" 默认的随机数形态 a="+a);
08          System.out.println();
09          int[] num=new int[6];
10          System.out.println(" 自己设定大乐透号码的产生器 ");
11          for(int i=0; i<num.length;i++){
12              num[i]=(int)(Math.random()*49+1);// 产生号码
13              System.out.print(num[i]+" ");
14          }
15          System.out.println("\n 恭喜中了头奖 2 亿 !!!");
16      }
17   }
```

【程序运行结果】

程序运行结果如图 9-1 所示。

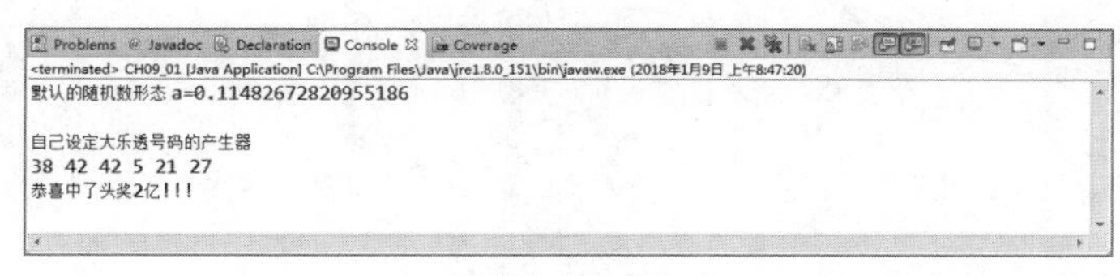


图　9-1

【程序解析】

①第 9 行：设定一个整数数组，存放产生的随机数的值。

②第 11~14 行：利用 for 循环来设定各数组元素的随机数的值，并将范围设定成 1~49 之间。每次运行时所产生的随机数值都不相同。

## 9-1-3　常用的数学类方法

在数学类里，大致上可分为计算结果和数值转换两种方法。

（1）计算结果方法

计算结果方法如表 9-3 所示。

表 9-3

| 方 法 名 称 | 说 明 |
| --- | --- |
| static 数据类型 max( 数据类型 a, 数据类型 b) | 返回两个相同数据类型的数值 a、b 中的最大值 |
| static 数据类型 min( 数据类型 a, 数据类型 b) | 返回两个相同数据类型的数值 a、b 中的最小值 |
| static double pow(double a, double b) | 返回底数 a 的 b 次方值 |
| static double sqrt(double a) | 返回数值 a 的开根号值 |
| static double exp(double a) | 返回以自然常数 e 为底的指数值，即 e 的 a 次方 |
| static double log(double a) | 返回数字 a 的对数值 |
| static double sin(double a) | 返回 a（弧度）的三角函数的正弦值 |
| static double cos(double a) | 返回 a（弧度）的三角函数的余弦值 |
| static double tan(double a) | 返回 a（弧度）的三角函数的正切值 |
| static double asin(double a) | 返回 a（弧度）的三角函数的反正弦值 |
| static double acos(double a) | 返回 a（弧度）的三角函数的反余弦值 |
| static double atan(double a) | 返回 a（弧度）的三角函数的反正切值 |

【范例程序：CH09_02】

```
01    /* 文件 :CH09_02.java
02     * 说明 :Math 类的计算方法
03     */
04    public class CH09_02{
05       public static void main(String[] args){
06          int num1=68,num2=77;
07          int Max=Math.max(num1,num2);
08          System.out.println("Max="+Max);                      // 找最大值
09          double d1=45.67,d2=86.11;
10          double min=Math.min(d1,d2);                          // 找最小值
11          System.out.println("min="+min);
12
13          System.out.println(" 次方与开根号的计算 :");
14          int a=5,b=4,c=25;
15          System.out.println(a+" 的 "+b+" 次方 ="+Math.pow(a,b)); // 计算次方
16          System.out.println(c+" 的开根号 ="+Math.sqrt(c));     // 计算开根号
17       }
18    }
```

【程序运行结果】

程序运行结果如图 9-2 所示。

```
Problems  @ Javadoc  Declaration  Console  Coverage
<terminated> CH09_02 [Java Application] C:\Program Files\Java\jre1.8.0_151\bin\javaw.exe (2018年1月9日 上午8:50:36)
Max=77
min=45.67
次方与开根号的计算:
5的4次方=625.0
25的开根号=5.0
```

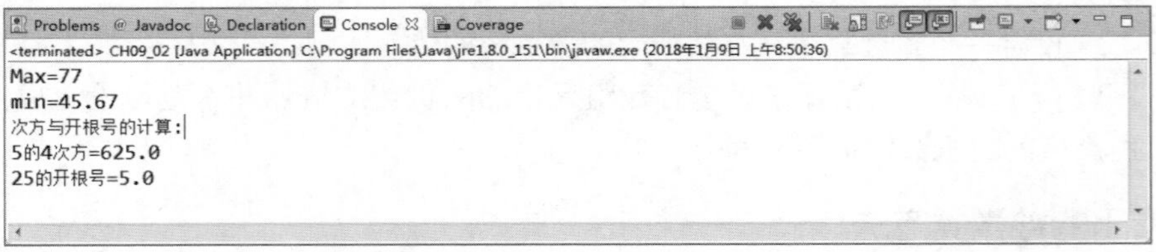

图 9-2

【程序解析】

① 第 7、10 行：分别使用两个不同的数据类型，找出最大值与最小值。

② 第 15、16 行：计算数值的次方和开根号，因为这两种方法的默认类型是 double，所以输出时是以 double 的类型输出。

(2) 数值转换方法

数值转换方法如表 9-4 所示。

表 9-4

| 方法名称 | 说明 |
|---|---|
| static double toRadians(double a) | 将弧度 a 转换成角度 |
| static double toDegrees(double a) | 将角度 a 转换成弧度 |
| static double ceil(double a) | 将数值 a 以无条件进位法取到整数 |
| static double floor(double a) | 将数值 a 以无条件舍去法取到整数 |
| static double rint(double a) | 返回双精度浮点数 a 最接近的整数值，当个位数为奇数时，小数第一位会四舍五入；当为偶数时，则五也会舍去 |
| static int round(float a) | 返回单精度浮点数 a 四舍五入后的整数 |
| static long round(double a) | 返回双精度浮点数 a 四舍五入后的长整数 |
| static 数据类型 abs( 数据类型 a) | 返回不同数据类型的数值 a 的绝对值 |

rint、round、ceil 和 floor 等方法通常是以小数点后第一位作为进位的依据，可以利用以下技巧达到实现不同位数的进位的目的：

【数值进位语法】

① Math. 方法名称（数值 *10n）/10n　　//n 代表取小数字后的第 n 位数

② Math. 方法名称（数值 /10n）* 10n　//n 代表取小数字前的第 n 位数

rint 与 round 两种方法的不同之处在于 round 是单纯的四舍五入法；而 rint 则视要进位的位数数值为偶数还是奇数来决定是否要将 0.5 进位。

【rint 与 round 进位语法】

① a=43. 5// 个位数为奇数

Math.rint(a)=44，Math.round(a)=44

② b=46.5// 个位数为偶数

Math.rint(b)=46，Math.round(b)=47

【范例程序：CH09_03】

```
01    /* 文件 :CH09_03.java
02     * 说明 :Math 类的数值转换方法
03     */
04    public class CH09_03{
05       public static void main(String[] args){
06
07           double d1=12.53,d2=12.5;
08           System.out.println("d1="+d1);
09           System.out.println("rint("+d1+")="+Math.rint(d1));
10           System.out.println("round("+d1+")="+Math.round(d1));
11
12           System.out.println("d2="+d2);
13           System.out.println("rint("+d2+")="+Math.rint(d2));
14           System.out.println("round("+d2+")="+Math.round(d2));
15
```

```
16          double d3=156.347;
17          //不同位数的进位法
18            System.out.println("取小数后2位 ceil("+d3+")="+Math.
ceil(d3*100)/100);
19            System.out.println("取小数前2位 floor("+d3+")="+Math.
floor(d3/100)*100);
20          float f1=-12.45f;
21          System.out.println(f1+"的绝对值="+Math.abs(f1));
22
23          double rad=60;
24          //将角度转换成弧度
25           System.out.println("角度("+rad+")="+"弧度("+Math.toDegrees(60)+
")");
26      }
27  }
```

**【程序运行结果】**

程序运行结果如图 9-3 所示。

```
Problems  Javadoc  Declaration  Console  Coverage
<terminated> CH09_03 [Java Application] C:\Program Files\Java\jre1.8.0_151\bin\javaw.exe (2018年1月9日 上午8:51:20)
d1=12.53
rint(12.53) =13.0
round(12.53) =13
d2=12.5
rint(12.5) =12.0
round(12.5) =13
取小数后2位 ceil(156.347) =156.35
取小数前2位 floor(156.347)=100.0
-12.45的绝对值=12.45
角度(60.0) = 弧度(3437.7467707849396)
```

图 9-3

**【程序解析】**

① 第 7~14 行：使用不同数值，返回 rint 和 round 的数值，可以发现 rint 不只考虑所要求的进位位数，还会考虑进位位数后的数字，所以 rint 是取最接近该数的整数数字。

② 第 21 行：取数值的绝对值。

③ 第 25 行：将角度 60° 转换成弧度。

## 9-2 Number 类

Number 类是一个抽象的类，并包含了派生类 Byte、Double、Float、Integer、Long 和 Short，这些派生类都被定义为 final 类，也就是说不能再重载和覆写它们的方法。

### 9-2-1 Number 类简介

Number 类是一种类型包装（type-wrapper）类。所谓的类型包装类的主要功能是将基本数据类型包装成对象类型，所以除了 Number 类之外，Boolean 类、Character 类和 Void 类都属于类型包装类。

这些基本的数据类型之所以需要被包装成对象类型，是因为 Java 是一种纯面向对象的程序设计语言，在程序代码的编写上会使用到相当多的对象类型和方法，而当程序中需要使用基本数据类型的数据时，就会造成数据类型的不一致，所以需要将基本数据类型包装成对象类型来存储和使用。

Number 类中派生类的构造函数，如表 9-5 所示。

表　9-5

| 构 造 函 数 | 说　明 |
|---|---|
| 数据类型（基本数据类型 数值） | 以数值方式建立一个对象类型的基本数据类型，其中的信息类型为 Byte、Double、Float、Integer、Long 和 Short |
| 数据类型（String 字符串） | 以字符串方式建立一个对象类型的基本数据类型 |

## 9-2-2　Number 类常用方法

在 Number 类的派生类中定义了下列常量，可供程序使用，如表 9-6 所示。

表　9-6

| 常 量 名 称 | 说　明 |
|---|---|
| MAX_VALUE | Number 类中各类型派生类的最大值 |
| MIN_VALUE | Number 类中各类型派生类的最小值 |
| TYPE | 用 Number 类中的数据类型表示其基本数据类型 |
| NaN | Not a Number，Double 和 Float 类型中代表接近 0 的数值除以 0 的非数值 |
| NEGATIVE_INFINITY | Double 和 Float 类型中的负无穷大常量 |
| POSTITIVE_INFINITY | Double 和 Float 类型中的正无穷大常量 |

接下来介绍 Number 类和其派生类中常用的一些方法，如表 9-7 所示。

表　9-7

| 方 法 名 称 | 说　明 |
|---|---|
| abstract int intValue( ) | 将 Number 类中的对象数值转换成 int 数值 |
| abstract long longValue( ) | 将 Number 类中的对象数值转换成 long 数值 |
| abstract float floatValue( ) | 将 Number 类中的对象数值转换成 float 数值 |
| abstract double doubleValue( ) | 将 Number 类中的对象数值转换成 double 数值 |
| byte byteValue( ) | 将 Number 类中的对象数值转换成 byte 数值 |
| short shortValue( ) | 将 Number 类中的对象数值转换成 short 数值 |
| int compareTo( 数据类型 其他数据类型 ) | 比较两个信息类型的数值，等于 0 代表相等，大于 0 表示参数内的数值较小，大于 0 表示参数内的数值较大 |
| int compareTo(Object 对象 ) | 比较对象的数值大小，等于 0 代表相等，大于 0 表示参数内的数值较小，大于 0 表示参数内的数值较大 |
| static int compare( 基本浮点数类型 浮点数名称，基本浮点数类型 浮点数名称 ) | 比较两个浮点数的大小 |
| boolean equals(Object 对象 ) | 比较两个对象是否相等，true 表示相等，false 表示不相等 |

【范例程序：CH09_04】

```
01    /* 文件 :CH09_04.java
02     * 说明 :Number 类的常用方法
03     */
04    public class CH09_04{
05       public static void main(String[] args){
06          // 输出 Number 类各对象数据类型的最大与最小值
07             System.out.println("(Byte)\n 最 大 值 ="+Byte.MAX_VALUE+"  最 小 值
="+Byte.MIN_VALUE);
```

```
08          System.out.println("(Integer)\n 最大值 ="+Integer.MAX_VALUE+" 最小值
="+Integer.MIN_VALUE);
09          System.out.println("(Short)\n 最大值 ="+Short.MAX_VALUE+" 最小值
="+Short.MIN_VALUE);
10          System.out.println("(Long)\n 最大值 ="+Long.MAX_VALUE+" 最小值
="+Long.MIN_VALUE);
11          System.out.println("(Float)\n 最大值 ="+Float.MAX_VALUE+" 最小值
="+Float.MIN_VALUE);
12          System.out.println("(Double)\n 最大值 ="+Double.MAX_VALUE+" 最小值
="+Double.MIN_VALUE);
13          // 声明与建立各数字的对象数据类型
14          Integer Int1=new Integer(100);
15          Float F1=new Float(123.456);
16          Float F2=new Float(123.456);
17          Double D1=new Double(123.456);
18          // 将对象类型的数值转换成一般数据类型
19          int i1=Int1.intValue();
20          double d1=F1.doubleValue();
21          System.out.println("\n[Integer->int]\n  Int1="+Int1+"\t-> i1="+i1);
22          System.out.println("[Double->double]\n  D1="+D1+"\t->d1="+d1);
23          System.out.println("[Float->int]\n  F1="+F1+"\t-> "+"F1="+F1.intValue());
// 将 Float 转换成 int 类型
24          // 比较两个对象类型
25          System.out.println(" 比较 F1 和 F2 的数值结果 :"+F1.equals(F2));
26          System.out.println(" 比较 F1 和 D1 的数值结果 :"+F1.equals(D1));
27          // 比较同对象类型的数值大小
28          if(F1.compareTo(F2)==0)
29             System.out.println("F1 和 F2 相等 ");
30          else if(F1.compareTo(F2)>0)
31             System.out.println("F1 大于 F2");
32          else
33             System.out.println("F1 小于 F2");
34       }
35    }
```

【程序运行结果】

程序运行结果如图 9-4 所示。

```
(Byte)
最大值=127 最小值=-128
(Integer)
最大值=2147483647 最小值=-2147483648
(Short)
最大值=32767 最小值=-32768
(Long)
最大值=9223372036854775807 最小值=-9223372036854775808
(Float)
最大值=3.4028235E38 最小值=1.4E-45
(Double)
最大值=1.7976931348623157E308 最小值=4.9E-324

[Integer->int]
  Int1=100      -> i1=100
[Double->double]
  D1=123.456    -> d1=123.45600128173828
[Float->int]
  F1=123.456    -> F1=123
比较F1和F2的数值结果:true
比较F1和D1的数值结果:false
F1和F2相等
```

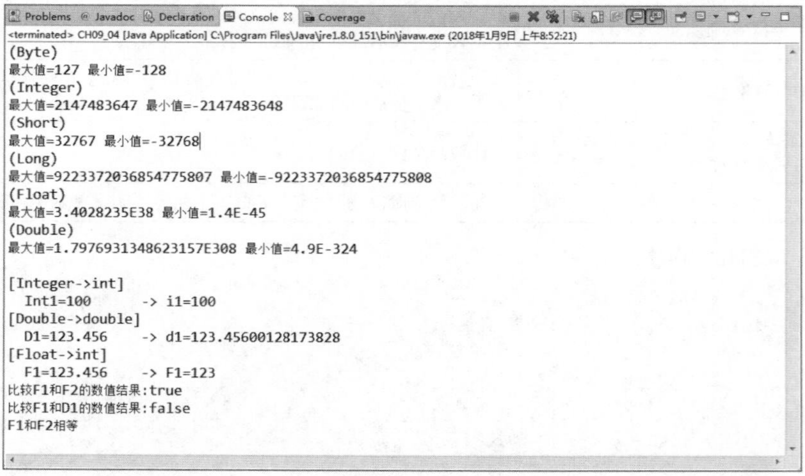

图 9-4

【程序解析】

① 第 25、26 行：eauals( ) 方法可以比较两个不同数据类型的数字对象。

② 第 28~33 行：当 compareTo( ) 方法要比较两个不同类型的对象时，必须要处理 ClassCast Exception 异常事件。

## 9-2-3　字符串与数值转换

对象数据类型的数值可以转换成基本数据类型的数值，数值和字符串类型表示的数值之间也可以互相转换，接下来介绍两者的转换方法。

（1）数值转换成字符串

数值转换成字符串的转换方法如表 9-8 所示。

表　9-8

| 方　法　名　称 | 说　　明 |
|---|---|
| String toString( ) | 将各 Number 类中的对象类型转换成字符串类型 |
| static String toString( 对象类型 ) | 将对象类型的数值转换成十进制的字符串 |
| static String toString( 对象类型 对象 ,int 进位法 ) | 将各 Number 类的对象类型的数值转换成特定的进位制字符串 |
| static String valueOf(Object 对象 ) | 将各 Number 类的对象类型转换成字符串 |
| static String valueOf( 信息类型 参数 ) | 将基本数据类型的数值转换成字符串 |

（2）字符串转换成数值

字符串转换成数值的转换方法如表 9-9 所示。

表　9-9

| 方　法　名　称 | 说　　明 |
|---|---|
| static 对象类型 parse 对象类型 (String s) | 将字符串以基本数字数据类型来表示 |
| static 对象类型 parse 对象类型 (String 字符串 ,int 进位法 ) | 将字符串转换成以特定的进位制表示的基本信息类型 |
| static 对象类型 valueOf(String 字符串 ) | 将字符串转换成 Number 类中的对象类型 |
| static 对象类型 valueOf(String 字符串 , int 进位法 ) | 将字符串转换成特定进位制表示 Number 类中的整数对象类型 |

【范例程序：CH09_05】

```
01    /* 文件 :CH09_05.java
02     * 说明 : 数值与字符串的转换
03     */
04    public class CH09_05{
05       public static void main(String[] args){
06
07           System.out.println(" 数值转字符串 ");
08           Integer I1=new Integer(20);
09           Double D2=new Double("4.56");
10           String str1=I1.toString();
11           String str2=D2.toString();
12           String str3=Integer.toBinaryString(20);
13           String str4=Integer.toString(20,8);
14
15           System.out.println("[Integer -> Sting] str1="+str1);
16           System.out.println("[Double -> String] str2="+str2);
17           System.out.println("[20 的二进制 ] -> str3="+str3);
```

```
18          System.out.println("[20 的八进制 ] -> str4="+str4);
19          Double a=new Double( 123.9870);
20          System.out.println(" 将数字转换成字符串 :"+String.valueOf(a));
// 字符串类里介绍过
21
22          System.out.println("\n 字符串转数字 ");
23          String s1=new String("123");
24          int i1=Integer.parseInt(s1);// 将 s1 字符串转换成 int 数据类型
25          String s2=new String("456");
26           int i2=Integer.valueOf(s2).intValue();// 将 s2 字符串转换成 int 数据类
型
27          System.out.println("s1="+s1+"\t"+"s2="+s2);
28          System.out.println("i1="+i1+"\t"+"i2="+i2);
29          System.out.println("s1+5="+(s1+5));
30          System.out.println("i1+5="+(i1+5));
31          System.out.println("i2+i1="+(i2+i1));
32      }
33  }
```

【程序运行结果】

程序运行结果如图 9-5 所示。

```
Problems  Javadoc  Declaration  Console  Coverage
<terminated> CH09_05 [Java Application] C:\Program Files\Java\jre1.8.0_151\bin\javaw.exe (2018年1月9日 上午8:54:03)
数值转字符串
[Integer -> Sting] str1=20
[Double -> String] str2=4.56
[20的二进制] -> str3=10100
[20的八进制] -> str4=24
将数字转换成字符串:123.987

字符串转数字
s1=123  s2=456
i1=123  i2=456
s1+5=1235
i1+5=128
i2+i1=579
```

图 9-5

【程序解析】

① 第 12、13 行：Number 类中的整数对象类型，可以直接使用方法将数值转换成 2、8 和 16 三种进位制表示的字符串。而 Number 类中所有的对象都可以参数来决定所要表示的进位制。

② 第 24 行：将字符串直接以 parseInt 的方式转换成数字。

③ 第 26 行：将字符串以 valueOf 的方式转换成对象类型再转换成 int 类型。

④ 第 27~31 行：将字符串与数字以”+”进行运算并输出，其中字符串类型是以串接表示，而数字是做加法运算。

## 9-3 Vector 类

Vector 类和 ArrayList 类的功能相似，主要的差别是 Vector 类可以应用多线程来同步化处理数据。Vector 类的继承关系如图 9-6 所示。

```
java.lang.Object
└ java.util.AbstractCollection
   └ java.util.AbstractList
      └ java.util.Vector
```

图 9-6

## 9-3-1　Vector 类简介

与数组相同，Vector 类里的向量（vector）元素使用索引值来存取，此类的向量大小能随着元素的加入或删除而相应增减。Vector 类的构造函数如表 9-10 所示。

表　9-10

| 构 造 函 数 | 说　明 |
|---|---|
| Vector( ) | 建立一个空向量对象，默认的容量为 10 |
| Vector(Collection 集合对象 a) | 以集合对象 a 来建立向量对象 |
| Vector(int 容量 a) | 建立一个设定起始容量 a 的向量对象 |
| Vector(int 容量 a, int 容量增量 b) | 建立一个向量对象并设定起始容量 a 和每增加一个元素所增加的容量 b |

## 9-3-2　Vector 类的常用方法

Vector 类中有些方法是和 ArrayList 类方法相同的，在此只列出 Vector 类中有而 ArrayList 类中没有的常用方法，如表 9-11 所示。

表　9-11

| 方 法 名 称 | 说　明 |
|---|---|
| int capacity( ) | 返回向量对象目前的容量 |
| void copyInto(Object[ ] 数组 a) | 复制向量对象中的元素给指定的数组 a，必须确保数组有足够的容量 |
| void setSize(int 容量大小 a) | 重新设置向量对象的容量为 a |
| Object elementAt(int 索引值 a) | 返回位于指定索引值为 a 的对象 |
| Object firstElement( ) | 返回向量对象中的第一个元素 |
| Object lastElement( ) | 返回向量对象中的最后一个元素 |
| void setElementAt(Object 对象 a, int 索引值 b) | 将向量对象中特定索引值 b 的元素取代成新对象 a |
| void removeElementAt(int 索引值 a) | 删除向量对象中索引值 a 指定的元素 |
| void insertElementAt(Object 对象 a, int 索引值 b) | 插入对象 a 到向量对象指定的位置 b |
| void addElement(Object 对象 ) | 新建对象到向量对象的尾端 |
| boolean removeElement(Object 对象 a) | 删除向量对象中的对象 a，成功则返回 true |
| boolean containsAll(Collection 集合对象 a) | 如果向量对象包含集合对象 a 所有的元素，则返回 true |
| boolean retainAll(Collection 集合对象 a) | 保留向量对象中的集合对象 a 的元素 |

【范例程序：CH09_06】

```
01    /* 文件 :CH09_06.java
02     * 说明 :Vector 类的使用方法
03     */
04    import java.util.Vector;
05    public class CH09_06{
06       public static void main(String[] args){
07          Vector ve=new Vector();// 建立一个空 Vector 对象
08          Integer I=new Integer(5);
09          Float F=new Float (12.23);
10          // 新建元素
11          ve.addElement("Java");
12          ve.add(I);
13          ve.addElement(F);
```

```
14          ve.addElement(new Double(45.68));
15          System.out.println("Vector 目前的内容 ="+ve);
16          System.out.println("Vector 目前的容量 ="+ve.capacity());
17          System.out.println("Vectour 目前的大小 ="+ve.size());
18          System.out.println("Vector 中第 3 个索引值的元素 ="+ve.elementAt(3));
19          System.out.println(" 删除元素 F 的结果为 : "+ve.removeElement(F));
20          System.out.println("Vector 目前的内容 ="+ve);
21          ve.insertElementAt("Hello",2);// 插入元素
22          System.out.println("Vector 目前的内容 ="+ve);
23          ve.trimToSize();// 整合容量与大小
24          System.out.println("Vector 目前的容量 ="+ve.capacity());
25          System.out.println("Vectour 目前的大小 ="+ve.size());
26          System.out.println("Vector 中最后一个元素 ="+ve.lastElement());
27          String str=ve.toString();
28          System.out.println(" 字符串的内容 ="+str);
29      }
30  }
```

【程序运行结果】

程序运行结果如图 9-7 所示。

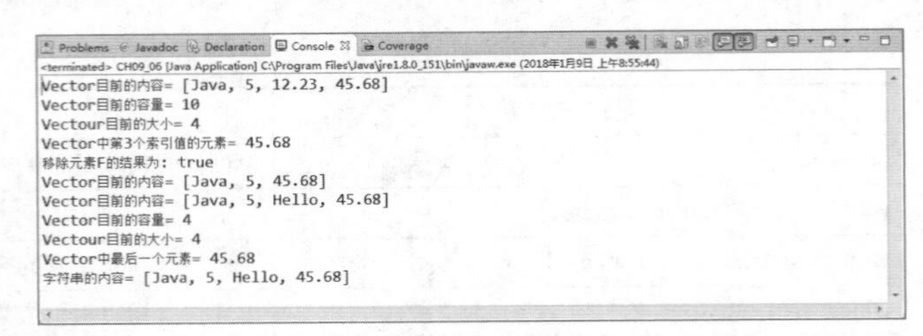

图 9-7

【程序解析】

① 第 4 行 : 引用 Vector 套件。

② 第 11~14 行 : 新建 Vector 对象元素的各种方法。

③ 第 15 行 : 输出 Vector 对象的各元素。

④ 第 16、17 行:输出 Vector 对象的容量和大小。其中，容量为默认的 10，大小为元素的个数。

⑤ 第 18 行 : 取得 Vector 对象中特定索引值的元素。

⑥ 第 19 行 : 删除 Vector 对象中的特定元素，当返回 true 时，代表删除成功。

⑦ 第 23~25 行 : 使用 trimToSize( ) 方法，使容量等于对象的大小。

## 9-4 本章进阶应用练习实例

Math、Number、Collection 及 Arrays 类提供了许多种实用的方法，如果配合以下的练习，相信对于概念的进一步了解会更有帮助。

### 9-4-1 乐透幸运号码产生器

利用二维数组编程实现一个乐透彩号码产生器，产生随机数的次数为 1 000 000 次，并列出出现随机数最高次数的 6 个数字。

```
01    // 以多维数组实现随机数生成器
02    import java.util.*;
03    public class WORK09_01{
04       public static void main(String[] args){
05          // 变量声明
06          int intCreate=1000000;                // 产生随机数次数
07          int intRand;                          // 产生的随机数号码
08          int[][] intArray=new int[2][42];      // 置放随机数数组
```

```
09
10          //将产生的随机数存放至数组
11          while(intCreate-->0){
12             intRand=(int)(Math.random()*42);
13             intArray[0][intRand]++;
14             intArray[1][intRand]++;
15          }
16
17          //对 intArray[0] 数组做排序
18          Arrays.sort(intArray[0]);
19
20          //找出最大数六个数字号码
21          for(int i=41;i>(41-6);i--){
22
23             //逐一检查次数相同者
24             for(int j=41;j>=0;j--){
25
26                //当次数符合时输出
27                if(intArray[0][i]==intArray[1][j]){
28                   System.out.println("随机数号码"+(j+1)+"出现 "+intArray[0]
[i]+" 次");
29                   intArray[1][j]=0;//将找到的数值将次数归零
30                   break;            //中断内循环，继续外循环
31                }
32             }
33          }
34       }
35    }
```

【程序运行结果】

程序运行结果如图 9-8 所示。

```
Problems  Javadoc  Declaration  Console  Coverage
<terminated> WORK09_01 [Java Application] C:\Program Files\Java\jre1.8.0_151\bin\javaw.exe (2018年1月9日 上午8:57:13)
随机数号码 5 出现 24075 次
随机数号码 42 出现 24064 次
随机数号码 17 出现 24041 次
随机数号码 32 出现 24036 次
随机数号码 39 出现 23982 次
随机数号码 36 出现 23978 次
```

图　9-8

## 9-4-2　在数组集合加入不同的数据类型

ArrayList 类可以视为一个动态数组。ArrayList 类可通过实现 List 接口来自由控制 ArrayList 对象中所存放的对象。例如，新建、删除、转换等。一般数组中只能存放相同类型的对象，ArrayList 则可以存放不同类型的对象。接下来介绍如何在数组集合加入不同数据类型的对象。

```
01    //利用数组集合加入不同数据类型
02    import java.util.*;
03    public class WORK09_02{
04       public static void main(String[] args){
05          //声明变量
06          Integer intVal=new Integer(2009);
07          String strVal1=new String("Happy");
08          String strVal2=new String("New");
09          String strVal3=new String("Year");
```

```
10          Double doubleVal=new Double("99999");
11          ArrayList multipleType=new ArrayList();
12
13          //新建数据字数组集合
14          multipleType.add(intVal);
15          multipleType.add(strVal1);
16          multipleType.add(strVal2);
17          multipleType.add(strVal3);
18          multipleType.add(doubleVal);
19
20          //数组集合方法的应用
21          System.out.print("检查multipleType集合中有无doubleVal对象: ");
22          System.out.println(multipleType.contains(doubleVal));
23          for(int i=0;i<multipleType.size();i++){
24              System.out.print("multipleType集合中索引值 "+i+" 的对象值为: ");
25              System.out.println(multipleType.get(i));
26          }
27      }
28  }
```

【程序运行结果】

程序运行结果如图 9-9 所示。

```
Problems  @ Javadoc  Declaration  Console  Coverage
<terminated> WORK09_02 [Java Application] C:\Program Files\Java\jre1.8.0_151\bin\javaw.exe (2018年1月9日 上午8:58:46)
检查multipleType集合中有无doubleVal对象：true
multipleType集合中索引值 0 的对象值为：2009
multipleType集合中索引值 1 的对象值为：Happy
multipleType集合中索引值 2 的对象值为：New
multipleType集合中索引值 3 的对象值为：Year
multipleType集合中索引值 4 的对象值为：99999.0
```

图　9-9

## 9-4-3　矩阵相乘

两个矩阵 $\boldsymbol{A}$ 与 $\boldsymbol{B}$ 可以相乘有一个限制条件：若 $\boldsymbol{A}$ 为一个 $m \times n$ 矩阵，则 $\boldsymbol{B}$ 必须是一个 $n \times p$ 矩阵，$\boldsymbol{A} \times \boldsymbol{B}$ 之后的结果矩阵 $\boldsymbol{C}$ 则是一个 $m \times p$ 矩阵，如下所示：

$$\underset{m \times n}{\begin{bmatrix} a_{11} & \cdots & a_{1n} \\ \vdots & & \vdots \\ a_{m1} & \cdots & a_{mn} \end{bmatrix}} \times \underset{n \times p}{\begin{bmatrix} b_{11} & \cdots & b_{1p} \\ \vdots & & \vdots \\ b_{n1} & \cdots & b_{np} \end{bmatrix}} = \underset{m \times p}{\begin{bmatrix} c_{11} & \cdots & c_{1p} \\ \vdots & & \vdots \\ c_{m1} & \cdots & c_{mp} \end{bmatrix}}$$

$$C_{11}= a_{11} \times b_{11}+ a_{12} \times b_{21}+\cdots+ a_{1n} \times b_{n1}$$

……

$$C_{1p}= a_{11} \times b_{1p} + a_{12} \times b_{2p}+ \cdots + a_{1n} \times b_{np}$$

……

$$C_{mp} = a_{m1} \times b_{1p} + a_{m2} \times b_{2p}+ \cdots + a_{mn} \times b_{np}$$

两个矩阵 $\boldsymbol{A}$ 与 $\boldsymbol{B}$ 的相乘：

```
01  //===============Program Description===============
02  // 程序名称:  WORK09_03.java
```

```
03    // 程序目的: 运算两个矩阵相乘的结果
04    //=====================================================
05
06    import java.io.*;
07    public    class WORK09_03
08    {
09    public static void main(String args[])throws IOException
10
11    {
12       int M,N,P;
13       int i,j;
14       String strM;
15       String strN;
16       String strP;
17       String tempstr;
18       BufferedReader keyin=new BufferedReader(new
InputStreamReader(System.in));
19       System.out.println("请输入矩阵A的维数(M,N): ");
20       System.out.print("请先输入矩阵A的M值: ");
21       strM=keyin.readLine();
22       M=Integer.parseInt(strM);
23       System.out.print("接着输入矩阵A的N值: ");
24       strN=keyin.readLine();
25       N=Integer.parseInt(strN);
26       int A[][]=new int[M][N];
27       System.out.println("[请输入矩阵A的各个元素]");
28       System.out.println("注意!每输入一个值按下Enter键确认输入");
29       for(i=0;i<M;i++)
30          for(j=0;j<N;j++)
31          {
32          System.out.print("a"+i+j+"=");
33          tempstr=keyin.readLine();
34          A[i][j]=Integer.parseInt(tempstr);
35          }
36       System.out.println("请输入矩阵B的维数(N,P): ");
37       System.out.print("请先输入矩阵B的N值: ");
38       strN=keyin.readLine();
39       N=Integer.parseInt(strN);
40       System.out.print("接着输入矩阵B的P值: ");
41       strP=keyin.readLine();
42       P=Integer.parseInt(strP);
43       int B[][]=new int[N][P];
44       System.out.println("[请输入矩阵B的各个元素]");
45       System.out.println("注意!每输入一个值按下Enter键确认输入");
46       for(i=0;i<N;i++)
47          for(j=0;j<P;j++)
48          {
49          System.out.print("b"+i+j+"=");
50          tempstr=keyin.readLine();
51          B[i][j]=Integer.parseInt(tempstr);
52          }
53       int C[][]=new int[M][P];
54       MatrixMultiply(A,B,C,M,N,P);
55       System.out.println("[AxB的结果是]");
56       for(i=0;i<M;i++)
57       {
```

```
58          for(j=0;j<P;j++)
59          {
60          System.out.print(C[i][j]);
61          System.out.print('\t');
62          }
63          System.out.println();
64      }
65   }
66   public static void MatrixMultiply(int arrA[][],int arrB[][],int arrC[]
[],int M,int N,int P)
67   {
68      int i,j,k,Temp;
69      if(M<=0||N<=0||P<=0)
70      {
71         System.out.println("[错误：维数M,N,P必须大于0]");
72         return;
73      }
74      for(i=0;i<M;i++)
75         for(j=0;j<P;j++)
76         {
77            Temp=0;
78            for(k=0;k<N;k++)
79               Temp=Temp+arrA[i][k]*arrB[k][j];
80            arrC[i][j]=Temp;
81         }
82      }
83   }
```

【程序运行结果】

程序运行结果如图 9-10 所示。

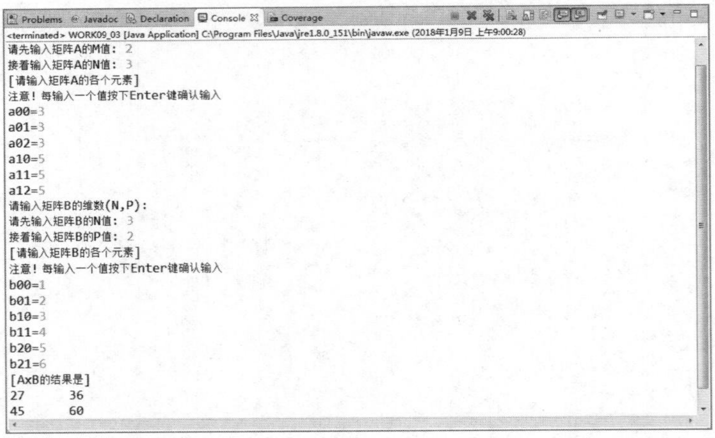

```
<terminated> WORK09_03 [Java Application] C:\Program Files\Java\jre1.8.0_151\bin\javaw.exe (2018年1月9日 上午9:00:28)
请先输入矩阵A的M值: 2
接着输入矩阵A的N值: 3
[请输入矩阵A的各个元素]
注意!每输入一个值按下Enter键确认输入
a00=3
a01=3
a02=3
a10=5
a11=5
a12=5
请输入矩阵B的维数(N,P):
请先输入矩阵B的N值: 3
接着输入矩阵B的P值: 2
[请输入矩阵B的各个元素]
注意!每输入一个值按下Enter键确认输入
b00=1
b01=2
b10=3
b11=4
b20=5
b21=6
[AxB的结果是]
27	36
45	60
```

图 9-10

## 9-4-4 稀疏矩阵

稀疏矩阵最简单的定义就是：若一个矩阵中大部分的元素为 0，即可称为稀疏矩阵（Sparse Matrix）。例如，图 9-11 所示的矩阵就是相当典型的稀疏矩阵。

也可以直接使用传统的二维数组来保存稀疏矩阵，但是稀疏矩阵中许多元素都是 0，采用二维数组存储会十分浪费内存空间。

改进方法就是利用三项式（3-tuple）的数据结构：把每一个非零项目以（i,j,item-value）来表示，假如一个稀疏矩阵有n个非零项目，那么可以利用一个A（0:n,1:3）的二维数组来存储，其中，A（0,1）代表此稀疏矩阵的列数，A（0,2）代表此稀疏矩阵的行数，A（0,3）则是此稀疏矩阵非零项目的总数；另外，每一个非零项目以（i,j,item-value）来表示，其中，i为此非零项目所在的列数，j为此非零项目所在的行数，item-value则为此非零项的值。从6×6稀疏矩阵为例，以二维数组存储时表示如图9-12所示。

$$
\begin{bmatrix}
25 & 0 & 0 & 32 & 0 & -25 \\
0 & 33 & 77 & 0 & 0 & 0 \\
0 & 0 & 0 & 55 & 0 & 0 \\
0 & 0 & 0 & 0 & 0 & 0 \\
101 & 0 & 0 & 0 & 0 & 0 \\
0 & 0 & 38 & 0 & 0 & 0
\end{bmatrix}_{6\times 6}
$$

图 9-11

| | 1 | 2 | 3 |
|---|---|---|---|
| 0 | 6 | 6 | 8 |
| 1 | 1 | 1 | 25 |
| 2 | 1 | 4 | 32 |
| 3 | 1 | 6 | -25 |
| 4 | 2 | 2 | 33 |
| 5 | 2 | 3 | 77 |
| 6 | 3 | 4 | 55 |
| 7 | 5 | 1 | 101 |
| 8 | 6 | 3 | 38 |

图 9-12

A（0,1）=> 表示此矩阵的列数；

A（0,2）=> 表示此矩阵的行数；

A（0,3）=> 表示此矩阵非零项目的总数。

采用3项式数据结构来压缩稀疏矩阵可以减少不必要的内存浪费。

稀疏矩阵：

```
01    //===============Program Description===============
02    // 程序名称:  WORK09_04.java
03    // 程序目的:  压缩稀疏矩阵并输出结果
04    //================================================
05
06    import java.io.*;
07    public    class WORK09_04
08    {
09    public static void main(String args[])throws IOException
10        {
11            final int _ROWS=8;            //定义列数
12            final int _COLS=9;            //定义行数
13            final int _NOTZERO=8;         //定义稀疏矩阵中不为0的个数
14            int i,j,tmpRW,tmpCL,tmpNZ;
15            int temp=1;
16            int Sparse[][]=new int[_ROWS][_COLS];            //声明稀疏矩阵
17            int Compress[][]=new int[_NOTZERO+1][3]; //声明压缩矩阵
18            for(i=0;i<_ROWS;i++) //将稀疏矩阵的所有元素设为0
19                for(j=0;j<_COLS;j++)
20                    Sparse[i][j]=0;
21            tmpNZ=_NOTZERO;
22            for(i=1;i<tmpNZ+1;i++)
23            {
24                tmpRW=(int)(Math.random()*100);
25                tmpRW=(tmpRW%_ROWS);
```

```
26                tmpCL=(int)(Math.random()*100);
27                tmpCL=(tmpCL%_COLS);
28                if(Sparse[tmpRW][tmpCL]!=0)      //避免同一个元素设定两次数值
而造成压缩矩阵中有 0
29                    tmpNZ++;
30                Sparse[tmpRW][tmpCL]=i;  //随机产生稀疏矩阵中非零的元素值
31            }
32            System.out.println("[稀疏矩阵的各个元素]"); //输出稀疏矩阵的各个元素
33            for(i=0;i<_ROWS;i++)
34            {
35                for(j=0;j<_COLS;j++)
36                    System.out.print(Sparse[i][j]+" ");
37                System.out.println();
38            }
39            /*开始压缩稀疏矩阵*/
40            Compress[0][0]=_ROWS;
41            Compress[0][1]=_COLS;
42            Compress[0][2]=_NOTZERO;
43            for(i=0;i<_ROWS;i++)
44                for(j=0;j<_COLS;j++)
45                    if(Sparse[i][j]!=0)
46                    {
47                        Compress[temp][0]=i;
48                        Compress[temp][1]=j;
49                        Compress[temp][2]=Sparse[i][j];
50                        temp++;
51                    }
52            System.out.println("[稀疏矩阵压缩后的内容]");//输出压缩矩阵的各个元素
53            for(i=0;i<_NOTZERO+1;i++)
54            {
55                for(j=0;j<3;j++)
56                    System.out.print(Compress[i][j]+" ");
57                System.out.println();
58            }
59        }
60    }
```

【程序运行结果】

程序运行结果如图 9-13 所示。

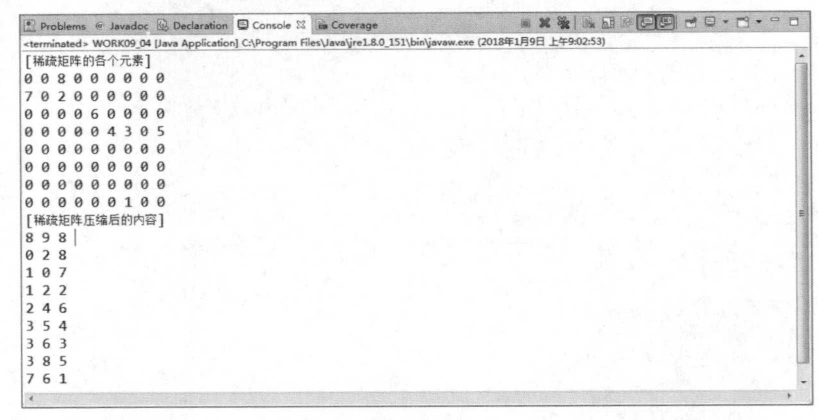


图 9-13

## 习题

### 1. 填空题

（1）________类中定义了一些数学上的一些计算方法。

（2）Math 类中定义了两个数学上常使用的常量：________及________。

（3）________是指系统自动帮程序产生所需要范围内的不定数字。

（4）在数学类中，大致上可分为________和________两种方法。

（5）________类包含了许多数组方面的操作方法，如排序、填入和搜索等。

（6）________类是一种动态的数组。

（7）________类的向量大小能随着加入或删除元素来增减。

### 2. 问答与实现题

（1）如果需要产生一个介于 1~50 之间的数字，随机数函数该如何设定？

（2）举出至少三种 Number 类的派生类。

（3）何谓类型包装类？举出至少三种类型包装类。

（4）简述 rint 与 round 两种方法的不同。

（5）简述集合（Collection）类的主要功能。

（6）写出下列程序的运行结果。

```
43   //程序：EX09_06.java
44   //数值对象的应用
45   public class EX09_06{
46      public static void main(String[] args){
47          //分别定义基本数据类型与数字类
48          int nValA=0;
49          Integer nObjectValA=new Integer(2010);
50          System.out.println("基本类型 nValA="+nValA);
51          System.out.println("数字对象 nObjectValA="+nObjectValA);
52
53          //数字对象与基本类型转换
54          nValA=nObjectValA.intValue();
55          if(nValA!=0)
56             System.out.println("转换成功!!");
57          else
58             System.out.println("转换失败!!");
59          System.out.println("基本类型 nValA="+nValA);
60          System.out.println("数字对象 nObjectValA="+nObjectValA);
61      }
62   }
```

（7）设计程序，输出图 9-14 所示的运行结果。

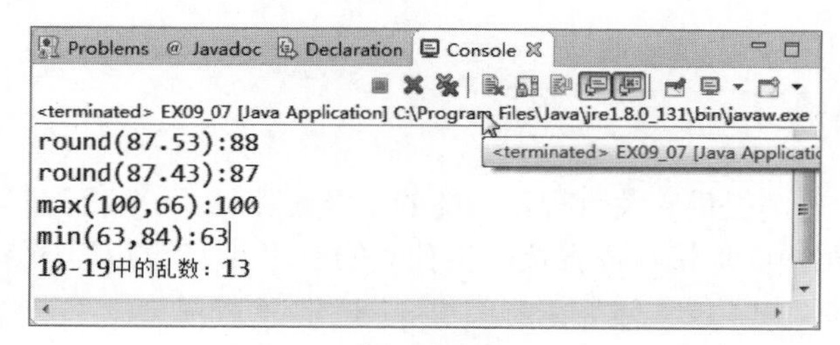


图 9-14

# 第 10 章

# Java 的窗口环境与事件处理

GUI（Graphics User Interface，图形用户接口）是一种以图形化为基础的用户接口，用户在操作时只需要移动鼠标光标，点选一个被赋予功能的图形，双击则可运行此图标相对应的已设计好的程序，达到操作程序的目的。

在 Java 中，AWT（Abstract Window Toolkit）是提供窗口与绘图的基本工具。AWT 是 Java 较早的技术，为了改进 AWT 浪费资源的缺点，Sun 后续又推出了 Swing 类库取代 AWT 类库。Swing 类库提供比 AWT 类库更多的对象，也是 Java 窗口应用程序未来的架构。由于 Swing 的对象是基于 AWT 的 Container 类发展而来的，而以 AWT 开发的窗口应用程序普及度已经很高，即使 Sun 不再扩充 AWT 类库，我们仍有必要在介绍 Swing 技术前对 AWT 技术有所了解。

本章将介绍如何以 Java 的 AWT 类来建构窗口环境，这是 Java 中窗口程序设计开发的基础。

### 学习目标

- 了解 Java 中设计 GUI 窗口环境的 AWT 类库。
- 掌握 AWT 的事件处理方法。

### 学习内容

- GUI 设计。
- 建立第一个窗口程序。
- 窗口的版面布局。
- 窗口的事件处理。
- 低阶事件类。

## 10-1　初探 AWT 套件包

AWT 是在 Java 中专门提供有关可视化功能的工具套件包。一般而言，AWT 套件包主要是可以支持 Applet 窗口的用户图形接口或直接产生独立的 GUI 窗口应用程序。AWT 套件包中拥有相当多的派生类，依据功能的不同，这些派生类可以归纳成 4 种类型：

1. 图形接口

这些类提供了各种管理、建立及设定图形化接口的方法，如 Button（按钮）、List（列表）、Label（标签）等。

2. 版面布局

这些类提供了各种版面布局设置的相关方法，如 BorderLayout（边界配置）、FlowLayout（流向配置）、GridLayout（格状配置）等。

3. 图形描绘

这些类提供各种图形的描绘方法，如 Rectangle（矩形）、Polygon（多边形）等。

4. 事件处理

这些类负责相关事件的引发及事后处理工作，如 MouseEvent（鼠标相关事件的引发处理）、InputEvent（输入相关事件的引发处理）等。

AWT 抽象窗口工具套件包主要涵盖 Java 应用程序及 Applet 所需的用户接口控件（User Interface Controls），这些控件多数派生自 java.awt.Component 类，可以由类树状图中看出个端倪，如图 10-1 所示。

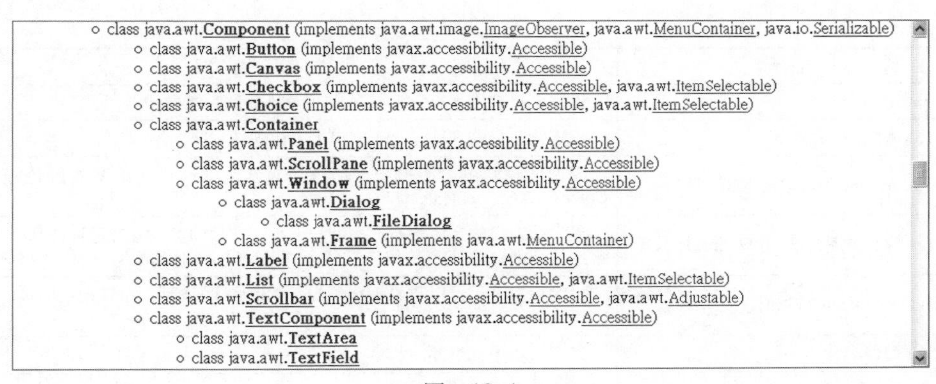

- class java.awt.**Component** (implements java.awt.image.ImageObserver, java.awt.MenuContainer, java.io.Serializable)
  - class java.awt.**Button** (implements javax.accessibility.Accessible)
  - class java.awt.**Canvas** (implements javax.accessibility.Accessible)
  - class java.awt.**Checkbox** (implements javax.accessibility.Accessible, java.awt.ItemSelectable)
  - class java.awt.**Choice** (implements javax.accessibility.Accessible, java.awt.ItemSelectable)
  - class java.awt.**Container**
    - class java.awt.**Panel** (implements javax.accessibility.Accessible)
    - class java.awt.**ScrollPane** (implements javax.accessibility.Accessible)
    - class java.awt.**Window** (implements javax.accessibility.Accessible)
      - class java.awt.**Dialog**
        - class java.awt.**FileDialog**
      - class java.awt.**Frame** (implements java.awt.MenuContainer)
  - class java.awt.**Label** (implements javax.accessibility.Accessible)
  - class java.awt.**List** (implements javax.accessibility.Accessible, java.awt.ItemSelectable)
  - class java.awt.**Scrollbar** (implements javax.accessibility.Accessible, java.awt.Adjustable)
  - class java.awt.**TextComponent** (implements javax.accessibility.Accessible)
    - class java.awt.**TextArea**
    - class java.awt.**TextField**

图 10-1

如图 10-1 所示，直接派生自 java.awt.Component 类的控件有按钮（Button）、画布（Canvas）、复选框（Checkbox）、选项（Choice）、容器（Container）、标签（Label）、列表（List）、滚动条（Scrollbar）、文字组件（TextComponent）等。

## 10-1-1 容器

java.awt.Container 类派生自 java.awt.Component 类，它也是一个组件，其主要功能是用来装载其他组件。容器（Container）组件与其他组件最大的不同在于：一般组件必须先加入容器后才能显示或运行动作。

在 Java 的任何窗口程序中，所有组件在显示或运行动作之前，都必须先将这些组件加入容器中。由 Container 的类继承中可以清楚地了解哪些组件拥有容器的特性，如图 10-2 所示。

- class java.awt.**Container**
  - class java.awt.**Panel** (implements javax.accessibility.Accessible)
  - class java.awt.**ScrollPane** (implements javax.accessibility.Accessible)
  - class java.awt.**Window** (implements javax.accessibility.Accessible)
    - class java.awt.**Dialog**
      - class java.awt.**FileDialog**
    - class java.awt.**Frame** (implements java.awt.MenuContainer)

图 10-2

如图 10-2 所示，继承自 Container 类的组件有 Panel（控制板）、ScrollPane（滚动条控制面板）、Window（窗口）等，其中常用的组件是 Panel 及 Frame。注意：Frame 组件并非直接继承自 Container，而是通过 Window 组件继承后再派生出的组件，这主要是因为 Window 组件广泛地定义了构成窗口所需共通的方法及属性，再通过特殊的用途分别派生出对话框（Dialog）、框架（Frame）等，利用这些窗口容器组件就可以建立出基本的窗口样式了。

### 10-1-2 第一个窗口程序

窗口程序的编写与文本模式有很大差异，除了程序代码的明显增加外，在基本设计原理上也大不相同。Java 的窗口应用程序主要构成因素是各种窗口组件，至于窗口本身，则被视为一种装载这些组件的容器。有关基本窗口建立语法如下所示：

```
import java.awt.* //载入 AWT 套件包
import java.awt.event.* //加载事件处理机制
public class 类名称 extends Frame { }  //以继承 Frame 类方式建立窗口
```

加载 AWT 套件包后，即可使用 AWT 中内置的相关窗口基本方法管理与设定窗口中各项细节。这些常用的类方法如表 10-1 所示。

表 10-1

| 方法名称 | 方法说明 |
|---|---|
| void setSize(int X, int Y) | 设定窗口规格大小，X 与 Y 的相对值单位为像素 |
| void setTitle(String 名称 ) | 设定此窗口的名称，会于窗口上方出现 |
| void setBackground(int 相对字或 RGB 值 ) | 设定此窗口的背景颜色，所谓相对字为 Java 内定的基本颜色标识符，如 Color.CYAN 代表青色 |
| void setFont(int 字体名称 , int 类型 , int 大小 ) | 设定此窗口的字体种类、类型与大小，常用的类型值有三种：Font.PLAIN（平常字）、Font.BOLD（粗体字）、Font.ITALIC（斜体字） |
| void setResizable(boolean 布尔值 ) | 设定窗口是否可以重设大小，当布尔值为 false 时，窗口无法调整，默认值为 true |
| void add(String 组件名称 ) | 在窗口中添加组件 |
| void remove(String 组件名称 ) | 从窗口中删除组件 |
| show( ) | 显示窗口 |

完成窗口建立动作后，接着要将各项组件摆入窗口中，这些组件主要包含三大种类：图形接口组件、版面布局组件与绘图图形组件。在 Java 窗口环境中，组件的动作会触发各种事件，从而引发相应的处理。

了解窗口的构成及各种原理之后，接下来实现第一个窗口程序。在 Java 中建立一个窗口由以下几个步骤完成：

①通过 new 指令建立窗口对象。指令如下：

【建立窗口对象语法格式】

```
Frame  对象名称 =new Frame();
```

②利用窗口组件的 setSize 方法，设定窗口大小。指令如下：

【设定窗口语法格式】

```
对象名称 .setSize( 窗口宽 , 窗口高 );
```

③利用窗口组件的 setVisible( ) 方法，设定窗口的可视状态。指令如下：

【设定为可视窗口语法格式】

```
对象名称 .setVisible(true);
```

【范例程序：CH10_01】

```
01    /* 文件 :CH10_01.java
02     * 说明 : 建立简单的窗口程序
03     */
04    import java.awt.Frame;
05
06    public class CH10_01
07    {
08       public static void main(String[] args)
09       {
10          //建立窗口实例对象
11          Frame frmMyFrame=new Frame();
12
13          //设定窗口大小
14          frmMyFrame.setSize(300,200);
15
16          //设定窗口为可视状态
17          frmMyFrame.setVisible(true);
18       }
19    }
```

【程序运行结果】

程序运行结果如图 10-3 所示。

图 10-3

【程序解析】

①第 11 行：要建立窗口组件必须先利用 new Frame( ) 指令建立窗口实例对象。

②第 17 行：将窗口可视状态设为 true。

由范例 CH10_01 可以发现，通过对象的方式建立一个窗口的外观是如此地简单。这也是 Java 语言一直追求的理念，简单化，凡事都以对象出发，先建立对象，再利用对象所提供的方法做必要的设定，之后就可以轻松地使用对象。

Frame 类除了以上所提两个方法之外，还提供许多必要的窗口控制方法。Frame 构造函数和方法如表 10-2 所示。

表 10-2

| Frame 构造函数 | 意　义 |
|---|---|
| Frame( ) | 建立一个窗口 |
| Frame(String 窗口标题 ) | 建立窗口并指定窗口的标题文字 |
| **Frame 方法** | **意　义** |
| void setIconImage(Image 图形 ) | 设定窗口左上角所显示的图标 Icon |
| Image getIconImage( ) | 返回一个图形对象。取得窗口左上角所显示的图标 Icon |
| void setTitle(String 字符串 ) | 设定窗口标题栏所显示的字符串 |
| String getTitle( ) | 返回一个字符串 |
| void setState(int 状态 ) | 设定窗口外观状态：NORMAL 表示一般、ICONIFIED 表示最小化 |
| int getState( ) | 取得窗口外观状态，返回整数值：NORMAL 表示一般、ICONIFIED 表示最小化 |
| void setrResiable(boolean 是否可缩放 ) | 设定窗口是否可以改变大小 |
| boolean isResizeable( ) | 查看窗口是否可以缩放外观大小，返回 boolean 值 |

续表

| Frame 构造函数 | 意　义 |
|---|---|
| static Frame[ ] getFrames( ) | 取得此应用程序所打开的所有窗口，返回一个窗口对象数组 |
| Void setMaximizedBounds(Rectangle 范围 ) | 设定窗口可显示最大的范围 |
| Rectangle getMaximizedBounds( ) | 取得窗口的最大范围，返回一个范围 |
| void setMenuBar(MenuBar 功能列 ) | 设定窗口的功能列 |
| MenuBar getMenuBar( ) | 取得该窗口的菜单栏对象，返回一个 MeunBar 对象 |

Frame 类的父类是 Window 类，Window 类的父亲是 Container 类，Container 类的父类是 Component 类。Frame 类的继承关系如图 10-4 所示。

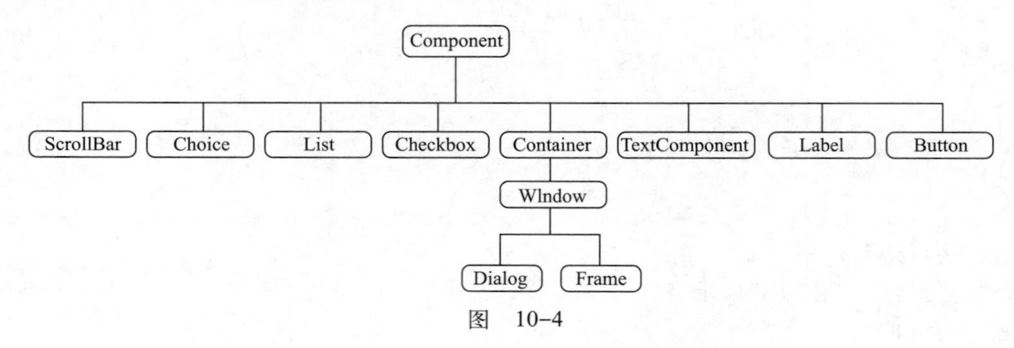


图　10-4

【范例程序：CH10_02】

```
01    /* 文件: CH10_02.java
02     * 说明: 窗口相关方法应用。
03     */
04
05    import java.awt.*;
06    import javax.swing.*;
07
08    public class CH10_02
09    {
10       public static void main(String[] args)
11       {
12           Frame frmMyFrame=new Frame();
13           Image imgIcon;
14
15           // 设定标题栏文字
16           frmMyFrame.setTitle(" 窗口相关方法应用 ");
17
18           // 设定是否可以更改窗口大小 ( 未设定时为 true)
19           frmMyFrame.setResizable(true);
20
21           // 设定窗口状态 ( 未设定时为 NORMAL)
22           frmMyFrame.setState(Frame.NORMAL);
23
24           // 利用 Image 类读取图形
25           imgIcon=(new ImageIcon("s3.gif").getImage());
26
27           // 将图形指定给窗口
28           frmMyFrame.setIconImage(imgIcon);
29
```

```
30            frmMyFrame.setSize(300,200);
31            frmMyFrame.setVisible(true);
32        }
33    }
```

【程序运行结果】

程序运行结果如图 10–5 所示。

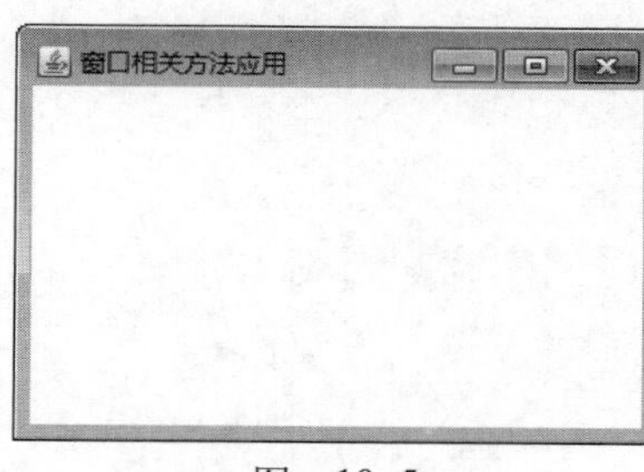


图　10–5

【程序解析】

① 第 12 行：建立窗口实例组件。

② 第 24~28 行：利用 Image 类的 getImage( ) 函数取得图形，并将图形指定给窗口。

一般对 Frame 组件而言，除了可以使用本身所提供的 Method（方法）之外，还同时拥有 Window 及 Component 两个类所提供的方法。

① Window 类的方法，如表 10–3 所示。

表　10–3

| Window 类的方法 | 说　明 |
|---|---|
| void toBack( ) | 设定窗口在所有窗口的下面 |
| void toFront( ) | 设定窗口在所有窗口的上面 |
| void pack( ) | 设定窗口调整到最适当的大小 |
| boolean isShowing( ) | 测试窗口是否显示在屏幕上，返回一个 boolean 值 |

② Container 类的方法，如表 10–4 所示。

表　10–4

| Container 类的方法 | 说　明 |
|---|---|
| void remove(Component 组件名称 ) | 删除容器中指定的组件 |
| void remove(int 组件编号 ) | 删除容器中指定的组件编号。编号依照组件加入容器的顺序，第一个为 0 |
| void removeAll ( ) | 删除容器中所有的组件 |

③ Component 类的方法，如表 10–5 所示。

表　10–5

| Component 类的方法 | 说　明 |
|---|---|
| void setForeground(Color 颜色 ) | 设定组件的前景色 |
| void setBackground(Color 颜色 ) | 设定组件的背景色 |
| void setFont(Font 字体 ) | 设定组件显示的字体 |
| void setSize(int 宽 , int 高 ) | 设定组件显示时的宽与高 |
| void setLocation(int X, int Y) | 设定组件显示时的坐标 |

【范例程序：CH10_03】

```
01    /* 文件: CH10_03.java
02     * 说明: Frame 的 super class 相关方法应用。
03     */
04
05    import java.awt.*;
06
```

```
07    public class CH10_03
08    {
09        public static void main(String[] args)
10        {
11            Frame frmMyFrame=new Frame();
12
13            //设定标题栏文字
14            frmMyFrame.setTitle("Frame 的 super class 相关方法应用 ");
15
16            //设定是否可以更改窗口大小 ( 未设定时为 true)
17            frmMyFrame.setResizable(true);
18
19            //设定窗口状态 ( 未设定时为 NORMAL)
20            frmMyFrame.setState(Frame.NORMAL);
21
22            //设定窗口的大小
23            frmMyFrame.setSize(300,200);
24
25            //设定窗口在屏幕上显示的位置
26            frmMyFrame.setLocation(500,500);
27
28            //设定窗口的前景色
29            frmMyFrame.setForeground(Color.BLUE);
30
31            //设定窗口的背景色
32            frmMyFrame.setBackground(Color.cyan);
33
34            frmMyFrame.setVisible(true);
35        }
36    }
```

【程序运行结果】

程序运行结果如图 10-6 所示。

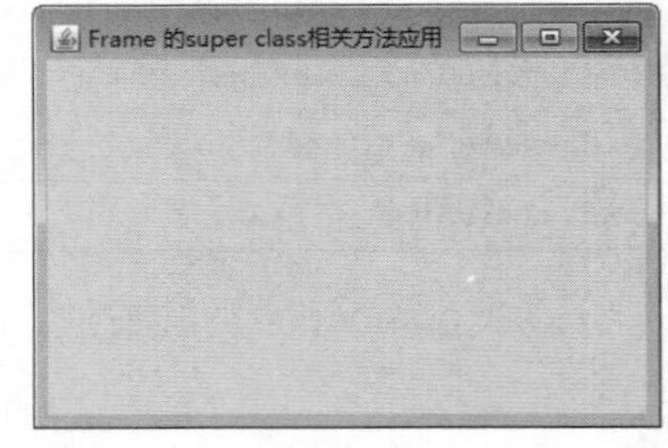


图 10-6

【程序解析】

第 22、32 行：继承 Component 类所提供的方法。

### 10-1-3 Pack( ) 方法

在 Java 中，Window 组件提供一个自动调整窗口大小的方法 Pack( )。Pack( ) 方法主要应用于当窗口内的组件需要依照窗口的大小而相应调整自身大小的情形。当窗口利用 Pack( ) 方法设定是否自动重设大小时，所呈现不同的窗口如下：

①未设定 Pack，如图 10-7 所示。

②设定 Pack，如图 10-8 所示。

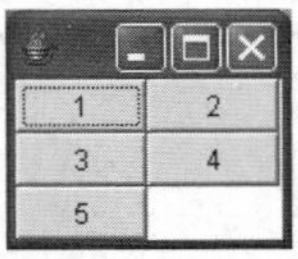

图 10-7

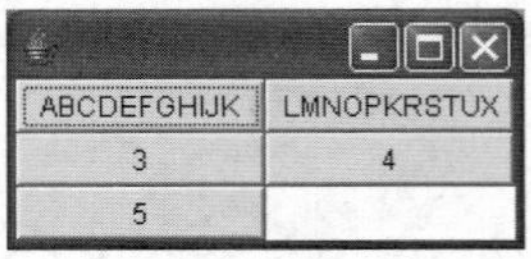

图 10-8

如上所示，Pack( ) 方法是依据窗口内组件本身所需要显示的版面大小，将组件调整至适当长宽。

# 10-2　版面布局

在 Java 中，版面布局功能主要提供快速、美观、灵活的组件配置方式。常用的版面布局方式可分为以下几种：

①流动式版面布局（FlowLayout）。

②边缘式版面布局（BorderLayout）。

③网格线式版面布局（GridLayout）。

## 10-2-1　流动式版面布局

流动式版面布局就是将程序窗口中的所有组件做一定流向的排列。当窗口设定为流动式版面布局方式时，组件会依照加入窗口的顺序排列；当显示区域大小改变时，组件的配置方式会自动依照由左至右、由上而下的方式将组件调整到适当的位置。

流动式版面布局方式是默认的版面布局方式。当组件加入窗口容器时，假如未指定组件所要显示的位置或大小，Java 会自动依照流动式版面布局方式将组件布置在窗口适当的位置。

利用流动式版面布局方式配置版面必须通过 FlowLayout 类来建立，配置时可以利用窗口容器所提供的 setLayout( ) 方法来完成。假设一个 Frame 对象名为 frmMyFrame，要完成流动式版面布局，方式如下：

【流动式版面布局语法】

```
frmMyFrame.setLayout(new FlowLayout());
```

流动式版面布局所提供的构造函数及方法如表 10-6 所示。

表　10-6

| 流动式版面布局构造函数 | 意　　义 |
|---|---|
| FlowLayout( ) | 默认构造函数 |
| FlowLayout(int 组件排列方向 ) | 设定组件在窗口中排列的方向 |
| FlowLayout(int 组件排列方向 , int 组件横向间隔 , int 组件纵向间隔 ) | 设定组件在窗口中排列的方向，以及组件间横向与纵向的间隔 |
| **流动式版面布局方法** | **意　　义** |
| void setAlignment(int 方向 ) | 设定组件排列的方向 |
| int getAlignment( ) | 取得组件排列的方向 |
| int getRows( ) | 取得版面布局纵向的方格数 |
| int getVgap( ) | 取得版面布局纵向组件的间隔大小 |
| void setHgap(int 横向组件间隔 ) | 设定横向组件间隔 |
| void setVgap(int 纵向组件间隔 ) | 设定纵向组件间隔 |

流动式版面布局的结果如下：

①程序刚运行时的外观如图 10-9 所示。

②程序改变窗口大小后的外观如图 10-10 所示。

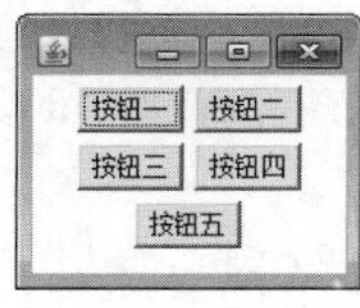


图　10-9

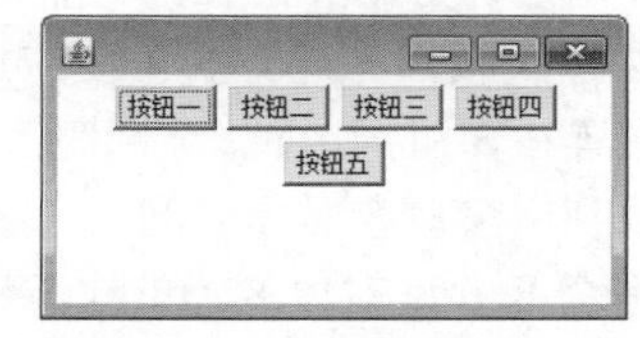


图　10-10

【范例程序：CH10_04】

```
01    /* 文件: CH10_04.java
02    * 说明: 流动式版面布局方式
03     */
04
05    import java.awt.*;
06
07    class CH10_04 extends Frame
08    {
09       private static final long serialVersionUID=1L;
10
11       public CH10_04 ()
12       {
13
14          //设定窗口大小
15          setSize(100,100);
16
17          //设定版面布局方式
18          setLayout(new FlowLayout());
19
20          //加入控制组件
21          add(new Button("按钮一"));
22          add(new Button("按钮二"));
23          add(new Button("按钮三"));
24          add(new Button("按钮四"));
25          add(new Button("按钮五"));
26
27          //显示窗口
28          setVisible(true);
29
30       }
31
32       public static void main(String[] args)
33       {
34          new CH10_04();
35       }
36    }
```

【程序运行结果】

程序运行结果如图 10-11 所示。

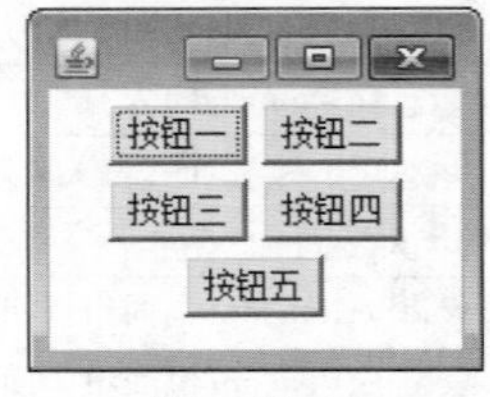


图　10-11

【程序解析】

① 第 21~25 行：依序加入 5 个按钮的控制组件，并利用 show( ) 方法显示窗口。

② 第 28 行：利用 setVisible（true）方法显示窗口。

## 10-2-2　边缘式版面布局

当窗口设定为边缘式版面布局方式时，窗口版面主要被分隔为东、西、南、北、中 5 个方向，组件会依照指定的方向布置在窗口中。

通常边缘式版面布局方式主要应用在窗口的中心位置需要作为信息的显示用途时，或是控制组件希望布置在窗口周边时。利用边缘式版面布局方式配置版面必须通过 BorderLayout 类来建立，配置时可以利用窗口容器提供的 setLayout( ) 方法来完成。

假设一个 Frame 对象名为 frmMyFrame，要完成边缘式版面布局，方式如下：

【边缘式版面布局语法】

```
frmMyFrame.setLayout(new BorderLayout());
```

如上所示，当组件加入窗口容器时必须指定配置位置，方式如下：

【指定配置位置语法】

```
Add(new Button("北"), BorderLayout.NORTH);
```

上述代码加入了一个按钮（Button），并指定配置位置在窗口的上方。BorderLayout 类提供的构造函数及方法如表 10-7 所示。

表　10-7

| BorderLayout 构造函数 | 意　义 |
|---|---|
| BorderLayout( ) | |
| BorderLayout(int 横向组件间隔 , int 纵向组件间隔 ) | 设定横向及纵向组件间隔的大小 |
| **BorderLayout 方法** | **意　义** |
| int getRows( ) | 取得版面布局纵向的方格数 |
| int getVgap( ) | 取得版面布局纵向组件的间隔大小 |
| void setHgap(int 横向组件间隔 ) | 设定横向组件间隔 |
| void setVgap(int 纵向组件间隔 ) | 设定纵向组件间隔 |

通过边缘式版面布局的结果如图 10-12 所示。

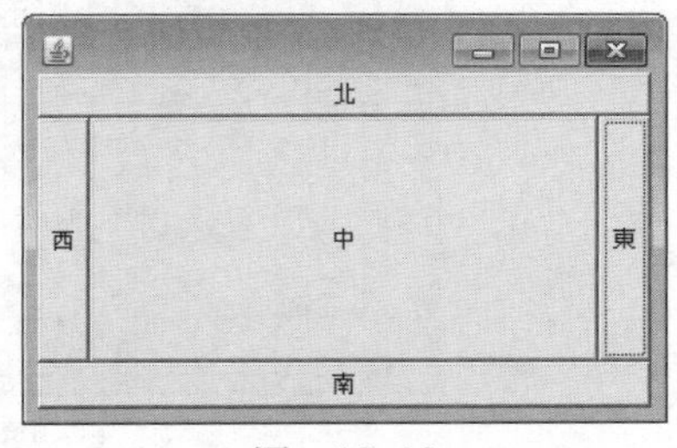


图　10-12

【范例程序：CH10_05】

```
01    /* 程序: CH10_05.java
02    * 说明: 边缘式版面布局方式
03     */
04
05    import java.awt.*;
06
07    class CH10_05 extends Frame
08    {
09       private static final long serialVersionUID=1L;
10
11       public CH10_05 ()
12         {
13
14           //设定窗口大小
15           setSize(100,100);
16
17           //设定版面布局方式
18           setLayout(new BorderLayout());
```

```
19
20            //加入控制组件
21            add(new Button("东"), BorderLayout.EAST);
22            add(new Button("西"), BorderLayout.WEST);
23            add(new Button("南"), BorderLayout.SOUTH);
24            add(new Button("北"), BorderLayout.NORTH);
25            add(new Button("中"), BorderLayout.CENTER);
26
27            //显示窗口
28            setVisible(true);
29
30        }
31
32        public static void main(String[] args)
33        {
34            new CH10_05();
35        }
36    }
```

【程序运行结果】

①程序运行时（未改变窗口大小前），如图 10-13 所示。

②改变窗口大小后，如图 10-14 所示。

图　10-13

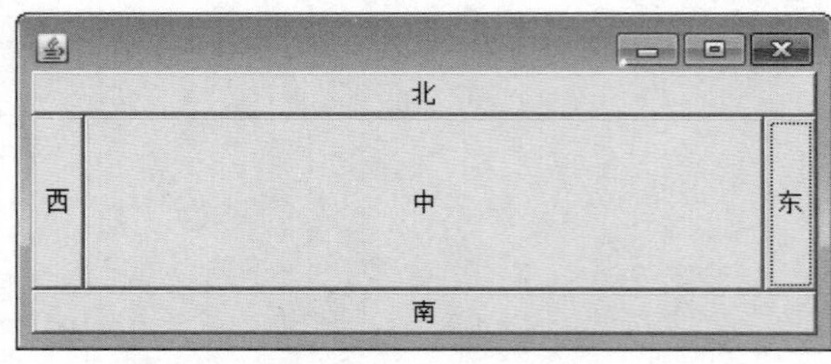


图　10-14

【程序解析】

① 第 21~25 行：设定各按钮的控制组件在版面区域的摆放位置。

② 第 21 行:add（new Button（"东"）, BorderLayout.EAST）; 是将按钮加入窗口并指定位置。其意思是指：将按钮 "东" 加入边缘式版面布局的东边（EAST）。其他方向依此类推。

## 10-2-3　网格线式版面布局

通常，网格线式版面布局主要应用于需要将窗口版面均分的情形。当窗口设定为网格线式版面布局方式时，窗口版面将依据所设定方格的长与宽数量，把窗口等分为等长等宽的矩形区域。假如配置版面时设定长为 3、宽为 4，则版面布局后的结果窗口将呈现为均分 3×4=12 等份。

利用网格线式版面布局方式配置版面必须通过 GridLayout 类来建立，配置时可以利用窗口容器所提供的 setLayout( ) 方法来完成。假设一个 Frame 对象名为 frmMyFrame，要完成网格线式版面布局，方式如下：

【网格线式版面布局语法】

```
frmMyFrame.setLayout(new GridLayout(宽，高));
```

如上所示，当组件加入窗口容器时必须指定配置位置，方式如下：

【GridLayout 指定配置语法】

```
    add(new Button("Button"));
```

上面的代码加入了一个按钮（Button），版面会依照加入的顺序由左而右、由上而下排列组件。网格线式版面布局提供了相关的构造函数及方法，如表 10-8 所示。

表　10-8

| GridLayout 构造函数 | 意　义 |
| --- | --- |
| GridLayout( ) | |
| GridLayout(int 宽 , int 长 ) | 设定横向及纵向所要划分的方格数 |
| GridLayout (int 宽 , int 长 , int 横向间距 , int 纵向间距 ) | 设定横向及纵向所要划分的方格数，且设定横向及纵向组件之间的间隔大小 |
| **GridLayout 方法** | **意　义** |
| void addLayoutComponent(String 组件名称 , Component 组件 ) | 将指定的组件设定其名称并加入版面布局中 |
| int getColumns( ) | 取得版面布局横向的方格数 |
| int getHgap( ) | 取得版面布局横向组件的间隔大小 |
| int getRows( ) | 取得版面布局纵向的方格数 |
| int getVgap( ) | 取得版面布局纵向组件的间隔大小 |
| void layoutContainer(Container 容器 ) | 指定容器的版面布局方式为网格线式 |
| void setColumns(int 横向方格数 ) | 设定横向方格数 |
| void setRos(int 纵向方格数 ) | 设定纵向方格数 |
| void setHgap(int 横向组件间隔 ) | 设定横向组件间隔 |
| void setVgap(int 纵向组件间隔 ) | 设定纵向组件间隔 |

【范例程序：CH10_06】

```
01    /* 程序: CH10_06.java
02    * 说明: 网格线式版面布局方式
03     */
04
05    import java.awt.*;
06
07    class CH10_06 extends Frame
08    {
09       private static final long serialVersionUID=1L;
10
11       public CH10_06()
12       {
13
14          //设定窗口大小
15          setSize(100,100);
16
17          //设定版面布局方式
18          setLayout(new GridLayout(3,2));
19
20          //加入控制组件
21          add(new Button("1"));
22          add(new Button("2"));
23          add(new Button("3"));
24          add(new Button("4"));
25          add(new Button("5"));
26
27          //显示窗口
```

```
28          setVisible(true);
29
30      }
31
32      public static void main(String[] args)
33      {
34          new CH10_06();
35      }
36  }
```

【程序运行结果】

程序运行结果如图 10-15 所示。

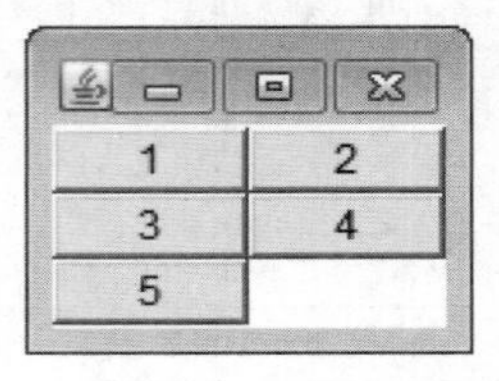

图　10-15

【程序解析】

第 18 行：设定所要划分的方格数，new GridLayout(3,2) 表示要切割出 3( 列 ) × 2( 行 )=6 格。

## 10-3　事件处理

窗口模式与文本模式最大的不同在于用户与程序之间的交互操作方式。文本模式下用户必须依照程序规划的流程操作；而在窗口模式下，用户的操作将触发事件，通过消息通知相关的程序进行相应的操作。事件的定义：用户运行窗口程序时对窗口组件所采取的动作。

在传统的文本模式下，程序与用户通过固定的流程来交互，用户必须依照程序所规划的流程操作，这样程序才有能力取得用户所输入的信息，并做适当处理；而在窗口模式下，程序与用户的关系将不再固定，当程序需要获得用户所输入的信息时，程序必须在特定组件上加入事件处理，用户操作相关的接口(如鼠标或键盘等)输入信息,这时特定的事件将会被触发,以处理用户的需求。

在窗口模式下，事件所触发的相关角色有事件发生者、事件监听者及事件处理者，三者的关系如图 10-16 所示。

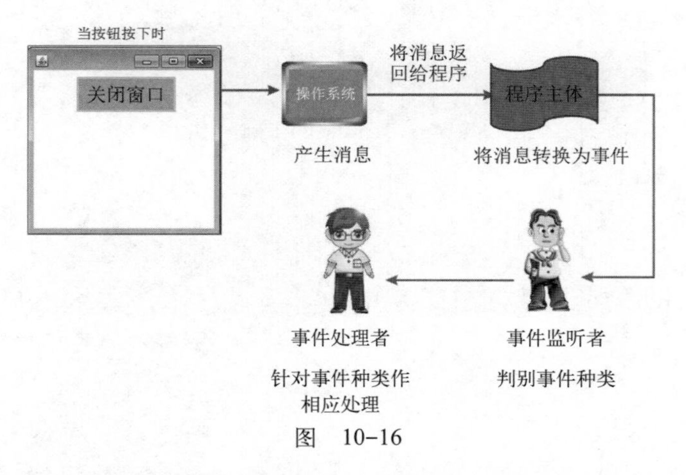

图　10-16

如图 10-16 所示，窗口即代表事件发生者，程序将窗口中的任一组件（包括窗口本身）加入监听事件之后，只要该组件被触发（如移动、鼠标点选）时，该组件的监听事件就会被运行，而监听事件的运行内容就是事件处理的方式。

在 Java 窗口模式下，提供许多的事件（Event）监听（Listener）。事件的种类包含窗口事件(WindowEvent)、鼠标事件(MouseEvent)及键盘事件(KeyEvent)等。事件监听以接口的方式定义，假如要加入某一种监听接口，必须实现该监听接口。

## 10-3-1　事件类

事件类（Event class）是 Java 对于事件处理机制的核心。事件类是从 EventObject 类中派生出 AWTEvent 类，再由 AWTEvent 类派生出不同类的事件类，以满足不同的需求。事件类可分为“高级事件类”及“低阶事件类”。整个事件类的继承关系如图 10-17 所示。

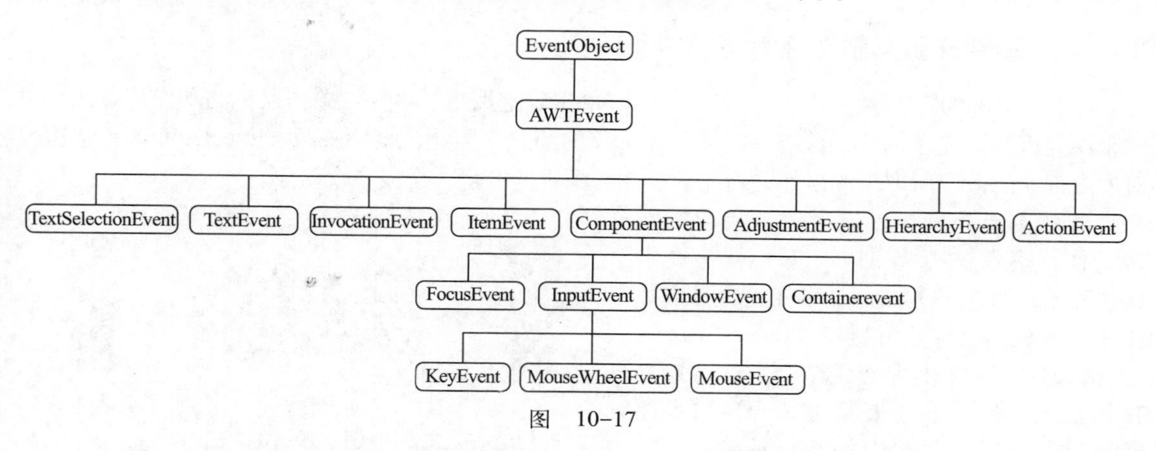


图　10-17

高级事件类是自 AWTEvent 类派生出的子类，而低阶事件类是自 ComponentEvent 类派生出的子类和 InputEvent 类派生出的子类。高级事件类和低阶事件类的常用构造函数与方法如表 10-9 所示。

表　10-9

| 高级事件类 | 使 用 说 明 |
|---|---|
| ActionEvent | 产生时机，当鼠标单击按钮（Button）、菜单（Menu）、列表（List）或者是可以由输入文字或数字的文本框（TextField）时所产生的事件类 |
| HierachyEvent | 当容器（Container）中的组件（Component）结构改变时所产生的事件 |
| AdjustmentEvent | 窗口环境中有滚动条（Scroll bar），当滚动滚动条时所产生的事件 |
| ComponentEvent | 当组件（Component）被移动、隐藏、重新设定大小或者显现时所产生的对象 |
| ItemEvent | 选择下拉式菜单（Choice）、列表（List）时或者复选框（Check Box）、勾选菜单数据项（Checkable Menu Item）被选择或取消选择 |
| InvocationEvent | 当运行具有 Runnable 接口对象的 run( ) 方法时所产生的事件 |
| TextEvent | 改变文本框（TextField）或文本块（TextArea）中的文字时所产生的事件 |
| TextSelectionEvent | 选择文本框（TextField）或文本块（TextArea）中的文字时所产生的事件 |
| **低阶事件类** | **使 用 说 明** |
| ContainerEvent | 在容器（Container）中新建组件或删除组件时所产生的事件 |
| WindowEvent | 当发生打开（open）、关闭（close）、闲置、图标化（iconified）、取消图标化（deiconified）、取得主控权（activated）和取消主控权（deactivated）时所产生的事件 |
| InputEvent | 组件（Component）输入事件的父类，属于抽象类 |
| FocusEvent | 组件（Component）取得主控权（activated）和取消主控权（deactivated）时所产生的事件 |
| MouseEvent | 当鼠标拖动（draged）、单击（clicked）、移动（moved）和松开时所产生的事件 |
| MouseWheelEvent | 当鼠标滚动滚轮时所产生的事件 |
| KeyEvent | 键盘（keyboard）接收到输入即按下键盘按键及放开键盘按键时所产生的事件 |

了解高级事件类和低阶事件类的常用构造函数与方法的使用时机，还有两个重要的事件类：EventObject 和 AWTEvent。EventObject 是 AWTEvent 的父类。

① EventObject：所有事件类的父类（基类），包含在 java.util 套件包中，EventObject 类内含两个方法：

- getSource( )：返回来源事件。
- toString( )：返回事件字符串。

② AWTEvent：所有 AWT 类的父类（基类），包含在 java.util 套件包中。其中的方法 getID( ) 用来取得事件的类型。

## 10-3-2　事件来源与事件监听接口

事件（Event）的发生一定会有来源，如“单击确定按钮”事件，单击鼠标的动作是事件产生的来源，因为改变了内部的状态，需要送出 OK 的消息。因此，事件来源（Event source）意指因对象内部状态改变所产生的事件的对象。事件来源可能产生一个或多个对象。

既然有事件发生，就应该有相应的处理动作。事件监听者（Listener）就是提供接收和处理事件的方法，是事件发生时会被通知的对象。事件监听接口（Event Listener Interface）能够提供一个或多个方法，来接收和处理事件。事件来源（Event）与事件监听者之间的关系如图 10-18 所示。

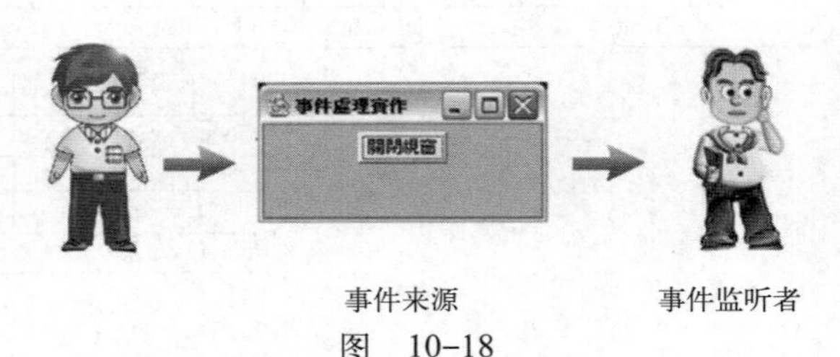

图　10-18

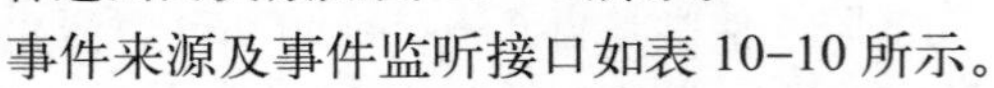
事件来源及事件监听接口如表 10-10 所示。

表　10-10

| 事件来源 | 使　用　说　明 |
| --- | --- |
| Button | 单击按钮，即产生 action 事件 |
| Checkbox | 勾选或取消勾选时，产生 item 事件 |
| Choice | Choice 被选取时，产生 item 事件 |
| List | item 被双击时，产生 action 事件；item 被选取或取消选取时，则产生 item 事件 |
| Menu Item | Menu Item 被选取时，产生 action 事件；checkable menu Item 被选取时，产生 item 事件 |
| Scrollbar | 鼠标的滚轮滚动时，产生 adjustment 事件 |
| Text Components | 输入文字时，产生 text 事件 |
| Window | 当发生打开、关闭、闲置、图标化、取消图标化、取得主控权和失去主控权时所产生的 Window 事件 |
| **事件监听接口** | **使　用　说　明** |
| ActionListener | 定义一个接收 action 事件的方法 |
| AdjustmentListener | 定义一个接收 adjustment 事件的方法 |
| ComponentListener | 四个方法以辨别组件（Component）被移动、隐藏、重新设定大小或显现 |
| ContainerListener | 两个方法以辨别容器（Container）中新建或删除组件 |
| FocusListener | 两个方法以辨别组件（Component）是取得主控权（activated）还是失去主控权（deactivated） |
| ItemListener | 定义一个接收 item 事件的内部状态改变 |
| KeyListener | 三个方法辨别键盘（keyboard）接收到按键以及按键是按下还是已经放开 |

下面介绍事件监听接口的使用方法。

（1）添加来源事件监听者

【添加来源事件监听者的语法】

```
public void addTypeListener(TypeListener 事件对象)
```

说明：此方法用来添加事件来源监听者，以便能够找出相对应的事件类型。例如，添加 ItemListener，则使用 item 事件来接收。括号中的参数是指监听者的参考位置。简单地说，当有一个事件发生了，所有的事件监听者皆会收到消息，通知现在有事件发生，但是只有和事件类型相符合的事件监听者才会收到通知单。

（2）删除来源事件的监听者

【删除来源事件监听者语法】

```
public void removeTypeListener(TypeListener 事件对象)
```

## 10-4　低阶事件类

派生自 ComponentEvent 事件类和派生自 Input Event 事件类的事件类均属于低阶事件类。Component Event 事件类包含 4 种事件类，InputEvent 事件类包含三种事件类。低阶事件类的继承关系如图 10-19 所示。

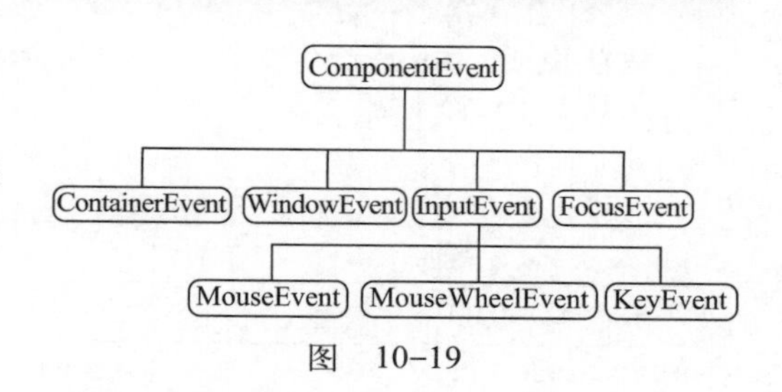

图　10-19

### 10-4-1　ComponentEvent 类

（1）ComponentEvent 事件产生

ComponentEvent 事件类是所有低阶事件类的基类。当组件（Component）被移动、隐藏、重新设定大小或者显现时触发此类事件。ComponentEvent 事件类定义 4 种类型的整数常量，常量的名称与意义如表 10-11 所示。

表　10-11

| 常量的名称 | 意　　义 |
|---|---|
| COMPONENT_HIDDEN | 隐藏组件（Component） |
| COMPONENT_MOVED | 移动组件（Component） |
| COMPONENT_RESIZED | 重新变更组件（Component）的大小 |
| COMPONENT_SHOWN | 显示组件（Component） |

【ComponentEvent 构造函数语法】

```
ComponentEvent(Component ref, int type)
```

语法说明：其中 ref 是指向产生事件的对象，type 意指属于何种类型的事件。ComponentEvent 事件类内还提供一个方法，可以返回产生事件的组件，其方法语法是：

【ComponentEvent 方法语法】

```
Component getComponent();
```

（2）ComponentEvent 事件产生

ComponentEvent 事件产生时，会调用 ComponentListener 处理接收 ComponentEvent 事件。

### 10-4-2　InputEvent 类

（1）InputEvent 事件产生

InputEvent 事件类不仅是 ComponentEvent 事件类的子类，也是 MouseEvent 事件类与 Key Event 事件类的父类。

(2) 监听者部分

监听者部分使用 KeyListener、MouseListener 和 MouseMotionListener 来处理接收 KeyEvent 事件类或 MouseEvent 事件类。

### 10-4-3 WindowEvent 类

(1) WindowEvent 事件产生

当发生打开、关闭、闲置、图标化、取消图标化、取得窗口主控权和失去窗口主控权时所产生的事件。

【WindowEvent 构造函数语法】

```
WindowEvent(Object obj, int ID)
```

语法说明：obj 是产生事件的窗口对象，ID 意指产生事件的状态变量。常量的名称与意义及类方法如表 10-12 所示。

表 10-12

| 常量的名称 | 意义 |
| --- | --- |
| WINDOW_ICONIFIED | 缩小窗口 |
| WINDOW_DEICONIFIED | 将缩小窗口还原 |
| WINDOW_OPENED | 打开窗口 |
| WINDOW_CLOSING | 关闭窗口 |
| WINDOW_ACTIVATED | 取得窗口主控权 |
| WINDOW_DEACTIVATED | 丧失窗口主控权 |
| **类方法** | **意义** |
| Window getWindow( ) | 取得 WindowEvent 事件的窗口产生对象 |
| String paramString( ) | 事件的字符串参数 |

(2) 监听者部分

【WindowListener 语法】

```
public void addWindowListener(WindowListener 对象)
```

语法说明：addWindowListener 是指记录窗口事件的监听者，以便接收窗口所产生的事件。WindowListener 是指依照不同的窗口事件调用不同的处理方法。WindowListener 事件类的类方法如表 10-13 所示。

表 10-13

| 类方法 | 方法说明 |
| --- | --- |
| void windowActioned(WindowEvent 对象) | 被监听的窗口取得主控权 |
| void windowDeactioned(WindowEvent 对象) | 被监听的窗口失去主控权 |
| void windowClosed(WindowEvent 对象) | 被监听的窗口被关闭 |
| void windowClosing(WindowEvent 对象) | 被监听的窗口正在关闭 |
| void windowDeiconified(WindowEvent 对象) | 被监听的窗口被缩小 |
| void windowIconified(WindowEvent 对象) | 被监听的窗口被还原 |
| void windowOpened(WindowEvent 对象) | 被监听的窗口被打开 |

【范例程序：CH10_07】

```
01    /* 程序: CH10_07.java
02    * 说明: 实现 WindowEvent 事件类
03     */
04
05    import java.awt.*;
06    import java.awt.event.*;
07
08    public class CH10_07 extends Frame implements WindowListener{
09       private static final long serialVersionUID=1L;
10       public static void main(String args[]){
11          CH10_07 WL=new CH10_07();
12          WL.addWindowListener(new CH10_07());
13          WL.setBounds(120, 120, 240, 240);
14          WL.setVisible(true);
15       }
16       public void windowClosing(WindowEvent e){
17          System.out.println(" 窗口关闭 ");
18          System.exit(0);
19       }
20       public void windowActivated(WindowEvent e){
21          System.out.println(" 取得窗口主控权 ");
22       }
23       public void windowDeactivated(WindowEvent e){
24          System.out.println(" 失去窗口主控权 ");
25       }
26       public void windowDeiconified(WindowEvent e){
27          System.out.println(" 窗口还原 ");
28       }
29       public void windowIconified(WindowEvent e){
30          System.out.println(" 窗口缩小 ");
31       }
32       public void windowOpened(WindowEvent e){
33          System.out.println(" 窗口开启 ");
34       }
35       public void windowClosed(WindowEvent e){
36       }
37    }
```

①编译完成后，第一次运行程序所显示的结果如图 10–20 所示。

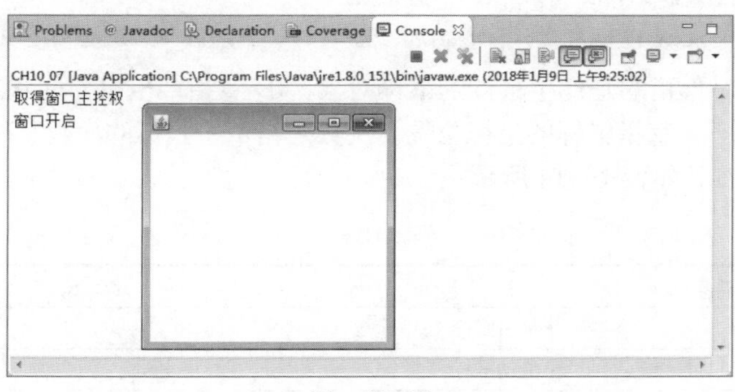


图　10–20

②缩小窗口，如图 10–21 所示。

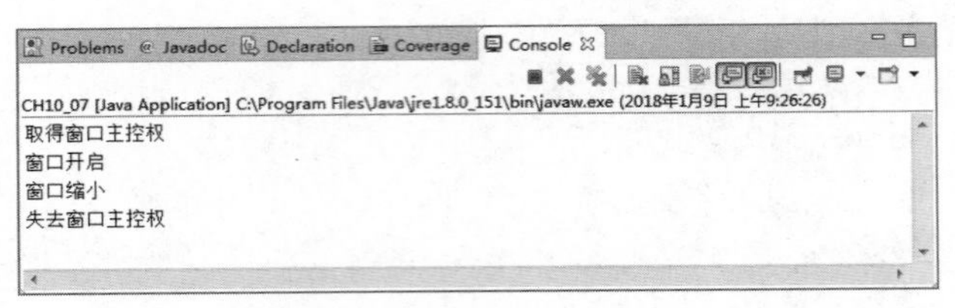


图 10-21

③关闭窗口，如图 10-22 所示。

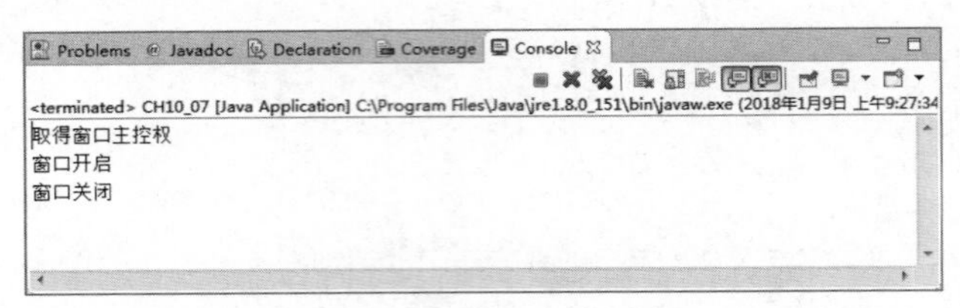


图 10-22

④运行缩小和还原、关闭窗口，如图 10-23 所示。

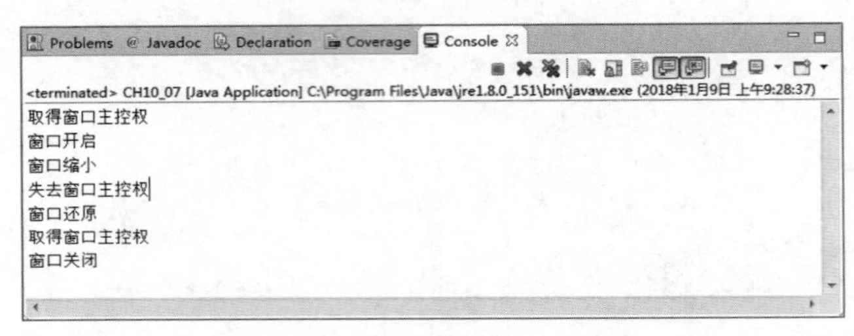


图 10-23

## 10-4-4 MouseEvent 类

（1）MouseEvent 事件产生

当鼠标被拖动、单击、移动和松开所产生的事件。

【MouseEvent 构造函数语法】

```
MouseEvent(component 来源对象, int ID, int 时间, int 限定按键, int x, int y, int 次数)
```

语法说明：来源对象指的是产生事件的鼠标对象，ID 意指产生事件的状态变量，时间是指发生事件的时间长短，x、y 意指鼠标的坐标位置，次数是指单击鼠标的次数。MouseEvent 事件类常量的名称与意义及类方法如表 10-14 所示。

表 10-14

| 常量的名称 | 意　义 |
|---|---|
| MOUSE_CLICKED | 单击鼠标 |
| MOUSE_DEAGGED | 拖动鼠标 |
| MOUSE_ENTERED | 鼠标指针指向某个组件 |
| MOUSE_MOVED | 移动鼠标 |
| MOUSE_EXITED | 鼠标指针离开某个组件 |
| MOUSE_PRESSED | 单击鼠标 |
| MOUSE_RELEASED | 放开鼠标键 |

续表

| 类 方 法 | 意 义 |
| --- | --- |
| void translatePoint(int x, int y) | 设定 x、y 为鼠标的坐标位置 |
| String paramString( ) | 事件的字符串参数 |

（2）监听者部分

【MouseListener 语法】

```
public void addMouseListener(MouseListener 对象)
```

语法说明：addMouseListener 是指记录鼠标事件的监听者，以便接收鼠标所产生的事件。MouseListener 是指依照不同的鼠标事件调用不同的处理方法。MouseListener 事件类的类方法如表 10-15 所示。

表 10-15

| 类 方 法 | 意 义 |
| --- | --- |
| void mouseEntered( ) | 鼠标进入（Entered）被监听的组件 |
| void mouseExited( ) | 鼠标离开（Exited）被监听的组件 |
| void mousePressed( ) | 鼠标在被监听的组件上单击（Pressed）鼠标键 |
| void mouseReleased( ) | 鼠标在被监听的组件上放开（Released）鼠标键 |
| void mouseClicked( ) | 鼠标在被监听的组件上单击（Clicked）鼠标键 |

## 10-4-5 KeyEvent 类

（1）KeyEvent 事件产生

从键盘（Keyboard）接收到输入时，即按下（Pressed）键盘及放开（Released）时所产生的事件。

【KeyEvent 构造函数语法】

```
① KeyEvent(component 来源对象, int ID, long 时间, int 限定按键, int 按键码)
② KeyEvent(component 来源对象, int ID, long 时间, int 限定按键, int 按键码,
int 按键字符)
```

语法说明：来源对象指的是产生事件的键盘对象，ID 意指产生事件的状态变量，时间是指发生事件的时间长短，限定按键指的是 Shift、Ctrl、Alt 按键的 ID，按键码是指产生事件的按键 ID，按键字符是指产生事件的按键的 Unicode 编码。KeyEvent 事件类按键 ID 及 KeyEvent 事件类的类方法如表 10-16 所示。

表 10-16

| ID 名 称 | 意 义 |
| --- | --- |
| VK_A ~ VK_Z | 按英文字母键，A ~ Z |
| VK_0 ~ VK_9 | 按数字键，1 ~ 9 |
| VK_SHIFT | 按 Shift 键 |
| VK_ALT | 按 Alt 键 |
| VK_CTRL | 按 Ctrl 键 |
| VK_F1 ~ VK_F12 | 按功能键，F1 键 ~ F12 键 |
| VK_ENTER | 按 Enter 键 |
| VK_BACK_SPACE | 按 Backspace 键 |
| VK_TAB | 按 Tab 键 |

续表

| ID 名 称 | 意 义 |
|---|---|
| VK_SPACE | 按 Space 键 |
| VK_ESCAPE | 按 Escape 键 |
| VK_DELETE | 按 Delete 键 |
| VK_PAGE_UP | 按 PageUp 键 |
| VK_PAGE_DOWN | 按 PageDown 键 |
| 类 方 法 | 意 义 |
| char getKeyChar( ) | 取得按键的 Unicode |
| int getKeyCode( ) | 取得按键的伪码 |
| String getKeyModifierText(int 限定类型 ) | 取得按键的限定类型 |
| String getKeyText(int ID ) | 取得按键的对应 ID |
| boolean isActionKey( ) | 判定是否是 action key |
| void setKeyChar(char 字符 ) | 更改按键的 Unicode |
| void setKeyCode(char ID) | 更改按键的 ID |
| void setKeyModifierText(int 限定类型 ) | 更改按键的限定类型 |
| String paramString( ) | 取得事件的字符串变量 |

（2）监听者部分

【KeyListener 语法】

```
public void addKeyListener(KeyListener 对象 )
```

语法说明：addKeyListener 是指记录键盘事件的监听者，以便接收键盘所产生的事件。KeyListener 是指依照不同的键盘事件调用不同的处理方法。KeyListener 事件类的类方法如表 10-17 所示。

表 10-17

| 类 方 法 | 意 义 |
|---|---|
| void KeyPressed(KeyEvent 对象 ) | 按下（Pressed）按键时所调用的方法 |
| void KeyReleased(KeyEvent 对象 ) | 放开（Released）按键时所调用的方法 |
| void KeyTyped(KeyEvent 对象 ) | 按下并放开（Pressed、Released）按键时所调用的方法 |

【范例程序：CH10_08】

```
01    /* 程序: CH10_08.java
02    * 说明: 实现 KeyEvent 事件类
03     */
04
05    import java.applet.*;
06    import java.awt.*;
07    import java.awt.event.*;
08
09    public class CH10_08 extends Applet implements KeyListener{
10       private static final long serialVersionUID=1L;
11       String message="请按打字键, 按 ESC 清除: ";
12       int X=10,Y=50;
13       public void init()
14       {
15          addKeyListener(this);
```

```
16          requestFocus();
17       }
18       public void keyPressed(KeyEvent e)
19       {
20          showStatus(" 按下按键 ");
21          int key=e.getKeyCode();
22          if(key==KeyEvent.VK_ESCAPE){
23             message=" 按打字键，按 ESC 清除： ";
24             stop();
25          }
26       }
27       public void keyReleased(KeyEvent e){
28          showStatus(" 放开按键 ");
29       }
30       public void keyTyped(KeyEvent e){
31          if(message.length()<=100)
32             message+=e.getKeyChar();
33          else
34             showStatus(" 请按 ESC 清除输入信息后再输入 ");
35          repaint();
36       }
37       public void paint(Graphics g)
38       {
39          g.drawString(message, X, Y);
40       }
41    }
```

【范例程序：CH10_08.html】

```
01    <HTML>
02    <HEAD>
03    <TITLE> CH10_08.html</TITLE>
04    </HEAD>
05    <BODY>
06    <HR>
07    <CENTER>
08    <APPLET
09       CODE=" CH10_08.class"
10       WIDTH=800
11       HEIGHT=300
12    >
13    </APPLET>
14    </CENTER>
15    <HR>
16    </BODY>
17    </HTML>
```

【程序运行结果】

①未输入文字前的状态，如图 10-24 所示。

②输入文字的状态，如图 10-25 所示。

③按“Esc”键，即清除 applet 中所输入的文字，如图 10-26 所示。

【程序解析】

在输入文字的过程中，可以留意窗口下方的状态栏，当按下按键时会显示按下按键，离开之后显示“放开按键”。

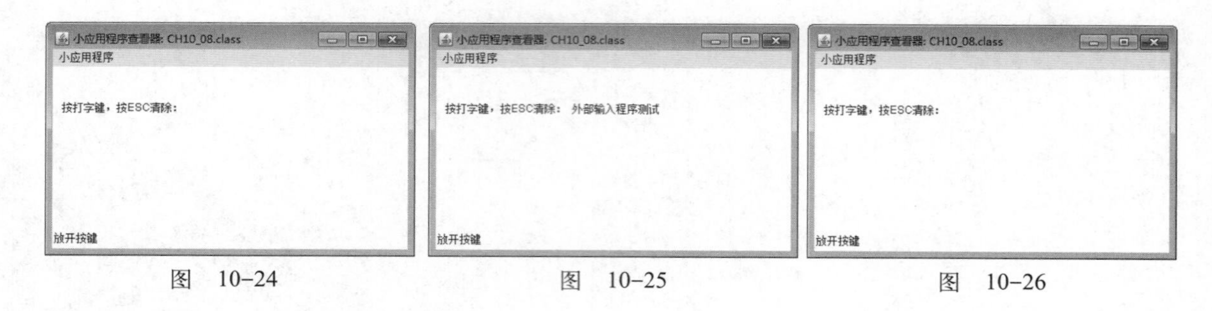


图 10-24　　图 10-25　　图 10-26

# 10-5 AWT Event 类

派生自 AWTEvent 事件类的事件类均属于高级事件类。AWTEvent 事件类包含 8 种事件类。高级事件类的继承关系如图 10-27 所示。

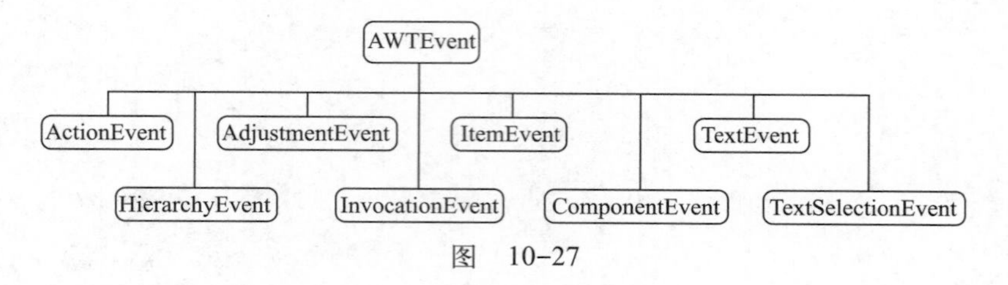


图 10-27

## 10-5-1 ActionEvent 类

（1）ActionEvent 事件的产生时机

当鼠标单击按钮（Button）、菜单（Menu）、列表（List）或者在文本框（TextField）输入文字或数字时将产生 ActionEvent 事件。

【ActionEvent 构造函数语法】

```
① ActionEvent(Object 来源对象, int ID, String 命令)
② ActionEvent(Object 来源对象, int ID, String 命令, int 限定按键)
```

语法说明：来源对象指的是产生事件的组件，ID 意指产生事件的状态变量，限定按键指的是 Shift、Ctrl、Alt 按键的 ID，命令是指产生 ActionEvent 的命令字符串。ActionEvent 事件类按键 ID 及类方法如表 10-18 所示。

表 10-18

| ID 名 称 | 意 义 |
|---|---|
| ACTION_PERFORMED | 当产生单击按钮、点选列表、菜单或文本框 |
| ALT_MASK | 按 Alt 键时所产生的事件 |
| CTRL_MASK | 按 Ctrl 键时所产生的事件 |
| SHIFT_MASK | 按 Shift 键时所产生的事件 |
| **类 方 法** | **意 义** |
| String getActiovCommand( ) | 取得发生事件的组件标题 |
| int getModifiers( ) | 取得事件的配合限定码 |
| String paramString( ) | 取得事件的字符串变量 |

（2）监听者部分

【ActionListener 语法】

```
public void addActionListener(KeyListener 对象)
```

语法说明：addActionListener 是指记录 ActionEvent 事件的监听者，以便接收所产生的事件。ActionListener 是指依照不同的 ActionEvent 事件调用不同的处理方法。ActionListener 事件类的类方法如表 10-19 所示。

表 10-19

| 类 方 法 | 意 义 |
| --- | --- |
| Void actionPerformed(ActionEvent 对象) | 当被监听的事件产生 ActionEvent 事件时即调用此方法 |

【范例程序：CH10_09】

```
01    /* 程序: CH10_09.java
02    * 说明: 实现 KeyEvent 事件类
03     */
04
05    import java.net.*;
06    import java.applet.*;
07    import java.awt.*;
08    import java.awt.event.*;
09
10    public class CH10_09 extends Applet implements ActionListener{
11       private static final long serialVersionUID=1L;
12       Button bu,bu1;
13       public void init(){
14          bu=new Button("显示更新后的网页");
15          add(bu);
16          bu.addActionListener(this);
17       }
18       public void actionPerformed(ActionEvent ae){
19          String new1="CH10_091.html";
20          AppletContext AC=getAppletContext();
21          try {
22             AC.showDocument(new URL(getCodeBase()+new1));
23          } catch(MalformedURLException me){
24             showStatus("找不到网页");
25          }
26       }
27    }
```

【范例程序：CH10_09.html】

```
01    <HTML>
02    <HEAD>
03    <TITLE>CH10_09.html</TITLE>
04    </HEAD>
05    <BODY>
06    <HR>
07    <CENTER>
08    <APPLET
09       CODE="CH10_09.class"
10       WIDTH=800
11       HEIGHT=300
12    >
```

```
13    </APPLET>
14    </CENTER>
15    <HR>
16    </BODY>
17    </HTML>
```

【范例程序：CH10_091.html】

```
01    <HTML>
02    <HEAD>
03    <TITLE>CH10_091.html</TITLE>
04    </HEAD>
05    <BODY>
06    <HR>
07    <p align="center">
08    <b>更新后的网页</b>
09    <HR>
10    </BODY>
11    </HTML>
```

【程序运行结果】

程序运行结果如图 10-28 和图 10-29 所示。

图　10-28

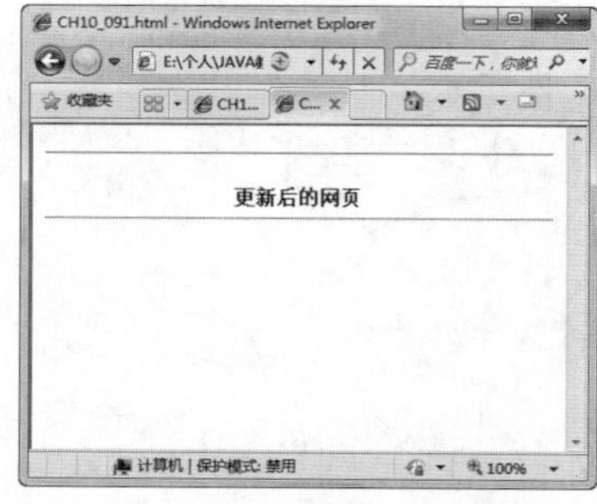


图　10-29

## 10-5-2　AdjustmentEvent 类

（1）AdjustmentEvent 事件产生

窗口环境中的滚动条（Scroll bar）滚动时产生本事件。

【AdjustmentEvent 构造函数语法】

```
AdjustmentEvent (Adjustable 来源对象 , int ID,, int 类型 , int 数值 )
```

语法说明：来源对象指的是产生事件的组件，ID 意指产生事件的状态变量，数值是指滚动条目前的指针位置。AdjustmentEvent 事件类按键 ID 及类方法如表 10-20 所示。

表　10-20

| ID 名 称 | 意　义 |
| --- | --- |
| ADJUSTMENT_VALUE_CHANGED | 确认是否是 AdjustmentEvent 事件发生 |
| TRACK | 鼠标拖动指针 |
| BLOCK_DECREMENT | 鼠标单击滚动条时区块减量（Decrement）的位置 |
| BLOCK_INCREMENT | 鼠标单击滚动条时区块增量（Increment）的位置 |
| UNIT_DECREMENT | 鼠标单击滚动条时单位减量（Decrement）的位置 |
| UNIT_INCREMENT | 鼠标单击滚动条时单位增量（Increment）的位置 |

续表

| 类　方　法 | 意　　义 |
|---|---|
| Adjustable getAdjustable( ) | AdjustmentEvent 事件中可以调整的对象 |
| int getAdjustmentTypes( ) | AdjustmentEvent 事件中可以调整的类型常量 |
| int getValuse( ) | AdjustmentEvent 事件中可以调整的对象设定值 |

（2）监听者部分

【AdjustmentListener 语法】

```
public void addAdjustmentListener(AdjustmentListener 对象 )
```

语法说明：addAdjustmentListener 是指记录 AdjustmentEvent 事件的监听者，以便接收所产生的事件。AdjustmentListener 是指依照不同的 AdjustmentEvent 事件调用不同的处理方法。AdjustmentListener 事件类的类方法如表 10–21 所示。

表　10–21

| 类　方　法 | 意　　义 |
|---|---|
| void adjustmentValueChanged(AdjustmentEvent 对象 ) | 当被监听的事件产生 ActionEvent 事件时即调用此方法 |

## 10–5–3　ItemEvent 类

（1）ItemEvent 事件产生

当选择下拉式菜单（Choice）、列表（List）、复选框（check box）时或勾选菜单数据项（checkable menu item）被选择或取消选择时触发本事件。

【ItemEvent 构造函数语法】

```
ItemEvent(ItemSelection 来源对象 , int ID,,Object 项目 , int 选择 )
```

语法说明：来源对象指的是产生事件的组件，ID 意指产生事件的状态变量，项目是指被选择的项目，选择是指因选择项目或取消项目所产生的事件。ItemEvent 事件类按键 ID 及类方法如表 10–22 所示。

表　10–22

| ID　名　称 | 意　　义 |
|---|---|
| ITEM_STATE_CHANGED | 确定某个选择项被选取 |
| SELECTED | 某个选择项被选取（Selected） |
| DESELECTED | 某个选择项被取消选取（Deselected） |
| 类　方　法 | 意　　义 |
| Object getItem( ) | 取得事件的选择项或列表索引值 |
| ItemSelectable getItemSelectable( ) | 取得 ItemEvent 事件的组件 |
| int getStateChange( ) | 取得项目的最新情况，是 SELECTED 还是 DESELECTED |

（2）监听者部分

【ItemListener 语法】

```
public void addItemListener(ItemListener 对象 )
```

语法说明：addItemListener 是指记录 ItemEvent 事件的监听者，以便接收所产生的事件。ItemListener 是指依照不同的 ItemEvent 事件调用不同的处理方法。 ItemListener 事件类的类方法如表 10–23 所示。

表 10-23

| 类 方 法 | 意 义 |
| --- | --- |
| void itemStateChanged(ItemEvent 对象 ) | 当被监听的事件产生 ItemEvent 事件时即调用此方法 |

【范例程序：CH10_10】

```
01    /* 程序: CH10_10.java
02    * 说明: 实现 KeyEvent 事件类
03     */
04
05    import java.applet.*;
06    import java.awt.*;
07    import java.awt.event.*;
08
09    public class CH10_10 extends Applet implements ItemListener{
10       private static final long serialVersionUID=1L;
11       Label L1,L2;
12       TextField t1;
13       List lst1;
14
15       public void init(){
16          L1=new Label("我的最爱: ");
17          L2=new Label("显示网址: ");
18          t1=new TextField("", 15);
19          t1.setEditable(false);
20          lst1=new List();
21          lst1.add("华为");
22          lst1.add("微软");
23          lst1.add("中国移动");
24          lst1.add("Sun Microsystem");
25          add(L2);
26          add(t1);
27          add(L1);
28          add(lst1);
29          lst1.addItemListener(this);
30       }
31
32    public void itemStateChanged(ItemEvent e){
33          List l=(List)e.getItemSelectable();
34          switch(l.getSelectedIndex()){
35          case 0:
36             t1.setText("www.huawei.com");
37             break;
38          case 1:
39             t1.setText("www.microsoft.com");
40             break;
41          case 2:
42             t1.setText("www.10086.cn");
43             break;
44          case 3:
45             t1.setText("www.oracle.com/sun/");
46             break;
47          default:
48             t1.setText("");
49             break;
50          }
51       }
52    }
```

【范例程序：CH10_10.htm】

```
01    <HTML>
02    <HEAD>
03    <TITLE>CH10_10.html</TITLE>
04    </HEAD>
05    <BODY>
06    <HR>
07    <CENTER>
08    <APPLET
09       CODE="CH10_10.class"
10       WIDTH=800
11       HEIGHT=150
12    >
13    </APPLET>
14    </CENTER>
15    <HR>
16    </BODY>
17    </HTML>
```

【程序运行结果】

①未运行任何 Item Event 动作之前，如图 10–30 所示。

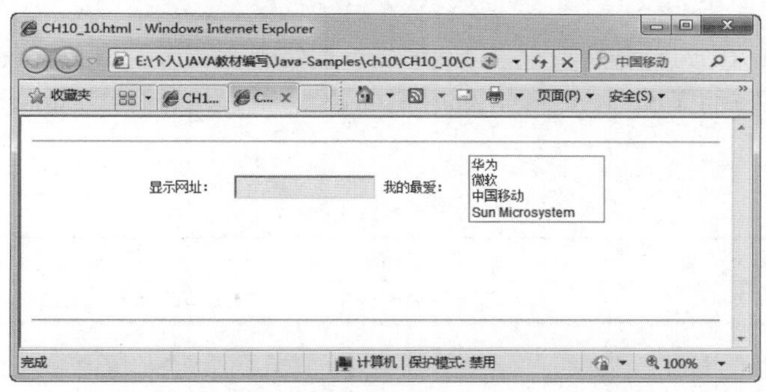


图　10–30

②点选右边“我的最爱”，左边“显示网址”部分就会显示结果，如图 10–31 所示。

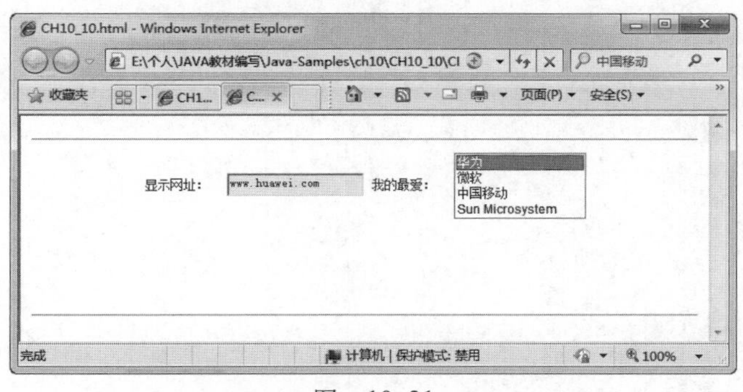


图　10–31

【程序解析】

① 选择“华为”，左边则显示 www.huawei.com。

② 第 34~50 行，利用 switch 作为显示事件选择结果的依据。

## 10-5-4　TextEvent 类

（1）TextEvent 事件产生

改变文本框（TextField）或文本块（TextArea）中的文字时产生 TextEvent 事件。

【TextEvent 构造函数语法】

```
TextEvent(Object 来源对象, int ID)
```

语法说明：来源对象指的是产生事件的组件，ID 意指产生事件的状态变量。ItemEvent 事件类按键 ID 及类方法如表 10-24 所示。

表　10-24

| ID 名称 | 意　义 |
|---|---|
| TEXT_VALUE_CHANGED | 确定文本框内容被改变 |
| 类方法 | 意　义 |
| String paramString( ) | 取得事件的字符串变量 |

（2）监听者部分

【TextListener 语法】

```
public void addTextListener(TextListener 对象)
```

语法说明：addTextListener 是指记录 TextEvent 事件的监听者，以便接收所产生的事件。TextListener 是指依照不同的 TextEvent 事件调用不同的处理方法。TextListener 事件类的类方法如表 10-25 所示。

表　10-25

| 类　方　法 | 意　义 |
|---|---|
| void textValueChanged(TextEvent 对象) | 当被监听的事件产生 TextEvent 事件时即调用此方法 |

【范例程序：CH10_11】

```
01    /* 程序: CH10_11.java
02    * 说明: 实现 KeyEvent 事件类
03     */
04
05    import java.applet.*;
06    import java.awt.*;
07    import java.awt.event.*;
08    public class CH10_11 extends Applet implements TextListener{
09       private static final long serialVersionUID=1L;
10       Label L1,L2;
11       TextField t1,t2;
12       public void init(){
13          L1=new Label("米");
14          L2=new Label("厘米");
15          t1=new TextField(20);
16          t2=new TextField(20);
17          add(L1);
18          add(t1);
19          add(L2);
20          add(t2);
21          t1.addTextListener(this);
22          t2.addTextListener(this);
23       }
```

```
24        public void textValueChanged(TextEvent e){
25           TextField tmp=(TextField)e.getSource();
26           Double t=Double.valueOf(tmp.getText());
27           double T=t.doubleValue();
28           if(tmp==t1){
29              t2.removeTextListener(this);
30              T=T*100;
31              t2.setText(Double.toString(T));
32              t2.addTextListener(this);
33           } else if(tmp==t2){
34              t1.removeTextListener(this);
35              T=T/100;
36              t1.setText(Double.toString(T));
37              t1.addTextListener(this);
38           }
39        }
40     }
```

【范例程序：CH10_11.html】

```
01     <HTML>
02     <HEAD>
03     <TITLE> CH10_11.html</TITLE>
04     </HEAD>
05     <BODY>
06     <HR>
07     <CENTER>
08     <APPLET
09        CODE=" CH10_11.class"
10        WIDTH=800
11        HEIGHT=50
12     >
13     </APPLET>
14     </CENTER>
15     <HR>
16     </BODY>
17     </HTML>
```

【程序运行结果】

①未运行任何 Text Event 动作之前，未输入任何数值，如图 10–32 所示。

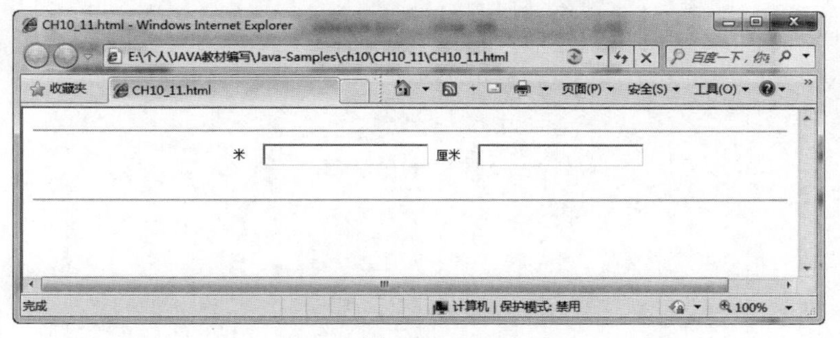


图　10–32

②输入数值，如图 10–33 所示。

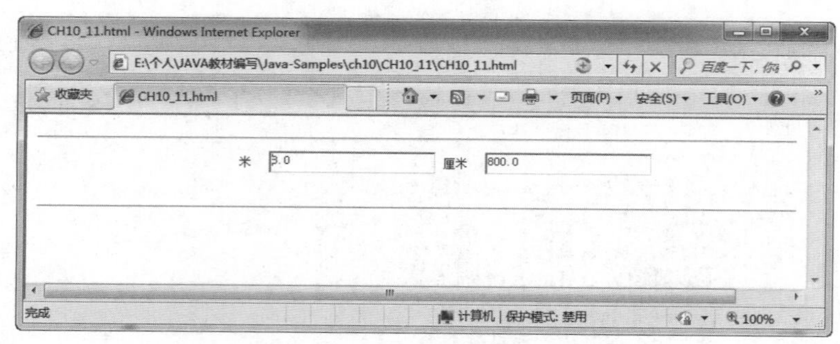

图　10-33

## 10-6　本章进阶应用练习实例

本章中学习了窗口及窗口中各种版面布局等基本概念，如果配合以下的练习，相信对于各种简易窗口的设计流程更有帮助。

通过鼠标事件改变窗口背景色

设计一个窗口，其默认的背景色为红色，在窗口中有一按钮，按钮上的文字为“关闭窗口”。鼠标指针移入窗口内，窗口的背景色会由红色变成黄色；鼠标指针移到按钮的上方，窗口的背景色会由黄色变成蓝色；鼠标指针移出按钮的上方，窗口的背景色会由蓝色变成黄色；单击按钮，则会关闭窗口。

```
256  //通过鼠标事件改变窗口背景色
257  import java.awt.*;
258  import java.awt.event.*;
259  public class WORK10_01 extends Frame implements ActionListener
260  {
261     private static final long serialVersionUID=1L;
262     private static Button myButton;
263     public WORK10_01()
264     {
265        setSize(400,200);
266        setTitle("以鼠标事件改变窗口背景色");
267        setLayout(new FlowLayout());
268        setBackground(Color.RED);
269        myButton=new Button("关闭窗口");
270        //内定事件监听员
271        myButton.addActionListener(this);
272        add(myButton);
273        //自定义事件监听员
274        addWindowListener(new MyListener());
275        setVisible(true);
276     }
277     public static void main(String args[])
278     {  //实现程序窗口
279        final WORK10_01 myFrm=new WORK10_01();
280        //内部匿名类模式
281        myFrm.addMouseListener(
282        new MouseAdapter(){
283           public void mouseEntered(MouseEvent myevent1){
284           myFrm.setBackground(Color.YELLOW);}
```

```
285             public void mouseExited(MouseEvent myevent2){
286             myFrm.setBackground(Color.BLUE);}
287             });
288         }
289         //内定事件处理者
290         public void actionPerformed(ActionEvent myevent3){
291            System.exit(0);}
292         //自定义事件处理者
293         private class MyListener extends WindowAdapter {
294            public void windowClosing(WindowEvent myevent4){
295            System.exit(0);}}
296     }
```

【程序运行结果】

程序运行结果如图 10-34 所示。

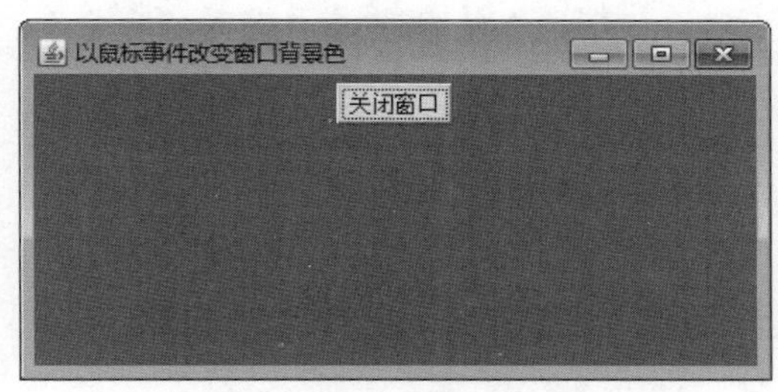


图 10-34

## 习题

### 1. 填空题

（1）利用 BorderLayout，配置时可以利用窗口容器所提供的________方法来完成。

（2）________套件包主要涵盖 Java 应用程序及 Applet 所需的用户接口控件。

（3）Java 所提供的 AWT 类包含在________中，AWT 组件皆继承于________。

（4）在 Java 的窗口运行程序中，所有组件在动作及显示之前都必须先加入________中。

（5）由于继承关系，Frame 同时拥有________及________两个组件所提供的方法。

（6）AWT 抽象窗口工具组的组件皆为________的子类，包含设计窗口程序时会使用________、________、________和________等设计组件。

（7）________方法主要应用于当需要窗口内组件依照显示的大小自动调整时。

（8）________版面布局方式是默认的版面布局方式。

（9）当窗口设定为________版面布局方式时，窗口版面主要被分割为东、西、南、北、中 5 个方向。

（10）当窗口设定为________版面布局方式时，窗口版面将依据所设定的方格长与宽的数量把窗口等分为长乘以宽的数量。

（11）在窗口模式下，用户的操作是通过________的触发与程序沟通。

（12）窗口模式下，事件所触发的相关角色有________、________及________等。

（13）在 Java 窗口模式下，提供许多的事件监听，事件的种类包含________、________及________等。

2. 问答与实现题

（1）AWT 套件包大概有几种类型?

（2）GUI（Graphics User Interface）的意思是什么？

（3）AWT（Abstract Windowing Toolkit）的意思是什么？

（4）画出 java.awt.Container 的类继承图。

（5）设计出简单的窗口框架。

（6）pack( ) 方法主要功用是什么？

（7）举出三种版面布局方式。

（8）版面布局最主要的功用是什么？

（9）什么是 FlowLayout 版面布局？

（10）简述事件的定义。

（11）设计图 10-35 所示窗口程序的外观，其中窗口背景色为黄色，字体的设定如下：Font（" 新细明体 ", Font.ITALIC|Font.BOLD, 16）。

图 10-35

（12）利用 FlowLayout 版面布局管理图 10-36 所示的 4 个标签?

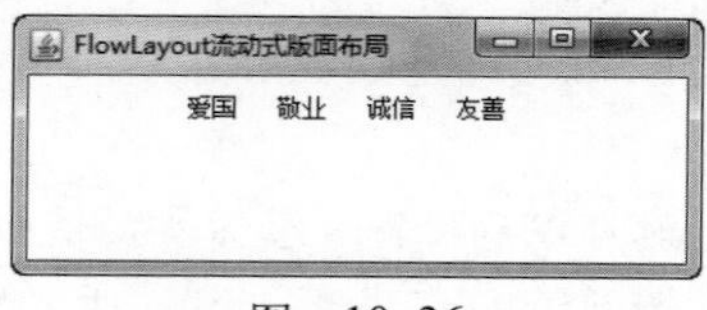


图 10-36

# 第 11 章 AWT 窗口套件的使用

在 AWT 图形接口类中，除了与 Menu( 菜单 )有关的组件外，其余的组件皆继承于 Component 类。可以把这些图形接口类分为 4 种类型：

①控制组件：主要是针对 Button 与 ScrollBar 而言。控制组件负责触发各种事件，例如 MouseEvent( )、ActionEvent( ) 等。

②菜单组件：菜单组件负责制作各式菜单模型，包含 Choice、List 及不属于 Component 类的 Menu 菜单。

③文字输入 / 输出组件：负责文字的输入 / 输出动作，包含 TextComponent 类及其派生类 Label。

④组件容器窗口：负责装载各个组件，包含 Container 类下的所有子类。

每种类都拥有各自基本的 method（方法），大致区分为下列 5 种情况：

① set 方法：用来管理各种设定，从最基本的文字设定 setText( ) 到设定响应字符的 setEchoChar( ) 等。

② get 方法：用来获取各种状态值，从最基本的获取文字 getText( ) 到获取 Button 所产生的事件命令 getActionCommand( ) 等。

③ add 方法：用来加入额外属性，大多是用来加入监听事件，如加入动作事件监听 addActionListener( )、加入选项事件监听 addItemListener( ) 等。

④ remove 方法：用来删除属性，大多是用来删除监听事件，如删除动作事件监听 removeActionListener( )、删除选项事件监听 removeItemListener( ) 等。

⑤ process 方法：主要用来运行处理组件所引发的各种事件，如运行处理所引发的选项事件 processItemListener( )、运行处理所引发的动作事件 processActionListener( ) 等。

## 本章学习目标

- 了解 AWT 类库的基本组件。
- 掌握 AWT 类库各组件的使用方法。

## 学习内容

- Button（按钮）组件。
- Checkbox（复选框）组件。

- Label（标签）组件。
- TextField（文本域）组件。
- CheckboxGroup（复选框组）组件。
- Choice（下拉式菜单）组件。
- List（列表）组件。
- Scrollbar（滚动条）组件。

## 11-1 Button（按钮）组件

在窗口应用程序中，Button 按钮上可显示文本表示一个功能，当按钮被单击激活时，能触发动作事件，运行相应的功能，非常直观。

Button 组件直接继承 java.awt.Component 类，常用的构造函数及方法如表 11-1 所示。

表 11-1

| 构造函数 | 说明 |
| --- | --- |
| Button( ) | 建立 Button 组件的实例对象 |
| Button(String 显示文字) | 建立对象时并设定按钮所要显示的文字 |
| **方法** | **说明** |
| void addActionListoner(ActionListener 监听事件) | 添加监听事件 |
| void removeActionListoner(ActionListener 监听事件) | 删除监听事件 |
| String getActionCommand( ) | 获取 ActionCommand 字符串 |
| void setActionCommand(String ActionCommand 名称) | 设定 ActionCommand 名称 |
| String getLabel( ) | 获取 Button 所显示的字符串 |
| void setLabel(String 显示字符串) | 设定 Button 所显示的字符串 |
| protected void processActionEvent(ActionEvent 动作事件) | 运行 Button 的动作事件 |
| protected void process(AWTEvent 动作事件) | 运行 Button 的一般事件 |

Button 组件建立的方式如下：

【Button 组件建立语法】

```
Button  btnMyButton=new Button(按钮名称);
```

如上所示，建立 Button 组件时同时指定显示的文字。Button 也是一种提供用户动作输入的组件，所以 Button 所可能会引发的事件与文字输入组件一样，都是属于 ActionEvent 动作事件。

【范例程序：CH11_01】

```
01    /* 程序: CH11_01.java
02    * 说明: Button 组件的使用
03     */
04
05    import java.awt.*;
06    import java.awt.event.*;
07
08    public class CH11_01 implements ActionListener
09    {
10        Frame frmFrame;
11        Button btnUp, btnDown;
12
```

```
13      public CH11_01()
14      {
15          //建立窗口并设定窗口标题
16          frmFrame=new Frame("按钮应用");
17
18          //设定窗口版面配置样式
19          frmFrame.setLayout(new GridLayout(2,1));
20
21          //产生按钮一
22          btnUp=new Button("上");
23          btnUp.setActionCommand("btnUp");
24          btnUp.addActionListener(this);
25
26          //产生按钮二
27          btnDown=new Button("下");
28          btnDown.setActionCommand("btnDown");
29          btnDown.addActionListener(this);
30
31          //将按钮加入窗口容器中
32          frmFrame.add(btnUp);
33          frmFrame.add(btnDown);
34
35          //设定适当的窗口大小
36          frmFrame.pack();
37
38          //设定窗口为可视状态
39          frmFrame.setVisible(true);
40      }
41
42      public void actionPerformed(ActionEvent e)
43      {
44          String cmd=e.getActionCommand();
45
46          if(cmd.equals("btnDown"))
47          {
48              if(btnUp.getBackground()==Color.BLUE)
49              {
50                  btnUp.setBackground(Color.red);
51              }
52              else
53              {
54                  btnUp.setBackground(Color.blue);
55              }
56          }
57          else
58          {
59              if(btnDown.getBackground()==Color.BLUE)
60              {
61                  btnDown.setBackground(Color.red);
62              }
63              else
64              {
65                  btnDown.setBackground(Color.blue);
66              }
67          }
68      }
```

```
69
70        public static void main(String[] args)
71        {
72           new CH11_01();
73        }
74    }
```

【程序运行结果】

程序运行结果如图 11-1 所示。

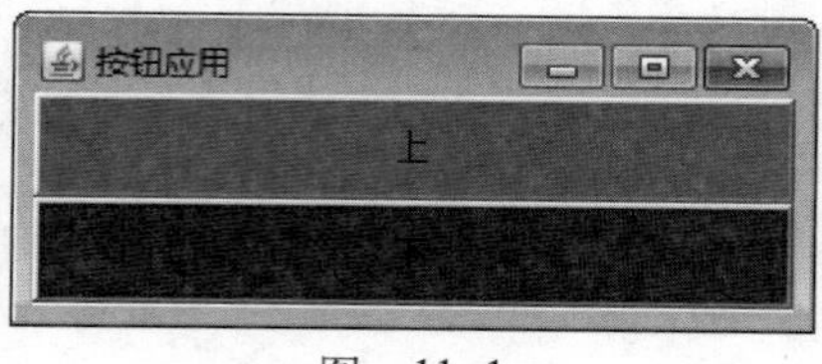


图 11-1

【程序分析】

①第 8 行：实现 ActionListener 界面。

②第 42~68 行：实现 ActionListener 的 actionPerformed 方法。

③第 44 行：获取发出事件的组件的动作命令字符串。

④第 46 行：利用动作命令字符串判断发出事件的对象是何种组件。

⑤第 48、59 行：利用组件的 getBackground( ) 方法获取背景颜色。

## 11-2 Checkbox（复选框）组件

Checkbox 组件通常应用在程序中存在多种选项供用户选择的情形。Checkbox 使用非常简单，只要单击 Checkbox 组件，就会出现打钩的符号，再单击一次，打钩的符号就会消失。Checkbox 组件所提供的构造函数及方法如表 11-2 所示。

表 11-2

| 构 造 函 数 | 说 明 |
|---|---|
| Checkbox( ) | 建立 Checkbox 组件 |
| Checkbox(String 显示文字 ) | 建立对象并设定组件所要显示的文字 |
| Checkbox(String 显示文字 ,boolean 状态 ) | 建立对象并设定组件所要显示的文字及勾选状态 |
| Checkbox(String 显示文字 ,boolean 状态 , CheckboxGroup 组 ) | 建立对象并设定组件所要显示的文字、勾选状态及组 |
| Checkbox(String 显示文字 ,CheckboxGroup 组 ,boolean 状态 ) | 建立对象并设定组件所要显示的文字、组及勾选状态 |
| **方 法** | **说 明** |
| String getLabel( ) | 获取显示文字 |
| void setLabel(String 显示文字 ) | 设定显示文字 |
| boolean getState( ) | 获取勾选状态 |
| void setState(boolean 勾选状态 ) | 设定勾选状态 |
| void addItemListener(ItemListener 监听事件类 ) | 加入监听事件 |
| void removeItemListener(ItemListener 监听事件类 ) | 删除监听事件 |
| CheckboxGroup getCheckboxGroup( ) | 获取 Checkbox 所属的 CheckboxGroup |
| void setCheckboxGroup(CheckboxGroup 组 ) | 设定 Checkbox 所属的 CheckboxGroup |
| boolean getState( ) | 获取勾选状态 |
| void setState(boolean 勾选状态 ) | 设定勾选状态 |

Checkbox 主要是让用户进行选择操作，所以它会引发 ItemEvent 事件（项目有关事件）。此事件掌管有关于选项项目（item）状态值的变化（如被选中 select 或取消选中 deselect），它所对应

的监听员为 ItemtListener。

【范例程序：CH11_02】

```
01    /* 程序: CH11_02.java
02    * 说明: Checkbox 使用
03     */
04
05    import java.awt.*;
06    import java.awt.event.*;
07
08    public class CH11_02 implements ItemListener
09    {
10       Frame frmFrame;
11       Checkbox cbCheckbox1;
12       Checkbox cbCheckbox2;
13       Checkbox cbCheckbox3;
14
15       public CH11_02()
16       {
17          // 建立窗口对象
18          frmFrame=new Frame(" 复选框应用 ");
19
20          // 设定窗口版面配置方式
21          frmFrame.setLayout(new GridLayout(1,3));
22
23          // 建立三个 Checkbox 组件
24          cbCheckbox1=new Checkbox(" 一 ");
25          cbCheckbox2=new Checkbox(" 二 ");
26          cbCheckbox3=new Checkbox(" 三 ");
27
28          // 将组件加入监听事件
29          cbCheckbox1.addItemListener(this);
30          cbCheckbox2.addItemListener(this);
31          cbCheckbox3.addItemListener(this);
32
33          // 将组件加入窗口容器中
34          frmFrame.add(cbCheckbox1);
35          frmFrame.add(cbCheckbox2);
36          frmFrame.add(cbCheckbox3);
37
38          // 将窗口调整到最适当
39          frmFrame.pack();
40
41          // 将窗口设定为可视状态
42          frmFrame.setVisible(true);
43       }
44
45       public void itemStateChanged(ItemEvent e)
46       {
47          Checkbox cb=(Checkbox)e.getSource();
48
49          if(cb.getState())
50          {
51             cb.setLabel(" 选取 ");
52          }
53          else
```

```
54            {
55                cb.setLabel(" 未选取 ");
56            }
57
58        }
59
60        public static void main(String[] args)
61        {
62            new CH11_02();
63        }
64    }
```

【程序运行结果】

①未选取前，如图 11–2 所示。

②选取后，如图 11–3 所示。

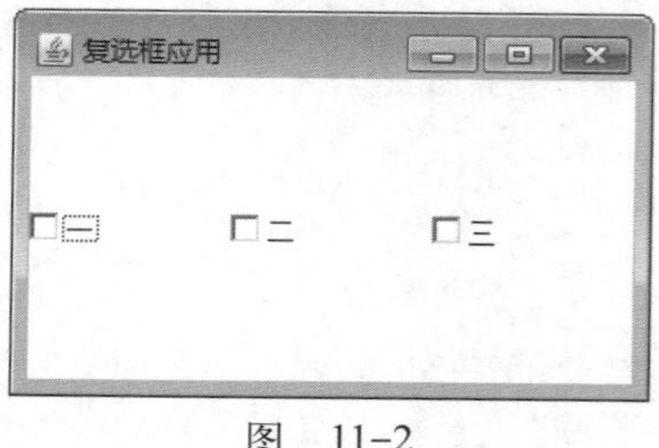


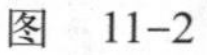

图 11–2

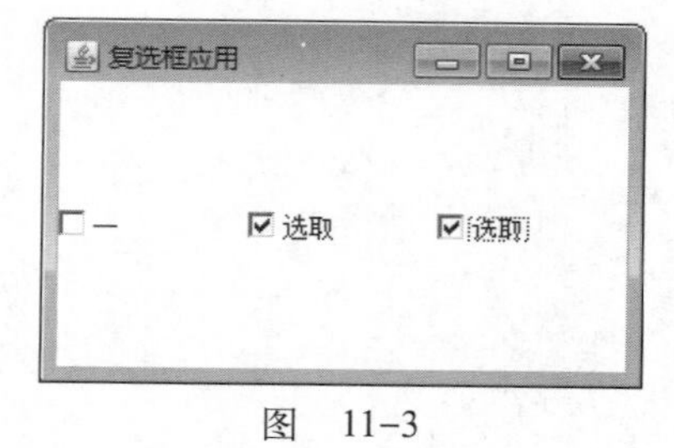


图 11–3

【程序解析】

① 第 8 行：实现 ItemListener 界面。

② 第 45~58 行：实现 ItemListener 接口的 itemStateChanged( ) 方法。

③ 第 47 行：获取事件触发来源，并将对象类型强制转换为 Checkbox 类。

④ 第 49 行：利用 getState( ) 方法来判断 Checkbox 是否勾选。

## 11–3 Label（标签）组件

要做好图形化接口的窗口程序，文字的输入 / 输出是不可或缺的。在 Java 的 AWT 套件包中，文字输出的最基本组件就是 Label，即文字标签。文字标签最主要的功能是用来显示用户所需要了解的文字描述内容，例如文字输入域（TextField）、按钮（Button）说明，甚至可直接使用 Label 标签作程序内文字的显示输出动作。

（1）Label 的声明方式

```
Label(String 文字叙述 , int 对齐方式 )
```

①文字叙述：为该 Label 所显示于画面上的文字信息，其数据类型为字符串（String）。

②对齐方式（alignment）：代表 Label 组件相对于窗口的对齐方式，其数值有 Label.LEFT（靠左对齐）、Label.RIGHT（靠右对齐）及 Label.CENTER（居中对齐）3 种。

（2）Label 的类方法

由于文字标签是属于一种单纯的文字显示组件，所以文字标签组件并不会引发任何的事件（events）。有关 Label 类的类方法如表 11–3 所示。

表　11-3

| 方 法 名 称 | 方 法 说 明 |
| --- | --- |
| void setAlignment(int 相对对齐值 ) | 设定 Label 的对齐方式 |
| int getAlignment( ) | 获取 Label 的对齐方式 |
| void setText(String 文字内容 ) | 设定 Label 组件的文字内容 |
| void getText( ) | 获取 Label 组件的文字内容 |
| String paramString( ) | 获取 Label 组件的说明文字（此方法为所有组件的基本方法之一） |

【范例程序：CH11_03】

```
01    /* 程序: CH11_03.java
02    * 说明: Label 使用
03     */
04
05    import java.awt.*;
06
07    public class CH11_03
08    {
09       Frame frmFrame;
10       Label lb1;
11       Label lb2;
12       Label lb3;
13
14       public CH11_03()
15       {
16          //建立窗口对象
17          frmFrame=new Frame(" 标签应用 ");
18
19          //设定窗口版面配置方式
20          frmFrame.setLayout(new GridLayout(3,1));
21
22          //建立三个 Label 组件
23          lb1=new Label(" 一 ");
24          lb2=new Label(" 二 ",Label.CENTER);
25          lb3=new Label(" 三 ");
26          lb3.setAlignment(Label.RIGHT);
27
28          lb1.setBackground(Color.cyan);
29          lb2.setBackground(Color.green);
30          lb3.setBackground(Color.yellow);
31
32          //将组件加入窗口容器中
33          frmFrame.add(lb1);
34          frmFrame.add(lb2);
35          frmFrame.add(lb3);
36
37          //将窗口调整到最适当
38          frmFrame.pack();
39
40          //将窗口设定为可视状态
41          frmFrame.setVisible(true);
42       }
43
44       public static void main(String[] args)
45       {
46          new CH11_03();
47       }
48    }
```

【程序运行结果】

程序运行结果如图 11–4 所示。

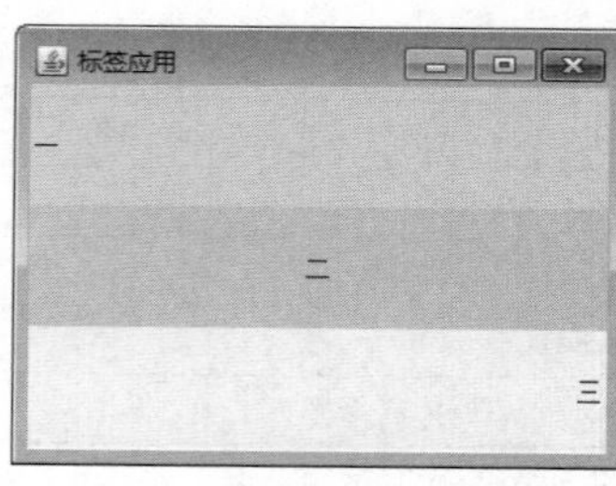


图 11–4

【程序解析】

① 第 10~12 行：声明 3 个 Label 组件。

② 第 22~26 行：建立 3 个 Label 组件，并设定其对齐方式。

③ 第 28~30 行：分别设定 3 个 Label 组件的背景色。

## 11–4 TextField（文本域）组件

相对于文字的输出方式，在 Java 中提供了两种文字输入组件：TextField 组件与 TextArea 组件。它们两者之间最主要的差别在于：TextField 是一种单行文字组件，TextArea 则是一种多行文字组件。

1. TextField 组件

（1）TextField 的声明方式

```
TextField(String 文字叙述,int 列数)
```

①文字叙述：为该 TextField 默认的文字内容，其数据类型为字符串（String）。如果不加入文字叙述则会产生一个空的文本框。

②列数（columns）：每行可容纳的字数，可以用来调整文本框的显示长度，其单位为一个字符的宽度。

③ TextField 组件不仅可以输入文字，还可以当作文字输出组件来使用。与 Label 组件不同的是，TextField 文本框的内容是可以修改的。

（2）TextField 的类方法

TextField 常用的专有方法如表 11–4 所示。

表 11–4

| 方 法 名 称 | 方 法 说 明 |
|---|---|
| void addActionListener(ActionListener 对象) | 增加动作事件监听 |
| void removeActionListener(ActionListener 对象) | 删除动作事件监听 |
| void processActionEvent(ActionEvent 事件) | 处理所引发的动作事件 |
| void proceesEvent(AWTEvent 事件) | 处理所引发其余有关的 AWT 事件 |
| void setEchoChar(Char 字符) | 设定 TextField 的响应字符 |
| char getEchoChar( ) | 获取响应字符 |
| boolean echoCharIsSet( ) | 检查是否有可供响应的字符（返回值为布尔类型） |

（3）TextField 引发的事件种类

由于 TextField 是一种输入组件，所以会引发 ActionEvent（动作事件）。ActionEvent 所掌管的是任何可能产生的动作，它对应的监听员为 ActionListener。当监听员通过操作系统传回的信息里判别出有关目标组件的任何动作时，会将信息转换成 actionPerformed 事件，并交给事件处理者来处理。

2. TextArea 组件

TextArea 的使用方法说明如下：

（1）TextArea 的声明方式

```
TextArea(String 文字叙述 , int 列数 , int 行数 , int 滚动条显示相对值 )
```

①文字叙述：为该 TextArea 默认的文字内容，其数据类型为字符串（String）；如果没有文字叙述，则会产生一个空的文本框。

②行数（rows）：用来调整文本块的显示高度，其单位为单个字符的高度。

③列数（columns）：每行可容纳的字数，其单位为单个字符的宽度。

④滚动条显示相对值（scrollbars）：代表此文本框是否要使用滚动条模式，其值为下列 4 种：

- TextArea.SCROLLBARS_BOTH（同时使用水平与垂直滚动条）。
- TextArea.SCROLLBARS_VERTICAL_ONLY（仅使用垂直滚动条）。
- TextArea.SCROLLBARS_HORIZONTAL_ONLY（仅使用水平滚动条）。
- TextArea.SCROLLBARS_NONE（不使用滚动条模式）。

与 TextField 一样，TextArea 组件也可以当作文字的输出来使用，文本框中的叙述文字同样可以更改。

（2）TextArea 的类方法

TextArea 类中常用的方法如表 11-5 所示。

表 11-5

| 方 法 名 称 | 方 法 说 明 |
|---|---|
| void insert(String 文字 , int 位置 ) | 在文本块中的相对位置插入文字叙述<br>注意：无法插入零值（null text） |
| void append(String 文字 ) | 在文本块中已有的叙述之后，附加上额外的文字<br>注意：无法插入零值（null text） |
| void replaceRange(String 文字 , int 开始位置 , int 结束位置 ) | 用所输入的文字，替换原有文字中指定位置的文字<br>注意：无法插入零值（null text） |

（3）TextArea 的事件种类

TextArea 所可能引法的事件种类与 TextField 相同，在此不再赘述。

【范例程序：CH11_04】

```
01    /* 程序: CH11_04.java
02    * 说明: TextField 使用
03     */
04
05    import java.awt.*;
06
07    public class CH11_04
08    {
09       Frame frmFrame;
10       Label lb;
11       TextField tf;
12       Button btn;
13
14       public CH11_04()
15       {
16          //建立窗口对象
17          frmFrame=new Frame(" 文本框应用 ");
18
19          //设定窗口版面配置方式
20          frmFrame.setLayout(new GridLayout(3,1));
21
```

```
22            //建立三个组件
23            lb=new Label("请在以下文本框输入");
24            tf=new TextField();
25            btn=new Button("确定");
26
27            //将组件加入窗口容器中
28            frmFrame.add(lb);
29            frmFrame.add(tf);
30            frmFrame.add(btn);
31
32            //将窗口调整到最适当
33            frmFrame.pack();
34
35            //将窗口设定为可视状态
36            frmFrame.setVisible(true);
37        }
38
39        public static void main(String[] args)
40        {
41            new CH11_04();
42        }
43    }
```

【程序运行结果】

程序运行结果如图 11-5 所示。

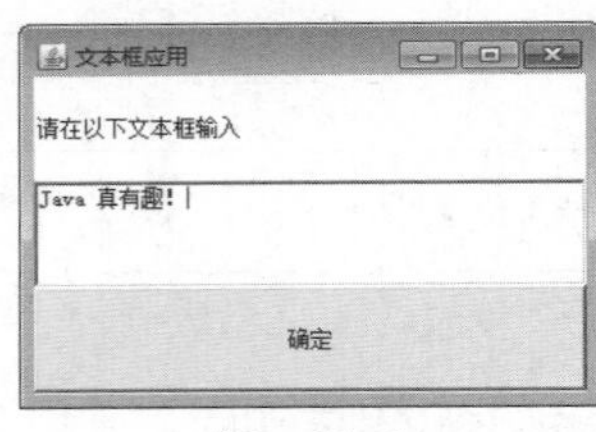


图 11-5

【程序解析】

第 23~25 行：在窗口容器中加入 Label、TextField 及 Button 三种组件。

## 11-5 CheckboxGroup（复选框组）组件

还有一种与 Checkbox 复选框类似的组件——CheckboxGroup 复选框组。所谓复选框组，是将两个或多个 Checkbox 构成一组（Group），它是一种专门用来装载 Checkbox 组件的容器。CheckboxGroup 与 Checkbox 并无太大差异，它们拥有相同的类方法。CheckboxGroup 的声明方式如下：

```
CheckboxGroup()
```

在声明 CheckboxGroup 时，并不需要设定任何自变量，因为它只是一种专门用来装载 Checkbox 组件的容器，所以 CheckboxGroup 无法引发任何事件。CheckboxGroup 主要用来建立 Checkbox 的组。当 Checkbox 未加入组时，其状态及使用方式为勾选；一旦 Checkbox 加入组后，则自动变更为 Radio Button（单选按钮），也就是在同一个组中，同一时间只能有一个被选择，也就无法实现多重选择的功能。

CheckboxGroup 所提供的构造函数及方法如表 11-6 所示。

表　11-6

| 构造函数 | 说　明 |
| --- | --- |
| CheckboxGroup( ) | 建立 CheckboxGroup 组件 |

| 方　法 | 说　明 |
| --- | --- |
| Checkbox getSelectedCheckbox( ) | 获取被选取的 Checkbox |
| void setSelectedCheckbox(Checkbox 复选框 ) | 设定被选取的 Checkbox |

**【范例程序：CH11_05】**

```
01    /* 程序: CH11_05.java
02    * 说明: CheckboxGroup 使用
03     */
04
05    import java.awt.*;
06    import java.awt.event.*;
07
08    public class CH11_05 implements ItemListener
09    {
10       Frame frmFrame;
11       CheckboxGroup cg;
12       Checkbox cbCheckbox1;
13       Checkbox cbCheckbox2;
14       Checkbox cbCheckbox3;
15       Checkbox cbCheckbox4;
16       Checkbox cbCheckbox5;
17       Checkbox cbCheckbox6;
18
19       public CH11_05()
20       {
21          //建立窗口对象
22          frmFrame=new Frame(" 复选框组应用 ");
23
24          //设定窗口版面配置方式
25          frmFrame.setLayout(new GridLayout(2,3));
26
27          //建立组
28          cg=new CheckboxGroup();
29
30          //建立六个 Checkbox 组件
31          cbCheckbox1=new Checkbox(" 一 ");
32          cbCheckbox2=new Checkbox(" 二 ");
33          cbCheckbox3=new Checkbox(" 三 ");
34          cbCheckbox4=new Checkbox(" 四 ",true,cg);
35          cbCheckbox5=new Checkbox(" 五 ",false,cg);
36          cbCheckbox6=new Checkbox(" 六 ",false,cg);
37
38          //将组件加入监听事件
39          cbCheckbox1.addItemListener(this);
40          cbCheckbox2.addItemListener(this);
41          cbCheckbox3.addItemListener(this);
42
43          //将组件加入窗口容器中
44          frmFrame.add(cbCheckbox1);
```

```
45          frmFrame.add(cbCheckbox2);
46          frmFrame.add(cbCheckbox3);
47          frmFrame.add(cbCheckbox4);
48          frmFrame.add(cbCheckbox5);
49          frmFrame.add(cbCheckbox6);
50
51          //将窗口调整到最适当
52          frmFrame.pack();
53
54          //将窗口设定为可视状态
55          frmFrame.setVisible(true);
56      }
57
58      public void itemStateChanged(ItemEvent e)
59      {
60          Checkbox cb=(Checkbox)e.getSource();
61
62              if(cb.getState())
63              {
64                  cb.setLabel("选取");
65              }
66              else
67              {
68                  cb.setLabel("未选取");
69              }
70
71          }
72
73      public static void main(String[] args)
74      {
75          new CH11_05();
76      }
77  }
```

【程序运行结果】

程序运行结果如图 11-6 所示。

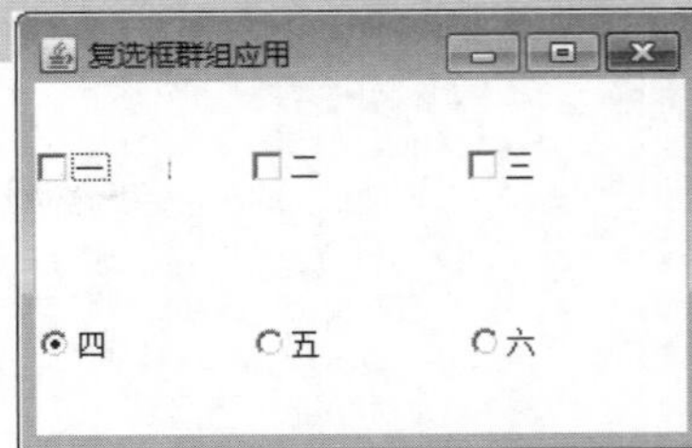


图 11-6

【程序解析】

① 第 34~36 行：将四、五、六等 CheckBox 加入组。

② 39~41 行：为 Checkbox1、Checkbox2、Checkbox3 三个组件加入监听事件。

## 11-6 Choice（下拉式菜单）组件

Choice 应用于较多条件的单项选择的情形。一般情况下，如果程序中的条件选择项目不多，可以使用 Checkbox 或是 Radio Button 做单选或复选；如果单选的被选项较多时，之前的做法往往会容易造成操作接口混乱。这种情况下，在程序中更多的是使用 Choice 来装载这些选项。Choice 组件所提供的构造函数及方法如表 11-7 所示。

表 11-7

| 构 造 函 数 | 说 明 |
| --- | --- |
| Choice( ) | 建立 Choice 组件 |

续表

| 方　法 | 说　明 |
|---|---|
| void add(String 预加入的选项 ) | 加入一个选项到 Choice 中 |
| void addItemListener(ItemListener 监听事件类 ) | 加入监听事件 |
| String getItem(int 索引值 ) | 从 Choice 中依据索引值取出选项 |
| int getItemCount( ) | 获取 Choice 的总选项数 |
| int getSelectedIndex( ) | 获取 Choice 被选择的选项其索引值 |
| String getSelectedItem( ) | 获取 Choice 被选择的选项 |
| void insert(String 预加入的选项 ,int 索引值 ) | 将选项加入至指定的索引值位置 |
| void remove(int 索引值 ) | 删除指定索引值的选项 |
| void remove(String 欲删除的选项 ) | 删除 Choice 中第一个指定的选项 |
| void removeAll( ) | 删除所有选项 |
| void select(int 索引值 ) | 选择指定索引值的选项 |
| void select(String 欲选择的选项 ) | 选择 Choice 中第一个指定的选项 |

【范例程序：CH11_06】

```
01    /* 程序: CH11_06.java
02    * 说明: Choice 使用
03     */
04
05    import java.awt.*;
06    import java.awt.event.*;
07
08    public class CH11_06 implements ItemListener
09    {
10       Frame frmFrame;
11
12       Choice ch;
13
14       CheckboxGroup cg;
15       Checkbox cbCheckbox1;
16       Checkbox cbCheckbox2;
17       Checkbox cbCheckbox3;
18
19       public CH11_06()
20       {
21          //建立窗口对象
22          frmFrame=new Frame("选项应用");
23
24          //设定窗口版面配置方式
25          frmFrame.setLayout(new GridLayout(4,1));
26
27          //建立组
28          cg=new CheckboxGroup();
29
30          //建立三个 Checkbox 组件
31          cbCheckbox1=new Checkbox("一",true,cg);
32          cbCheckbox2=new Checkbox("二",false,cg);
33          cbCheckbox3=new Checkbox("三",false,cg);
34
```

```
35          //建立选项
36          ch=new Choice();
37
38          //加入选项到 Choice
39          ch.add("一");
40          ch.add("二");
41          ch.add("三");
42
43          //将组件加入监听事件
44          ch.addItemListener(this);
45          cbCheckbox1.addItemListener(this);
46          cbCheckbox2.addItemListener(this);
47          cbCheckbox3.addItemListener(this);
48
49          //将组件加入窗口容器中
50          frmFrame.add(ch);
51          frmFrame.add(cbCheckbox1);
52          frmFrame.add(cbCheckbox2);
53          frmFrame.add(cbCheckbox3);
54
55          //将窗口调整到最适当
56          frmFrame.pack();
57
58          //将窗口设定为可视状态
59          frmFrame.setVisible(true);
60      }
61
62      public void itemStateChanged(ItemEvent e)
63      {
64          Object obj=e.getSource();
65          if(obj.equals(cbCheckbox1))
66          {
67              ch.select(0);
68          }
69          else if(obj.equals(cbCheckbox2))
70          {
71              ch.select(1);
72          }
73          else if(obj.equals(cbCheckbox3))
74          {
75              ch.select(2);
76          }
77          else
78          {
79              if(ch.getSelectedIndex()==0)
80                  cbCheckbox1.setState(true);
81              else if(ch.getSelectedIndex()==1)
82                  cbCheckbox2.setState(true);
83              else
84                  cbCheckbox3.setState(true);
85          }
86      }
87
88      public static void main(String[] args)
89      {
90          new CH11_06();
```

```
91            }
92      }
```

图　11-7

【程序运行结果】

程序运行结果如图 11-7 所示。

【程序解析】

① 第 64 行：获取发出事件来源的对象。

② 第 65 行：利用 Object 类的 equals( ) 方法比对对象来源。

## 11-7　List（列表）组件

List 组件也可视为一种装载项目容器，它扩充项目的方法和一般的组件相同，是使用类中的 addItem( ) 方法。它的声明方式如下：

```
addItem(String 项目叙述 , int 索引值 )
```

如果无设定任何索引值自变量，则会将这个项目附加到数组底部。

List 的事件种类：

由于 List 的特性与 Checkbox 不同，所以它不只会引发一般列表对象的基本 ItemEvent 事件，更会有 ActionEvent 的发生。ItemEvent 和 ActionEvent 同样都是通过鼠标单击项目或组件所引发，二者之间的差异在于：ItemEvent 主要由单击鼠标（Click）触发；而 ActionEvent 主要由双击鼠标（Double-Click）触发。

因此，List 组件主要应用于制作复选式的菜单。Choice 如同加了 CheckboxGroup 的 Check box，只能单选；而 List 如同多个 Checkbox 组合起来，可以多选。因此，虽然 List 的用途与 Choice 相同，但是 List 主要用于系统的组织菜单，可以让操作接口空出更多的空间，从而使系统呈现出简洁明了的视觉效果。

List 组件所提供的构造函数及方法如表 11-8 所示。

表　11-8

| 构造函数 | 说　明 |
|---|---|
| List( ) | 建立 List 组件 |
| **方　法** | **说　明** |
| void add(String 欲加入的选项 ) | 加入一个选项到 List 中 |
| void addItemListener(ItemListener 监听事件类 ) | 加入监听事件 |
| void addActionListener(ItemListener 监听事件类 ) | 加入监听事件 |
| String getItem(int 索引值 ) | 从 List 中依据索引值取出选项 |
| int getItemCount( ) | 获取 List 的总选项数 |
| int getSelectedIndex( ) | 获取 List 最后被选择的选项其索引值 |
| int[ ] getSelectedIndexes( ) | 获取 List 所有被选择的选项其索引值 |
| String getSelectedItem( ) | 获取 List 目前被选择的选项 |
| String[ ] getSelectedItemes( ) | 获取 List 所有被选择的选项 |
| void remove(int 索引值 ) | 删除指定索引值的选项 |
| void remove(String 欲删除的选项 ) | 删除 Choice 中第一个指定的选项 |
| void removeAll( ) | 删除所有选项 |
| void select(int 索引值 ) | 选择指定索引值的选项 |

续表

| 方　法 | 说　明 |
|---|---|
| void setMultipleMode(boolean 设定多选模式 ) | 设定 List 是否可以多选 |
| boolean isMultipleMode( ) | 判断 List 是否为多选状态 |
| boolean isIndexSelected(int 检查的索引值 ) | 判断 List 中指定的索引值是否被选取 |
| void deselect(int 取消选取的索引值 ) | 取消 List 中指定索引值的选项选取 |

【范例程序：CH11_07】

```
01    /* 程序: CH11_07.java
02    * 说明: List 使用
03     */
04
05    import java.awt.*;
06    import java.awt.event.*;
07
08    public class CH11_07 implements ItemListener
09    {
10       Frame frmFrame;
11
12       List lt;
13
14       Checkbox cbCheckbox1;
15       Checkbox cbCheckbox2;
16       Checkbox cbCheckbox3;
17
18       public CH11_07()
19       {
20          //建立窗口对象
21          frmFrame=new Frame("选项应用");
22
23          //设定窗口版面配置方式
24          frmFrame.setLayout(new GridLayout(4,1));
25
26          //建立三个 Checkbox 组件
27          cbCheckbox1=new Checkbox("一");
28          cbCheckbox2=new Checkbox("二");
29          cbCheckbox3=new Checkbox("三");
30
31          //建立选项
32          lt=new List();
33          lt.setMultipleMode(true);
34
35          //加入选项到 Choice
36          lt.add("一");
37          lt.add("二");
38          lt.add("三");
39
40          //将组件加入监听事件
41          lt.addItemListener(this);
42          cbCheckbox1.addItemListener(this);
43          cbCheckbox2.addItemListener(this);
44          cbCheckbox3.addItemListener(this);
45
46          //将组件加入窗口容器中
```

```
47          frmFrame.add(lt);
48          frmFrame.add(cbCheckbox1);
49          frmFrame.add(cbCheckbox2);
50          frmFrame.add(cbCheckbox3);
51
52          //将窗口调整到最适当
53          frmFrame.pack();
54
55          //将窗口设定为可视状态
56          frmFrame.setVisible(true);
57      }
58
59      public void itemStateChanged(ItemEvent e)
60      {
61          Object obj=e.getSource();
62          if (obj.equals(cbCheckbox1))
63          {
64              if(cbCheckbox1.getState()==true)
65                  lt.select(0);
66              else
67                  lt.deselect(0);
68
69          }
70          else if(obj.equals(cbCheckbox2))
71          {
72              if(cbCheckbox2.getState()==true)
73                  lt.select(1);
74              else
75                  lt.deselect(1);
76          }
77          else if(obj.equals(cbCheckbox3))
78          {
79              if(cbCheckbox3.getState()==true)
80                  lt.select(2);
81              else
82                  lt.deselect(2);
83          }
84              else
85              {
86                  cbCheckbox1.setState(lt.isIndexSelected(0));
87                  cbCheckbox2.setState(lt.isIndexSelected(1));
88                  cbCheckbox3.setState(lt.isIndexSelected(2));
89              }
90      }
91
92      public static void main
        (String[] args)
93      {
94          new CH11_07();
95      }
96  }
```

【程序运行结果】

程序运行结果如图 11-8 所示。

图　11-8

【程序解析】

① 第 61 行：获取发出事件的对象。

② 第 86~88 行：利用 List 的 isIndexSelected( ) 方法判断 List 中指定的选项是否被选取。

## 11-8 Scrollbar（滚动条）组件

Scrollbar 主要应用于滚动内容区，从而使得超出显示区域范围的信息可以显示。一般在使用浏览器浏览网页时都会发现，如果网页内容超过屏幕可以显示的范围，就必须滚动滚动条才能看到网页的其余内容。Java 中的 Scrollbar 组件的功能也是如此。

窗口软件最大的好处在于，利用有限的面积可以容纳更多的信息；而 Scrollbar 便可以让用户在有限的窗口显示区域内放入更大量的信息，只需要通过滚动条滚动，便可显示出信息内容的剩余部分。

（1）Scrollbar 的声明方式

```
Scrollbar(int 方向值, int 对应值, int 显示值, int 最小值, int 最大值)
```

①方向值：对应 ScrollBar.HORIZONTAL（水平）及 ScrollBar.VERTICAL（垂直）值，建立一个水平或垂直的调节按钮。

②对应值：表示默认调节按钮所相对应的数值。

③显示值：表示调节按钮在范围值之中，每次所跳动的大小。

④最小值：如果为水平调节按钮，则最小值代表与左端的对应值；反之为垂直调节按钮，则最小值代表与底端的对应值。

⑤最大值：如果为水平调节按钮，则最大值代表与右端的对应值；反之为垂直调节按钮，则最大值代表与顶端的对应值。

（2）Scrollbar 的类方法

常用的方法如表 11-9 所示。

表 11-9

| 方法名称 | 方法说明 |
|---|---|
| void addAdjustmentListener(AdjustmentListener 对象 ) | 增加调整事件监听 |
| void removeAdjustmentListener(AdjustmentListener 对象 ) | 删除调整事件监听 |
| void processAdjustmentEvent(AdjustmentEvent 事件 ) | 处理所引发的调整事件 |

（3）Scrollbar 的事件种类

Scrollbar 与其他输入组件不同，可以利用调节钮与滚动条来作调节动作，并引发 Adjustment Event（调节事件）。AdjustmentEvent 所掌管的是有关于滚动条相对值的变化，它所对应的监听员为 AdjustmentListener。当监听员通过操作系统传回的信息里，判别出有关目标组件相对值的任何变动，会将信息转换成 adjustmentValueChanged 事件，并交给事件处理者 AdjustmentEvent 处理。

因此，在程序中可以使用 Scrollbar（滚动条），利用滚动条的滚动滑块来设置或调节（adjustment）程序中各种自定义参数的属性值。

【范例程序：CH11_08】

```
01    /* 程序: CH11_08.java
02    * 说明: Scrollbar 使用
03     */
04
```

```
05    import java.awt.*;
06    import java.awt.event.*;
07
08    public class CH11_08 implements AdjustmentListener
09    {
10        Frame frmFrame;
11
12        Scrollbar sbV;//垂直
13        Scrollbar sbH;//水平
14
15        Label lb1;
16        Label lb2;
17
18        public CH11_08()
19        {
20            //建立窗口对象
21            frmFrame=new Frame("滚动条应用");
22
23            //设定窗口版面配置方式
24            frmFrame.setLayout(new BorderLayout());
25
26            //建立两个 Label 组件
27            lb1=new Label("垂直 Scrollbar 的值:0");
28            lb2=new Label("水平 Scrollbar 的值:0");
29
30            //建立选项
31            sbV=new Scrollbar(Scrollbar.VERTICAL);
32            sbH=new Scrollbar(Scrollbar.HORIZONTAL);
33
34            //将组件加入监听事件
35            sbV.addAdjustmentListener(this);
36            sbH.addAdjustmentListener(this);
37
38
39            //将组件加入窗口容器中
40            frmFrame.add(sbV,BorderLayout.EAST);
41            frmFrame.add(sbH,BorderLayout.SOUTH);
42            frmFrame.add(lb1,BorderLayout.NORTH);
43            frmFrame.add(lb2,BorderLayout.CENTER);
44
45
46            //将窗口调整到最适当
47            frmFrame.pack();
48
49            //将窗口设定为可视状态
50            frmFrame.setVisible(true);
51        }
52
53        public void adjustmentValueChanged(AdjustmentEvent e)
54        {
55            Object obj=e.getSource();
56            if(obj.equals(sbV))
57            {
58                lb1.setText("垂直 Scrollbar 的值:"+Integer.toString(sbV.
59    getValue()));
60
```

```
61          }
62          else if(obj.equals(sbH))
63          {
64              lb2.setText(" 水平 Scrollbar 的值 :"+Integer.toString(sbH.
65  getValue()));
66          }
67
68      }
69
70      public static void main(String[] args)
71      {
72          new CH11_08();
73      }
74  }
```

【程序运行结果】

①未滚动前，如图 11-9 所示。

②滚动 X 轴或 Y 轴，如图 11-10 所示。

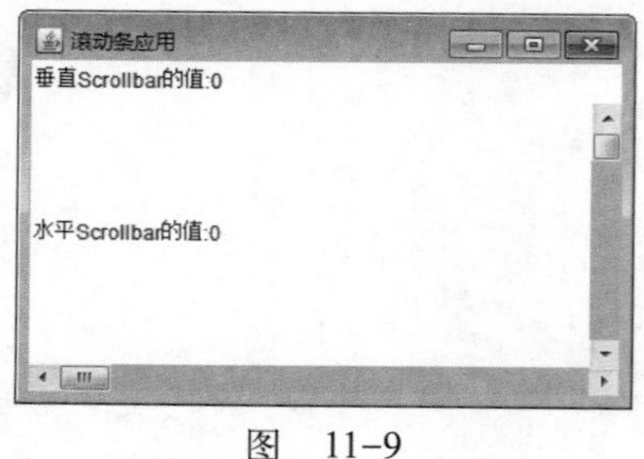


图　11-9

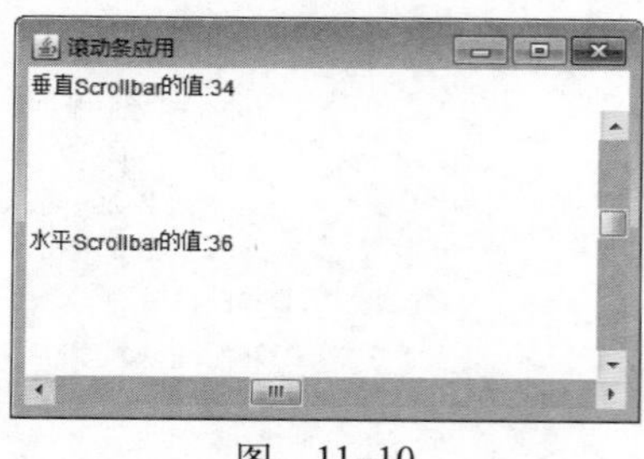


图　11-10

【程序解析】

① 第 24 行：利用 BorderLayout 的版面配置方式置放组件。

② 第 35、36 行：将 Scrollbar 加入 AdjustmentListener 事件监听。

③ 第 53~66 行：实现 AdjustmentListener 接口的 adjustmentValueChanged( ) 方法。

④ 第 56 行：利用对象的 equals( ) 方法判断触发事件的对象是谁。

## 11-9　Java 窗口程序的应用进阶

当完成窗口程序的大体雏型后，如果觉得程序略显简单，可以利用菜单（menu）组件与窗口（window）组件来修饰程序或增强一些功能。

### 11-9-1　Menu 组件的应用

菜单也是一种图形化接口组件。但它并非由组件类（Component）派生而来的，而是直接继承自 Object 主类。一般而言，在窗口应用程序之中，菜单可以分为主菜单和弹出式菜单两大种类。

1. 主菜单（main menu）

主菜单代表每个窗口中的最上方所出现的功能项目列表。主菜单由主菜单栏、菜单、次菜单、菜单项与核选功能项目这 5 种子组件所组成。

（1）MenuBar（主菜单栏）

主菜单栏是一种摆放 Menu 的容器。可以使用 Frame 类之中的 setMenuBar( ) 方法，来将已设定好的菜单（Menu）加入到框架窗口中。必须明确：每个框架窗口之中，只能拥有一个主菜单栏。

MenuBar 的声明方式：

```
MenuBar()
```

因为 MenuBar 组件的仅为装载组件所用，所以构造函数之中并不需要传入任何自变量。

MenuBar 的类方法如表 11-10 所示。

表　11-10

| 方 法 名 称 | 方 法 说 明 |
|---|---|
| getShortcutMenuItem(MenuShortcut 快捷键对象名称 ) | 获取快捷键所对应的菜单项 |
| deleteShortcut(MenuShortcut 快捷键对象名称 ) | 删除此菜单的快捷键对象 |
| shortcuts( ) | 获取此菜单快捷键列表 |
| setHelpMenu(Menu 菜单对象名称 ) | 设定该名称菜单组件为此功能列的说明菜单 |
| getHelpMenu( ) | 获取目前功能列的说明菜单名称 |

有关 MenuBar 中各 Menu 组件的增加与删除，与其他组件相同，都是使用 add 与 remove 来实现。

（2）Menu（菜单）

Menu 是一种包含了许多 MenuItem 的容器，它无法单独存在，必须依附在 MenuBar 之中。

Menu 的声明方式：

```
Menu(String 名称, boolean 浮动状态检查值)
```

①名称：此菜单的标签名称。

②浮动状态（Tear-off）检查值：设定此菜单是否可以被拖动到窗口的任何位置。此自变量值类型为布尔值。

Menu 类专有的类方法如表 11-11 所示。

表　11-11

| 方 法 名 称 | 方 法 说 明 |
|---|---|
| addSeparator( ) | 在菜单的当前位置加入分隔线 |
| insertSeparator(int 索引值 ) | 在菜单中的索引位置插入一条分隔线 |
| addInsert(String 名称 , int 索引值 ) | 在菜单中的索引位置插入一个功能项目，名称值可以为该对象，或该对象的标签（lable）名称 |
| getItem(int 索引值 ) | 获取菜单中该索引位置的功能项目名称 |
| isTearOff( ) | 判断是否为浮动菜单，返回值的数据类型是布尔值 |

（3）MenuItem（菜单项）

MenuItem 是菜单组件中最小的项目，它有点类似于 List 或 Choice 组件中的列表项目（Item）。

MenuItem 的声明方式：

```
MenuItem(String 名称, MenuShortcut 快捷键)
```

①名称：此功能项的名称。

②快捷键（Shortcut）：按下此快捷键会直接运行本功能项，此值类型请使用相对值：KeyEvent. 键盘值。例如，要将快捷键设定为 Ctrl+P，则此相对值为 KeyEvent.VK_P。

MenuItem 的类方法如表 11-12 所示。

表　11-12

| 方 法 名 称 | 方 法 说 明 |
| --- | --- |
| addActionListener(ActionListener 对象 ) | 加入动作事件监听员 |
| removeActionListener(ActionListener 对象 ) | 删除动作事件监听员 |
| isEnable( ) | 检查此功能项是否可用，返回值型为布尔值 |
| setEnable(boolean 检查值 ) | 设定此功能项是否可以被选取，检查值为布尔值 |

（4）CheckboxMenuItem（核选功能项目）

CheckboxMenuItem 同样也是菜单组件之一，它的作用类似于 Checkbox 组件。

CheckboxMenuItem 的声明方式：

```
CheckboxMenuItem(Sting 名称 , boolean 选取状态检查值 )
```

①名称：此功能项的名称。

②选取状态检查值：设定当前功能项为默认选中状态，数据类型为布尔型。如果此值为真(true)，则程序起始时当前功能项为被选取状态。

CheckboxMenuItem 的声明方式如表 11-13 所示。

表　11-13

| 方 法 名 称 | 方 法 说 明 |
| --- | --- |
| addItemListener(ItemListener 对象 ) | 加入项目事件监听员 |
| removeItemListener(ItemListener 对象 ) | 删除项目事件监听员 |
| getState( ) | 获取此功能项目前的选取状态 |
| setState(boolean 检查值 ) | 设定此功能项目前的选取状态 |

（5）SubMenu（次菜单）

次菜单附属在功能项目（MenuItem）之上，当用户单击该功能项目时，将打开此功能项目的附属菜单。建立 SubMenu 的方法是将次菜单的功能项目附加到主菜单的功能项目上。例如下面的程序片段：

```
myMNBar=new MenuBar();                    //建立主菜单栏
myMainItem=new Menu("MainItem");          //建立主功能项目
mySubItem=new Menu("SubItem");            //建立次功能项目
myMNBar.add(myMainItem);                  //将主功能项目加入到主菜单栏
myMainItem.add(mySubItem);                //将次功能项目附加到主功能项目之中
```

【范例 CH11_09】

```
01    //程序:CH11_09.Java
02    import java.awt.*;
03    import java.awt.event.*;
04    public class CH11_09 extends Frame implements ActionListener, ItemListener
05    {  //成员资料
06       static TextArea myTextArea;
07       static MenuItem myMNItem=new MenuItem(" 离开程序 ");
08       static CheckboxMenuItem myCKItem[]=new CheckboxMenuItem[3];
09       public CH11_09()
10       {
11          setSize(200, 150);
12          setTitle(" 主菜单使用 ");
13          setBackground(Color.CYAN);
14          setResizable(false);
```

```
15          // 实现组件
16          MenuBar myMNBar=new MenuBar ();
17          Menu myMenu1=new Menu(" 主选单 ");
18          Menu myMenu2=new Menu(" 功能选项 ");
19          myMNBar.add(myMenu1);
20          myMenu1.add(myMenu2);
21          myMenu1.addSeparator();
22          myMenu1.add(myMNItem);
23          //for 循环叙述
24          for(int a=0; a<3; a++)
25          {
26           myCKItem[a]=new CheckboxMenuItem(" 打开测试功能 "+(a+1));
27           myMenu2.add(myCKItem[a]);
28          }
29          myTextArea=new TextArea("", 0, 0, TextArea.SCROLLBARS_NONE);
30          add(myTextArea);
31          setMenuBar(myMNBar);
32          // 事件监听员
33          myMNItem.addActionListener(this);
34          myCKItem[0].addItemListener(this);
35          myCKItem[1].addItemListener(this);
36          myCKItem[2].addItemListener(this);
37      }
38      public static void main(String args[])
39      {
40          final CH11_09 myFrm=new CH11_09();
41          myFrm.addWindowListener(
42           new WindowAdapter()
43           {public void windowClosing(WindowEvent e){System.exit(0);}}
44          );
45          myFrm.show();
46      }
47      // 事件处理者 1
48      public void actionPerformed(ActionEvent e)
49      {System.exit(0);}
50      // 事件处理者 2
51      public void itemStateChanged(ItemEvent e)
52      {
53            myTextArea.setText("");
54          if(myCKItem[0].getState()==true)
55            myTextArea.append(myCKItem[0].getLabel()+"; \n");
56          if(myCKItem[1].getState()==true)
57            myTextArea.append(myCKItem[1].getLabel()+"; \n");
58           if(myCKItem[2].getState()==true)
59            myTextArea.append(myCKItem[2].getLabel()+";");
60      }
61  }
```

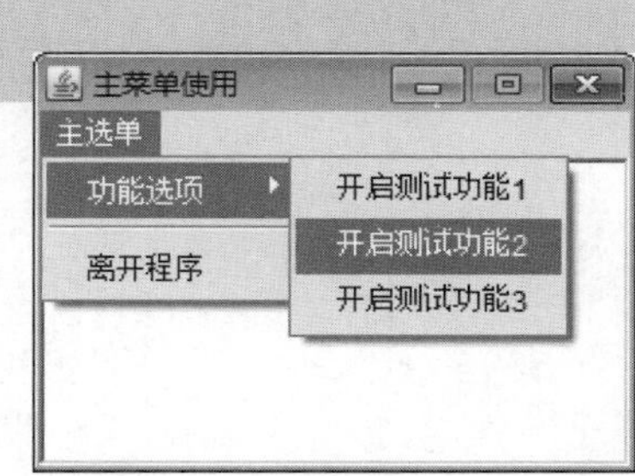

图　11-11

【程序运行结果】

程序运行结果如图 11-11 所示。

【程序解析】

①第 24~28 行：利用 for 循环控制语句，依序建立 CheckboxMenuItem 数组对象。

②第 48 行：针对 MenuItem，处理 actionPerformed 事件。

③第 51~60 行：针对 CheckboxMenuItem 的 itemStateChanged 事件处理者。

2. PopupMenu（弹出式菜单）

弹出式菜单（Pop-up Menu）与鼠标之间有着密不可分的关系。如果在窗口操作系统下单击（click）鼠标右键，则会弹出一个功能菜单，此菜单即为 PopupMenu。与主菜单相同，一样是由菜单、次菜单、菜单项与核选功能项目 4 种组件所组成。

PopupMenu 的声明方式：

```
PopupMenu(String 名称)
```

名称：此菜单的标签名称。

PopupMenu 的类方法如表 11-14 所示。

表 11-14

| 方法名称 | 方法说明 |
| --- | --- |
| show(Component 组件名称，int x 轴坐标值，int y 轴坐标值) | 在窗口中的（x, y）坐标位置显示弹出式菜单，x 与 y 值单位为像素 |

通常在建立 Popup 菜单后，需要添加窗口或组件的 MouseListener 监听员，以便利用 MouseEvent 类中的 isPopupTrigger 事件，来触发 Popup 的显示。

【范例 CH11_10】

```
01    //程序:CH11_10.Java
02    import java.awt.*;
03    import java.awt.event.*;
04    public class CH11_10 extends Frame implements ActionListener
05    {  //成员资料
06       static String myString[]={"淡蓝色", "粉红色"};
07       static Label myLabel=new Label("");
08       static PopupMenu myPop=new PopupMenu("变更底色");
09       static MenuItem myMNItem[]=new MenuItem[myString.length];
10       public CH11_10()
11       {
12          setSize(200, 200);
13          setTitle("PopupMenu 组件");
14          setBackground(Color.CYAN);
15          setResizable(false);
16          //实现组件
17          for(int a=0; a<myString.length; a++)
18          {
19          myMNItem[a]=new MenuItem(myString[a]);
20          myPop.add(myMNItem[a]);
21          myMNItem[a].addActionListener(this);
22          }
23          add(myPop);
24          add(myLabel);
25       }
26      public static void main(String args[])
27      {
28          final CH11_10 myFrm=new CH11_10();
29          myFrm.addWindowListener(
30          new WindowAdapter()
31          {public void windowClosing(WindowEvent e){System.exit(0);}}
32          );
33          //鼠标事件处理者
```

```
34          myLabel.addMouseListener(
35          new MouseAdapter()
36          {public void mousePressed(MouseEvent e){
37             if (e.getButton()==MouseEvent.BUTTON3)
38             {
39             if (myLabel.getBackground()==Color.CYAN){
40                myMNItem[0].setEnabled(false);
41                myMNItem[1].setEnabled(true);}
42             else {
43                myMNItem[0].setEnabled(true);
44                myMNItem[1].setEnabled(false);}
45                myPop.show(myLabel, e.getX(), e.getY());}}}
46          );
47          myFrm.show();
48       }
49       //事件处理者
50       public void actionPerformed(ActionEvent e)
51       {
52          if(e.getActionCommand().equals("淡蓝色"))
53          myLabel.setBackground(Color.CYAN);
54          else if(e.getActionCommand().equals("粉红色"))
55          myLabel.setBackground(Color.PINK);
56       }
57    }
```

【程序运行结果】

程序运行结果如图 11-12 和图 11-13 所示。

图　11-12

图　11-13

【程序解析】

第 34~46 行：以内部匿名类方式，处理当鼠标右键单击的事件，弹出 PopupMenu。

## 11-9-2　对话框的应用

在窗口应用程序之中，经常可以看到各种对话框（Dialog Box）。例如，MS Word 中打开文件的对话框、许多应用程序 Help 栏中的“关于…”（ABOUT）版权声明对话框等。在 AWT 套件之中也提供对话框的相应组件，根据用户所需要的类型分为基本对话框与文件对话框两种。

1. 基本对话框

基本对话框（Dialog）经常作为各种窗口程序的辅助输入工具使用。最常见的范例如因特网上要求用户输入用户名（UserID）和密码（PassWord）的对话框。

Dialog 的声明方式：

```
Dialog(Dialog 所属窗口名称, String 标题, boolean 模式检查值)
```

①所属窗口名称：此对话框窗口的所属窗口名称，可以为任意的窗口类型。

②标题（Title）：此对话框窗口的标题名称。

③模式检查值：当模式检查值为 true 时，代表当打开对话框窗口时，用户无法再存取程序中的其他部分，直到对话框窗口关闭为止。

Dialog 的类方法如表 11-15 所示。

表 11-15

| 方法名称 | 方法说明 |
| --- | --- |
| setVisible(boolean 检查值) | 设定此对话框窗口是否为显示状态 |
| getVisible( ) | 获取此对话框窗口的显示状态 |
| boolean isResizable( ) | 判断此对话框是否可以调整窗口大小，返回布尔值 |
| setResizable(boolean 检查值) | 设定窗口是否可以调整大小，true 表示可以调整大小；false 则反之 |

如果对话框有任何额外需求，就必须声明一个继承于 Dialog 的自定义类，以便重新定义（override）Dialog 构造函数来实现程序的特殊需求。

【范例 CH11_11】

```
01    //程序:CH11_11.Java
02    import java.awt.*;
03    import java.awt.event.*;
04    public class CH11_11 extends Frame
05    {  //成员资料
06       private static Dialog myDialog;
07       public CH11_11()
08       {
09          setSize(250, 200);
10          setTitle("Dialog使用范例");
11          setResizable(false);
12          myDialog=new MyDialog (this, "警告!!", true);
13       }
14       public static void main(String args[])
15       {
16          CH11_11 myfrm=new CH11_11();
17          myfrm.addWindowListener(
18             new WindowAdapter()
19             {public void windowClosing(WindowEvent e){myDialog.setVisible(true);}}
20          );
21          myfrm.show();
22       }
23       //自定义类
24       class MyDialog extends Dialog implements ActionListener
25       {  //自定义类成员数据
26          Button myButton1, myButton2;
27          //构造函数
28          MyDialog(Frame Dframe, String Dtitle, boolean Dmodal)
29          { //super关键词使用
30             super(Dframe, Dtitle, Dmodal);
31             setSize(180, 90);
32          setTitle("离开程序");
33             setLayout(new FlowLayout());
34             myButton1=new Button ("确定");
```

```
35              myButton2=new Button ("取消");
36              myButton1.addActionListener(this);
37              myButton2.addActionListener(this);
38              add(new Label ("您确定要离开程序吗？ ", Label.CENTER));
39              add(myButton1);
40              add(myButton2);
41              addWindowListener(
42              new WindowAdapter()
43              {public void windowClosing(WindowEvent e){setVisible(false);}}
44          );
45      }
46      //事件处理者
47      public void actionPerformed(ActionEvent e)
48      {
49          if(e.getSource()==myButton1)
50              System.exit(0);
51              else if(e.getSource()==myButton2)
52              setVisible(false);
53          }
54      }
55  }
```

【程序运行结果】

程序运行结果如图 11-14 所示。

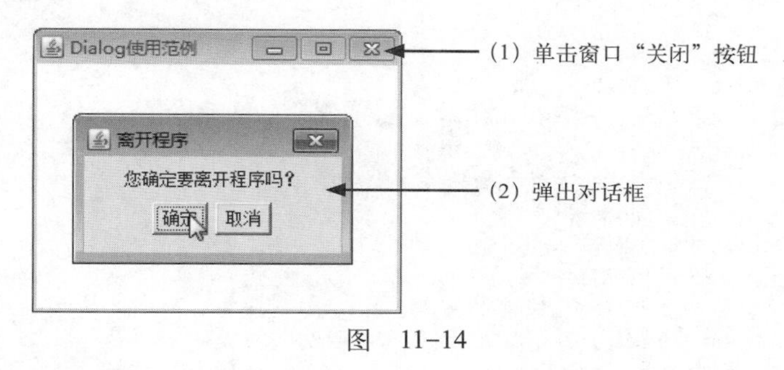


图　11-14

【程序解析】

①第 19 行：当单击窗口关闭钮时，利用 Dialog 的 setVisible( ) 方法来弹出“离开程序”对话框。

②第 24 行：自定义继承于 Dialog 的 MyDialog 类，用以重新定义类构造函数，以达到程序需求。

③第 47~53 行：针对 myDialog 对话框的关闭动作，作 windowClosing 事件处理。

2.　文件对话框

顾名思义，文件对话框就是专门用于各种文件的打开、新建及另存为等操作的窗口。

FileDialog 的声明方式：

```
FileDialog(Frame 所属窗口名称, String 标题, int 模式常量)
```

①所属窗口名称：与 Dialog 基本对话框不同，它所属的窗口形式仅能为框架式（Frame）窗口。注意此自变量不可省略。

②模式常量：为 FileDialog.LOAD 时，代表建立一个“打开”文件的对话框；模式值为 FileDialog.SAVE 时，代表建立一个“存储”文件的对话框。

FileDialog 的类方法如表 11-16 所示。

表 11-16

| 方 法 名 称 | 方 法 说 明 |
| --- | --- |
| getDirectory( ) | 获取目前此对话框所选择的路径（文件夹）名称 |
| setDirectory( ) | 设定此对话框所选择的路径（文件夹）名称 |
| getFile( ) | 获取目前此对话框所选择的文件名 |
| setFile( ) | 设定此对话框所选择的文件名 |
| getFilenameFilter( ) | 获取此对话框所使用的文件类型过滤器 |
| setFilenameFilter( ) | 设定此对话框所使用的文件类型过滤器 |
| setVisible(boolean 检查值 ) | 设定是否显示此文件对话框窗口 |

【范例 CH11_12】

```
01    //程序:CH11_12.Java
02    import java.awt.*;
03    import java.awt.event.*;
04    public class CH11_12 extends Frame implements ActionListener
05    {
06       //实现 FileDialog
07       FileDialog myLoadFile=new FileDialog (this, "打开文件", FileDialog.LOAD);
08       FileDialog mySaveFile=new FileDialog (this,"保存文件", FileDialog.SAVE);
09       MenuItem myMNItem1=new MenuItem("打开文件");
10       MenuItem myMNItem2=new MenuItem("保存文件");
11       public CH11_12()
12       {
13          setSize(250, 200);
14          setTitle("FileDialog使用范例");
15          setBackground(Color.LIGHT_GRAY);
16          MenuBar myMNBar=new MenuBar ();
17          Menu myMenu=new Menu("主选单");
18          myMNBar.add(myMenu);
19          myMenu.add(myMNItem1);
20          myMenu.add(myMNItem2);
21          //加入 ActionEvent 监听员
22          myMNItem1.addActionListener(this);
23          myMNItem2.addActionListener(this);
24          setMenuBar(myMNBar);
25       }
26       public static void main(String args[])
27       {
28          CH11_12 myfrm=new CH11_12();
29          myfrm.addWindowListener(
30          new WindowAdapter()
31          {public void windowClosing(WindowEvent e){System.exit(0);}}
32          );
33          myfrm.show();
34       }
35       //主类的 ActionEvent 事件处理者
36       public void actionPerformed(ActionEvent myevent)
37       {
38          if(myevent.getActionCommand().equals("打开文件"))
39          myLoadFile.setVisible(true);
40          else if(myevent.getActionCommand().equals("保存文件"))
41             mySaveFile.setVisible(true);
42       }
43    }
```

【程序运行结果】

程序运行结果如图 11-15 所示。

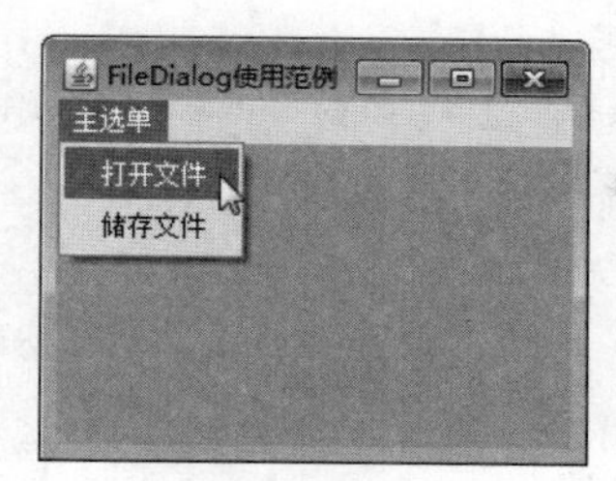


图　11-15

“打开文件”对话框，如图 11-16 所示。

“存储文件”对话框，如图 11-17 所示。

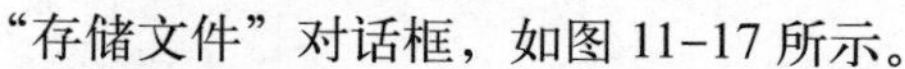

图　11-16

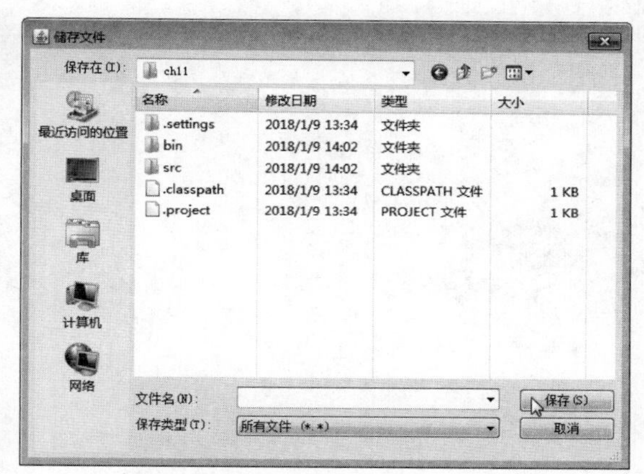


图　11-17

【程序解析】

①第 38、39 行：当单击主菜单选项→“打开文件”时，弹出“打开文件”对话框。

②第 40、41 行：当单击主菜单选项→“保存文件”时，弹出“存储文件”对话框。

# 11-10　本章进阶应用练习实例

本章中介绍了 AWT 各种套件的使用，如果配合以下的练习，相信对于概念的更一步了解，能更有帮助。

## 11-10-1　利用 BorderLayout 版面配置管理滚动条

下面范例利用 BorderLayout 版面配置来管理 4 个 Scrollbar(滚动条)与 1 个 Label(标签)组件，分别将它们摆放在屏幕的上下左右及中央 5 个地方。

```
01    // 利用 BorderLayout 版面配置管理滚动条
02    import java.awt.*;
03    import java.awt.event.*;
04    public class WORK11_01 extends Frame
05    {
06
```

```
07        private static final long serialVersionUID=1L;
08        public WORK11_01()
09       {
10        setSize(400,300);
11        setTitle("利用 BorderLayout 版面配置管理滚动条");
12        //套用版面
13        add(new Scrollbar(Scrollbar.HORIZONTAL), BorderLayout.NORTH);
14        add(new Scrollbar(Scrollbar.VERTICAL), BorderLayout.WEST);
15        add(new Scrollbar(Scrollbar.HORIZONTAL), BorderLayout.SOUTH);
16        add(new Scrollbar(Scrollbar.VERTICAL), BorderLayout.EAST);
17        add(new Label("程序语言学习快捷方式-不断练习写程序", Label.CENTER),
BorderLayout.CENTER);
18        setVisible(true);
19     }
20     public static void main(String args[])
21     {
22        WORK11_01 myFrm=new WORK11_01();
23        myFrm.addWindowListener(
24           new WindowAdapter()
25           {
26           public void windowClosing(WindowEvent e)
27           {System.exit(0);}
28           }
29        );
30      }
31     }
```

【程序运行结果】

程序运行结果如图 11-18 所示。

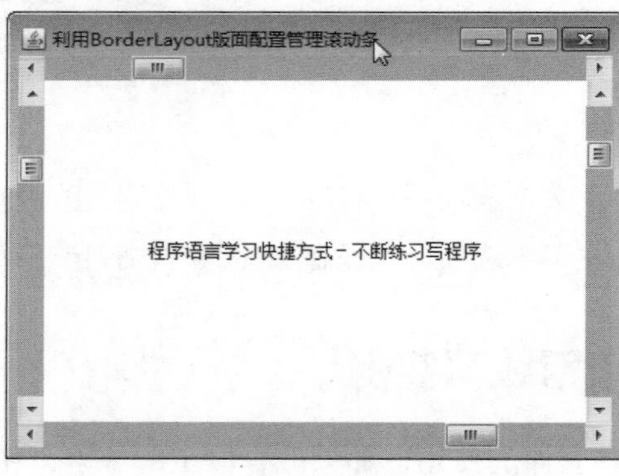


图　11-18

## 11-10-2　CardLayout 版面配置应用

CardLayout 版面配置的声明方式如下：

```
CardLayout(int 水平间隔值, int 垂直间隔值)
```

①水平间隔值（Hgap）：组件与组件间的水平间隔值。

②垂直间隔值（Vgap）：组件与组件间的垂直间隔值。

CardLayout 版面配置会将所有的组件作重叠排列，常用的方法如表 11-17 所示。

表　11-17

| 方 法 名 称 | 方 法 说 明 |
|---|---|
| void first(Container 组件名称 ) | 显示目标容器中的第一个组件 |
| void last(Container 组件名称 ) | 相对 first 显示目标容器中的最后一个组件 |
| void previous(Container 组件名称 ) | 显示目标容器中的前一个组件 |
| void next(Container 组件名称 ) | 相对于 previous 显示目标容器中的下一个组件 |
| void show(Container 容器名称 , String 组件名称 ) | 显示目标容器中指定名称的组件 |

CardLayout 加入组件的方法是使用 addLayoutComponent( ) 方法，声明方式如下：

```
void addLayoutComponent(String 组件名称 , Container 辨识名称 )
```

辨识名称为该组件在 CardLayout 配置盘里的辨识标签。

以下范例是利用 CardLayout 版面配置来把 5 个 Label（标签）组件套用 CardLayout 版面，将它们互相重叠显示。

CardLayout 版面配置应用：

```
//程序:WORK11_02.Java
import java.awt.*;
import java.awt.event.*;
public class WORK11_02 extends Frame
{
   private static final long serialVersionUID=1L;
private static CardLayout myCard;
   public WORK11_02()
   {
      setSize(230,80);
      setTitle("CardLayout 版面配置 ");
      setResizable(false);
      setFont(new Font(" 新细明体 ", Font.BOLD, 24));
      setBackground(Color.CYAN);
      // 实现组件
      Label myLabel1=new Label("          倒数计时 ");
      Label myLabel2=new Label("          倒 ");
      Label myLabel3=new Label("            数 ");
      Label myLabel4=new Label("              计 ");
      Label myLabel5=new Label("                时 ");
      // 套用版面
      myCard=new CardLayout(10, 10);
      setLayout(myCard);
      add("myLabel1",myLabel1);
      add("myLabel2",myLabel2);
      add("myLabel3",myLabel3);
      add("myLabel4",myLabel4);
      add("myLabel5",myLabel5);
      setVisible(true);
   }
   public static void main(String args[])
   {
      WORK11_02 myFrm=new WORK11_02();
      try
```

```
            {
               myCard.first(myFrm);
               //设定循环
               while(true)
               {
                  Thread.sleep(500);
                  myCard.next(myFrm);
                  myFrm.addWindowListener(
                     new WindowAdapter()
               {
                     public void windowClosing(WindowEvent e){System.exit(0);}
               });
              }
            }
            catch(InterruptedException e){System.out.println(e.getMessage());}
        }
    }
```

【程序运行结果】

程序运行结果如图 11-19 和图 11-20 所示。

图 11-19

图 11-20

## 习题

### 1. 填空题

（1）________组件主要应用于指令的下达或是功能的区分。

（2）Button 组件直接继承________类。

（3）________组件通常应用在程序中提供条件选项供用户选择时。

（4）________与其他组件最大的不同是它不会触发任何事件。

（5）________组件通常应用在程序中需要用户输入数据时。

（6）________主要用来建立 Checkbox 的组。

（7）当单选的被选项过多时，可以使用________来容纳所有的选项。

（8）________组件主要应用于制作可供多重选择的列表。

（9）________主要应用于可滚动显示超过显示区域的信息。

（10）________通常应用于功能的说明或是标题等。

### 2. 问答与实现题

（1）说明 Checkbox 主要应用于何处。

（2）说明 Checkbox 类 的 setState( ) 方法用途是什么。

（3）说明 Checkbox 类的 removeItemListener( ) 方法用途是什么。

（4）设计图 11-21 所示窗口内容，其中是以 BorderLayout 版面配置来管理 4 个 Scrollbar（滚动条）和 1 个 Label（标签）组件，分别将它们摆放在屏幕的上下左右及中央五个地方。

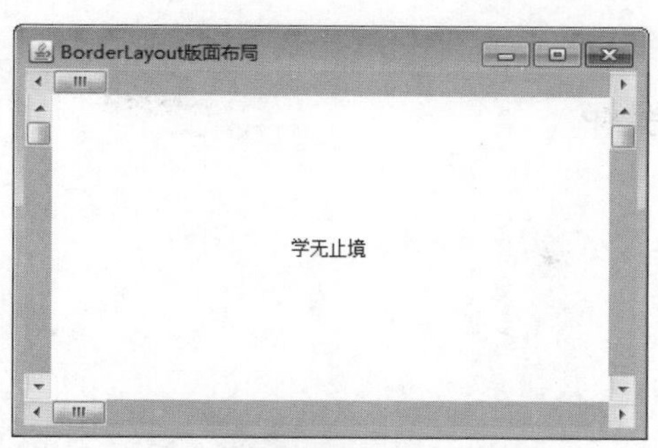


图　11-21

（5）设计图 11-22 所示窗口内容，其中以 GridLayout 来进行版面配置。

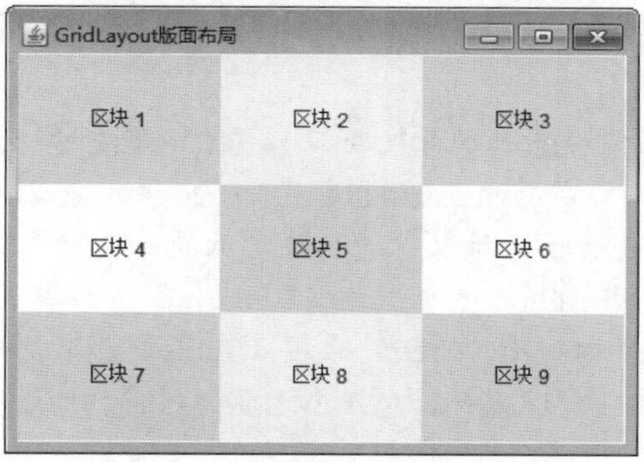

图　11-22

（6）设计图 11-23 所示窗口内容，其中水平滚动条可以将背景色由 CYAN 颜色改变成 PINK。而垂直滚动条以将粗体字大小由 12 改变成 16。

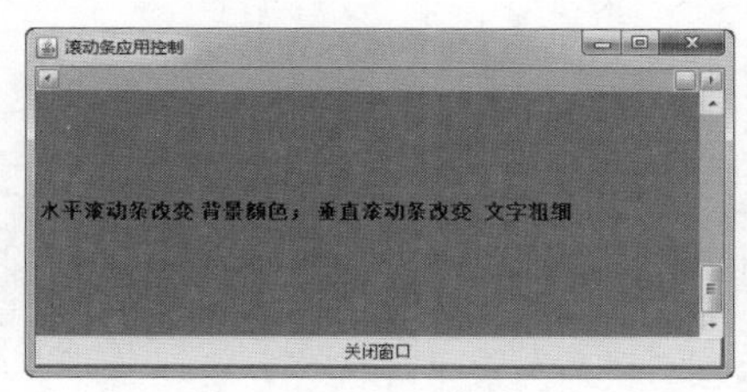


图　11-23

# 第 12 章

# 认识 Swing 套件

Java Swing 是以 AWT 架构为基础的开发窗口程序套件包。Swing 套件是一个完全用 Java 语言编写的窗口程序套件，它定义在 javax.swing 类下，并提供比 AWT 套件更多的功能。大部分的 Swing 组件都继承自 JComponent 类，所以它的组件名称的开头大都是以 J 开头，以此和 AWT 的组件相区别。除了基本的按钮（Button）、复选框（Checkbox）、标签（Label）和文本框（Textbox）等相关的组件外，Swing 还提供树状图（Tree）、表格（Table）和滚动面板（Scroll panels）等组件。本章将探讨 Swing 的特色及组件外观，并针对几个重要的组件介绍其使用方法及主要的应用场合。

### 学习目标

- 了解 Java 中 Swing 类库。
- 掌握 Swing 类库各组件的使用。

### 学习内容

- Swing 套件特色。
- 调整 Swing 组件外观。
- JButton（按钮）组件。
- JCheckBox（复选框）组件。
- JRadioButton（单选按钮）组件。
- JTextField（文本域）与 JTextArea（文本块）组件。
- JList（列表框）组件。
- 建立选项卡。

## 12-1 Swing 套件简介

我们先列出 Swing 的继承架构，然后再来说明 Swing 套件与 AWT 套件的异同。Swing 套件的继承结构如图 12-1 所示。

```
java.lang.Object
└ java.awt.Component
   └ java.awt.Container
      └ java.swing.JComponent
```

图 12-1

从图 12-1 所示的结构可知，Swing 套件是继承自 AWT 中的 Component 类。在使用上，Swing 套件中的类方法也可以使用

AWT类中Component类的方法。但即使它们是继承的关系，仍然存有一些差异性。Swing类的完整继承关系如图12-2所示。

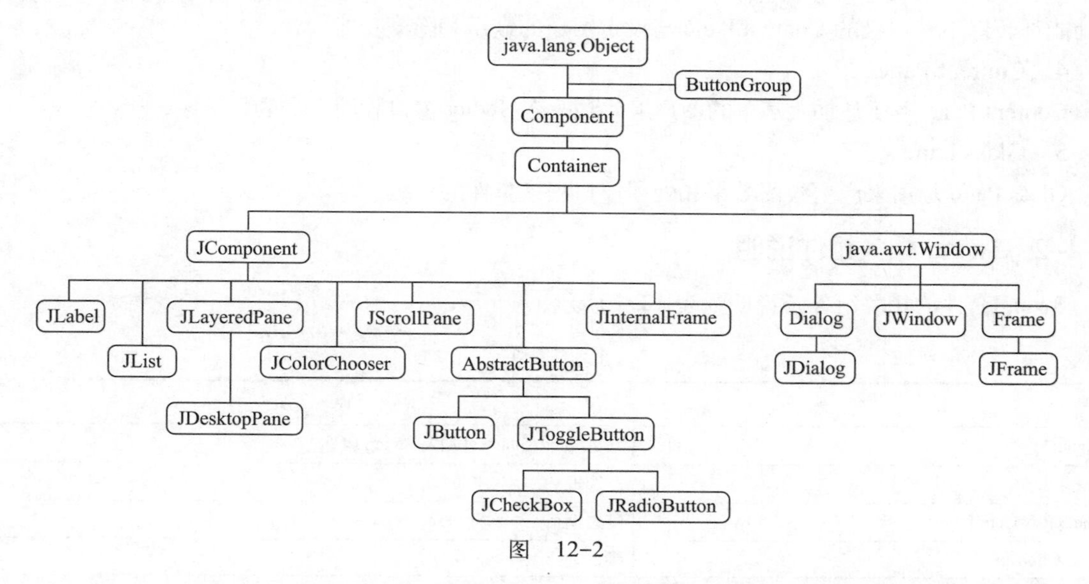

图 12-2

JComponent类继承自java.awt.Container类，即Swing的相关套件主要都是派生自AWT套件。Swing套件在使用上比AWT更为简单。Swing套件的特点如下：

①运行时可更换外观，或是重新实现组件外观。

②可利用鼠标作拖放动作。

③具有提示文字的功能。

④组件较为容易派生，并创造出自定义的组件。

⑤支持特定的调试功能，并提供组件慢动作运行等。

既然Swing套件主要派生自AWT套件，那么，为何不直接将Swing的新建功能加到AWT套件呢？虽然Swing套件继承自AWT套件，但是Swing套件自己拥有一套组件外观的绘图模式。通常AWT套件被称为重量级组件（Heavyweight），原因是AWT套件会因为操作系统的不同而使用不同的组件外观，组件构成时系统的负载较重；而Swing套件一般被称为轻量级组件（Lightweight），主要原因是Swing套件拥有自己的组件外观，不会因为操作系统不同而造成外观的不同，所以系统的负载较轻。

### 12-1-1 Swing窗口的层级结构

Swing窗口在被建立时，会产生以下5个层级来配置组件。

1. Top Level Container

Top Level Container是最基本的层级，以下所有的层级都是由这里派生出来，属于窗口容器组件，并可以加入其他窗口组件，如JFrame框架、JApplet窗口、JDialog对话窗口和JWindow等Swing套件的上层容器。上层容器是窗口组件所能依附的最高层级，也就是说，所有Swing套件中的组件都必须先加入JFrame、JApplet和JDialog等上层容器，才能再加入其他Swing套件中的组件项目，所以称其为最基本层级。

2. Root Pane

Root Pane是Top Level Container层级的最内层。一般来说，不需要在这一层级进行任何的设定。

3. Layered Pane

Layered Pane 是 Swing 套件中 JLayoutPane 类的实例，是属于 Swing 套件的中层容器，主要的功能是管理下一层级的 Content Pane 与设定图层的显示和隐藏功能。

4. Content Pane

Content Pane 主要是加入基本的图形组件和改变 Swing 窗口版面布局的层级区。

5. Glass Pane

Glass Pane 是用来产生绘图效果和处理窗口程序事件的层级。

## 12-1-2 Swing 相关组件说明

Swing 套件的相关组件及说明如表 12-1 所示。

表 12-1

| 组 件 名 称 | 说 明 |
| --- | --- |
| JApplet | 与 Applet 相同，可加入 Swing 组件 |
| JCheckBox | 复选框 |
| JCheckBoxMenuItem | 复选框组 |
| JColorChooser | 颜色选择组件 |
| JComboBox | 组合式列表 |
| JComponent | 组件 |
| JButton | 按钮 |
| JDesktopPane | 多文件面板 |
| JDialog | 对话框 |
| JInternalFrame | 精简版框架 |
| JEditorPane | 文字编辑组件 |
| JFileChooser | 文件选择 |
| JFrame | 框架 |
| JInternalFrame.JDesktopIcon | 精简版框架图形接口 |
| JLabel | 标签 |
| JOptionPane | 选项式面板 |
| JPanel | 面板 |
| JLayeredPane | 组件重叠面板 |
| JList | 条列式列表 |
| JMenu | 菜单 |
| JMenuBar | 菜单栏 |
| JPasswordField | 密码输入域 |
| JPopupMenu | 弹出式菜单 |
| JRootPane | 根面板 |
| JScrollBar | 滚动条 |
| JScrollPane | 滚动条式面板 |
| JPopupMenu.Separator | 弹出式菜单分网格线 |
| JProgressBar | 进度条 |

续表

| 组 件 名 称 | 说 明 |
|---|---|
| JRadioButton | 选项 |
| JRadioButtonMenuItem | 选项组 |
| JSeparator | 下拉列表分网格线 |
| JSlider | 微调组件 |
| JSplitPane | 分隔面板 |
| JTabbedPane | 选项卡 |
| JTable | 表格 |
| JTextArea | 文本块 |
| JTextField | 文本框 |
| JTextPane | 文字面板 |
| JToggleButton | 两种按钮外观 |
| JToggleButton.ToggleButtonModel | 切换按钮组件模式 |
| JToolBar | 工具栏 |
| JToolBar.Separtor | 分网格线，工具栏使用 |
| JToolTip | 提示文字 |
| JTree | 树状图组件 |
| JTree.DynamicUtilTreeNode | 树状图组件，可滚动 |
| JTree.EmptySelectionModel | 树状层次模式 |
| JViewport | 信息组件 |
| JWindow | 窗口组件 |

相较于 AWT 套件，Swing 套件新增的功能如下：

①调试模式：通过 setDebuggingGraphicsOptions( ) 方法，在绘图过程中逐一检查绘图过程有可能产生的闪动情形。

②调整型外观：提供不同操作系统的外观样式，如 Windows、Motif（UNIX）或 Metal（Swing 套件标准外观）。

③新建版面布局管理组件：新建的组件为 BoxLayout 及 OverlayLayout。

④组件与滚动条整合：新版的滚动条面板可容纳任何类型的 Swing 组件。

⑤提示文字：所有 Swing 组件可以通过 setToopTipText( ) 方法来设定组件的提示文字。

⑥边界：利用 setBorder( ) 方法设定组件边界样式。

⑦按键操作：可通过按键控制组件。

接下来建立第一个 Swing 套件窗口。在 Swing 套件中可以利用 JFrame 组件来建立窗口。JFrame 组件的继承图如图 12-3 所示。

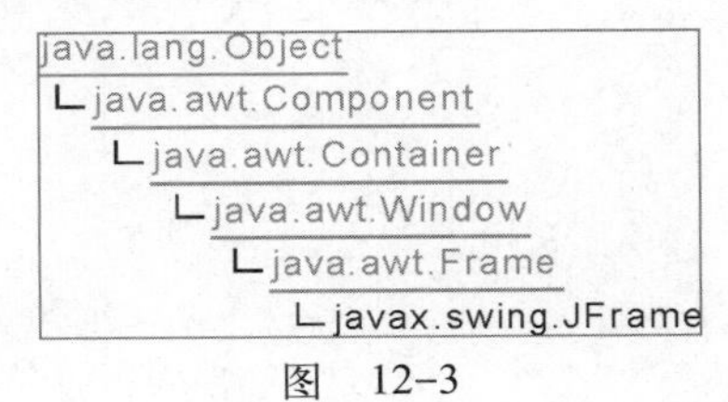


图 12-3

JFrame 组件所提供的构造函数及方法如表 12-2 所示。

表 12-2

| 构 造 函 数 | 说 明 |
|---|---|
| JFrame( ) | 建立 JFrame 组件 |
| JFrame(String 显示文字 ) | 建立对象时并设定组件所要显示的文字 |

续表

| 方　法 | 说　明 |
|---|---|
| protected void addImpl(Component 组件 ,Object 对象 ,int 索引 ) | 加入组件至面板中 |
| portected JRootPane createRootPane( ) | 从构造函数调用建立根面板 |
| protected void frameInit( ) | 从构造函数调用初始化 JFrame 对象 |
| AccessibleContext getAccessibleContext( ) | 取得 JFrame 之存取内存 |
| Container getContentPane( ) | 取得窗口面板 |
| int getDefaultCloseOperation( ) | 取得默认窗口关闭模式 |
| Component getGlassPane( ) | 取得 Glass 面板 |
| JMenuBar getJMenuBar( ) | 取得窗口之功能列 |
| JLayeredPane getLayeredPane( ) | 取得多层面板 |
| JRootPane getRootPane( ) | 取得根面板 |
| protected boolean isRootPaneCheckingEnabled( ) | 检查根目录 |
| protected String paramString( ) | 取得窗口参数 |
| protected void processKeyEvent(KeyEvent 事件 ) | 处理键盘事件 |
| protected void processWindowEvent(WindowEvent 事件 ) | 处理窗口事件 |
| void remove(Component 组件 ) | 删除窗口中组件 |
| void setContentPane(Container 容器 ) | 设定面板 |
| void setDefaultCloseOperation(int 关闭方式 ) | 设定默认窗口关闭方式 |
| void setGlassPane(Component 组件 ) | 设定 Glass 面板 |
| void setJMenuBar(JMenuBar 菜单 ) | 设定窗口的功能列 |
| void setLayeredPane(JLayeredPane 多版面 ) | 设定多层面板 |
| void setLayout(LayoutManager 版面控件 ) | 设定版面布局方式 |
| protected void setRootPane(JRootPane root) | 设定根面板 |
| protected void setRootPaneCheckingEnabled(boolean enabled) | 设置并检查根面板 |
| void update(Graphics g) | 重新显示窗口内容 |

【范例程序：CH12_01】

```
01    /* 程序: CH12_01.java
02    * 说明: 建立一个 Swing 窗口
03     */
04    import java.awt.*;
05    import javax.swing.*;
06
07    public class CH12_01 {
08
09       private static void createfFrame(){
10
11           //设置窗口外观为默认模式
12           JFrame.setDefaultLookAndFeelDecorated(true);
13
14           //建立窗口组件
15           JFrame frame=new JFrame("Swing 窗口 ");
16
17           //设定默认的窗口关闭模式
18           frame.setDefaultCloseOperation(JFrame.EXIT_ON_CLOSE);
19
20           //加入组件
```

```
21          JLabel emptyLabel=new JLabel("建立 Swing 窗口");
22          emptyLabel.setPreferredSize(new Dimension(175, 100));
23          frame.getContentPane().add(emptyLabel, BorderLayout.CENTER);
24
25          //自动调整窗口外观
26          frame.pack();
27
28          //显示窗口
29          frame.setVisible(true);
30      }
31
32      public static void main(String[] args){
33
34          new CH12_01();
35          //建立对象
36          CH12_01.createfFrame();
37      }
38  }
```

【程序运行结果】

程序运行结果如图 12-4 所示。

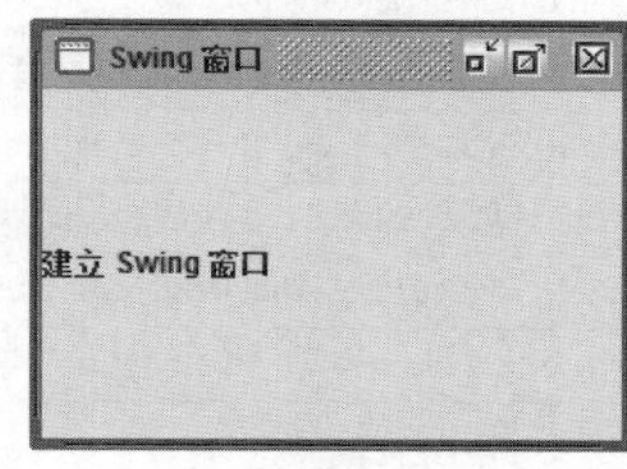

图 12-4

【程序解析】

①第 12 行：利用 setDefaultLookAndFeelDecorated ( ) 方法设定窗口外观为 Swing 套件默认模式。

②第 18 行：利用 setDefaultCloseOperation ( ) 方法设定窗口关闭方式为默认状态。

## 12-2 调整 Swing 组件外观

Swing 套件所有组件外观都可以在运行时更换外观样式。Swing 组件构成组件外观的方式与 AWT 组件不同，所以不会因操作系统不同而更动，还提供组件在运行时可以更换外观样式。Swing 组件的外观绘制统一继承自 UIManager 类，UIManager 类的继承图如图 12-5 所示。

java.lang.Object
└javax.swing.UIManager

图 12-5

UIManager 类提供的构造函数及方法如表 12-3 所示。

表 12-3

| 构造函数 | 说明 |
|---|---|
| UIManager( ) | 建立 UIManager 组件 |
| **方法** | **说明** |
| static void addAuxiliaryLookAndFell(LookAndFeel laf) | 建立 UIManager 组件 |
| static UIDefaults getDefaults( ) | 取得默认值 |
| static Dimension getDimension(Object 对象 ) | 取得组件外观大小 |
| static Font getFont(Object 对象 ) | 取得字体 |
| static void addPropertyChangeListener(PropertyChangeListener 事件监听 ) | 新建 PropertyChangeListener 对象 |
| static Object get(Object 对象 ) | 取得对象 |
| static LookAndFeel[ ] getAuxiliaryLookAndFeels( ) | 取得外观组件列表 |
| static Border getBorder(Object 对象 ) | 取得组件边界 |

续表

| 方法 | 说明 |
| --- | --- |
| static String getSystemLookAndFeelClassName( ) | 取得系统默认组件外观 |
| static ComponentUI getUI(JComponent 组件 ) | 取得组件外观 |
| static Icon getIcon(Object 对象 ) | 取得 Icon 设定 |
| static Color getCrossPlatformLookAndFrrlClassName( ) | 取得支持跨平台的外观 |
| static void installLookAndFeel(UIManager.LookAndFeelInfo 信息 ) | 安装指定外观 |
| static String getString(Object 对象 ) | 取得默认值字符串 |
| static Insets getInsets(Object 对象 ) | 从默认值取得 Insets 对象 |
| static LookAndFeel getLookAndFeel( ) | 取得组件外观 |
| static int getInt(Object 对象 ) | 取得整数值 |
| static void removePropertyChangeListener(PropertyChangerListener 事件监听 ) | 删除 PropertyChangerListener 对象 |
| static UIDefaults getLookAndFeelDefaults( ) | 取得组件默认外观 |
| static void installLookAndFeel(String 名称 ,String 类名称 ) | 安装时将外观数组加到组件中 |
| static Object put(Object 对象 ,Object 数值 ) | 以默认值保存 |
| static UIManager.LookAndFeelInfo[ ] getInstalledLookAndFeels( ) | 将实现外观保存到对象的数组中 |
| static void setLookAndFeel(String 类名称 ) | 依类名称设定组件外观 |
| static void setInstalledLookAndFeels(UIManager.LookAndFeelInfo[ ] 外观数组 ) | 设定外观数组 |
| static void setLookAndFeel(LookAndFeel 新外观 ) | 设定组件外观 |
| static boolean removeAuxiliaryLookAndFeel(LookAndFeel 外观 ) | 依外观类删除外观对象 |

【范例程序：CH12_02】

```
01    /* 程序: CH12_02.java
02    * 说明: 动态更换 Swing 组件外观
03     */
04    import java.awt.*;
05    import javax.swing.*;
06    import java.awt.event.*;
07
08    public class CH12_02
09    {
10        JFrame frame;
11        JRadioButton b1=new JRadioButton("默认外观"),
12        b2=new JRadioButton("Unix"),
13        b3=new JRadioButton("Windows");
14
15        public void createFrame()
16        {
17            //建立窗口
18            frame=new JFrame("动态更换 Swing 组件外观");
19
20            //取得窗口容器
21            Container contentPane=frame.getContentPane();
22
23            //将面板将入窗口容器中
24            contentPane.add(new jp(), BorderLayout.CENTER);
25
26            //将窗口大小调整适中
27            frame.pack();
```

```
28
29          //将窗口设定为可视
30          frame.setVisible(true);
31      }
32
33          //自定义面板内容
34      class jp extends JPanel implements ActionListener
35      {
36          private static final long serialVersionUID=1L;
37
38          public jp()
39          {
40
41              add(new JTextField("文本框"));
42              add(new JButton("按钮"));
43              add(new JRadioButton("选项"));
44              add(new JCheckBox("复选框"));
45              add(new JLabel("标签"));
46              add(new JList(new String[] {
47                  "选单一",
48                  "选单二",
49                  "选单三"}));
50
51              add(new JScrollBar(SwingConstants.HORIZONTAL));
52
53              ButtonGroup group=new ButtonGroup();
54              group.add(b1);
55              group.add(b2);
56              group.add(b3);
57
58              //加入组件监听事件
59              b1.addActionListener(this);
60              b2.addActionListener(this);
61              b3.addActionListener(this);
62
63              add(b1);
64              add(b2);
65              add(b3);
66          }
67
68          public void actionPerformed(ActionEvent e)
69          {
70              try {
71                  if((JRadioButton)e.getSource()==b1)
72                      UIManager.setLookAndFeel(
73                          "javax.swing.plaf.metal.MetalLookAndFeel");
74                  else if((JRadioButton)e.getSource()==b2)
75                      UIManager.setLookAndFeel(
76                          "com.sun.java.swing.plaf.motif.MotifLookAndFeel");
77                  else if((JRadioButton)e.getSource()==b3)
78                      UIManager.setLookAndFeel(
79                          "com.sun.java.swing.plaf.windows.WindowsLookAndFeel");
80              }
81              catch(Exception ex){}
82
83              SwingUtilities.updateComponentTreeUI(frame.
```

```
                getContentPane());
84          }
85      }
86
87      public static void main(String[] args){
88          new CH12_02().createFrame();
89      }
90  }
```

【程序运行结果】

①默认状态，如图 12-6 所示。

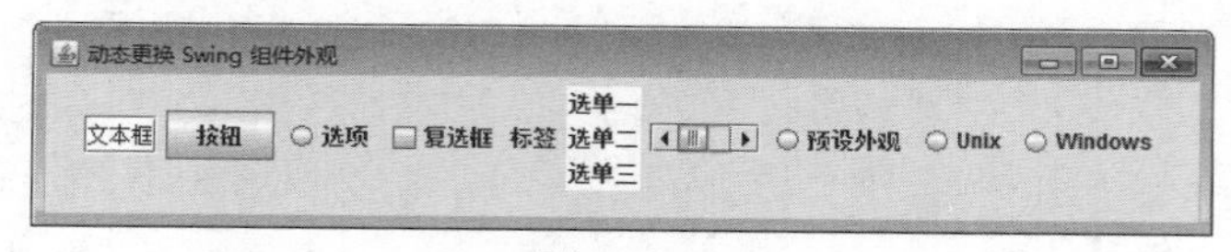

图　12-6

② UNIX 状态，如图 12-7 所示。

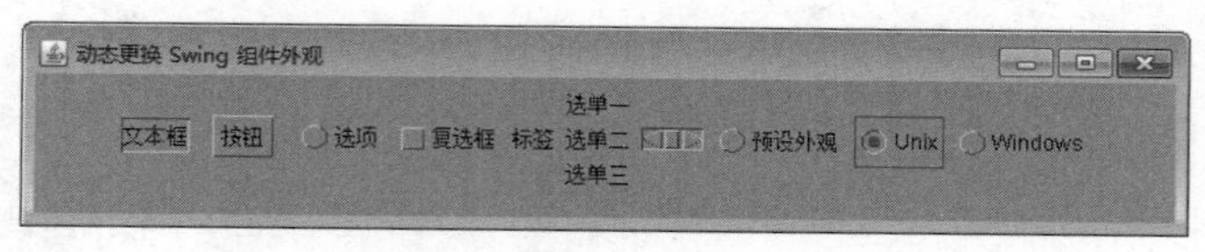

图　12-7

③ Windows 状态，如图 12-8 所示。

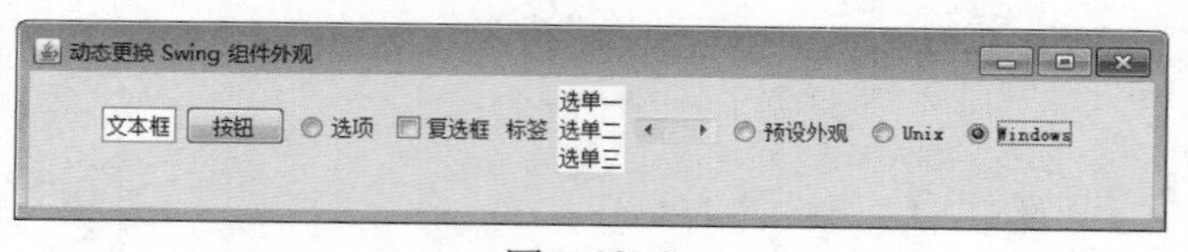

图　12-8

【程序解析】

① 第 41~51 行：新建组件至面板中。

② 第 72 行：改变窗口组件外观为 Swing 默认外观。

③ 第 75 行：改变组件外观为 UNIX 组件外观。

④ 第 78 行：改变窗口组件外观为 Windows 组件外观。

## 12-3　JButton（按钮）组件

Swing 套件提供轻量化的组件，因为所占用的系统资源较少，目前多数新开发的 Java 应用程序或是 Applet 程序都逐渐采用 Swing 套件所提供的组件。本节将介绍一些常用的组件。

Swing 套件的按钮所能使用的方法大多定义在 Abstract Button 类中，它不只能够设定文字，还可以设定按钮在各种状态下的图标。JButton 组件可以带给用户操作上直觉式的命令传达，所以在一般的窗口软件被广泛使用。

JButton 组件的类继承图如图 12-9 所示。

JButton 组件常用的构造函数及方法如表 12-4 所示。

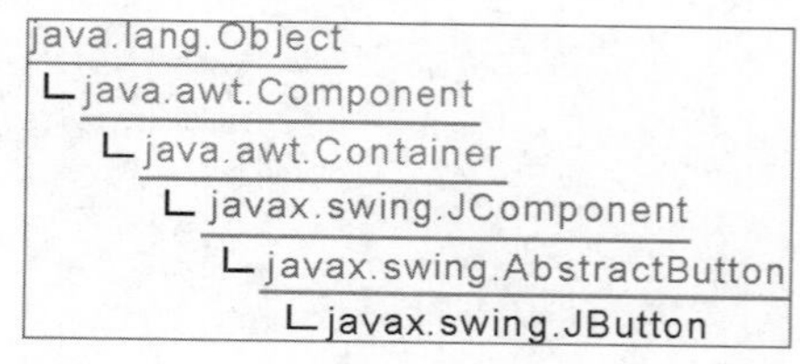

图　12-9

表 12-4

| 构 造 函 数 | 说 明 |
|---|---|
| JButton( ) | 建立JButton组件 |
| JButton(String 显示文字 ) | 建立对象时并设定组件所要显示的文字 |
| JButton(Icon 图标 ) | 建立按钮时加入显示的Icon |
| JButton(String 显示文字 ,Icon 图标 ) | 建立按钮时设定文字及显示图标 |
| **方 法** | **说 明** |
| protected void configurePropertiedFromAction(Action 事件 ) | 设定事件 |
| protected String paramString( ) | 取得参数字符串 |
| void removeNotify( ) | 确保无效按钮 |
| AccessibleContext getAccessibleContext( ) | 取得存取字符串 |
| String getUIClassID( ) | 取得外观对象代号 |
| boolean isDefaultButton( ) | 检查默认按钮 |
| void setDefaultCapable(boolean 默认 ) | 设定默认按钮 |
| void updateUI( ) | 改变外观 |
| boolean isDefaultCapable( ) | 检查根面板的默认按钮 |

【范例程序：CH12_03】

```
01    /* 程序: CH12_03.java
02    * 说明: JButton 使用说明
03     */
04
05    import javax.swing.AbstractButton;
06    import javax.swing.JButton;
07    import javax.swing.JPanel;
08    import javax.swing.JFrame;
09
10    import java.awt.event.ActionEvent;
11    import java.awt.event.ActionListener;
12    import java.awt.event.KeyEvent;
13
14    public class CH12_03 extends JPanel implements ActionListener {
15
16       private static final long serialVersionUID=1L;
17       protected JButton b1, b2, b3;
18
19       public CH12_03(){
20
21       // 左边按钮
22       b1=new JButton(" 中间按钮功能取消 ");
23       b1.setVerticalTextPosition(AbstractButton.CENTER);
24       b1.setHorizontalTextPosition(AbstractButton.LEADING);
25       b1.setMnemonic(KeyEvent.VK_D);
26       b1.setActionCommand("dis");
27
28       // 中间按钮
29       b2=new JButton(" 中间按钮 ");
30       b2.setVerticalTextPosition(AbstractButton.BOTTOM);
31       b2.setHorizontalTextPosition(AbstractButton.CENTER);
32       b2.setMnemonic(KeyEvent.VK_M);
```

```
33
34          //右边按钮
35          b3=new JButton("中间按钮功能恢复");
36          b3.setMnemonic(KeyEvent.VK_E);
37          b3.setActionCommand("en");
38          b3.setEnabled(false);
39
40          //按钮加入监听事件
41          b1.addActionListener(this);
42          b3.addActionListener(this);
43
44          //将组件加入面板中
45          add(b1);
46          add(b2);
47          add(b3);
48          }
49
50          //实现事件方法
51          public void actionPerformed(ActionEvent e){
52
53             if("dis".equals(e.getActionCommand())){
54                b2.setEnabled(false);
55                b1.setEnabled(false);
56                b3.setEnabled(true);
57             } else {
58                b2.setEnabled(true);
59                b1.setEnabled(true);
60                b3.setEnabled(false);
61             }
62
63          }
64
65          private static void createAndShowGUI(){
66
67             //窗口外观设定为Swing默认状态
68             JFrame.setDefaultLookAndFeelDecorated(true);
69
70             //建立窗口
71             JFrame frame=new JFrame("JButton 使用");
72
73             //设定默认窗口关闭模式
74             frame.setDefaultCloseOperation(JFrame.EXIT_ON_CLOSE);
75
76             //建立面板
77             CH12_03 newContentPane=new CH12_03();
78             newContentPane.setOpaque(true);
79
80             //将面板加到窗口中
81             frame.setContentPane(newContentPane);
82
83             //将窗口大小调整适当
84             frame.pack();
85
86             //将窗口设为可视
87             frame.setVisible(true);
88          }
```

```
89
90      public static void main(String[] args){
91
92          new CH12_03();
93            CH12_03.createAndShowGUI();
94      }
95  }
```

【程序运行结果】

程序运行结果如图 12-10 所示。

图　12-10

【程序解析】

第 53 行：利用对象命令文字判别发出事件的组件。

因为 JButton 继承自 AbstractButton 类，所以多数属性及方法可以从 AbstractButton 类中找到。AbstractButton 类所提供的构造函数及方法如表 12-5 所示。

表　12-5

| 构 造 函 数 | 说　明 |
| --- | --- |
| AbstractButton( ) | 建立 AbstractButton 对象 |
| **方　法** | **说　明** |
| void addActionListener(ActionListener 事件 ) | 添加指定的动作监听器以从此按钮接收动作事件 |
| void addChangeListener(ChangeListener 事件 ) | 添加一个 Change 事件监听器 |
| void addItemListener(ItemListener 事件 ) | 添加 Item 事件监听器 |
| protected int checkHorizontalKey(int key,String 异常信息字符串 ) | 验证 key 参数是否为 horizontalAlignment 和 horizontal TextPosition 属性的合法值 |
| protected int checkVerticalKey(int key, String 异常信息字符串 ) | 检查 key 是否为垂直属性的合法值 |
| protected void configurePropertiesFromAction(Action 事件 ) | 在此按钮上设置属性以匹配指定 Action 中的属性 |
| protected void ActionListener createActionListener( ) | 创建监听事件 |
| protected PropertyChangeListener creatActionPropertyChangeListener(Action 事件 ) | 创建并返回 PropertyChangeListener，它负责监听指定 Action 的更改以及更新适当的属性 |
| protected ChangeListener createChangeListener( ) | 创建监听事件，想以不同的方式处理 ChangeEvent 的子类可以重写此方法，以返回另一个 ChangeListener 实现 |
| protected ItemListener createItemListener( ) | 创建 Item 监听事件 |
| void doClick( ) | 以编程方式执行“单击”。此方法的效果等同于用户按下并随后释放按钮 |
| void doClick(int pressTime ) | 以编程方式执行“单击”。此方法的效果等同于用户按下并随后释放按钮。按钮在虚拟“按下”状态下停留 pressTime 毫秒的时间 |
| protected void fireActionPerformed(ActionEvent 事件 ) | 动作事件 |
| protected void fireItemStateChanged(ItemEvent 事件 ) | 选项变更 |
| protected void fireStateChanged( ) | 状态动作变更 |
| String getActionCommand( ) | 取得命令文字 |
| Icon getDisabledIcon( ) | 取得被禁用时的图标 |

续表

| 方　法 | 说　明 |
| --- | --- |
| Icon getDisabledSelectedIcon( ) | 取得非选取时的图标 |
| int getHorizontalAlignment( ) | 取得垂直方向的对齐方式 |
| int getHorizontalTextPosition( ) | 取得文字垂直时的位置 |
| Icon getIcon( ) | 取得图标 |
| String getLabel( ) | 取得标签 |
| Insets getMargin( ) | 取得间距 |
| int getMnemonic( ) | 取得快捷键 |
| ButtonModel getModel( ) | 取得按钮模块 |
| Icon getPressedIcon( ) | 取得按下图标 |
| Icon getRolloverIcon( ) | 取得鼠标通过图标 |
| Icon getRolloverSelectedIcon( ) | 取得鼠标选取图标 |
| Icon getSelectedIcon( ) | 取得被选取图标 |
| Object[ ] getSelectedObjects( ) | 取得选取对象数组 |
| String getText( ) | 取得文字 |
| ButtonUI getUI( ) | 取得按钮的 UI |
| int getVerticalAlignment( ) | 取得垂直文字对齐方式 |
| int getVerticalTextPosition( ) | 取得垂直文字位置 |
| boolean imageUpdate(Image 图片 ,int 整数值 ,int x,int y,int 宽 ,int 高 ) | 显示图标更新 |
| protected void init(String 文字 ,Icon icon) | 初始化 |
| boolean isBorderPainted( ) | 检查边界是否重绘 |
| boolean isContentAreaFilled( ) | 检查内容区是否重绘 |
| boolean isFocusPainted( ) | 检查得到焦点是否重绘 |
| boolean isRolloverEnabled( ) | 检查是否鼠标通过事件 |
| boolean isSelected( ) | 检查是否被选取 |
| protected String paramString( ) | 参数字符串 |
| void removeActionListener(ActionListener 事件 ) | 删除事件 |
| void removeChangeListener(ChangeListener 事件 ) | 删除事件 |
| void removeItemListener(ItemListener 事件 ) | 删除事件 |
| void setActionCommand(String 命令文字 ) | 设定命令文字 |
| void setBorderPainted(boolean b) | 设定边界是否重绘 |
| void setContentAreaFilled(boolean b) | 设定内容区是否重绘 |
| void setDisabledIcon(Icon i) | 设定被禁用时的图片 |
| void setDisabledSelectedIcon(Icon i) | 设定非选取时的图标 |
| void setEnabled(boolean b) | 设定是否组件可使用 |
| void setFocusPainted(boolean b) | 设定得到焦点时重绘 |
| void setHorizontalAlignment(int 方式 ) | 设定水平对齐方式 |
| void setHorizontalTextPosition(int 文字位置 ) | 设定文字水平位置 |
| void setIcon(Icon 图标 ) | 设定图标 |
| void setLabel(String 文字 ) | 设定文字 |
| void setMargin(Insets 间距 ) | 设定间距 |
| void setMnemonic(char 字符 ) | 设定快捷键 |

续表

| 方　法 | 说　明 |
|---|---|
| void setModel(ButtonModel 新模块 ) | 设定按钮模块 |
| void setPressedIcon(Icon 图标 ) | 设定按下时的图标 |
| void setRolloverEnabled(boolean b) | 打开鼠标移动功能 |
| void setRolloverIcon(Icon 图标 ) | 设定鼠标通过时的图标 |
| void setRolloverSelectedIcon(Icon 图标 ) | 设定鼠标通过时选择的图标 |
| void setSelectedIcon(Icon 图标 ) | 设定选择时的图标 |
| void setText(String 文字 ) | 设定文字 |
| void setUI(ButtonUI bu) | 设定按钮外观对象 |
| void setVerticalAlignment(int 整数值 ) | 设定文字垂直位置 |
| void setVerticalTextPosition(int 整数值 ) | 设定垂直位置 |
| void updateUI( ) | 更新组件 |

## 12-4 JCheckBox（复选框）组件

JCheckBox组件通常应用在程序中提供用户条件勾选时。JCheckBox使用上非常简单，只要单击JCheckBox，就会出现打钩的符号，再单击一次，打钩的符号就会消失。

JCheckBox的类层次图如图12-11所示。

JCheckBox组件所提供的构造函数及方法如表12-6所示。

```
java.lang.Object
└ java.awt.Component
  └ java.awt.Container
    └ javax.swing.JComponent
      └ javax.swing.AbstractButton
        └ javax.swing.JToggleButton
          └ javax.swing.JCheckBox
```

图　12-11

表　12-6

| 构 造 函 数 | 说　明 |
|---|---|
| JCheckBox( ) | 建立 JCheckBox 组件 |
| JCheckBox(String 显示文字 ) | 建立对象时并设定组件所要显示的文字 |
| JCheckBox(String 显示文字 ,boolean 状态 ) | 建立对象时并设定组件所要显示的文字及勾选状态 |
| JCheckBox(Icon 显示图标 ,boolean 状态 ) | 建立对象时并设定组件所要显示的图标及勾选状态 |
| JCheckBox(String 显示文字 , Icon 显示图标 ) | 建立对象时并设定组件所要显示的图标及显示的图标 |
| JCheckBox(String 显示文字 ,Icon 图标 ,boolean 状态 ) | 建立对象时并设定组件所要显示的文字、图标及勾选状态 |
| **方　法** | **说　明** |
| AccessibleContext getAccessibleContext( ) | 取得存取文字 |
| String getUIClassID( ) | 取得外观名称 |
| protected String paramString( ) | 参数字符串 |
| void updateUI( ) | 更新外观 |

【范例程序：CH12_04】

```
01    /* 程序: CH12_04.java
02    * 说明: JCheckBox 使用说明
03     */
04
05    import java.awt.*;
06    import javax.swing.*;
```

```
07    import java.awt.event.*;
08
09    public class CH12_04 implements ItemListener
10    {
11       JCheckBox check1;
12       JCheckBox check2;
13       JCheckBox check3;
14       JCheckBox check4;
15
16       JTextField text;
17          JFrame jf;
18
19       public CH12_04()
20        {
21          //建立窗口
22          jf=new JFrame("JCheckBox 应用 ");
23
24          //建立窗口的内容面板
25          Container contentPane=jf.getContentPane();
26
27          //设定版面布局方式
28          contentPane.setLayout(new FlowLayout());
29
30          //加入 Checkbox
31          check1=new JCheckBox(" 复选框一 ");
32          check2=new JCheckBox(" 复选框二 ");
33          check3=new JCheckBox(" 复选框三 ");
34          check4=new JCheckBox(" 复选框四 ");
35
36          //加入监听事件
37          check1.addItemListener(this);
38          check2.addItemListener(this);
39          check3.addItemListener(this);
40          check4.addItemListener(this);
41
42          //将组件加入面板
43          contentPane.add(check1);
44          contentPane.add(check2);
45          contentPane.add(check3);
46          contentPane.add(check4);
47
48          text=new JTextField(20);
49          contentPane.add(text);
50
51          //将窗口大小调整适中
52          jf.pack();
53
54          //将窗口设定为可视状态
55          jf.setVisible(true);
56       }
57
58      public void itemStateChanged(ItemEvent e)
59       {
60          if(e.getItemSelectable()==check1)
61          {
62             text.setText(" 复选框一 ");
```

```
63            }
64            else if(e.getItemSelectable()==check2)
65            {
66               text.setText("复选框二");
67            } else if(e.getItemSelectable()==check3)
68            {
69               text.setText("复选框三");
70            }
71            else if(e.getItemSelectable()==check4)
72            {
73               text.setText("复选框四");
74            }
75         }
76
77      public static void main(String[] args)
78      {
79         JFrame.setDefaultLookAndFeelDecorated(true);
80         new CH12_04();
81      }
82   }
```

【程序运行结果】

程序运行结果如图 12-12 所示。

图 12-12

【程序解析】

第 60~74 行：依不同组件发出的事件运行相对应程序。

## 12-5 JRadioButton（单选按钮）组件

JRadioButton 组件主要应用在多项单选时。当程序需要用户在多个项目中择一运行时，可以利用 JRadioButton。当同一窗口中 JRadioButton 需要分组时，可先建立 ButtonGroup 对象，再将 JRadioButton 一一加入即可成为组。JRadioButton 的类继承图如图 12-13 所示。

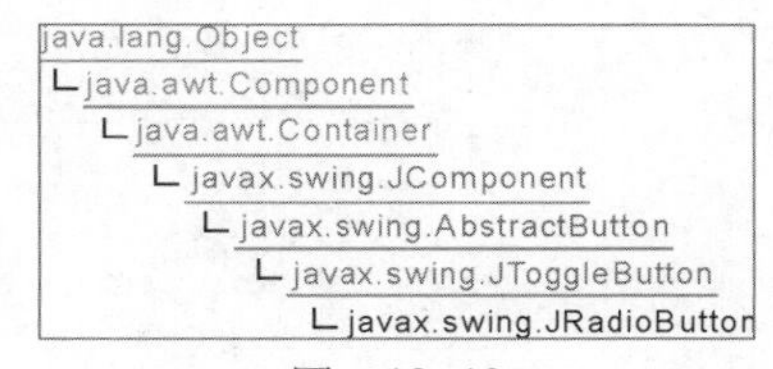


图 12-13

JRadioButton 提供的构造函数及方法如表 12-7 所示。

表 12-7

| 构造函数 | 说明 |
|---|---|
| JRadioButton( ) | 建立一个 JRadioButton( ) |
| JRadioButton(Icon 图标 ) | 建立一个 JRadioButton( )，并设定图标 |
| JRadioButton(Icon 图标 ,boolean 选择 ) | 建立一个 JRadioButton( )，并设定图标及是否被选取 |
| JRadioButton(String 显示文字 ) | 建立一个 JRadioButton( )，并设定显示文字 |
| JRadioButton(String 显示文字 ,boolean 选择 ) | 建立一个 JRadioButton( )，并设定显示文字及是否被选取 |
| JRadioButton(String 显示文字 ,Icon 图标 ) | 建立一个 JRadioButton( )，并设定显示文字及显示图案 |
| JRadioButton(String 显示文字 ,Icon 图标 ,boolean 选择 ) | 建立一个 JRadioButton( )，并设定显示文字、显示图案及是否被选取 |

续表

| 方　法 | 说　明 |
|---|---|
| protected void configurePropertiesFromAction(Action 事件 ) | 设定事件 |
| protected PropertyChangeListener creatActionPropertyChavgeListener(Action 事件 ) | 产生事件 |
| AccessibleContext getAccessibleContext( ) | 取得存取文字 |
| String getUIClassID( ) | 取得外观类编号 |
| protected String paramString( ) | 参数字符串 |
| void updateUI( ) | 更新 |

【范例程序：CH12_05】

```
01    /* 程序: CH12_05.java
02    * 说明: JRadioButton 使用说明
03     */
04
05    import java.awt.*;
06    import java.awt.event.*;
07    import javax.swing.*;
08
09    public class CH12_05 extends JPanel
10                                 implements ActionListener {
11
12       private static final long serialVersionUID=1L;
13       static String str1=" 图标一 ";
14       static String str2=" 图标二 ";
15       static String str3=" 图标三 ";
16       static String str4=" 图标四 ";
17       static String str5=" 图标五 ";
18
19       JLabel picture;
20
21       public CH12_05()
22       {
23          // 设定版面布局
24          super(new BorderLayout());
25
26          // 建立 JRadioButton1
27          JRadioButton btn1=new JRadioButton(str1);
28          btn1.setActionCommand("p1");
29          btn1.setSelected(true);
30
31          // 建立 JRadioButton2
32          JRadioButton btn2=new JRadioButton(str2);
33          btn2.setActionCommand("p2");
34
35          // 建立 JRadioButton3
36          JRadioButton btn3=new JRadioButton(str3);
37          btn3.setActionCommand("p3");
38
39          // 建立 JRadioButton4
40          JRadioButton btn4=new JRadioButton(str4);
41          btn4.setActionCommand("p4");
42
```

```
43          //建立JRadioButton5
44          JRadioButton btn5=new JRadioButton(str5);
45          btn5.setActionCommand("p5");
46
47          //将JRadioButton设为组
48          ButtonGroup group=new ButtonGroup();
49          group.add(btn1);
50          group.add(btn2);
51          group.add(btn3);
52          group.add(btn4);
53          group.add(btn5);
54
55          //将JRadioButton加入事件监听
56          btn1.addActionListener(this);
57          btn2.addActionListener(this);
58          btn3.addActionListener(this);
59          btn4.addActionListener(this);
60          btn5.addActionListener(this);
61
62          //设定图片
63          picture=new JLabel(createImageIcon("pic/"+btn1.
getActionCommand()+".gif"));
64          picture.setPreferredSize(new Dimension(177, 122));
65
66
67          JPanel radioPanel=new JPanel(new GridLayout(0, 1));
68          radioPanel.add(btn1);
69          radioPanel.add(btn2);
70          radioPanel.add(btn3);
71          radioPanel.add(btn4);
72          radioPanel.add(btn5);
73
74          add(radioPanel, BorderLayout.LINE_START);
75          add(picture, BorderLayout.CENTER);
76          setBorder(BorderFactory.createEmptyBorder(20,20,20,20));
77       }
78
79       //事件监听
80       public void actionPerformed(ActionEvent e)
81       {
82          picture.setIcon(createImageIcon("pic/"+e.getActionCommand()+".gif"));
83       }
84
85          //建立图标
86       protected static ImageIcon createImageIcon(String path)
87       {
88          java.net.URL imgURL=CH12_05.class.getResource(path);
89          return new ImageIcon(imgURL);
90       }
91
92       private static void createAndShowGUI()
93       {
94          //设定窗口外观为默认状态
95          JFrame.setDefaultLookAndFeelDecorated(true);
96
97          //建立窗口
```

```
98          JFrame frame=new JFrame("JRadioButton 应用 ");
99          frame.setDefaultCloseOperation(JFrame.EXIT_ON_CLOSE);
100
101         JComponent newContentPane=new CH12_05();
102         newContentPane.setOpaque(true);
103         frame.setContentPane(newContentPane);
104
105         //将窗口调整到适当
106         frame.pack();
107         frame.setVisible(true);
108     }
109
110     public static void main(String[] args){
111         new CH12_05();
112         CH12_05.createAndShowGUI();
113     }
114 }
```

【程序运行结果】

程序运行结果如图 12-14 和图 12-15 所示。

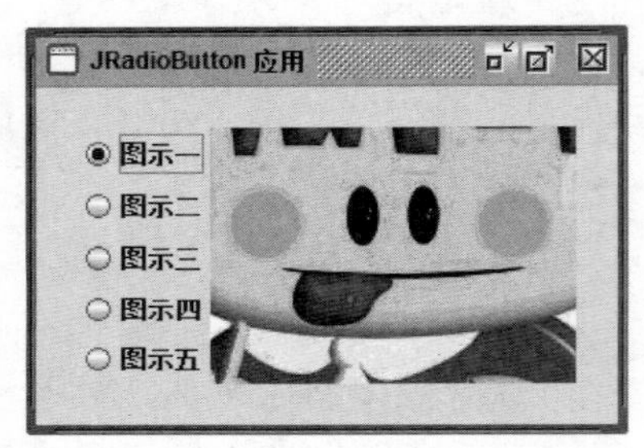


图 12-14

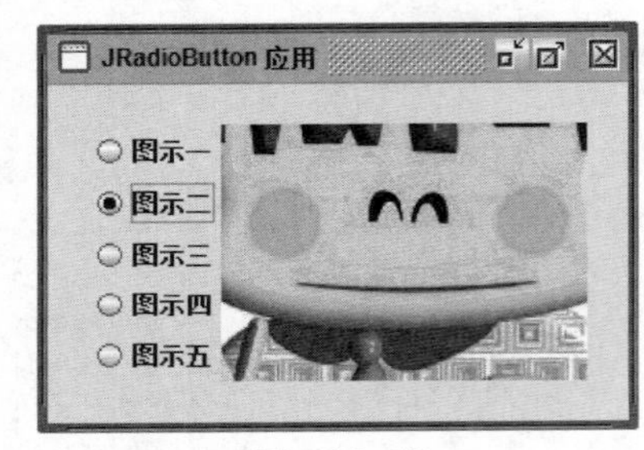


图 12-15

【程序解析】

① 第 99 行：设定窗口关闭模式为默认值。

② 第 112 行：产生对象并运行对象所属方法。

## 12-6 JTextField（文本域）与 JTextArea（文本块）组件

JTextField 与 JTextArea 是一种供用户输入数据的操作接口。通常程序运行时需要许多变量，假如变量是固定的，那么可以利用 JCheckBox 或是 JRadioButton 等组件设计成固定选项供用户选取；当变量无法确定或是必须由用户提供时，可以使用 JTextField 与 JTextArea 两个组件来做设计。

JTextField 的类继承图如图 12-16 所示。

JTextArea 的类继承图如图 12-17 所示。

```
java.lang.Object
└ java.awt.Component
   └ java.awt.Container
      └ javax.swing.JComponent
         └ javax.swing.text.JTextComponent
            └ javax.swing.JTextField
```

图 12-16

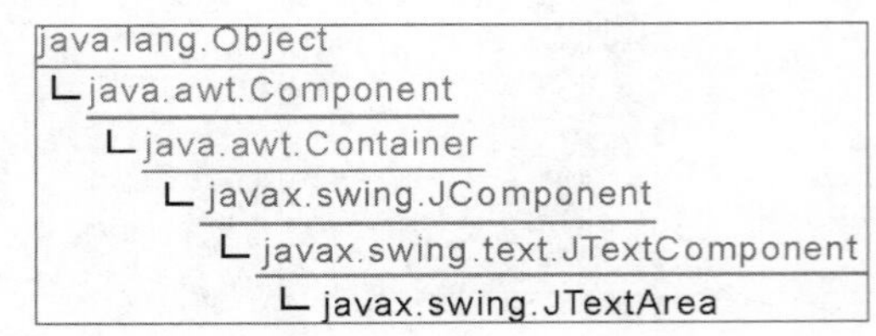


图 12-17

JTextField 提供的构造函数及方法如表 12-8 所示。

表　12-8

| 构 造 函 数 | 说　明 |
|---|---|
| JTextField( ) | 建立一个 JTextField( ) |
| JTextField(Document 文件 ,String 文字 ,int 行数 ) | 建立一个 JTextField( )，并设定单元格式、显示文字及行数 |
| JTextField(int 行数 ) | 建立一个 JTextField( )，并设定行数 |
| JTextField(String 文字 ) | 建立一个 JTextField( )，并设定显示文字 |
| JTextField(String 文字 ,int 行数 ) | 建立一个 JTextField( )，并设定显示文字及行数 |
| **方　法** | **说　明** |
| void addActionListener(ActionListener 事件 ) | 新建动作监听 |
| protected void configurePropertiesFromAction(Action 事件 ) | 设定事件属性 |
| protected PropertyChangeListener creatActionPropertyChangeListener(Action 事件 ) | 更新事件 |
| protected Document createDefualtModel( ) | 建立默认文件模式 |
| protected void fireActionPerformed( ) | 事件通知 |
| AccessibleContext getAccessibleContext( ) | 取得存取文字 |
| Action[ ] getActions( ) | 取得命令数组 |
| int getColumns( ) | 取得行数 |
| protected int getColumnWidth( ) | 取得栏宽 |
| int getHorizontalAlignment( ) | 取得水平对齐方式 |
| BoundedRangeModel getHorizontalVisibility( ) | 取得可见区域 |
| Dimension getPreferredSize( ) | 取得文本框大小 |
| int getScrollOffset( ) | 取得滚动条位移量 |
| String getUIClassID( ) | 取得对象类编号 |
| protected String paramString( ) | 参数字符串 |
| void postActionEvent( ) | 发出事件 |
| void removeActionListener(ActionListener 事件 ) | 删除事件 |
| void scrollRectToVisible(Rectangle 范围 ) | 滚动条区域显示 |
| void setActionCommand(String 字符串 ) | 设定动作命令文字 |
| void setFont(Font 字体 ) | 设定字体 |
| void setHorizontalAlignment(int 位置 ) | 设定水平对齐方式 |
| void setScrollOffset(int 位移 ) | 设定位移量 |

JTextArea 提供的构造函数及方法如表 12-9 所示。

表　12-9

| 构 造 函 数 | 说　明 |
|---|---|
| JTextArea( ) | 建立一个 JTextArea( ) |
| JTextArea(Document 文件 ) | 建立一个 JTextArea( )，并配置文件格式 |
| JTextArea(Document 文件 ,String 显示文字 ,int 列数 ,int 行数 ) | 建立一个 JTextArea( )，并配置文件格式、显示字符串、列数及行数 |
| JTextArea(int 列数 ,int 行数 ) | 建立一个 JTextArea( )，并设定列数及行数 |
| JTextArea(String 显示文字 ) | 建立一个 JTextArea( )，并设定显示文字 |
| JTextArea(String 显示文字 ,int 列数 ,int 行数 ) | 建立一个 JTextArea( )，并设定显示文字、列数及行数 |

续表

| 方　法 | 说　明 |
| --- | --- |
| void append(String 新建字符串 ) | 新建字符串 |
| protected Document createDefualtModel( ) | 建立默认文件模式 |
| AccessibleContext getAccessibleContext( ) | 取得存取文字 |
| int getColumns( ) | 取得列数 |
| int getColumnWidth( ) | 取得列宽度 |
| int getLineCount( ) | 取得行数 |
| int getLineEndOffset(int line) | 取得位移量 |
| int getLineStartOffset(int line) | 取得位移量 |
| int getTabSize( ) | 取得 Tab 键的位移量 |
| String getUIClassID( ) | 取得对象类编号 |
| protected String paramString( ) | 参数字符串 |
| int insert(String str, int pos) | 插入字符串至指定的位置 |
| void setColumns(int columns) | 设定指定的行数 |
| void setFont(Font 字体 ) | 设定字体 |
| void setRows(int rows) | 设定列数 |
| void setTabSize(int size) | 设定 Tab 的位移字符数 |

【范例程序：CH12_06】

```
01    /* 程序: CH12_06.java
02    * 说明: JTextField 使用说明
03     */
04
05    import java.awt.*;
06    import java.awt.event.*;
07    import javax.swing.*;
08
09    public class CH12_06 extends JPanel implements ActionListener {
10
11       private static final long serialVersionUID=1L;
12       protected JTextField tf;
13       protected JTextArea ta;
14
15       public CH12_06(){
16
17          //设定版面布局
18          super(new GridBagLayout());
19
20          tf=new JTextField(30);
21          tf.addActionListener(this);
22
23          ta=new JTextArea(10, 30);
24          ta.setEditable(false);
25          JScrollPane scrollPane=new JScrollPane(ta,
26                                   JScrollPane.VERTICAL_SCROLLBAR_ALWAYS,
27                                   JScrollPane.HORIZONTAL_SCROLLBAR_ALWAYS);
28
29          //建立新的版面布局
```

```
30          GridBagConstraints c=new GridBagConstraints();
31          c.gridwidth=GridBagConstraints.REMAINDER;
32
33          c.fill=GridBagConstraints.BOTH;
34          c.weightx=2.0;
35          c.weighty=2.0;
36          add(scrollPane, c);
37
38          c.fill=GridBagConstraints.HORIZONTAL;
39          add(tf, c);
40        }
41
42      //事件方法
43      public void actionPerformed(ActionEvent evt){
44          String txt=tf.getText();
45          ta.append(txt+"\n");
46          tf.selectAll();
47
48          ta.setCaretPosition(ta.getDocument().getLength());
49      }
50
51
52      private static void createAndShowGUI(){
53
54          //默认窗口样式
55          JFrame.setDefaultLookAndFeelDecorated(true);
56
57          //建立窗口
58          JFrame f=new JFrame("JTextField 应用");
59
60          //设定窗口关闭模式
61          f.setDefaultCloseOperation(JFrame.EXIT_ON_CLOSE);
62
63          //建立面板
64          JComponent newContentPane=new CH12_06();
65          newContentPane.setOpaque(true); //content panes must be opaque
66          f.setContentPane(newContentPane);
67
68          //将窗口调整适当大小
69          f.pack();
70
71          //窗口为可视
72          f.setVisible(true);
73      }
74
75      public static void main(String[] args){
76              new CH12_06();
77          CH12_06.createAndShowGUI();
78      }
79  }
```

【程序运行结果】

程序运行结果如图 12-18 和图 12-19 所示。

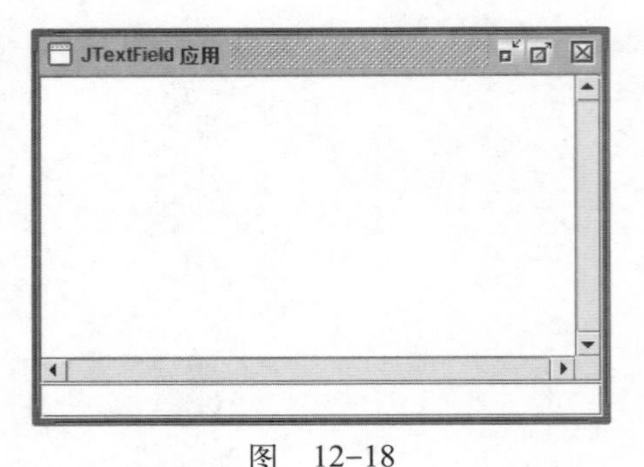

图 12-18

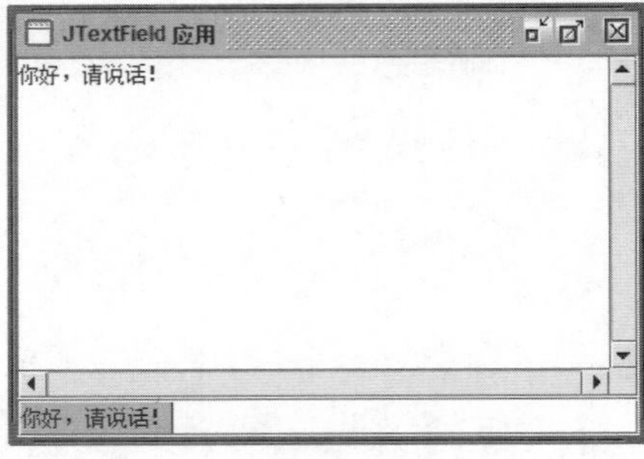


图 12-19

## 12-7 JList（列表框）组件

JList 主要应用于制作复选式的列表。JList 相当于多个 Check box 组合起来。JList 的用途主要是有系统地组织列表，让操作接口空出更多的空间，或是呈现出简洁的感觉。

JList 的类继承图如图 12-20 所示。

```
java.lang.Object
└ java.awt.Component
   └ java.awt.Container
      └ javax.swing.JComponent
         └ javax.swing.JList
```

图 12-20

JList 所提供的构造函数及方法如表 12-10 所示。

表 12-10

| 构 造 函 数 | 说 明 |
|---|---|
| JList( ) | 建立一个 JList 对象 |
| JList(ListModel 数据模块 ) | 建立一个 JList 对象，并指定数据模式 |
| JList(Object[ ] 对象数组 ) | 建立一个 JList 对象，并指定对象数组 |
| JList(Vector 资料 ) | 建立一个 JList 对象，并指定数据 |
| **方 法** | **说 明** |
| void addListSelectionListener(ListSelectionListener 事件 ) | 加入事件 |
| void addSelectionInterval(int 整数 ,int 整数 ) | 新建选取区间 |
| void clearSelection( ) | 清除选取 |
| protected ListSelectionModel createSelectionModel( ) | 建立选取模式 |
| void ensureIndexIsVisible(int 索引 ) | 滚动可视区 |
| protected void fireSelectionValueChanged(int 起始索引 ,int 结束索引 ,boolean 控制 ) | 选取设变更 |
| AccessibleContext getAccessibleContext( ) | 取得存取内容 |
| int getAnchorSelectionIndex( ) | 取得选取值 |
| Rectangle getCellBounds(int 索引一 ,int 索引二 ) | 取得否索引上下值 |
| ListCellRenderer getCellRenderer( ) | 取得绘图组件 |
| int getFirstVisibleIndex( ) | 取得第一个索引 |
| int getFixedCellHeight( ) | 取得单一选项高度 |
| int getFixedCellWidth( ) | 取得单一选项宽度 |
| int getLastVisibleIndex( ) | 取得最后一个索引 |
| int getLeadSelectionIndex( ) | 取得索引 |
| int getMaxSelectionIndex( ) | 取得最大选取索引 |
| int getMinSelectionIndex( ) | 取得最小选取索引 |

续表

| 方　法 | 说　明 |
| --- | --- |
| ListModel getModel( ) | 取得数据模式 |
| Dismension getPerferredScrollableViewportSize( ) | 取得可视区大小 |
| Object getPrototypeCellValue( ) | 取得选取值 |
| int getScrollableBlockIncrement(Rectangle 范围 ,int 整数 ,int 整数 ) | 取得区块的增加量 |
| boolean getScrollableTracksViewportHeight( ) | 取得可视高度 |
| boolean getScrollableTracksViewportWidth( ) | 取得可视宽度 |
| int getScrollableUnitIncrement(Rectangle 范围 ,int 整数 ,int 整数 ) | 取得区块字体 |
| int getSelectedIndex( ) | 取得选取值 |
| int[ ] getSelectedValue( ) | 取得选取数组值 |
| Object getSelectedValue( ) | 取得选取值 |
| Object[ ] getSelectedValues( ) | 取得选取数组值 |
| Color getSelectedForegound( ) | 取得选取时前景色 |
| Color getSelectionBackground( ) | 取得选取时背景色 |
| int getSelectionModel( ) | 取得选取模式 |
| ListSelectionModel getSelectionModel( ) | 取得选取模式 |
| ListUI getUI( ) | 取得外观对象 |
| String getUIClass( ) | 取得对象类外观 |
| boolean getValueIsAdjusting( ) | 取得数据模式 |
| int getVisibleRowCount( ) | 取得可见列数 |
| Point indexToLocation(int 索引 ) | 取得索引的坐标值 |
| boolean isSelectedIndex(int 索引 ) | 索引所在是否有被选取 |
| boolean isSelectionEmpty( ) | 是否无选项 |
| int locationToIndex(Point 坐标 ) | 将坐标转换成索引 |

【范例程序：CH12_07】

```
01    /* 程序: CH12_07.java
02    * 说明: JList 使用说明
03     */
04
05    import java.awt.BorderLayout;
06    import javax.swing.*;
07
08    public class CH12_07 extends JPanel{
09
10       private static final long serialVersionUID=1L;
11       private JList list;
12       private DefaultListModel dlm;
13
14       public CH12_07(){
15          super(new BorderLayout());
16
17          //建立DefaultlistModel 对象
18          dlm=new DefaultListModel();
19
20          //加入元素
21          dlm.addElement("C/C++入门与实务");
```

```
22          dlm.addElement("Java2 入门与进阶 ");
23          dlm.addElement("Visual C++ 游戏魔法 ");
24          dlm.addElement("VB6 与游戏设计 ");
25          dlm.addElement("Java2 游戏设计魔法书 ");
26          dlm.addElement("Java2 教学范本 ");
27
28          //建立 JList 对象
29          list=new JList(dlm);
30
31          //设定 JList 选择模式
32          list.setSelectionMode(ListSelectionModel.SINGLE_SELECTION);
33
34          //设定 JList 选取停留位置
35          list.setSelectedIndex(0);
36
37          //设定列数
38          list.setVisibleRowCount(5);
39
40          //建立滚动条面板
41          JScrollPane listScrollPane=new JScrollPane(list);
42
43          //将滚动条面板加到主面板中
44          add(listScrollPane, BorderLayout.CENTER);
45
46       }
47
48       private static void createAndShowGUI(){
49
50          //设订窗口外观
51          JFrame.setDefaultLookAndFeelDecorated(true);
52
53          //建立窗口对象
54          JFrame frame=new JFrame("JList 应用 ");
55
56          //设定窗口关闭方式
57          frame.setDefaultCloseOperation(JFrame.EXIT_ON_CLOSE);
58
59          JComponent newContentPane=new CH12_07();
60          newContentPane.setOpaque(true);
61          frame.setContentPane(newContentPane);
62
63          //将窗口大小调整适中
64          frame.pack();
65
66          //将窗口设为可视
67          frame.setVisible(true);
68       }
69
70       public static void main(String[] args){
71          new CH12_07();
72             CH12_07.createAndShowGUI();
73        }
74    }
```

【程序运行结果】

程序运行结果如图 12-21 所示。

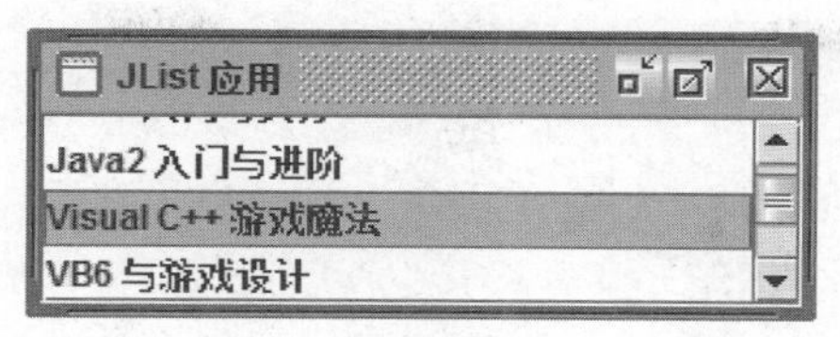


图 12-21

【程序解析】

① 第64行：pack( )方法可以将窗口大小调整适中。

## 12-8 建立选项卡

设计窗口接口时，如果需要放置很多选项供用户使用，除了使用下拉式列表或建立多个列表外，Java Swing提供了选项卡的方式。Swing类中选项卡的使用需通过JTabbedPane类。JTabbedPane类构造函数如表12-11所示。

表 12-11

| JTabbedPane构造函数 | 意　义 |
| --- | --- |
| JTabbedPane( ) | 建立选项卡（Tabbed Pane）对象 |
| JTabbedPane(int 选项卡位置 ) | 指定选项卡位置 |

关于选项卡（Tabbed Pane）的位置，有4个常量设定：

① JTabbedPane.RIGHT：右边。

② JTabbedPane.LEFT：左边。

③ JTabbedPane.BOTTOM：下方。

④ JTabbedPane.TOP：上方。如果不指定选项卡位置，默认值是在上方。

【范例程序：CH12_08】

```
01    /* 程序: CH12_08.java
02    * 说明: 建立选项卡 (Tabbed Pane)*/
03
04    import javax.swing.*;
05    import java.awt.*;
06    public class CH12_08{
07       public static void main(String[] args){
08          JFrame JF=new JFrame("建立JTabbedPane");
09          Dimension sc=Toolkit.getDefaultToolkit().getScreenSize();
10          JF.getContentPane().setLayout(null);
11          int x=(sc.width-300)/2;
12          int y=(sc.height)/2;
13          JF.setLocation(x,y);
14          JF.setSize(300,150);
15          JTabbedPane JT=new JTabbedPane();
16          JT.setBounds(0,0,300,150);
17          JT.addTab("学历",null,null,"学历提示");
18          JT.addTab("姓名",null,null,"姓名提示");
19          JT.addTab("住址",null,null,"住址提示");
20          JT.addTab("自我介绍",null,null,"自我介绍提示");
21       JF.getContentPane().add(JT);
22          JF.setVisible(true);
```

```
23        }
24    }
```

【程序运行结果】

程序运行结果如图 12-22 所示。

图 12-22

## 12-9 本章进阶应用练习实例

本章主要是讨论 Swing 套件，在 Swing 套件里的版面布局分别是盒子配置法（BoxLayout）和重叠配置法（OverLayout）。接下来介绍这两种版面布局的做法。

### 12-9-1 盒子配置法（BoxLayout）

BoxLayout 版面布局是将各组件用垂直或水平的方向排列对齐，而且不管窗口放大或缩小都不会改变组件的对齐位置。构造函数的表示如下：

```
BoxLayout(Container 目标容器,int 方向轴)
```

①目标容器：要配置的容器组件。

②方向轴（axis）：要对齐的方向轴，有以下 4 种排列方式：

- BoxLayout_X_AXIS：对齐 X 轴的水平方向排列
- BoxLayout_Y_AXIS：对齐 Y 轴的垂直方向排列。
- BoxLayout_LINE_AXIS：对齐指定组件线段的排列方式。
- BoxLayout_PAGE_AXIS：对齐指定组件页面的排列方式。

```
01    //BoxLayout 版面布局
02    import java.awt.*;
03    import javax.swing.*;
04    public class WORK12_01 extends JFrame
05    {
06        private static final long serialVersionUID=1L;
07        Container c=getContentPane();
08        JPanel jp1, jp2;
09        JButton jb1,jb2,jb3,jb4;
10        JTextField jtf1,jtf2,jtf3,jtf4;
11        public WORK12_01()
12        {
13            //JPanel jp1 区
14            jp1=new JPanel();
15            jp1.setBorder(BorderFactory.createTitledBorder("版面布局
              区块 1"));
16            jb1=new JButton("英检初级");
17            jb2=new JButton("英检中级");
18            jb3=new JButton("商用多益");
```

```
19          jb4=new JButton(" 留学托福 ");
20          jp1.add(jb1);
21          jp1.add(jb2);
22          jp1.add(jb3);
23          jp1.add(jb4);
24          jp1.setLayout(new BoxLayout(jp1, BoxLayout.X_AXIS));
25          //JPanel jp2 区
26          jp2=new JPanel();
27          jp2.setBorder(BorderFactory.createTitledBorder
            (" 版面布局区块 2"));
28          jtf1=new JTextField(5);
29          jtf2=new JTextField(5);
30          jtf3=new JTextField(5);
31          jtf4=new JTextField(5);
32          jp2.add(jtf1);
33          jp2.add(jtf2);
34          jp2.add(jtf3);
35          jp2.add(jtf4);
36          jp2.setLayout(new BoxLayout(jp2, BoxLayout.Y_AXIS));
37
38          c.add(jp1);
39          c.add(jp2);
40          c.setLayout(new BoxLayout(c,BoxLayout.PAGE_AXIS));
41      }
42      public static void main(String args[])
43      {
44          WORK12_01 frm=new WORK12_01();
45          frm.setTitle("BoxLayout 版面布局 ");
46          frm.setSize(400,400);
47          frm.setDefaultCloseOperation(JFrame.EXIT_ON_CLOSE);
48          frm.setVisible(true);
49      }
50  }
```

【程序运行结果】

程序运行结果如图 12-23 所示。

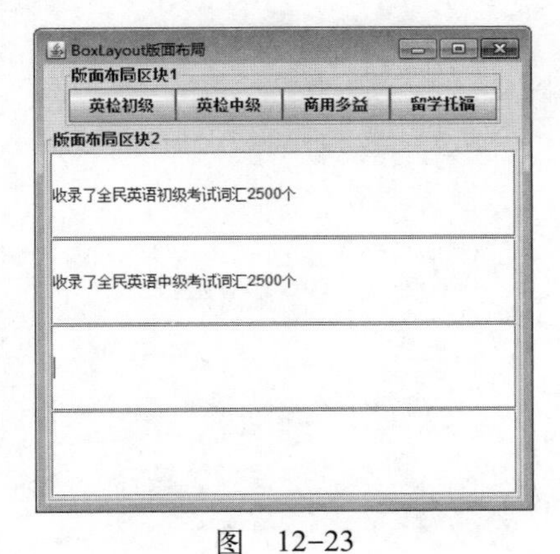


图　12-23

## 12-9-2　OverlayLayout 版面布局

OverlayLayout 版面布局法是将所有加入容器的组件重叠在一起，最先加入的组件放在窗口最上方，程序设计者可以依照需要加入监听员作处理动作。我们先说明它的构造函数：

```
OverlayLayout(Container 目标容器)
```

目标容器：是设定要配置版面的容器。

常用的方法如表 12-12 所示。

表 12-12

| 方法名称 | 说明 |
| --- | --- |
| float getLayoutAlignmentY(Container 目标容器) | 传回表示容器里的对象，Y 轴的对齐方式 |
| void layoutContainer(Container 目标容器) | 设定目标容器的的版面布局为 OverlayLayout |
| Dimension maximumLayoutSize(Container 目标容器) | 传回一个可以容纳目标容器的最大尺寸 |
| Dimension minimumLayoutSize(Container 目标容器) | 传回一个可以容纳目标容器配置的最小尺寸 |
| Dimension preferredLayoutSize(Container 目标容器) | 传回一个可以容纳目标容器的完美尺寸 |

为了清楚地分辨组件的上下位置，每个组件都加上边框。让我们直接来看下面范例程序：

【综合练习】OverlayLayout 版面布局应用与范例实现。

```
01    //OverlayLayout 版面布局
02    import javax.swing.*;
03    import java.awt.*;
04    public class WORK12_02 extends JFrame
05    {
06       private static final long serialVersionUID=1L;
07       //声明区
08       Container c=getContentPane();
09       JButton jb1;
10       JLabel jlab;
11       ImageIcon icon=new ImageIcon("p1.gif");
12       JTextArea jta;
13       public WORK12_02()
14       {
15          jb1=new JButton("我是教学小尖兵，请点击我");
16          jb1.setBorder(BorderFactory.createRaisedBevelBorder());
17          //将 icon 加入 jlab 中
18          jlab=new JLabel(icon);
19          jlab.setBorder(BorderFactory.createTitledBorder("JLabel 区"));
20          jta=new JTextArea(1,5);
21          jta.setBorder(BorderFactory.createTitledBorder("JTextArea 区"));
22          jta.setBackground(Color.yellow);
23          c.add(jb1);
24          c.add(jlab);
25          c.add(jta);
26          c.setLayout(new OverlayLayout(c));
27       }
28       public static void main(String args[])
29       {
30          WORK12_02 frm=new WORK12_02();
31          frm.setTitle("OverlayLayout 版面布局");
32          frm.setSize(500,500);
33          frm.setDefaultCloseOperation(JFrame.EXIT_ON_CLOSE);
34          frm.setVisible(true);
35       }
36    }
```

【程序运行结果】

程序运行结果如图 12-24 所示。

图 12-24

## 习题

### 1. 填空题

（1）在 Swing 套件中，当程序运行时需要用户在多个项目中择一运行时，可以利用________。

（2）________与________主要作为操作接口供用户输入数据。

（3）________主要应用于制作复选式的列表。它如同多个 Checkbox 组合起来。

（4）________套件所有组件外观都可以在运行时间更换外观样式。

（5）在 Swing 套件中，________组件主要应用于指令的下达，或是功能的区分。

（6）JButton 继承自________类。

（7）在 Swing 套件中，________组件通常应用在程序中提供用户条件勾选时。

（8）当同一窗口中 JRadioButton 需要分组时，可先建立________对象，再将 JRadioButton 一一加入即可成为组。

（9）Swing 套件主要派生来自________套件。

（10）Swing 组件的外观绘制统一继承自________类。

### 2. 问答与实现题

（1）Swing 套件主要以何项类为派生？

（2）举出 Swing 套件的特点。

（3）AWT 套件为何被称为重量级组件（Heavyweight）？

（4）列举十项 Swing 套件的组件。

（5）相较于 AWT 套件，Swing 套件有哪些新建的功能？

（6）Swing 套件为何被称为轻量级组件？

（7）利用 Jlabel 和 Jbutton 的构造函数，设计图 12-25~ 图 12-27 所示的窗口程序。

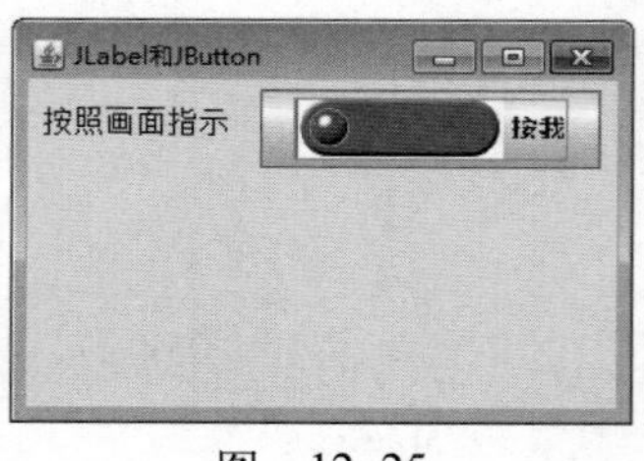


图　12-25

图　12-26

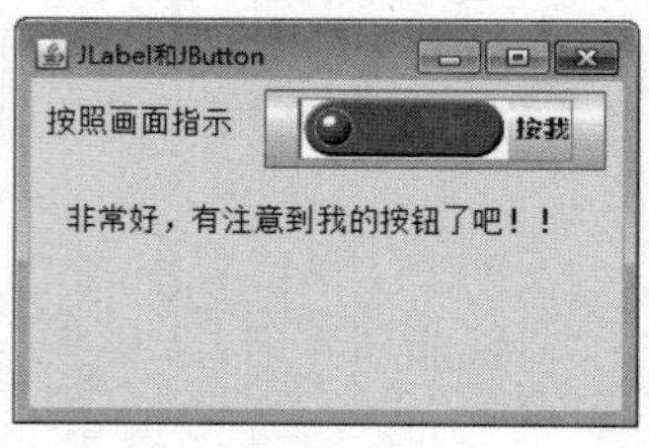


图　12-27

（8）利用 JCheckBox 和 JradioButton 组件，设计图 12-28 所示的窗口程序。

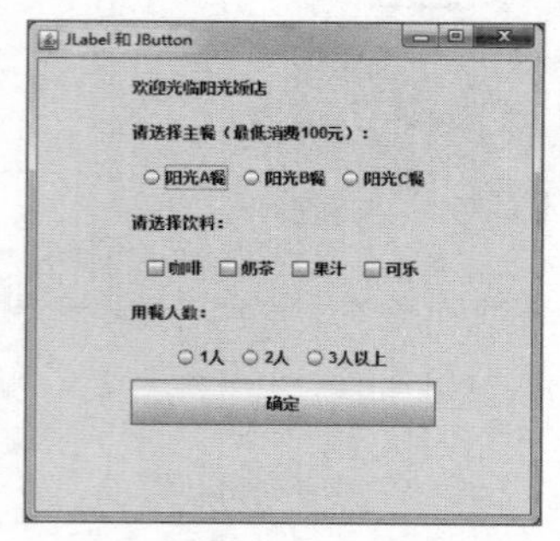


图　12-28

# 第 13 章 绘图与多媒体

Java 中，负责基本图形绘制工作的是 java.awt 套件中的 Graphics 类，可以利用其所提供的各种成员方法，在 AWT、Swing 窗口或 Applet 组件上绘制图案。另外，可以通过 MediaTracker 类对象进行动画的重复播放动作。

### 学习目标

- 了解 Java 中图形绘制类的基本知识。
- 掌握使用 Graphics 类绘制图形的方法。

### 学习内容

- Java 的基本绘图套件。
- draw 的成员方法。
- 绘制线（DrawLine）。
- 绘制矩形（DrawRect）。
- 画圆和椭圆。
- 窗口颜色。
- 图像重新绘制。
- 动画处理与音效播放。

## 13-1 Java 的基本绘图套件

Graphics 是所有图像与文字图形对象的抽象基类，它允许用户在窗口组件中绘制各种形式的简单的 2D 图形。在进行图形的绘制工作之前，必须先取得相关的图形对象，并设定对象内部的各个属性。这些属性必须包含下列信息：

①指定输出的窗口组件（Component）。

②转换绘图输出的坐标值系统。

③当前使用的图形缓冲区空间（clip）。

④当前使用的颜色。

⑤当前使用的字体。

⑥相关逻辑像素操作函数（例如 paint( ) 方法）。

⑦当前使用的非交错（XOR Alternation）输出颜色。

用户可以利用 Graphics 类提供的各项设定方法进行上述属性的设定工作。有关属性设定方法如表 13-1 所示。

表 13-1

| 方法名称及语法格式 | 相关说明 |
| --- | --- |
| getGraphics( ) | 取得当前窗口组件的图形对象，此方法并非由 Graphics 所提供，而是 Frame、JFrame 或 Applet 的类成员方法 |
| void setClip(int x, int y, int width, int height) | 设定图形缓冲区大小 |
| void setColor(Color C) | 设定绘图颜色 |
| void setFont(Font font) | 设定绘图字体 |
| void setXORColor(Color C) | 设定非交错输出颜色 |

Java 要想绘制几何图形，不论是画线、画圆或画方形，都必须通过 Graphics 类。接下来的单元将介绍画线、画矩形和画椭圆。Graphics 类的主要方法如表 13-2 所示。

表 13-2

| Graphics 方法 | 意义 |
| --- | --- |
| abstract void drawArc(int x,int y, int w, int h, int 起点角度 , int 终点角度 ) | 绘制弧形。 |
| abstract void fillArc(int x,int y, int w, int h, int 起点角度 , int 终点角度 ) | 绘制弧形并填充颜色 |
| abstract void drawLine(int x1,int y1, int x2, int y2) | 绘制线段 |
| abstract void fillLine(int x1,int y1, int x2, int y2) | 绘制线段并填充颜色 |
| abstract void drawRect(int x,int y, int w, int h) | 绘制矩形 |
| abstract void fillRect(int x,int y, int w, int h) | 绘制矩形并填充颜色 |
| abstract void drawOval(int x,int y, int w, int h) | 绘制椭圆 |
| abstract void fillOval(int x,int y, int w, int h) | 绘制椭圆并填充颜色 |
| abstract void drawRoundRect(int x,int y, int w, int h, int arcW, int arcH) | 绘制圆角矩形 |
| abstract void drawRoundRect(int x,int y, int w, int h, int arcW, int arcH) | 绘制圆角矩形并填充颜色 |
| abstract Color getColor( ) | 取得所绘制图形的颜色 |
| abstract Font getFont( ) | 取得所绘制的字体 |
| abstract void drawString(String str, int x 坐标位置 , int y 坐标位置 ) | 在绘制区写入字符串 |
| abstract void setColor(Color c) | 设定绘图颜色 |
| abstract void setFont(Font font) | 设定字体 |

图形绘制时所使用的坐标值系统，与 AWT、Swing 或 Applet 窗口内组件配置时的坐标系统相同，是以窗口左上角为原点（0,0），向右及向下作坐标轴 X、Y 的递加运算。

## 13-1-1 draw 的成员方法

Graphics 类中提供了各种简单的 2D 图形绘制方法，其中以 draw 开头的相关方法可描绘内容中空的图形外框轮廓。常用的相关 draw 方法与语法格式说明如表 13-3 所示。

表 13-3

| 方法名称与语法格式 | 相关说明 |
| --- | --- |
| drawArc(int x, int y, int width, int height, int startAngle, int arcAngle) | 以指定的圆心坐标以及宽（width）高（height）值，绘制圆弧的外框线段。相关参数说明如下：<br>int startAngle：圆弧的起始角度<br>int arcAngle：圆弧的角度范围 |

续表

| 方法名称与语法格式 | 相关说明 |
|---|---|
| drawImage(Image img, int x, int y, int width, int height, Color bgcolor, ImageObserver observer) | 在指定坐标处，绘制指定图像对象。相关参数说明如下：<br>Color bgcolor：利用颜色（Color）对象设定背景颜色<br>ImageObserver observer：图形的同步更新对象 |
| drawLine(int x1, int y1, int x2, int y2) | 以起始坐标（x1, y1）及终点坐标（x2, y2）绘制实心线段 |
| drawOval(int x, int y, int width, int height) | 以（x, y）为起始坐标及指定宽（width）高（height）值，绘制椭圆图形的外框轮廓 |
| drawPolygon(int[ ] xPoints, int[ ] yPoints, int nPoints) | 参照X轴与Y轴坐标数组及顶点数目（nPoints），绘制多边形的外框轮廓 |
| drawRect(int x, int y, int width, int height) | （x, y）坐标为起点，绘制指定宽高值的四方形外框轮廓 |
| drawString(String str, int x, int y) | （x, y）坐标为起点，绘制指定字符串对象 |

【范例程序：CH13_01】

```
01    /* 程序: CH13_01 Draw 相关方法应用 */
02    //加载相关套件
03    import java.awt.*;
04    import java.awt.event.*;
05    public class CH13_01 extends Frame{
06       private static final long serialVersionUID=1L;
07       //声明成员函数
08       private static Graphics g;
09       private static String myStr="Hello Java!!";
10       private static int[] xPoints={215, 227, 269, 233, 243, 215,
187, 197, 161, 203};
11       private static int[] yPoints={80, 116, 116, 134, 176, 152,
176, 134, 116, 116};
12       //类构造函数
13       public CH13_01(){
14             //设定 AWT 窗口属性
15             setTitle("Draw 相关方法应用 ");
16             setSize(300,220);
17             setVisible(true);
18             setBackground(Color.pink);
19             //设定关闭窗口动作
20             addWindowListener(new WindowAdapter(){
21                public void windowClosing(WindowEvent e){
22                   System.exit(0);}});
23             //取得绘图对象
24             g=getGraphics();
25             //设定绘图对象属性内容
26             g.setColor(Color.blue);
27             g.setFont(new Font(„SimHei", Font.BOLD, 32));
28       }
29       public static void main(String args[]){
30             CH13_01 myFrm=new CH13_01();
31             myFrm.setVisible(true);
32             //调用绘图方法
33          g.drawString(myStr, 10, 70);
34          g.drawOval(30, 80, 50, 50);
35          g.drawRect(100, 80, 50, 70);
36          g.drawPolygon(xPoints, yPoints, 10);
37       }
38    }
```

【程序运行结果】

程序运行结果如图 13-1 所示。

图 13-1

【程序解析】

①第 24 行：在类构造函数内里用 getGraphics( ) 方法，抓取 CH13_01 的 Graphics 类的绘图对象。

②第 26 行：设定绘图对象的前景颜色。

③第 27 行：设定绘图对象的文字字体。

④第 34 行：输出椭圆图形外框轮廓，必须注意当宽（width）与高（height）参数值相等时，所输出的图案图像为圆（circle）外框轮廓。

⑤第 36 行：利用用户声明的 X 与 Y 轴坐标数组（xPoint[ ]、yPoint[ ]），输出星形多边形图像的外框轮廓。

下面详细介绍如何完成及绘制 CH13_01 的结果图形，包括画线、画圆或画方形。

### 13-1-2 画线（DrawLine）

Graphics 类中关于线段的绘制方法由 drawLine( ) 完成。

drawLine( ) 语法

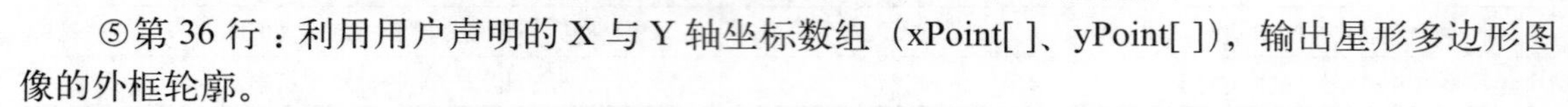

```
void drawLine(int x1, int y1,int x2, int y2)
```

【范例程序：CH13_02】

```
01    /* 程序: CH13_02 Graphics 相关方法应用 */
02    // 实现画线 DrawLine */
03
04    import java.awt.*;
05    import java.awt.Graphics;
06    public class CH13_02 extends Frame{
07       private static final long serialVersionUID=1L;
08       static CH13_02 f=new CH13_02();
09       public static void main(String args[]){
10          f.setTitle("画线 DrawLine");
11          f.setSize(500,300);
12          f.setVisible(true);
13       }
14       public void paint(Graphics g){
15          g.drawLine(30,20,300,250);
16          g.drawLine(90,8,150,100);
17       }
18    }
```

【程序运行结果】

程序运行结果如图 13-2 所示。

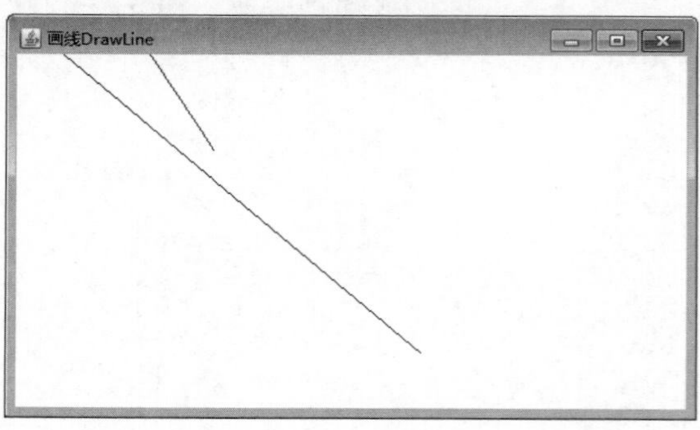


图 13-2

【程序解析】

① 第 6 行：继承 Frame 类，所以可以使用其相关的方法。

② 第 15、16 行：画两条直线，一条是从起点（30,20）到（300,200）的线段；另一条是起点（90,8）到（150,100）的线段。

## 13-1-3 画矩形（DrawRect）

Graphics 类中矩形的绘制方法由 drawRect( ) 和 drawRoundRect( ) 完成。不同的是，drawRect( ) 所绘制出的矩形是一般的矩形，而 drawRoundRect( ) 所绘制出的矩形是四个角是圆弧形的矩形。

1. drawRect( )

drawRect( ) 语法

```
① void drawRect(int x, int y, int w, int h)
② void fillRect(int x, int y, int w, int h)
```

语法中的（x, y）是指开始绘制的起点，w 是矩形的宽度，h 是矩形的长度。fillRect( ) 可以指定颜色，并且填充矩形。fill 相关名称方法不同于 draw 方法，并不会描绘图形的外框轮廓，而是利用指定的前景颜色（利用 setColor( ) 方法），来填充由坐标区域所构成图形的内容。

【范例程序：CH13_03】

```
01    /* 程序: CH13_03 Graphics 相关方法应用 */
02    // 实现画矩形 drawRect  */
03
04    import java.awt.*;
05    import java.awt.Graphics;
06    public class CH13_03 extends Frame{
07       private static final long serialVersionUID=1L;
08       static CH13_03 f=new CH13_03();
09       public static void main(String args[]){
10          f.setTitle("画矩形 DrawRect");
11          f.setSize(500,300);
12          f.setVisible(true);
13       }
14       public void paint(Graphics g){
15          g.fillRect(30,45,60,45);
16          g.drawRect(100,45,60,45);
17          g.fillRect(30,120,60,60);
18          g.drawRect(100,120,60,60);
19
20       }
21    }
```

【程序运行结果】

程序运行结果如图 13-3 所示。

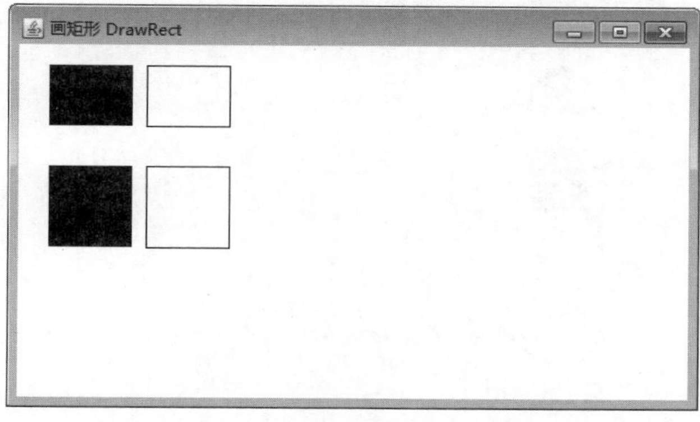


图 13-3

【程序解析】

第 15~18 行：分别画出正方形及矩形的无填充及填充的情形。关于填充的颜色设定，默认值是黑色。绘图语法中参数 w 和 h 代表的是长度和宽度，w 等于 h，为正方形；w 和 h 不相等，为矩形。

2. drawRoundRect( )

drawRoundRect( ) 语法：

```
① void drawRoundRect(int x, int y, int w, int h, int arcW, int arcH)
② void fillRoundRect(int x, int y, int w, int h, int arcW, int arcH)
```

语法中的(x, y)是指开始绘制的起点，w 是矩形的宽度，h 是矩形的长度，如图 13-4 所示。fillRoundRect( ) 可以指定颜色，填充矩形。

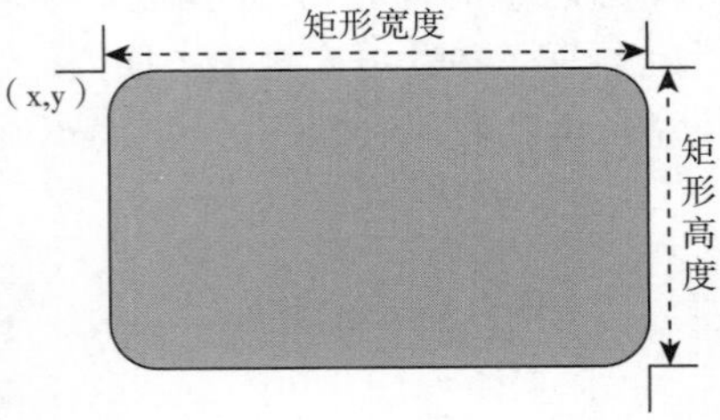

图 13-4

【范例程序：CH13_04】

```
01    /* 程序: CH13_04 Graphics 相关方法应用 */
02    // 实现画矩形 drawRoundRect    */
03
04    import java.awt.*;
05    import java.awt.Graphics;
06    public class CH13_04 extends Frame{
07       private static final long serialVersionUID=1L;
08       static CH13_04 f=new CH13_04();
09       public static void main(String args[]){
10          f.setTitle("画矩形 DrawRoundRect");
11          f.setSize(500,300);
12          f.setVisible(true);
13       }
14       public void paint(Graphics g){
15          g.fillRoundRect(30,45,60,45,10,10);
16          g.drawRoundRect(100,45,60,45,20,20);
17          g.fillRoundRect(30,120,60,60,20,20);
18          g.drawRoundRect(100,120,60,60,20,20);
19
20       }
21    }
```

【程序运行结果】

程序运行结果如图 13-5 所示。

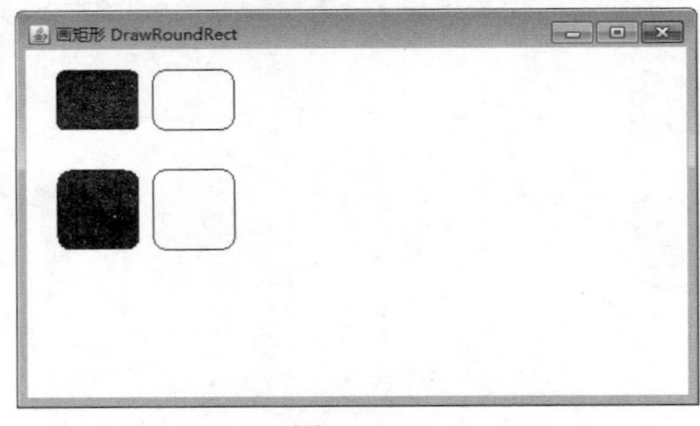


图 13-5

【程序解析】

① 第 15~18 行：画正常的矩形和画圆角矩形，方法都是一样的。不同的是，画圆角矩形时多

了两个参数，这两个参数代表的意义是圆角的距离。

② 第17行：程序代码 g.fillRoundRect（30,120,60,60,20,20）中后面两个数值代表的是矩形的角的弧度。

## 13-1-4 画圆和椭圆

Graphics 类中椭圆的绘制方法由 drawOval( ) 完成。

drawOval( ) 语法：

```
① void drawOval(int x, int y, int w, int h)
② void fillOval(int x, int y, int w, int h)
```

语法中的（x, y）是指开始绘制的起点，w 是椭圆的宽度，h 是椭圆的长度。fillOval( ) 可以指定颜色，填充椭圆。如果想要画圆，则可以将 w 和 h 的值设为相同。

【范例程序：CH13_05】

```
01    /* 程序: CH13_05 Graphics 相关方法应用 */
02    // 实现画椭圆 drawOval */
03
04    import java.awt.*;
05    import java.awt.Graphics;
06    public class CH13_05 extends Frame{
07       private static final long serialVersionUID=1L;
08       static CH13_05 f=new CH13_05();
09       public static void main(String args[]){
10          f.setTitle(" 画椭圆形 DrawOval");
11          f.setSize(500,300);
12          f.setVisible(true);
13       }
14       public void paint(Graphics g){
15          g.fillOval(30,45,60,45);
16          g.drawOval(100,45,60,45);
17          g.fillOval(30,120,60,60);
18          g.drawOval(100,120,60,60);
19       }
20    }
```

【程序运行结果】

程序运行结果如图 13-6 所示。

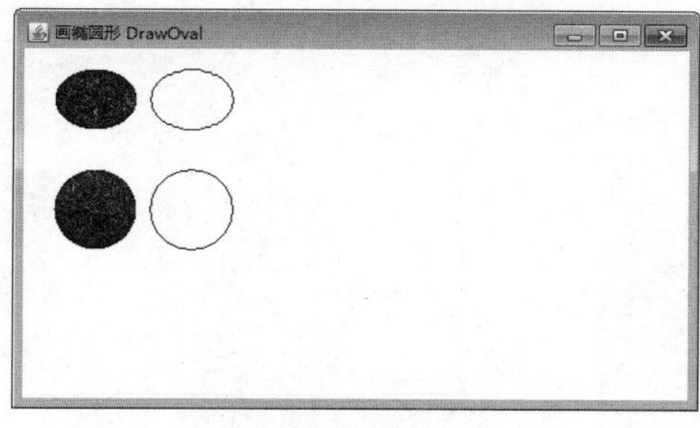


图 13-6

【程序解析】

第15~18行：分别画出椭圆及圆的无填充及填充的情形。关于填充的颜色设定，默认值是黑色。绘图语法中参数 w 和 h 代表的是长度和宽度，w 等于 h，为圆；w 和 h 不相等，为椭圆。

## 13-1-5　窗口颜色

Java 中对于颜色的管理由 Color 类负责。AWT 颜色管理系统可以指定用户的想要自行设定的颜色。Color 类能够设定窗口的前景色和背景色、图形颜色和文字颜色。

Color 类的构造函数和方法如表 13-4 所示。

表　13-4

| Color 构造函数 | 意　义 |
|---|---|
| Color(int red, int green, int blue) | 颜色是由红（red）、绿（green）和蓝（blue）依比例调配的颜色。而参数的设定数值是 0~255 之间的整数（int） |
| Color(float red, float green, float blue) | 颜色同样是由红（red）、绿（green）和蓝（blue）依比例调配的颜色。但参数的设定数值是 0~1 之间的浮点数（float） |
| Color(int rgb) | 由红（red）、绿（green）和蓝（blue）组合一个整数来代表颜色。红（red）的范围是 16~23bit、绿（green）的范围是 8~15bit、蓝（blue）的范围是 0~7bit |
| **Color　方　法** | **意　义** |
| Color brighter( ) | 取得比当前的颜色亮的颜色 |
| Color darker( ) | 取得比当前的颜色暗的颜色 |
| setForeground(Color 颜色对象 ) | 设定窗口的前景色 |
| setBackground(Color 颜色对象 ) | 设定窗口的背景色 |
| setColor( Color 颜色对象 ) | 设定输出颜色 |
| int getRed( ) | 取得所设定的红色数值 |
| int getGreen( ) | 取得所设定的绿色数值 |
| int getBlue( ) | 取得所设定的蓝色数值 |

颜色设定常量如表 13-5 所示。

表　13-5

| 常　量 | 意　义 | 常　量 | 意　义 | 常　量 | 意　义 |
|---|---|---|---|---|---|
| Color.black | 黑色 | Color.green | 绿色 | Color.pink | 粉红色 |
| Color.blue | 蓝色 | Color.lightGray | 浅绿色 | Color.red | 红色 |
| Color.cyan | 青色 | Color.magenta | 紫色 | Color.white | 白色 |
| Color.darkGray | 深灰色 | Color.orange | 橘色 | Color.yellow | 黄色 |
| Color.gray | 灰色 | | | | |

【范例程序：CH13_06】

```
01    /* 程序: CH13_06 Graphics 相关方法应用 */
02    // 实现画线 drawOval */
03
04    import java.awt.*;
05    import java.awt.Graphics;
06    public class CH13_06 extends Frame{
07       private static final long serialVersionUID=1L;
08       static CH13_06 f=new CH13_06();
09       public static void main(String args[]){
10          f.setTitle(" 颜色展示 ");
11          f.setSize(500,300);
12          f.setVisible(true);
13       }
14       public void paint(Graphics g){
```

```
15          g.setColor(Color.green);    //利用颜色常量设定颜色
16          g.drawRect(30,45,60,45);
17          g.fillRect(100,45,60,45);
18          g.setColor(Color.orange);
19       g.drawRect(180,45,60,45);
20          g.fillRect(260,45,60,45);
21          Color c1=new Color(23,47,199);     //利用数值常量设定颜色
22          Color c2=new Color(33,199,210);
23          g.setColor(c1);
24       g.drawRect(30,145,60,45);
25          g.fillRect(100,145,60,45);
26          g.setColor(c2);
27       g.drawRect(180,145,60,45);
28          g.fillRect(260,145,60,45);
29
30
31       }
32    }
```

【程序运行结果】

程序运行结果如图 13-7 所示。

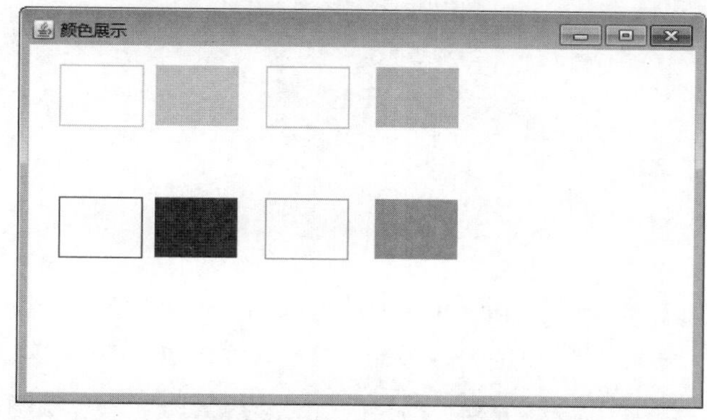


图　13-7

【程序解析】

显示结果的部分，上层是利用颜色常量设定颜色、下层是利用数值常量设定颜色。本书的数值给定是随机给的，读者在自行练习时可以尝试看看不同的数值呈现的是什么颜色。

## 13-1-6　图像重新绘制

在上面范例中，如果单纯使用 getGraphics( ) 方法来获得绘图对象，并直接在程序中调用各种方法进行图形绘制工作，有时产生图形被覆盖的情形。这是因为程序中绘图语句仅会被运行一次，当有任何其他窗口遮挡住该图形所属的窗口组件时，两窗口重叠部分的图形内容就会被覆盖。此时可以利用覆写（override）java.awt 套件中的 Component 类成员方法 paint( )，将程序中的图形绘制语句放在其中；这样，后续每当该窗口处于焦点（highlighted）状态时，会自动调用 repaint( ) 方法，从而在第一时间调用 paint( ) 方法的语句，再一次运行图形的绘制工作。

【范例程序：CH13_07】

```
01    /* 程序: CH13_07 paint() 与 repaint() 方法应用 */
02    //加载相关套件
```

```
03    import java.awt.*;
04    import java.awt.event.*;
05    public class CH13_07 extends Frame{
06       private static final long serialVersionUID=1L;
07       private static Image myImg;
08       //类构造函数
09       public CH13_07(){
10          //设定 AWT 窗口属性
11          setTitle("paint() 与 repaint() 方法应用 ");
12          setSize(300, 300);
13          setVisible(true);
14          //设定关闭窗口动作
15          addWindowListener(new WindowAdapter(){
16             public void windowClosing(WindowEvent e){
17                System.exit(0);}});
18          //加载图像文件
19          myImg=Toolkit.getDefaultToolkit().getImage("test.jpg");
20       }
21       //覆写 paint() 类
22       public void paint(Graphics g){
23          g.drawImage(myImg, 10, 30, 150, 150,this);
24       }
25       public static void main(String args[]){
26          CH13_07 myFrm=new CH13_07();
27          myFrm.setVisible(true);
28          //调用 repaint() 方法
29          myFrm.repaint();
30       }
31    }
```

【程序运行结果】

如果有窗口覆盖住以 repaint( ) 与 paint( ) 方法绘制的图形，如图 13-8 所示。则当该图形所属的窗口重新获得焦点时，会自动调用 repaint() 方法，重新运行 paint() 语句，如图 13-9 所示。

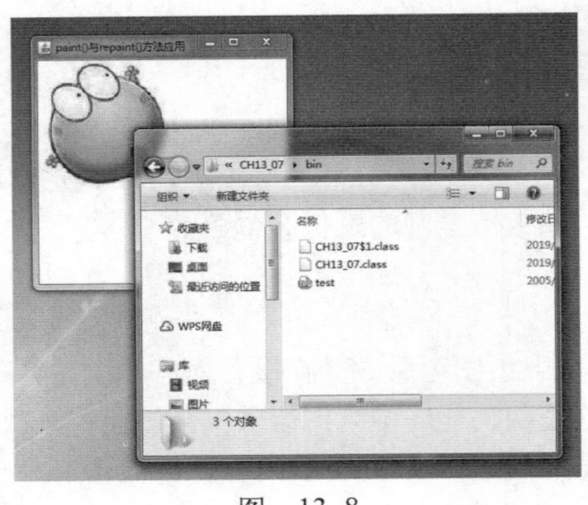

图　13-8

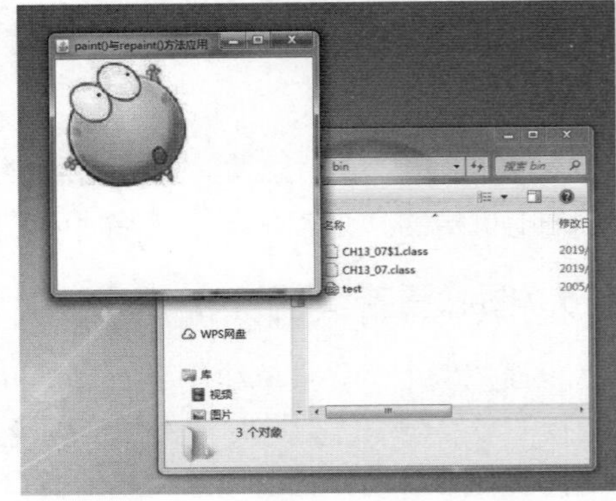

图　13-9

【程序解析】

① 第 19 行：通过 getImage( ) 方法导入目标图像文件，实现用以输出的 Image 对象。

② 第 22~24 行：覆写 paint( ) 方法，将图像对象的绘制语句包含在 paint( ) 方法中。

③ 第 29 行：利用窗口对象 myFrm 调用 repaint( ) 方法，运行 paint( ) 方法的语句。

# 13-2　动画处理与音效播放

如果认为通过上面所介绍的 Graphics 类绘制各种简单的文字、图形或图像文件太过呆板无趣而想加入动画效果，那么不妨直接利用线程（threads）或 timer 类（定时器）来实现多张图形的重复绘制工作。下面介绍通过 MediaTracker 类对象来进行动画的重复播放动作。

MediaTracker 位于 java.awt 套件中，属于一个工具类。它的主要功能在于汇整多个媒体文件，以进行内容状态的追踪工作。它的类构造函数如下所示：

```
MediaTracker (Component Comp)  // Component Comp: MediaTracker对象所附属的窗口组件
```

它也提供了多种成员方法，让用户对 MediaTracker 对象内的所有媒体文件进行检查、加入以及删除等管理工作。相关成员方法与说明如表 13-6 所示。

表　13-6

| 方法名称及语法格式 | 相 关 说 明 |
| --- | --- |
| addImage(Image img, int id, int width, int height) | 将指定 Image 对象加入 MediaTracker 中 |
| checkAll(boolean load) | 检查 Image 对象是否加载完毕 |
| checkID(int id, boolean load) | 检查目标 ID 编号的 Image 对象是否加载完毕 |
| getErrorAny( ) | 传回所有 Image 对象所可能产生的错误列表 |
| getErrorID(int id) | 传回目标 ID 编号 Image 对象所可能产生的错误 |
| isErrorAny( ) | 检查所有 Image 对象是否有任何错误发生 |
| isErrorID(int id) | 检查目标 ID 的 Image 对象是否有任何错误发生 |
| removeImage(Image img, int id, int w, int h) | 删除指定的 Image 对象自 MediaTracker 中删除 |
| statusAll(boolean load) | 传回所有内容 Image 状态的 OR 位运算结果 |
| statusID(int id, boolean load) | 传回指定 Image 对象状态的 OR 位运算结果 |
| waitForAll(long ms) | 开始加载 MediaTracker 内所有 Image 对象 |
| waitForID(int id, long ms) | 开始加载 MediaTracker 内指定 ID 的 Image 对象 |

当将所有 Image 对象利用 addImage( ) 方法加入 Tracker 对象后，必须先运行 wiatForAll( ) 或 waitForID( ) 方法将所有或指定 ID 的 Image 对象加载到 MediaTracker 中，接着再通过线程调用 repaint( ) 方法来运行 paint( ) 内容的所有图形绘制语句。下面利用两张 Java 吉祥物 Duke 娃娃的图像文件案来示范 MediaTracker 对象的使用。

【范例程序：CH13_08】

```
01    /*程序: CH13_08 动画播放*/
02     import java.awt.*;
03     import java.awt.event.*;
04     public class CH13_08 extends Frame implements Runnable{
05        private static final long serialVersionUID=1L;
06        //声明类成员数据
07        MediaTracker myTracker;
08        Image[] myImg=new Image[2];
09        int imgInx;
10        Thread myTh;
11        //类构造函数
12        public CH13_08(){
13           myTracker=new MediaTracker(this);
14           for (int i=0; i<myImg.length; i++){
15              myImg[i]=Toolkit.getDefaultToolkit().getImage("Nuke"+
```

```
16                  String.valueOf(i+1)+".png");
17              myTracker.addImage(myImg[i], 0);
18          }
19          //设定窗口属性
20          setTitle("播放动画效果");
21          setSize(200,150);
22          setVisible(true);
23          //实现线程对象并启动线程
24          myTh=new Thread(this);
25          myTh.start();
26      }
27      //覆写 run() 方法
28      public void run(){
29          //加载 Image 对象
30          try{
31              myTracker.waitForID(0);
32          }catch(InterruptedException e){
33              return;
34          }
35          Thread me=Thread.currentThread();
36          while(myTh==me){
37              try{
38                  Thread.sleep(200);
39              }catch(InterruptedException e){
40                  break;
41              }
42              //同步处理
43              synchronized(this){
44                  imgInx++;
45                  if(imgInx>=myImg.length){
46                      imgInx=0;
47                  }
48              }
49              repaint();
50          }
51      }
52      //覆写 paint() 方法
53      public void paint(Graphics g){
54          g.drawImage(myImg[imgInx], 60, 50, this);
55      }
56      public static void main(String args[]){
57          CH13_08 myFrm=new CH13_08();
58              //设定窗口关闭动作
59              myFrm.addWindowListener(new WindowAdapter(){
60                  public void windowClosing(WindowEvent e){ System.exit(0);}});
61      }
62  }
```

【程序运行结果】

程序运行结果如图 13-10 所示。

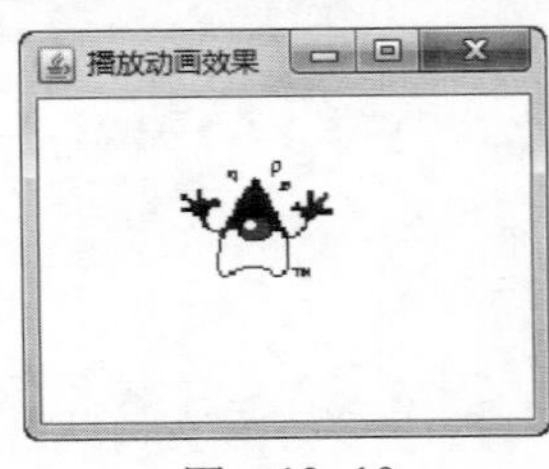


图 13-10

【程序解析】

① 第 14~18 行：利用 for 循环语句将目标图像文件案 Nuke1.png 与 Nuke2.png，加入 MediaTracker 对象中。

② 第 30~34 与 37~41 行：由于运行 waitForID( ) 及 sleep( ) 方法会产

生 Interrupted Exception 异常，所以必须声明对应 try 与 catch 区块来进行捕捉及处理动作。

③ 第 38 行：当两个线程同时运行时，myTh 对象暂停 200 ms。

## 13-3　本章进阶应用练习实例

本章探讨了 Java 中的绘图功能，接下来的进阶练习中，我们将整合 Java 的按钮功能及绘图功能，制作出单击不同按钮实现绘制不同的线条或图形功能的程序。

Java 的 Graphics 类中定义了简单 2D 图形的绘制方法，其中 draw( ) 方式可画出中空的线；而 fill( ) 方法可画出填充颜色的区域。下面就来设计一个 Java 绘图功能整合范例的窗口应用程序。

```
//绘图功能应用与范例实现
import java.awt.*;
import java.awt.event.*;
public class WORK13_01 extends Frame implements ActionListener
{
   private static final long serialVersionUID=1L;
   int kind;
   Button b1,b2,b3,b4,b5;
   public WORK13_01()
   {
      setTitle("绘画功能范例");
      //设定大小窗口
      setSize(450,220);
      setVisible(true);
      //设定设窗关闭按钮功能
      addWindowListener(new WindowAdapter()
      {
         public void windowClosing(WindowEvent e){
            System.exit(0);
         }
      }
   );
      //新建五个按钮
      b1=new Button("fillPolygon(多边形)");
   b2=new Button("fillOval(圆形)");
   b3=new Button("fillOval(椭圆形)");
   b4=new Button("fillRect(矩形)");
   add(b1);
   add(b2);
   add(b3);
   add(b4);
   //版面布局
   setLayout(new FlowLayout(FlowLayout.CENTER,10,10));
      //加入监听员
      b1.addActionListener(this);
      b2.addActionListener(this);
      b3.addActionListener(this);
      b4.addActionListener(this);
      }
      //接收和处理监听事件
      public void actionPerformed(ActionEvent e)
      {
         if(e.getSource()==b1)   //当鼠标单击 b1 按钮时
            kind=1;
```

```
            else if(e.getSource()==b2)
                kind=2;
            else if(e.getSource()==b3)
                kind=3;
            else if(e.getSource()==b4)
                kind=4;
        repaint();
    }
    public void paint (Graphics g)
    {  //根据鼠标单击的按钮判断要画的图形
        int xs[]={60,120,160,120,60,20};
        int ys[]={80,80,140,200,200,140};
            switch(kind){
                case 1:{g.setColor(Color.BLUE);
                        g.fillPolygon(xs,ys,6);
                                break;}
                case 2:{g.setColor(Color.YELLOW);
                        g.fillOval(60,80,120,120);
                                break;}
                case 3:{g.setColor(Color.RED);
                        g.fillOval(60,80,120,100);
                                break;}
                case 4:{g.setColor(Color.CYAN);
                        g.fillRect(60,80,140,120);
                                break;}
                }
        }
    //主程序部分
    public static void main(String args[])
    {
    WORK13_01 myfrm=new WORK13_01();
    myfrm.setVisible(true);
    }
}
```

【程序运行结果】

程序运行结果如图 13-11~ 图 13-14 所示。

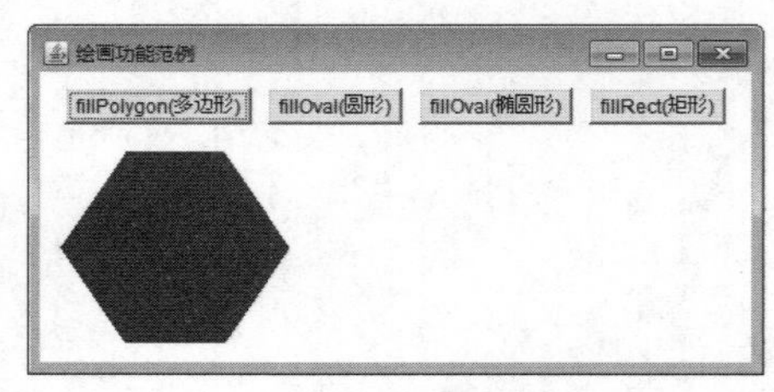


图 13-11

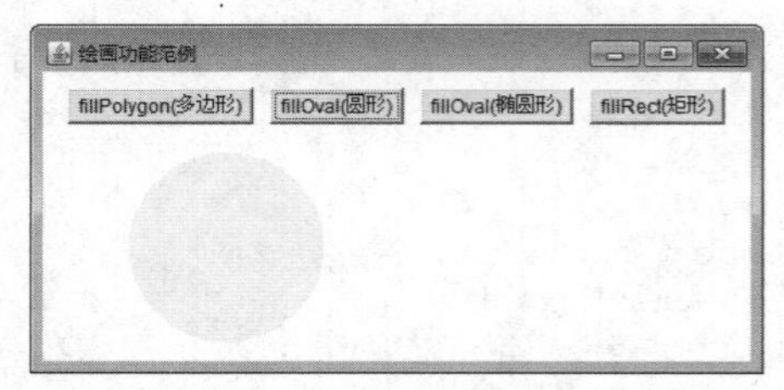


图 13-12

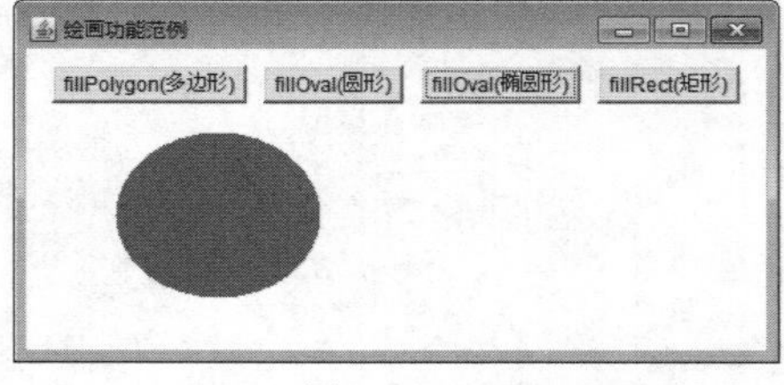


图 13-13

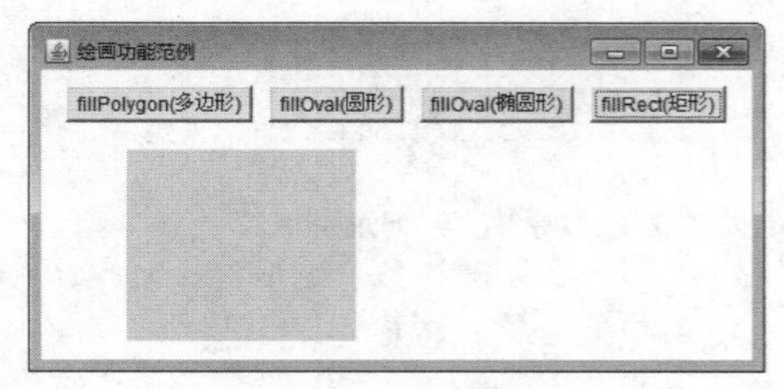


图 13-14

# 习题

### 1. 填空题

（1）________与________是Graphics提供的主要两种图形绘制方法。

（2）利用________方法可将Image对象加入MediaTracker中，并通过________方法来检查指定ID的Image对象是否加载完毕。

（3）所谓的________方法意指当窗口组件获得焦点时，即会自动调用paint( )方法内容，进行画面重新绘制动作。

（4）________方法可用来设定Graphics绘图对象的使用颜色，而________方法则为设定它的图形字体。

（5）图形绘制时所使用的坐标值系统，是以窗口________为原点（0,0），________及________作坐标轴X、Y的递加运算。

（6）java.awt套件中的________类负责Java内部的基本图形绘制工作。

（7）Graphics类中________相关名称方法可描绘内容中空的图形外框轮廓。

（8）________不同于draw方法，并不会描绘图形的外框轮廓，而是利用指定的前景颜色（利用setColor( )方法）来填充由坐标区域所构成图形的内容。

（9）想加入动画效果的话，不妨直接利用________或________来实现多张图形的重复绘制工作。

（10）________类主要的功能在于汇整多个媒体文件，以进行内容状态的追踪工作。

（11）java.applet套件中所包含的________接口可用来实现音效资源的播放动作。

（12）AudioClip的音效资源播放仅支持________组件，无法在AWT或Swing窗口程序中运行。

### 2. 问答与实现题

（1）在进行图形的绘制工作之前，必须先取得相关的图形对象，并设定对象内部的各项属性。举出至少三种要设定的属性。

（2）说明AudioClip所支持的声音文件格式。

# 第 14 章 Java Applet

我们知道，Java 是适用于因特网上应用程序开发的程序语言，具有简单、面向对象、跨平台、安全、高效的特性，大大提高了网页的互动性。

如果要让 Java 的应用程序能够在 Web 网页上运行，必须将此应用程序编译成 Java Applet。由于 Applet 必须在浏览程序中运行，因此设计 Java Applet 不仅要编写 Java 应用程序，还需编写 HTML 文件。Java Applet 必须内嵌于 HTML 文件，再配合支持 Java 的浏览器来运行。也就是说，浏览器就是一种 Java 虚拟机，用来解释 Java 的字节码。

**学习目标**

- 了解 Java Applet 架构及相关概念。
- 掌握 Java Applet 程序开发方法。

**学习内容**

- Applet 基础概念。
- Applet 架构。
- Applet 类。
- Applet 的生命周期。
- Applet 标签。
- Applet 运行流程。
- Applets 方法论。

## 14-1 Applet 基础概念

其实，Java Applet 也是一个 Java 程序。与 Java 应用程序不同的是，这个程序遵循一些规范与限制，使得 Java 程序可以在 Java 兼容的浏览器中顺利运行。

### 14-1-1 Applet 架构

applet 继承自 Applet 类，Applet 类又包含在 java.applet 套件中。因此，在设计 Java Applet 时，需在程序第一行加入 import java.applet.Applet 或 import java.applet.*。Applet 类的继承关系如

图 14-1 所示。

Java 的所有的类都必须继承 java.lang.Object，而 Applet 无法单独运行，必须借助 AWT 窗口，因此 Applet 继承于 java.awt.Component 类；而所有的 Applet 应用程序都是 Applet 的派生类，因此必须在程序代码开头使用 import 方式导入 Applet 类。

之前的 Java 程序可以在命令提示字符下运行，但 Applet 程序则无法在此环境下运行，必须借助浏览器（Browser）或是 JDK 所提供的 Appletviewer 来运行 Applet 程序。如果选择在浏览器中运行，就涉及窗口环境的问题，也就是说需要加载 AWT（Abstract Windows Toolkit）。而 AWT 包含在 java.awt 套件中，因此设计 Java Applet 时，必须导入 import java.awt.*。

设计 Applet 程序，除了必须加载 import java.applet.Applet 及 import java.awt.* 外，还有三项重点需要说明：

①建立类时声明 extends Applet，表示继承 Applet 类。

②利用浏览器或是 Appletviewer 来运行 Applet 程序，不需要 main( ) 方法，也不需要使用 System.out.println( )。如果需要使用输出数据，可以使用 AWT 所提供的 drawString( ) 方法。

③ Applet 程序编译（Complier）完成后，必须在 HTML 文件中以开始 Applet 标签（<APPLET>）与结束 Applet 标签（</APPLET>）的区块内加入相关的 Applet 信息。

Applet 的程序架构如图 14-2 所示。

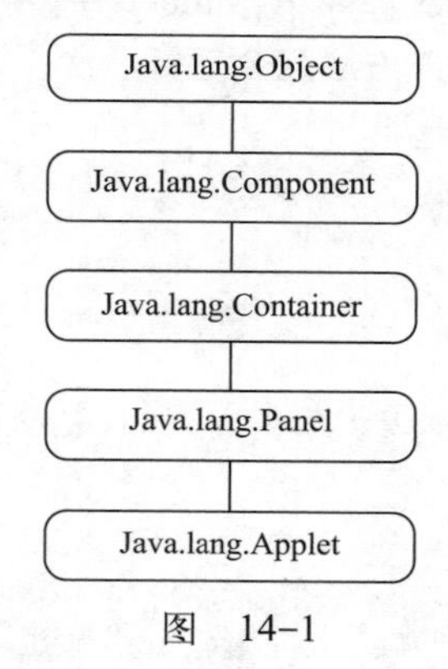


图 14-1

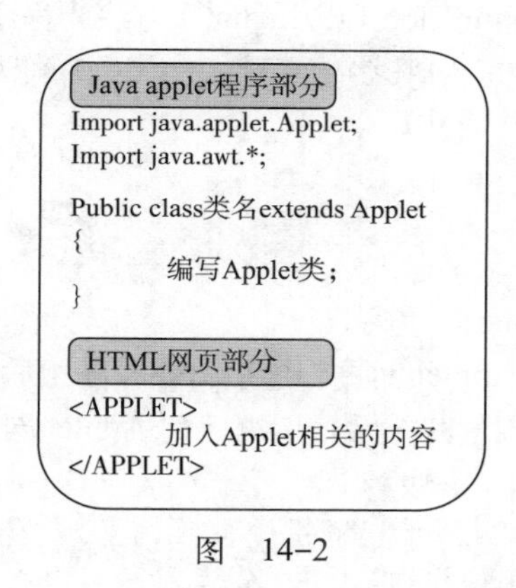


图 14-2

## 14-1-2 Applet 类

Applet 程序与 Applet 类有密不可分的关系。Applet 类中常用的方法如表 14-1 所示。

表 14-1

| 常 用 方 法 | 使 用 说 明 |
|---|---|
| void destroy ( ) | 在 Applet 结束时，浏览器会调用此方法。但如果要在 Applet 结束之前就运行资源清除的动作，则需使用覆写的方式 |
| AccessibleContext getAccessibleContext ( ) | 返回调用对象的可存取上下文（context） |
| AppletContext getAppletContext ( ) | 返回 Applet 的上下文（context） |
| String getAppletInfo ( ) | 以字符串的方式返回 Applet 的内容（context） |
| AudioClip getAudioClip(URL url) | 将声音返回至 AudioClip 对象，url 表示文件的路径 |
| AudioClip getAudioClip(URL url, String name) | 将声音返回至 AudioClip 对象，url 表示文件的路径，name 表示声音文件名 |
| URL getCodeBase ( ) | 返回 Applet 程序所在的 URL |
| URL getDocumentBase ( ) | 返回 Applet 程序所在的 HTML 的 URL |
| Image getImage(URL url) | 指定图像文件所在路径 |

续表

| 常 用 方 法 | 使 用 说 明 |
| --- | --- |
| Image getImage(URL url, String name) | 指定图像文件所在路径并命名 |
| Locale getLocale ( ) | 返回 Applet 程序相关的区域性信息 |
| String getParameter(String name) | 将参数返回，如果没有参数则返回 null |
| void resize(Dimension dim) | 依照 dim，重新设定 Applet 的大小 |
| void resize(int width, int height) | 依照指定长（width）和宽（height）重新设定 Applet 的大小 |

## 14-1-3　Applet 的生命周期

Applet 程序是以窗口为基础，具有一定的生命周期。Applet 程序开始运行时会调用的方法如下：

```
init() → start() → paint()
```

Applet 程序结束时，会调用的方法如下：

```
stop () → destroy()
```

（1）init( ) 方法

在 Application 中以 main( ) 方法为程序的进入点，而在 Applet 程序中，init( ) 方法是第一个被调用的方法。可将诸如变量初始化等操作放在 init( ) 方法中；init( ) 方法只会运行一次。语法如下：

【init( ) 语法】

```
public void init(){
    //加载图像、声音，建立和配置 GUI 组件
}
```

（2）start( ) 方法

加载 Applet 网页，或者 Applet 停止后要重新启动时会调用 start( ) 方法。例如，初次打开网页，或浏览器浏览其他网站后再回到 Applet 网页。语法如下：

【start( ) 语法】

```
public void start(){
    //开始运行 Applet
}
```

（3）stop( ) 方法

当 Web 浏览器离开目前所在的 applet 网页而去打开另一个网页时运行。语法如下：

【stop( ) 语法】

```
public void stop(){
    //停止 Applet 的运行
}
```

（4）destory( ) 方法

可通过 destory( ) 方法来清除 Applet 对象所占用的资源。语法如下：

【destory( ) 语法】

```
public void destory(){
    //运行清除动作
}
```

（5）paint( ) 方法

每当 Applet 必须重新输出时，就会调用 paint( )。在 paint( ) 方法中含有一个 Graphics 类型

的参数，此参数包含了 graphics context，而它提供了 Applet 程序运行时的绘图环境（Graphics Environment）。

Java 的绘图组件（Graphics Context）可在屏幕上制作图形，Graphics 对象可提供绘图方法、设定字体、选择颜色等功能。要显示 Applet 对象必须借助 GUI 组件调用 Graphics 类的对象 g，再运行 paint( ) 方法实现绘图。其语法如下：

【paint( ) 语法】

```
public void paint(Graphics g)
```

Graphics 对象是一个抽象类，也是绘制所有图形或字体的基类。运行 Applet 程序时，会自动调用 paint( ) 方法；若画面更改，可调用 repaint( ) 方法，它会先运行 update( ) 方法清除画面后再调用 paint( ) 方法。

（6）update( ) 方法

在某些情形下，运行 Applet 程序时，必须调用 update( ) 方法。例如，Applet 窗口有一部分需要重绘；使用 update( ) 方法时，是通过事先内定的背景颜色将 applet 窗口填满，然后再调用 paint( ) 方法。语法如下：

【update( ) 语法】

```
public void update(Graphics g){
    //重新显示窗口颜色
}
public void paint(Graphics g){
    update(g);    //重新显示背景颜色
}
```

（7）Applet 的显示方法

当要将字符串显示在 Applet 窗口中时，必须通过 Graphics 类所定义的 drawString( ) 方法，通常是在 update( ) 方法或 paint( ) 方法中调用此方法，语法如下：

【drawString( ) 语法】

```
void drawstring(String message, int x, int y);
```

这里 message 是以 x、y 坐标为起点来输出字符串。在 Java 窗口中，以左上角坐标(0,0)为原点。

（8）设定 Applet 的窗口颜色

如果要设定窗口颜色，使用的语法如下：

【Applet 的窗口颜色语法】

```
① void setForeground(Color newColor);    //设定前景颜色
② void setBackground(Color newColor);    //设定背景颜色
```

newColor 代表设定的颜色，如果要把窗口的背景颜色设定为蓝色时，如下所示：

【窗口背景颜色颜色语法】

```
setBackground(Color.blue);
```

## 14-1-4 Applet 标签

Applet 标签是在 HTML 文件中嵌入 Applet 程序的特定标签。Applet 标签的完整内容及格式说明如下：

【Applet 标签格式】

```
< APPLET
      CODE=" Applet 文件名 "
```

```
    WIDTH=" 宽度 "
    HEIGHT=" 高度 "
    [CODEBASE= 基本的 URL]
    [ALT= 交换文字 ]
    [ALIGN= 对齐属性 ]
    [VSPACE= 垂直图案 ]
    [HSPACE= 水平图案 ]
    [NAME= 实例名称 ]
>
[ < PAPRM NAME= 属性名称 1 VALUE= 属性值 > ]
[ < PAPRM NAME= 属性名称 2 VALUE= 属性值 > ]
< /APPLET >
```

上述格式中有些标签有中括号（[ ]），有些则没有，差异在于：使用中括号（[ ]）括起来的部分代表是“可选的”，其中的参数可以不用写。< APPLET >为起始标签，< /APPLET >为结束标签。各标签的功能说明如表 14-2 所示。

表 14-2

| 标签 | 功 能 说 明 |
|---|---|
| 必 要 部 分 | |
| CODE | 不可省略不写，Applet 类文件（.class）文件名，文件所在的目录就是 CODEBASE 所指定的 URL |
| WIDTH | Applet 显示的起始宽度 |
| HEIGHT | Applet 显示的起始高度 |
| 可以不用编写的部分 | |
| NAME | 指定 Applet 实例名称，提供其他 Applet 调用使用 |
| CODEBASE | 可选属性，提供 Applet 基本的 URL，也就是存放 Applet 程序代码的目录。如果省略不写，表示与 HTML 的 URL 相同 |
| ALT | 当浏览器无法运行 Applet 标签内的 Java 程序，就显示替换文字 |
| ALIGN | 指定 Applet 显示时对齐的方向，方式有 LEFT（靠左）、RIGHT（靠右）、TOP、NEXTTOP、MIDDLE（靠中间）、ABSMIDDLE（靠绝对中间）、BASELINE、BOTTOM（基线）、ABSBOTTOM |
| VSPACE | Applet 显示的周围高度间隔 |
| HSPACE | Applet 显示的周围宽度间隔 |
| PARAM NAME | 指定 Applet 的参数。可使用 getParameter ( ) 方式取得参数 |
| VALUE | 设定参数值 |

【举例说明】

```
< APPLET
    CODE=applet
    WIDTH=800
    HEIGHT=600
>
< /APPLET >
```

由上述例子可以简单地了解到文件名是 applet，显示宽度是 800 像素、显示高度是 600 像素。其中没有显示 CODEBASE 的信息，表示 applet 类的 URL 和 HTML 的 URL 相同。其他部分没有写出来，表示是可以不编写的部分。

### 14-1-5 Applet 运行流程

介绍完 Applet 标签，接下来介绍 Applet 运行流程。Applet 运行流程有点像生命周期，以 Applet

的起始标签< APPLET >表示 Applet 程序开始，< /APPLET >结束标签表示 Applet 程序终止。整个过程中，Applet 程序会自动调用一些方法，说明如下：

1. 开始 Applet 程序

① init( )：init( ) 是开始 Applet 程序时被调用的第一个程序，在运行期间只被调用一次。调用 init( ) 方法主要是用于处理单次性的动作，如起始变量、加载声音或图像、建立和配置 GUI 组件。init( ) 方法不需要返回值，所以语法显示是 void init( )。

② start( )：调用完 init( ) 方法之后，才调用 start( ) 方法；或是当调用 stop( ) 方法后，又再次启动程序，也必须调用 start( ) 方法。如果浏览其他网页后，又重返 Applet 程序，则需要调用 start( ) 方法。语法显示是 void start( )。

③ paint( )：当 Applet 程序的输出必须重绘时，就要调用 paint ( ) 方法。以下因素会使得需要调用 paint ( ) 方法：

- Applet 程序窗口重设大小时；
- Applet 程序开始运行时；
- Applet 程序窗口被遮盖住，然后再移开。

2. 终止 Applet 程序

① stop( )：当浏览器离开有包含 Applet 的 HTML 网页时，调用 stop( ) 方法。如果运行 stop( ) 方法时，applet 程序可能还在运行中，等重新返回该 Applet 程序时，可以在 start( ) 方法中启动所暂停的工作。语法显示是 void stop( )。

② destroy( )：用于完全删除 Applet，以便释放 Applet 占用的内存空间。语法显示是 void destroy ( )。

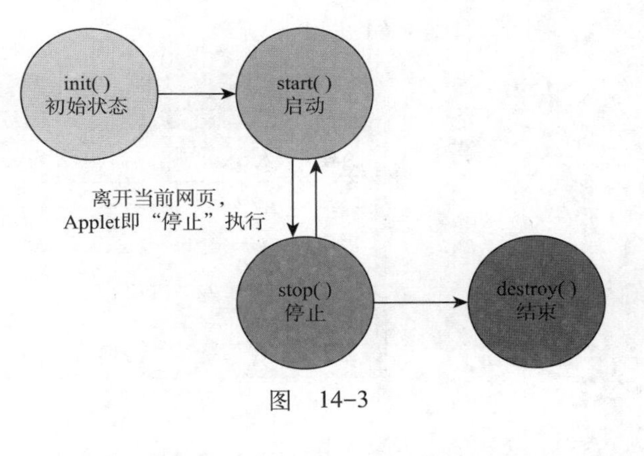

图　14-3

Applet 程序运行流程如图 14-3 所示。

【范例程序：CH14_01】

```
81    /* 程序: CH14_01.java
82    // 说明: 实现 Applet 运行流程 */
83
84    import java.applet.*;
85    import java.awt.*;
86    public class CH14_01 extends Applet{
87       private static final long serialVersionUID=1L;
88       String meg=" 启动 applet ";
89       public void init(){
90          meg+=" 运行 init() 方法 ";
91       }
92       public void start(){
93          meg+=" 运行 start() 方法 ";
94       }
95       public void paint(Graphics g){
96          meg+=" 运行 paint() 方法 ";
97          g.drawString(meg,50,30);
98       }
99    }
```

【范例程序：CH14_01.html】

```
<HTML>
<HEAD>
<TITLE>CH14_01.html</TITLE>
</HEAD>
<BODY>
<HR>
<CENTER>
<APPLET
   CODE="CH14_01.class"
   WIDTH=500
   HEIGHT=50
>
</APPLET>
</CENTER>
<HR>
</BODY>
</HTML>
```

【程序运行结果】

程序运行结果如图 14-4 所示。

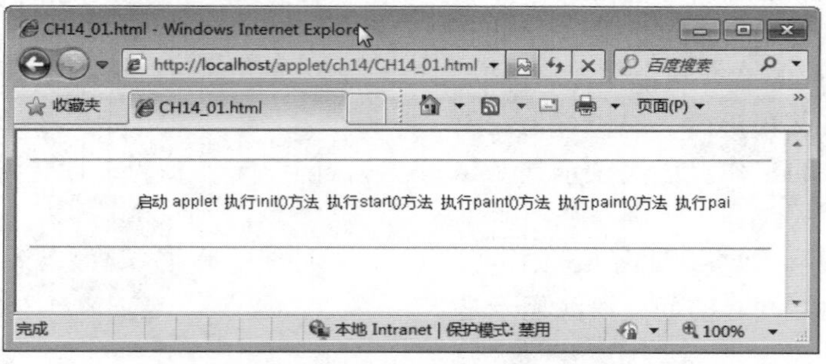


图　14-4

注意：在浏览器中运行 Applet 时，由于 Java SE 8 中已经取消中、低安全设置，这种状态下 Applet 是不能运行的，需要在“Java 控制面板”对话框中设置“还原安全提示”以启用中、低安全设置，如图 14-5 所示。

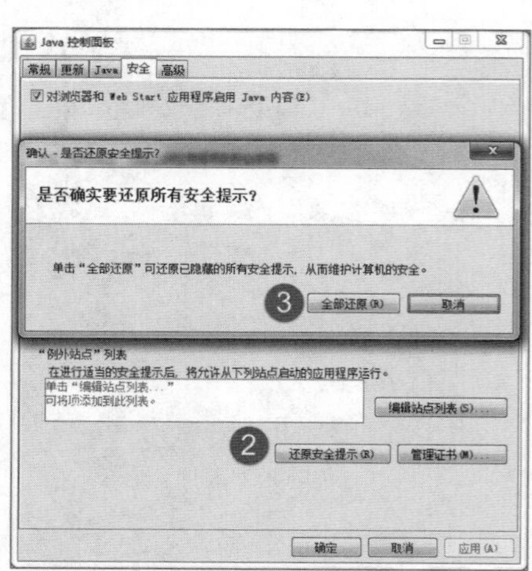


图　14-5

# 14-2　Applets 方法

Applet 类除了 init( )、start( )、stop( )、destroy( )、paint( ) 和 update( ) 外，还提供许多方法，例如，showStatus( )、getParameter( )、gerParameterInfo( )、getCodeBase( )、getDocumentBase( )、getAppletContext( )、showDocument( ) 等。本节将提出几个比较常用的方法加以描述，讨论使用情形。

## 14-2-1　showStatus( )——状态窗口

运行浏览器时，有时会发生错误，有时需要指引用户如何操作。基于这样的需求，在 Applet 设计上可以加入 showStatus( )，以显示调试信息。

【showStatus( ) 语法】

```
showStatus (String 字符串);
```

范例程序 CH14_02 将实现 showStatus( ) 方法。

【范例程序：CH14_02】

```
01    /* 程序: CH14_02.java
02    // 说明: 实现 showStatus() 方法 */
03
04    import java.applet.*;
05    import java.awt.*;
06    public class CH14_02 extends Applet{
07       private static final long serialVersionUID=1L;
08       String meg="窗口文字显示区域";
09       String status="错误状态消息显示";
10       public void init(){
11          setBackground(Color.yellow);
12          setForeground(Color.black);
13       }
14       public void paint(Graphics g){
15          g.drawString(meg,200,30);
16          showStatus(status);
17       }
18    }
```

【范例程序：CH14_02.html】

```
01    <HTML>
02    <HEAD>
03    <TITLE>CH14_02.html</TITLE>
04    </HEAD>
05    <BODY>
06    <HR>
07    <CENTER>
08    <APPLET
09       CODE="CH14_02.class"
10       WIDTH=500
11       HEIGHT=50
12    >
13    </APPLET>
14    </CENTER>
15    <HR>
16    </BODY>
17    </HTML>
```

【程序运行结果】

程序运行结果如图 14-6 所示。

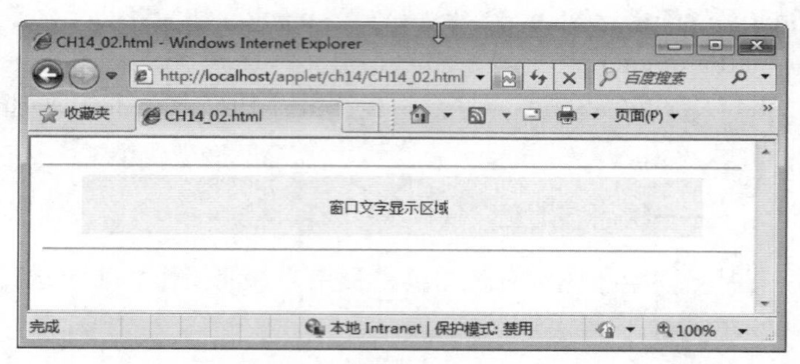


图 14-6

## 14-2-2 传递参数

getParameter( ) 可以取得 Applet 标签中 < PARAM >相对应的参数值。

【getParameter( ) 语法】

```
getParameter(String 参数名称);
```

getParameterInfo( ) 是取得 Applet 标签中 < PARAM >相符合的参数值。默认方式状态描述是空的，如果需要可以通过覆写（Override）的方法，取得相关参数名称、说明或类型。

【gerParameterInfo( ) 语法】

```
getParameterInfo();
```

【范例程序：CH14_03】

```
01   /* 程序: CH14_03.java
02   // 说明: 实现传递参数的方法 */
03
04   import java.applet.Applet;
05   import java.awt.*;
06
07   public class CH14_03 extends Applet{
08      private static final long serialVersionUID=1L;
09      String meg=" 显示位置 ";
10      int W,H;
11      public void start(){
12         String p;
13         p=getParameter("W");
14         try {
15            if(p!=null)
16               W=Integer.parseInt(p)/ 2 - 150;
17            else
18               W=10;
19         } catch(NumberFormatException e){
20            W=0;
21         }
22
23         p=getParameter("H");
24         try {
25            if(p!=null)
26               H=Integer.parseInt(p)/ 2;
```

```
27              else
28                 H=30;
29           } catch(NumberFormatException e){
30              H=0;
31           }
32        }
33        public void paint(Graphics g){
34           g.drawString(meg+"("+W+","+H+")",W,H);
35        }
36     }
```

【范例程序：CH14_03.html】

```
01     <HTML>
02     <HEAD>
03     <TITLE>CH14_03.html</TITLE>
04     </HEAD>
05     <BODY>
06     <HR>
07     <CENTER>
08     <APPLET
09        CODE="CH14_03.class"
10        WIDTH=600
11        HEIGHT=70
12     >
13     <PARAM NAME=Width VALUE=600>
14     <PARAM NAME=Highet VALUE=70>
15     </APPLET>
16     </CENTER>
17     <HR>
18     </BODY>
19     </HTML>
```

【程序运行结果】

程序运行结果如图 14-7 所示。

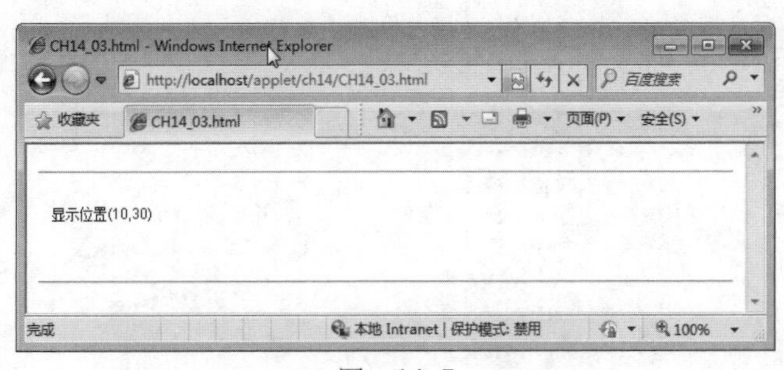


图　14-7

## 14-2-3　取得 URL 方法

本节将介绍如何在 Applet 程序中取得 URL 的相关信息，包含通信协议、主机名、连接埠等。Applet 类取得 URL 的方法，有两种：

① getCodeBase( )：取得包含 Applet 的类文件（.class）的文件路径。

【getCodeBase ( ) 语法】

```
getCodeBase ()
```

② getDocumentBase( )：取得包含 Applet 的文本文件（.html）的文件路径。

【getDocumentBase( ) 语法】

```
getDocumentBase ()
```

范例程序 CH14_04 将实现取得 URL 的方法。

【范例程序：CH14_04】

```
01    /* 程序: CH14_04.java
02    // 说明: 实现取得 URL 的方法 */
03    import java.applet.Applet;
04    import java.awt.*;
05    import java.net.*;
06    public class CH14_04 extends Applet
07    {
08       private static final long serialVersionUID=1L;
09       String codeBase="类文件 (.class) 的文件路径 :";
10       String docBase="文本文件 (.html) 的文件路径 :";
11       int W,H;
12       public void start(){
13          String p;
14          p=getParameter("W");
15          try {
16             if(p!=null)
17                W=Integer.parseInt(p)/ 2 - 150;
18             else
19                W=10;
20          } catch(NumberFormatException e){
21             W=0;
22          }
23          p=getParameter("H");
24          try {
25             if(p!=null)
26                H=Integer.parseInt(p)/ 2;
27             else
28                H=30;
29          } catch(NumberFormatException e){
30             H=0;
31          }
32       }
33       public void paint(Graphics g)
34       {
35          URL url1=getCodeBase();
36          codeBase+=url1.toString();
37          URL url2=getDocumentBase();
38          docBase+=url2.toString();
39          g.drawString(codeBase, W, (H-10));
40          g.drawString(docBase, W, (H+10));
41       }
42    }
```

【范例程序：CH14_04.html】

```
01    <HTML>
02    <HEAD>
03    <TITLE>CH14_04.html</TITLE>
04    </HEAD>
05    <BODY>
```

```
06     <HR>
07     <CENTER>
08     <APPLET
09        CODE="CH14_04.class"
10        WIDTH=800
11        HEIGHT=70
12     >
13     <PARAM NAME=Width VALUE=1000>
14     <PARAM NAME=Highet VALUE=70>
15     </APPLET>
16     </CENTER>
17     <HR>
18     </BODY>
19     </HTML>
```

【程序运行结果】

程序运行结果如图 14-8 所示。

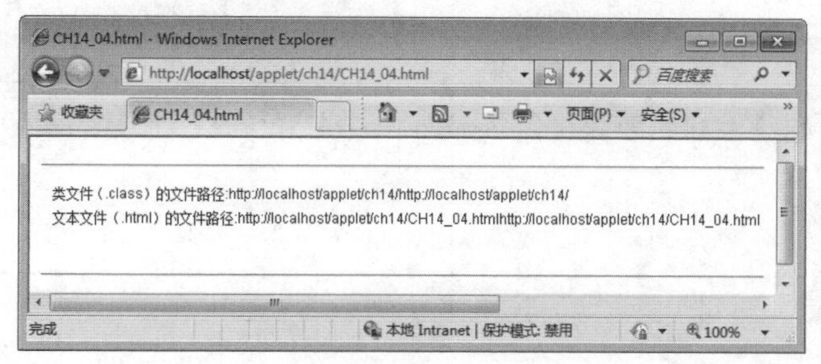


图 14-8

# 14-3 Applet 绘图

本节简单介绍 Applet 的绘图功能。

Applet 绘图的方法如表 14-3 所示。

表 14-3

| Applet 绘图的方法 | 方 法 说 明 |
|---|---|
| setBackground(Color 颜色 ) | 设定背景颜色 |
| setfForeground(Color 颜色 ) | 设定前景颜色 |
| drawString(String 字符串 , int x 坐标 , int y 坐标 ) | 在 Applet 中显示输入字符串 |
| drawImage(Image 图像 , int x 坐标 , int y 坐标 , ImageObsercer 对象 ) | 绘出图像 |
| drawLine(int x 起点 , int y 起点 , int x 终点 , int y 终点 ) | 绘出直线 |
| drawPolyLine(int x 坐标 [ ], int y 坐标 [ ], int 端点数 ) | 绘出条直线 |
| drawRect(int 上 , int 下 , int 左 , int 右 ) | 绘出空心的矩形 |
| fillRect(int 上 , int 下 , int 左 , int 右 ) | 绘出实心的矩形 |
| drawRoundRect(int 上 , int 下 , int 左 , int 右 , int x 角半径 , int y 角半径 ) | 绘出空心的圆角矩形 |
| fillRoundRect(int 上 , int 下 , int 左 , int 右 , int x 角半径 , int y 角半径 ) | 绘出实心的圆角矩形 |
| drawPolyLine(int x 坐标 [ ], int y 坐标 [ ], int 端点数 ) | 绘出空心的多边形 |
| fillPolyLine(int x 坐标 [ ], int y 坐标 [ ], int 端点数 ) | 绘出实心的多边形 |
| drawArc(int 上 , int 下 , int 左 , int 右 , int x 起始角度 , int y 移动角度 ) | 画弧 |

续表

| Applet 绘图的方法 | 方 法 说 明 |
| --- | --- |
| fillArc(int 上 , int 下 , int 左 , int 右 , int x 起始角度 , int y 移动角度 ) | 画扇形 |
| drawOval(int 上 , int 下 , int 左 , int 右 ) | 绘出空心的椭圆形 |
| fillOval(int 上 , int 下 , int 左 , int 右 ) | 绘出实心的椭圆形 |
| Draw3DRect(int 上 , int 下 , int 左 , int 右 ) | 绘出 3D 空心的矩形 |

Applet 颜色设定常量如表 14-4 所示。

表 14-4

| 常 量 | 颜 色 | 常 量 | 颜 色 | 常 量 | 颜 色 |
| --- | --- | --- | --- | --- | --- |
| Color.black | 黑色 | Color.green | 绿色 | Color.pink | 粉红色 |
| Color.blue | 蓝色 | Color.lightGray | 浅灰色 | Color.red | 红色 |
| Color.cyan | 青色 | Color.magenta | 紫色 | Color.while | 白色 |
| Color.darkGray | 深灰色 | Color.orange | 橘色 | Color.yellow | 黄色 |
| Color.gray | 灰色 | | | | |

通常在 Applet 开始绘图前，要先设定 Applet 的颜色和字体。常见的字体名称及字体样式：如表 14-5 所示。

表 14-5

| 字 体 名 称 | 字 体 样 式 |
| --- | --- |
| Dialog | Font.PLAIN 一般样式 |
| DialogInput | Font.BOLD 粗体字 |
| Monospaced | Font.ITALIC 斜体字 |
| Serif | |
| SansSerif | |
| Symbol | |

接下来的范例，我们就来实现 Applet 基本的绘图功能。

【范例程序：CH14_05】

```
/* 程序: CH14_05.java
// 说明: 实现基本的 Applet 绘图功能 */

import java.applet.*;
import java.awt.*;
//import java.net.*;
public class CH14_05 extends Applet
{
   private static final long serialVersionUID=1L;
   public void init(){
      setBackground(Color.lightGray);
      setForeground(Color.blue);
   }
   public void paint(Graphics g){
      g.drawRoundRect(30,40,90,100,0,0);
      g.drawRoundRect(140,40,80,90,50,50);
      g.drawOval(300,30,90,90);
      g.drawLine(480,30,480,120);
```

```
    }
}
```

【范例程序：CH14_05.html】

```
01    <HTML>
02    <HEAD>
03    <TITLE>CH14_05.html</TITLE>
04    </HEAD>
05    <BODY>
06    <HR>
07    <CENTER>
08    <APPLET
09       CODE="CH14_05.class"
10       WIDTH=800
11       HEIGHT=200
12    >
13    </APPLET>
14    </CENTER>
15    <HR>
16    </BODY>
17    </HTML>
```

【程序运行结果】

程序运行结果如图 14-9 所示。

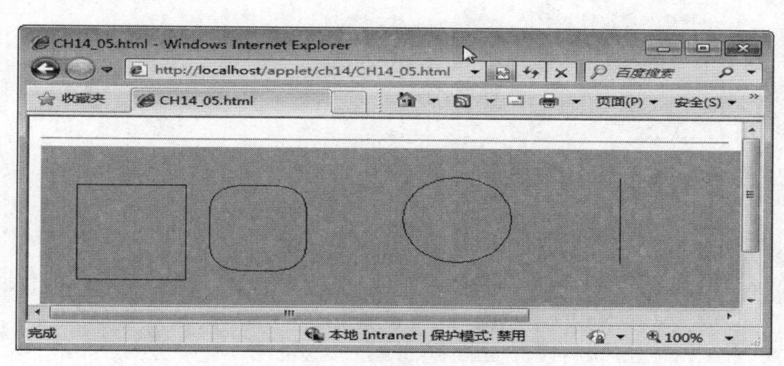


图　14-9

## 14-4　Applet 控件

Applet 控件可以增加 Applet 程序的互动性，例如允许用户从外部输入数据等。下面介绍三种基本的 Applet 控件：

文本框通常用于输入单行文字。

【文本框（Text）语法】

```
① TextField 文本框对象 =new TextField (int 字数)      // 建立文本框
② add (文本框对象)                                    // 将文本框对象加入 Applet
③ 文本框对象 .addActionListener (this)                // 将文本框对象加入 Listener
```

标签显示单行文字，作为标题或说明文字，标签不会产生事件。

【标签（Label）语法】

```
① Label 标签对象 =new Label (String 字符串)           // 建立标签
② add (标签对象)                                      // 将标签对象加入 Applet
```

按钮是基本的控制组件，鼠标单击按钮控件之后即运行的动作。

【按钮（Button）语法】

```
① Button 按钮对象 =new Button (int 字数)            // 建立按钮
② add (按钮对象)                                    // 将按钮对象加入 Applet
③ 按钮对象 .addActionListener (this)                // 将按钮对象加入 Listener
```

以下范例将示范基本 Applet 控件如何实现。

【范例程序：CH14_06】

```
01  /* 程序: CH14_06.java
02  // 说明: 实现基本的 Applet 控件 */
03
04  import java.applet.*;
05  import java.awt.*;
06  import java.awt.event.*;
07
08  public class CH14_06 extends Applet implements ActionListener{
09      private static final long serialVersionUID=1L;
10      Label L1,L2;
11      TextField t1,t2;
12      Button count;
13      public void init(){
14          L1=new Label("y=x+3, x=");
15          L2=new Label("y=");
16          t1=new TextField(20);
17          t2=new TextField(20);
18          count=new Button("进行计算");
19          add(L1);
20          add(t1);
21          add(L2);
22          add(t2);
23          add(count);
24          count.addActionListener(this);
25      }
26      public void actionPerformed(ActionEvent ae){
27          float f=Integer.parseInt(t1.getText());
28          f=f+3;
29          t2.setText(String.valueOf(f));
30      }
31  }
```

【范例程序：CH14_06.html】

```
01  <HTML>
02  <HEAD>
03  <TITLE>CH14_06.html</TITLE>
04  </HEAD>
05  <BODY>
06  <HR>
07  <CENTER>
08  <APPLET
09      CODE="CH14_06.class"
10      WIDTH=800
11      HEIGHT=50
12  >
```

```
13    </APPLET>
14    </CENTER>
15    <HR>
16    </BODY>
17    </HTML>
```

【程序运行结果】

程序运行结果如图 14–10 所示。

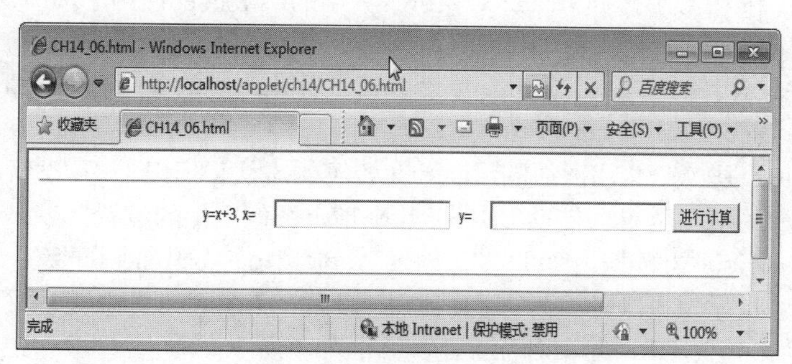


图 14–10

用户可以在文本框中输入想要运算的值。在 x 文本框输入 3，然后单击“进行计算”按钮，其结果会显示在 y 文本框，如图 14–11 所示。

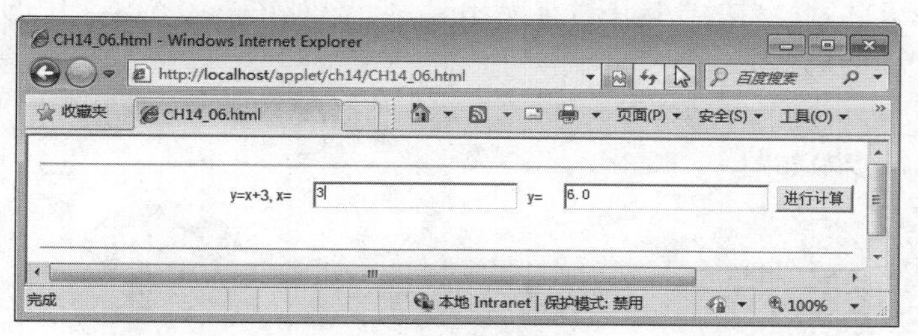


图 14–11

# 14–5 Applet 多媒体

网页除了可以和浏览者有互动性，也可以将图片、音乐和图像等多媒体元素加到网页上，让网页的表现方式更为活泼。接下来说明如何在 Applet 中加入图像（image）和音乐（music）。

## 14–5–1 图像（image）

在 Java 中，可以直接加载图像文件并在 Applet 中显示，其所支持的图像文件格式有两种：JPEG 文件和 GIF 文件。加载图像文件时需要指定文件的位置和文件名。这里的位置指的并不是图像文件在哪一个磁盘驱动器的目录上，而是图像文件的 URL 指向位置。这样的好处是不但能使用本地磁盘上的文件，也能利用 URL 去取得网络上的资源。

1. 使用 getImage( ) 方法

若要在 Java 程序中取得图像文件，必须通过 getImage( ) 方法。java.applet.Applet 类和 java.awt.Toolkit 类都包含了 getImage( ) 方法。如果是编写 Application 程序，只能引用 java.awt.Toolkit 类；若是 Applet 程序则两个类的方法都可以使用。

Applet 类的 getImage( ) 方法相关语法如表 14-6 所示。

表 14-6

| 方 法 | 说 明 |
|---|---|
| Image getImage(URL, url) | 将取得的 Image 对象以 paint 方法在屏幕上显示 |
| Image getImage(URL, url, String name) | 将取得的 Image 对象以 paint 方法在屏幕上显示 |

在上述方法中，除了必须传回 Image 对象外，其中的参数值都使用了 URL 类，基本用法参考下列说明：

① Image 类：表示引用了 java.awt.Image 类，通过 Image 类的参考值可取得图形的相关数据，因此在程序代码中，必须导入 java.awt 类。

② URL 类：URL 是 WWW 用来提示 Internet 资源的方法，所以 URL 类所产生的对象，通常也指向一个网络资源的所在位置，借助 URL 参数来指定图像文件的位置。

在网络上，有时会因为数据文件的移动导致 Applet 程序代码面临重写。如果图像文件的取得是以 URL 参数来指定其相对位置，就会比较方便。在 Applet 类中提供了 getCodeBase( ) 和 getDocument( ) 方法来指向 URL 的相对位置。其语法如下所示：

```
URL getCodeBase();    //Applet 程序所在的位置
url getDocument();    // 网页文件所在的位置
```

2. 显示图片

将图像文件加载之后，当然要把图片显示出来。可以利用 Grahpics 类中的 drawImage( ) 方法来显示图片，语法如下所示：

```
g.drawImage(image, x, y, this);
```

图像加载的运行步骤如图 14-12 所示。

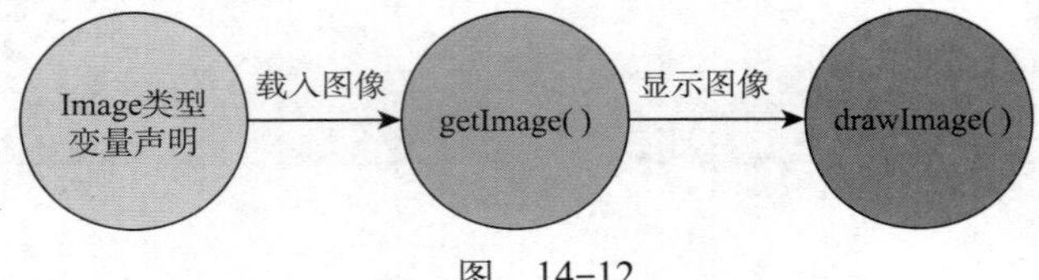


图 14-12

【范例程序：CH14_07】

```
01    /* 程序: CH14_07.java
02    // 说明: 实现加载图像 */
03
04    import java.applet.*;
05    import java.awt.*;
06    public class CH14_07 extends Applet{
07       private static final long serialVersionUID=1L;
08       Image pic;
09       public void init(){
10          pic=getImage(getCodeBase(),"大悲咒_ok.jpg");     // 图像加载
11       }
12       public void paint(Graphics g){
13          g.drawImage(pic,20,20,this);                     // 图像绘至 Applet 上
14       }
15    }
```

【范例程序：CH14_07.html】

```
01    <HTML>
```

```
02    <HEAD>
03    <TITLE>CH14_07.html</TITLE>
04    </HEAD>
05    <BODY>
06    <HR>
07    <CENTER>
08    <APPLET
09       CODE="CH14_07.class"
10       WIDTH=800
11       HEIGHT=600
12    >
13    </APPLET>
14    </CENTER>
15    <HR>
16    </BODY>
17    </HTML>
```

【程序运行结果】

程序运行结果如图 14-13 所示。

图　14-13

## 14-5-2　音乐（music）

网页除了有图像，还可以加入声音。接下来将说明如何在 Applet 中加入声音。要在 Applet 中播放声音，需载入 java.applet 套件中的 AudioClip 接口。AudioClip 接口的方法（method）如表 14-7 所示。

表　14-7

| AudioClip 接口的方法 | 方 法 说 明 |
| --- | --- |
| void play( ) | 开始播放音乐文件 |
| void stop( ) | 结束播放音乐文件 |
| void loop( ) | 重复播放音乐文件 |

【AudioClip 接口的方法】

至于音乐文件是何种类型的音乐，Java 目前已经有相当完整的支持，如 .wav、.midi 等都可以运行。

【AudioClip 接口语法】

```
getAudioClip(URL url, String name)
```

URL 是指音乐文件的文件路径，name 是指音乐文件的文件名。范例程序 CH14_08 将实现

AudioClip 接口。

【范例程序：CH14_08】

```
01    /* 程序: CH14_08.java
02    // 说明: 实现 audioClip 界面 */
03
04    import java.applet.*;
05    public class CH14_08 extends Applet{
06          private static final long serialVersionUID=1L;
07       AudioClip AC;
08       public void init(){
09          AC=getAudioClip(getCodeBase(),"music1.wav");
10          AC.loop();
11       }
12       public void destory(){
13          AC.stop();
14       }
15    }
```

【范例程序：ch14_08.html】

```
01    <HTML>
02    <HEAD>
03    <TITLE>CH14_08.html</TITLE>
04    </HEAD>
05    <BODY>
06    <HR>
07    <CENTER>
08    <APPLET
09       CODE="CH14_08.class"
10       WIDTH=100
11       HEIGHT=60
12    >
13    </APPLET>
14    </CENTER>
15    <HR>
16    </BODY>
17    </HTML>
```

值得一提的是，AudioClip 还具有混音功能，也就是可以同时播放两个音乐，读者可以自行尝试。

## 14-6　Applet 程序中加入线程

在 Applet 程序中可加入线程（thread）来处理不同的任务，利用分工合作的概念，让不同的线程处理不同的工作。

【运行方式】

①以 Applet 类实现一个 Runnable 接口。

②当 Applet 对象产生后，可利用 Applet 对象的 start( ) 方法来产生一个新的线程来工作。

③在 stop( ) 方法加入结束线程的程序代码。

④在 run( ) 方法中分派另一个线程。

【范例程序：CH14_09】

```
01    /* 程序: CH14_09.java
```

```
02    //说明：实现加入线程 */
03
04    import java.awt.*;
05    import java.applet.*;
06
07    public class CH14_09 extends Applet implements Runnable{
08       private static final long serialVersionUID=1L;
09    String msg="The java testing....";
10       Thread move=null;
11       //int state;
12       boolean flagF;
13
14       //设定背景和前景
15       public void init(){
16          setBackground(Color.white);
17          setForeground(Color.blue);
18       }
19
20       //启动线程
21       public void start(){
22          move=new Thread(this);
23          flagF=false;
24          move.start();
25       }
26
27       //利用线程让文字可以滚动
28       public void run(){
29          char txt;
30          for(;;){
31             try{
32                repaint();
33                Thread.sleep(250);
34                txt=msg.charAt(0);
35                msg=msg.substring(1, msg.length());
36                msg+=txt;
37                if(flagF)
38                   break;
39             }
40             catch(InterruptedException ie){}
41          }
42       }
43       //暂停文字的滚动
44       public void stop(){
45          flagF=true;
46          move=null;
47       }
48       //重新显示文字
49       public void paint(Graphics g){
50          g.drawString(msg, 50, 30);
51       }
52    }
```

【范例程序：ch14_09.html】

```
01    <HTML>
```

```
02    <HEAD>
03       <TITLE>This is Applet Testing</TITLE>
04    </HEAD>
05    <BODY>
06       <Applet code="CH14_09.class" Width=250 Height=150>
07
08       </Applet>
09    </BODY>
10    </HTML>
```

【程序运行结果】

程序运行结果如图 14–14 所示。

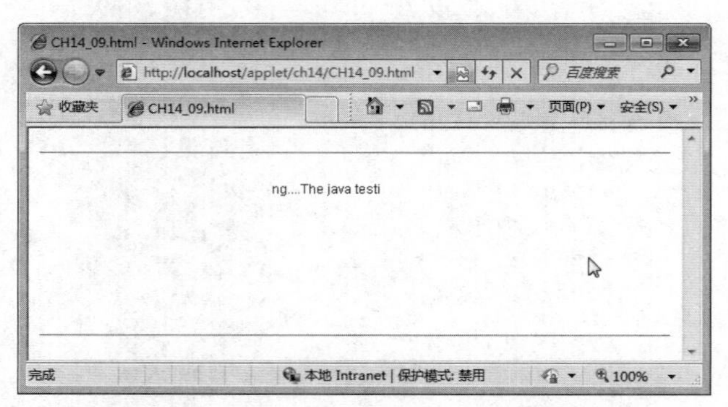


图　14–14

【程序解析】

①第 12 行：设定一个标志来判别文字是否有在滚动，若为 true 则暂停滚动。

②第 28~42 行：建立一个 run( ) 方法，以 for 的无穷循环来运行，让保存于 msg 的字符串会不停的向左移动，以 Thread 中的 sleep( ) 方法暂停 0.25 s，产生移动效果。

③第 44~47 行：建立一个 stop( ) 方法，以 flagF 来进行确认，如果为 true，则 run( ) 方法会结束，并清除 thread 对象。当 Applet 要重新显示时，必须调用 start( ) 方法，并重新产生一个线程来启动。

## 14–7　本章进阶应用练习实例

本章主要是讨论 Java Applet。Applet 是一种不能自我运行的小程序，必须先嵌入 HTML 网页中，再以 Appletviewer 或外挂（Plug–in）JVM 的浏览器来观看运行情形。Applet 的技术主要是从远程主机下载小型程序至本地端网页运行，这样的好处可以让本地端主机在浏览网页时除了获得网页信息外，还可以通过 Applet 建构的小型应用程序与远程主机进行数据通信。

```
01    //利用 Applet 图片菜单实现动画
02    import java.applet.Applet;
03    import java.awt.*;
04    public class WORK14_01 extends Applet{
05       private static final long serialVersionUID=1L;
06       Image image;
07       boolean xx,yy;
08       int x=50,y=50;
09       public void init(){
10          image=getImage(getCodeBase(),"bread.gif");
11       }
12       public void paint(Graphics g){
```

```
13          while(true){
14             if(xx && x>260)
15                xx=false;
16             if(!xx && x<0)
17                xx=true;
18             if(yy && y>230)
19                yy=false;
20             if(!yy && y<0)
21                yy=true;
22             if(xx)
23                x++;
24             else
25                x--;
26             if(yy)
27                y++;
28             else
29                y--;
30             g.drawImage(image,x,y,this);
31             try{Thread.sleep(10);}
32             catch(Exception e){}
33          }
34       }
35    }
```

WORK14_01.html

```
01    <html>
02       <title>Applet 与 HTML 参数设定 </title>
03          <body>
04             <applet
05                code=WORK14_01.class
06                name=WORK14_01_Applet
07                width=300
08                height=300
09                alt= 此浏览器没有支持 Java Applet
10             >
11             <param name="par" value="HTML 传递给 Applet 的参数 ">
12             </applet>
13          </body>
14    </html>
```

【程序运行结果】

程序运行结果如图 14-15 所示。

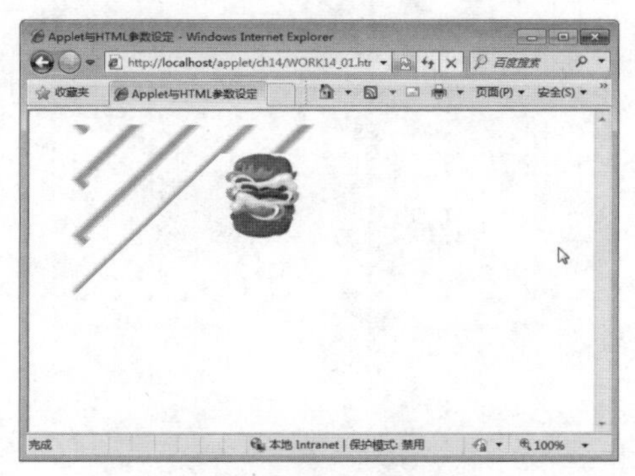

图 14-15

## 习题

1．填空题

（1）完成编译的 Applet 程序，运行时的指令为________。

（2）在 HTML 网页中，加入 <Applet> 标签中________属性，才能调用 Applet 的类文件。

（3）可以通过________方法来取得 Applet 程序中的参数。

（4）Applet 是继承________，因此设计 Java Applet 时需在程序第一行加入________或是________________。

（5）利用浏览器或是 Appletviewer 来运行 Applet 程序，不需要________方法。

2．问答与实现题

（1）Java 的 Application 与 Applet 二者有何不同？请列举三项来说明。

（2）说明 Applet 中 init( )、start( )、stop( )、paint( ) 的运行时机。

（3）说明 Applet 程序编写格式架构。

（4）说明 Applet 标签格式。

# 第 15 章 异常处理

异常（Exception）是指程序在运行过程中中断程序继续运行的错误信息。在程序设计过程中，从思考设计流程到开始编写程序代码，再到编译、运行，整个过程中难免会有因考虑不周全而产生的错误。有些过程所产生的错误是程序设计者在程序运行前就可以自行处理的，有些错误则是程序设计者无法预料并自行处理的部分，这时就必须由 Java “接手”来处理。Java 为此提供了异常处理机制。

本章将完整说明 Java 语言的异常机制，并介绍如何实现自定义异常类。

### 学习目标

- 理解 Java 异常处理机制及相关知识。
- 掌握 Java 异常处理方法。

### 学习内容

- 何谓异常处理。
- 异常处理的语法。
- 异常处理的运行流程。
- 使用 throws 抛出异常事件。
- 利用方法处理异常。
- 利用类处理异常。
- 异常结构介绍。
- 自定义异常处理的类。

## 15-1 异常处理简介

当程序运行时发生问题，使得程序被中断而无法正常运行，这种情形被称为异常。例如，程序语法错误、运算的错误（一个数值被零除）等。

下面是一些时常发生的错误情形：

①运行“打开文件”程序时，发现文件找不到或不存在。

②数学表达式中除式的除数为 0。

③存取数组时，指定的数组索引值超出数组大小范围或是索引值为负值。

④获取用户从键盘输入的数字字符串，并将其转成整数，但输入的并非数字字符串。

针对上述这些错误，Java 提供了相应的“异常处理”机制，用以弥补程序设计中的“不可避免的缺陷”。Java 的每个异常都是一个对象，由 Object 基类派生而来，可分为 Error 类与 Exception 类。

## 15-1-1 Error 类

Java 语言定义的 Error 是会产生严重错误的类。所谓严重错误，可能是指动态链接（dynamic linking）所发生的错误、系统内存不足或是除法运算的除数为零等。这些都是“不正常”的条件，所以 Java 的异常处理不会去捕捉（catch）这些 Error，而是在运行时就把 Error 直接抛出（throw）。

```
java.lang.Object
 └java.lang.Throwable
   └java.lang.Error
     └java.lang.ThreadDeath
```

图 15-1

Error 的继承关系如图 15-1 所示。

Throwable 为异常处理的基本类，派生出 Error 类处理严重错误。常用的 Error 派生类的意义如表 15-1 所示。

表 15-1

| Error 的派生类 | 说　明 |
|---|---|
| AWTError | 程序运行 AWT（抽象窗口工具）所使用的 Error 类 |
| LinkageError | 类间的连接或作用不当时所使用的 Error 类。例如类类型错误（ClassFormatError） |
| ThreadDeath | 程序运行时，发生不明状况引起错误时所使用的 Error 类。例如除法运算的除数为零 |
| VirtualMachineError | Java 虚拟机发生错误所使用的 Error 类。例如超出内存使用范围（OutOfMemoryError） |

Error 类的完整继承关系图如图 15-2 所示。

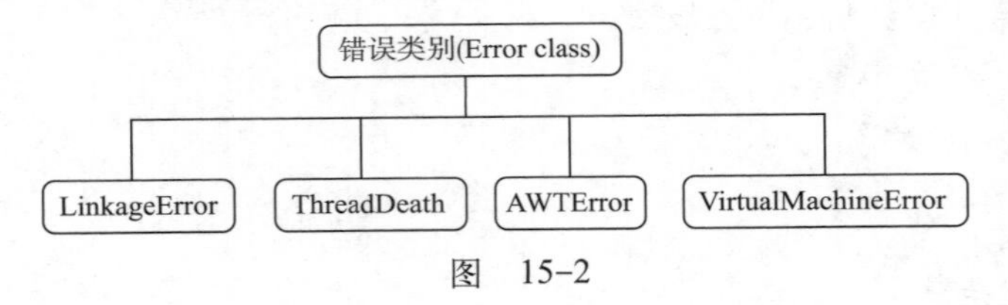


图 15-2

## 15-1-2 Exception 类

所谓 Exception，就是在程序运行过程中，发生异常时能马上处理的错误。例如，解释器（java.exe）解译 .class 文件，发现文件并不存在时，会调用异常类 ClassNotFoundException，告知用户文件不存在。

Exception 派生的错误类相当多，大部分程序抛出的错误对象都继承自 Exception 类。Object 的继承关系如图 15-3 所示。

```
java.lang.Object
 └java.lang.Throwable
   └java.lang.Exception
```

图 15-3

由于 Exception 的派生类相当多，读者若想了解更多的资料可以参考 Java 的说明文件，这里简单列出其派生类的说明，如表 15-2 所示。

表 15-2

| Exception 的派生类 | 说　明 |
|---|---|
| ClassNotFoundException | 当应用程序在加载 .class 文件而找不到时所使用的 Exception 类 |
| IllegalAccessException | 程序加载的 .class 的函数或相关数据有权限问题时，会产生此异常。例如，取得某字段的 char 数据类型发生问题时会使用此类的派生类 Field.getChar（Object）来取得异常 |

续表

| Exception 的派生类 | 说　明 |
|---|---|
| IOException | 程序输出入时发生异常错误时所使用的 Exception 类。例如，文件未关闭 |
| NoSuchFieldException | 当载入的 .class 文件中的数据成员或数据字段不存在时会使用此类 |
| NoSuchMethodException | 当载入的 .class 文件中的函数不存在时会使用此类 |
| RuntimeException | JVM 运行时所产生的异常错误而使用的 Exception 类。此类下面还有派生类，例如 NegativeArraySize Exception |

Exception 类的完整继承关系如图 15-4 所示。

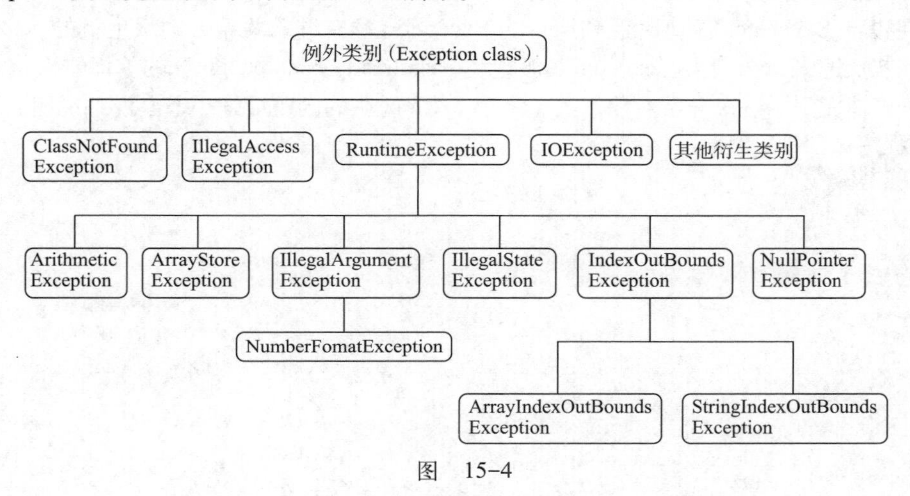


图　15-4

## 15-2　认识异常处理

Java 的异常处理采用 try...catch[...finally] 的格式：将可能会发生异常状况的程序代码放在 try 区块中，将异常状况的处理方式放于 catch 区块中，finally 区块则是必须运行的区块，但 finally 区块可以省略不用。下面介绍异常处理的语法使用。

### 15-2-1　异常处理的语法说明

异常处理机制使用 try...catch，下面介绍异常处理的声明语法：

【try...catch 语法格式】

```
try{
    //可能发生异常的程序代码
}
catch(异常类1 异常对象1){
    //处理异常事件的区块
}
catch(异常类2 异常对象2){
    //处理异常事件的区块
}
```

在上述语法中，catch 区块可以有很多个，以捕捉各种不同类型的异常事件。下面说明各区块的意义：

（1）try 区块

此区块为用来检查会发生异常的程序代码。我们把要进行异常处理检查的程序代码放于此区块，此区块会依序进行检查，若有异常状况发生，则会依据异常事件的类将此异常对象抛给相关的 catch 区块处理。由于会产生的异常状况不限一种，所以 catch 区块的设计相当重要。

（2）catch 区块

此区块用来捕捉从 try 区块抛过来的异常对象，并运行此区块中所设计的相关处理。catch 区块可以设计多个，每个区块负责捕捉一种异常对象，而要捕捉的异常对象是依据 catch 参数列中所使用的异常类，例如 EOFException 或 IOException 等。所以在设计 catch 区块时，必须考虑会发生的异常情形，选择适用的 Exception 类。

假如在设计多个 catch 区块时遇到选用的 Exception 类有继承关系，则派生类的 catch 区块必须在前面，若反过来，会产生“exception 派生类 has already been caught”的编译错误信息，因为基类已经率先捕捉到了这个异常对象。关于多个 catch 区块的问题后续小节会详细说明。

【范例程序：CH15_01】

```
01    /* 程序 :CH15_01.java
02     * 说明 : 异常处理的实现
03     **/
04    import java.io.*;
05
06    public class CH15_01{
07       public static void main(String[] args)throws IOException{
08          try{
09             int i;
10             BufferedReader buf;
11             buf=new BufferedReader(new InputStreamReader(System.in));
12
13             System.out.print(" 请输入整数 i : ");
14             i=Integer.parseInt(buf.readLine());// 将读取的数据转成 int 类型
15
16             System.out.println("i="+i);
17
18          }
19          // 异常处理的第一个 catch 区块
20          catch(NumberFormatException nfe){
21             System.out.println("catch NumberFormatException...");
22             System.out.println(nfe.toString());
// 输出 NumberFormatException 的信息
23
24          }
25          // 异常处理的第二个 catch 区块
26          catch(Exception e){
27             System.out.println("catch Exception...");
28             System.out.println(e.toString());// 输出 Exception 的信息
29
30          }
31       }
32    }
```

【程序运行结果】

①输入正确，如图 15-5 所示。

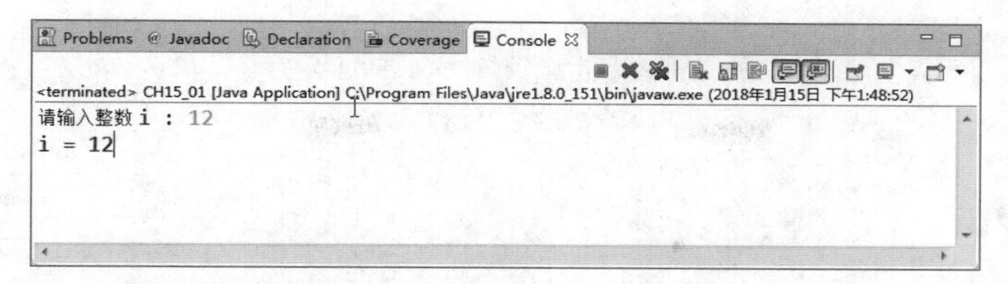


图　15-5

②输入不正确，如图 15-6 所示。

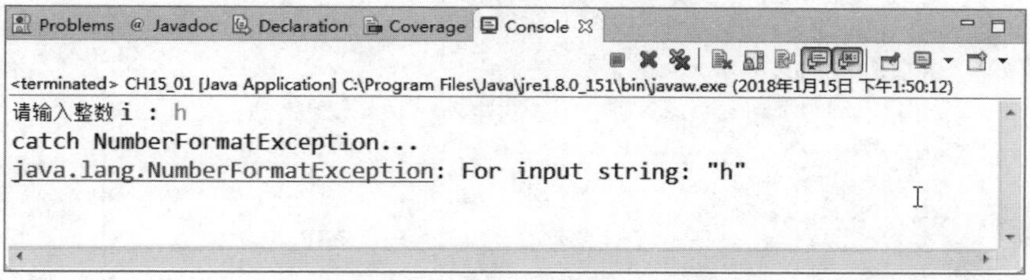

```
Problems @ Javadoc Declaration Coverage Console
<terminated> CH15_01 [Java Application] C:\Program Files\Java\jre1.8.0_151\bin\javaw.exe (2018年1月15日 下午1:50:12)
请输入整数 i : h
catch NumberFormatException...
java.lang.NumberFormatException: For input string: "h"
```

图　15-6

【程序解析】

①第 8~18 行：因为用户输入数据有可能会发生类型错误，所以在此设计 try 区块来预防异常状况。

②第 22 行：将 NumberFormatException 类的异常信息显示出来。

## 15-2-2　finally 的使用

在发生异常事件时，除了使用 try...catch 区块外，还可以加上 finally 区块。Java 语言定义 finally 区块为“一定会去运行”的区块。当发生异常事件时，try...catch 会被触发，不论 try 区块或 catch 区块有没有运行完毕（有可能再发生异常事件），finally 区块都一定会被运行。

通常，finally 区块都是用在一定要处理的情形下（如文件的关闭动作），这样即使在 try 区块中发生异常状况，或是 catch 区块没有捕捉到异常对象，都可以将补救措施放在这个区块以作最后处理。

下面为 finally 区块，只需将要运行的程序代码写于此处就可以了。

【finally 语法格式】

```
finally {
   //要运行的程序代码
}
```

上述 finally 区块与 catch 区块可以同时存在，也可以只有一个存在，但是不能两个都没有。因为当异常发生时，程序需要有一个以上的异常处理方式来处理异常事件。

下面将前一节例子加上 finally 区块，实现如下：

【范例程序：CH15_02】

```
01    /*程序:CH15_02.java
02     *说明:异常处理的实现
03     **/
04   import java.io.*;
05
```

```
06    public class CH15_02{
07        public static void main(String[] args)throws IOException{
08            try{
09                int i;
10                BufferedReader buf;
11                buf=new BufferedReader(new InputStreamReader(System.in));
12
13                System.out.print("请输入整数 i : ");
14                i=Integer.parseInt(buf.readLine());// 将读取的数据转换
成 int 类型
15
16                System.out.println("i="+i);
17            }
18            // 异常处理的第一个 catch 区块
19            catch(NumberFormatException nfe){
20                System.out.println("catch NumberFormatException...");
21                System.out.println(nfe.toString());
// 输出 NumberFormatException 的信息
22            }
23            // 异常处理的第二个 catch 区块
24            catch(Exception e){
25                System.out.println("catch Exception...");
26                System.out.println(e.toString());// 输出 Exception 的信息
27            }
28            // 最后必定会运行的区块
29            finally{
30                System.out.println("\n运行 finally 区块 ...");
31                System.out.println("程序运行结束 !!!");
32            }
33        }
34    }
```

【程序运行结果】

程序运行结果如图 15-7 所示。

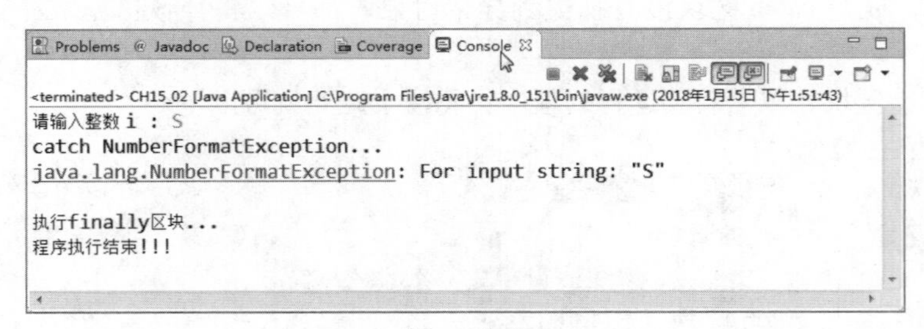


图 15-7

【程序解析】

第 29~32 行：finally 区块提示用户再行确认输入值。

### 15-2-3 异常处理的运行流程

程序在运行过程中，会调用程序员所设计的函数，当调用的函数发生异常事件时，Java 运行系统会寻找相对应的异常处理方法。

当函数被调用时，是采用堆栈的原理来进行，即当 main( ) 函数调用函数 A( )，函数 A( ) 又调用函数 B( )，而先被调用的函数会被存放于一个区块的下层，最后被调用的函数则会被存放于上层。当函数 B( ) 发生异常状况，则会将此异常对象丢回给函数 A( )，函数 A( ) 就会寻找对应的处理方法解决异常，也就是触发 catch 区块，运行完后再由 finally 区块来运行一定要处理的动作。

## 15-3 抛出异常功能

程序发生异常事件，除了在运行时触发外，也可由程序员使用 throw 及 throws 语句来触发。

### 15-3-1 使用 throw 抛出异常

使用 throw 语句能让程序强制抛出异常对象，以处理可能发生异常的情形，例如输入的月份大于 12 等。

在 Java 语言中，所有的异常类都使用 throw 抛出异常对象，而所丢出的对象必须继承自 Throwable 类（是 Throwable 的派生类），Error 及 Exception 类就是其中之一。

因为程序在运行中随时可能发生异常，而当异常发生时必须中断程序运行转而对这些异常进行处理，此时会使用 throw 语句将异常对象抛给对应情形的类。

【throw 的声明语法】

```
throw 异常实例对象 ;
```

上述异常实例对象必须是继承 Throwable 的对象。下面举例来实现 throw。

【范例程序：CH15_03】

```
01   /* 程序 CH15_03.java
02    * 说明 :throw 的实现
03    **/
04   import java.io.*;
05
06   public class CH15_03{
07      public static void main(String[] args)throws IOException{
08         try{
09            int month;
10            BufferedReader buf;
11            buf=new BufferedReader(new InputStreamReader(System.in));
12
13            System.out.print(" 请输入月份 : ");
14            month=Integer.parseInt(buf.readLine());
15
16            if(month<0 | month>12)
17               throw new ArithmeticException(" 没有这个月份喔 !!!");
18            System.out.println(" 您输入的月份为 ="+month+" 月份 ");
19
20         }
21
22         catch(ArithmeticException ae){
23            System.out.println("catch ArithmeticException...");
24            System.out.println(ae.toString());
25
26         }
27
28      }
29   }
```

【程序运行结果】

①输入合法月份，如图 15-8 所示。

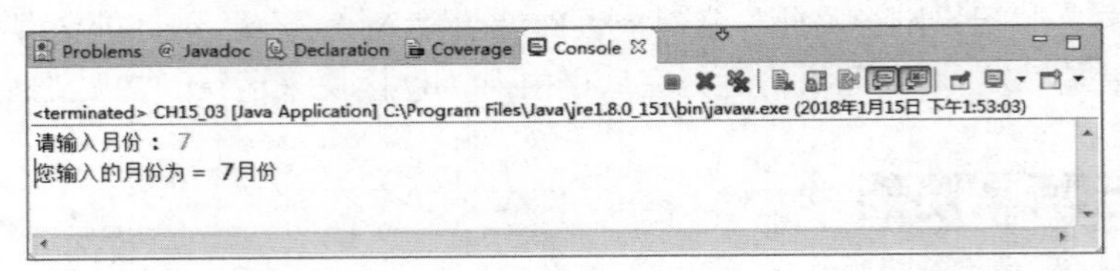


图 15-8

②输入不合法月份所运行的结果，如图 15-9 所示。

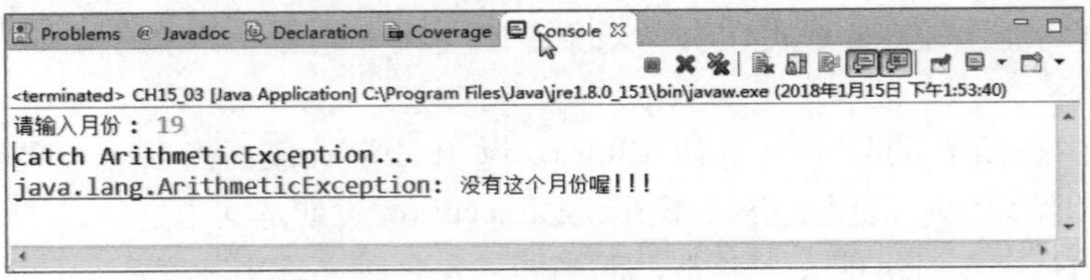

```
<terminated> CH15_03 [Java Application] C:\Program Files\Java\jre1.8.0_151\bin\javaw.exe (2018年1月15日 下午1:53:40)
请输入月份： 19
catch ArithmeticException...
java.lang.ArithmeticException: 没有这个月份喔!!!
```

图 15-9

【程序解析】

第 17 行：变量 month 在合法范围内不会产生异常，但如果输入的月份大于 12，就会产生异常状况，所以使用 throw 将异常对象抛出。

## 15-3-2 使用 throws 抛出异常事件

假如知道所设计的函数可能会发生某种异常，那么可以使用 throws 指定此异常类。例如，如果可能会发生 IllegalAccessException 异常，则使用 throws 说明可能会有存取函数或相关数据的权限问题。而当此函数发生异常时，程序会将此函数转换成所指定的异常对象抛出，让程序能捕捉到此异常进行处理。

下面说明 throws 的语法：

【throws 语法格式】

```
数据类型 函数名称（函数参数）throws 异常类1,异常类2…{
    // 程序代码
}
```

上述异常类可能会有多个，此时异常类之间以逗号“ ， ”隔开，表示此函数可能会有这几种异常产生。在指定异常类时，RuntimeException 类及其派生类可以不用指定，Java 虚拟机会自动捕捉此类的异常。

【范例程序：CH15_04】

```
01   /* 程序 :CH15_04.java
02    * 说明 :throws 的实现
03    **/
04   public class CH15_04{
05       public static void main(String[] args){
06           try{
07               int month;
08
09               for(month=1; month<=12; month++){
10                   if(month==3)
11                       message();
```

```
12                  else
13                      System.out.println("现在为"+month+"月份");
14              }
15          }
16
17          catch(IllegalAccessException iae){
18              System.out.println(iae.toString());
19          }
20      }
21
22      static void message()throws IllegalAccessException{
23          //设定发生了 IllegalAccessException 异常
24          throw new IllegalAccessException("三月份是春天来临的季节...");
25      }
26  }
```

【程序运行结果】

程序运行结果如图 15-10 所示。

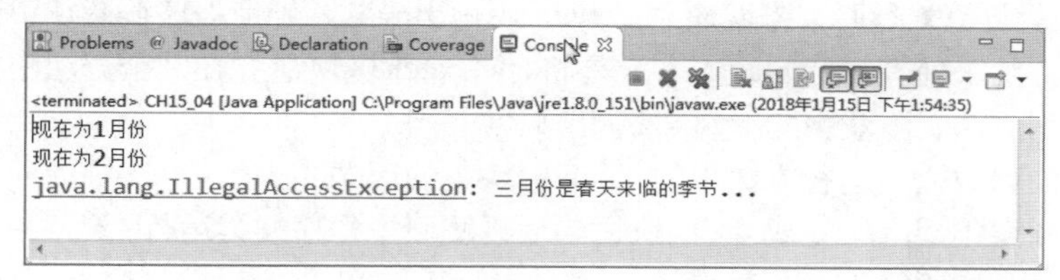


图　15-10

【程序解析】

第 22~25 行：指定 message( ) 会发生异常的类。

## 15-4　利用方法处理异常

可以在程序的 try...catch 区块中，调用某个方法（method）处理异常产生的状况。

实施步骤如下：

①在 try 区块中调用方法。

②如果异常错误成立，运行 catch 区块中的语句。

③如果异常错误不成立，运行方法（method）中的语句，完成后再跳回 try 区块继续运行。

【范例程序：CH15_05】

```
01  /*程序:CH15_05.java
02   *说明:throws 的实现
03   *使用方法处理异常问题(一)*/
04  class CH15_05{
05      static double count(int x,int y){
06          double c=(x+y)/(y-x-1);
07          return c;
08      }
09      public static void main(String[] args)throws ArithmeticException{
10          int a=15;
11          int b=16;
12          try{
13              System.out.println("异常错误不成立"+count(a,b));
14          }catch(ArithmeticException e){
15              System.out.println(e);
```

```
16            }
17        }
18    }
```

【程序运行结果】

程序运行结果如图 15-11 所示。

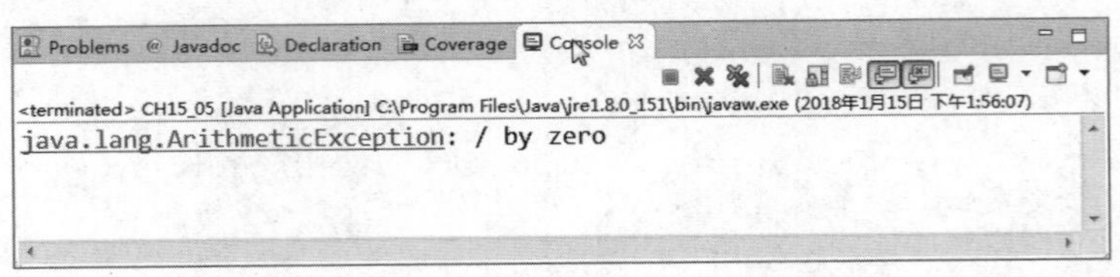


图　15-11

【程序解析】

① 第 13 行:调用 count( ) 方法,运行顺序跳到第 5~8 行程序代码,发现运行时有错误,分母为 0。

② 第 14 行:运行第 6 行时，错误成立，try 区块抛出异常，于是程序接着往下运行 catch 区块。

另一种利用方法来处理异常问题的方式是将 try...catch 区块建立在某个方法中。实施步骤如下：

①主程序调用方法，方法中的 try 区块抛出异常。

②如果异常错误成立，运行方法中的 catch 区块中的语句。

③如果异常错误不成立，完成 try 区块语句后再跳回主程序继续运行。

【范例程序：CH15_06】

```
01    /* 程序 :CH15_06.java
02     * 说明 :throws 的实现
03     * 使用方法处理异常问题 ( 二 )*/
04    class CH15_06{
05        static void count(int x,int y)throws ArithmeticException {
06            try{
07                double c=(x+y)/(y-x-1);
08                System.out.println(" 异常错误不成立 "+c);
09            }catch(ArithmeticException e){
10                System.out.println(e);
11            }
12        }
13        public static void main(String[] args) {
14            int a=15;
15            int b=16;
16        count(a,b);   // 调用方法
17        }
18    }
```

【程序运行结果】

程序运行结果如图 15-12 所示。

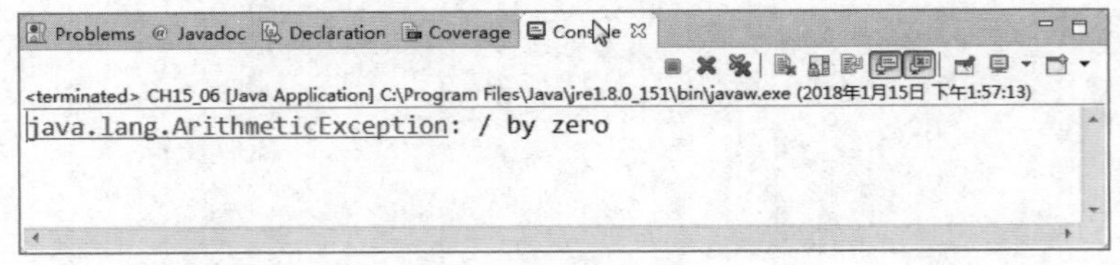


图　15-12

【程序解析】

第 16 行：调用 count( ) 方法，运行顺序跳到第 6、7 行程序代码，发现第 7 行运行时有错误，分母为 0。运行第 4 行时，错误成立，第 6 行 try 区块抛出异常，于是程序接着往下运行 catch 区块。

## 15-5 利用类处理异常

也可以利用类来处理异常。

要利用类来处理异常，首先要来了解类处理异常的实施步骤：

①在主程序中加入 try 区块，在 try 区块中调用所建立的类中的方法。

②如果异常错误成立，则离开类，返回主程序运行 catch 区块中的语句。

③如果异常错误不成立，则运行类中的语句，然后返回 try 区块继续运行。

【范例程序：CH15_07】

```
01    /* 程序：CH15_07.java
02     * 说明：throws 的实现
03     * 使用自行建立的类处理异常问题 */
04    class count{
05       private double c;
06       double calculate(int x,int y){
07          c=(x+y)/(y-x-1);
08          return c;
09       }
10    }
11       class CH15_07{
12          public static void main(String[] args)throws ArithmeticException {
13             count ct=new count();
14             int a=15;
15             int b=16;
16          try{
17             System.out.println("异常错误不成立"+ct.calculate(a,b));
18          }catch(ArithmeticException e){
19             System.out.println(e);
20          }
21       }
22    }
```

【程序运行结果】

程序运行结果如图 15-13 所示。

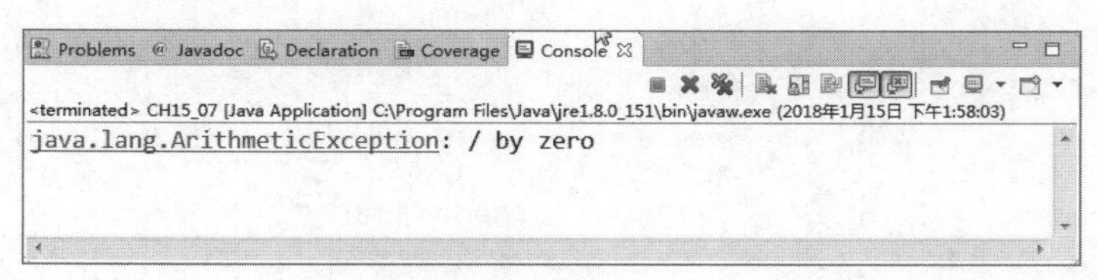


图 15-13

## 15-6 异常结构介绍

了解如何使用不同的方式处理异常问题之后，接下来讨论异常处理的结构问题。前面已经对异常基本结构有详细的说明，现在再来多认识其他的异常结构。

异常结构还有：多个 catch 区块、Rethrow、getMeaage( ) 与嵌套 try...catch 等，。下面我们举两个不同的异常结构进行说明。

### 15–6–1　多个 catch 区块

以往的范例中，catch 区块的个数都只有一个，在 try...catch 结构中，catch 区块可以同时拥有两个或以上，而每一个 catch 区块有不同的语句，捕捉不同的异常，因此 try 区块和 catch 区块有一对多的特性。

同一 try...catch 异常结构中，当 try 区块抛出异常，catch 区块负责去捕捉异常，但是有两个以上的 catch 区块时，应该是哪一个 catch 区块负责捕捉呢？捕捉是有顺序的，要依次序捕捉：依次序比较 catch 区块中的语句是否符合 try 区块所抛出的异常，如果不符合就比较下一个，依此类推。

【语法结构】

```
public static void main (string[ ] args) throws 例行类 1, 例行类 2,…
try {
    形成异常语句；
} catch(异常类 1 变量名称){
    异常处理的程序语句；
} catch(异常类 2 变量名称){        //可以声明 2 个 catch 区块
    异常处理的程序语句；
}
```

【范例程序：CH15_08】

```
01    /*程序:CH15_08.java
02     *说明:throws 的实现
03     *多 ctach 区块 */
04    class CH15_08{
05       public static void main(String[] args)throws ArithmeticException,
IndexOutOfBoundsException{
06          int a=15;
07          int b=16;
08          double c[]=new double[2];
09       try{
10          double d=(a+b)/(b-a-1);
11       }catch(ArithmeticException e){
12          System.out.println("分母为 0 的异常错误: "+e);
13       }catch(IndexOutOfBoundsException e){
14          System.out.println("超出数组范围的异常错误: "+e);
15       }
16
17       try{
18          double d=(a+b)/(b-a);
19          c[3]=d;
20       }catch(ArithmeticException e){
21          System.out.println("分母为 0 的异常错误: "+e);
22       }catch(IndexOutOfBoundsException e){
23          System.out.println("超出数组范围的异常错误: "+e);
24       }
25
26       }
27    }
```

【程序运行结果】

程序运行结果如图 15–14 所示。

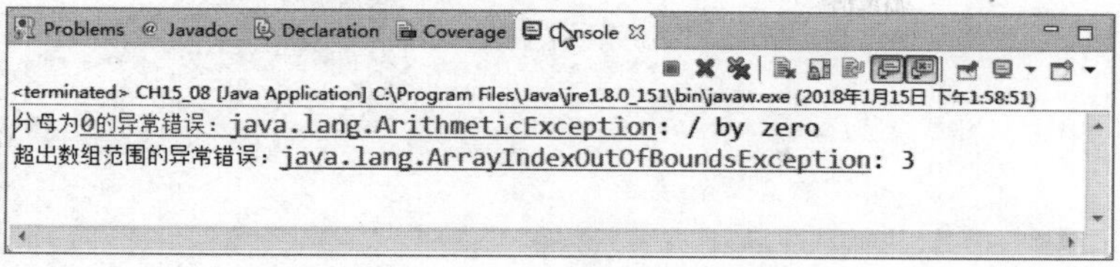

Problems @ Javadoc Declaration Coverage Console

<terminated> CH15_08 [Java Application] C:\Program Files\Java\jre1.8.0_151\bin\javaw.exe (2018年1月15日 下午1:58:51)

```
分母为0的异常错误：java.lang.ArithmeticException: / by zero
超出数组范围的异常错误：java.lang.ArrayIndexOutOfBoundsException: 3
```

图 15-14

## 15-6-2 getMessage( ) 方法

getMessage( ) 是源自 Throwable 类中的类方法，用于取得异常类中显示的信息，举例说明，如图 15-15 所示。

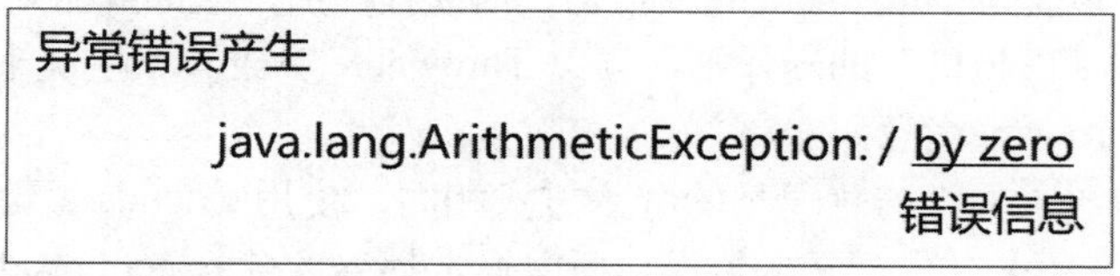

异常错误产生

java.lang.ArithmeticException: / by zero

错误信息

图 15-15

Throwable 类中的类方法如表 15-3 所示。

表 15-3

| Throwable 类方法 | 方 法 说 明 |
| --- | --- |
| Throwable fillInStrackTrace( ) | 返回含有堆栈轨迹的方法 |
| String getLocalizedMessage( ) | 返回异常的局部错误信息 |
| String getMessage ( ) | 返回异常错误信息 |
| void printStrackTrace( ) | 显示堆栈轨迹的方法 |
| void printStrackTrace(PrintStream 字符串 ) | 追踪堆栈，并将结果由指定的打印数据流设备输出 |
| void printStrackTrace(PrintWriter 字符串 ) | 追踪堆栈，并将结果由标准的错误输出设备输出 |
| String toString( ) | 返回含有异常的字符串对象 |

【范例程序：CH15_09】

```
01    /*程序:CH15_09.java
02     *说明:getMessgse()*/
03    class CH15_09{
04       public static void main(String[] args)throws ArithmeticException{
05          int a=15;
06          int b=16;
07       try{
08          double d=(a+b)/(b-a-1);
09       }catch(ArithmeticException e){
10          System.out.println("取得异常错误信息: "+e.getMessage());
11       }
12       }
13    }
```

【程序运行结果】

程序运行结果如图 15-16 所示。

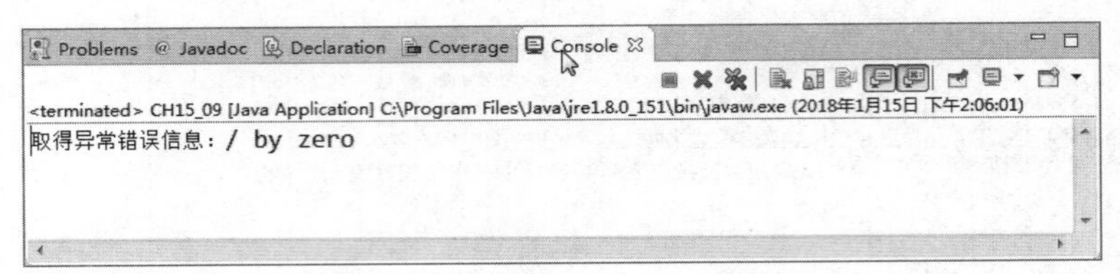


图 15-16

## 15-7 自定义异常处理的类

Java 语言允许自行定义异常类，以处理特定情况下的异常事件。

自定义的异常类必须为 Throwable 的派生类，因为程序所产生的异常对象会交由 Java 虚拟机处理，这个“交给 Java 虚拟机”的动作则必须以 Throwable 类或其派生类来运行，所以自定义的异常类至少要继承 Throwable 类。

自定义异常类的继承方式与普通类的继承方式相同，使用 extends 关键词即可。因为自定义的异常大都可以处理，不是非常严重的错误，所以通常都继承自 Exception 类。

【Exception 类语法结构】

```
class  用户自行设计的异常名称 extends  Exception 类或 Exception 类的子类 {
  类程序语句 ;
}
```

建立完成后，重要的是如何抛出异常 ：

【抛出异常语法结构】

```
throw new 用户自行设计的异常类 ( 参数 )
```

【范例程序 ：CH15_10】

```
01    /* 程序 :CH15_10.java
02     * 说明 : 自定义异常类的实现
03     **/
04
05    public class CH15_10{
06       public static void main(String[] args){
07          try{
08             int day;
09             for(day=1; day<10; day++){
10                if(day> 7)// 一星期超过七天则产生异常
11                   throw new myException("星期 "+day+", 一个星期只有七天 !!!");
12             }
13          }
14
15          catch(myException myE){
16             System.out.println(myE.toString());
17          }
18       }
19    }
20    // 自定义异常类
21    class myException extends Exception{
22       private static final long serialVersionUID=1L;
23
24       public     myException(){
25          super();
```

```
26        }
27
28        public myException(String message){
29           super(message);
30        }
31     }
```

【程序运行结果】

程序运行结果如图 15-17 所示。

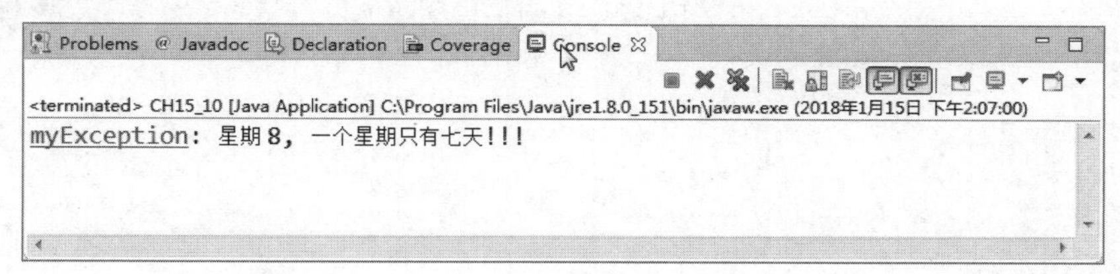


图　15-17

【程序解析】

第 21 行：自定义的异常类，只要是 Throwable 的派生类就可以继承。

## 15-8　本章进阶应用练习实例

Java 支持异常处理，它能在程序运行期间当发生任何错误时自动抛出异常对象。如果可以熟练掌握异常处理的程序实现，必定可以有效解决程序运行期间可能发生的错误。

设计一个范例，可以允许用户重复输入数字，并连续累加 5 个数字，每累加一次，便将其数值输出，如果输入的数据不是数值类型，则会抛出异常，当输入的数字总数超过 5 笔，则交由 finally 区块进行处理，并将程序正常终止。

```
382   //说明:finally区块使用
383   import java.io.*;
384   public class WORK15_01
385   {
386      static int count=1;
387      static int sum=0;
388      public static void main(String args[])throws IOException
389      {
390         //无限循环
391         while(true)
392         {
393            int value;
394            //try区块
395            try
396            {
397               BufferedReader buf=new BufferedReader(new InputStreamReader(System.in));
398               System.out.print("请输入第"+count+"个数字: ");
399               value=Integer.parseInt(buf.readLine());
400               sum=sum+value;
401               System.out.println("目前的总数为: "+sum);
402               ++count;
403            }
404            //catch区块
405            catch(NumberFormatException Object)
```

```
406            {
407                System.out.println(" 请输入整数类型数值格式，否则无法进行计算 ");
408            }
409            //finally 区块
410            finally
411            {
412                // 循环中断判断
413                if(count>5)
414                {
415                    System.out.println(" 已连续累加 5 个数字，程序正常结束 ");
416                    break;
417                }
418            }
419        }
420    }
421 }
```

【程序运行结果】

程序运行结果如图 15-18 所示。

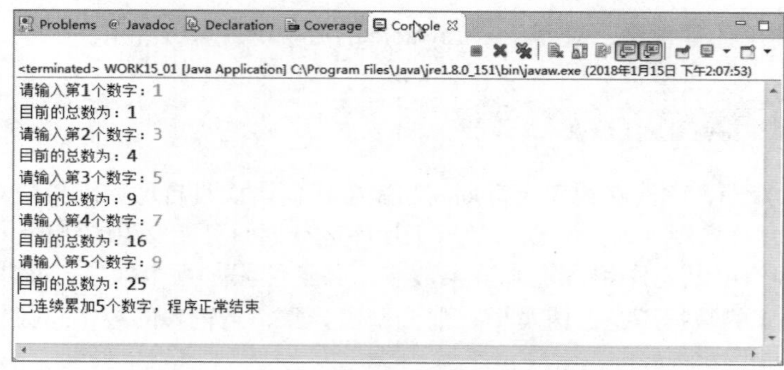


图 15-18

# 习题

**1. 填空题**

（1）Java 的异常类可分为________类与________类。

（2）Java 语言定义________类为会产生“严重错误”的类。

（3）所谓________就是程序运行过程中当发生异常时而能马上处理的错误。

（4）Java 发生异常状况的程序代码放在________区块中，将要处理异常状况的处理方式放于________区块中，而________区块则是必定会运行的区块。其中________区块可以有很多个，以捕捉各种不同类型的异常事件。

（5）程序发生异常事件，除了在运行时触发外，也可由程序员使用 throw 及________语句来触发。

（6）自定义的异常类必须为________的派生类。

（7）要继承自定义异常类的继承方式必须使用________关键词。

**2. 问答与实现题**

（1）说明表 15-4 所示 Error 派生类的意义（见表 15-4）。

表　15-4

| Error 的派生类 | 说　明 |
| --- | --- |
| AWTError | |
| LinkageError | |
| ThreadDeath | |
| VirtualMachineError | |

（2）简单说明 ClassNotFoundException、IOException 类的意义。

（3）请问 finally 区块与 catch 区块是否可以同时都没有？试说明之。

（4）举出至少三种在 Java 语言中发生“严重错误”的情况。

（5）简述 try…catch[…finally] 三个区块的主要功能。

# 第 16 章 数据流的 I/O 控制

在 Java 环境下，不管数据是保存于哪种类型的媒介（文件、缓冲区或网络）中，是何种数据类型（数值、字符、字符串、图形甚至于对象），它们的基本输入 / 输出动作都必须依赖内置的数据流（stream）对象来进行处理。

本章将完整说明 Java 数据流的 I/O 控制，包括标准输入 / 输出数据流、字符数据流、字节数据流、文件数据流及缓冲区等。

## 学习目标

- 了解 Java 中 I/O 处理的相关知识。
- 掌握 Java 中 I/O 控制类的使用方法。

## 学习内容

- Java 的基本数据流对象。
- 标准输出数据流。
- 标准输入数据流。
- 抽象基类——Reader 和 Writer。
- InputStream 和 OutputStream 类。
- 文件数据流。
- 缓冲区。

## 16-1 Java 的基本输入 / 输出控制

每一个 Java 程序开始运行时，系统都会首先自动建立三个基本数据流对象 System.in、System.out 与 System.err：

① System.in：标准输入数据流对象，负责将用户从键盘输入的数据传送给程序以便处理。

② System.out：标准输出数据流对象，负责将程序运行的结果输出到显示器。

③ System.err：同样是属于标准输出数据流对象，此对象可以说是 System.out 对象的变形，负责将程序运行时所产生的错误信息输出至显示器画面中。

## 16-1-1 标准输出数据流

System.out 是 Java 的标准输出数据流对象，它是参照 java.lang 套件的 System 类所建立。与其他对象不同，用户无须在程序代码中声明 System.out 的实现语句，当程序开始运行时，系统会自动产生该对象供程序调用。

在 Java 的基本输出机制中，System.out 对象大多数情况下都会搭配 PrintStream 类的 print( ) 或 println( ) 成员方法，来输出显示各种类型的数据。使用方式如下所示：

【标准输出方式】

```
① System.out.print("Hello");              // 输出字符串 Hello
② Systrem.out.println(myData);            // 输出变量 myData 值
③ System.out.print (new myClass());       // 不换行输出 myClass 类实例对象的内容值
④ System.out.print(myStr+"Java");         // 输出 myStr+"Java" 表达式的运行结果
```

从上面程序语句片段可以得知，print( ) 与 println( ) 方法可以输出任意格式数据，包含数值、字符、变量、常量、对象，甚至是表达式的运行结果。

print( ) 与 println( ) 方法在使用上语法格式完全相同，唯一的差异在于：print( ) 方法在运行输出后不会自动换行；而 println( ) 则在数据输出完成后会自动换行。

【范例程序：CH16_01】

```
01   /* 文件 :CH16_01
02    * 说明 : 基本输出应用
03    */
04
05   public class CH16_01{
06      public static void main(String args[]){
07
08          // 利用 println() 显示结果
09          System.out.println(" 这是范例 CH16_01");
10          // 声明字符串变量
11          String myString=" 这是范例 CH16_01";
12          System.out.println(" 字符串变量显示结果: "+myString);
13          System.out.print(" 数学算式:  5+3=");
14          System.out.println(5+3);
15      }
16   }
```

【程序运行结果】

程序运行结果如图 16-1 所示。

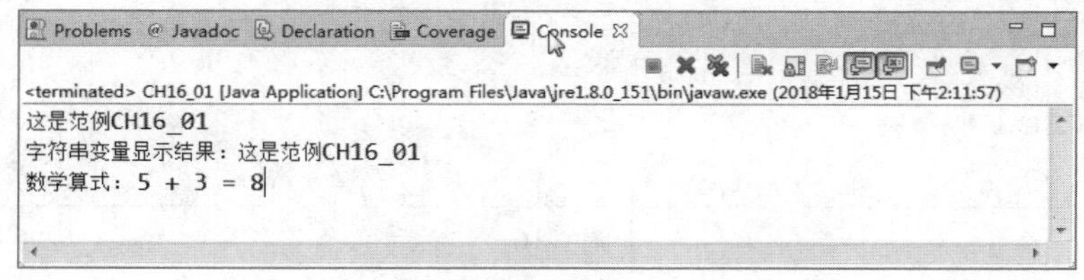


图 16-1

【程序解析】

①第 9 行：直接使用标准输出方式 System.out.println( )，将所要输出的结果放置在括号中。括号中可以接收变量、数字或是字符串值；如果字符串不是以变量存储，而是字符串常量，则需要放在 "" 之间。

②第 12 行：如果声明字符串变量，直接使用字符串变量名称；要将两个字符串连接在一起显示输出，则两个字符串中间要用 + 连接。

③第 13、14 行：数字运算的结果可以直接输出，不用放在 " " 之间。

④第 14 行：由于第 13 行输出代码是 print，因此输出完成后，光标不会自动换行，而是停在等号 = 的后面；紧接着运行第 14 行输出代码 println，从当前位置继续输出数学算式 。而由于第 14 行输出代码使用的是 println( )，因此最后会有一个换行操作，光标定位到下一行的开始位置。

而 System.err 同样属于参照 System 类实现的基本输出数据流对象，其基本使用格式与 System.out 对象相同。如果在程序中需要输出任何错误信息时（如提示用户输入错误格式数据），就可利用 System.err 对象调用输出方法。

```
01    /* 程序: CH16_02 System.err 对象应用 */
02    public class CH16_02{
03       public static void main(String args[]){
04          //声明变量
05          int divisor=5;
06          int dividend=100;
07          //设置无限循环
08          while(true){
09             if(divisor==0){
10                //列出错误信息
11                System.err.println("程序错误，中断执行..除数不得为零!!");
                break;
12             }
13             //输出运行结果
14             System.out.println(dividend+" 除以 "+divisor
15                               +" 等于 "+(dividend/divisor));
16             divisor --;
17          }
18       }
19    }
```

【程序运行结果】

程序运行结果如图 16-2 所示。

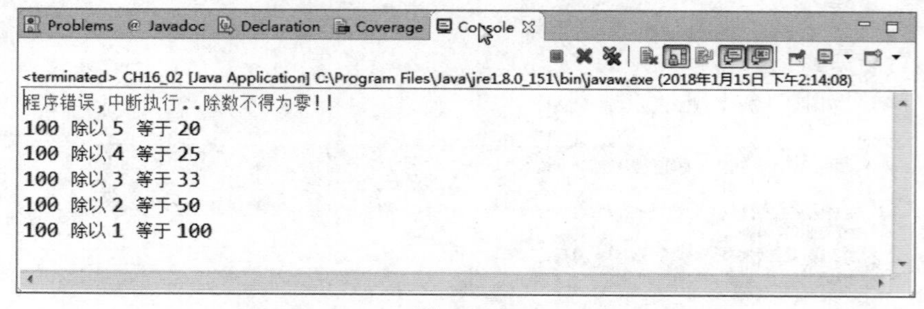


图 16-2

【程序解析】

① 第 8 行：设置无限循环，使得程序不遇到错误状况时不会中断运行。

② 第 9~13 行：利用 if 语句判断程序是否发生错误：若是，则利用 System.err 对象输出显示错误信息，并由第 12 行 break 指令跳出循环。

③ 第 15 行：利用 System.out 对象输出一般数据运算结果。

## 16-1-2 标准输入数据流

System.in 是 Java 的标准输入数据流对象，负责读取用户通过键盘所输入的数据。通常 System.in 对象会搭配 InputStream 类的 read( ) 成员方法，来实现 Java 基本的输入机制。其语法格式如下所示：

【标准输入语法格式】

```
System.in.read();
```

当运行 read( ) 方法时，会先取得输入数据流的下一个（next）字节数据，再将该数据转换为 ASCII 码返回给程序使用。

也就是说，利用 System.in.read( ) 所取得的数据，是整数类型的 ASCII 码值，因此如果要输出或转存为其他类型数据（如字符）时，必须经过强制类型转换。如下面的程序片段所示：

【举例说明】

```
① char myData=(char)System.in.read();     // 将所读取的数据转换为 char 类型，并转存于 myData 变量中
② System.out.println(myData);              // 输出 myData 变量值，用户必须注意如果仅单纯使用 read() 方法而不导入任何参数时，read() 方法一次仅会读取一个字符
```

【范例程序：CH16_03】

```
01    /* 程序: CH16_03 基本输入范例 */
02    // 导入 IO 套件
03    import java.io.*;
04    public class CH16_03{
05       public static void main(String args[])throws IOException{
06          // 声明变量
07          int ASCIIcode;
08          char myChar;
09          System.out.println("【键盘按键 ASCII 码转换程序】");
10          System.out.print("请输入欲转换的按键:    ");
11          ASCIIcode=System.in.read();
12          myChar=(char)ASCIIcode;
13          if(ASCIIcode==13)
14             System.out.println("键盘 Enter 键的 ASCII 值为 "+ASCIIcode);
15          else
16             System.out.println("键盘 "+myChar+"键的 ASCII 值为 "+ASCIIcode);
17       }
18    }
```

【程序运行结果】

①按 Enter 键，如图 16-3 所示。

```
Problems  Javadoc  Declaration  Coverage  Console
<terminated> CH16_03 [Java Application] C:\Program Files\Java\jre1.8.0_151\bin\javaw.exe (2018年1月15日 下午2:19:21)
【键盘按键ASCII码转换程序】
请输入欲转换的按键:
键盘 Enter 键的ASCII值为 13
```

图 16-3

②按 a 键，如图 16–4 所示。

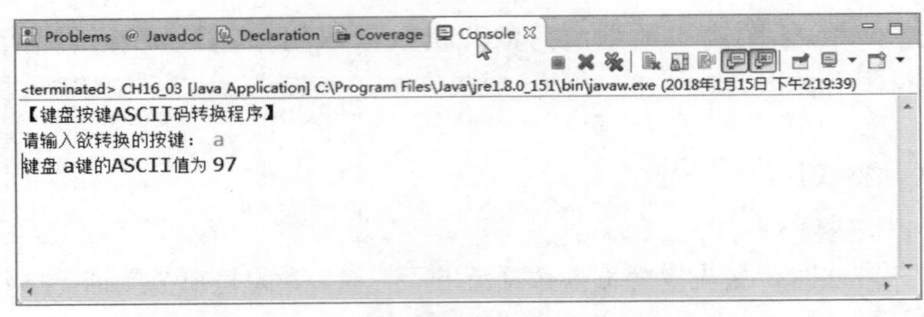


图 16–4

③按 A 键，如图 16–5 所示。

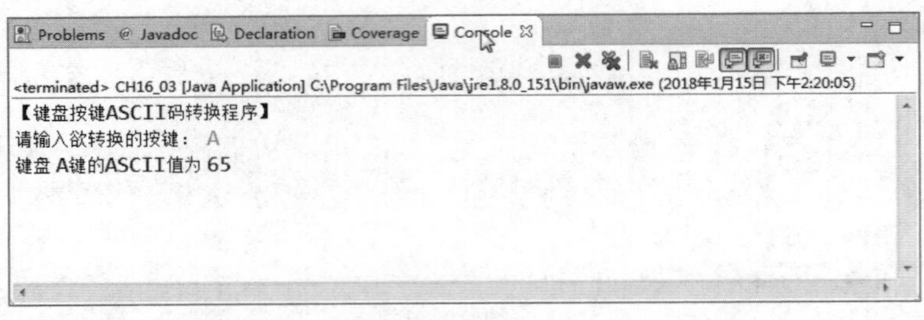


图 16–5

【程序解析】

① 第 3 行：由于程序使用 System.in 输入数据流对象，所以必须加载 java.io.* 套件。

② 第 5 行：因为程序中有可能发生 IOException（输入 / 输出异常）异常，所以必须加上 throws IOException 语句，以防止程序发生 IOException 异常情形。

③ 第 13 行：判断用户所按下的是否为 Enter 按键，是则运行第 14 行语句，以 Enter 字符串代替原本的 myChar 变量运行输出动作。

### 16–1–3 java.io 套件

前面已经说明了 Java 数据的标准 I/O 处理机制，但 System.in、System.out、System.err 等标准输入 / 输出对象仅能处理单纯地读取数据与输出数据等动作，不足以应付实际的使用需求。

在 Java 的 API 中提供了多种不同的数据流对象，用以针对处理不同类型数据的输入 / 输出动作。例如，BufferReader 及 BufferWriter 对象负责存取缓冲区中的数据；FileInputStream 及 File OutputStream 可用来存取文件或系统的内容；等等。

这些大大小小的数据流对象共有 30 多种，主要都包含于 java.io 套件之中。可以依据这些对象所处理数据类型的不同，大致将其分为字符数据流（Character Streams）、字节数据流（Byte Streams）与文件数据流（File Streams）三种对象数据流。

## 16–2 字符数据流

字符数据流主要是用来存取 16 bit 的字符数据（也可用来存取 Unicode 字符集）。java.io 套件内所有相关的字符数据流类，都是向上继承于 Writer 与 Reader 这两个主要的抽象类。java.io 套件中，字符数据流的完整继承树状图如图 16–6 所示。

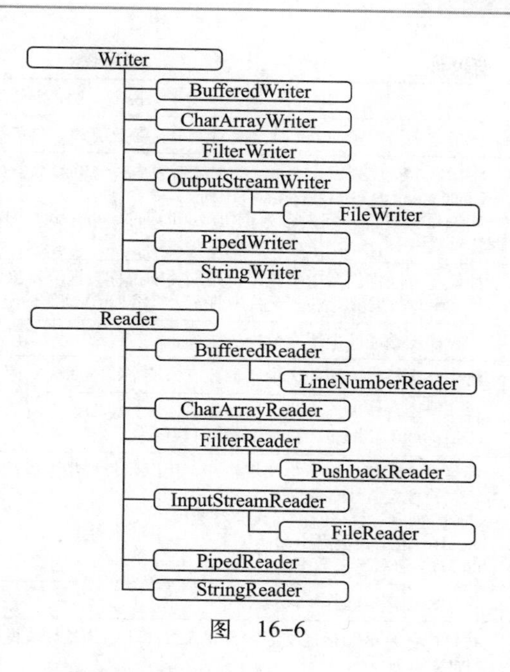


图　16-6

## 16-2-1　抽象基类——Reader 与 Writer

Reader 与 Writer 类是 Java 的 IO 处理套件中所有字符数据流的抽象基类(AbstractSuperclasses)。

抽象基类 Reader 主要负责字符数据流的读取功能，并提供了一些负责处理 16 bit 字符数据读取动作的类成员方法，语法格式与相关说明如表 16-1 所示。

表　16-1

| 方法名称及语法格式 | 说　明 |
|---|---|
| close( ) | 抽象类方法提供派生类覆写，用以关闭目标数据流对象 |
| mark( ) | 标记目前数据流的指针位置。当数据流调用 reset( ) 时，会将数据流指针移向上一个标记位置处 |
| markSupport( ) | 传回布尔值显示此数据流是否支持 mark 功能 |
| read( ) | 读取目前数据流指针位置的下一个字符 |
| read(char[ ] cbuf) | 将目标字符数据读入字符数组之中。它的参数值如下所示：<br>char[ ] cbuf：数据转存的字符数组 |
| read(char[ ] cbuf, int off, int len) | 抽象类方法提供派生类实现覆写，用以将目标指定段落字符数据读入字符数组之中。它的参数值如下所示：<br>char[ ] cbuf：数据转存的字符数组<br>int off：数据的起始位置<br>int len：读取的字符长度 |
| read(CharBuffer target) | 将字符数据读入已声明的字符缓冲区中。它的参数值如下所示：<br>CharBuffer target：数据转存的字符缓冲区 |
| ready( ) | 传回布尔值显示数据流是否已初始，并可以开始读取 |
| reset( ) | 将数据流指针转回上一个标记位置 |
| skip(long n) | 忽略指定长度字符不加以读取 |

Writer 抽象基类负责各种字符数据的输出动作，并同样地提供处理 16 bit 字符数据写出的类成员方法，以让所继承的字符数据流派生类加以实现。Writer 类的成员方法如表 16-2 所示。

表 16-2

| 方法名称及语法格式 | 说　明 |
|---|---|
| append(char c) | 将指定字符写入 writer 数据流对象中。参数值为一个字符 |
| append(CharSequence csq) | 将指定字符序列写入 writer 数据流对象中。它的参数值如下所示：<br>CharSequence csq：目标字符序列<br>如果目标字符序列内容为空值（null）时，append( ) 方法会将 null 4 个字符写入 writer 数据流对象中 |
| close( ) | 抽象类方法提供派生类覆写，用以关闭目标数据流对象。<br>但 writer 数据流对象会于关闭前先运行 flush( ) 动作输出缓冲区内的所有数据 |
| flush( ) | 一次输出缓冲区中所有数据 |
| write(int c) | 将一个字符写入缓冲区中，参数值为该字符的 ASCII 码 |
| writer(char[ ] cbuf) | 将一个字符数组内容写入缓冲区中，参数说明如下所示：<br>char[ ] cbuf：目标所需写入的字符数组 |
| write(char[ ] cbuf, int off, int len) | 抽象类方法提供派生类实现覆写，用以将目标指定段落的字符数组内容数据，读入缓冲区中。它的参数值如下所示：<br>char[ ] cbuf：目标所需写入字符数组<br>int off：数据在数组中起始位置<br>int len：所需写入数据的长度 |
| write(String str) | 将目标字符串内容写入缓冲区中 |
| write(String str, int off, int len) | 将目标字符串的指定段落内容写入缓冲区中，参数值说明如下所示：<br>String str：目标字符串<br>int off：写入数据在字符串中起始位置<br>int len：所需写入数据的长度 |

### 16-2-2　常用字符数据流类

由 Reader 与 Writer 抽象基类向下派生的类架构中，总共包含了 17 个不同功能的字符数据流派生类。这些字符数据流各自负责不同领域的数据存取动作，但是有些字符数据流类并不常使用，因此在本小节之中仅针对常用的字符数据流类作说明。

1. *内存数据存取*

内存区块数据的存取动作，主要是由 CharArrayReader/Writer 与 StringReader/Writer 4 个字符数据流类所组成。

CharArrayReader/Writer 主要是负责内存中字符数组类型数据的存取动作，它们的构造函数说明如下所示：

【举例说明】

```
① CharArrayReader(char[ ] cbuf, int off, int len)
// cbuf: 目标字符数组
// off: 读取数据起始位置，此参数可省略
// len: 读取数据指定长度，此参数可省略
② CharArrayWriter(int initialSize)
// initialSize: 缓冲区大小，此参数可省略
```

CharAarrayReader/Writer 类中所提供的各种存取字符数组数据方法大部分都是向上继承于 Reader/Writer 抽象基类的成员方法，因此使用方法及格式与 Reader/Writer 类相同。下面直接通过范例来实现 CharArrayReader/Writer 数据流对象。

【范例程序：CH16_04】

```
01   /* 程序: CH16_04 CharArrayReader/Writer 应用 */
02   //导入 IO 套件
03   import java.io.*;
04   public class CH16_04{
```

```
05      //建立成员数据
06      private static String inputStr="Test String";
07      private static char[] inputChar={'T','e','s','t',' ','C','h',
'a','r','A','r','r','a','y'};
08      public static void main(String args[])throws IOException{
09          //建立 Writer 对象
10          CharArrayWriter myWriter=new CharArrayWriter();
11          //将字符串与字符数组成员写入缓冲区中
12          myWriter.write(inputStr);
13          myWriter.write(" & ");
14          myWriter.write(inputChar);
15          //将缓冲区内容输出转存至 myChar 变量
16          char[] myChar=myWriter.toCharArray();
17          System.out.println("底下是由 CharArrayWriter 所写入的字符数组内容: ");
18          System.out.println(myChar);
19          //依据 myChar 变量建立两个 Reader 对象
20          CharArrayReader readerCounter=new CharArrayReader(myChar);
21          CharArrayReader myReader=new CharArrayReader(myChar);
22          System.out.println("\n 底下是由 CharArrayReader 所读取的字符数组内容: ");
23          //读取并依次输出字符数组内容值
24          while(readerCounter.read()!=-1){
25              System.out.print((char)(myReader.read()));
26          }
27          System.out.println("\n");
28      }
29  }
```

【程序运行结果】

程序运行结果如图 16-7 所示。

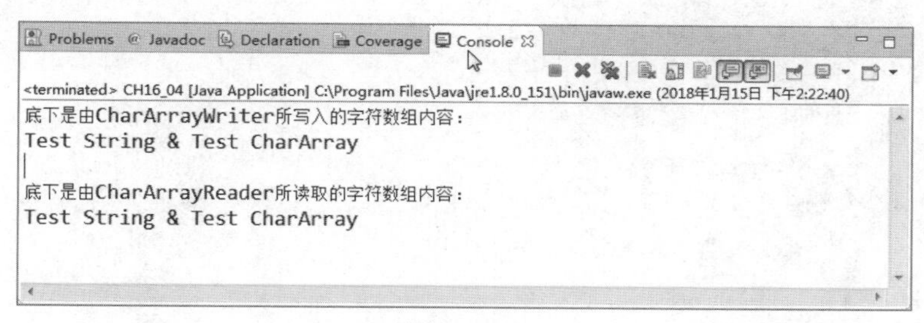


图　16-7

【程序解析】

① 第 10~16 行：利用 CharArrayWriter 对象将目标字符串与字符数组成员合并，并转存到 myChar 字符数组变量中。

② 第 18 行：输出合并后的 myChar 字符数组变量。

③ 第 20 行：依据 myChar 变量建立第一个 CharArrayReader 对象，用以作为数据流指针的判断依据。

④ 第 21 行：依据 myChar 变量建立第二个 CharArrayReader 对象，用来读取 myChar 字符数组的内容数据。

⑤ 第 24~26 行：建立 while 循环语句，依次读取并输出 myChar 字符数组内容值。

StringReader/Writer 是负责内存中字符串类型数据的存取动作，构造函数说明如下所示：

【举例说明】

```
① StringReader(String str)
// str: 目标字符串。
② StringWriter(int initialSize)
// initialSize: 缓冲区大小，此参数可省略
```

StringReader/Writer 类的使用方式及成员方法与 CharArrayReader/Writer 相同。

【范例程序：CH16_05】

```
01    /*程序: CH16_05 StringReader/Writer应用 */
02    //导入IO套件
03    import java.io.*;
04    public class CH16_05{
05       //建立成员数据
06       private static String inputStr="Test String";
07       private static char[] inputChar={'T','e','s','t',' ','C',
'h','a','r','A','r','r','a','y'};
08       public static void main(String args[])throws IOException{
09          //建立Writer对象
10          StringWriter myWriter=new StringWriter();
11          //将字符串与字符数组成员写入缓冲区中
12          myWriter.write(inputStr);
13          myWriter.write(" & ");
14          myWriter.write(inputChar);
15          //将缓冲区内容输出转存至myStr变量
16          String myStr=myWriter.toString();
17          System.out.println("底下是由StringWriter所写入的字符串内容: ");
18          System.out.println(myStr);
19          //依据myStr变量建立两个Reader对象
20          StringReader readerCounter=new StringReader(myStr);
21          StringReader myReader=new StringReader(myStr);
22          System.out.println("\n底下是由StringReader所读取的字符串内容: ");
23          //读取并依次输出字符串内容值
24          while(readerCounter.read()!=-1){
25             System.out.print((char)(myReader.read()));
26          }
27          System.out.println("\n");
28       }
29    }
```

【程序运行结果】

程序运行结果如图 16-8 所示。

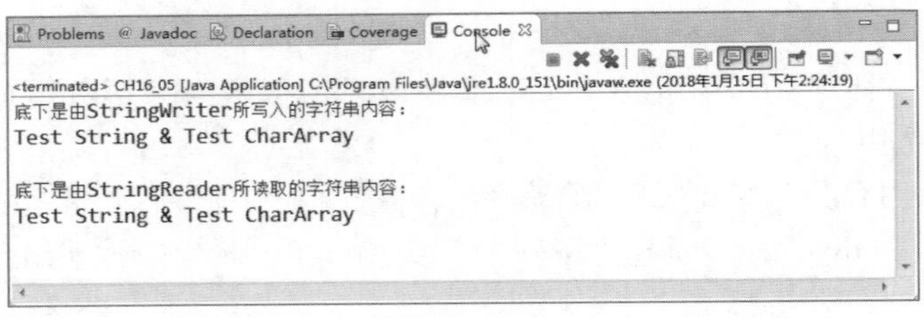


图 16-8

【程序解析】

第 16 行：利用 StringWriter 的成员方法 toString( )，将缓冲区内的数据内容转存为字符串类型变量 myStr 值。

2. 缓冲区存取

缓冲区数据的存取动作，主要是由 BufferedReader/Writer 两个类负责。BufferedReader 负责数据的读取，当程序调用 BufferedReader 时，会先打开一个读取缓冲区将原始数据存入缓冲区中，再以数据流方式依次将缓冲区所备份的数据输出使用。类构造函数如下所示：

【举例说明】

```
① BufferedReader(Reader in, int sz)
// in: 已声明的 Reader 对象
// sz: 缓冲区的容量值
② BufferedReader myReader=new BufferedReader(new FileReader("Test.txt"))
// 建立用来读取 Test.txt 文件的缓冲区数据流对象
```

必须注意的是，BufferedReader 属于一种间接的读取对象。也就是说，它并无法直接读取存于文件或内存中的数据内容，而是提供其他 Reader 对象以缓冲区的方式暂存数据，来减少原始数据的存取次数。因此提供缓冲区的数据流，通常会比未提供缓冲区的数据流更有效率。

【范例程序：CH16_06】

```
01    /* 程序: CH16_06 BufferedReader 应用 */
02    // 导入 IO 套件
03    import java.io.*;
04    public class CH16_06{
05       private static String myStr;
06       public static void main(String args[])throws IOException{
07          // 建立 BufferedReader 对象并加以实现
08          BufferedReader myReader;
09          myReader=new BufferedReader(new InputStreamReader(System.in));
10          System.out.print(" 请输入文字:    ");
11          // 将缓冲区中数据转存至变量之中
12          myStr=myReader.readLine();
13          System.out.println(" 您所输入的文字为:   "+myStr);
14       }
15    }
```

【程序运行结果】

程序运行结果如图 16-9 所示。

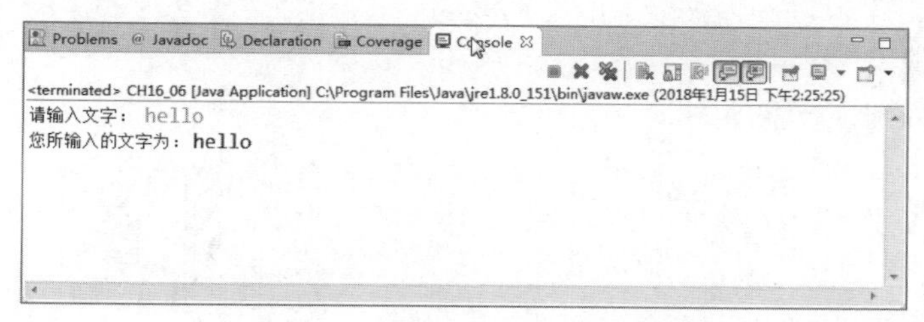


图　16-9

【程序解析】

① 第 9 行：利用 InputStrreamReader 对象将 System.in 所读取到的键盘数据，存入 myReader 对象所打开的缓冲区中。

② 第 12 行：利用 readLine( ) 方法，以整行读取模式将缓冲区数据转存至 myStr 变量中。

BufferedWriter 类负责缓冲区 output（写出）的工作，同样属于一种间接的写出对象。与 BufferedReader 数据流不同的是，它会先将所有目标数据写入缓冲区后，再运行写出动作转提供给其他 Writer 对象使用。它的类构造函数如下所示：

【举例说明】

```
① BufferedWriter(Writer out, int sz)
// out: 已声明的 Writer 对象
// sz: 缓冲区的容量值
② BufferedWriter myWriter=new BufferedWriter(new FileWriter("Test.txt"))
//建立用来输出 Test.txt 文件内容的缓冲区数据流对象
```

使用 BufferedWriter 的好处在于，程序无须重复地运行读取→写入动作，仅需等待 BufferedWriter 将所有数据写入缓冲区后，再通过 flush 动作将缓冲区中全部数据提供给程序使用。

【范例程序：CH16_07】

```
01    /*程序: CH16_07 BufferedWriter 应用 */
02    //导入 IO 套件
03    import java.io.*;
04    public class CH16_07{
05       //声明相关变量
06       private static char[] myChar={'H','e','l','l','o','!','!'};
07       private static String myStr="What a wonderful day it is !!";
08       public static void main(String args[])throws IOException{
09          //新建文件
10          File myFile=new File("Test.txt");
11          //文件写入数据流
12          FileWriter myFileWriter=new FileWriter("Test.txt");
13          //建立写入缓冲区
14          BufferedWriter myBuffer=new BufferedWriter(myFileWriter);
15          //实现写入动作
16          myBuffer.write("ACSII 码 120 的相对字符为  ");
17          myBuffer.write(120);
18          myBuffer.newLine();
19          myBuffer.write("下面的文字是由字符数组与字符串所组成\r\n");
20          myBuffer.write(myChar);
21          myBuffer.write(myStr);
22          //关闭数据流对象
23          myBuffer.close();
24          myFileWriter.close();
25       }
26    }
```

【程序运行结果】

程序运行结果如图 16-10 所示。

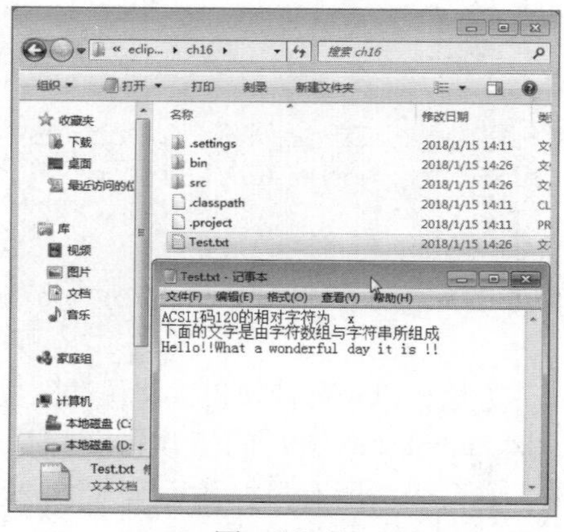


图 16-10

【程序解析】

① 第 14、19 行：新建 BufferedWriter 对象，并将此对象提供给第 12 行所声明的 FileWriter 对象使用。

② 第 16 行：将字符串写入缓冲区中。

③ 第 17 行：将指定 ASCII 码的字符写入缓冲区中。

④ 第 18 行：调用 newLine( ) 方法进行跳行。

⑤ 第 20 行：将字符数组变量值写入缓冲区中。

⑥ 第 21 行：将字符串变量值写入缓冲区中。

## 16-3　字节数据流

字节数据流主要是用来存取 8 bit 的字节数据，在 java.io 套件内所有相关的字节数据流类都是向上继承于 OuputStream 和 InputStream 这两个主要的抽象类。java.io 套件中字节数据流的完整继承树状图如图 16-11 所示。

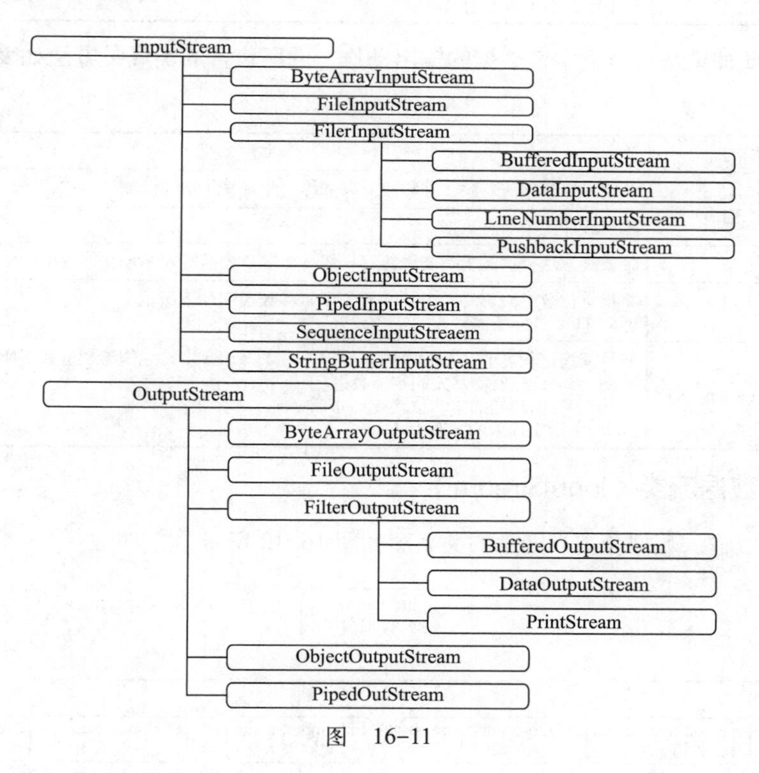


图　16-11

### 16-3-1　InputStream 与 OutputStream 类

InputStream 与 OutputStream 是 Java 的 IO 处理套件中所有字节数据流的抽象基类（Abstract Superclasses）。字节数据流(Byte Stream)除了可以处理文本文件(.txt)外，还可以处理二进制(binary file）的文件类型。Object 类中字节数据流分为 InputStream（输入数据流类）和 OutputStream（输出数据流类），可以处理输入或输出。

InputStream 主要负责字节数据流的读取功能，并提供了一些负责处理 8 bit 字节数据读取动作的类成员方法，语法格式与相关说明如表 16-3 所示。

表 16-3

| 方法名称及语法格式 | 说 明 |
|---|---|
| available( ) | 传回目前数据流对象可以读取的字节大小 |
| close( ) | 抽象类方法提供派生类覆写，用以关闭目标数据流对象 |
| mark( ) | 标记目前数据流的指针位置。当数据流调用 reset( ) 时，会将数据流指针移向上一个标记位置处 |
| markSupport( ) | 传回布尔值显示此数据流是否支持 mark 功能 |
| read( ) | 抽象类方法提供派生类实现覆写，读取目前数据流指针位置的下一个字节数据 |
| read(byte[ ] b) | 将目标字节内容读入缓冲区中。它的参数值如下所示：<br>byte[ ] b：数据转存的字节数组 |
| read(byte[ ] b, int off, int len) | 将目标指定长度的字节数据读入缓冲区中。它的参数值如下所示：<br>byte[ ] b：数据转存的字节数组<br>int off：读取的字节起始位置<br>int len：读取的字节大小 |
| ready( ) | 传回布尔值显示数据流是否已初始，并可以开始读取 |
| reset( ) | 将数据流指针转回上一个标记位置 |
| skip(long n) | 忽略指定大小字节不加以读取 |

OutputStream 抽象基类负责字节数据的输出动作，它所包含的类成员方法如表 16-4 所示。

表 16-4

| 方法名称及语法格式 | 说 明 |
|---|---|
| close( ) | 关闭目标数据流对象，并释放所有链接到此对象的系统资源 |
| flush( ) | 输出缓冲区中所有数据 |
| write(int b) | 抽象类方法提供派生类实现覆写，将一个字节数据写入 Writer 对象中，参数值为该 8 bit 位码 |
| writer(byte[ ] b) | 将指定位数组内容写入 Writer 对象中，参数说明如下所示：<br>byte[ ] b：目标所需写入的字节数组 |
| write(byte[ ] b, int off, int len) | 将目标指定长度的字节数组内容数据，写入 Writer 中。它的参数值如下所示：<br>byte[ ] b：目标所需写入的字节数组<br>int off：数据起始的字节位置<br>int len：指定读取的字节大小 |

### 16-3-2 输入数据流类（InputStream）

InputStream（输入数据流类）继承的关系图如图 16-12 所示。

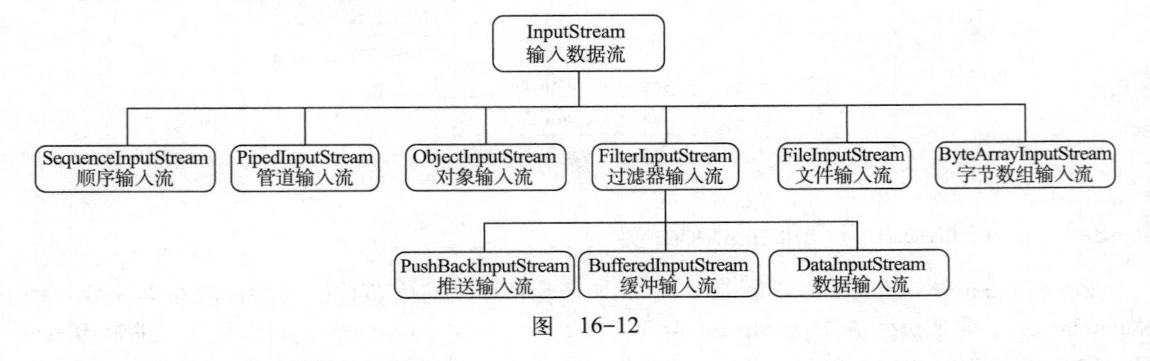


图 16-12

1. 文件输入数据流（FileInputStream）

文件输入数据流（FileInputStream）是从文件中读取循序的字节数据或低阶的数据，其常用方法如表 16-5 所示。

表　16-5

| 文件输入数据流常用方法 | 方 法 说 明 |
| --- | --- |
| int available( ) | 被读取的文件大小 |
| void close( ) | 关闭数据流 |
| void finalize( ) | 确认数据流已经关闭 |
| void read( ) | 读取数据流 |
| int read( byte[ ] 缓冲器，int 地址，int 长度 ) | 由指定地址开始读取数据流中的数据到缓冲器 |

【文件输入数据流语法结构】

```
① FileInputStream (String 文件路径或文件名字符串);
② FileInputStream (File 文件路径或文件对象);
```

【范例程序：CH16_08】

```
01    /* 文件:CH16_08
02     * 说明:FileOutputStream 使用方法
03     */
04
05    import java.io.*;
06    class CH16_08{
07       public static void main(String[] args)throws IOException {
08          byte[] fb="FileOutputStream".getBytes();
09          FileOutputStream f=new FileOutputStream("test2.txt");
10          for(int i=0;i<fb.length;i++){
11             f.write(fb[i]);
12          }
13          f.close();
14       }
15    }
```

【程序运行结果】

程序运行结果如图 16-13 所示。

图　16-13

【程序解析】

第 9 行：利用 new FileOutputStream（"test2.txt"），建立 test2.txt，并且将 FileOutputStream 写入 test2.txt。

2. 字节数组数据流（ByteArrayInputStream）

字节数组数据流是从字节缓冲区读取字节数据，并存入字节数组输入串行对象，其常用方法如表 16-6 所示。

表 16-6

| 字节数据流常用方法 | 方 法 说 明 |
| --- | --- |
| int available( ) | 被读取的文件大小 |
| void close( ) | 关闭数据流 |
| void finalize( ) | 确认数据流已经关闭 |
| void read( ) | 读取数据流 |
| int read( byte[ ] 缓冲器，int 地址，int 长度 ) | 由指定地址开始读取数据流中的数据到缓冲器 |

【字节数据流语法结构】

```
① ByteArrayInputStream (byte[ ] 字节缓冲器);
② ByteArrayInputStream (byte[ ] 缓冲器, int 起始地址, int 长度);
```

【范例程序：CH16_09】

```
01   /* 文件:CH16_09
02    * 说明:ByteArrayOutputStream 使用方法
03    */
04
05   import java.io.*;
06
07   class CH16_09{
08      public static void main(String[] args)throws IOException {
09          byte[] fb="ByteArrayOutputStream".getBytes();
10          ByteArrayOutputStream f=new ByteArrayOutputStream();
11          f.write(fb);
12          FileOutputStream f1=new FileOutputStream("test3.txt");
13          f.writeTo(f1);
14          f.close();
15      }
16   }
```

【程序运行结果】

程序运行结果如图 16-14 所示。

图 16-14

## 16-3-3　输出数据流类（OutputStream）

OutputStream（输出数据流类）继承的关系图如图 16-15 所示。

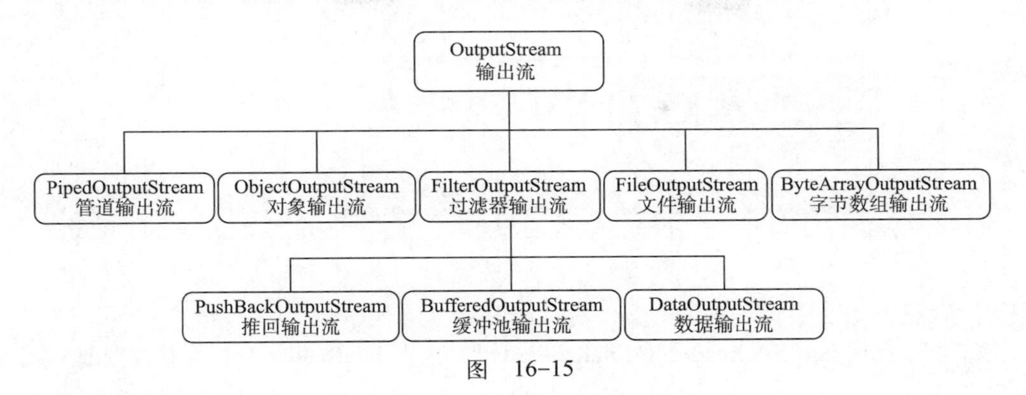


图　16-15

### 1. 文件输出数据流（FileOutputStream）

文件输出数据流是循序地将字节数据写入指定的文件，如果指定的文件不存在则自行建立文件后才允许写入。其常用方法如表 16-7 所示。

表　16-7

| 文件输出数据流常用方法 | 方　法　说　明 |
|---|---|
| int available( ) | 被读取的文件大小 |
| void close( ) | 关闭数据流 |
| void finalize( ) | 确认数据流已经关闭 |
| void write( int 资料 ) | 指定写入数据 |
| int write( byte[ ] 缓冲器，int 地址，int 长度 ) | 由指定地址开始写入数据流中的数据到缓冲器 |

【文件输出数据流语法结构】

```
① FileOnputStream (String 文件路径或文件名字符串);
② FileOnputStream (File 文件路径或文件对象);
```

【范例程序：CH16_10】

```
01    /* 文件:CH16_10
02     * 说明:读取文件类 (FileReader) 使用方法
03     */
04
05    import java.io.*;
06    class CH16_10{
07       public static void main(String[] args)throws IOException {
08          FileReader f=new FileReader("FileReader.txt");
//建立 FileReader 对象
09          BufferedReader bf=new BufferedReader(f);        //读入缓冲器中
10          String x;
11          while((x=bf.readLine())!=null){
12             System.out.println(x);                       //开始读取内容字符
13          }
14          f.close();
15       }
16    }
```

【程序运行结果】

程序运行结果如图 16–16 所示。

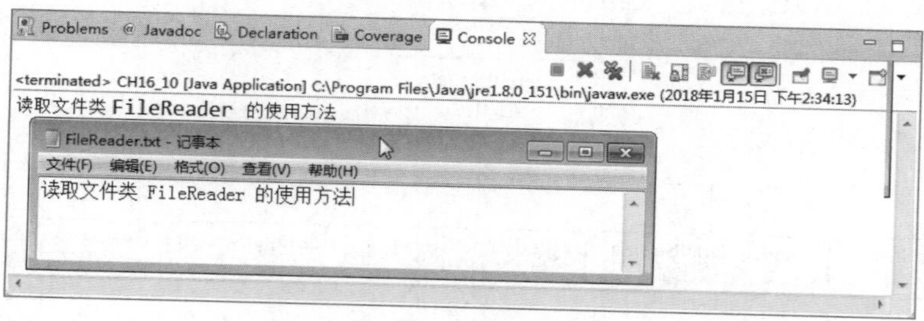


图　16–16

【程序解析】

① 第 8 行：利用 new FileReader（"FileReader.txt"）建立 FileReader 对象，并且读取 FileRead–er.txt。

② 第 9 行：读取的数据现存放在缓冲区 BufferedReader。

③ 第 11~13 行：在逐一由缓冲区 BufferedReader 读取并显示。

2. 字节数组输出数据流（ByteArrayOutputStream）

字节数组输出数据流是从字节缓冲区写入字节数据，并存入字节数组输出串行对象。其常用方法如表 16–8 所示。

表　16–8

| 字节输出数据流常用方法 | 方 法 说 明 |
|---|---|
| int available( ) | 被读取的文件大小 |
| void close( ) | 关闭数据流 |
| void finalize( ) | 确认数据流已经关闭 |
| void write( int 资料 ) | 指定写入数据 |
| int write( byte[ ] 缓冲器，int 地址，int 长度 ) | 由指定地址开始写入数据流中的数据到缓冲器 |
| String toString( ) | 将欲读取写入的数据内容转变成字符串 |

【字节数组输出数据流语法结构】

```
① ByteArrayOnputStream();
② ByteArrayOnputStream(int 长度);
```

【范例程序：CH16_11】

```
01    /* 文件：CH16_11
02     * 说明：读取字符数组类 (CharArrayReader) 使用方法
03     */
04
05    import java.io.*;
06    class CH16_11{
07      public static void main(String[] args)throws IOException {
08        String x="CharArrayReader test!!";
09        char[] c=new char[x.length()];
10        x.getChars(0,x.length(),c,0);  // 将字符串存入缓冲器中
11        int a;
12        CharArrayReader ch=new CharArrayReader(c);
13        while((a=ch.read())!=-1){
```

```
14              System.out.print((char)a);
15          }
16      }
17  }
```

【程序运行结果】

程序运行结果如图 16-17 所示。

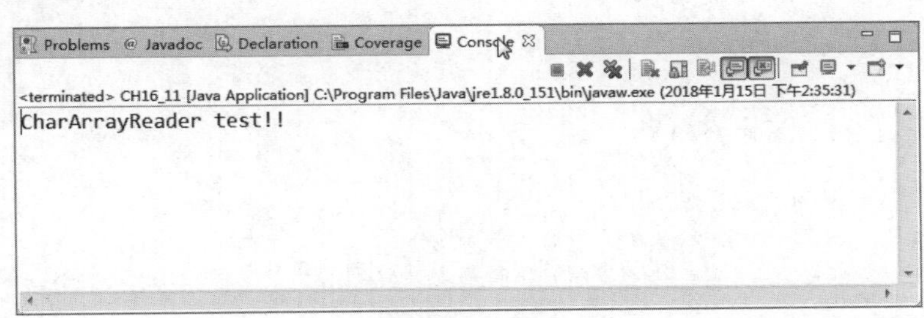


图　16-17

【程序解析】

① 第 8 行：建立字符串 CharArrayReader test!!。

② 第 9 行：将字符串存入数组中。

③ 第 12~15 行：将数组由缓冲器中读取并显示。

## 16-3-4　其他字节数据流类

通过前面完整的字节数据流类继承架构图，可以发现字节数据流与字符数据流是相互对应的存在。

也就是说，java.io 套件总会提供处理相同类型 I/O 的字符数据流与字节数据流类，并且两者拥有近乎相同的类成员方法。差别只在于一个是针对字符类型数据的处理，而另一个则是处理字节类型数据。

因此，本小节之中不再针对前面所提过的常用数据流类型加以说明，而改为介绍一些较为罕见的字节数据流类相关处理方法。

1. 管道数据流对象

所谓的管道（pipe）处理，就是将一个程序（或方法）的传回值，导引转换为另一个程序（或方法）的输入参数。Java 中负责管道处理的字节数据流套件由 PipedInput/OutputStream 两个类所组成。构造函数方法如下所示：

【举例说明】

```
① PipedInputStream(PipedOutputStream src)
// src: 数据源的 PipedOutputStream 输出对象。如不附加此参数，代表该 InputStream 对象尚未链接任何数据源输出
② PipedOutputStream(PipedInputStream snk)
// snk: 数据连接的 PipedInputStream 接收对象。如不附加此参数，代表该 OutputStream 对象尚未链接任何输出数据的接收端
```

从构造函数语句中可以发现，所谓的管道是由 PipedInput/OutputStream 两个类所建立起来的连接。PipedOutputStream 负责管道的输出端，用来输出字节类型数据；PipedInputStream 负责管道的接收端，用来接收输出端传递的数据。

也就是说，当利用 PipedInput/OutputStream 对象建立起管道机制后，不管 PipedOutputStream

对象写出了什么数据，都会被管道另一端的 PipedInputStream 对象接收。

【范例程序：CH16_12】

```
01    /* 程序: CH16_12 管道数据流应用 */
02    // 导入 IO 套件
03    import java.io.*;
04    public class CH16_12{
05        // 具返回值的类成员方法
06        public byte setByte(){
07            byte myByte=32;
08            System.out.println("myOutput 对象输出的字节数据为:  "+myByte);
09            return (myByte);
10        }
11        // 具参数列的类成员方法
12        public void showByte(byte myByte){
13            System.out.println("myInput 对象接收到的字节数据为:  "+myByte);
14        }
15        public static void main(String args[])throws IOException{
16            // 建立管道输入 / 输出对象
17            PipedOutputStream myOutput=new PipedOutputStream();
18            PipedInputStream myInput=new PipedInputStream(myOutput);
19            // 建立主类
20            CH16_12 myObject=new CH16_12();
21            // 将主类成员方法的返回值通过 myOutput 对象输出
22            myOutput.write(myObject.setByte());
23            // 将 myInput 接收的数据导入 showByte() 方法的参数列中
24            myObject.showByte((byte)(myInput.read()));
25            myInput.close();
26        }
27    }
```

【程序运行结果】

程序运行结果如图 16-18 所示。

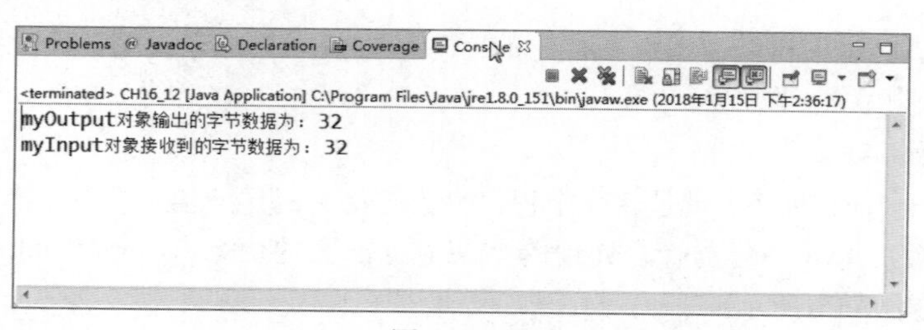


图 16-18

【程序解析】

① 第 18 行：依据第 17 行的 myOutput 对象实现 PipedInputStream 类对象 myInput，用以建立管道连接。

② 第 22 行：利用 myOutput 对象的 write( ) 方法，将主类 setByte( ) 的传回值写入管道之中。

③ 第 24 行：利用 myInput 对象的 read( ) 方法，将通过管道传递而来的数据，导入主类 showByte( ) 方法的参数列中。

2. 格式化数据流

格式化输入 / 输出数据流——DataInputStream 与 DataOutputStream 类可将另一数据流对象内的数据进行格式化的转换动作后，再加以进行数据的存取行为。

当程序运行 DataOutputStream 的构造动作时，会先将数据按照用户既定的格式导入 DataOutput Stream 对象之中，再通过外部 OutputStream 对象进行数据写出的动作。类构造函数如下所示：

【举例说明】

```
① DataOutputStream(OutputStream out)
// out: 外部 OutputStream 数据流对象，用以将缓冲区中格式化后的数据写出。
② DataOutputStream myOut=new DataOutputStream(new FileOutputStream
("Custom.txt"))
// 建立用来写入 Custom.txt 文件的格式化数据流对象。
```

DataOutputStream 类中提供了多种不同的写入方法，用来将不同类型的数据写入缓冲区之中。相关的写入成员方法如表 16-9 所示。

表　16-9

| 方法名称及语法格式 | 说　明 |
| --- | --- |
| writeBoolean(boolean b) | 写入布尔类型数值 |
| writeByte(int i) | 写入字节类型数值 |
| writeBytes(String str) | 将目标字符串改以字节类型序列写入 |
| writeChar(int i) | 写入字符类型数据 |
| writeChars(String str) | 将目标字符串改以字符类型序列写入 |
| writeDouble(Double d) | 写入 Double 类型数值 |
| writeFloat(Float f) | 写入 Float 类型数值 |
| writeInt(int i) | 写入 int 类型数值 |
| writeLong(long l) | 写入 long int 类型数值 |
| writeShort(int i) | 写入 short int 类型数值 |
| writeUTF(String str) | 将目标字符串改写为 8 bit UTF 编码类型数值 |

【范例程序：CH16_13】

```
01    /* 程序: CH16_13 DataOutputSream 应用 */
02    // 导入 IO 套件
03    import java.io.*;
04    public class CH16_13{
05        // 设定数据成员
06        private static String firstName[]={"Alex", "Bob", "Celtic"};
07        private static String lastName[]={"Lee", "Lu", "Wang"};
08        // 主程序区块
09        public static void main(String args[])throws IOException{
10            // 建立 DataOutputStream 对象
11            DataOutputStream myOut=new DataOutputStream(new
12                                FileOutputStream("Customer.txt"));
13            // 自定格式化写出动作
14            for(int i=0; i<firstName.length; i++){
15                myOut.writeChars(firstName[i]);
16                myOut.writeChar('\t');
17                myOut.writeChars(lastName[i]);
18                myOut.writeChars("\n");
19            }
20            // 关闭文件
21            myOut.close();
22        }
23    }
```

【程序运行结果】

程序运行结果如图 16–19 所示。

图 16–19

【程序解析】

① 第 11 行：构造 DataOutputStream 对象，并导入 FileOutputStream 的构造语句，以便将数据按照用户自定的输出格式写入目标 Customer.txt 文件之中。

② 第 14~19 行：利用不同类型数据写入方法，将 myOut 对象中所有数据按照自定格式写入文件之中。

运行 DataInputStream 数据流对象时，会先通过其他类型的 InputStream 对象将数据读入缓冲区，再通过用户自定义的数据格式依次读取缓冲区内的所有内容数据。类构造函数如下所示：

【举例说明】

```
① DataInputStream(InputStream in)
// in: 外部 InputStream 对象，用以将目标数据读入缓冲区
② DataInputStream myIn=new DataInputStream(new FileInputStream("Customer.txt"));
//建立用来输出 Custom.txt 文件内容的格式化数据流对象
```

同样地，DataInputStream 类中提供了多种不同的读取方法，用来读取缓冲区中不同类型的数据。相关的读取成员方法如表 16–10 所示。

表 16–10

| 方法名称及语法格式 | 说　明 |
|---|---|
| readBoolean( ) | 读取缓冲区内布尔类型数值 |
| readByte( ) | 读取缓冲区内字节类型数值 |
| readChar( ) | 读取缓冲区内字符类型数据 |
| readDouble( ) | 读取缓冲区内 Double 类型数值 |
| readFloat( ) | 读取缓冲区内 Float 类型数值 |

续表

| 方法名称及语法格式 | 说明 |
|---|---|
| readInt( ) | 读取缓冲区内 int 类型数值 |
| readLine( ) | 读取缓冲区内一行字符串 |
| readLong( ) | 读取缓冲区内 long int 类型数值 |
| readShort( ) | 读取缓冲区内 short int 类型数值 |
| readUTF( ) | 读取缓冲区内 8 bit UTF 编码类型数值 |

下面利用 DataInputStream 对象来格式化输出前面范例所写入的 Customer.txt 文件内容数据。

【范例程序：CH16_14】

```
01    /* 程序: CH16_14 DataInputSream 应用 */
02    // 导入 IO 套件
03    import java.io.*;
04    public class CH16_14{
05        // 主程序区块
06        public static void main(String args[])throws IOException{
07            // 建立两个 DataInputStream 对象
08            DataInputStream myCounter=new DataInputStream(new
09                                    FileInputStream("Customer.txt"));
10            DataInputStream myIn=new DataInputStream(new
11                                    FileInputStream("Customer.txt"));
12            // 读取缓冲区内数据
13            while(myCounter.readLine()!=null){
14                System.out.println(myIn.readLine());
15            }
16            // 关闭数据流
17            myCounter.close();
18            myIn.close();
19        }
20    }
```

【程序运行结果】

程序运行结果如图 16-20 所示。

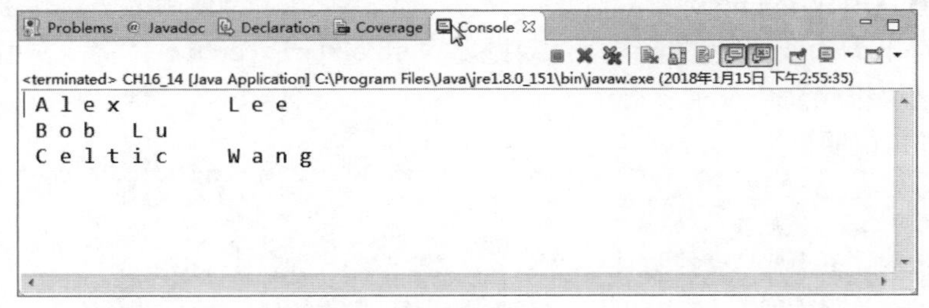


图 16-20

【程序解析】

① 第 8 行：建立第一个 DataInputStream 对象 myCounter，用以作为数据流指针的判断依据。

② 第 10 行：建立第二个 DataInputStream 对象 myIn，将 Customer.txt 文件内容读入缓冲区中。

③ 第 13~15 行：利用 while 循环，并通过对象 myCounter 调用 readLine( ) 方法作数据流指针位置判断，来读取完整文件内容。

# 16-4 文件数据流

在文件数据流套件（java.io.File）中，包含了一个主要的派生类 File、一个实现接口 Filename Filter，以及 FileReader、FileWriter、FileInputStream、FileOutputStream 等 4 个文件 IO 数据流类，以供程序员轻松地掌握文件的管理操作。

## 16-4-1 File 类

File 类是 Java 文件管理的专属工具类。用户可声明建立 File 对象来调用相关类方法，进行文件的读取 / 新建、读取、编辑 / 写入和删除等管理动作。

设计能够对外界沟通的程序，文件的读取（read）和写入（write）是最基本的要求。Java 提供文件（File）类，通过文件类可以了解文件相关的信息及对文件的描述，包括下列的功能：

①建立及删除文件。

②查看文件。

③存取文件信息。

【文件（File）类语法结构】

```
① file(String 文件路径或文件名);          // 建立一个 File 对象，此对象与文件有关
② file(String 文件路径, String 文件名);
```

如果在路径名称字符串中，仅输入文件名而不附加指定路径，则会以目前系统工作路径作为默认值建立 File 对象。

当文件路径或文件名为 null 值时，系统会自动抛出 NullPointerException 异常，交由程序中相应的异常处理 catch 区块处理。

【File 类的异常说明】

```
File(String parent, String child)
// parent: 文件所在的路径位置字符串
// child: 文件名字符串
```

此声明方式主要是将文件的完整路径名称分为 parent（路径名称）字符串和 child（文件名）字符串。用户可省略声明 parent 字符串，如省略声明文件的所在路径，则系统会以根目录（Root Direction）作为默认值建立 File 对象。

当 child 字符串为 null 值时，系统会自动抛出 NullPointerException 异常，交由程序中相对的异常处理 catch 区块排除。

【File 类的异常说明】

```
File(File parent, String child)
// parent: 已存在的 File 对象
// child: 文件名字符串
```

不同于前一种声明方式，该声明方式主要是依据已存在 File 对象的文件所在路径，作为原 parent 字符串的依据。同样地，如果省略导入 parent 参数，则会以系统根目录作为默认值来建立新的 File 对象。

当 child 字符串为 null 值时，系统会自动抛出 NullPointerException 异常，交由程序中相对的异常处理 catch 区块排除。

【File 类的异常说明】

```
File(URI uri)
// uri: 已存在的 uri 对象
```

利用已存在的uri对象作为文件路径依据，建立一个新的File对象。所谓的URI（Uniform Resource Identifier）就是资源标识符，是网络资源的一种通用性的绝对路径标识。

使用URI路径建立File对象，并搭配Java跨平台的虚拟机机制，可让程序开发人员不再需要考虑客户端作业平台的差异，即能编写出通用的代码段。

在File类之中，内置了多种成员方法。可以将这些成员方法依照作用性质的不同大致分为文件管理相关方法与文件属性检查存取相关方法两大类型。

（1）文件管理相关方法

File类的文件管理相关方法，包括文件的新建、删除或更名等操作，有关的管理方法如表16-11所示。

表 16-11

| 方法名称及语法格式 | 说　明 |
|---|---|
| createNewFile( ) | 新建文件 |
| createTempFile(String prefix, String suffix, File directory) | 新建临时文件，相关参数说明如下：<br>String prefix：主文件名字符串<br>String suffix：扩展名字符串<br>File directory：指定File对象的文件路径 |
| delete( ) | 删除指定文件 |
| deleteOnExit( ) | 程序结束后删除指定文件，通常用来删除所建立的临时文件 |
| mkdir( ) | 建立指定路径，如父路径不存在则无法新建，并传回布尔值false |
| mkdirs( ) | 建立指定路径，如父路径不存在则会自动建立父路径 |
| renameTo(File dest) | 变更文件或路径名称，参数说明如下：<br>File dest：依据指定File对象的文件或路径名称 |

【范例程序：CH16_15】

```
01    /* 程序: CH16_15 File 类文件管理方法应用 */
02    // 导入 IO 套件
03    import java.io.*;
04    public class CH16_15{
05       // 主程序区块
06       public static void main(String args[])throws IOException{
07          // 建立 File 对象
08          File myFile=new File("Test.txt");
09          File myRename=new File("Test.doc");
10          // 新建文件
11          if(myFile.createNewFile()==true)
12             System.out.println(" 文件 Test.txt 成功建立 ");
13          else
14             System.out.println(" 文件 Test.txt 新建失败 ");
15          // 变更文件名
16          if(myFile.renameTo(myRename)==true)
17             System.out.println(" 文件 Test.txt 成功更名为 Test.doc");
18          else
19             System.out.println(" 文件 Test.txt 更名失败 ");
20          // 删除文件
21          if(myRename.delete()==true)
22             System.out.println(" 文件 Test.doc 删除成功 ");
23          else
24             System.out.println(" 文件 Test.doc 删除失败 ");
25       }
26    }
```

【程序运行结果】

程序运行结果如图 16–21 所示。

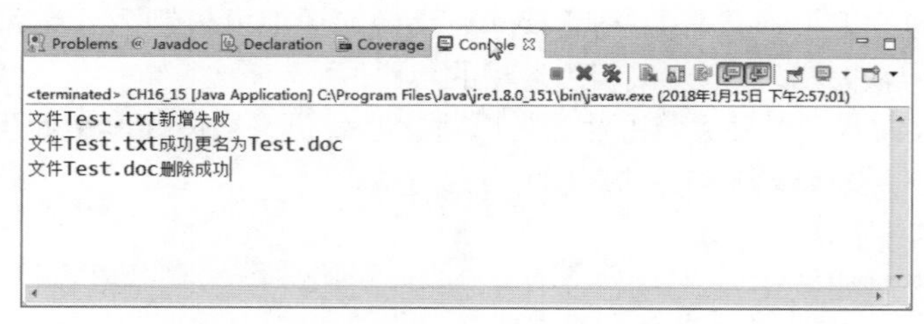


图 16–21

【程序解析】

① 第 11~14 行：利用 if 语句判断 create( ) 方法是否成功，并显示输出相应提示信息。

② 第 21~24 行：利用 if 语句判断 delete( ) 方法是否成功，并显示输出相应提示信息。

（2）文件属性存取与检查方法

文件属性存取与检查方法如表 16–12 所示。

表 16–12

| 方法名称及语法格式 | 说　明 |
|---|---|
| canRead( ) | 检查是否具有目标文件的读取权限 |
| canWrite( ) | 检查是否具有目标文件的写入权限 |
| exists( ) | 检查目标文件是否存在 |
| getName( ) | 取得目标对象的文件名，其值不包含路径字符串 |
| getParent( ) | 取得目标对象的父路径名称 |
| getPath( ) 或 getAbsolutePath( ) | 取得目标对象路径，Absolute Path 为绝对路径 |
| isFile( ) | 检查目标是否为文件类型 |
| isDirectory( ) | 检查目标是否为目录类型 |
| isHidden( ) | 检查目标是否隐藏 |
| lastModified( ) | 取得目标的最后修改日期 |
| length( ) | 取得目标的文件大小，如果目标为目录，则该返回值为 0 |
| list( ) 或 listFiles( ) | 取得目录对象内所有成员数据的字符串数组 |
| setReadOnly( ) | 设定只读属性 |
| setLastModified(long time) | 设定最后修改日期，其 time 参数格式如下所示：<br>(00:00:00 GMT, January 1, 1970) |

【范例程序：CH16_16】

```
01    /* 程序: CH16_16 Dir 指令实现 */
02    // 导入 IO 套件
03    import java.io.*;
04    public class CH16_16{
05       // 主程序区块
06       public static void main(String args[]){
07          try{
08             // 利用主程序区块参数建立 File 对象
09             File myFile=new File(args[0]);
10             //File 对象是否为目录类型
11             if(myFile.isDirectory()){
12                // 将目录内所有成员数据转存成字符串数组
13                String list[]=myFile.list();
```

```
14                  for(int i=0; i<list.length; i++){
15                      // 实现目录内部成员的 File 对象
16                      File mySubFile=new File(args[0]+
"/"+list[i]);
17                      // 判断 mySubFile 对象是否为文件
18                      if(mySubFile.isFile())
19                          System.out.println(list[i]+
"\t 长度 "+mySubFile.length());
20                      else
21                          System.out.println(" 目录 \t"+"["
+list[i]+"]");
22                  }
23              }
24              else
25                  // 抛出自定义错误
26                  throw new Exception(" 指定路径错误 ");
27          }
28          catch(ArrayIndexOutOfBoundsException e){
29              System.out.println(" 没有指定路径 ");
30          }
31          catch(Exception e){
32              System.out.println(e.getMessage());
33          }
34      }
35  }
```

【程序运行结果】

先行设定要传给程序的参数，如图 16–22 所示。

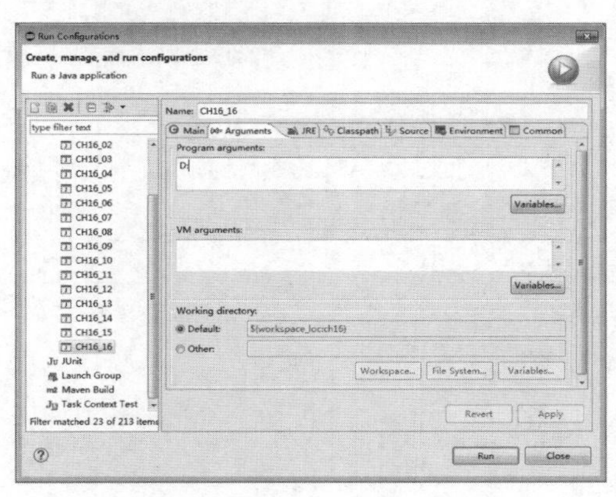

图　16–22

程序运行结果如图 16–23 所示。

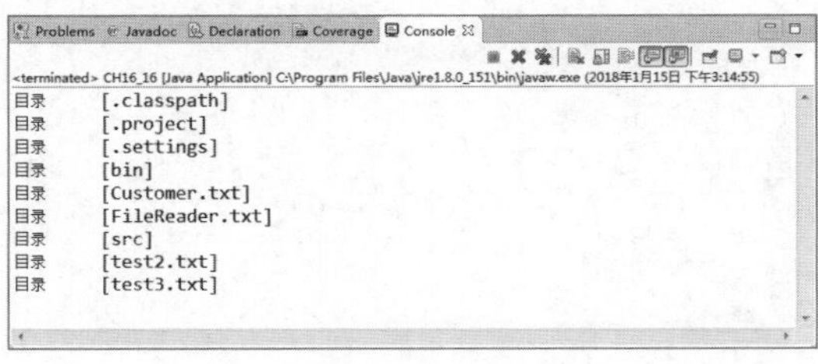

图　16–23

【程序解析】

① 第 11 行：判断主要对象 myFile 是否为目录，是则运行第 12~23 行，依次实现路径内成员

的 File 对象，并通过相关方法输出路径内成员的属性值。

② 第 26 行：如果主程序区块所导入的字符串参数不是路径类型，则抛出自定义错误信息。

### 16-4-2 文件名过滤接口

文件数据流套件中包含一个文件名过滤接口 FilenameFilter，用来快速过滤目标路径内符合搜索条件的文件成员。

由于 FilenameFilter 属于接口类型，因此必须通过自定义类来进行 FilenameFilter 接口的实现，并于内容语句中覆写它的抽象成员方法 accept( )。

【语法格式说明】

```
class myFilter implements FilenameFilter{
   ...myFilter 内容语句
   public boolean accept(File dir, String name){
   ... 覆写实现内容语句
   }
}
```

【范例程序：CH16_17】

```
01   /* 程序: CH16_17 文件名过滤器实现 */
02   // 导入 IO 套件
03   import java.io.*;
04   public class CH16_17 implements FilenameFilter{
05      private String myFilename;
06      // 类构造函数
07      public CH16_17(String myStr){
08         this.myFilename=myStr;
09      }
10      // 覆写接口的 accept 方法
11      public boolean accept(File dir, String filename){
12         boolean isMatch=true;
13         if(myFilename !=null)
14            isMatch &=filename.startsWith(myFilename);
15         return isMatch;
16      }
17      // 主程序区块
18      public static void main(String args[]){
19         // 利用主程序区块参数建立 File 对象
20         File myFile=new File(args[0]);
21         // 建立主类对象
22         CH16_17 myObject=new CH16_17(args[1]);
23         System.out.println(" 在目标路径:  "+args[0]+" 内搜寻符合 "+
24                            args[1]+" 关键词的文件 \n");
25         System.out.println(" 搜寻结果如下所示: ");
26         // 列出文件清单
27         String fileList[]=myFile.list(myObject);
28         for(int i=0; i<fileList.length; i++)
29            System.out.println(fileList[i]);
30      }
31   }
```

【程序运行结果】

先行设定要传给程序的参数，如图 16-24 所示。

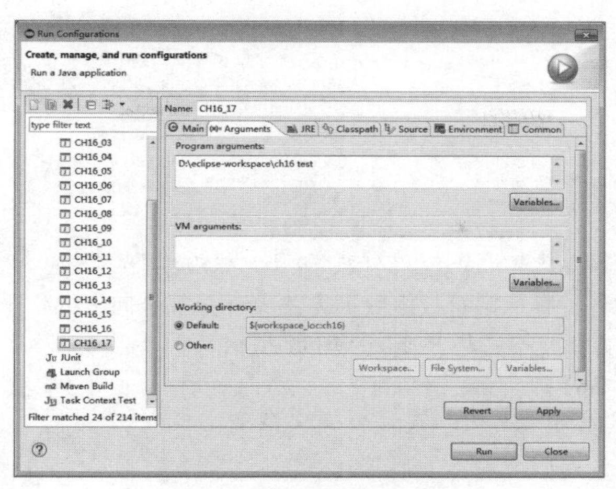


图　16–24

程序运行结果如图 16–25 所示。

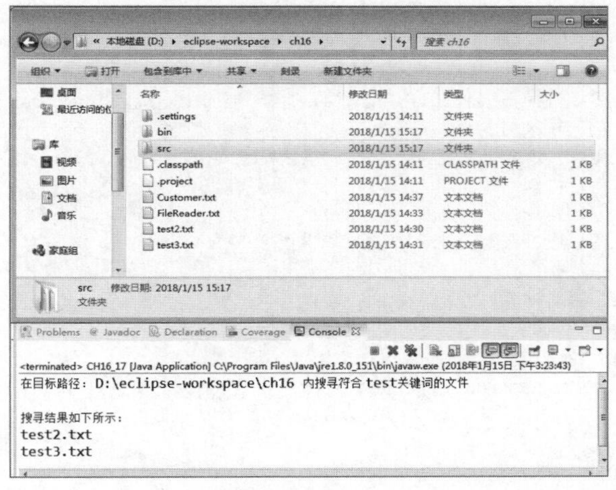


图　16–25

【程序解析】

① 第 11~16 行：覆写 accept( ) 抽象成员方法，当文件名字符串符合判断式要求时，传回布尔类型 isMatch。

② 第 27~29 行：利用 for 循环遍历 fileList 字符串数组，输出所有符合搜索条件的文件。

## 16–4–3　文件 IO 数据流

文件的 IO 数据流可依照处理的数据类不同，分为字符数据流与字节数据流两种类型。

1. 文件的字符数据流

文件的字符数据流由 FileReader/Writer 两个类所组成，负责处理字符类型数据文件的存取操作。构造函数说明如下所示：

【语法格式说明】

```
① FileReader(File flie)
② FileReader(FileDescriptor fd)
③ FileReader(String filename)
```

```
// File file: 根据 File 对象内的路径或文件名，来建立 FileReader 对象
// FileDescriptor fd: 根据 FileDescriptor 对象内的路径或文件名，来建立 FileReader 对象
// String filename: 直接利用路径或文件名字符串，来建立 FileReader 对象
```

【举例说明】

```
① FileWriter(File file, boolean append)
② FileWriter(FileDescriptor fd)
③ FileWriter(String filename, boolean append)
// boolean append: 设定是否打开文件的附加写入模式。可以省略，省略时系统默认值为 false
```

由于它们所提供的各种存取字符数组数据方法大部分都是向上继承于 Reader/Writer 抽象基类的成员方法，因此使用方法及格式与 Reader/Writer 类相同。

【范例程序：CH16_18】

```
01    /* 程序: CH16_18 文本文件复制指令实现 */
02    // 导入 IO 套件
03    import java.io.*;
04    public class CH16_18{
05       private static String myData;
06       // 主程序区块
07       public static void main(String args[])throws IOException{
08          // 建立文件读取对象
09          FileReader myReader=new FileReader(args[0]);
10          BufferedReader myBuf=new BufferedReader(myReader);
11          // 建立文件写入对象
12          FileWriter myWriter=new FileWriter(args[1]);
13          // 运行写入动作
14          while((myData=myBuf.readLine())!=null){
15             myWriter.write(myData+"\r\n");
16          }
17          // 关闭数据流对象
18          myReader.close();
19          myWriter.close();
20          System.out.println("来源文件:  "+args[0]+
21                             " 成功复制为目标文件:  "+args[1]);
22       }
23    }
```

【程序运行结果】

先行设置要传给程序的参数，如图 16-26 所示。

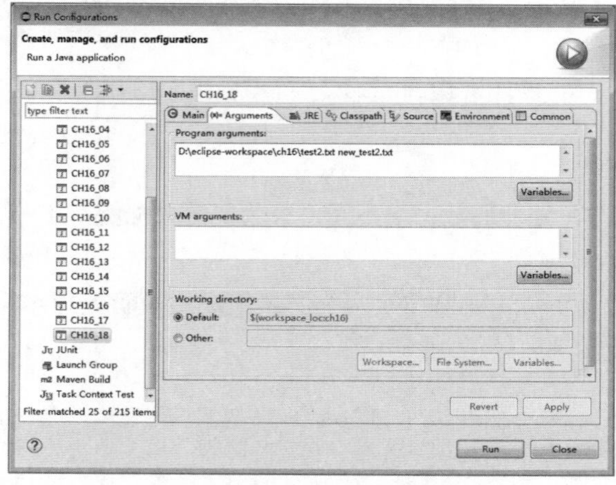

图 16-26

程序运行结果如图 16-27 所示。

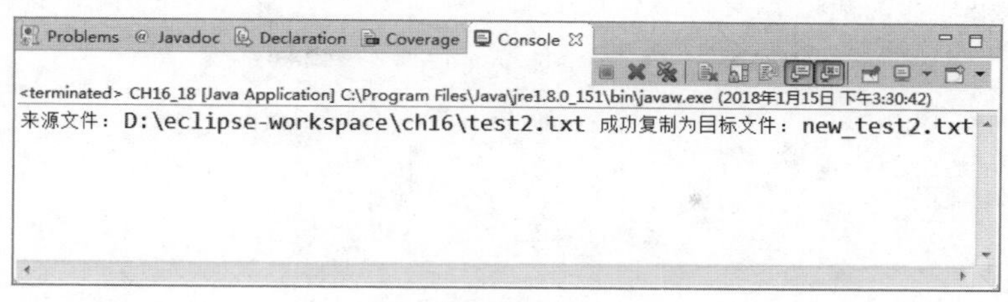


图　16-27

【程序解析】

① 第 10 行：建立缓冲区读取数据流对象，将 myReader 从目标文件中所读取的内容数据，写入缓冲区中。

② 第 14~16 行：通过 while 循环，将 readLine( ) 方法所读取的缓冲区内字符数据，依次写入目标文件中。

2. 文件的字节数据流

文件的字节数据流由 FileInputStream 与 FileOutputStream 两个类组成，负责处理二进制元文件的存取工作。构造函数说明如下所示：

【语法格式说明】

```
① FileInputStream(File flie)
② FileInputStream(FileDescriptor fd)
③ FileInputStream(String filename)
// File file: 依据 File 对象内的路径或文件名，来建立 FileInputStream 对象
// FileDescriptor fd: 依据 FileDescriptor 对象内的路径或文件名，来建立 FileInputStream 对象
// String filename: 直接利用路径或文件名字符串，来建立 FileInputStream 对象
```

【举例说明】

```
① FileOutputStream(File file, boolean append)
② FileOutputStream(FileDescriptor fd)
③ FileOutputStream(String filename, boolean append)
// boolean append: 设定是否打开文件的附加写入模式。可以省略，省略时系统默认值为 false
```

同样地，FileInput/OutputStream 的类成员方法都是向上继承自字节数据流的共同基类 Input Stream 与 OutputStream。

【范例程序：CH16_19】

```
01    /* 程序: CH16_19 二进制元文件复制指令实现 */
02    // 导入 IO 套件
03    import java.io.*;
04    public class CH16_19{
05       private static byte[] myData;
06       // 主程序区块
07       public static void main(String args[])throws IOException{
08          // 建立 FileInputStream 对象
09          FileInputStream myInput=new FileInputStream(args[0]);
10          // 临时文件资料
11          int dataSize=myInput.available();
12          myData=new byte[dataSize];
13          myInput.read(myData);
14          // 建立 FileOutputStream 对象
15          FileOutputStream myOutput=new FileOutputStream(args[1]);
```

```
16          //写入文件
17          myOutput.write(myData);
18          //关闭数据流对象
19          myInput.close();
20          myOutput.close();
21          System.out.println("来源文件:  "+args[0]+
22                             " 成功复制为目标文件:  "+args[1]);
23      }
24  }
```

【程序运行结果】

先行设置要传给程序的参数，如图 16-28 所示。

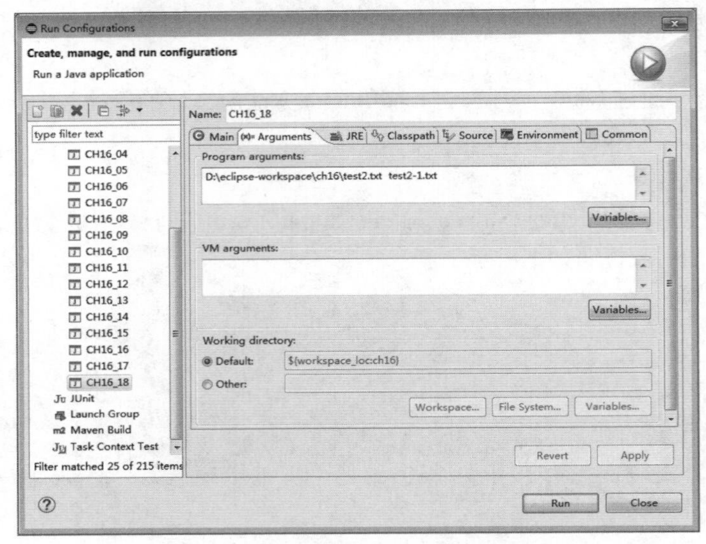

图 16-28

程序运行结果如图 16-29 所示。

图 16-29

【程序解析】

① 第 11~12 行：利用 available( ) 方法抓取目标文件内容的字节大小，并作为 myData 字节数组的索引依据。

② 由结果可见，test.com 已经建立于 CH16 文件夹中。

## 16-5 关于缓冲区

利用缓冲区（Buffered）机制来处理文件的读取和写入，可以有效地减少读取和写入完成的时间，提高效率。

缓冲区运行的时机：

①读取时：假如缓冲区中尚未有数据，当程序需要读取文件时，会将要读取的数据先存在缓冲区中，再将文件输入程序。

②写入时：当程序需要写入文件时，需要等待缓冲区中暂存数据的区块已填满时，才会运行一次实际的写入动作。

### 16-5-1　字节数据流使用缓冲区

字节数据流使用缓冲区的类关系如图 16-30 所示。

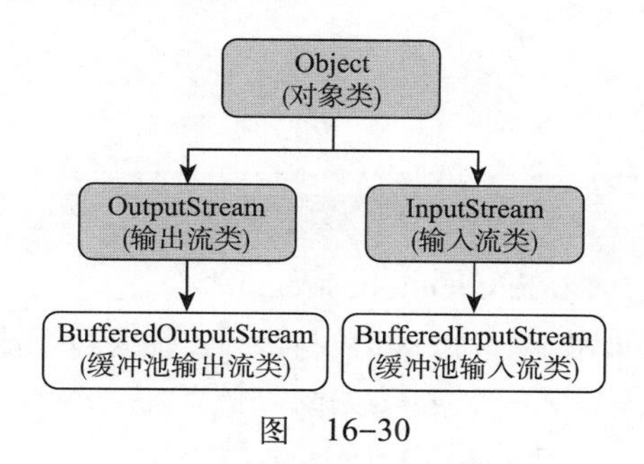


图　16-30

1. 缓冲器输入数据流类（BufferedInputStream）

缓冲器输入数据流类（BufferedInputStream）提供了更有效率数据读取方法，策略是一次读取缓冲器中全部的数据，并非一次只读取一个字节数据。

缓冲器输入数据流类的常用方法如表 16-13 所示。

表　16-13

| 缓冲器输入数据流类常用方法 | 方 法 说 明 |
| --- | --- |
| void close( ) | 关闭缓冲器输入数据流类对象 |
| void available( ) | BufferedInputStream 对象中可被读取的大小 |
| int read( ) | 读取 BufferedInputStream 对象字节数据 |
| int read( byte[ ] 缓冲器 , int 位置 , int 长度 ) | 按照所指定的位置、指定读取范围，将 BufferedInputStream 对象中字符读取到缓冲器中 |

【缓冲器输入数据流类语法结构】

```
① BufferedInputStream (InputStream 对象);
② BufferedInputStream (InputStream 对象, int 长度);
```

【范例程序：CH16_20】

```
/* 文件:CH16_20
 * 说明:缓冲器输入数据流类 (BufferedInputStream) 使用方法
 */

import java.io.*;
class CH16_20{
   public static void main(String[] args)throws IOException {
      byte[] c="BufferedInputStream !!".getBytes();
      ByteArrayInputStream b=new ByteArrayInputStream(c);
      BufferedInputStream buf=new BufferedInputStream(b);
      int x;
      while((x=buf.read())!=-1){
```

```
            System.out.print((char)x);
        }
    }
}
```

【程序运行结果】

程序运行结果如图 16-31 所示。

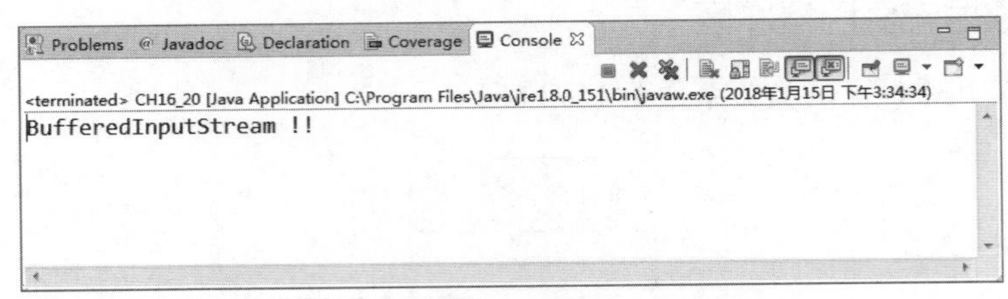


图　16-31

2. 缓冲器输出数据流类（BufferedOutputStream）

缓冲器输出数据流（BufferedOutputStream）与缓冲器输入数据流类类似，策略是一次写入缓冲器中全部的数据，并非一次只写入一个字节数据。

缓冲器输出数据流类的常用方法如表 16-14 所示。

表　16-14

| 缓冲器输出数据流类常用方法 | 方 法 说 明 |
| --- | --- |
| void close( ) | 关闭缓冲器输出数据流类对象 |
| void flush( ) | 强行运行将缓冲器中的数据写入 BufferedOutputStream 对象 |
| void write( byte[ ] 缓冲器 , int 位置 , int 长度 ) | 按照所指定的位置、指定读取范围，将 BufferedOutputStream 对象中字符读取到缓冲器 |

【缓冲器输出数据流类语法结构】

```
① BufferedOutputStream (OutputStream 对象);
② BufferedOutputStream (OutputStream 对象, int 长度);
```

【范例程序：CH16_21】

```
01    /* 文件:CH16_21
02     * 说明:缓冲器输出数据流类 (BufferedOutputStream) 使用方法
03     */
04
05    import java.io.*;
06    class CH16_21{
07          public static void main(String[] args)throws IOException {
08          FileOutputStream fw=new FileOutputStream("D:BufferedOutputStream.txt");
09          BufferedOutputStream buf=new BufferedOutputStream(fw);
10          String str="BufferedOutputStream !!";
11          char[] c=new char[str.length()];
12          str.getChars(0,str.length(),c,0);
13          for(int i=0;i<str.length();i++){
14             buf.write(c[i]);
15          }
16          buf.flush();
17          fw.close();
18       }
19    }
```

【程序运行结果】

程序运行结果如图 16-32 所示。

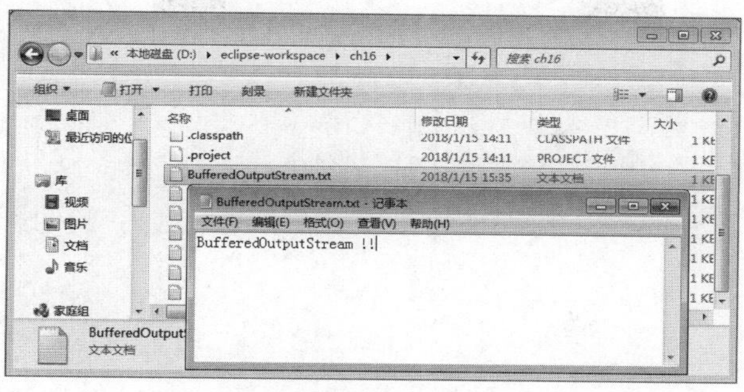


图 16-32

## 16-5-2 字符数据流使用缓冲区

字符数据流使用缓冲区的类关系如图 16-33 所示。

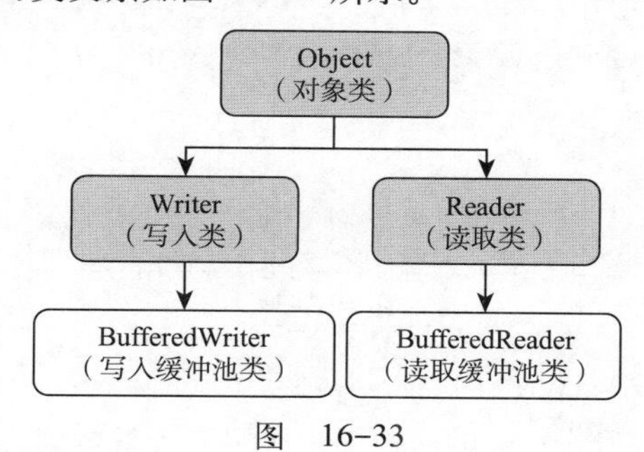


图 16-33

1. 读取缓冲器类（BufferedReader）

读取缓冲器类（BufferedReader）提供数据可以暂时存放的地方，即缓冲器。如果拥有多个缓冲器，则能够让程序一次读取大量数据，提高读取效率。

读取缓冲器类的常用方法如表 16-15 所示。

表 16-15

| 读取缓冲器类常用方法 | 方 法 说 明 |
|---|---|
| void close( ) | 关闭读取缓冲器类对象 |
| void read( ) | 读取缓冲器内的下一个字符数据 |
| String readLine( ) | 读取一行文字 |
| int read( byte[ ] 缓冲器 , int 位置 , int 长度 ) | 按照所指定的位置、指定读取范围，将 BufferedInputStream 对象中字符读取到缓冲器中 |

【读取缓冲器类语法结构】

```
① BufferedReader (Reader 对象);
② BufferedReader (Reader 对象, int 长度);
```

【范例程序：CH16_22】

```
01    /* 文件:CH16_22
02     * 说明:读取缓冲器类 (BufferedReader) 使用方法
03     */
```

```
04
05   import java.io.*;
06   class CH16_22{
07      public static void main(String[] args)throws IOException {
08         String str="BufferedReader !!";
09         char[] c=new char[str.length()];
10         str.getChars(0,str.length(),c,0);
11         CharArrayReader b=new CharArrayReader(c);
12         BufferedReader buf=new BufferedReader(b);
13         int x;
14         while((x=buf.read())!=-1){
15            System.out.print((char)x);
16         }
17      }
18   }
```

【程序运行结果】

程序运行结果如图 16-34 所示。

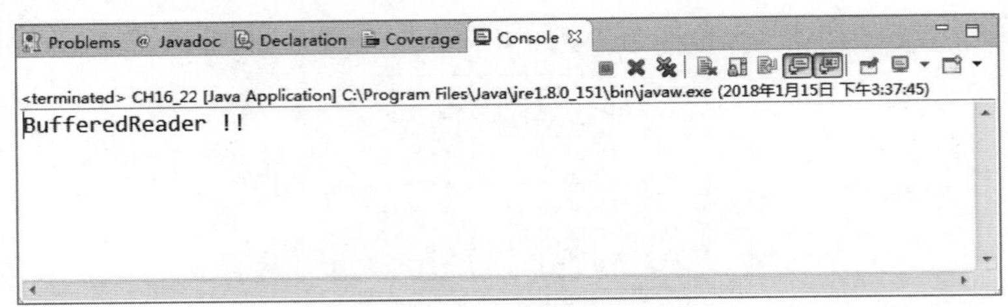


图　16-34

2. 写入缓冲器类（BufferedWriter）

写入缓冲器类（BufferedWriter）能够让程序一次写入大量数据，提高写入效率。

写入缓冲器类的常用方法如表 16-16 所示。

表　16-16

| 写入缓冲器类常用方法 | 方 法 说 明 |
|---|---|
| void close( ) | 关闭写入缓冲器类对象 |
| void write( ) | 指定字符数据写入缓冲器内 |
| void newLine( ) | 插入一行新的文字 |
| int write( byte[ ] 缓冲器 , int 位置 , int 长度 ) | 按照所指定的位置、指定读取范围，将 BufferedWriter 对象中的字符读取到缓冲器中 |

【写入缓冲器类语法结构】

```
BufferedWriter (Writer 对象);
BufferedWriter (Writer 对象, int 长度);
```

【范例程序：CH16_23】

```
01   /* 文件 :CH16_23
02    * 说明 : 写入缓冲器类 (BufferedWriter) 使用方法
03    */
04
05   import java.io.*;
06   class CH16_23{
07      public static void main(String[] args)throws IOException {
08         FileWriter fw=new FileWriter("D:BufferedWriter.txt");
09         BufferedWriter buf=new BufferedWriter(fw);
```

```
10          String str="BufferedWriter !!";
11          char[] c=new char[str.length()];
12          str.getChars(0,str.length(),c,0);
13          for(int i=0;i<str.length();i++){
14             buf.write(c[i]);
15          }
16          buf.flush();
17          fw.close();
18       }
19    }
```

【程序运行结果】

程序运行结果如图 16-35 所示。

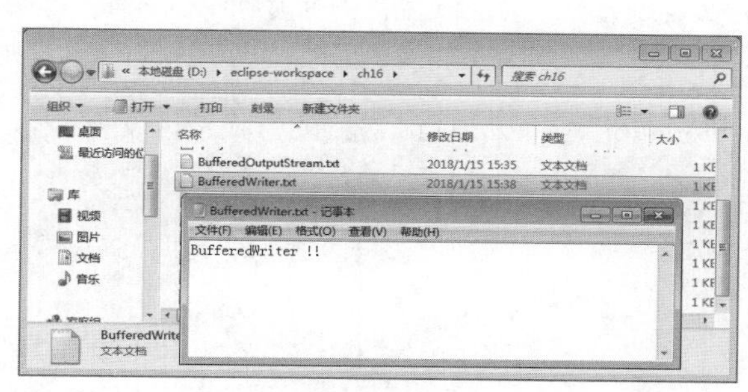


图　16-35

## 16-6　本章进阶应用练习实例

字节数据流是用来处理以字节为主的对象数据。从文件的输入 / 输出方面来说，使用字节数据流是针对二进制文件（binary file）。所谓的二进制文件，就是将内存中的对象数据原封不动地直接写入文件中。例如，程序中有一个数值为 12 的 int 变量，如果将它以字符类型方式保存至文件中时，它的处理模式如下：

```
程序将数值 12 视为两个字符 1 与 2，并将这两个字符转换成 ASCII 编码
字符 1                49
字符 2                50
最后将转换过后的这两个 ASCII 码整数值存入文件之中
```

然而如果以二进制的方式写入，它的处理模式如下：

```
程序将数值 12 原封不动地写入内存缓冲区，这期间会将数值转换为二进制再写入
数值 12                    1100
最后将内存内的数据 1100 直接写入文件之中
```

因此，如果以二进制的方式写入文件，它的长度为 4 个字节。

如同之前所介绍过各种数据类型的位流 I/O 处理一样，文件数据的 I/O 也区分为 FileInputStream（文件输入）与 FileOutputStream（文件输出）两个类。

### 16-6-1　文件输入数据流——FileInputStream

文件输入数据流（FileInputStream）的功用，是从文件中将数据输出至内存缓冲区。它与文件读取类相同，也有三种构造声明的方式：

```
FileInputStream(File 对象名称)
FileInputStream(FileDescriptor 对象名称)
```

```
FileInputStream(文件或路径名称字符串)
```

FileInputStream 相关的类方法如表 16-17 所示。

表　16-17

| 方 法 名 称 | 说　明 |
| --- | --- |
| close( ) | 关闭 FileInputStream 类对象 |
| finalized( ) | 当类对象没有使用时，实现此方法确保 close( ) 方法会正确地关闭该对象 |
| available( ) | 取得 FileInputStream 类对象可读取的字节大小 |
| read( ) | 仅读取目前位置一个字节大小的数据 |
| read( 字节数组缓冲区名称 ) | 将对象中全部数据，读进暂存数组中 |
| read( 字节数组缓冲区名称，起始位置，指定长度 ) | 将指定起始位置与长度的 FileInputStream 对象数据，读进暂存数组中 |
| skip(n) | 从目前位置跳过 n 个字节，自变量值数值类型为长整数（long） |

下面范例利用 FileInputStream 类对象，以二进制的方式读取文件内容。

```
01    //说明:FileInputStream使用
02    import java.io.*;
03    public class WORK16_01
04    {
05       private static String myPath, myFileData;
06       public static void main(String args[])throws IOException
07       {
08          BufferedReader buf=new BufferedReader(new InputStreamReader(System.in));
09          System.out.print("文件名: ");
10          myPath=buf.readLine();
11          System.out.println("\n文件数据内容如下\n");
12          //实现FileInputStream对象
13          FileInputStream myFileIS=new FileInputStream(myPath);
14          int myDataSize=myFileIS.available();
15          byte[] myData=new byte[myDataSize];
16          myFileIS.read(myData);
17          myFileData=new String (myData, 0, myDataSize);
18          //显示数据
19          System.out.println(myFileData);
20          myFileIS.close();
21       }
22    }
```

【程序运行结果】

程序运行结果如图 16-36 所示。

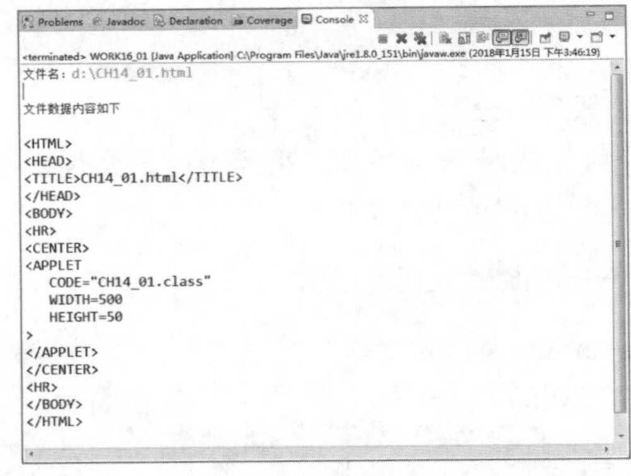


图　16-36

## 16-6-2　文件输出数据流——FileOutputStream

文件输出数据流负责将内存中的数据，以二进制的方式写入文件。它与文件写入类特点相同，如果指定的文件名不存在，则会先建立目标文件再进行写入动作。FileOutputStream 类对象的构造声明方式如下：

```
FileOutputStream(File 对象名称, 附加模式)
FileOutputStream(FileDescriptor 对象名称)
FileOutputStream(文件或路径名称字符串, 附加模式)
```

FileOutputStream 有关的各个类方法如表 16-18 所示。

表　16-18

| 方法名称 | 说明 |
| --- | --- |
| close() | 关闭 FileOutputStream 类对象 |
| finalized() | 当类对象没有使用时，实现此方法确保 close() 方法会正确地关闭该对象 |
| write(字符) | 写入一个字符到 FileOutputStream 类对象，注意其字符值数值为 int |
| writer(字节数组缓冲区名称，起始位置，指定长度) | 将缓冲区中指定起始位置与长度的字符数据，写入 FileOutputStream 类对象；其中起始位置与指定长度自变量值可省略 |
| flush() | 强制缓冲区输出所有字符数据，写入 FileOutputStream 类对象 |

下面范例利用 FileOutputStream 类对象，将内存缓冲区中的数据，以二进制的方式写入目标文件。

```
01    //说明:FileOutputStream使用
02    import java.io.*;
03    public class WORK16_02
04    {
05       private static byte[] myData;
06       public static void main(String args[])throws IOException
07       {
08          BufferedReader buf=new BufferedReader(new InputStreamReader(System.in));
09          System.out.print("新建文件名: ");
10          String myPath=buf.readLine();
11          File myFile=new File(myPath);
12          //实现myFileWriter对象
13          FileOutputStream myFileOS=new FileOutputStream(myPath, false);
14          System.out.println("开始输入文字，离开程序请输入 ^z\n");
15          String myInputData="";
16          //写入文件
17          while(!(myInputData=buf.readLine()).equals("^z"))
18          {
19             myData=(myInputData+"\r\n").getBytes();
20             myFileOS.write(myData);
21          }
22          myFileOS.close();
23       }
24    }
```

【程序运行结果】

程序运行结果如图 16-37 和图 16-38 所示。

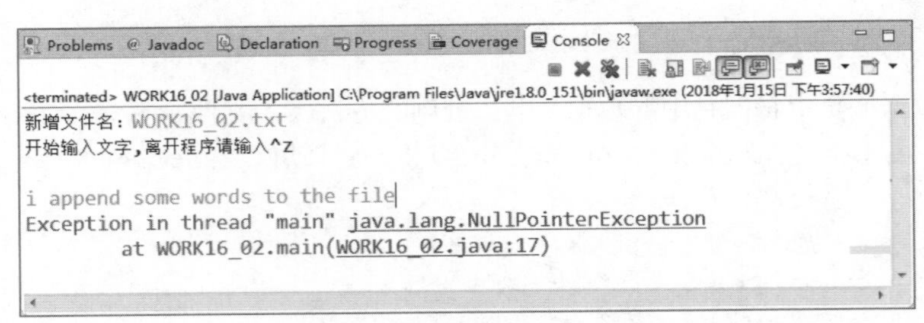


图 16-37

图 16-38

# 习题

## 1. 填空题

（1）________与________是 Java 基本的输出数据流对象。

（2）System.in 的 read( ) 成员方法一次仅能读取________个字符。

（3）当 Java 程序运行时，系统会自动建立________、________与 System.err 三个基本输入 / 输出数据流对象。

（4）________套件中包含了 Java 所有类型的输入 / 输出数据流类，并可依照存取数据类型的不同分为________、________与________三大类型。

（5）________与________数据流类负责读取内存内的字符数据。

（6）________与________数据流类负责读取内存内的字符串数据。

（7）所有字节数据流类都是向上继承于________和________抽象基类。

（8）Java 的管道机制由________和________连接建立而成，其中________负责管道的传送端写出数据，________负责管道的接收端接收数据。

（9）________是 Java 中负责文件名过滤的接口。

（10）FileOutputStream 负责将内存内的数据，以________方式写入文件。

## 2. 问答与实现题

（1）比较 print( ) 与 println( ) 这两种方法的主要差异。

（2）如果在程序中必须输出任何错误信息，可利用哪一个对象调用输出方法？

（3）如果要利用 read( ) 方法时取得输入数据流的下一个（next）字节数据，并希望可以将所取得的数据转存成字符（char）数据类型，应该如何做？

（4）Java 的 API 中提供了多种不同的数据流对象，用以处理不同类型数据的输入 / 输出动作。这些数据流对象主要包含于哪一个套件之中？如果依据这些对象所处理数据类型的不同，大致可以分为哪三大类？

（5）内存区块数据的存取动作主要是由哪几个字符数据流类所组成？

（6）缓冲区数据的存取动作主要是由哪两个类负责？

（7）BufferedWriter 类是一种间接的写出对象。使用 BufferedWriter 对程序的读写动作有何好处？

（8）字节数据流（Byte Streams）向上继承于哪两个主要的抽象类？

（9）InputStream 与 OutputStream 是 Java 的 IO 处理套件中，所有字符数据流的抽象基类（abstract superclasses）。简述两者的主要功能。

（10）何谓管道（pipe）处理？ Java 中负责管道处理的字节数据流套件是什么？

（11）什么是格式化输入 / 输出数据流？在 Java 中哪两种类属于格式化输入 / 输出数据流？

（12）在文件数据流套件（java.io.File）中主要包含哪些类及接口来供程序员轻松地掌握文件的管理动作？

# 第 17 章

# 多　线　程

所谓的多线程机制，就是将程序分割为多个线程（threads），让这些线程在同一时间中可同时运行，从而提高计算效率。

Java 的虚拟作业环境提供了完善的多线程机制，让程序员能编写高效率的应用程序。

本章将完整说明程序（program）、进程（process）和线程（thread）之间的关系，同时会介绍多线程的基本用法。

### 学习目标

- 理解多线程相关概念及 Java 的多线程机制。
- 掌握 Java 多线程程序开发的基本方法。

### 学习内容

- 线程概念。
- Java 的多任务处理。
- Timer 与 TimerTask 类。
- 多线程机制——Thread 类。
- 多线程机制——Runnable 接口。
- 线程的生命周期。
- 管理线程的方法。
- 组化线程。
- 数据同步作业问题。

## 17-1　线程概念

在开始正式说明 Java 多线程机制的使用方法之前，先来稍微了解程序运行流程的基本概念。

线程（thread）可定义为程序运行的轨迹路线，轨迹路线又可以解释为程序中进程（process）的处理流程，如图 17-1 所示。

首先来说明程序（program）、进程（process）和线程（thread）之间的关系：

①程序：程序员经过规划、编码、调试、编译及运行，然后保存在实例设备中（如硬盘）的

可执行文件的实例。

②进程：将程序加载到内存中，即“程序的一次运行”或“运行中的程序”。

③线程：进程中的“程序代码块”运行的流程、轨迹路线。线程是最小的运行单位，是 CPU 调度的最小单元。

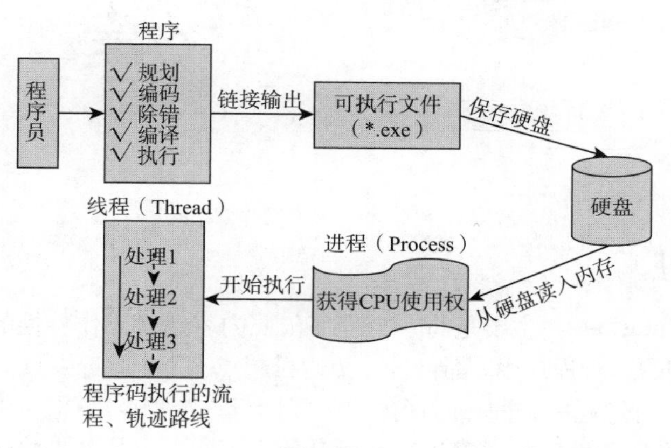


图 17-1

除了考虑获得 CPU 的使用权外，还必须考虑线程的生命周期，关于这部分后续的章节会有详细说明。接下来介绍单个线程和多线程的不同之处。

## 17-1-1 顺序结构

在本章之前我们所编写的 Java 程序代码，都是依照程序的运行步骤来一次声明建立的。举例来说，我们先建立整数类型变量 total,接着通过 for 循环与表达式对变量 total 进行 1~10 的累加计算，最后再利用 Java 的输出指令将结果值显示在屏幕中。如图 17-2 所示。

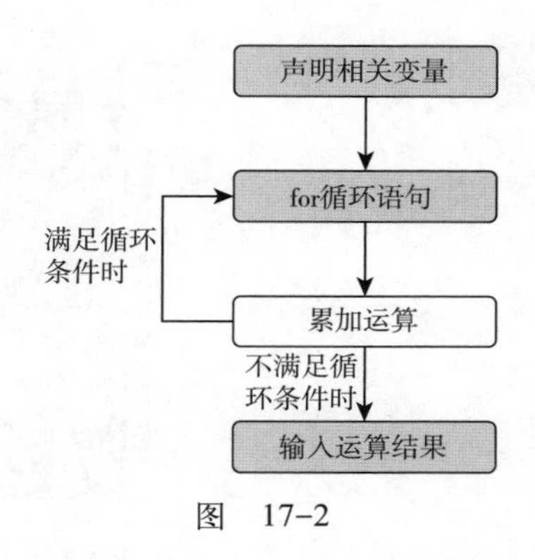


图 17-2

这种依照程序代码顺序依次运行运算动作的程序，可以称为顺序（sequential）结构程序。

单个线程是指在程序中，只有单独一条主要运行的流程方向顺序，也就是说程序代码运行的顺序是从第一进程序代码开始依次（sequential）运行，直到最后一行，运行期间除非有遇到条件式（if...then）或是循环式（for、while），才会更改运行顺序，从开始到程序结束都是“一路到底，直到完成”。

所有顺序结构程序都有共同的特性：它们必定包含一个固定的程序起始点、一个固定的程序结束点，及一个固定的程序运行流程；更重要的是，当程序依照流程运行时，同一时间仅能进行一条指令的运算。

换句话说，当某个程序运行一个运算指令时，会完整地占用全部的系统资源。而如果此时必须要运行第二项工作的运算指令，系统会先暂停（也可称为休眠）第一项工作的指令的运行动作，空出必要的缓冲区（buffer）空间与处理器（CPU）资源，来进行第二项指令的运算处理工作；当第二项运算程序运行完毕后，如有需要再由第一项工作的暂停点开始，继续运行后续的运算工作，如图 17-3 所示。

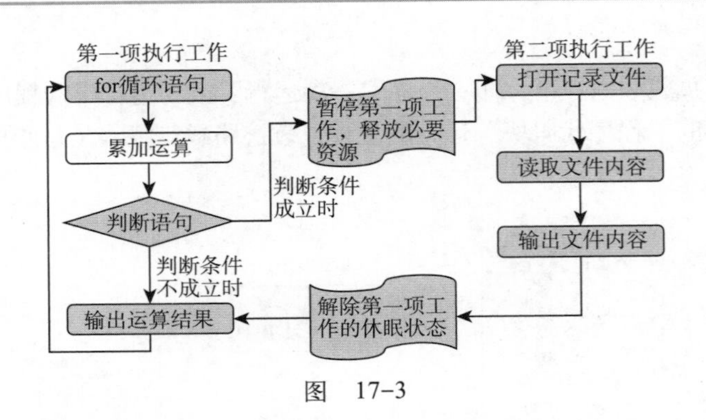


图 17-3

### 17-1-2 多任务处理

多任务处理（multitasking）主要是将一个程序依照内容运算工作特性的不同，分割为多个运行程序，这些经过分割的运行程序中，都包含一个运行起点、一个运行终点、一个固定的流程走向。注意：在每个程序的运行过程中，同一时间内也只能运行一个指令动作。

这样看起来似乎多任务处理与顺序运行并没有什么不同，但是如果将这些细部的运行程序同时运行时，就可以让程序在同一时间之中运行多个运算指令。

举例来说，在某些游戏程序之中，程序必须同时进行定时器的运算、用户输入指令的判断、与图形碰撞的处理等工作，这时就可以利用多任务处理技术，来分割这些细部的运算运行工作，如图 17-4 所示。

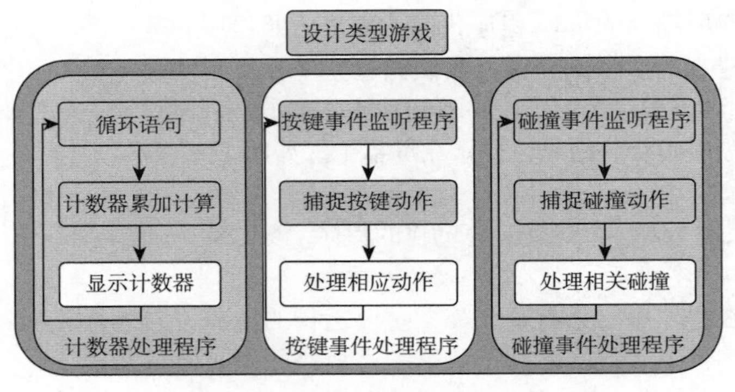


图 17-4

在 Java 程序系统中，将这些经过分割的运行程序称为线程（threads）。每一个线程其实都可以视作一个单独且顺序运行的程序片段，整个 Java 程序就是由这些大大小小的线程所组合而成。

用户必须注意一点：在一个完整的 Java 程序中，可能仅拥有一个有效的线程；但一个完整的线程，如果没有依附在任何程序内，是不可以视作一个完整的 Java 程序的。

也就是说，如果用户在程序的外部，单独声明建立线程语句时，Java 平台的虚拟环境是无法将其编译并进行任何运算运行动作的。

## 17-2 Java 的多任务处理

由于利用 Java 语言所编写的程序不同于其他语言，必须在 Java 的 VM（Virtual Machine）虚拟环境中，才能正确地运行运算动作。所以利用 Java 系统开发的应用程序，不需考虑到用户计算机硬设备或作业平台的限制，即可通过内置的定时器（timer）或多线程（multi threads）机制，来实现各种多任务处理流程。

### 17-2-1 Timer 与 TimerTask 类

绝大多数的程序语言（如 C++ 或 VB 等）并不允许用户在同一时间内处理多个运行程序（进程）(processes)。如果开发人员有相关可能的需求，可以利用系统中所提供的各种 Timer 组件，以定时运行的方式来模拟类似多任务处理效果。

1. Timer 类

Java 平台提供了专门处理定时器功能的 Timer 类，它包含于 java.util 套件之中。用户可以参照该类建立多个 Timer 对象，以调用运行类内置的各种定时设定或管理方法，来针对特定运算程序作定时运行的处理动作。有关 TimerTask 对象的声明语法片段如下所示：

【TimerTask 对象声明语法】

```
① import java.util.Timer;             // 导入java.util.Timer套件
程序相关语句
② myTimer=new Timer();                // 参照Timer类建立myTimer对象
程序相关语句
```

在 Timer 类之中提供了下列 4 种成员方法，来运行 Timer 对象的管理与设定工作：

（1）cancel( )

终止所指定的 Timer 对象，并放弃该对象中所有已设定工作定时。

（2）purge( )

用以删除指定 Timer 对象中已取消定时运行的工作。

一般的程序并不需要用到此方法，它主要是针对在特殊状况下，程序要大量取消已预订的工作而设计的。在 purge( ) 方法运行完成后，会传回一个 int 类型的数值，用以代表所删除定时的工作总数。

（3）schedule( )

Timer 类中最主要的成员方法，用以设定工作的运行定时。它的使用语法共有 4 种，如表 17-1 所示。

表 17-1

| 语 法 格 式 | 说 明 |
|---|---|
| schedule(TimerTask task, Long delay) | 预订工作于设定的时间后开始运行。<br>delay 参数值的单位为 millisecond（毫秒） |
| schedule(TimerTask task, Date time) | 预订指定工作于指定的日期与时间时开始运行；如果所指定为过去时间，则该工作会无条件地立即运行 |
| schedule(TimerTask task, Long delay, Long period) | 预订指定工作于设定的时间后开始运行。<br>在第一次成功运行完毕后，参照 period 参数值以固定的时间为间隔，进行循环式反复运行动作。<br>delay 与 period 参数值的单位为 millisecond（毫秒） |
| schedule(TimerTask task, Date time, Long period) | 预订指定工作于指定的日期与时间时开始运行；如果所指定为过去时间，则该工作会无条件地立即运行。<br>于第一次成功运行完毕后，参照 period 参数值以固定的时间为间隔，进行循环式反复运行动作。<br>period 参数值的单位为 millisecond（毫秒） |

使用 schedule( ) 成员方法时，必须注意所导入的参数数值是否设定正确，否则会引发系统产生 IllegalArgumentException（导入非法自变量）的异常状况。

另外，如果重复预订相同工作时，同样亦会引发系统产生 IllegalStateException（不正常状态）

的异常情形。

(4) scheduleAtFixedRate( )

如同在 schedule( ) 方法中导入 period 参数一样，使用 scheduleAtFixedRate( ) 方法可以让指定工作于第一次运行后，依照用户所指定的时间间隔，作循环式的重复运行动作。相关使用语法格式如表 17-2 所示。

表 17-2

| 语法格式 | 说明 |
| --- | --- |
| scheduleAtFixedRate(TimerTask task, Long delay, long period) | 预订指定工作于设定的时间后开始运行。<br>于第一次成功运行完毕后，参照 period 参数值以固定的时间为间隔，进行循环式反复运行动作。<br>delay 与 period 参数值的单位为 millisecond（毫秒） |
| scheduleAtFixedRate(TimerTask task, Date time, Long period) | 预订指定工作于指定的日期与时间时开始运行；如果所指定为过去时间，则该工作会无条件地立即运行。<br>于第一次成功运行完毕后，参照 period 参数值以固定的时间为间隔，进行循环式反复运行动作。<br>period 参数值的单位为 millisecond（毫秒） |

scheduleAtFixedRate( ) 方法与导入 period 参数的 schedule( ) 方法的差异在于：如果预订重复性工作更注重工作重复运行的顺畅度（smoothness）时，则应使用 schedule( ) 成员方法；如果更注重时间同步性（synchronization），则应利用 scheduleAtFixedRate( ) 方法。

也就是说，当使用 schedule( ) 方法来设定预订各种工作时，如果因为不明原因造成某次运行延迟，会影响到后续工作也随之延迟；而如果是使用 scheduleAtFixedRate( ) 方法时，则系统不管上一次的工作是否已运行结束，只要指定的时间间隔一到，就会开始运行下一个预订动作。

2. TimerTask 类

要启动定时功能，除了需要建立 Timer 对象外，还必须将所需要运行的工作内容，一并写入到 TimerTask 类的 run 方法中。

TimerTask 是一个抽象类，用户无法直接参照该类建立 TimerTask 对象。因此必须声明一个继承自 TimerTask 类的派生类，并覆写 run( ) 成员方法，才可正确地实现相应的 Task（工作）。例如下面的程序片段：

【举例说明】

```
//声明建立继承自 TimerTask 的 accumulation 类
class accumulation extends TimerTask {
    //覆写 run() 方法
    public void run(){
        ... 工作语句
    }
}
```

在 TimerTask 类之中，除了提供派生类用以覆写实现的抽象成员方法 run( ) 之外，还包含了两个成员方法 cancel( ) 与 scheduleExecutionTime( )。

(1) cancel( ) 方法

用来删除所指定的工作程序。使用 cancel( ) 方法时，系统会传回一个布尔类型数值。当工作已加入定时但目前并未处于运行中状态时，使用 cancel( ) 方法删除该程序后，会传回布尔数值 true，代表成功删除指定工作。

反之，当工作在定时中被默认仅运行一次，且已经运行；或此工作尚未加入任何 Timer 对象中，再或者该工作已被 cancel( ) 方法删除时，系统会传回布尔值 false，代表此指定工作无须运行

cancel( ) 成员方法。

（2）scheduleExecutionTime( ) 方法

用来传回此工作在定时器中最后一次被运行时的系统时间。如果运行此方法时，目标工作正处于运行中状态，那么系统会传回此次工作程序开始的系统时间。

下面利用 Timer 与 TimerTask 类实现一个简单的范例，以说明 Java 定时器的实际应用方法。

【范例程序：CH17_01】

```
01    /* 文件：CH17_01.java 定时器机制示范 */
02    // 导入相关套件
03    import java.util.Timer;
04    import java.util.TimerTask;
05    // 主类
06    public class CH17_01{
07        // 声明相关变量
08        Timer myTimer;
09        // 声明类构造函数
10        public CH17_01(){
11            // 建立 Timer 对象
12            myTimer=new Timer();
13            // 建立 Task 对象
14            Task1 myTask1=new Task1();
15            Task2 myTask2=new Task2();
16                // 预订第一项工作
17                myTimer.schedule(myTask1, 1000, 1000);
18                // 预订第二项工作
19                myTimer.schedule(myTask2, 2000, 2000);
20            }
21            // 主程序
22            public static void main(String[] args){
23                System.out.println(" 开始运行 Timer 定时工作 ");
24                new CH17_01();
25            }
26            // 实现 TimerTask 的派生类，Task1 负责第一项工作
27        class Task1 extends TimerTask{
28            // 建立相关变量
29            int ascending=1;
30            //overloading run() 方法
31            public void run(){
32                if(ascending<=3){
33                    System.out.println(" 第一项工作 ");
34                    System.out.println("ascending 变量递加运算: "+ascending);
35                        ascending++;
36                }
37                else{
38                    System.out.println(" 当 ascending 变量值为 3 时，停止第一项工作 ");
39                    // 调用 cancel() 方法终止工作
40                    cancel();
41                }
42            }
43        }
44        // 实现 TimerTask 的派生类，Task2 负责第二项工作
45        class Task2 extends TimerTask{
46            // 建立相关变量
47            int descending=10;
48            //overloading run() 方法
```

```
49          public void run(){
50             if(descending>=6){
51                System.out.println(" 第二项工作 ");
52                System.out.println("descending 变量递减运算 "+descending);
53                descending --;
54             }
55             else{
56                System.out.println(" 当 descending 变等于 6 时，停止第二项工作 ");
57                // 利用 Timer 对象调用 cancel() 方法终止定时
58                myTimer.cancel();
59             }
60          }
61       }
62    }
```

【程序运行结果】

程序运行结果如图 17-5 所示。

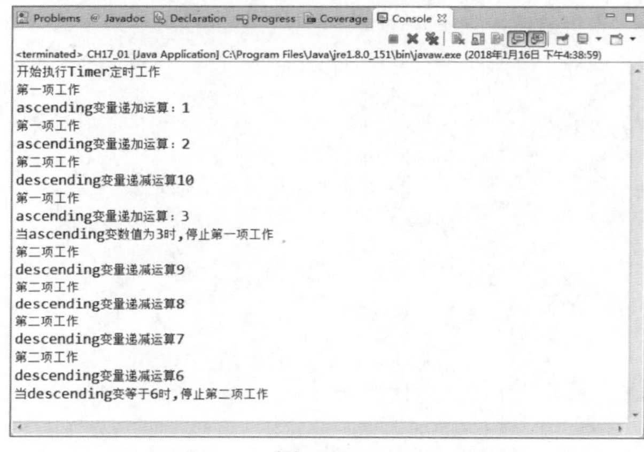


图　17-5

【程序解析】

①第 17 行：将第一项工作加入 Timer 定时，设定程序开始后 1 s 进行第一次运行动作，并于运行完毕后每间隔 1 s 重复运行一次。

②第 19 行：将第二项工作加入 Timer 定时，设定程序开始 2 s 后进行第一次运行动作，并于运行完毕后每间隔 2 s 重复运行一次。

③第 45~61 行：声明继承自 TimerTask 类的派生类 Task2，并覆写 run( ) 方法来负责第二项工作的运行动作。

一般而言，java.util 套件内的 Timer 与 TimerTask 类，主要是负责非图形接口程序的多任务运行处理。如果要开发 GUI（用户图形接口）程序时，建议改用 java.swing 套件内的 Timer 类来实现定时器工作。

## 17-2-2　多线程机制——Thread 类

虽然使用 Timer 类所提供的定时器功能可以在一个程序中同时运行多个工作程序，做到仿真多任务处理的工作环境，但对于程序中的各个运行程序，还是无法详细地处理之间各种细节与状态。

对于许多程序来说，多任务处理的需求是相当重要的。尤其对于一些后台作业程序而言，无法达到多任务处理的功能，就无法显现后台作业的真正效能。此时可以使用 Java 的多线程机制，将主程序（main process）分割为数个可独立运行的片段。

Java 环境中的多线程机制主要由 Thread 类控制。但是由于它只是一个抽象类，用户无法在程序中直接建立所需要 Thread 类对象来做相应的多任务处理动作。即开发人员必须声明自定义类，向上继承自 Thread 类，并覆写所继承的 run( ) 抽象成员方法，来实现定义该线程的实际运行程序。使用语法请参考下面程序片段：

【Thread 类语法】

```
//声明继承自 Thread 类的派生类 task
class task extends Thread{
    … 程序语句 ;
    //覆写 run() 方法
    public void run{
    … 程序语句 ;
    }
}
```

在抽象类 Thread 中，除了实现程序运行动作的 run( ) 抽象成员方法之外，还包含了多种管理方法，如表 17-3 所示。用户能通过这些成员方法对线程进行管理动作。

表 17-3

| 成员方法与语法格式 | 说 明 |
|---|---|
| activeCount( ) | 取得目标线程所在的线程组内正在运行的线程总数 |
| checkAccess( ) | 检查是否能更改目前正在运行的线程内容 |
| currentThread( ) | 传回目前正在运行的线程对象 |
| dumpStack( ) | 传回指定线程目前的运行状态 |
| enumerate(Thread[ ] tarray) | 将当前线程所在的线程组及其子组内的所有线程对象转存为数组类型 |
| getAllStackTraces( ) | 取得所有有效（alive）线程目前的运行状态 |
| getId( ) | 取得目标线程的识别代码 |
| getName( ) | 取得目标线程的识别名称 |
| getPriority( ) | 取得目标线程的权限值 |
| getStackTrace( ) | 取得目标线程的运行状态，返回值为数组类型 |
| getState( ) | 用以取得目标线程属性值 |
| getThreadGroup( ) | 取得目标线程所属组 |
| interrupt( ) | 中断目标线程 |
| interrupted( ) | 测试目标线程是否已被中断。当传回为布尔值 true 时，代表线程已被中断；传回为布尔值 false 时，代表该线程并不处于中断状态 |
| isAlive( ) | 测试此线程是否仍处于有效（alive）状态 |
| isDaemon( ) | 测试此线程是否为后台线程 |
| join(long millis, int nanos) | 暂时中断线程，等待指定时间后再继续运行处理。millis 单位值为微秒，nanos 单位值为纳秒，两参数值可省略声明。当省略声明时，该线程会等待接收到另一线程的结束信息后，才开始继续运行动作 |
| setDaemon(boolean on) | 设定此线程是否为后台线程，当传入参数为布尔值 true 时，代表此线程会于后台运行处理 |
| setName(String name) | 设定此线程的标识符串 |
| setPriority(int newPriority) | 设定此线程的运行权限的优先级。<br>newPriority 值为 1~10，一般默认值为 5。<br>当 newPriority 值为 1 时，代表最低权限；反之此值为 10 时，代表最高权限 |
| sleep(long millis, int nanos) | 设定线程进入睡眠状态，millis 单位值为微秒，nanos 单位值为纳秒，其中 nanos 参数值可省略 |
| start( ) | 命令线程进入“就绪”状态，等待 CPU 分配运行 |
| toString( ) | 将目标线程的识别名称、运行权限与所属组，以字符串类型返回 |
| yield( ) | 暂停目标线程，空出必要的 CPU 资源，让其他线程优先处理 |

【范例程序：CH17_02】

```
01  /* 程序 :CH17_02.Java Thread 类的使用 */
02  public class CH17_02
03  {
04      // 设定相关变量
05      static boolean isRunning1=true;
06      static boolean isRunning2=true;
07      // 主程序区块
08      public static void main(String args[]){
09          // 建立 Thread 对象
10          myThread1 myThread1=new myThread1();
11          myThread2 myThread2=new myThread2();
12          // 设定线程识别名称
13          myThread1.setName(" 第一项工作 ");
14          myThread2.setName(" 第二项工作 ");
15          // 启动线程
16          myThread1.start();
17          myThread2.start();
18          // 设定无限循环
19          while(true){
20              // 设定循环终止条件
21              if(!isRunning1 && !isRunning2)
22                  break;
23          }
24      }
25  }
26
27  class myThread1 extends Thread{
28     // 建立相关变量
29   int ascending=1;
30     //override run() 方法
31     public void run(){
32         while(CH17_02.isRunning1){
33             // 当 ascending 值不超过范围时，运行运算并输出结果
34             if(ascending<=3){
35                 System.out.println(" 第一项工作 ");
36                 System.out.println("ascending 变量递加运算 "+ascending);
37                 ascending++;
38                 try{
39                     Thread.currentThread();
40                     // 设定时间间隔为 1000 毫秒 (1 秒钟 )
41                     Thread.sleep(1000);
42                 }
43                 catch(InterruptedException e){}
44             }
45                 // 当 ascending 超出范围时，中断此线程
46             else{
47                 // 利用 isRunning1 变量终止此运行程序
48                 CH17_02.isRunning1=false;
49                 System.out.println("\n 当 ascending 值为 3 时 ");
50                 System.out.println(Thread.currentThread()
+" 中断运行 \n");
51             }
52         }
53     }
```

```
54   }
55
56   class myThread2 extends Thread{
57       //建立相关变量
58       int descending=10;
59       //override run() 方法
60       public void run(){
61           while(CH17_02.isRunning2){
62                               //当 descending 值大于指定数值时，运行运算并输出结果
63               if(descending>=6){
64                   System.out.println("第二项工作");
65                   System.out.println("descending 变量递减运算"+descending);
66                   descending--;
67                   try{
68                       Thread.currentThread();
69                       //设定时间间隔为 2000 毫秒 (2 秒钟)
70                       Thread.sleep(2000);
71                   }
72                   catch(InterruptedException e){}
73               }
74               //当 descending 小于指定数值时，中断此线程
75               else{
76                   //利用 isRunning2 变量终止此运行程序
77                   CH17_02.isRunning2=false;
78                   System.out.println("\n当 descending 值为 6 时");
79                   System.out.println(Thread.currentThread()+"中
断运行\n");
80               }
81           }
82       }
83   }
```

【程序运行结果】

程序运行结果如图 17-6 所示。

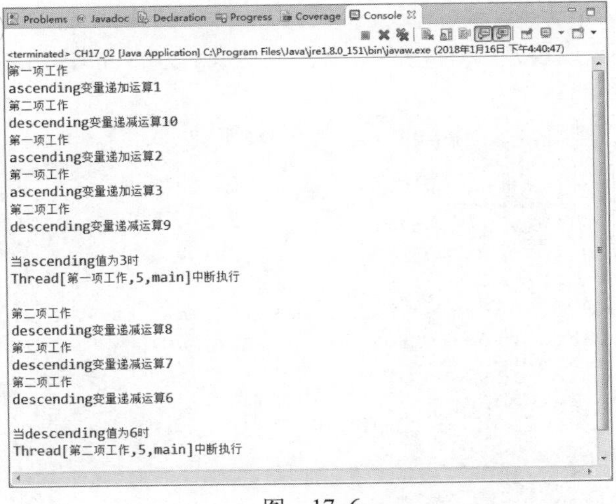


图 17-6

【程序解析】

① 第 19 行：设定无限循环，让所有线程重复运行工作。

② 第 21~22 行：当 isRunning1 与 isRunning2 的变量值皆为布尔常量 false（运行结束）时，中断无限循环结束程序。

③ 第 27~54 行：建立第一个线程对象的参照类 myThread1，并向上继承自 Thread 抽象类。

④ 第 32 行：利用 isRunning1 变量值判断此线程是否需要继续运行。

⑤ 第 56~82 行：建立第二个线程对象的参照类 myThread2，并向上继承自 Thread 抽象类。

⑥ 第 61 行：利用 isRunning2 变量值，来判断此线程是否需要继续运行。

⑦ 第 77 行：当 descending 值小于 6 时，将 isRunning2 变量值设定为布尔数 false，以跳出第 60 行所设定的循环，终止继续运行动作。

### 17-2-3 多线程机制——Runnable 接口

经过上一小节的说明，我们知道可以利用继承 Thread 类并覆写 run( ) 方法来开发多线程程序。但由于 Java 规定派生类只能继承自单一基类，所以对于许多的应用程序（尤其是窗口有关的程序而言），在实现多线程上会造成不小的困扰。

例如，在开发 Swing 窗口程序时，主类在初始时已声明继承自 JFrame 或相关类，所以无法再作重复继承的动作。因此必须舍弃利用 Thread 类的方式，以间接方式来产生所需要的线程。

所谓的间接方式，就是声明一个实现 Runnable 接口的类。它的使用方式如同利用 Thread 类一样：必须于该实现类之中，覆写 run( ) 方法，才能顺利地构造新的线程对象。使用语法请参考下面程序片段：

【举例说明】

```
//声明实现 Runnable 接口的 Swing 窗口程序类 myClock
class myClock extends JFrame implements Runnable{
   程序语句;
   //重载 run() 方法
   public void run{
      程序语句;
   }
}
```

与 Thread 类不同，由于 Runnable 是一个接口类型类，也就是说它属于纯抽象类，因此在该类中除了用以实现的抽象成员方法 run( ) 外，并无其他成员方法可供使用。

【范例程序：CH17_03】

```
01    /*程序: CH17_03.java Runnable 接口实现 */
02    //导入相关套件
03
04    import javax.swing.*;
05    import java.awt.Graphics;
06    //主类
07    public class CH17_03 extends JFrame implements Runnable{
08       private static final long serialVersionUID=1L;
09       //声明相关变量
10       private Graphics g;
11       Thread myThread;
12       int counter=0;
13       //声明类构造函数
14       public CH17_03(){
15          //建立线程对象
16          myThread=new Thread(this);
17          setDefaultCloseOperation(JFrame.EXIT_ON_CLOSE);
```

```
18          setTitle("Runnable 接口范例: 简易动画 ");
19          setSize(300, 250);
20                //启动线程
21          myThread.start();
22          show();
23       }
24       //主程序
25       public static void main(String[] args){
26          CH17_03 myAnimation=new CH17_03();
27       }
28       //override run()方法
29       public void run(){
30          while(true){
31             //设定线程终止条件
32             if(counter>30)
33                break;
34             else{
35                //重新绘制图行
36                repaint();
37                try{
38                   //设定运行间隔
39                   Thread.sleep(1000);
40                }
41                catch(InterruptedException e){}
42             }
43          }
44       }
45       //override paint()方法
46       public void paint(Graphics g){
47          //绘制图形
48          g.drawRect(100-counter,100-counter,60-counter,60-counter);
49          //递加 counter 值
50          counter+=3;
51       }
52    }
```

【程序运行结果】

程序运行结果如图 17-7 所示。

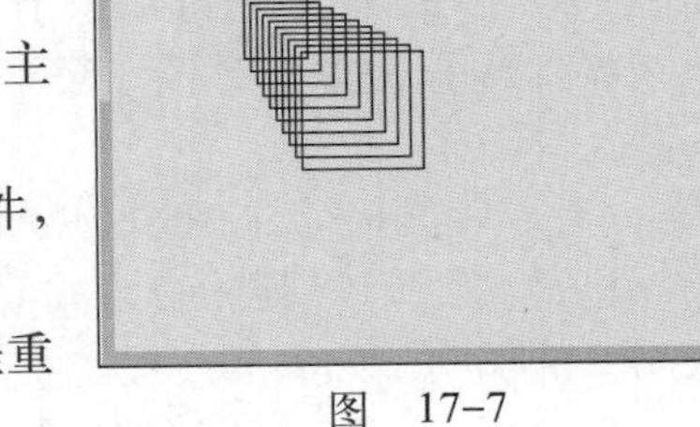


图 17-7

【程序解析】

① 第 7 行：建立继承自 JFrame 类并实现 Runnable 接口的主类 CH17_03。

② 第 12 行：声明 counter 变量用以作为线程终止的判断条件，并作为 drawRect( ) 方法的参数计算因子。

③ 第 30 行：在覆写的 run( ) 方法中设定无限循环，让线程重复运行。

④ 第 33 行：利用 counter 变量作为依据，判断线程是否应该运行完毕。

## 17-3 管理线程

系统中的同时运行的线程太多，反而会降低系统的运行效率。因此，多线程编程必然会涉及线程管理的问题，比如：

①有些时候必须让某线程休眠或者暂缓运行。

②或者线程之间有优先权的问题。

③又或者 B 线程必须要安排在 A 线程完后才可以运行。

## 17-3-1 线程的生命周期

知道了如何建立线程，也了解了多线程同时运行的情形与流程，在开始探讨如何管理线程之前，有个重要的概念必须要先明确，就是关于线程的生命周期。

线程的生命周期包括几种状态：一个线程（thread）从开始被建立、启动，到获得 CPU 的使用权，以及当线程需要等待（wait）或者是停止线程等。线程的生命周期中可能发生的状态如图 17-8 所示。

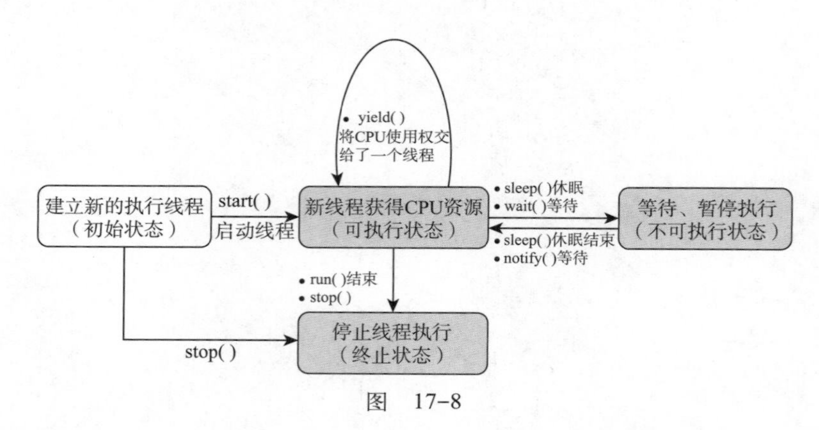


图 17-8

针对 4 个状态说明如下：

（1）初始状态（New Thread state）

使用继承 Thread 类或是实现 Runnable 接口的方法建立新的线程完成后，新线程随即进入“初始状态”，此时尚未分配到资源或获得 CPU 使用权。想要进入下一个状态“可运行状态”，必须使用 start( ) 方法来启动线程，或者使用 stop( ) 方法来终止、结束该线程。

（2）可运行状态（Runnable state）

线程使用 start( ) 方法完成启动后则进入“可运行状态”。在可运行状态中，线程必须争夺 CPU 的使用权，只有获得 CPU 使用权的线程才可以进行 run( ) 方法以运行程序，而尚未拥有 CPU 使用权的线程需排队等候。至于如何争夺 CPU 使用权，则关系到线程调度的优先级（priority）问题。

（3）不可运行状态（Not Runnable state）

已经获得 CPU 使用资源的线程，是否可能会暂时失去使用资源或被剥夺使用资源？以实际应用举例说明：如果某线程需要用户从键盘（keyboard）输入数据，而用户迟迟未完成输入，则系统资源不会一直处于等待的状况，因此系统会把该线程的使用权交给另一个线程，线程运行 wait( ) 或 sleep( ) 方法进而进入等待或休眠。若线程发生如下情形即进入所谓的不可运行状态（Not Runnable state）：

① 线程调用 wait( ) 方法。

② B 线程必须要安排在 A 线程完后才可以运行，此时调用 join( ) 方法。

③ 让线程休眠，调用 sleep( ) 方法。sleep( ) 即休眠，单位为 ms。例如：sleep（1000），意思是指线程休眠 1 s 之后即可开始运行。

（4）终止状态

当线程“完成”自身的工作，则交回 CPU 使用权，包括：调用 stop( ) 方法或 run( ) 方法运行完成。

## 17-3-2 管理线程的方法

Thread 类定义了几个方法（methods），用来帮助 Java 管理线程，我们将会使用到的及稍后章节会介绍的方法如表 17-4 所示。

表 17-4

| Thread 类 | 方 法 说 明 |
|---|---|
| isAlive( ) | 判断正在运行的线程是否存在：存在则返回 true，不存在则返回 false |
| join( ) | 等待线程的结束 |
| start( ) | 启动线程 |
| run( ) | 开始运行 |
| sleep( ) | 线程进入休眠状态 |

### 1. isAlive( ) 方法

此方法可以判断线程是否存在，也可以判断出线程是否已经完成运行。如果线程存在或仍在运行，则返回 true；如果不存在或已经结束运行，则返回 false。isAlive( ) 的语法结构：

```
final Boolean isAlive( );
```

【范例程序：CH17_04】

```
01   /* 文件:CH17_04.java 定时器机制示范 */
02   //islAive()使用方法说明
03
04   class newThread implements Runnable {      //实现接口
05      private int a;
06      public newThread(int x){
07         a=x;
08      }
09      public void run(){      //定义 Runnable 接口中的方法
10         for(int i=0;i<2;i++){
11            System.out.println("第"+a+"新线程。");
12         }
13      }
14   }
15    class CH17_04{
16      public static void main(String[] args){
17         newThread t1=new newThread(1);      //实例化所派生的子类
18         newThread t2=new newThread(2);
19
20         Thread tt1=new Thread(t1);          //产生 Thread 类
21         Thread tt2=new Thread(t2);
22
23         tt1.start();                        //启动线程
24         tt2.start();
25
26         for(int i=0;i<3;i++){
27            System.out.println("main()线程");
28            System.out.println("第1新线程是否还在运行: "+tt1.isAlive());
29            System.out.println("第2新线程是否还在运行: "+tt2.isAlive());
30         }
31      }
32   }
```

【程序运行结果】

程序运行结果如图 17–9 所示。

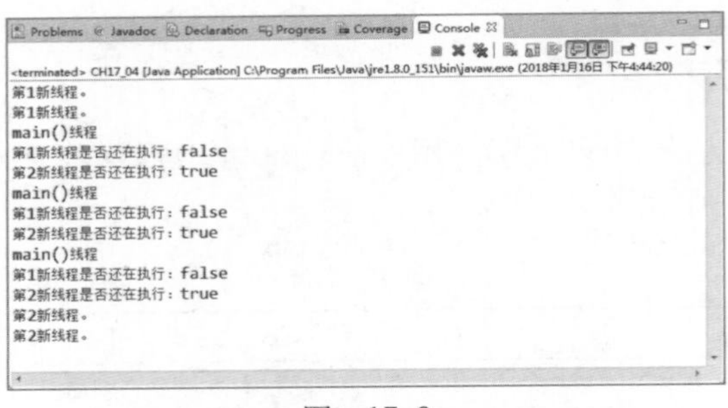


图 17–9

【程序解析】

第 28、29 行：加入判断方法 isAlive( )，由结果显示，tt1.isAlive( ) 返回值是 false，表示此时的第一新线程已经运行完毕，已经结束。

2. join( ) 方法

还有另一个方法可以判断线程是否终止，就是 join( ) 方法。join 方法会一直等到该调用的线程终止运行，也就是说，如果 B 线程安排在 A 线程完之后才可以运行，那必须使用 join( )。join( ) 的语法结构：final void join( )throws InterruptedException。join 有会合的意思，因此当 A 线程完之后，系统会抛出中断服务的例行类，然后接着开始 B 线程。

【范例程序：CH17_05】

```
01    /* 文件 :CH17_05.java 定时器机制示范 */
02    //join() 使用方法说明
03    class newThread implements Runnable {    // 实现接口
04       private int a;
05       public newThread(int x){
06          a=x;
07       }
08       public void run(){                 // 定义 Runnable 接口中的方法
09          System.out.println(" 第 "+a+" 新线程。");
10       }
11    }
12     class CH17_05{
13       public static void main(String[] args){
14          newThread t1=new newThread(1);
15          newThread t2=new newThread(2);
16
17          Thread tt1=new Thread(t1);
18          Thread tt2=new Thread(t2);
19
20          tt1.start();     // 启动线程
21          try{
22             tt1.join();
23             System.out.println("运行 join()，开始运行第 2 线程。");
24             tt2.start();
25          }catch(InterruptedException e){
26
27          }
28
```

```
29
30            }
31     }
```

【程序运行结果】

程序运行结果如图 17-10 所示。

```
<terminated> CH17_05 [Java Application] C:\Program Files\Java\jre1.8.0_151\bin\javaw.exe (2018年1月16日 下午4:45:02)
第1新线程。
第1新线程。
执行join()，开始执行第2线程。
第2新线程。
第2新线程。
```

图　17-10

【程序解析】

① 第 22 行：可以使用 join( ) 方法，让运行次序依照用户想要的顺序运行，不一定要依次运行。

② 第 25 行：try 抛出异常，catch 捕捉产生异常的类：InterruptedException。切记：使用 join( ) 方法，必须写在 try...catch 区块中。

3. start( ) 方法

start( ) 方法的目的是启动线程，使线程处于可运行的状态（ready to run），即“就绪状态”，因为此时线程尚未分配到可用资源。

4. run( ) 方法

通过 run( ) 方法使得线程获得 CPU 使用权，可以开始运行。

5. sleep( ) 方法

sleep( ) 方法用在需暂停正在运行的线程的情形，即线程进入休眠，此时线程的生命周期状态为“进入不可运行状态”(Not Runnable state)。使用 sleep( ) 方法必须将程序编写在 try...catch 区块中，因为系统可能会抛出异常信息：InterruptedException。

【范例程序：CH17_06】

```
01    /* 文件:CH17_06.java 定时器机制示范 */
02    //sleep() 使用方法说明 ( 一 )*/
03    class newThread implements Runnable {    // 实现接口
04       private int a;
05       public newThread(int x){
06          a=x;
07       }
08       public void run(){                // 定义 Runnable 接口中的方法
09          System.out.println(" 第 "+a+" 新线程。");
10       }
11    }
12    class CH17_06{
13       public static void main(String[] args){
14          newThread t1=new newThread(1);
15          newThread t2=new newThread(2);
16
17          Thread tt1=new Thread(t1);
18          Thread tt2=new Thread(t2);
19
```

```
20          tt1.start();     //启动线程
21          try{
22             Thread.sleep(3000);
23             System.out.println("暂停结束");
24             tt2.start();
25          }catch(InterruptedException e){
26
27          }
28       }
29    }
```

【程序运行结果】

程序运行结果如图 17-11 所示。

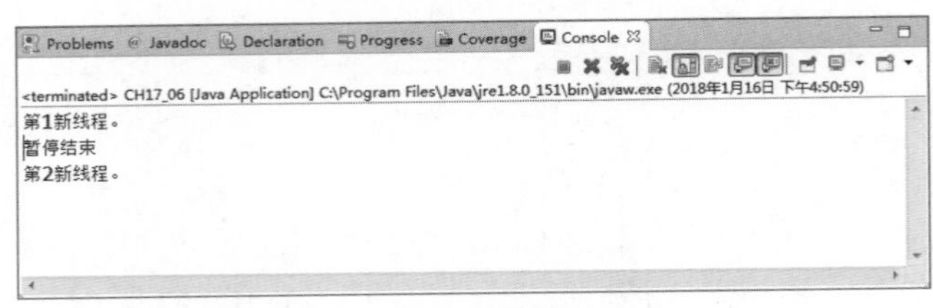


图 17-11

【程序解析】

① 第 22 行：可以使用 sleep( ) 方法，让线程暂停 3 s 后，再开始运行第 2 线程。

② 第 25 行：try 抛出异常，catch 捕捉产生的异常类：InterruptedException。切记：使用 sleep( ) 方法也必须编写在 try...catch 区块中。

【范例程序：CH17_07】

```
01    /*文件:CH17_07.java 定时器机制示范*/
02    //sleep()使用方法说明(二)
03    class newThread implements Runnable {        //实现接口
04       private int a;
05       public newThread(int x){
06          a=x;
07       }
08       public void run(){
09          for(int i=0;i<3;i++){
10             try{
11                Thread.sleep(3000);
12             }catch(InterruptedException e){
13             }System.out.println("第"+a+"新线程。");
14          }
15       }
16    }
17    class CH17_07{
18       public static void main(String[] args){
19          newThread t1=new newThread(1);
20
21          Thread tt1=new Thread(t1);
22
23          tt1.start();     //启动线程
24          System.out.println("main()线程");
25       }
26    }
```

【程序运行结果】

程序运行结果如图 17-12 所示。

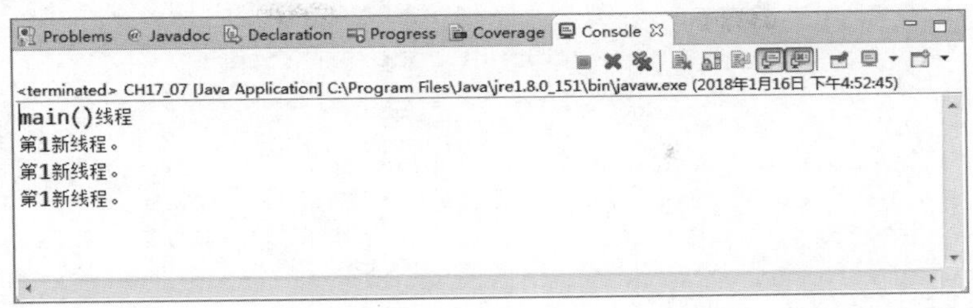


图 17-12

【程序解析】

由结果显示，三个“第 1 新线程”每隔 3 s 运行一次，读者可以自行加大秒数，了解 sleep( ) 运行的结果。

## 17-4 多线程高级处理

在开发具有多个线程同时运行处理的应用程序时，最让程序员感到困扰的就是各个线程的管理工作，以及线程间数据同步的问题。

### 17-4-1 组化线程

ThreadGroup 类是负责 Java 系统中线程组化（group）工作的类，构造语法格式如下所示：

【ThreadGroup 类语法格式】

```
ThreadGroup(ThreadGroup parent, String name)
```

① parent 参数：所属的父组名称，此参数值可以省略。如附加导入此参数，代表所声明建立的线程组是附属于另一组之中。

② name 参数：所建立的线程组识别名称，此参数不可省略。

ThreadGroup 类并未提供 run( ) 抽象方法让用户实现，它所包含的主要线程管理方法与 Thread 类大致相同，如表 17-5 所示。

表 17-5

| 成员方法与语法格式 | 说 明 |
|---|---|
| activeGroupCount( ) | 取得目标组所在的父组中所有正在运行的组总数 |
| destroy( ) | 销毁本组及其所附属的子组 |
| getMaxPriority( ) | 取得本组最大的运行优先级权限 |
| getParent( ) | 取得本组所附属的父组的名称 |
| isDestory( ) | 配合 destroy( ) 方法，用来测试本组是否已被销毁 |
| list( ) | 列出此组的基本信息 |
| parentOf(ThreadGroup g) | 测试指定组是否是某组的子组<br>参数 g 为已存在的组对象 |
| setMaxPriority(int priority) | 设定此组的最大运行优先级权限 |

【范例程序：CH17_08】

```
01    /* 文件：CH17_08.java 组化线程范例 */
02    // 主类
```

```
03    public class CH17_08{
04        //主程序
05        public static void main(String[] args){
06            //声明线程组对象 myTG1 与 myTG2
07            ThreadGroup myTG1=new ThreadGroup("myThreadGroup1");
08            ThreadGroup myTG2=new ThreadGroup("myThreadGroup2");
09            //建立四个线程对象，并加入至相对组中
10            myThread myThread1=new myThread(myTG1, "myThread1", 5);
11            myThread myThread2=new myThread(myTG2, "myThread2", 9);
12            myThread myThread3=new myThread(myTG1, "myThread3", 8);
13            myThread myThread4=new myThread(myTG2, "myThread4", 2);
14            //设定组的最大运行权限
15            myTG1.setMaxPriority(3);
16            myTG2.setMaxPriority(7);
17            //启动线程
18            myThread1.start();
19            myThread2.start();
20            myThread3.start();
21            myThread4.start();
22        }
23    }
24
25    //声明线程产生类
26    class myThread extends Thread{
27        //类构造函数
28        public myThread(ThreadGroup TG, String name, int priority){
29            //向上调用 Thread 类的构造函数
30            super(TG, name);
31            //设定线程运行顺序
32            this.setPriority(priority);
33        }
34        //覆写 run() 方法
35        public void run(){
36            for(int i=1; i<3; i++){
37                if(i==1){
38                    System.out.println("开始运行"+getName()+"线程");
39                    System.out.println(getName()+"第"+i+"次运行\n");
40                }
41                if(i==2){
42                    System.out.println(getName()+"第"+i+"次运行");
43                    System.out.println("线程"+getName()+"运行完毕\n");
44                }
45                //设定时间间隔
46                try{
47                    sleep(1000);
48                }
49                catch(InterruptedException e){}
50            }
51        }
52    }
```

【程序运行结果】

程序运行结果如图 17-13 所示。

【程序解析】

① 第 15、16 行：重载指定组的最大运行权限值，改写组内线程的最大运行权限。

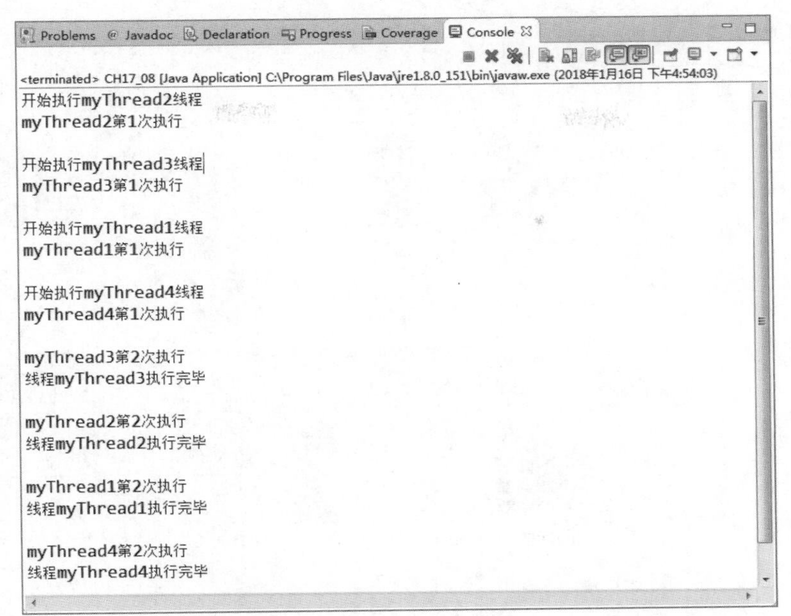


图 17-13

② 第 30 行：利用 super 关键词并导入 TG（所属组）、name（识别名称）参数，向上实现基类 Thread 的类构造函数。

## 17-4-2 数据同步作业问题

在处理多线程程序时，程序员最感困扰的就是所有线程间数据同步（synchronization）问题的处理。

所谓数据同步问题，是指当程序在运行时，有一个以上的线程同时对某一数据或系统资源进行存取动作，而导致可能会产生错误的情形。

到目前为止，本章中所有的范例都仅仅利用一些独立且互不干涉的线程，以便说明多线程的基本概念，并未涉及“数据同步”问题。但这并不代表数据同步只是一种“不常发生的”罕见异常，恰恰相反，“数据同步问题”可能潜藏在程序的任何一个角落之中，随时都可能是程序产生预期之外的错误结果。

我们可以举一个生活中的实例来说明数据同步的问题：假设某人向银行贷款，约定在每月 13 日之前将应缴金额存入其银行账户之中，由银行进行扣款操作。它们之间的关系图如图 17-14 所示。

根据关系图可以得知，贷款人会不定时将款项存入账户之中，而银行则会定时于每月 13 日从贷款人账户扣除固定金额。这种互动运行的模式看起来似乎是没有什么问题。但是请注意，贷款人是不定时存入款项，也就是说，他有可能会在 13 日之后才将款项存入。那么，此时银行该怎么办呢？银行会因为无法扣款而忘了应该缴款这件事（见图 17-15）吗？

这当然是不可能的。

现实中，此时贷款人账户的管理人员应该采取下述两项处理措施：

①告知银行：贷款人的存款不足无法扣款，请稍待再进行扣款动作，如图 17-16 所示。

②当贷款人存入足够金额时，账户管理人员必须通知银行可以进行扣款处理，如图 17-17 所示。

上面的两项处理措施在 Java 多线程的程序设计中就是“数据同步处理”。在 Java 程序设计中，可以利用 synchronized 关键词来设定线程的同步处理机制。基本使用格式如下所示：

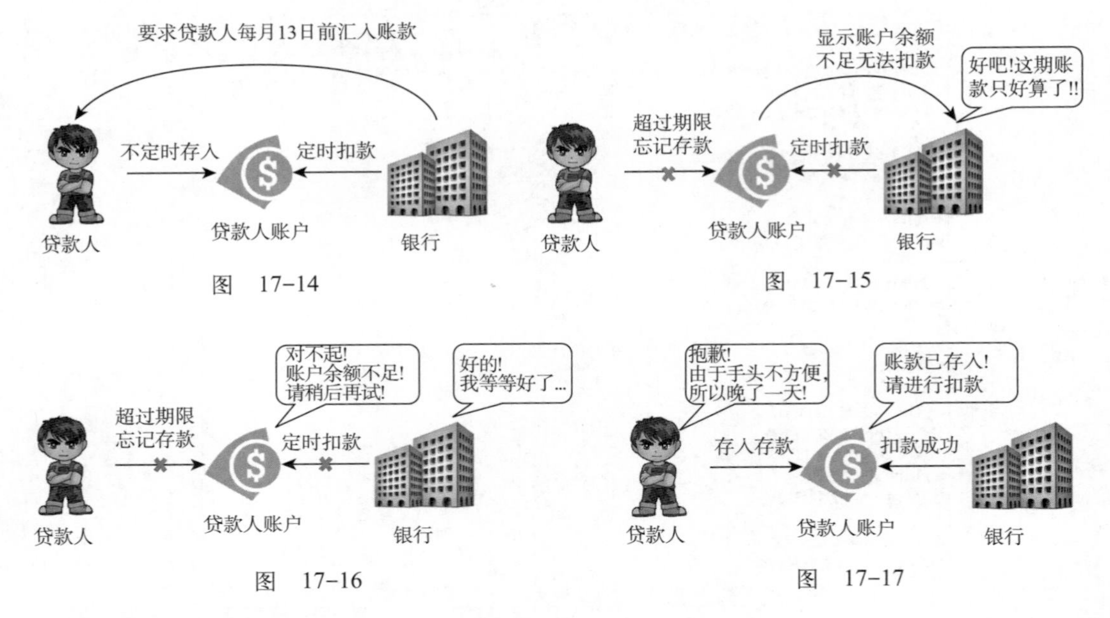


图　17-14　　图　17-15

图　17-16　　图　17-17

【线程的同步处理机制】

```
//设定 Deposit 方法使用同步处理机制
public synchronized Deposit(){
  ... 程序语句
}
```

synchronized 关键词有点类似一把“锁”(lock)，它会在必要时把所声明的成员方法整个包覆起来。也就是说，如果某个对象正在运行声明为 synchronized 的方法时，此方法中所包含的数据就会被锁定，无法被其他对象同时存取，一直到此方法运行完毕后才会解除锁定动作。

除了单纯地将方法声明为 synchronized 之外，也可以搭配使用 wait( ) 方法，让无法进行存取的线程暂时进入休眠状态，等到该方法解除锁定后再利用 notify( ) 方法，唤醒处于休眠状态中的线程。

【wait( ) 方法语法格式】

```
Wait(long timeout, int nanosec)
```

① timeout 参数：最大等待时间，其单位值为 millisecond（毫秒）。

② nanosec 参数：同样为等待时间，搭配辅助 timeout 参数使用，其单位值为 nanosecond（纳秒）。

由于 nanosec 参数是辅助 timeout 参数使用，所以用户可省略 nanosec 参数。如果 timeout 参数与 nanosec 参数都省略，则表示线程“无条件”进入休眠状态，直到被 notify( ) 方法唤醒为止。

【notify( ) 方法语法格式】

```
notify()
```

notify( ) 方法通常是由某线程对象调用运行，用来唤醒因运行 wait( ) 方法而处于休眠状态的线程。

如果在程序中有大量的线程因为 wait( ) 方法而处于休眠状态，使用 notify( ) 方法来逐个唤醒实在是有违“实时处理”的本意。此时可用 notifyAll( ) 方法，来一次唤醒程序中所有休眠的线程。

notifyAll( ) 方法的使用格式十分简单，并不需要任何参数就可以直接进行调用运行动作。下面利用 synchronized 关键词与 wait( )、notify( ) 方法，来实现前面所提出的存款与扣款操作。

【范例程序：CH17_09】

```
01    /* 文件:CH17_09.java 数据未同步 */
```

```
02    //主类
03    public class CH17_09{
04       //主程序
05       public static void main(String[] args){
06          //实现相关类对象
07          Account customerAccount=new Account();
08          Deposit Customer=new Deposit(customerAccount);
09          Withdraw Bank=new Withdraw(customerAccount);
10          //启动线程
11          Customer.start();
12           Bank.start();
13       }
14    }
15
16    //实现银行账户类，提供存、提款方法
17    class Account{
18       //声明相关变量
19       private int Credit;
20       private boolean available=false;
21       //以synhronized声明存款方法
22       public synchronized void put(int money){
23          //当get()方法尚未运行时，等待get()方法运行
24          while(available==true){
25             try{
26                wait();
27             }
28             catch(InterruptedException e){}
29          }
30          Credit=money;
31          //告知get()方法款项已存入可进行提款动作
32          available=true;
33          notifyAll();
34       }
35          //以synhronized声明提款方法
36       public synchronized int get(){
37          //当put()方法尚未运行时，等待put()方法运行
38          while(available==false){
39             try{
40                wait();
41             }
42             catch(InterruptedException e){}
43          }
44          //告知put()方法应缴款项已扣除可进行存款动作
45          available=false;
46          notifyAll();
47          return Credit;
48       }
49    }
50
51
52    //实现贷款人类，用以调用存款方法
53    class Deposit extends Thread{
54       private Account account;
55             //类构造函数，导入Account类对象
56       public Deposit(Account acc){
57          account=acc;
```

```
58          }
59          //覆写 run() 方法
60          public void run(){
61              for(int i=1; i<=5; i++){
62                  //调用 Account 类 put() 方法，用以进行存款动作
63                  account.put(i);
64                  System.out.println("贷款人已将第"+i+"个月的款项导入账户\n");
65                  try{
66                      //以 random() 方法随机数决定时间间隔
67                      sleep((int)(Math.random()*1000));
68                  }
69                  catch(InterruptedException e){}
70              }
71          }
72      }
73
74      //实现银行类，用以调用扣款方法
75      class Withdraw extends Thread{
76          private Account account;
77              //类构造函数，导入 Account 类对象
78          public Withdraw(Account acc){
79              account=acc;
80          }
81          //覆写 run() 方法
82          public void run(){
83              int depositCounter=0;
84              for(int i=1; i<=5; i++){
85                                  //调用 Account 类 get() 方法，用以进行扣款动作
86                  depositCounter=account.get();
87                  System.out.println("银行由贷款人账户成功扣缴第"+depositCounter
88                                      +"个月的款项\n");
89                  try{
90                                  //设定固定时间间隔 1000 毫秒
91                      sleep((int)(1000));
92                  }
93                  catch(InterruptedException e){}
94              }
95          }
96      }
```

【程序运行结果】

程序运行结果如图 17-18 所示。

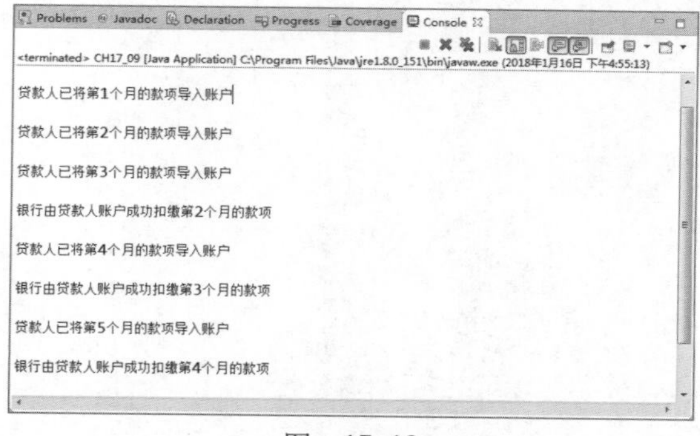


图 17-18

【程序解析】

① 第 7 行：实现 Account 类对象 customerAccount（贷款人账户），并作为 Deposit 与 Withdraw 构造函数的传入参数。

② 第 8 行：实现 Deposit 类对象 Customer（贷款人）。

③ 第 9 行：实现 Withdraw 类对象 Bank（银行）。

④ 第 20 行：声明 available 变量，用来作为同步运行判断的依据。当 available 值为 false 时，无法运行 get( ) 方法进行扣款，仅可运行 put( ) 方法进行存款；反之，此值为 true 时仅可运行 get( ) 方法，进行扣款动作。

⑤ 第 91 行：利用 sleep( ) 方法设定时间区隔，以实现银行定时从账户扣除应缴款项的程序要求。

## 17-5 本章进阶应用练习实例

大多数不具备多线程功能的程序语言，一次只能允许一项工作被运行。而 Java 程序语言是少数支持多线程的程序语言，它能让不同的进程同步运行，达到实现多任务的目的。在程序设计中，利用这种特性可以大幅提升程序的运行效率，而且运行过程也会较为顺畅。利用多线程共享利用有限的系统资源，以提升多任务的运行效率，是多线程的核心意义。本章中探讨了多线程的概念及如何实现。但是多线程的概念对初学者或许有点抽象，因此需要能结合下面的实例，加强理解和演练，才能巩固多线程的基本概念和提升多线程程序设计实际应用能力。

程序中要使用多线程，就必须把程序的主程序（Main Process）分割为多个线程（thread）。在 Java 环境中，要产生线程最简单的办法就是直接继承 thread 类。thread 类中包含了产生、运行线程的所有必要机制。

关于多线程的实现与应用，我们以下例来实现如何以多线程模拟 ATM 提款动作。

【综合练习】利用多线程模拟提款动作

```
01    //使用 Thread 类模拟提款动作
02    class Deposit extends Thread
03    {
04       public int count=0;
05       //覆写 run()
06       public void run() //依随机数取得存款金额，并累计存款余额
07       {
08          int deposit_money;
09          while(WORK17_01.isRunning)
10          {
11             deposit_money=(int)(Math.random()*5000)+1;
12             WORK17_01.Total=WORK17_01.Total - deposit_money;
13             System.out.println("经过第"+(count+1)+"次提款金额人民币"+deposit_money+
14                                "元，所剩余额："+WORK17_01.Total+"元");
15             count++;
16             try
17             {
18                Thread.currentThread();
19                   Thread.sleep((int)(Math.random()*500));
20             }
21             catch(InterruptedException e){}
22          }
23             System.out.println();
24             System.out.println(Thread.currentThread()+
```

```
25                                  " 已超过取款次数，请至柜台或补折机进行补登折 ");
26        }
27     }
28     public class WORK17_01
29     {
30        static final int MAXTIMES=20;
31        static boolean isRunning=true;
32        static int Total=150000;
33        //主程序区块
34        public static void main(String args[])
35        {
36           //建立线程对象
37           Deposit deposit=new Deposit();
38           System.out.println(" 原先的存款金额 "+WORK17_01.Total+" 元 ");
39           //启动线程
40           deposit.start();
41           while(true)
42           {
43              //结束条件
44              if(deposit.count>=MAXTIMES)
45              {
46                 isRunning=false;
47                 System.out.println(" 剩下余额 "+Total+" 元 ");
48                 break;
49              }
50           }
51        }
52     }
```

【程序运行结果】

程序运行结果如图 17-19 所示。

图　17-19

## 习题

1. 填空题

（1）________是一个接口类型类，可让派生类实现________抽象方法来产生线程。

（2）在 Java 环境中可将主程序分割为多个独立的子程序，这些子程序称为________。

（3）当程序需要定时且以固定时间间隔重复运行某项工作时，可利用 Timer 对象调用________方法并传入________参数，或直接调用________方法，来实现定时器机制。

（4）在实现定时器工作时，如果比较需要注意工作重复运行的顺畅度（smoothness），则应使用________成员方法；如果比较重视时间同步性（synchronization）的话，则应利用________成员方法。

（5）Java 的同步处理机制通常是由以________关键词声明的方法与________和________方法来搭配处理运行。

（6）________方法可让线程进入准备状态，等待 CPU 的分配运行。

（7）________类可把程序中的多个线程对象编成组，让程序统筹进行管理、运算等行为。

（8）通过在 ThreadGroup 构造函数中传入________参数，可让线程实现嵌套组结构。

（9）Thread 类中的________方法可让线程进入休眠状态，该方法所导入的 millis 参数其单位值为________。

（10）依照程序代码条列而依次运行运算动作的程序可以称为________程序。

**2. 问答与实现题**

（1）在 Timer 类中哪两个成员方法可用来将指定工作排入定时器之中？试着说明它们使用上的差异。

（2）试着说明顺序（Sequential）运行与多线程（Multi Thread）运行特点上的差异。

（3）在 Timer 类之中提供了哪 4 种成员方法来运行 Timer 对象的管理与设定工作？

（4）在 java.util 套件内的 Timer 与 TimerTask 类与在 java.swing 套件内的 Timer 类在工作上有何区别？

（5）简述 ThreadGroup 类在 Java 系统中所扮演的角色。

（6）简述线程间数据同步（synchronization）的意义。

（7）简述 synchronized 关键词的主要功能。

（8）除了单纯地将方法声明为 synchronized 将数据锁定之外，还有哪两个方法搭配使用也可以达到类似的效果？

# 第 18 章 网络程序设计

如果要编写一个网络应用程序，首先必须对因特网的通信协议及数据的传输方式有所了解。在 Java 的 java.net 套件中提供了有关网络应用的相关类，只要在这些类中指定一些参数，即可以完成网络连接、数据传送及远程控制等功能。

本章的重点就是介绍如何用 Java 语言来编写网络应用程序。

### 学习目标

- 了解 Java 网络应用程序相关概念及 java.net 类库。
- 掌握使用 java.net 开发网络应用程序的方法。

### 学习内容

- 认识网络应用程序。
- Java 网络应用程序的相关套件。
- InetAddress 类。
- 以 Socket 来建立通信。
- 服务器端与 Socket。
- 客户端与 Socket。
- UDP 通信。
- URL 类。

## 18-1 认识网络应用程序

网络应用程序和一般程序类似，不同之处是网络应用程序必须通过计算机网络来收发数据。开发网络应用程序，需要使用系统软件所提供的网络应用程序编程接口（Application Program Interface，API）。

Java 的网络应用程序编程接口（Network API）主要包含了通信套接字接口（Socket Interface）与远程方法调用（Remote Method Invocation，RMI），而对于不同平台之间兼容性的问题，则由 TCP/IP 通信协议来解决。

使用通信套接字接口通信时，所使用的是比较原始的通信方式，在通信前，必须将这些数据进行处理；RMI 远程调用方法是比较高层次的通信方式，只要双方约定好通信接口，其他通信细节就可借助中间件（Middleware）来完成。

## 18-1-1　网络基本概念

在开始学习设计网络程序前，需要先了解一些基本的网络概念和网络名词。

网络（Network）是指信息交流的管道。下面列出几个常见的名词：

① IP（Internet Protocol）地址：IP 地址就好比是计算机的身份证号，每一个域名（Domain Name）都会对应一个 IP 地址，IP 地址由一串 4 个 0~255 之间的数字所组成，相邻数字用“.”隔开。

② TCP（Transmission Control Protocol）：TCP 提供了一套协议，能够将计算机之间使用的数据通过网络相互传送，同时提供一套机制来确保数据传送的准确性和连续性。

③ UDP（User Datagram Protocol）：UDP 是一个无连接（Connectionless）的非可靠传输协议，并不会运用确认机制来保证数据是否正确地被接收或重传遗失的数据。

④ DNS（Domain Name System）：DNS 主要的功能是“域名解析”，即找出与主机域名所对应的 IP 地址，如图 18-1 所示。

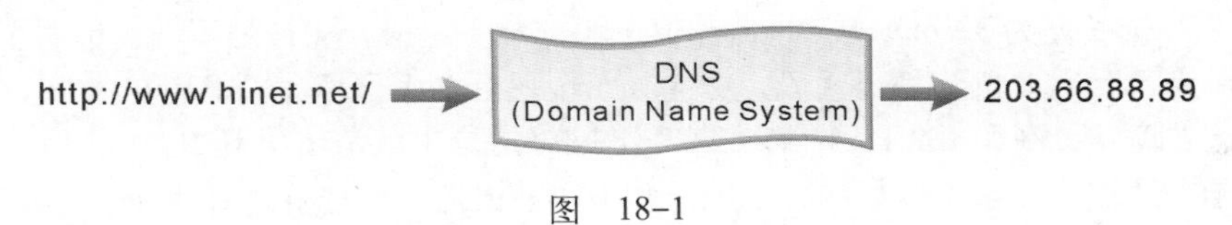


图　18-1

## 18-1-2　Java 网络应用程序的相关套件

使用 Java 来设计网络应用程序，其相关的套件为 java.net。java.net 套件内含 API 功能相当多，下面是一些常见的类：

①处理 IP 地址与域名、网络主机

- InetAddress：处理主机名及 IP Address。
- Inet4Address。
- Inet6Address。

②关于 URL（Uniform Resource Locator）通信协议问题

- URL：处理 URL 并下载 URL 的相关资料。
- URLConnection。

③关于 TCP 通信协议问题

- Socket：处理 TCP 通信协议。

④关于 UDP 通信协议问题

- DatagramSocket：处理 UDP 通信协议。

⑤服务器的使用问题

- ServerSocket：提供服务器端使用。

java.net 套件中所有类与接口如表 18-1 所示。

表　18-1

| Authenticator | InetSocketAddress | SocketAddress | JarURLConnection |
|---|---|---|---|
| Socketlmpl | MulticastSocket | SocketPermission | NetPermossion |
| ContentHandler | URl | URL | Networkinterface |

续表

| DatagramPacket | DatagramSocket | PasswordAuthentication | URLClassLoader |
|---|---|---|---|
| URLConnection | DatagramSocketlmpl | URLDecoder | HttpURLConnection |
| URLEncoder | InetAddress | Inet4Addess | Inet6Addess |
| Socket | ServerSocket | URLStreamHandler | |
| CacheRequest | CacheResponse | Proxy | ProxySelector |
| ResponseCache | SecureResponseCache | | |
| ContentHandlerFactory | SocketlmplFactory | DatagramSocketFactory | URLStreamHandlerFactory |
| FileNameMap | SocketOptions | | |

### 18-1-3 IP 地址简介

在因特网的环境中，为了区分连上网络的每台计算机，每一台计算机均会指定一个 IP 地址。虽然目前制定标准已为 IPv6，为了方便解说，我们仍以 IPv4 为讨论范围。

因特网协议的主要作用是负责网络之间信息的传送，并将包（packet）从源 IP 地址送到目的 IP 地址。

IP 地址是一个长度为 32 bits 的二进制数值，由 0 和 1 组成，实在是不够简单明了；为了方便记忆和使用，表示时以 8 位为一个区段，分为 4 个区段，各个区段是 0~255 的数字，区段与区段之间以小数点来隔开，例如 192.18.97.36。TCP/IP 网络通信中就是使用 IP 地址。

但是对于普通用户而言，以数字表示地址并不容易记忆，于是就将 IP 地址转为以英文单词表示的网址，如 java.sun.com，这就比较贴近人类的语言表达了，变得更加明了且容易记忆。

但是，TCP/IP 网络通信中直接使用的却是 IP 地址。要取得这些网址，就必须借助域名系统（Domain Name Service，DNS），将域名网址转换成对应的 IP 地址。当“我们”使用各种网络软件通信时，会输入一个网址，这些网络软件会把输入的网址发送给“最近”的 DNS 服务器，尝试找到这个网址所对应的 IP 地址，进而进行 TCP/IP 通信。

因此，可以说：域名网址在网络通信中的作用仅仅是“方便普通用户”，计算机间通信其实是“不需要”域名的。

但是，由于网络程序是给“普通用户”使用的，所以具体到网络程序设计则必须能够同时处理“域名”和 IP 地址。

Java 语言提供了相应的类以实现相应的功能。

## 18-2 InetAddress 类

当要进行网络连接时，首先必须知道 IP 地址。在 java.net 套件中，InetAddress 类是用来取得主机名及 IP 地址，它并没有提供公用的构造函数（constructor），但是提供了一些方法来返回 InetAddress 的实例，如表 18-2 所示。

表 18-2

| 方　法 | 说　明 |
|---|---|
| static InetAddress getLocalHost( ) | 用来取得主机名 |
| static InetAddress getByName(String host) | 依照网址域名建立一个主机名 |
| static InetAddress[ ] getAllByName(String host) | 用来取得主机名，以数组方式返回所有 IP 地址 |
| static InetAddress getByAddress(byte[ ] addr) | 以 InetAddress 对象返回 IP 地址数组 |

续表

| 方　法 | 说　明 |
|---|---|
| static InetAddress getByAddress(String host, byte[ ] addr) | 依照网址域名和地址数组建立一个 InetAddress 对象 |
| String getHostAddress( ) | 以字符串方式取得 IP 地址 |
| String getHostName( ) | 以输入的 IP 地址取得网址域名 |

【范例程序：CH18_01】用户输入网址，并返回 IP 地址。

```
01    /* 程序: CH18_01.java
02    * 说明: 用户输入网址, 并返回 IP 地址
03     */
04
05    import java.net.*; // 导入 java.net
06    public class CH18_01{
07       public static void main(String args[]){
08          if(args.length==0){
09             System.out.println(" 请输入 IP 地址或网址 ");
10             System.exit(1);
11          }
12          String host=args[0];
13          try{
14             InetAddress inet=InetAddress.getByName(host);
15             System.out.println("IP: "+inet.getHostAddress());
16             System.out.println("HostName: "+inet.getHostName());
17          }
18          catch(UnknownHostException e){    // 用户输入一个未被支持的网络连接
19             System.out.println("Could not find: ' "+host+"'");
20          }
21       }
22    }
```

【程序运行结果】

输入参数，如图 18-2 所示。程序运行结果如图 18-3 所示。

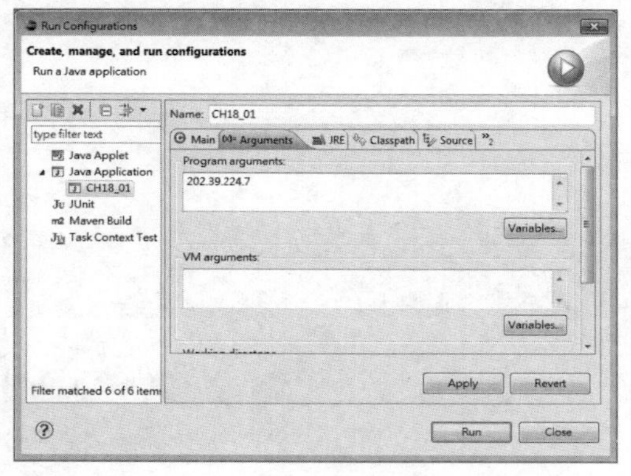


图　18-2

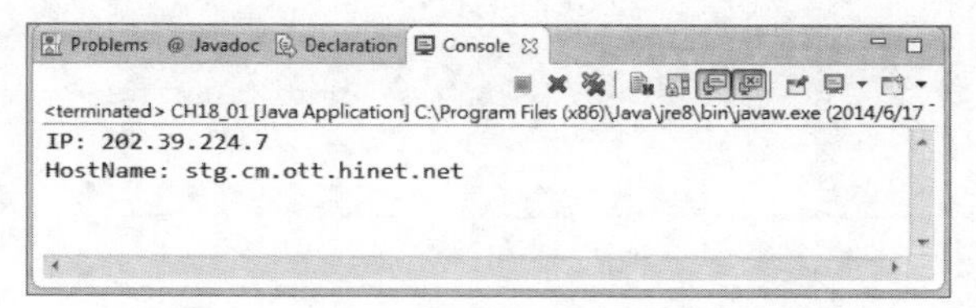


图　18-3

【程序解析】

①第 08~11 行：建立一个判断表达式，用来判断用户是否有输入字符串，如果用户没有输入 IP 地址或网址时，则会显示第 9 行的提示信息。

②第 13~20 行：进行 UnknownHostException 异常处理。如果用户输入一个错误的网址或 IP 地址，则会显示第 19 行的错误信息。

③第 14 行：取得输入的主机名。

④第 15 行：取得输入的 IP 地址。

⑤第 16 行：如果输入的是 IP 地址，则转换为网址。

## 18-2-1 InetAddress 类中静态（static）的方法

因为 InetAddress 类没有提供构造函数（constructor），所以要使用 InetAddress 类，需通过类内所提供的方法直接调用，进而建立 InetAddress 类对象。

InetAddress 类中静态（static）的方法如表 18-3 所示。

表 18-3

| 静态的方法名称 | 使用说明 |
| --- | --- |
| static InetAddress[ ] getAllByName(String host) | 根据所给定的主机名（host name），找出所有主机的 IP 地址 |
| static InetAddress getByName(String host) | 根据所给定的主机名（host name），找出主机的 IP 地址 |
| static InetAddress[ ] getLocalHost( ) | 找出使用端计算机的主机名（host name）和 IP 地址 |

若是找不到主机地址，则会抛出一个 UnknownHostException 的异常信息，因此需有处理异常发生的机制，编写 try...catch 来捕捉异常。

【范例程序：CH18_02】

```
01   /* CH18_02: 实现静态 (static) 方法
02    */
03   import java.net.*;
04   class CH18_02{
05      public static void main (String args[]){
06         try{
07            InetAddress address=InetAddress.getByName("www.163.net");
08            System.out.println(address);
09         }catch (UnknownHostException e){
10            System.out.println(" 找不到 www.163.net");
11         }
12      }
13   }
```

【程序运行结果】

①找到网址 www.163.net，如图 18-4 所示。

②未找到网址 www.163.net，如图 18-5 所示。

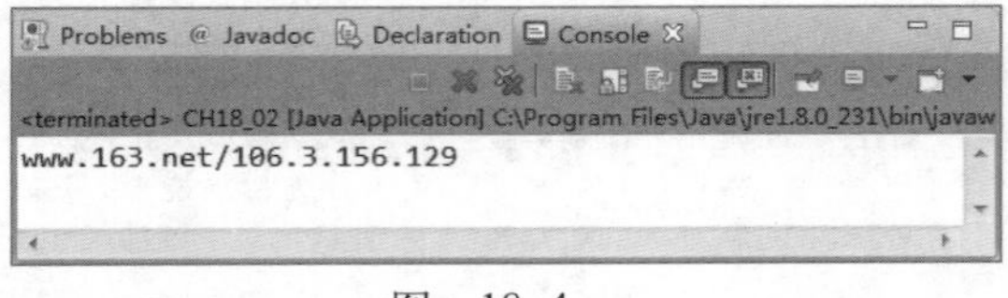


图 18-4

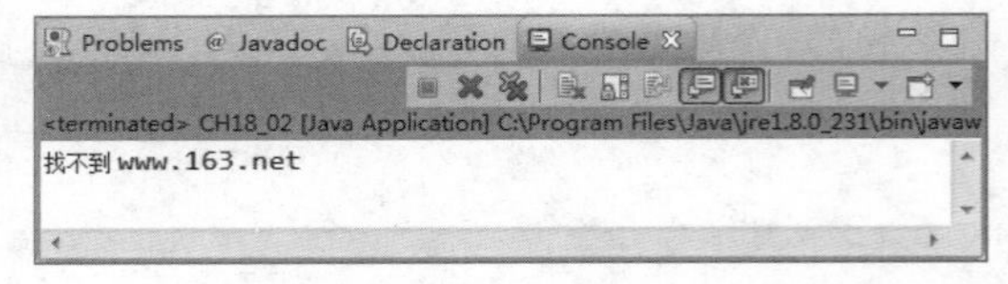


图 18-5

【程序解析】

① 第 7 行：建立 InetAddress 对象，使用静态方法中的 getByName，希望输出的结果是找出主机的 IP 地址。

② 第 9 行：抛出一个异常信息 UnknownHostException，如果网络连接情形是断线或者主机根本不存在，则会出现找不到 www.163.net 的错误信息。

## 18-2-2　InetAddress 类中非静态的方法

InetAddress 类内除了静态的方法之外，还有提供非静态的方法。InetAddress 类中非静态的方法如表 18-4 所示。

表　18-4

| 非静态的方法名称 | 使 用 说 明 |
| --- | --- |
| String getHostAddress( ) | 返回主机的 IP 地址 |
| String getHostName( ) | 返回主机名 |
| String toString( ) | 返回信息字符串，此字符串将列出主机名和 IP 地址 |
| Boolean equal(Object other) | 如果地址和 other 相同则返回 true，反之则返回 false |
| byte[ ] getAddress( ) | 依照网络字节的顺序，返回所代表的网络地址 |

【范例程序：CH18_03】

```
01    /* CH18_03: 实现非静态 (non-static) 方法 */
02    import java.net.*;
03    class CH18_03{
04       public static void main (String args[]){
05          try{
06             InetAddress address=InetAddress.getLocalHost();
07             System.out.println(address.getHostAddress());
08             System.out.println(address.getHostName());
09             System.out.println(address);
10          }catch (UnknownHostException e){
11             System.out.println(" 找不到 address");
12          }
13       }
14    }
```

【程序运行结果】

程序运行结果如图 18-6 所示。

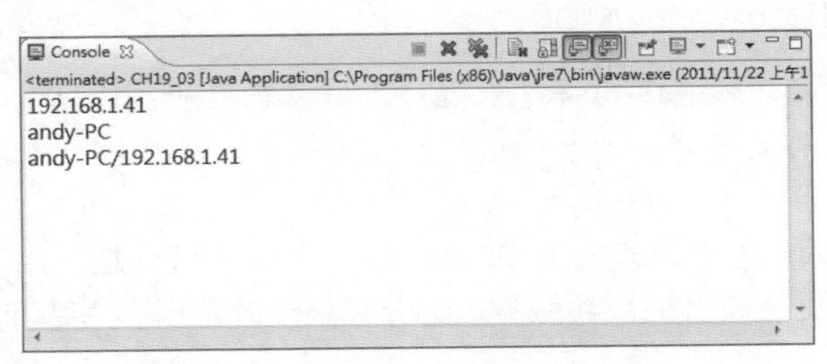


图　18-6

【程序解析】

① 第 6 行：建立 InetAddress 对象，使用非静态方法 getLocalHost( )，LocalHost 指的是本机，因此是要取得本机的相关信息。

② 第 7 行：取得本机（Local）的 IP 地址。

③ 第 8 行：取得本机（Local）的计算机名称。

④ 第 9 行：取得本机（Local）的计算机名称及 IP 地址。

⑤ 第 10 行：抛出一个异常信息 UnknownHostException，如果网络连接情形是断线或者主机根本不存在，则会出现“找不到 address”的错误信息。

## 18-3 以 Socket 来建立通信

Socket 接口主要是用来提供通信功能，通过参数的设定，使得用户进行程序调用时能自由设定。

在建立一个 Socket 程序时，除了要有通信协议之外，还必须取得双方的 IP 地址及建立沟通的通信端口（port）。有了 IP 地址才能将数据传送到接收端的计算机，就好比是“收信地址”；而有了通信端口，数据才能送到指定的软件内，就好比是“收件人”。

在主从式（client-server model）的架构应用中，软件层面的通信一般分为连接和非连接两种方式：

①面向连接：服务器端（Server）与客户端（Client）必须先建立连接，才能进行数据的传送。这好比是“打电话时必须有人接听才能打通”，是可靠的。

②面向无连接：服务器端或客户端只要指定接收的地址，就能将数据直接送出。这更像是“传统信件的邮递”，并不能保证一定能被收到，是不可靠的。

### 18-3-1 Java 的 Socket 接口

Java 的 Socket 接口区分为 TCP 和 UDP 两大类。

1. Stream 通信（TCP/IP 通信）

将 Stream 通信称为 TCP 通信（或 TCP/IP）。TCP 是面向连接的协议，表示双方必须先建立连接才能进行通信。它是一种可靠传输的协议，接收端在接收到数据后，必须进行确认，如果被传送的数据在中途遗失或有毁损，则需进行“重发”；若是顺序不对，也会在进行重组前，修正为正确顺序。

2. Datagram 通信（UDP 通信）

Datagram 通信亦称 UDP 通信（或 UDP/IP）。UDP 使用面向无连接的协议，表示双方的数据是独立的。与 TCP 不同的是，它是一种不可靠的传送协议，当它进行数据的传送时，并不会保证所有的数据都会送达，也正因此，它的传送速度优于 TCP。

### 18-3-2 Socket 应用程序

当我们进行连接时，必须通过 Socket 来进行。可以想象两台计算机之间通过一条缆线来进行连接的动作，缆线的两端各有一个 Socket。启动连接时，若要进行收发的工作，也必须借助 Socket 接口。

一个 Socket 程序必须包含 IP 地址和通信端口（port）。端口是一组 16 bit 的代号。一般而言，0~1023 属系统保留，因特网的公共服务大部分都属于此范围。因特网默认服务使用的端口如表 18-5 所示。

表 18-5

| 端 口 号 | 服 务 名 称 | 说 明 |
|---|---|---|
| 21 | ftp | 提供文件数据传输服务 |
| 23 | telnet | 提供 Telnet 服务 |
| 25 | smtp | 提供 SMTP 邮件服务 |
| 53 | Domain | 提供 DNS 服务 |
| 70 | gopher | 提供 Gopher 信息检索服务 |
| 80 | http | 提供 HTTP 服务 |
| 110 | pop3 | 提供 POP3 邮件服务 |

Java 的 Socket 应用程序若以 TCP/IP 通信协议为主时，包含了服务器端和客户端。

对 Java 而言，ServerSocket 类是针对服务器端来处理，这意味着服务器端得“监听”客户端的连接请求。服务器端的 Socket，其运行流程如图 18-7 所示。

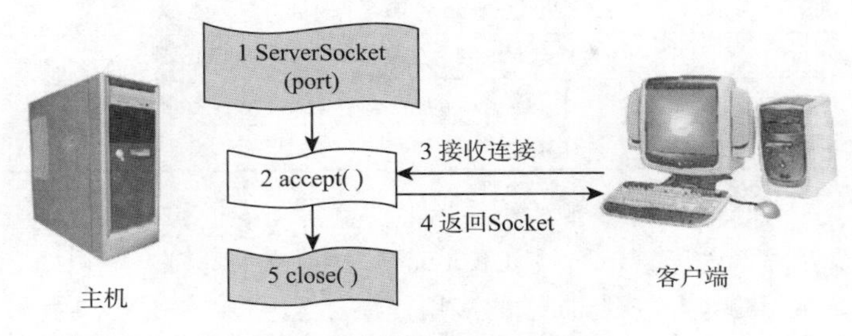


图　18-7

如果要建立一个服务器端的 Socket 应用程序，运行步骤如下：

①先建立服务器端的 ServerSocket 对象，并指定“监听”的通信端口。

②使用 accept( ) 方法来接收客户端的连接请求（Connection Request）。

③服务器端会依照客户端之请求，建立客户端之 Socket 对象，让服务器端与客户端进行 Socket 通信连接。

④处理客户端的请求（称为 Request），将处理的结果或错误信息以 Socket 对象返回。

⑤处理完毕后，关闭 Socket 通信连接。

## 18-3-3　服务器端与 Socket

服务器端使用 ServerSocket 类。可以利用表 18-6 所示的构造函数来建立 Socket 对象。

表　18-6

| 构 造 函 数 | 说　明 |
|---|---|
| ServerSocket( ) | 建立一个未连接的 Socket |
| ServerSocket(int port) | 建立连接时，指定一个未被使用的 port |
| ServerSocket(int port, int backlog) | 建立连接时，指定一个未被使用的 port，并设定连入本机的连接数 |
| ServerSocket(int port, int backlog, InetAddress bindAddr) | 建立连接时，指定一个未被使用的 port，设定连入本机的连接数和本机的 IP 地址 |

① backlog：ServerSocket 用来设定 Client 端的连接数，默认最大值为 50，也可以自定义数值来改变此参数值。

② bindAddr：建立 ServerSocket 时，会以本机的 IP 地址为服务器端，作为 Sokcet 所需的 IP 地址；如果 Local 主机有一个以上的 IP 时，可利用 bindAddr 来指定其参数值。

用来取得服务器端 Socket 的常用方法如表 18-7 所示。

表　18-7

| 方　法 | 说　明 |
|---|---|
| Socket accept( ) | 产生一个新的 Socket，用来等待 Client 端的连接请求 |
| InetAddress getInetAddress( ) | 返回 Socket 连接时的主机地址 |
| int getLocalPort( ) | 返回 Socket 接收连接时的 port |
| ServerSocket getLocalSocketAddress( ) | 返回本机的 SocketAddress 对象，返回 null，代表尚未进行连接 |
| void close( ) | 关闭 Socket |

续表

| 方　法 | 说　明 |
|---|---|
| Boolean isClosed( ) | 用来判断 Socket 是否在关闭状态 |
| void setSoTimeout(int timeout) | 设定 accept( ) 等待的时间 |
| void setTcpNoDelay(Boolean on) | 以 true 的方式来关闭使用的 buffering |
| void setReceiveBufferSize(int size) | 用来增加 buffer 的大小，以提高连接速度 |
| void setSendBufferSize(int size) | 增加传送 buffer 的大小 |

下面的范例建立一个 ServerSocket 对象并指定“监听”的通信端口，以新的线程来处理与客户端的沟通，如果要处理多人连接，必须以 Runnable 接口来处理。

【范例程序：CH18_04】建立服务器端的应用程序

```
01    /* 程序: CH18_04.java
02    * 说明: 建立服务器端的应用程序
03     */
04
05    import java.net.*;
06    import java.io.*;
07
08    public class CH18_04{
09
10       public static void main(String args[])throws Exception{
11          goServer server;
12          int port;
13          BufferedReader reader;
14          PrintWriter writer;
15          //取得通信端口，如果没有取得则结束程序的运行
16          if(args.length==0){
17             System.out.println("请输入服务器端的端口号 [port]");
18             System.exit(1);                          //结束运行的运行
19          }
20          port=Integer.parseInt(args[0]);    //将输入的 port 转换为数值
21          server=new goServer(port);         //建立 server 对象
22          reader=new BufferedReader(new InputStreamReader(server.in));
23          writer=new PrintWriter(new
24                OutputStreamWriter(server.out), true);
25       }
26    }
27
28    //建立取得 port 的类
29    class goServer {
30       ServerSocket server;                             //建立 ServerSocket 对象变量
31       Socket client;                                   //建立 Socket 对象变量
32       InputStream in;
33       OutputStream out;
34       public goServer(int port){
35          try{
36             server=new ServerSocket(port);          //建立 ServerSocket 对象
37             while(true){                            //判断是否有客户端的连接请求
38                client=server.accept();    //以 accept() 方法来接收客户端的请求
39                //取得客户端的主机地址
40                System.out.println("连接来自于: "+
41                   client.getInetAddress().getHostAddress());
42                //以数据流方式取得客户端的数据
```

```
43                in=client.getInputStream();
44                out=client.getOutputStream();
45                //在显示信息中加入换行
46                String SepLine=System.getProperty("line.separator");
47                InetAddress addr=server.getInetAddress().getLocalHost();
48                String outData="Server information: "+SepLine+
49                               "Local Host          : "+
50                               server.getInetAddress().getLocalHost()+SepLine+
51                               "Port                : "+server.getLocalPort();
52                byte[] outByte=outData.getBytes();
53                out.write(outByte, 0, outByte.length);
54              }
55           }
56           catch(IOException ioe){
57              System.err.println(ioe);
58           }
59        }
60     }
```

【运行过程】

①编译 CH18_04.java，运行命令为：javac CH18_04.java。

②以本端计算机为 Server 端，运行范例程序 CH18_04，运行命令为：java CH18_04 1024，其中的 1024 为通信端口。

③从客户端进行连接：选择“开始”菜单→“运行”命令。

④打开“运行”对话框，输入指令：telnet 10.10.0.251 1024，如图 18-8 所示。telnet 是 Windows Telnet，使用 TCP/IP 通信协议，运行此指令时，必须通过网络才能连接远程的计算机。andy-PC 代表远程的主机名。1024 为通信端口，Server 端与 Client 端都设定为相同的通信端口，才能进行沟通。

⑤客户端 telnet 到 andy-PC 主机，并且连接成功时，会在客户端的窗口显示一个 telnet 窗口，如图 18-9 所示。

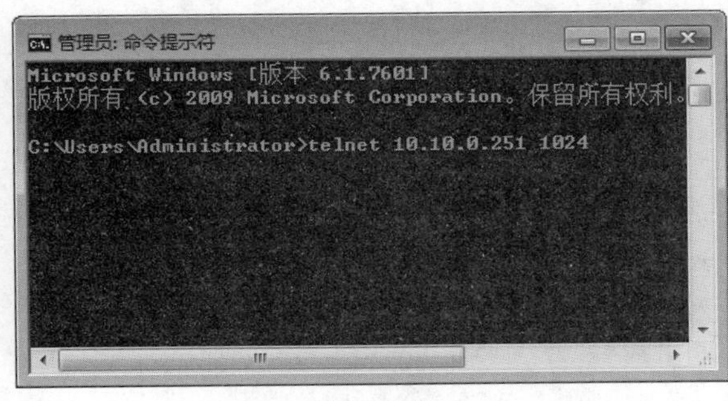


图　18-8

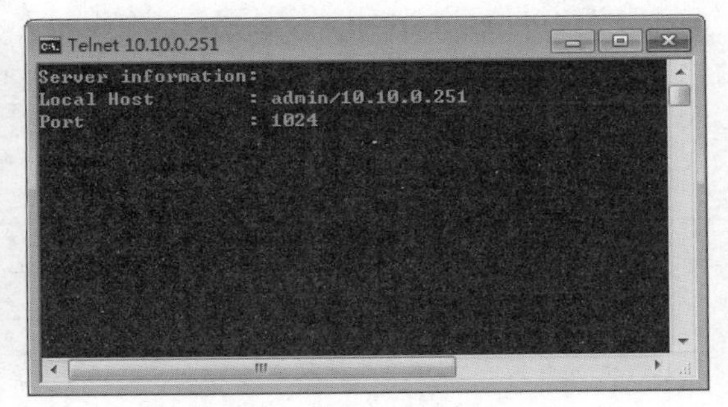


图　18-9

⑥上述步骤③～⑤都是在 Client 端进行操作；而 Server 端也会随着 Client 端的连接成功来显示相关信息。

【程序解析】

① 第 10~25 行：从主程序中取得通信端口，参数值用 if 语句加以判断：如果没有输入通信端口的端口号，则显示错误信息；如果有取得的端口值，则进行转换。

② 第 29~60 行：建立一个取得通信端口的类。

③ 第 34 行：利用构造函数来取得传入的通信端口。

④ 第 36 行：以 SocketServer 对象来“监听”取得的通信端口。

⑤ 第 37~54 行：以 while 循环来判断客户端是否有连接。当客户端有连接时，以 accept( ) 方法来接收连接请求。

⑥ 第 40~44 行：以 getInetAddress( ) 方法来取得客户端的主机地址，并以数据流（Stream）方式来进行处理。

⑦ 第 46~51 行：当客户端取得服务器端的相关信息时，利用 SepLine 字符串对象做换行动作。

### 18-3-4　客户端与 Socket

一般而言，客户端的 Socket 应用程序并没有很大的不同，最大的不同之处在于：客户端尝试与服务器端进行连接时，客户端会将 Socket 应用程序请求传送至服务器端，并接收返回的结果。客户端的 Socket 运行流程如图 18-10 所示。

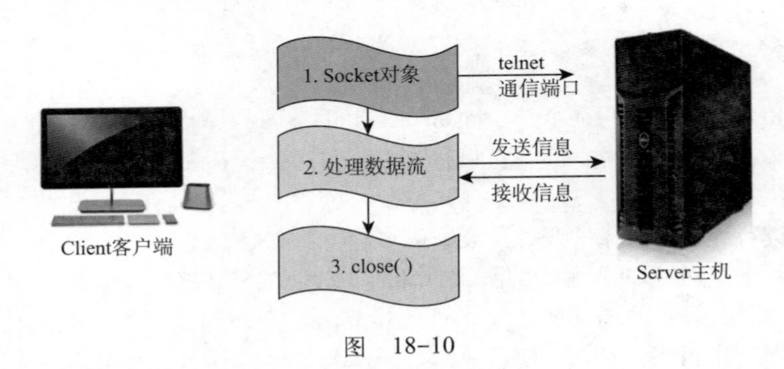


图　18-10

当我们要建立一个客户端的 Socket 应用程序，步骤如下：

①先建立客户端的 Socket 对象，连接到指定的主机名和通信端口。

②利用数据流方式处理送给服务器端的信息或接收服务器端的信息。

③当客户端的不再进行连接时，关闭 Socket 对象。

以 Socket 类在网络上进行进程间（interprocess）的通信，使用下列构造函数来建立一个 Socket 对象，并将它连接到指定的主机和通信端口，如表 18-8 所示。

表　18-8

| 构造函数 | 说　明 |
| --- | --- |
| Socket( ) | 建立一个未连接的 Socket |
| Socket(InetAddress, int port)<br>Socket(String host, int port) | 建立连接时，指定主机名及 port |
| Socket(InetAddress address, int port, InetAddress localAddr, int localPort)<br>Socket(Stirng host, int port, InetAddress localAddr, int localPort) | 建立连接时，指定远程主机名及 port |
| Socket(SocketImpl impl) | 指定 SocketImpl 类，建立未连接的 Socket |

任何时候，都可以使用表 18-9 所示的方法来检查 sokcet 所取得的地址或端口。

表　18-9

| 方　法 | 说　明 |
| --- | --- |
| InetAddress getInetAddress( ) | 返回 Socket 连接时的主机地址 |
| InetAddress getLocalAddress( ) | 取得 Socket 与本机连接时的地址 |

续表

| 方　法 | 说　明 |
|---|---|
| int getLocalPort( ) | 返回 Socket 与本机连接时的端口 |
| int getPort( ) | 返回 Socket 连接时远程主机的端口 |
| SocketAddress getLocalSocketAddress( ) | 返回本机的 SocketAddress 对象：返回 null 时，代表尚未进行连接 |
| SocketAddress getRemoteSocketAddress( ) | 返回远程主机的 SocketAddress 对象：返回 null 时，代表尚未进行连接 |

建立了 Socket 对象后，可利用表 18-10 所示的方法来检查它所获得的输入或输出数据流。

表　18-10

| 方　法 | 说　明 |
|---|---|
| InputStream getInputStream( ) | 取得 Socket 的输入数据流 |
| OutputStream getOutputStream( ) | 取得 Socket 的输出数据流 |

## 18-4　UDP 通信

使用 UDP 通信，必须针对包（packet）进行处理，客户端和服务器端都会通过 Datagram Socket 来传送或接收 DatagramPacket 所产生的包。在传送的过程中，除了数据本身，还包含目的地的地址和通信端口。和 TCP 一样，当使用 UDP 进行数据的传送时，无论是客户端或服务器端，都可进行数据的传送或接收。

与 TCP 不同，UDP 不提供错误的检查，不运行包的排序，当数据发生错误时也不会重新传送，因此它传送的速度较快。例如，在网络上进行交谈的聊天室，就可以用 UDP 来开发应用程序。

编写 UDP 应用程序时，可使用 DatagramPacket 与 DatagramSocket 两个类来进行数据的传送。那么它们是如何进行?

①产生一个 DatagramPacket 对象，指定传送的数据、数据的长度、要接收的主机与主机的通信端口。

②利用 DatagramSocket 的 send( ) 方法传送包。使用 DatagramSocket 并不需要任何的参数，可直接以它来传送任何包和指定通信端口。

### 18-4-1　DatagramSocket 类

我们使用 DatagramSocket 类来建立包对象，必须指定一个通信端口，如果没有指定通信端口，可以通过系统来自动产生。

Datagram 是一个低阶的网络接口，数据是以字节数组来传送或接收，它没有提供任何以数据流为基础的网络协议。

DatagramSocket 类目的在于数据包的传递与接收，下面就来说明如何传递与接收。

（1）传递

当 DatagramSocket 对象建立后，可以使用 send( ) 方法传送包数据。

【传送包数据语法】

```
① DatagramSocket dsSend=new DatagramSocket();  //建立 DatagramSocket 对象
② dsSend.send(包资料);                          //送出包
```

（2）接收

接收端也必须建立 DatagramSocket 对象，再使用 receive( ) 方法接收包数据。

【传送包数据语法】

```
① DatagramSocket dsRecevice=new DatagramSocket();// 建立 DatagramSocket 对象
② dsRecevice.recevice(包资料);                     // 接收包
```

利用 Datagram socket 构造函数所建立的对象可用来传送或接收包，如表 18-11 所示。

表 18-11

| 构造函数 | 说明 |
| --- | --- |
| DatagramSocket( ) | 建立一个本机使用的通信端口 |
| DatagramSocket(int port) | 指定一个本机使用的通信端口 |
| DatagramSocket(int port, InetAddress laddr) | 指定一个本机地址以供连接使用 |
| DatagramSocket(SocketAddress bindaddr) | 指定一个本机地址和通信端口以供连接使用 |

DatagramSocket 提供的方法如表 18-12 所示。

表 18-12

| 方法 | 说明 |
| --- | --- |
| void bind(SocketAddress addr) | 连接时，通过 socket 对象来指定地址和通信端口 |
| void connect(InetAddres addr, int port) | 以 socket 对象进行远程连接 |
| void connect(SocketAddres addr) | 进行连接时，指定远程的主机和地址 |
| InerAddress getInetAddress( ) | 连接时，取得主机的地址 |
| int get ReceiveBufferSize( ) | 取得 SO_RCVBUF 参数值，代表的是可接收数据的缓冲区大小 |
| int getSendBufferSize( ) | 取得 SO_RCVBUF 参数值，代表的是可传送数据的缓冲区大小 |
| void receive(DatagramPacket p) | 接收一个包 |
| void send(DatagramPacket p) | 传送一个包 |

## 18-4-2 Datagram Packet 类

Datagram Packet 类可用来实现一个数据包，再通过 DatagramSocket 来进行传送与接收。在此列举 DatagramPacket 的 4 个构造函数：其构造函数如表 18-13 所示。

表 18-13

| 构造函数 | 说明 |
| --- | --- |
| DatagramPacket(byte[ ] buf, int length) | 所建立的对象，须指定接收包的长度 |
| DatagramPacket(byte[ ] buf, int offset, int length) | 所建立的对象，须指定接收包的长度和缓冲区大小 |
| DatagramPacket(byte[ ] buf, int length, InetAddress addr, int port) | 所建立的对象，须指定传送包的长度，并且指定主机和通信端口 |
| DatagramPacket(byte[ ] buf, int offset, int length, InetAddress addr, int port) | 所建立的对象，须指定传送包的长度和缓冲区大小，并且指定主机和通信端口 |

DatagramPacket 提供的方法如表 18-14 所示。

表 18-14

| 方法 | 说明 |
| --- | --- |
| InetAddress getAddress( ) | 取得即将传送包的主机地址 |
| byte[ ] getData( ) | 取得包内的资料 |
| int getLength( ) | 取得传送或接收数据的长度 |
| int getOffset( ) | 取得传送或接收数据的数组起始索引值 |
| int getPort( ) | 取得传送或接收数据的通信端口 |

续表

| 方　法 | 说　明 |
|---|---|
| SocketAddress getSocketAddress( ) | 取得远程主机的名称和地址 |
| void setData(byte[ ] buf) | 设定包的缓冲区大小 |
| void setLength(int length) | 设定包长度 |
| void setPort(int port) | 设定主机的通信端口 |
| void SocketAddress(SocketAddress address) | 设定主机的地址 |

当使用包进行数据的传送时，UDP 传送数据的包，其大小有所限制，扣除表头（header）的容量，实际传送的大小是 8 192 字节。

【范例程序：CH18_05】DP Server 端应用程序。

```
01    import java.io.*;
02    import java.net.*;
03
04    //UDP Server
05    public class CH18_05{
06       private static final int PORT_NUMBER=8888;
07
08       public static void main(String args[])throws Exception{
09          DatagramPacket data;
10          DatagramSocket server;
11          byte[] buffer=new byte[20];
12          String msg;
13          System.out.println("Server 端开始接受请求！ ");
14          //通过循环让 Server 端能持续运行
15          for(;;){
16             data=new DatagramPacket(buffer, buffer.length);
17             server=new DatagramSocket(PORT_NUMBER);
18             server.receive(data);  //Server 端等待 Client 端请求
19             msg=new String(buffer, 0, data.getLength());
20             System.out.print("收到信息为: "+msg);
21             System.out.println();
22             server.close();
23          }
24       }
25    }
```

【程序解析】

① 第 15~23 行：使用 for 来产生无限循环，让服务器端等待客户端的请求。

② 第 18 行：使用 receive( ) 方法维持等待状态。

③ 第 19 行：建立一个字符串对象来取得客户端所输入的信息。

【范例程序：CH18_06】建立 UDP Client 端应用程序。

```
01    import java.io.*;
02    import java.net.*;
03
04    //UDP Client
05    public class CH18_06{
06       private static final int PORT_NUMBER=8888;
07
08       public static void main(String args[])throws Exception{
09          System.out.print("请输入 IP 地址: ");
```

```
10          BufferedReader in=new BufferedReader(
11                  new InputStreamReader(System.in));
12          String serverIP=in.readLine();
13          InetAddress addr=InetAddress.getByName(serverIP);
14          while(true){
15             System.out.print("送出信息（输入'quit'结束连接）：");
16             String msgs=in.readLine();
17             int myLength=msgs.length();
18             byte[] buffer=new byte[myLength];
19             buffer=msgs.getBytes();
20             DatagramPacket pkt=new DatagramPacket(
21                     buffer, myLength, addr, PORT_NUMBER);
22             DatagramSocket skt=new DatagramSocket();
23             if(msgs.equalsIgnoreCase("quit"))
24                break;
25             skt.send(pkt);
26             skt.close();
27          }
28       }
29    }
```

【运行步骤】

①编译范例程序 CH18_05。

②运行服务器端程序 start java CH18_05。

③打开另一个窗口，显示信息如图 18-11 所示。

④在客户端编译范例程序 CH18_06。

⑤运行 start java CH18_06。

⑥打开另一个应用窗口，输入 Server 端 IP 地址，如图 18-12 所示。

图　18-11

在客户端输入的信息会在服务器端显示，因为缓冲区的大小只有 20 字符，超过 20 字符就不会显示，如图 18-13 所示，若要结束连接，则输入 quit，Client 端即会结束连接。

图　18-12

图　18-13

【程序解析】

① 第 9~13 行：客户端必须先与服务器端连接，所以必须取得服务器端的 IP 地址与通信端口。

② 第 14~27 行：使用 while 循环检查送出的信息。

③ 第 18 行：要注意的是，UDP 在处理这些数据时要以数组方式来进行处理，与 TCP 不同，TCP 是以 stream 方式来处理。

④ 第 23、24 行：客户端输入 quit 时，结束连接。

# 18-5 URL 类和 URLConnection 类

## 18-5-1 URL 类

使用 HTTP 协议在因特网中找寻所需的网站或数据时，就需使用 URL 的功能。URL 可以帮助用户在网络上快速找到所需的资源。

URL 的基本结构如下所示：

【URL 基本结构】

```
<通信协议>://<主机地址> : [通信端口]/<文件夹>/<文件>
```

①通信协议：代表 URL 提供的服务性质，如 http 代表 Web 服务，ftp 提供文件传输的服务。

②主机地址：提供服务的主机名，而主机名依据 DNS 的命名方式，代表主机的 IP 地址。

③通信端口：主机名之后，会有冒号与数字，这个部分可有可无，代表着不同的服务器有不同的通信端口，如 http 的端口号为 80，telnet 的端口号为 23。

④文件夹：用来存放文件的地方，依据文件性质的不同，可建立其子文件夹，形成文件的路径。

⑤文件：不同的文件会有不同的文件名。

Java 也提供 URL 类来表示 URL，如果在 URL 内使用了未支持的通信协议，会抛出 MalformedURLException 异常。可使用表 18-15 所示的构造函数来建立 URL。

表 18-15

| 构造函数 | 说明 |
| --- | --- |
| URL(String s) | 输入 URL 的完整路径 |
| URL(String protocol, String host, String file) | 指定通信协议、主机名、文件名 |
| URL(String protocol, String host, int port, String file) | 指定通信协议、主机名、通信端口和文件名 |

下面说明各构造函数的使用情形：

① URL(String s)：字符串 s 代表 URL 的值，返回值可能会造成错误异常，当有错误发生时，抛出 MalformedURLException 异常。

【使用方法】

```
URL u=new URL(http://www.163.net/index.html)
```

② URL(String protocol，String host，String file)：此构造函数内含三个字符串，分别为通信协议（protocol）、主机名（host）和文件路径（file）。其中，file 字符串是以斜线（/）为开头及区隔。当有错误发生时，抛出 MalformedURLException 异常。

③ URL(String protocol，String host，int port，String file)：此构造函数内含四个字符串，分别为通信协议（protocol）、主机名（host）、连接端口号（port）和文件路径（file）。此构造函数比较少使用，通常用于默认通信行不通的情况下，可以指定通信。

【使用方法】

```
URL u=new URL ("http", "www.163.net", 80, "/index.html")
```

④ URL(URL context，String s)：由构造函数从一个相对 URL 建立出一个绝对 URL，是最常使用的构造函数。 在解析 http://www.163.net/index.html 这个 html 文件时，其中发现有一个 .html 文件的连接，而这个文件并没提出进一步的描述。在此情况下，可以使用一个 URL 去指向一个含有该文件连接的文件，以补足缺乏的信息。这个构造函数会把新的 URL 推断为 http://www.163.net/index1.html，也就是把该路径原来的文件名 index.html 删除，改为 index1.html。

URL 也提供了一些方法，如表 18-16 所示。

表 18-16

| 方　法 | 说　明 |
|---|---|
| boolean equals(Object obj) | 与网址列的对象是否相同 |
| int getDefaultPort( ) | 取得默认通信端口的值 |
| String getFile( ) | 取得地址所在的文件名 |
| String getHost( ) | 取得主机名 |
| String getPath( ) | 取得路径 |
| String getPort( ) | 取得通信端口的值 |
| String getProtocol( ) | 取得通信协议 |
| String getQuery( ) | 取得网址列的查询字符串 |
| Stirng getRef( ) | 取得网址列的对象参考 |
| InputStream openStream( ) | 通过 URL 连接，取得 InputStream 对象来读取连接数据 |
| URLConnection openConnection( ) | 通过 URL 连接，返回 URLConnection 对象 |
| Object getContent( ) | 取得 URL 内容 |

【范例程序：CH18_07】一个取得 URL 的简单范例。

```
01   import java.net.*;
02   import java.io.*;
03
04   public class CH18_07{
05      public static void main(String args[]){
06         try{
07            URL myURL=new URL("http://www.163.net");
08            System.out.println("Protocol: "+myURL.getProtocol());
09            System.out.println("Port     : "+myURL.getPort());
10            System.out.println("Host     : "+myURL.getHost());
11            System.out.println("Path     : "+myURL.getPath());
12            System.out.println("File     : "+myURL.getFile());
13         }
14         catch(MalformedURLException urle){
15            System.out.println(urle);
16         }
17         catch(IOException ioe){
18            System.out.println(ioe);
19         }
20      }
21   }
```

【程序运行结果】

程序运行结果如图 18-14 所示。

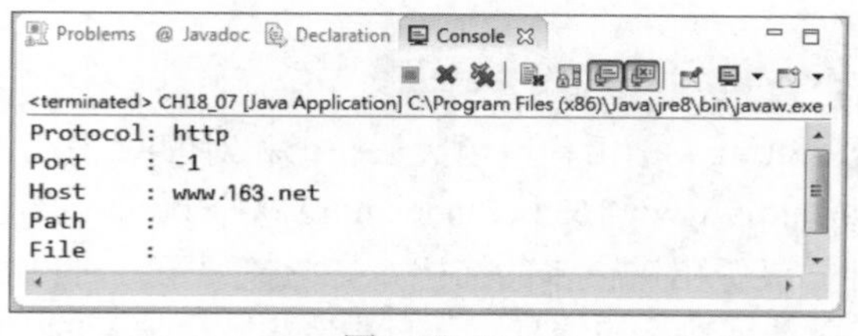


图　18-14

【程序解析】

第 8~12 行：利用 getProtocol( )、getPort( ) 等取得网址的相关资料。

## 18-5-2 URLConnection 类

当要通过网络取得更多的相关数据时，就得使用 URLConnection 来取得远程数据的属性。这些属性须通过 HTTP 通信协议才能起作用。

① URLConnection 的构造函数：

```
protected URLConnection(URL url);   // 连接时指定 URL 对象
```

② URLConection 方法，如表 18-17 所示。

表 18-17

| 方　法 | 说　明 |
| --- | --- |
| URL getURL | 取得连接对象的相关内容 |
| Object getContent( ) | 以对象类型来返回取得的连接内容 |
| InputStream getInputStream( ) | 使用 stream 对象来读取连接内容 |
| OutputStream getOutputStream( ) | 使用 stream 对象来输出连接内容 |
| void setAllowUserInteraction(boolean allowuserinteration) | 设定对话框 |
| void setDoInput(boolean doinput) | 指定 URLConnectin 对象来读入内容 |
| void setDoOutput(boolean dooutput) | 指定 URLConnectin 对象来输出内容 |

【范例程序：CH18_08】一个取得 URL 内容的简单范例。

```
01    import java.net.*;
02    import java.io.*;
03    import java.util.Date;
04
05    public class CH18_08{
06       public static void main(String args[]){
07          int ch;
08          try{
09             URL myURL=new URL("http://www.oracle.com/technetwork/java/index.html");
10             URLConnection myCnn=myURL.openConnection();
11
12             System.out.println("Date: "+new Date(myCnn.getDate()));
13             System.out.println("Content-Type: "+myCnn.getContentType());
14             System.out.println("Expires: "+myCnn.getExpiration());
15
16             int len=myCnn.getContentLength();
17             System.out.println("Content-Length: "+len);
18             if(len>0){
19                System.out.println("---Content---");
20                InputStream in=myCnn.getInputStream();
21                int num=len;
22                while(((ch=in.read())!=-1)&&(--num> 0)){
23                   System.out.print((char)ch);
24                }
25                in.close();
26             }
27             else
28                System.out.println(" 没有任何参数 ");
29          }
```

```
30          catch(MalformedURLException urle){
31             System.out.println(urle);
32          }
33          catch(IOException ioe){
34             System.out.println(ioe);
35          }
36       }
37    }
```

【程序运行结果】

程序运行结果如图 18-15 所示。

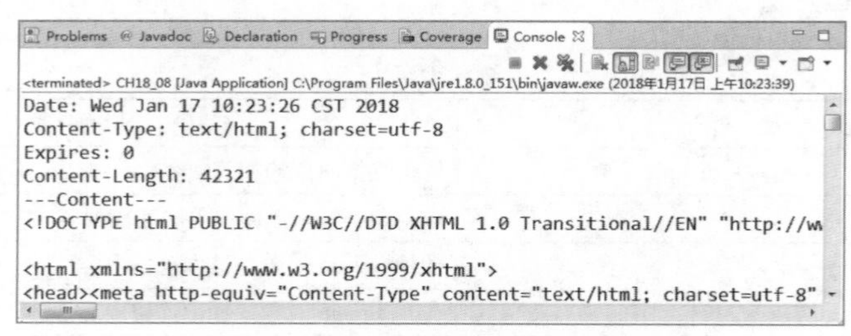


图 18-15

【程序解析】

第 18~29 行：使用 if 来判断是否有取得该网站的相关信息，如果有取得相关信息以字符的方式来显示。

## 18-6 本章进阶应用练习实例

本章谈了一些网络应用程序的基本概念，并说明了 Java 网络应用程序的相关套件，同时针对 InetAddress 类中的方法作了介绍。熟悉下面的几个实例，将有助于对 Java 网络应用程序的开发有更深入的理解。

### 18-6-1 查询网络名称所属 IP 地址

接下来的范例将让用户输入域名，查出该域名所属 IP 地址，并判断该主机是否存在本机网域。

【综合练习】查询 IP 地址并判断网域。

```
//查询 IP 地址并判断网域
import java.net.*;
public class WORK18_01{
   public static void main(String[] args){
      try{
         //依用户输入的域名建立一个 InetAddress 对象
         InetAddress[] ip=InetAddress.getAllByName(args[0]);
         System.out.println("域名: "+ip[0].getHostName());
         //输出该网域所属 IP 地址
         for(int i=0;i<ip.length;i++){
            System.out.println("第"+(i+1)+"个 IP 地址: "+ip[i].
getHostAddress());
         }
         System.out.print("是否为本机网域: ");
         if(ip[0].isSiteLocalAddress())
            System.out.println("是");
         else
```

```
            System.out.println(" 不是 ");
        // 异常处理
        }catch(UnknownHostException e){
           System.out.println(" 找不到所指定的域名。");
        }catch(ArrayIndexOutOfBoundsException e){
           System.out.println(" 请输入域名。");
        }
    }
}
```

【程序运行结果】

程序运行结果如图 18-16~ 图 18-19 所示。

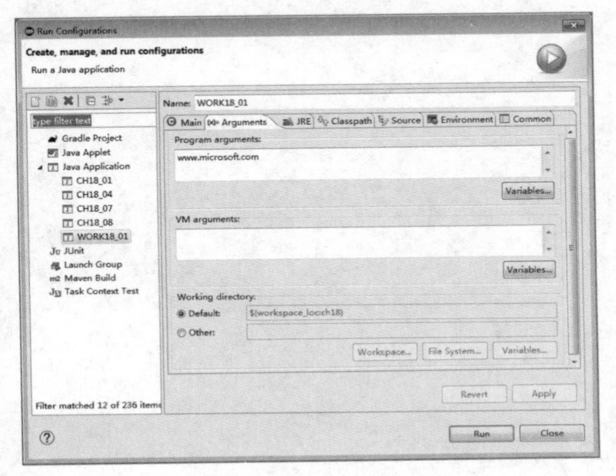


图　18-16

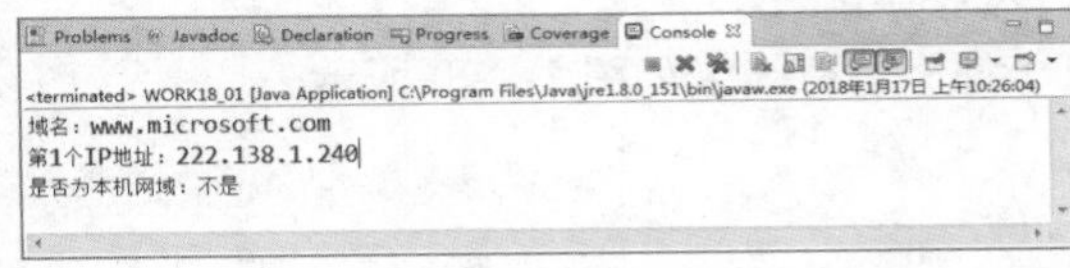


图　18-17

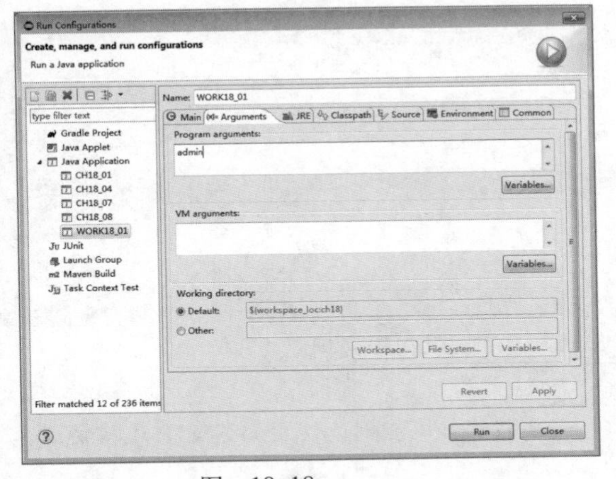


图　18-18

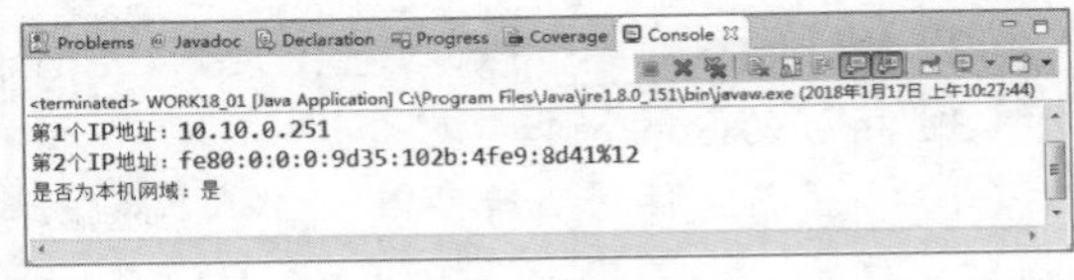


图　18-19

## 18-6-2　利用 URL 读取文件内容

URL 类可以建立一个表示 URL 地址的对象。在因特网上 URL 是一个指向资源的定位器。这个被指向的资源可能是一个简单的文件或是目录，也可以指向一个较复杂的对象，例如数据库的搜索引擎。接下来要实现一个通过 URL 地址读取文件内容的程序。

【综合练习】利用 URL 读取文件内容。

```
01    // 利用 URL 读取文件内容
02    import java.net.*;
03    import java.io.*;
04    public class WORK18_02{
05       public static void main(String[] args){
06          // 捕捉异常
07          try{
08             // 建立一个 URL 对象
09             URL url=new URL("http://www.163.net");
10             BufferedReader in=new BufferedReader(new
InputStreamReader(url.openStream()));
11
12             String str;
13             // 将读取数据输出
14             while((str=in.readLine())!=null)
15                System.out.println(str);
16          // 异常处理
17          }catch(MalformedURLException e){
18             System.out.println("URL 地址错误。");
19          }catch(IOException e){
20             System.out.println(" 数据读取错误错误。");
21          }
22       }
23    }
```

【程序运行结果】

程序运行结果如图 18-20 所示。

图　18-20

# 习题

## 1. 填空题

（1）在 java.net 中，________类用来取得主机名及 IP 地址。

（2）String________用来取得 IP 地址，String________用来取得输入网址。

（3）Java 的 Socket 接口可分为________和________两大类。

（4）当进行文件传输时使用________通信端口，当要将邮件寄出时，使用的 SMTP 通信协议，其通信端口是________。

（5）使用 ServerSocket 类时，________方法是用来产生一个包对象，等待客户端的请求；关闭 Socket 时，要用________方法。

（6）Socket（InetAddress, int port）的作用是用来取得客户端的________和________。

（7）使用 UDP 传送数据时，以________和________两个类来进行。

（8）使用 DatagramSocket 来建立 socket 对象，必须指定________，如果没有指定通信端口，可以通过系统来自动产生。

（9）DatagramSocket（int port）的作用为________。

（10）URL 的意思是________。

（11）URLConnection 类的作用是________。

## 2. 问答与实现题

（1）Stream 通信和 Datagram 通信有何不同？其优缺点各为何？

（2）建立一个服务器端的 Socket 应用程序，简述其运行步骤。

（3）说明表 18-18 所示 DatagramSocket 方法的作用。

表　18-18

| 方　　法 | 说　　明 |
| --- | --- |
| void bind（SocketAddress addr） | |
| void connect（InetAddres addr, int port） | |